高等职业教育"十四五"规划教材

U0166014

小动物疾病学

主　编　王海洋　姜建波　李春花

副主编　张凤荣　刘红芹　刘玉敏　关立增　张小苗

编　者　刘立明　李　静　吴　斌　秦宏宇

　　　　付连军　田万年　张立春　王海洋

　　　　姜建波　李春花　刘红芹　刘玉敏

　　　　李　秀　关立增　张凤荣　张小苗

主　审　关立增

华中科技大学出版社

中国·武汉

内 容 简 介

本书包括绪论及疾病部分，疾病部分共 41 章。1～4 章为传染病部分，主要研究犬猫病毒性、细菌性及其他传染病；5～7 章为寄生虫病部分，主要研究犬猫寄生虫病的防治措施；8～15 章为内科疾病部分，主要研究犬猫常见内科疾病的诊治；16～31 章为外科疾病部分，主要研究犬猫常见外科病的处理方式、手术方案等内容；32～39 章为产科疾病部分，主要研究犬猫常见产科疾病的防治措施；40～41 章为血液与免疫性疾病部分，主要研究血液与免疫性疾病的预防措施及治疗方案。

本书可供动物医学、宠物医学、畜牧兽医及相关专业使用。

图书在版编目(CIP)数据

小动物疾病学/王海洋，姜建波，李春花主编.—武汉：华中科技大学出版社，2020.8(2024.7 重印)
ISBN 978-7-5680-6496-5

Ⅰ．①小… Ⅱ．①王… ②姜… ③李… Ⅲ．①动物疾病-诊疗-教材 Ⅳ．①S858

中国版本图书馆 CIP 数据核字(2020)第 151139 号

小动物疾病学　　　　　　　　　　　　　　　　　　　王海洋　姜建波　李春花　主编
Xiao Dongwu Jibingxue

策划编辑：罗　伟
责任编辑：罗　伟　郭逸贤
封面设计：廖亚萍
责任校对：李　琴
责任监印：周治超
出版发行：华中科技大学出版社(中国·武汉)　　　电话：(027)81321913
　　　　　武汉市东湖新技术开发区华工科技园　　　邮编：430223
录　　排：华中科技大学惠友文印中心
印　　刷：武汉科源印刷设计有限公司
开　　本：880mm×1230mm　1/16
印　　张：19.25
字　　数：562 千字
版　　次：2024 年 7 月第 1 版第 2 次印刷
定　　价：59.80 元

前言

Qianyan

    "小动物疾病学"是兽医学科中的一门重要学科,主要内容突出犬猫疾病,其研究范围包括传染病、内科病、外科病、产科病、心血管系统疾病、生殖系统疾病、寄生虫病等内容。本书的编写旨在为动物医学和宠物医学及畜牧兽医等专业提供一部比较全面系统的小动物疾病参考书,帮助师生深入学习小动物疾病学的基本理论和基本知识,能够根据症状及流行病学等进行准确诊断,并提出合理的防治方案,培养高质量从事小动物临床的专门人才。

    本书包括绪论及疾病部分,疾病部分共41章。1~4章为传染病部分,主要研究犬猫病毒性、细菌性及其他传染病;5~7章为寄生虫病部分,主要研究犬猫寄生虫病的防治措施;8~15章为内科疾病部分,主要研究犬猫常见内科疾病的诊治;16~31章为外科疾病部分,主要研究犬猫常见外科疾病的处理方式、手术方案等内容;32~39章为产科疾病部分,主要研究犬猫常见产科疾病的防治措施;40~41章为血液与免疫性疾病部分,主要研究血液与免疫性疾病的预防措施及治疗方案。编写分工如下:绪论、1~7章由王海洋编写;8~16章由李春花编写;17~31章由姜建波、张小苗编写;32~34章由刘红芹编写;35~39章由张风荣编写;40~41章由刘玉敏编写;其他编者负责审校工作。全书由王海洋和李春花统稿,关立增审定。

    在教材编写上,我们主观上尽了最大努力,但由于时间紧迫,编者水平有限,因此,本教材无论在内容安排、理论阐述、文笔格调等各方面都难免有纰缪之处,敬请各位专家和广大读者批评指正,以便今后进一步修改和完善。

编　者

目录
Mulu

1

绪　论

第一节　犬的生物学特性

犬属哺乳纲食肉目犬科动物,目前有50多个品种、850多个品系。犬为普通毛皮动物,现在则常作为伴侣动物,起着调节人们生活的作用,经过训练的犬可身兼数职。根据体重,犬可分为小型犬(小于10 kg)、中型犬(11~25 kg)、大型犬(26~45 kg)及巨型犬(大于45 kg);根据用途可分为运动型犬、狩猎犬、导盲犬、军犬、警犬、救护犬、宠物犬、肉用犬、实验用犬等。随着社会逐步进入老龄化,犬作为伴侣动物的作用则表现得日益突出。

一、自然习性

(1)服从意识强,有领地观念,有嫉妒心。犬对主人非常忠诚,对主人有强烈的保护意识,易于驯服,服从主人的命令,有强烈的责任感,能为主人奋不顾身,特别是大型犬表现得更加明显。犬守卫主人家庭及周围地区,会威吓、攻击并赶走陌生人,但当它们走出此范围,则胆怯,很少制造麻烦。搬到一个新地方,经过10余天又能建立起新的守卫范围。如果主人对其他犬及儿童表示友好,可能会引起自己爱犬的强烈不满。

(2)感情丰富,易于训导。犬神经系统发达,较聪明,善于学习,能较快地建立条件反射,领会主人的简单意图,进行各种较难动作的训练。犬群中会存在主从关系,具有稳定的群内等级。犬归家性强,可从数百公里外独自回家。犬对环境的适应能力很强,能耐受寒冷的气候。犬喜爱清洁,冬天喜晒太阳,夏天喜爱洗澡。犬喜欢埋藏骨头和食物,雌犬有吐出食物喂给幼犬的习性。幼犬换牙时喜欢啃咬物品,故要经常给幼犬一些啃咬玩具,以利于磨牙。犬习惯于不停地活动,在趴下之前总要在周围转一转。

(3)惧怕巨大的声音和强光。犬对巨大的声音和强光很恐惧,春节放鞭炮时,许多犬惊恐不安,主人应注意安抚爱犬,可适当给予镇静安神药物。工作需要接触巨大的声音和强光的工作犬,应事先接受训练。

(4)犬喜欢人用手拍打、抚摸头颈部,但臀部、尾部忌摸。

(5)性成熟表现:雄犬成年后,在外出活动时,遇到某一转角或树干,习惯暂停下来,抬起一侧后肢排尿,制造"嗅迹标识",然后继续前进;雌犬在发情期也有类似现象,排尿前四处嗅一番,然后排尿,雌犬在发情时分泌外激素,诱导雄犬追踪并进行交配。

(6)神经类型:神经类型不同导致性格不同,用途也不一样。犬的神经类型是根据大脑皮层兴奋和抑制的强度、均衡性及灵活性这三个特点及其相互关系进行划分的。这对一些慢性实验,特别是高级神经活动实验动物的选择很重要。从犬的姿态、表情可看出其喜乐、愤怒、恐惧。喜乐时,摇头摆尾、扭动身体,在主人四周跳跃,耳朵向后,还会发出鼻音;愤怒时,全身变硬,四肢直踩地面,背毛直立、前身放低,牙齿外露,两眼圆睁,目露凶光,而且两耳竖立,发出鸣声;恐惧时,尾巴夹在两后腿之间,身体缩成一团,躲在屋角或主人身后。

二、解剖生理特点

（一）犬的解剖特点

犬的消化器官中，口腔乳头味蕾较少，味觉较迟钝，品尝食物味道要通过味觉和嗅觉双重作用来实现，所以在准备犬的食物时要注重调理食物的气味。犬的唾液腺很发达，唾液中含有溶菌酶，具有杀菌作用。犬的呕吐中枢非常发达，吃进有毒食物后能引起强烈的呕吐反射，从而吐出胃内毒物，犬进食后 6 h 胃内食物即可排空，其肠道是体长的 3～5 倍，对食物的消化要比其他动物快得多；脾脏大，且是最大的储血器官，有利于奔跑；心肌发达，体积大，占体重的 0.72％～0.96％。犬齿具有食肉动物的特点，善于咬、撕，白齿能切断食物，但咀嚼较粗。犬齿分乳齿和恒齿世代。犬的乳齿 28 个，其中有 12 个切齿，4 个犬齿，12 个白齿；恒齿为 42 个，其中有 12 个切齿，4 个犬齿和 26 个白齿。犬的骨骼可分为中轴骨骼和四肢骨骼两部分，中轴骨骼由躯干骨和头骨组成，四肢骨骼包括前肢骨和后肢骨。头骨形态变异很大，有的头形狭而长，有的头形宽而短。犬的头骨连着颈椎，犬有 7 节颈椎，13 节胸椎，7 节腰椎，3 节融合在一起的脊椎成为一块骶骨，尾椎 8～22 个。犬的前 9 根肋骨为真肋，后 4 根肋骨为假肋。犬的前肢骨包括肩胛骨、肱骨、前臂骨、腕骨、掌骨、指骨和籽骨；后肢骨包括髋骨、股骨、胫骨、腓骨、跗骨和跖骨。犬无锁骨，肩胛骨由骨骼肌连接躯体，后肢由骨关节连接骨盆。雄犬阴茎有阴茎骨，前列腺极发达，无精囊腺和尿道球腺。

（二）犬的生理特点

1. 犬的食肉习性　犬为食肉动物，经长期家养驯化已成为以肉食为主的杂食动物，对食物的适应性很强，动物蛋白、碳水化合物、蔬菜是主要的食物，但对蔬菜等粗纤维的消化能力较差，这与咀嚼不完全和缺少消化酶有关，小型宠物犬的食肉习性随着饲喂食物结构的改变已逐步发生改变。犬的消化道比食草动物短，因此食物通过消化道的时间亦短。

2. 犬嗅觉发达，听觉超常　犬的嗅觉器官和嗅神经极发达，嗅觉极为灵敏，能嗅出稀释 10^7 倍的有机酸，特别是对动物性脂肪酸更为敏感，犬主要根据嗅觉信息识别主人，鉴定同类的性别，辨别道路、方位、猎物与食物。刚生下来的幼犬，未睁开眼，耳朵也听不见，全凭鼻子嗅母犬的乳味寻找母犬的乳房。犬的听觉也很灵敏，可听到高达 40000 Hz 的声音。

3. 视觉及味觉　犬除具备夜行动物的特征外，还有直视的倾向。犬的远视能力有限，视力仅20～30 m，一般中型犬无法辨别 100 m 外主人的动作。其双眼横向视力范围达 250°，很容易察觉背后的动静。视觉极差，对淡红、绿色色盲，每只眼有单独视野，视角仅 25°，但对运动物体的感受能力和对图形的辨别能力较强。犬的味觉极差，依靠嗅觉判断食物的新鲜或腐败。鼻镜湿润，呈涂油状，触之有凉感。

4. 繁殖性能　性成熟 280～400 日。雌犬有双角子宫，每年春秋两季发情，妊娠期 60（58～63）日，哺乳期 60 日。每胎产仔 2～14 只。适配年龄，雄犬 1.5～2 岁，雌犬 1～1.5 岁。寿命 10～20年。犬交配时间较长，10～50 min。雄犬交配过程中，阴茎根部球状海绵体迅速膨胀，机械阻滞于雌犬耻骨前缘，射精完毕，海绵体缩小后，阴茎才能退出。

5. 其他　犬的汗腺不发达，体表几乎无汗腺，主要靠呼吸调节散热。在炎热的夏季或运动后常通过张口呼吸、舌头伸出等途径散热。

第二节　猫的生物学特性

猫属哺乳纲食肉目猫科猫属，与狮、虎、豹同科。目前分为长毛猫和短毛猫两种，由于某些等位基因或突变基因的差别而分黑色、斑条色和伴性橙色等毛色型品系。

一、自然习性

(1) 聪明,胆小,警戒心强。猫很聪明,有很强的学习、记忆能力,善解人意,能"举一反三",将学到的方法用于其他问题。较易与主人建立深厚的感情。猫有较强的时间观念,能感知主人何时喂食、何时出远门而和主人亲热,辨认主人家的本领极强。猫生性孤僻胆小,喜孤独而自由的生活。除在发情、交配和哺乳期外很少群栖,且以食物来源而居。猫警戒心强,在家养一段时间后,对自己的住所及其周围环境有一个属于自己"领地"范围的观念,常在自己的"领地"边界排尿作记号,以警告其他猫不得闯入。一旦有其他猫侵入,它就发起攻击。猫的嫉妒心很强,不但嫉妒同类,甚至主人对小孩过多的亲昵,也会令其愤愤不平。

(2) 昼伏夜出,感情丰富。猫保持着食肉动物那种昼伏夜出的习性,捕鼠、求偶、交配等很多活动常在夜间进行。捕猎小鸡、小鸟、老鼠,对于猫来说没什么区别,都是出于一种捕猎求生存的本能。猫喜欢偷食,即使食盘中美餐丰盛,它也会"捕捉"和偷食主人藏好的食物,特别是厨房中的鱼。猫的一生中约有2/3的时间都在睡觉,每次睡眠时间一般在1 h左右。猫不屈服于主人的权威,对主人的命令不会盲目服从,有其自己的标准。猫的情绪变化十分丰富:高兴时,尾尖抽动,两耳扬起,发出悦耳的"咪咪"声;发怒时,两耳竖立,瞳孔缩成一条缝,甚至颈、尾部的毛也直立。猫打架后,从容自若者为赢;竖毛、弓背或仰面朝天者为败。

(3) 讲卫生,喜欢在明亮、干净的地方休息。猫非常讲卫生、爱清洁,每天都会用爪子洗几次脸,在比较固定的地方大小便,便后都会用土将粪便盖上。猫喜欢在窗台、床、沙发、电视等明亮、干净的地方休息,因此要注意关窗,防止其从高处坠下。

二、解剖生理特点

(一) 猫的解剖特点

猫有14～28个尾椎。猫四肢运动的频率快、幅度大,奔跑速度很快。猫有弯钩状的爪,前肢5爪,后肢4爪。爪平时缩在爪鞘内,当要采取攻击行为时才伸出。猫上颌的第二前臼齿和下颌的第一前臼齿称裂齿。齿尖大且尖锐,有撕裂肉的作用。猫的犬齿呈匕首样,可用来对付特殊猎物。永久齿长出后乳齿才脱落,因此,猫在一段时间内存在两套犬齿和裂齿。猫的舌面有丝状乳头,与采食食物有关。猫的肾脏在纤维性被膜内有独特的被膜静脉。雌猫乳腺位于腹部,有四对乳头。猫有双角的子宫。猫的阴茎只是勃起时向前,因此,雄猫尿向后排出。猫无精囊腺,只有前列腺和尿道球腺。猫的大脑和小脑较发达,其头盖骨和脑具有一定的形态特征,对头脑实验和其他外科手术耐受力也强。平衡感觉、反射功能发达,瞬膜反应敏锐。

(二) 猫的生理特点

猫的味蕾主要位于舌根部,很小,呈囊状。其味细胞能感知苦、酸和咸的味道,但对甜的味道不太敏感。猫进食时不像犬那样狼吞虎咽,而是把食物切割成小碎块。猫舌黏膜的丝状乳头上覆盖一层很硬的角质膜。乳头的尖端朝后,如同锉一样,使猫能舔食附在骨上的肉。猫有5对唾液腺。猫的肠管具有明显的食肉动物特征——短、宽、厚。鼻腔黏膜中的嗅觉区有2亿多个嗅细胞,对气味非常敏感,在选择食物和捕猎时起很大作用。雌、雄性猫都可留下相关气味,并以此作为相互联系的嗅觉媒介。耳与听觉:耳廓可以向四周转动45°,在头不动的情况下可做180°的摆动,能对声源进行准确定位。猫能听到30～45000 Hz的声音,也有先天性耳聋的。即使对有些声音耳聋,猫也能"听"到,因为猫爪子下的肉垫里有相当丰富的触觉感受器,能感知地面很微小的震动。

猫瞳孔的开大与缩小能力特别强,在白天日光很强时,猫的瞳孔几乎完全闭合成一条细线,减少光线射入,而在黑暗的环境中,瞳孔开得很大,尽可能地增加光线的通透量。与其他动物相比,猫的晶状体和瞳孔相对较大,能使尽可能多的光线射到视网膜上。通过视网膜感受器的光线,一部分可

3

再通过脉络膜反光色素层的反射再次投射到视网膜,使微弱光线在猫眼中放大 40 倍左右;另一部分则反射出猫眼,故晚上看到猫的眼睛闪闪发光。猫反光层色素的颜色因品种而异,有褐色、黄色和绿色等不同颜色。

猫的视野很宽。每只眼睛的单独视野在 150°以上,两眼的共同视野在 200°以上。猫只能看光线变化的东西,如果光线不变化猫就什么也看不见。当猫在看东西时,需要左右稍微转动眼睛,使它面前的景物移动起来,才能看清。

猫位于上唇皮肤两侧的胡须,是非常灵敏的感觉器官。胡须通过上下左右摆动感受运动物体引起的气流,不用触及就能感知周围物体的存在。胡须还能补偿侧视的不足。胡须作为测量器,可判断身体能否通过狭窄的缝隙或孔洞。

雌猫 5～7 月龄、雄猫 8～10 月龄性成熟,就会发情,表现为身上有异味,四处排尿,发出连续不断、大而粗的叫声。猫常年都可发情,属季节性多次发情动物。性周期为 3～21 天,平均 11 天;发情持续期 3～7 天,平均 4 天;求偶期 2～3 天。雌猫为刺激排卵,在交配刺激后约 1 h 排卵。猫妊娠期 60～68 天;每胎产仔 3～6 只,平均 4 只,最多 19 只。新生仔猫不睁眼。出生后第 9 天才有视力。仔猫哺乳期为 35～40 天。离乳后 4～6 个月,雌猫开始发情。此时交配受孕率最高。

第一章 病毒性传染病

第一节 犬 瘟 热

犬瘟热（canine distemper，CD）是由犬瘟热病毒引起的犬科、鼬科和浣熊科等动物的一种急性、高度接触性传染性疾病。临床上以双相体温升高、急性鼻卡他和随后的支气管炎、卡他性肺炎、严重胃肠炎和神经症状为特征。犬瘟热是当前养犬业和毛皮动物养殖业危害最大的疾病。犬瘟热最早发现于 18 世纪后叶，1905 年卡尔（Carre）发现其病原为一种病毒，所以本病也曾称为 Carre 氏病。犬瘟热呈全球分布，我国于 1980 年首次分离获得本病毒。

[病原]　犬瘟热病毒（canine distemper virus，CDV）属于副黏病毒科（Paramyxoviridae）麻疹病毒属（*Morbillivirus*），病毒粒子多为球形，直径为 110～550 nm，多数在 150～330 nm 之间，亦有畸形和长丝状的病毒粒子，带囊膜，囊膜表面密布纤突，具有吸附细胞的作用。病毒的基因组为不分节、非重叠的负链 RNA，由 15616 个核苷酸组成，从 3′端到 5′端依次为 3′端前导序列、核蛋白基因、磷蛋白基因、基质膜蛋白基因、融合蛋白基因、附着或血凝蛋白基因和 5′端引导序列。病毒粒子中的主要蛋白质有核衣壳蛋白（N）、磷蛋白（P）、大蛋白（L）、基质膜蛋白（M）、融合蛋白（F）、附着或血凝蛋白（H），其中 N 蛋白和 F 蛋白与麻疹病毒和牛瘟病毒具有很高的同源性，是可引起交叉免疫保护的共同抗原。F 蛋白能引起动物的完全免疫应答。本病毒在 0 ℃以上感染力迅速丧失，干燥的 CDV 在室温下尚稳定，该病毒对乙醚敏感，0.1％甲醛或 1％煤酚皂溶液在几个小时内可将其灭活，CDV 经甲醛灭活后仍能保留其抗原性。

CDV 的血凝作用未被充分肯定。其不同毒株拥有共同的可溶性抗原，各毒株在抗原性上没有区别。

CDV 可在来源于犬、貂、猴、鸡和人的多种原代与传代细胞上生长，但初次培养比较困难。一旦适应某一细胞后，即易在其他细胞上生长，其中以犬肺巨噬细胞最为敏感，可形成葡萄串样的典型细胞病变。鸡胚成纤维细胞应用的最多，即可形成星芒状和露珠样的细胞病变，也可在覆盖的琼脂下形成微小的蚀斑。试验感染可使鸡胚、雪貂、乳鼠、犬等发病，其中雪貂最为敏感，为公认的 CDV 实验动物。CDV 在鸡胚绒毛尿囊膜上形成特征性的痘斑，被用作测定 CDV 中和抗体的标准系统。适应鸡胚的 CDV 株做鼠脑内接种，可引起鼠神经症状与死亡。

[流行病学]　各种品种和年龄的犬均可感染，其中以 4～12 月龄幼犬发病率较高。在自然条件下，犬瘟热病毒也可感染犬科的其他动物（如狼、豺等）和鼬科动物（如貂、雪貂、白鼬、臭鼬、黄鼠狼、獾、水獭、刺猬、大山猫）以及浣熊、密熊、白鼻熊、大小熊猫等。此外，海狮也能自然感染发病，猴也有易感性。本病在狐、水貂等皮毛兽养殖场有时可发生流行，造成严重的经济损失。猫和猫属动物可隐性感染。雪貂对犬瘟热特别易感，自然发病的病死率常达 100％，因此常用雪貂作为本病的实验动物。人、小鼠、豚鼠、鸡、仔猪和家兔等对本病无易感性。

病犬和病水貂是本病的主要传染源。病毒存在于病犬的上呼吸道、眼和分泌物以及尿中，粪中也可能含有病毒。本病在动物间主要通过直接和间接接触传播，经消化道和呼吸道感染，也可经交配传染，飞沫与尘埃是重要的传播媒介。病犬向外界的散毒期为 60～90 天。未免疫母犬所生的仔犬易在 20～30 日龄暴发本病,具有母源抗体的幼犬多于出生后 9～16 周龄感染本病。母犬在怀孕期间感染时,常发生流产、死胎和弱胎。康复犬可获终生免疫。

本病一年四季均可发生,在冬季(12 月至翌年 2 月)多发,无地区性。另外,环境湿度、温度过高以及日粮中缺乏微量元素、维生素或蛋白质是暴发本病的诱因。

[症状] 潜伏期随机体的免疫状况和所感染病毒的毒力与数量而异,一般为 3～6 天,多数于感染后第 4 天体温升高,少数于第 5 天,极少数于第 3 天或第 6 天。多数病例首先表现为上呼吸道的感染症状,体温升高,食欲降低,倦怠,眼、鼻流出水样分泌物,并常在 1～2 天内转变为黏液性、脓性分泌物;血液检查则可见淋巴细胞减少,白细胞吞噬功能下降,偶尔可在淋巴细胞和单核细胞中检出CDV 抗原和包涵体。此后可有 2～3 天的缓解期,病犬体温趋于正常,精神食欲有所好转。此时如不加强护理和防止继发感染等全身性治疗,就会很快发展为肺炎、肠炎、脑炎、肾炎和膀胱炎等全身性炎症。

以支气管肺炎和上呼吸道炎症为主的病犬,鼻镜干裂,呼出恶臭的气体,排出脓性鼻液,严重时将鼻孔堵塞,病犬张口呼吸,并不时以爪挠鼻,眼因脓性结膜炎而分泌出大量脓性分泌物,严重时甚至将上下眼睑黏合到一起,角膜发生溃疡,甚至穿孔。病犬发生先干性后湿性咳嗽,肺部听诊时,呼吸音粗厉,有湿性啰音或捻发音。

以消化道炎症为主的病犬,食欲降低或完全丧失,呕吐,排带黏液的稀便或干粪,严重时排高粱米汤样血便。病犬迅速脱水、消瘦,与病毒性肠炎病犬症状十分相似。尤其是那些断乳不久的幼犬,有时仅表现为出血性肠炎症状,只有通过病原学检查,才可发现为 CDV 感染。

以神经症状为主的病犬,有的开始就出现神经症状,有的先表现为呼吸道或消化道症状,7～10天后再呈现神经症状。病犬轻则口唇、眼睑局部抽动,重则流涎空嚼,或转圈、冲撞,或口吐白沫,牙关紧闭,倒地抽搐,成癫痫样发作,持续时间数秒至数分钟不等,发病的次数也常由每天几次发展到十几次,这样的病犬多半预后不良。也有的病犬表现为一肢、两肢或整个后躯抽搐麻痹、共济失调等神经症状,治愈后常留有肢体划动、麻痹或后躯无力等后遗症。

呈现皮肤症状的病犬较为少见。少数患病幼犬,可于体温升高的初期或病程末期于腹下、股内侧等皮肤薄、毛稀少的部位,出现米粒至豆粒大小的痘样疹,初为水疱样,后因细菌感染而发展为脓性,最后干涸脱落。也有少数病犬的足垫先表现为肿胀,最后出现过度增生、角化、形成所谓硬脚掌病。

CDV 为一种泛嗜性病毒,可感染多种细胞与组织,但亲嗜性较强的是淋巴细胞与上皮细胞。用荧光抗体检测发现,经呼吸道感染的 CDV,24 h 后可在扁桃体、咽喉和支气管后淋巴结中发现其增殖的病毒抗原,病毒在此经 2～4 天的初次增殖后进入血液,形成病毒血症。此时,病毒一方面在血液淋巴细胞和单核细胞中增殖,同时随血流扩散到肝、肺、乳房、胸腺、骨髓等组织和器官,并在其中的上皮细胞和淋巴组织中大量繁殖,使机体的细胞免疫与体液免疫功能受到严重破坏,导致呼吸道支气管继发感染博代菌、溶血性链球菌、消化道沙门菌、大肠杆菌、变形杆菌等,引起体温升高等临床症状。

本病的病程及预后与动物的品种、年龄、免疫水平及所感染病毒的毒力、数量、继发感染的类型有关。无并发症的病犬,通常很少死亡。并发肺炎和脑炎的病犬,病死率高达 70%～80%。未发生过犬瘟热的地区在初次发生犬瘟热时,动物的易感性极高,病死率可达 90%,甚至 90% 以上。有些毒株仅使犬表现呼吸道症状或消化道症状,有些则使多数感染犬呈现神经症状。3～6 月龄纯种仔犬发病率与病死率明显高于其他犬。近年来发现,除并发大肠杆菌、葡萄球菌、沙门菌、支气管败血波氏杆菌及星形诺卡菌感染以外,还有腺病毒、冠状病毒的混合感染,故病死率表现明显不同。

[病变] 犬瘟热的病理变化随病程长短、临床病型和继发感染的种类与程度的不同而异。早期尚未继发细菌感染的病犬,仅见胸腺萎缩与胶样浸润,脾、扁桃体等组织脏器中的淋巴组织减少。发生细菌继发感染的病犬,则可见化脓性鼻炎、结膜炎、支气管肺炎或化脓性肺炎。消化道则可见卡他

性乃至出血性胃肠炎。死于神经症状的病犬,肉眼观仅见脑膜充血,脑室扩张及脑脊液增多等非特异性脑炎变化。

组织学检查可见全身淋巴系统的退行性变化,在肺泡和支气管内有巨噬细胞和炎性渗出物,在支气管、细支气管的上皮细胞及肺泡中的巨噬细胞内可见有包涵体。早期死于神经症状的病犬,可见有非化脓性脑炎与白质中的空泡形成。晚期病犬则有可能见到由自体抗原-抗体反应引起的脱髓鞘现象。在脱髓鞘病犬的脑室膜细胞、小胶质细胞中,有可能见到类似 CDV 核衣壳的晶状结构,与麻疹病毒引起的人亚急性硬化性全脑炎十分相似。

[诊断] 根据流行病学资料和临床症状,可做出初步诊断,确诊需通过病原学检查与血清学检查。

1. 病原学检查 病原学检查有病毒分离、电镜观察、荧光抗体染色等方法。CDV 培养较困难。动物实验以雪貂最为敏感,幼犬和鸡胚较为困难。细胞培养以犬巨噬细胞最易成功,一旦适应某种细胞后,即可在犬、猴、鸡、人等多种原代和传代细胞上生长。

为检查细胞培养物或外周血白细胞与肝、脾、肺等病料中的 CDV,国内外已建立荧光抗体染色检查法,如在被检样本的细胞质内发现特异的荧光斑,即可确诊。用上述样本的冻融液,进行直接负染,或加入 CD 特异血清后电镜观察,亦可迅速做出诊断。

2. 血清学检查

(1) 中和试验:用标准的 CDV 与等量的被检血清混合,于室温 1 h 后,接种 6~8 日龄鸡胚的绒毛尿囊膜,于 35~37 ℃温箱中孵育 6~7 天,通过绒毛尿囊膜上的"痘斑"出现情况,按统计学的方法,计算该血清的中和指数。也可用敏感细胞,以细胞病变为指标进行微量细胞中和试验。由于试验条件,尤其是所用病毒剂量的差别,所测出的血清中和效价可能不完全一致,为此一定要用已知效价的标准血清作为参照。

(2) 补体结合试验:多以 CDV 的 Vero 细胞或鸡胚成纤维细胞培养物为抗原,检测被检血清中的补体结合抗体。由于该抗体出现较晚,感染后 1~3 周才出现,维持时间也较短,故只能作为一种证明近期感染的方法。

(3) 间接酶标或荧光抗体法:能够检测血清中的 CDV 特异抗体 IgM,有可能用于本病的早期诊断。试验发现,人工感染的 CD 病犬,7 天后即开始出现特异抗体 IgM,14 天后达到最高峰,此后逐渐下降,至 28 天基本消失,而疫苗接种与回忆反应仅出现 IgG,故检出 CDV 特异抗体 IgM,即可做出 CDV 感染的诊断。

3. 包涵体检查 有一定的诊断意义。CDV 感染犬常可在其眼结膜、膀胱、肾盂、支气管上皮等细胞的胞质或胞核内检出包涵体。但由于与狂犬病病毒、犬传染性肝炎病毒等所形成的包涵体以及细胞本身某些反应产物难以区分,故在判定时,应全面综合考虑。

4. 分子生物学诊断技术 国内外均已将 RT-PCR 和核酸探针技术用于本病诊断。RT-PCR 简便快速,灵敏特异,可参考有关文献,或自行根据 GenBank 中的数据设计具体的特异性引物和核酸扩增方法进行诊断。

[预防] 研究发现,只有完整的活的 CDV 才能使犬同时产生细胞免疫与体液免疫,而且只有同时具备这两种免疫力的犬,才能对 CDV 产生完全的免疫。因此,在主动免疫预防方面,强毒与免疫血清联合接种的方法现已不再使用。强毒脏器灭活苗或细胞培养灭活苗只能引起体液免疫,不能导致细胞免疫,且体液免疫维持时间较短,抗体滴度下降很快,每 10 天下降 50%。不论灭活疫苗中是否加入佐剂,抗体持续期均比弱毒疫苗短得多,故 CDV 灭活疫苗不再使用。

将 CDV 接种于雪貂连续传代后,降低了其对犬和狐的致病力,但能刺激产生高度的主动免疫。将此弱毒株接种于鸡胚绒毛尿囊膜后,研制成的鸡胚化疫苗,得到广泛应用和满意效果。后来发现细胞培养疫苗的效果也很好,接种后抗体滴度较高,免疫力坚强持久。接种动物极少排毒,易感幼犬与接种犬接触不被感染。目前应用最多的是用 Vero 细胞或鸡胚成纤维细胞培养制造的 CDV 弱毒疫苗,有的已与犬副流感、传染性肝炎、细小病毒性肠炎等弱毒苗制成联合苗。

体液免疫主要由中和抗体组成,可中和细胞外游离的CDV,已进入细胞内的病毒则需依靠细胞免疫来清除。其中的体液免疫可通过初乳和胎盘被动传递给新生幼犬,使其在一定时间内,免遭CDV感染。但这种母源性抗体也可干扰幼犬对疫苗的主动免疫。另一个重要的现象是CDV能使犬的免疫力受到不同程度的抑制,表现为病犬的细胞吞噬功能下降,极易继发感染。为此,在进行CD的预防与治疗时,一定要考虑这两个方面的因素。

关于犬瘟热的免疫程序,年龄大于3个月的幼犬给予一个剂量的免疫;小于3个月的幼犬,应给予两个以上剂量的免疫,每个剂量以2周的间隔肌肉注射。每个剂量含犬瘟热病毒量为$10^{4.5}$ TCID$_{50}$。

影响CD弱毒疫苗免疫效果的因素较多,首先是免疫的程序与时机,最理想的办法是根据母犬血清CD中和抗体水平与幼犬吮乳情况来决定其首免日龄。母犬CD抗体水平很低或出生后因某种原因未食初乳的幼犬,2周龄时即可首次免疫接种。没有条件进行母犬抗体水平监测的,可根据具体情况而定。防疫条件好的或非疫区可于8~12周龄起,每隔2周重复免疫1次,连续免疫2~3次较理想。对疫区受CD感染威胁的犬,有条件的可先注射一定剂量的CD高免血清做紧急预防,7~10天后再接种疫苗。为防止在等待母源抗体下降期间感染发病,可于断奶时即进行首次免疫。为防止母源抗体对免疫作用的干扰,可适当增加以后的免疫剂量与次数。为防止免疫犬在产生免疫力之前感染发病,注射疫苗期间,一定要加强防疫措施,严防与病犬或可疑病犬接触。新引进的犬,一定要隔离检查;原有的犬,尤其是种犬和曾经感染过犬瘟热的犬,需定期进行抗体检查和CDV带毒检查。CDV中和抗体水平在1∶100以下时需及时加强免疫,对带有CDV和有散毒可疑的犬,则应淘汰。

成年犬接种犬瘟热弱毒疫苗时,偶尔发生接种性脑炎。母犬分娩后3天给仔犬注射疫苗易使其发生脑炎,需引起注意。

[治疗] 早期大剂量使用CD单克隆抗体或高免血清,每千克体重1.5~2 mL,每天一次静脉或肌肉注射,每千克体重肌肉注射干扰素20万~50万IU,每天一次,对于出现的呼吸道和消化道细菌继发感染,可使用头孢噻呋钠每千克体重15~20 mg静脉注射,每天两次,呼吸困难的病犬使用氨茶碱50~100 mg肌肉注射,高热时使用安痛定等肌肉注射,呕吐病犬使用胃复安、溴米那普鲁卡因注射液等止吐,对于因出现腹泻而脱水的病犬,需补充体液和电解质,根据脱水程度适量使用生理盐水、葡萄糖注射液等,如果同时存在呼吸困难适当减少输液量,防止出现肺水肿;对于表现出神经症状的病犬,死亡率较高,尚无可靠药物进行治疗,多以死亡告终,存活的犬可留有后遗症。

第二节　犬细小病毒病

犬细小病毒病(canine parvovirus disease)是由犬细小病毒引起的以严重肠炎和心肌炎综合征为特征的犬科和鼬科动物的重要传染病。本病可发生在世界各地,幼犬发病率和病死率很高。

本病于1978年同时在澳大利亚和加拿大被证实以来,已在世界很多地区相继发现。我国于1982年证实此病之后,在东北、华东和西南等地区的警犬和良种犬中陆续发生和蔓延,是导致幼犬死亡的主要传染病之一。

[病原] 犬细小病毒(canine parvovirus,CPV)属于细小病毒科(Parvoviridae)细小病毒属(Parvovirus)。病毒粒子呈圆形,直径20~40 nm,呈二十面体对称,无囊膜,由32个壳粒组成。基因组为单股线状DNA,在DNA两端各有一个发卡样的回纹结构。DNA编码病毒有3种结构多肽(VP1、VP2、VP3),其中VP2是病毒的主要结构成分。

CPV对外界理化因素抵抗力非常强,这与其化学组成和结构特点有关,如无囊膜,不含脂类和糖类,结构坚实紧密等。CPV 在粪便中可存活数月至数年,4~10 ℃可存活半年以上。对乙醚、氯仿、醇类和去氧胆酸盐有抵抗力,但对紫外线、福尔马林、β-丙内酯、次氯酸钠、氨水和氧化剂等消毒剂敏感。

CPV 具有较强的血凝活性,在 4 ℃、pH 值 6.0~7.2 条件下可牢固地凝集猪和猴的红细胞。CPV 可在多种不同类型的细胞内增殖,如在猫和犬的肾、肺、肠原代和传代细胞内能很好地生长,也可在犬胸腺细胞、水貂肺细胞、浣熊唾液腺细胞以及牛胎儿脾细胞中增殖和传代。猫肾细胞系 FS1 是较常用的细胞之一,细胞病变在接种后 3~4 天出现,包括细胞变长、崩解破碎和脱落等。有时出现核内包涵体。病毒复制时需依赖于宿主细胞的某些功能,只能在细胞分裂最旺盛的 DNA 合成期以前接种病毒才能发生有效感染(这也许是 CPV 对分裂旺盛的心肌细胞、小肠上皮细胞以及骨髓干细胞具有较强亲和力的原因)。在初次分离病毒时,细胞被轻度染毒,病变不明显,可继续传代(带毒传代)。为获得较好的分离培养效果,还可于细胞分种的同时接种病毒(同步接毒)。

[流行病学] 犬是该病的主要宿主,各种年龄和品种的犬均可感染。断乳前后的仔犬易感性最高,往往以同窝暴发为特征。3~4 周龄犬感染后呈急性致死性心肌炎的较多;8~10 周龄的犬则以肠炎为主,但心肌细胞有核内包涵体。小于 4 周龄的仔犬和大于 5 岁龄的老年犬发病率低,一般分别为 2%和 16%。也曾有貉、狼、狐和浣熊感染发病的报道。

病犬是本病的主要传染源,其腹泻物、尿、唾液和呕吐物中均含有病毒。康复犬可能从粪、尿中长期排毒,污染饲料、饮水、垫草、食具和周围环境。健康犬因接触病犬或食入污染的食物而感染。临诊发病后的 4~7 天粪便排毒量最高,9~14 天病毒含量趋于减少,但传染性可持续 30 天到 8 个月。经胎盘垂直感染的可能性也存在。本病主要经消化道传染。

新疫区在早期由于易感性高和犬群密集,大小犬只都感染,可导致暴发性流行,病死率较高。几个月后,只有在小犬中发生新病例。本病无明显季节性。城市犬感染率较高。

[症状] 潜伏期为 7~14 天。多数呈现肠炎综合征,少数呈现心肌炎综合征。肠炎病犬表现为经 1~2 天的厌食、软便,间或体温升高之后,迅速发展成为频繁呕吐和剧烈腹泻,排出恶臭的酱油样或番茄汁样血便,并迅速出现眼球下陷、皮肤失去弹性等脱水症状,很快呈现耳鼻发凉,末梢循环障碍,精神高度沉郁等休克状态。血液检查可见红细胞比容增加,白细胞减少。常在 3~4 天内昏迷而死。

呈心肌炎综合征的病犬多见于流行初期,或为缺少抗体的 4~6 周龄幼犬。常突发无先兆的心力衰竭,或在肠炎康复之后,突发充血性心力衰竭。表现为呻吟、干咳、黏膜发绀,呼吸极度困难。心有杂音,心跳加快,常在数小时内死亡。

[病变] 剖检可见眼球下陷,腹部卷缩,极度消瘦,脱水及肛门周围附有血样稀便。血液黏稠暗紫,严重时肠管外观紫红。肠系膜血管呈树枝状充血,淋巴结出血水肿,切面呈大理石样。小肠黏膜出血、坏死,甚至脱落,内容物呈酱油样或果酱样。胸腺可见萎缩、水肿,肝、脾仅见淤血变化。死于心肌炎综合征的尸体,则见肺脏局部充血、出血及水肿,心肌红黄相间呈虎斑状,有时有灶状出血。

组织学检查,肠炎综合征型的最突出变化是小肠隐窝上皮坏死脱落,固有层见有充血、出血和炎性细胞浸润。淋巴组织严重坏死、衰竭,上皮细胞中有时可能发现包涵体。胸腺间质水肿,皮质细胞减少,胸腺小体发生玻璃样变。心肌炎综合征型的组织学病变特征则为心肌纤维的弥漫性淋巴细胞浸润,间质水肿与局限性心肌变性,呈典型的非化脓性心肌炎变化,在病变的心肌细胞中有时可发现包涵体和 CPV 样粒子。

[诊断] 首先是根据临床症状进行初步诊断。在犬场中,断乳不久的仔犬几乎同时发生呕吐、腹泻、脱水等肠炎综合征,而且排出的稀便恶臭带血,病死率很高,就应怀疑为 CPV 感染。但由于肠炎型犬瘟热、犬冠状病毒、轮状病毒感染,以及某些细菌、寄生虫感染和急性胰腺炎,也常呈现肠炎综合征,故诊断时一定要注意鉴别。

1. 血凝与血凝抑制试验 此法最为简便、经济、实用。既可迅速检出粪便抽提物和细胞培养物中的CPV抗原,也可很快检出血清和粪液中存在的CPV抗体。方法是用0.015 mol/L,pH7.0的PBS将经氯仿处理的粪便抽提物或细胞培养液在V形微量血凝板上做2倍连续稀释,加新鲜或醛化的猪或猴红细胞悬液,于4 ℃静置1 h后即可判定。为检查后期粪便中出现的IgM等抗体以及被此种抗体凝集失去血凝活性的CPV抗原,可加入2-巯基乙醇。

2. 电镜与免疫电镜观察　有条件的单位,可直接用粪便上清液做电镜负染检查。此法尤其适用于后期病毒被凝集成团失去血凝性的CPV感染,也可同时发现犬瘟热病毒、冠状病毒、轮状病毒等其他病原感染。如仅发现少量散在的CPV样粒子,为区别是CPV还是非致病性犬微小病毒(MVC),可加CPV特异血清感作,进行免疫电镜观察。

3. 病毒分离鉴定　对于新疫区,或为了对流行毒株进行比较研究,可采用此法。将除菌的粪便提取物,于细胞分离的同时,接种猫肾原代或传代细胞,并采用接毒细胞传代的方法,常可迅速分离出CPV。为提高分离率,最好采用早期病毒尚未被IgM等抗体作用的病料。感染的指标以检测培养物的血凝性最为简便,也可用特异荧光抗体检查感染的细胞。

4. 酶联免疫吸附试验(ELISA)　采用双抗体夹心法,应用特制的酶标反应小管、板或纤维素膜,国外已研制出多种可供临床应用的试剂盒。国内已有采用酶标和金标的CPV单抗制成的CPV快速诊断试剂盒和层析试纸条,可在2 h内或更短时间内检出粪样中的CPV抗原。

5. 其他　随着分子病毒学的发展,CPV的PCR诊断技术已广泛用于科研并试用于临床。

[预防]　预防CPV感染的根本措施在于疫苗接种,国内外已研制成功多种CPV单苗与联苗。归纳起来有两大类,一类为灭活苗,另一类为弱毒苗。

灭活苗有脏器毒浓缩提纯灭活苗和强毒细胞培养灭活苗,多数加有氢氧化铝、磷酸铝等佐剂,灭活剂为β-丙内酯或福尔马林。此类疫苗安全性好,不存在毒力返祖的危险,但需有足够的病毒量,必须经过高度浓缩,而且免疫力需较长的时间才能产生,一般需经2次以上的接种,才能达到有效的保护(约需4周时间),免疫期大约可维持6个月,母源抗体对其有干扰作用。

弱毒苗有猫源与犬源两种。根据猫泛白细胞减少症(FPV)对CPV有交叉免疫作用,国外最先用猫瘟热弱毒疫苗做CPV感染的免疫试验,结果虽可产生一定的保护作用,但不完全,且免疫期较短,后改用来自CPV的弱毒疫苗。由于母源抗体的影响,CPV弱毒疫苗的免疫时机与免疫程序非常重要,可于10~12周龄进行第1次接种,以后每隔2~3周接种1次,连续接种2~3次,可产生1年以上的免疫保护。对疫区受CPV感染威胁或缺少母源抗体的犬,则应提前到6~8周龄进行首免,然后按上述进行2~3次的连续接种。国内夏咸柱等从犬科动物貉中分得的一株CPV自然弱毒,免疫预防CPV感染,对仔犬母源抗体有较强的抵抗力,因而免疫效果优于进口疫苗。将其与犬狂犬病、犬瘟热、副流感、传染性肝炎弱毒联合,制成的犬五联弱毒疫苗,经20余万只犬的临床应用试验证明仍然安全有效,不存在免疫干扰,但与国外生产的联苗一样,不能用于紧急预防。对有可能处于潜伏期的动物,必须先注射高免血清,观察1~2周无异常时,再按免疫程序免疫。

犬瘟热病毒-细小病毒二联苗与犬瘟热病毒、细小病毒、犬腺病毒和副流感病毒的四联苗,以及卫佳伍、卫佳捌等也是目前在国内使用效果较好的疫苗。

[治疗]　心肌炎综合征型病例常来不及救治即死亡;肠炎型病犬及时合理治疗,可明显降低病死率,早期大剂量注射单克隆抗体或高免血清(每千克体重1.5~2.0 mL),严重时可加量,干扰素每公斤体重20万~50万单位肌肉注射,每天一次。控制继发感染可使用庆大霉素每公斤体重1万单位静脉注射,每天1~2次,补液可根据犬的脱水程度与全身状况,一般的中度脱水每天总输液量控制在每公斤体重30~40 mL,对于禁食期病犬常在5%的糖盐水中加维生素C、ATP等维持体能,检测体内各离子含量精准补充,可取得较好的效果。呕吐严重的可肌肉注射溴米那普鲁卡因注射液、甲氧氯普胺注射液(胃肠道有出血时禁用),胃肠道有出血时应用酚磺乙胺、安特诺新等止血,心力衰竭病犬使用安钠咖、葡萄糖酸钙等药物,腹泻严重的可使用0.1%高锰酸钾溶液深部灌肠,休克症状明显的可肌肉注射地塞米松或盐酸山莨菪碱注射液(654-2)。有呕吐症状的禁食、禁水,呕吐消失后

可适当饮水,无腹泻时可逐渐给予肠道处方粮或粗纤维食物如玉米面等,避免高蛋白、高脂肪等难消化的食物。

第三节 犬传染性肝炎

犬传染性肝炎(infectious canine hepatitis,ICH)是由犬腺病毒1型引起的急性病毒性传染病。本病主要发生于犬,也见于其他犬科动物(如狐等),以肝小叶中心坏死、肝实质细胞和上皮细胞出现核内包涵体、出血时间延长和肝炎为特征。

1925年,Creen首先发现犬腺病毒1型引起狐的脑炎,故又称狐脑炎。1947年Rubarth又发现其可引起犬的肝炎,故曾称狐脑炎和犬传染性肝炎。

[病原] 犬腺病毒1型(canine adenovirus type-1,CAV-1)属于腺病毒科(Adenoviridae)哺乳动物腺病毒属(Mastadenovirus),病毒粒子呈圆形,无囊膜,直径70～80 nm,为二十面体对称,有纤突,纤突顶端有一直径4 mn的球形物,具有吸附细胞和凝集红细胞的作用。基因组为双股线状DNA,长约31 kb。根据DNA上各基因转录时间的先后顺序不同,区分为E1～E4和L1～L5等基因区段,分别编码病毒的早期转录蛋白和结构蛋白。

CAV-1的抵抗力较强,对温度和干燥有很强的耐受力。50 ℃经150 min或60 ℃经3～5 min才能将其杀死。在室温和4 ℃条件下,可分别存活90天和270天。对乙醚、氯仿和pH 3.0的溶液具有抵抗力。甲醛、碘仿和氢氧化钠可用于杀灭CAV-1。

CAV-1易在犬肾和睾丸细胞内增殖,但也可在猪、豚鼠和水貂的肺和肾细胞中不同程度地增殖。感染细胞出现肿胀变圆,聚集成葡萄串样,并能使单层细胞产生核内包涵体,最初为嗜酸性,随后变为嗜碱性。CAV-1感染的细胞不产生干扰素,病毒的增殖也不受干扰素的影响。病毒在细胞内连续传代后易降低其对犬的致病性。已感染犬瘟热病毒的细胞,仍可感染和增殖犬腺病毒。

CAV-1可凝集人O型红细胞和豚鼠红细胞(但CAV-2不能凝集豚鼠红细胞,利用这一特性,可将两型犬腺病毒鉴别开来),CAV-1对鸡红细胞的凝集性很差,不能凝集犬、小鼠、兔、绵羊、马和牛的红细胞。

[流行病学] CAV-1除能感染狐和犬外,还能感染狼、貉、山犬、黑熊、负鼠和臭鼬。Shonidge等人通过血清学调查认为,马、兔、松鼠、刺猬和黑猩猩也是犬腺病毒的敏感动物。本病毒能实验感染豚鼠,也能使大熊猫发生感染。人群中抗体阳性率很高(35%),兽医人员更高(49%),而且也能检出补反抗原,但不表现任何临诊症状,由此可知人也可隐性感染本病毒。病犬和带毒犬是本病的主要传染源。病犬在发病初期,血液含毒较多,随后病毒见于所有分泌物和排泄物中,严重污染环境。康复犬肾脏中带毒,可持续达6～9个月,成为重要传染源。本病主要通过消化道感染,也可经胎盘感染。呼吸型犬传染性肝炎也可能经飞沫通过呼吸道传播。外部寄生虫可能也是本病的传播媒介。

本病无明显季节性。不同品种和年龄的犬均易感,但以1岁以内幼犬的感染率与死亡率最高。

[症状] 本病的潜伏期较短,自然感染的潜伏期为6～9天。经消化道感染的病毒,首先在扁桃体进行初步增殖,接着很快进入血流,引起体温升高等病毒血症,然后定位于特别嗜好的肝细胞和肾、脑、眼等全身小血管内皮细胞,引起急性实质性肝炎、间质性肾炎、非化脓性脑炎和眼色素层炎等炎性症状。

临床上分最急性、急性和慢性3型。最急性型见于流行的初期,病犬尚未呈现临床症状即突然死亡。急性型病犬则表现高热稽留、畏寒、不食、渴欲增强、眼鼻流水样液体,类似急性感冒症状。病犬高度沉郁、蜷缩一隅,时有呻吟,剑突处有压痛,胸腹下有时可见有皮下炎性水肿。可出现呕吐和腹泻,吐出带血的胃液和排出果酱样血便。血液检查可见白细胞减少和血凝时间延长。常在2～3天内死亡,病死率达25%～40%。恢复期的病犬,约有1/4出现单眼或双眼的一过性角膜混浊,其角膜常在1～2天内被淡蓝色膜覆盖,2～3天后可不治自愈,逐渐消退,即所谓"蓝眼"病变。慢性型病例见于流行后期,病犬仅见轻度发热,食欲时好时坏,便秘与腹泻交替。此类病犬病死率较低,但生长发育缓慢,有可能成为长期排毒的传染来源。

[病变]　各型病例的病理变化差异较大,急性型和最急性型病例,齿龈黏膜常苍白,有时有小点状出血,扁桃体水肿出血。最突出的变化是肝脏肿胀、质脆,切面外翻,肝小叶明显。胆囊壁明显水肿,有时在水肿的胆囊壁上有出血点。腹腔常有积液,其积液常混有血液和纤维蛋白,遇空气极易凝固,肝或肠管表面有纤维蛋白沉着,并常与膈肌、腹膜粘连。肠系膜淋巴结明显水肿、出血,肠内容物常混有血液。组织学检查,可见肝小叶中心坏死,常见肝细胞及窦状隙的内皮细胞、枯否细胞和静脉内皮细胞有核内包涵体。电镜超薄切片检查,可在肝细胞内见到呈晶格状排列的CAV-1及其前体。在具有眼色素层炎的病例,可在其色素层的沉淀物里找到CAV-1的抗原与抗体所形成的免疫复合物。

[诊断]　由CAV引起的犬传染性肝炎,除"蓝眼"症状外,其他症状均缺乏示病性。而且,CAV感染又常易与犬瘟热、副流感等病毒混合感染,增加了临床症状的复杂性。依靠临床症状只能做出初步诊断,最后确诊需通过病原学检查与血清学试验。

1. 病原学检查　生前采用被检动物的血、尿、咽拭子滤液,死后采用肝或肺制成无菌乳剂,接种犬肾细胞做病毒分离或直接电镜观察,如分离出或直接观察到腺病毒,即可做出诊断。

2. 血清学试验

(1) 微量补体结合试验:应用豚鼠抗CAV血清作为抗体,CAV-1感染犬组织浸出液为抗原,采用微量补体结合试验的方法,即可检出被检犬血清、腹腔积液(又称腹水)和肝浸出液中的CAV-1抗原,也可检出血清中CAV补体结合抗体,从而做出CAV的感染诊断与回顾性诊断。

(2) 微量血凝与血凝抑制试验:夏咸柱等(1990)根据CAV-1可凝集人O型红细胞(且此种凝集作用既可被CAV-1抗血清所抑制,又可被CAV-2抗血清所抑制的原理),建立了CAV-1改良微量血凝与血凝抑制试验,可用于病料中HA抗原的检测,对急性病例进行临床诊断,也可对血清中HI抗体进行检测,用于CAV-1的免疫力测定和流行病学调查。

(3) 荧光抗体试验:应用CAV荧光抗体,直接检查肝、脾、肺等组织切片、印片或感染细胞中的CAV抗原,从而确定诊断。

(4) PCR技术:扈荣良等建立的犬腺病毒PCR诊断方法,即通过一对通用引物,直接利用煮沸的感染犬肝组织,就可获得扩增产物,CAV-1和CAV-2分别约为500 bp和1000 bp,用于两者感染的鉴别诊断。

[预防]　控制本病的根本措施在于免疫预防。国内外最早使用的是CAV-1感染犬肝脏制备的脏器灭活疫苗,后来采用CAV-1细胞培养弱毒疫苗,但其可使部分免疫犬发生"蓝眼"症状,现已逐步被CAV-2弱毒疫苗所代替。CAV-2和CAV-1具有高度同源性,可提供犬对CAV-1 100%的免疫保护力。CAV-2弱毒疫苗免疫原性和安全性均很好,接种14天后即可产生免疫力。由于该病常与犬瘟热等病毒性疾病并发,所以在实际工作中,常将其与犬瘟热病毒、副流感病毒、细小病毒等制成不同的弱毒联苗。

鉴于CAV-2弱毒具有良好的免疫原性与遗传稳定性,国内外正进行以CAV-2弱毒为载体的狂犬病病毒、细小病毒以及犬瘟热病毒基因重组疫苗的研究。

CAV感染的一个重要特点是康复后带毒期长达6～9个月,此期犬成为本病的重要传染来源,为彻底控制本病,必须坚持免疫与检疫相结合,在加强免疫的同时,重视对新引进动物和原有康复动物的检疫。

由于PCR技术可将CAV-1强弱毒以及CAV-1和CAV-2区分开,因此,PCR诊断技术可用于该病的检疫和净化。

[治疗]　对于病程短急,且全身症状严重者,治疗效果均不理想。病程较长的病例,可在及时注

射大剂量 CAV 高免血清的同时,使用复方甘草酸胺注射液保肝、头孢噻呋钠防止继发感染,其余对症治疗。

第四节　犬冠状病毒感染

犬冠状病毒感染(canine coronavirus infection)是由犬冠状病毒引起犬急性胃肠炎的重要疾病之一,既可单独致病,也可与犬细小病毒、轮状病毒和魏氏梭菌等病原混合感染,呈现急性胃肠炎综合征,表现为剧烈呕吐、腹泻、精神沉郁及厌食。

1971 年首先由 Binn 从患有胃肠炎的犬中分离到犬冠状病毒,以后在世界范围内流行。幼犬受害严重,病死率随日龄增长而降低,成年犬几乎没有死亡。

[病原]　犬冠状病毒(canine coronavirus, CCV)属于冠状病毒科(Coronaviridae)冠状病毒属(Coronavirus),呈圆形或椭圆形,直径在 50～150 nm,有囊膜,其囊膜表面有长约 20 nm 的纤突,病毒核酸为单股正链 RNA,衣壳由糖蛋白(S)、膜蛋白(M)、小膜蛋白(SM)和核蛋白(N) 4 种结构蛋白组成。CCV 不耐热,对乙醚、氯仿、去氧胆酸盐敏感,易被福尔马林、紫外线等灭活;反复冻融和长期存放易导致纤突脱落,使病毒感染性丧失。但在 20～22 ℃的酸性环境(pH 3.0)中不被灭活。在冬季其传染性可维持数月。

CCV 主要存在于感染犬的粪便、肠内容物、肠上皮细胞和肠系膜淋巴结内,但在健康犬的心、肝、脾、肾及淋巴结中也发现有冠状病毒样粒子。CCV 可在犬肾、胸腺、滑膜、胚胎成纤维细胞和成纤维瘤细胞(A-72)等多种原代和继代体外培养细胞中生长,也可在猫肾传代细胞和猫胚成纤维细胞上生长,并在接种 2～3 天后产生细胞病变。

[流行病学]　各种年龄、品种和性别的犬均对 CCV 易感,但以 2～4 月龄发病率最高,2～3 月龄仔犬常成窝死亡。CCV 感染一年四季均可产生,但冬季多发。犬科其他动物如狐、貉也可感染。有些毒株可感染猪和猫。其他非犬科动物未见感染 CCV 的报道。

CCV 感染的发病率较低,约 30%,其发生和严重程度常与断乳、运输、气温骤变、饲养条件恶化等应激因素和年龄及混合感染有关。病犬和带毒犬的粪便中含有大量 CCV,由此造成的环境污染是易感犬的主要传染来源,也有证据显示,CCV 存在垂直传播的可能性。

CCV 感染呈世界性分布。CCV 血清阳性率的调查结果差别很大,为 0～80% 不等。采用电镜、ELISA 等技术检测到 CCV 的阳性率为 0.3%～41% 不等。但近年来,由于对犬细小病毒感染的有效预防,在腹泻犬中检测到 CCV 阳性率呈逐渐升高的趋势。

[发病机理]　病毒经口接种易感犬 2 天后,到达十二指肠上部,主要侵害小肠绒毛 2/3 处的消化吸收细胞。病毒经胞饮作用,进入微绒毛之间的肠细胞。病毒在细胞质内复制,由内质网和胞质空泡膜上出芽而成熟。由于细胞膜破裂,病毒随脱落的感染细胞进入肠腔内,再感染小肠整个肠段的绒毛上皮细胞,进而绒毛短粗,消化酶和肠吸收功能丧失,导致腹泻。以后随着小肠结构的复原,临诊症状消失,排毒减少并终止,血清中产生中和抗体。

[症状]　早期病例可见小肠局部发炎、臌气,后期出现整个小肠炎性坏死,肠系膜淋巴结水肿,肠系膜血管呈树枝样淤血,浆膜紫红;肠黏膜脱落,肠内容物呈果酱样,胃黏膜也见有出血;小肠常套叠,脾肿大。多数病犬不发热,白细胞数略有降低,常可在 7～10 天内康复,有些犬,特别是幼犬在发病后 24～36 h 死亡。国外报道其病死率低,但国内报道病死率较高,某些病例死亡较快。

临床上常出现腹泻,有时在腹泻前出现呕吐。粪便为橘黄色,有时出现血便。丧失食欲和嗜睡为常见症状。

[病变]　CCV 人工感染的潜伏期为 24～48 h。CCV 主要侵害小肠绒毛上端 2/3 的柱状上皮细胞,随着此处上皮细胞的坏死脱落,由其分泌的乳糖酶和蛋白酶明显减少,吸收水分和电解质的功能

受到影响,使得这一部分物质不能被吸收而滞留在肠腔内。同时,为补充坏死脱落的上皮细胞,扁平的隐窝上皮细胞迅速上移以致绒毛变短,达不到吸收水分和分泌酶的作用;另外,乳糖等营养成分的蓄积,造成渗透性的水潴留,最终导致临床上出现呕吐、腹泻、脱水等肠炎综合征,以及由此引起的微循环障碍、电解质紊乱、衰弱、厌食、末梢发凉等休克症状。

[诊断]　CCV感染引起的肠炎,很难与其他传染性肠炎区分,临床症状也不一致,由于CCV感染的临床病理等缺乏特征性变化,故较难确诊是否为CCV感染。通过电镜检查新鲜粪便中的病毒颗粒,可尽快确定诊断。方法是用生理盐水稀释少量粪便或肠内容物。离心取上清液,负染后观察;也可往上清液中加入一定量的特异性高免血清,若CCV被血清凝集即可确诊。

病毒分离较困难,主要是需时较长。但在胚胎成纤维细胞、MDCK和A-72细胞上均有分离成功的报道。

血清学诊断的方法包括血清-病毒中和试验和ELISA。如感染犬血清中有较高的抗CCV抗体滴度,则可确定为CCV感染。

[治疗与预防]　特异性治疗采用犬冠状病毒高免血清。庆大霉素、头孢噻呋钠等可预防继发细菌感染,采用支持疗法以确保维持电解质和体液平衡,治疗过程中注意事项与犬细小病毒病相同。国内市场上的CCV疫苗主要是弱毒苗,国外多用灭活苗。但无论灭活苗还是弱毒苗,均不能对CCV的感染起到完全保护作用,这主要是由于CCV感染局限于肠道表面的局部。同时,评价CCV疫苗对肠炎的保护作用也较难,因CCV感染常呈隐性感染或只引起轻微症状。

第五节　犬疱疹病毒感染

犬疱疹病毒感染(canine herpesvirus infection)是指由犬疱疹病毒引起的仔犬(3周龄以下)的一种高度接触传染性、严重致死性传染病。临床上以呼吸道卡他性炎症、肺水肿、全身性淋巴结炎和体腔渗出液增多为特征;母犬以流产和繁殖障碍为特征,成年犬大多数为潜伏感染。

[病原]　犬疱疹病毒(canine herpesvirus,CHV)为一种有囊膜DNA病毒,其直径为120～200 nm,呈二十面体,基因组为线状双股DNA,有24种以上的结构多肽。本病毒遇热敏感,于37 ℃经5 h感染滴度下降50%,经22 h全部被灭活,−70 ℃只能保存数月。本病毒对酸敏感,但在pH 6.5～7.0时较稳定。

CHV能在犬源性组织细胞上良好增殖,其中以犬胎肾、新生犬肾细胞和肺细胞易感。适宜增殖温度为35～37 ℃(仔犬体温低,这在一定程度上解释了为什么仔犬的易感性强)。其他种类动物的细胞不易感或轻微易感。

[流行病学]　仔犬主要是在分娩过程中通过与带毒母犬阴道接触或出生后由母犬的含毒飞沫而感染;仔犬间能相互传播;胎盘传播的可能性也存在。患病仔犬和康复犬是本病的主要传染源。康复犬可长期带毒,呈潜伏感染状态。潜伏期在3周龄以内,幼犬为3～6天。

[症状]　CHV只感染犬,主要引起3周龄以内幼犬的致死性感染。主要是上呼吸道感染,随后导致全身性感染,表现为精神迟钝、食欲不良,或停止吮乳、呼吸困难,粪便呈黄绿色,压迫腹部时有痛感,病犬常连续嚎叫。少数发病仔犬外表健康,但吮乳后恶心、呕吐。病程一般为24～72 h,以死亡告终。个别耐过犬常遗留中枢神经症状,如出现共济失调,向一侧做圆周运动,伴有失明。3～5周龄仔犬一般不呈现全身感染症状,只引起轻度鼻炎和咽峡炎,随后很快康复,个别可致死亡。5周龄以上幼犬和成年犬呈隐性感染,基本不表现临床症状,偶尔表现轻微的鼻炎、气管炎或阴道炎,成年母犬有时可引起流产或不孕症。

[病变]　主要病理变化为仔犬实质脏器(如肾和肺)呈现大量散在性灰白色坏死灶(直径2～3 mm)和小出血点,脾肿大,肠黏膜呈点状出血,胸、腹腔内常有带血的浆液性液体积留。上呼吸道

有卡他性炎症。组织学检查可见肝、肾、脾、小肠和脑组织内有轻度细胞浸润,血管周围有散在的坏死灶。坏死灶和出血部位周围可看到嗜酸性核内包涵体。

[诊断] 根据临床症状、组织病理学检查难以做出明确判断。虽然肾等实质性器官的坏死灶和出血点较为特征,但应注意与犬瘟热和犬传染性肝炎相区别。电镜观察可在形态上进行确诊。进行特异性抗原检测时,可采取仔犬的胃、脾、肺、肝等实质器官,或康复犬和成年犬的上呼吸道及阴道黏膜,制成切片或组织涂片,用荧光标记的兔抗犬疱疹病毒抗体进行染色,如发现大量病毒抗原即可确诊。

[预防] 自然感染康复犬和人工感染耐过犬均能产生低水平的中和抗体,对感染具有足够的保护力。犬疱疹病毒感染的免疫力和免疫持续期均较难测定。因 5 周龄以上犬感染该病毒后不呈现临床症状,给妊娠母犬接种疫苗是预防本病的有效办法,即通过母源抗体保护仔犬。

[治疗] 治疗以干扰素、黄芪多糖等抗病毒药物为主,3 周龄以前治愈率较低,3～5 周龄用药后可迅速恢复。

第六节 犬轮状病毒感染

犬轮状病毒感染(canine rotavirus infection)是由犬轮状病毒引起的一种犬急性胃肠道传染病,临床上以腹泻为特征。

[病原] 犬轮状病毒(canine rotavirus,CRV)属于呼肠孤病毒科(Reoviridae)轮状病毒属(Rotavirus)。病毒粒子呈圆形,直径 65～75 nm,有双层衣壳,内层衣壳呈圆柱状,向外呈辐射状排列,外层由厚约 20 nm 的光滑薄膜构成外衣壳,系由内质网膜上芽生时获得,内外衣壳一起状如车轮,故名轮状病毒。轮状病毒由 11 个分节段的双链 RNA 组成,5′端在轮状病毒中较为保守。病毒粒子表面有两种主要蛋白(VP2 和 VP3),抗原包括群抗原(共同抗原)、中和抗原和血凝素抗原。犬轮状病毒可能有 2 个亚型(G3 和 P5A)。

轮状病毒粒子抵抗力较强,粪便中的病毒可存活数月,对碘伏和次氯酸盐有较强的抵抗力,能耐受乙醚、氯仿和去氧胆酸盐,对酸和胰蛋白酶稳定。95% 乙醇和 67% 氯胺是有效的消毒剂。

犬轮状病毒可在恒河猴胎儿肾细胞(MA104)上生长,产生可重复、大小不一和边缘锐利的蚀斑,并在多次传代后降低致病性,但仍保留良好的免疫原性。

[流行病学] 患病及隐性感染的带毒犬是主要传染源,病毒存在于肠道,随粪便排出体外,经消化道传染给其他犬。轮状病毒具有交互感染性,可从人或犬传给另一种动物,不同来源的病毒间还有重配现象。只要病毒在人或一种动物中持续存在,就有可能造成本病在自然界中长期传播。本病多发生于晚冬至早春的寒冷季节,幼犬多发。在卫生条件不良或合并感染腺病毒等时,可使病情加剧,病死率增高。

[症状] 病犬精神沉郁,多先吐后泻,粪便呈黄色或褐色,有恶臭或呈无色水样便。脱水严重者,常以死亡告终。

[诊断] 主要采用 ELISA,此法可用来检测大量粪便标本,方法简便、精确、特异性强,可区分各种动物的轮状病毒。为确定病犬是否感染了犬轮状病毒,还可采取双份血清,利用已知犬轮状病毒进行蚀斑减少中和试验,进行回顾性诊断。

[治疗] 应用干扰素、黄芪多糖注射液肌肉注射,呕吐严重者可静脉注射葡萄糖盐水和 ATP 等药物,有继发细菌感染时,应使用氨苄西林、庆大霉素等药物。

[预防] 目前尚无有效的犬轮状病毒疫苗。因此,应对犬加强饲养管理,提高犬的抗病能力,认真执行综合性防疫措施,彻底消毒,消除病原。

第七节　犬　副　流　感

犬副流感（canine parainfluenza）是由犬副流感病毒引起的犬的一种以咳嗽、流涕、发热为特征的呼吸道传染病。犬副流感病毒是仔犬咳嗽的病原之一，主要感染幼犬，发病急，传播快。该病在世界各地均有发生。

[病原]　犬副流感病毒（canine parainfluenza virus，CPIV）为副黏病毒科中 2 型副流感病毒亚群的成员之一，又称为猴病毒 5 型（SV5）。病毒颗粒基本上为圆形，但大小不等，呈多态性，直径在 80～300 nm 之间，有的呈发丝状。病毒粒子有囊膜，表面有纤突，并具有凝血作用。基因组为单股负链 RNA。

CPIV 不稳定，4 ℃和室温条件下保存，感染性很快下降；pH 3.0 和 37 ℃可迅速被灭活；对氯仿和乙醚敏感，季铵盐类是有效的消毒剂。本病毒能凝集人、绵羊、豚鼠、猪、鸡、狐和犬 O 型红细胞。血凝最适条件为 22 ℃、pH 7.4、0.5％绵羊或人红细胞。

病毒可在鸡胚、犬、猴、肾等细胞上增殖，产生多核合胞体病变，并出现核内嗜酸性包涵体。产毒细胞对豚鼠红细胞有吸附作用。

[流行病学]　CPIV 感染可见于所有养犬国家和地区。各种年龄、品种和性别的犬均易感，但以幼犬较重。呼吸道分泌液通过空气尘埃感染其他犬为主要散毒方式，也可通过接触传染。感染期间可因犬抵抗力降低继发博代菌和支原体感染。

[症状]　突然发病，出现频率和程度不同的咳嗽，以及不同程度的食欲降低和发热，随后出现浆液性、黏液性甚至脓性鼻液及眼睑肿胀。单纯 CPIV 感染常可在 3～7 天自然康复，继发感染后咳嗽可持续数周，甚至死亡。犬副流感病毒 2 型也可感染脑组织和肠道，引起脑脊髓炎、脑室积水和肠炎。病犬呈现以后肢麻痹为特征的临床症状和肠炎症状。

[诊断]　发病早期，采取呼吸道分泌物，用除菌上清液接种犬肾细胞或鸡胚成纤维细胞，若出现多核融合细胞，细胞具有吸附豚鼠红细胞特性，与气管、支气管上皮细胞进行反应，如出现特异性荧光细胞，即可确诊，胶体金试纸诊断已用于临床。

[治疗]　注射高免血清中和病毒，青链霉素控制继发感染，多数病例在 3～5 天即可康复，成年犬呈良性经过，可自愈。

[预防]　犬副流感的疫苗多数为弱毒苗，可与犬瘟热、病毒性肠炎、传染性肝炎等疾病的弱毒苗制成联苗。

第八节　犬传染性气管支气管炎

犬传染性气管支气管炎（infectious tracheobronchitis）又称为仔犬咳嗽，是指除犬瘟热以外的以咳嗽为特征的犬接触传染性呼吸道疾病。

[病原]　引起犬传染性气管支气管炎的病毒有犬腺病毒 2 型（canine adenovirus type-2，CAV-2）、犬副黏病毒（canine paramyxovirus，CPMV）、犬腺病毒 1 型（canine adenovirus type-1，CAV-1）、呼肠孤病毒（reovirus）1 型、2 型、3 型和犬疱疹病毒（canine herpesvirus）。其中 CAV-2 和 CPMV 是仔犬咳嗽较常见的致病因子，它们可破坏呼吸道上皮，导致各种细菌或支原体入侵，引起严重的呼吸道疾病。CAV-2 引起的仔犬咳嗽又称为"犬窝咳"。CAV-2 和 CAV-1 相似，抵抗力中等，可在环境中存活数月。季铵盐类消毒剂可有效杀灭 CAV-2。

[流行病学]　CAV-2 通过呼吸道分泌物散毒，经空气尘埃传播，引起呼吸道局部感染。

[症状] CAV-2 感染的主要症状是突然出现不同频率和强度的咳嗽,有的出现发热或食欲减退。咳嗽主要是由于气管、支气管部分受到刺激所致。病犬一般在咳嗽出现 3～7 天后康复。用 CAV-2 进行试验感染显示,犬的发病程度与临床症状持续时间呈反相关。直肠温度高的病犬较低热犬康复更快。一般认为不累及其他器官,但有报道发现 CAV-2 可感染肠道,引起腹泻。大多数 CAV-2 感染症状轻微或不显临床症状。

[诊断] 可根据病史和临床症状进行初步诊断,确诊则依赖于病毒分离和鉴定,也可通过双份血清中特异性抗体升高的程度确定。

[治疗] 抗病毒应用犬干扰素,对发病犬呼吸道分泌物进行药敏试验,筛选敏感药物,多用阿米卡星、恩诺沙星、泰乐菌素、阿奇霉素等配合使用双黄连口服液可有效缩短病程。

[预防] 可用 CAV-2 弱毒苗。在仔犬咳嗽成为严重问题时,建议对 2～4 周龄犬进行滴鼻免疫。

第九节　犬病毒性乳头状瘤病

犬病毒性乳头状瘤病(canine viral papillomatosis)是由犬口腔乳头状瘤病毒引起的,以口腔或皮肤出现乳头状瘤为特征的病毒性传染病。

犬口腔乳头状瘤病毒(canine oral papillomavirus,COPV)属于乳多空病毒科(Papovaviridae)的乳头状瘤病毒属,病毒粒子呈圆形,直径 40～50 nm。病毒粒子中央为一核心,外为衣壳,壳粒清晰可见。病毒基因组为双股环状 DNA。病毒可在 50% 甘油盐水中长期存活,58 ℃加热 30 min 可使其灭活。

乳头状瘤病毒具有高度的宿主、组织特异性,可转化鳞状上皮或黏膜的基底层细胞,只能在其自然宿主体内的特定组织中引起肿瘤。犬乳头状瘤病毒有 2 个型:一种感染 1 岁以内幼犬的口、咽黏膜,引起口腔乳头状瘤;另一种感染老年犬,引起皮肤乳头状瘤。人工感染表明,潜伏期为 4～6 周。口腔乳头状瘤常先发生在唇部,随后蔓延至颊、舌、腭和咽部黏膜,大多在 4～21 周内自行消散,极少恶性变。将肿瘤乳剂涂擦于幼犬划破的口腔黏膜上,于接种部位及其邻近黏膜和皮肤可发生乳头状瘤。但将肿瘤乳剂接种于阴道黏膜、眼结膜和皮下,则不引起乳头状瘤。

康复犬具有免疫性,血清中出现中和抗体,但循环抗体不能使肿瘤消退;机体体液免疫功能下降,也不能增加机体对乳头状瘤病毒感染的敏感性。肿瘤的自行消退主要是细胞介导免疫的结果。

第十节　猫泛白细胞减少症

猫泛白细胞减少症(feline panleukopenia)是由猫细小病毒感染引起的以高热、呕吐、白细胞严重减少和肠炎为特征的传染病,主要感染猫科和鼬科多种动物。本病又称猫瘟热(feline distemper)。

1930 年首先由 Hammon 和 Ender 报道分离到猫细小病毒。现世界各地均有发生和分布。我国 1984 年首次从自然病例中分离一株猫细小病毒。

[病原] 猫细小病毒(feline parvovirus,FPV)是细小病毒科的成员之一,病毒粒子呈圆形,为单股线状 DNA 病毒。在形态学和抗原性上和犬细小病毒(CPV)、貂肠炎病毒等非常相似,多数人认为 FPV 是 CPV 的祖先病毒,且目前 CPV 毒株也可感染猫发病。FPV 在 4 ℃时对猪和猴红细胞具有凝集作用。

FPV 能在幼猫肾、肺、睾丸、脾、心、膈肌、淋巴结等以及水貂和雪貂的组织细胞内增殖,细胞产生的病变不易观察,需经染色镜检,细胞核仁肿大,外围绕以清晰的晕环,部分细胞内出现核内包

Note

涵体。

[流行病学]　本病常见于猫和其他猫科动物（如虎、豹、野猫、山猫、豹猫等）以及非猫科的浣熊、貂及环尾雉等。各种年龄的猫都可感染发病，但主要发生于 1 岁以下的小猫，2～5 月龄的幼猫最为易感。

病猫和康复带毒猫是主要的传染源。病猫在感染的早期即可从粪尿、唾液、鼻眼分泌物和呕吐物中排毒。出生后感染的幼猫肾中带毒可长达 1 年以上。通过直接或间接接触被污染的食物、器具和衣服等传播，经消化道感染。在病毒血症期间可通过虱、蚤和螨等吸血传播，妊娠母猫感染后还可经胎盘垂直传染。

本病多见于冬末和春季。应激因素可促进本病的暴发流行。

[症状]　FPV 具有高度接触传染性，潜伏期 2～9 天。FPV 感染的临床症状依感染时猫的年龄和免疫状态不同有所区别。怀孕母猫感染时，可导致流产、死胎及其他繁殖障碍。如胎儿可存活，常产生脑发育不全和/或视网膜发生异常。出生后 3～4 周龄幼猫可发生同样的临床表现，较大的幼猫则表现典型的胃肠及全身性感染症状。甚急性 FPV 感染病程短急，由于继发菌血症和内毒素血症，并伴有小肠损伤和泛白细胞减少症，体内白细胞数量急剧下降，常在感染后 24 h 致死。症状包括腹痛、严重沉郁、体温降低等。由于病程进展迅速，可能见不到较典型的胃肠症状，对于这些动物常可通过组织病理学检查做回顾性诊断。急性 FPV 感染的典型症状包括脱水、呕吐、腹痛、出血性肠炎及发热等，在严重流行时，幼猫几乎全部死亡，病程超过 6 天的猫，有可能经过较长时间的恢复期后痊愈。

[病变]　除甚急性 FPV 感染病猫外，剖检可见脱水和消瘦变化；空肠和回肠局部充血，脾肿大，肠系膜淋巴结水肿、坏死。多数病例长骨的红髓变为液状或半液状，此点具有一定的诊断价值。组织学检查时，于肠管上皮细胞可见嗜酸性和嗜碱性两种包涵体，但病程超过 3 天者，包涵体常消失。

[诊断]　根据流行病学、病史、典型的临床症状及病理变化等可做出初步诊断，确诊要靠病毒分离或血清学试验，现胶体金试纸已用于临床诊断。

[治疗]　病猫在患病期间应禁食和饮水。早期大剂量注射单克隆抗体（每千克体重 1.5～2.0 mL），严重时可加量，猫干扰素每千克体重 20 万～50 万单位肌肉注射，每天一次。控制继发感染可使用头孢噻呋每千克体重 20 mL 静脉注射，每天 1～2 次，补液可根据猫的脱水程度将每天总输液量控制在每千克体重 30～50 mL，对于禁食期病猫常在 5% 的糖盐水中加维生素 C、ATP 等维持体能，可检测体内各离子含量精准补充，对于白细胞减少较多的可用升白素，呕吐严重的可肌肉注射溴米那普鲁卡因注射液，胃肠道有出血时应用酚磺乙胺、安特诺新等止血，心力衰竭病猫使用安钠咖、葡萄糖酸钙等药物，腹泻严重的可使用 0.1% 高锰酸钾溶液深部灌肠，休克症状明显的可肌肉注射地塞米松或盐酸山莨菪碱注射液（654-2）。呕吐消失后可适当饮水，无腹泻时可逐渐给予肠道处方粮。对某些体液严重失衡者，输以血浆或全血，可取得较好的疗效。

[预防]　FPV 的灭活苗和弱毒苗均有市售，其中弱毒苗免疫效果较好，但因其对脑部组织发育具有明显影响，故只能用于 4 周龄以上的猫。FPV 接种后，免疫力持久，甚至获得终生免疫。如坚持接种，可每 3 年免疫 1 次。FPV 疫苗常与猫型疱疹病毒（FHV-1）、猫杯状病毒一起制成三联苗。

第十一节　猫白血病和猫肉瘤

猫白血病病毒（feline leukemia virus，FeLV）可引起猫的多种类型白血病和其他疾病，如淋巴细胞、成红细胞、骨髓细胞的增生或减少，以及肠炎、流产等疾病。不同株病毒引起的疾病类型并不固定，并随不同的感染或接种条件以及不同的宿主而变化。

猫肉瘤病毒（feline sarcoma virus，FeSV）没有像猫白血病病毒那样的囊膜基因，在复制和增殖过程中,猫肉瘤病毒有赖于猫白血病病毒才能产生成熟的病毒粒子,其病毒粒子均为带 FeLV 囊膜的伪型,FeSV 的宿主范围、抗原类型和致病性均由辅助的 FeLV 决定。FeLV 和 FeSV 对猫的危害很大,由它们引起的各种疾病,是猫非意外死亡常见的原因。

同时,人们还首先从 FeLV 中发现了反转录病毒的水平传播方式,并首先发现了"肿瘤"反转录病毒感染不但导致肿瘤的发生,更常见的是引起退行性病变,如贫血和免疫抑制。免疫血清学方法在反转录病毒中的应用,也首先是从本病毒开始的。

[病原] FeLV 属于反转录病毒科的哺乳动物 C 型反转录病毒属。病毒粒子呈圆形,直径 $80 \sim 120$ nm,有囊膜,囊膜表面有少量突起,核衣壳为对称二十面体,呈球状至棒状,病毒粒子中央为核心。基因组为单股正链线状 RNA 二聚体。长约 8.3×10^3 nt,包含 *gap*、*pro-pol* 和 *env* 三种结构基因,主要编码有九种蛋白质,包括 gag 前体蛋白的产物(基质蛋白、P121 蛋白、衣壳蛋白、核衣壳蛋白)、Pol 前体蛋白的产物(蛋白酶、反转录酶、整合酶)、env 前体蛋白的产物(表面蛋白和穿膜蛋白)等。FeLV 为可复制的全基因型病毒,而 FeSV 为复制缺陷型病毒,基因组缺失了 *pol*、*env* 基因,而代之以癌基因。病毒的癌基因来源于细胞的原癌基因,是细胞原癌基因与 FeLV 基因重组的结果。

在 FeLV 的复制过程中,很多过量的结构蛋白并没有组装进病毒粒子,因而在感染动物的血浆、组织液和细胞膜、细胞质中含有大量游离的病毒蛋白。FeLV 的核心蛋白具有抗原性,可从感染的组织细胞中检出,是猫白血病和猫肉瘤病毒感染临床诊断和流行病学调查的主要目标抗原;表面蛋白(gp70)诱导产生中和抗体,具有特异性,是区分 FeLV 亚型的主要抗原;env 能与细胞表面受体结合,决定病毒感染细胞的宿主范围。

猫白血病病毒(FeLV)分为 3 个型:FeLV-A、FeLV-B 及 FeLV-C。FeLV-A 为嗜亲性病毒,在所有感染猫中均可发现;FeLV-B 为双嗜性病毒,可在大约 50% 感染猫中发现;FeLV-C 为嗜异性病毒,只在 1% 的感染猫中检出。由于 FeSV 的宿主范围、抗原类型和致病性均由辅助的 FeLV 决定,故 FeSV 的自然分离株大多数也为 FeLV-A。

FeLV 感染后,从病猫的 T 细胞和 B 细胞淋巴肉瘤细胞膜上,均可检出一种与病毒感染有关的抗原——猫肿瘤病毒相关的细胞膜抗原(FOCMA)。该抗原还存在于 FeSV 诱生的纤维肉瘤细胞。FOCMA 的分子质量为 70 ku,可诱导机体产生相应的抗体,大多数情况下其滴度很高。

FeLV-A 型病毒只能在猫源细胞上生长;FeLV-B 型病毒的宿主细胞范围很广,可在猫、貂、仓鼠、犬、猪、牛、猴和人的细胞上生长;FeLV-C 型病毒的宿主细胞范围也较广,可在猫、犬、貂、豚鼠和人的细胞上培养。FeSV 可感染和转化多种哺乳动物细胞,包括貂、豚鼠、犬、猫、猪、绵羊、牛、灵长类和人类的细胞。

[流行病学] 健康猫通过与感染猫的长期接触而感染。FeLV 主要经唾液排出,每毫升唾液可含 2×10^6 个病毒粒子。唾液中的 FeLV 经眼、口和鼻黏膜进入猫体内,并在头、颈部的局部淋巴结中增殖,大部分猫可将病毒消灭并产生免疫力,但也有部分猫不能完全将病毒消灭而使其进入骨髓,在成髓细胞系和成红细胞系中大量增殖,产生很高滴度的病毒。病毒随白细胞、血小板和血浆扩散至全身,几周内病毒即可抵达唾液腺、口腔黏膜和呼吸道上皮细胞,并从那里向外界排毒。FeLV 也可经感染母猫的子宫感染胎儿,还可经乳汁传播。猫白血病的潜伏期平均为 3 个月,但变化很大。83% 的感染猫会在 3.5 年内死亡。观察发现,FeLV 在 97% 的感染猫的骨髓中持续存在,终生带毒,只有 3% 的猫可完全清除病毒。

[症状] 在自然情况下,宠物猫死于 FeLV 感染的直接原因多是免疫缺陷,死于淋巴肉瘤和白血病的相对较少。猫白血病病毒引起猫的疾病有以下几种类型。

1. 肿瘤性(增生性)疾病

(1)淋巴肉瘤:淋巴肉瘤是猫最常见的肿瘤,约占猫肿瘤 1/3。虽然猫淋巴肉瘤是由 FeLV 引起,但 30% 淋巴肉瘤中不能检查出 FeLV,为 FeLV 阴性淋巴肉瘤,说明其发生并不依赖 FeLV 进行复制。猫淋巴肉瘤可分为:①多发型:全身多处淋巴样组织器官发生淋巴肉瘤。②胸腺型:仅发生于青年猫的胸腺。③消化道型：主要发生于老年猫，肿瘤首先形成于消化道和/或中胚层淋巴结。④未分类型：肿瘤仅发生于非淋巴组织，如皮肤、眼睛、中枢神经系统等。这4种肿瘤的发生率依次降低，未分类型很少见。

（2）骨髓增生病：FeLV可在骨髓的所有有核细胞中增殖，引起多种类型的骨髓细胞增殖，导致骨髓增生病，如红细胞增生性骨髓病、红细胞白血病、粒细胞白血病、骨纤维瘤等。骨髓增生病的特征是血液和骨髓中大量出现异常细胞，发生非再生性贫血。

2. FeLV性贫血　FeLV性贫血是FeLV感染后常见的疾病，包括3种类型：①FeLV成红细胞增多症（再生障碍性贫血），占FeLV感染后出现贫血病例的15%～18%；②FeLV成红细胞减少症（非再生障碍性贫血）；③FeLV全细胞减少症，以造血干细胞减少为特征，某些病猫还伴有骨髓纤维瘤。

3. 免疫性疾病　FeLV感染可引起多种免疫性疾病，包括髓细胞减少综合征、免疫器官萎缩、免疫缺陷、免疫复合物病等。

（1）髓细胞减少综合征：FeLV可直接诱导致死性的成髓细胞减少综合征，其特点为白细胞减少、贫血、出血性淋巴腺病、出血性肠炎等。

（2）免疫器官萎缩：FeLV感染引起幼猫和成年猫的胸腺萎缩。幼猫患本病后，表现为生长障碍、复合感染、胸腺和淋巴结萎缩，一般死于8～12周龄。成年猫患本病后，表现为淋巴组织的胸腺依赖区萎缩，引起免疫抑制，最后死于继发感染。

（3）免疫缺陷：免疫缺陷导致继发感染，是FeLV致死感染动物的主要原因。调查发现，大约45%的患有慢性传染病的病猫感染有FeLV，这些传染病包括慢性传染性腹膜炎（猫冠状病毒引起）、慢性胃炎和齿龈炎、上呼吸道感染和肺炎、久治不愈的皮肤创伤、皮下脓肿和一般的慢性感染。

（4）FeLV免疫复合物肾小球肾炎：FeLV感染后，诱导机体产生大量的抗体，其抗体与可溶性的病毒抗原如p27、p15、p12及gp70等结合，形成免疫复合物，沉积于肾小球，引起肾小球肾炎。这种病在临床上较常见，病猫常以死亡而告终。

此外，FeLV感染还可引起流产、胚胎吸收综合征和FeLV神经综合征等。个别情况下，FeLV还能与细胞的原癌基因重组，产生致病性很强的FeSV，可使青年猫发生纤维肉瘤。FeSV纤维肉瘤有3种猫肉瘤病毒分离自纤维肉瘤病猫。纤维肉瘤占猫所有肿瘤的6%～12%，主要发生于老年猫。

FeLV对犬也有致病性，可引起犬的多种淋巴肉瘤。将FeLV注射到母犬的子宫内，其后代可发生淋巴肉瘤，并可检出FeLV；幼犬感染FeLV，也可发生淋巴肉瘤，但不能重新分离出病毒。

［诊断］　通过临床观察可初步诊断猫白血病和猫肉瘤，但确诊需依赖病理学、病毒学和免疫学方法，其中以免疫学方法最为常用。

间接荧光抗体（IFA）技术：该方法检测的FeLV抗原敏感、特异，但IFA阳性只能说明感染，不能证明是否患病。97.5%的IFA阳性猫可分离出病毒，而98%的IFA阴性猫不能分离出病毒，说明IFA和病毒分离的符合率很高。

ELISA：可大规模应用，比IFA技术方便。ELISA与IFA技术相比较，其阴性结果的符合率尚可，为86.7%，但阳性结果的符合率太低，只有40.8%，故ELISA得到的结果必须经IFA技术确证。

［预防］　感染猫可产生高滴度的抗病毒囊膜表面蛋白（gp70）的中和抗体。体内中和抗体效价在1∶10以上者，既可抵抗FeLV感染，也可防止FeLV诱发病理过程（不产生FeLV的淋巴腺病除外）。感染猫体内的FOCMA抗体滴度也很高，FOCMA抗体可阻止FeLV引起的肿瘤性疾病，如淋巴腺瘤病等，但对非肿瘤性疾病如免疫缺陷等则无抵抗作用。此外，不同的猫还可产生一种或多种抗gag蛋白（如抗p15、p12、p27及p10）抗体，但抗gag蛋白抗体无抗感染作用，而与免疫病理有关。

目前已研制了多种FeLV疫苗，包括活疫苗、灭活疫苗、重组疫苗和亚单位疫苗等。1985年即有商品化的弱毒疫苗上市，可诱导机体产生高滴度的中和抗体和FOCMA抗体，但个别免疫猫不能抵抗感染或强毒攻击。由大肠杆菌表达的囊膜蛋白亚单位疫苗有较好的免疫效果。

猫白血病应通过净化来控制,程序如下。用 IFA 对全群猫进行检疫,剔除阳性猫,3 个月时(因猫白血病的潜伏期为 2 个月)进行第 2 次检疫,如检出阳性猫,则再过 3 个月进行第 3 次检疫。第 2 次和第 3 次检疫均无阳性的猫则视为健康群。

对猫淋巴瘤多采用免疫疗法,即大剂量输注正常猫的全血浆或血清,可使病猫淋巴肉瘤完全消退。小剂量输注含有高滴度 FOCMA 抗体的血清,治疗效果也不错。采用免疫吸收疗法,即将淋巴肉瘤病猫的血浆通过金黄色葡萄球菌 A 蛋白柱,除去免疫复合物,消除与抗体结合的病毒和病毒抗原。经此治疗的病猫,淋巴肉瘤完全消退,体内不能再检出 FeLV。

第十二节 猫免疫缺陷病

猫免疫缺陷病(feline immunodeficiency disease)是由猫免疫缺陷病毒感染引起的一种以免疫功能低下,呼吸、消化系统炎症,免疫系统和神经系统功能障碍,以及以继发感染为特征的病毒性传染病。本病流行广泛,以中、老年猫多发。由于病原的生物学特性和感染猫的症状与人的艾滋病相似,故又称为猫艾滋病(FAIDS)。

[病原] 猫免疫缺陷病毒(feline immunodeficiency virus,FIV)是反转录病毒科的慢病毒属中猫慢病毒群的唯一成员。FIV 病毒粒子呈球形或椭圆形,直径 105~125 nm,核衣壳呈棒状或锥状,从感染细胞的细胞膜上出芽而释放。病毒基因组为单股正链线性 RNA 的二聚体。

目前,已测定了几株 FIV 的全部或部分基因组核苷酸序列。前病毒 DNA 基因组长约 9500 bp,长末端重复序列(LTR)为 355 bp。其中 gag 基因 1350 bp,编码核心蛋白前体,该前体可被水解为基质蛋白、衣壳蛋白和核衣壳蛋白;pol 基因与 gag 基因的 3′末端部分重叠,通过核糖体移位,表达产生 Gag-Pol 多聚蛋白。pol 基因编码水解酶、反转录酶、脱氧尿苷三磷酸酶和整合酶(IN);env 基因编码囊膜表面蛋白和穿膜蛋白。

FIV 不同毒株间核苷酸序列有差异,大部分差异序列分布在 env 基因中,变异的核苷酸不是随机分布的,多发生于被保守区分隔形成的可变区内。FIV 的核苷酸和氨基酸序列,接近于马传染性贫血病毒(EIAV),与其他慢病毒包括灵长类动物的慢病毒的差距较大。

FIV 可在体外感染猫 T 淋巴细胞、单核巨噬细胞和脑细胞。常用于 FIV 增殖的猫 T 淋巴细胞系有 FL-74、3201、MYA-1 和 Fel-039。其中 MYA-1 对所测试的几株 FIV 均敏感,可用于病毒的分离、滴定和中和试验。FIV 感染细胞后可产生明显的细胞病变,其特征为合胞体细胞形成,细胞中出现空泡和细胞崩解。MYA-1 细胞感染 FIV 后发生细胞凋亡。某些 FIV 毒株在持续性感染猫白血病病毒的 Crandell 猫细胞(CRFK)、猫成淋巴细胞(FL-74)上增殖时,病毒滴度很高,但不产生明显的细胞病变。

FIV 对热、脂溶剂(如氯仿)、去污剂和甲醛敏感,蛋白酶能除去病毒离子表面的部分糖蛋白,但对紫外线有很强的抵抗力。

[流行病学] FIV 与其他慢病毒一样,具有严格宿主特异性,可能只感染猫,而不会在其他动物间传播流行。

FIV 感染呈世界性流行,世界各地健康猫群的抗体阳性率略有差异,常为 1%~15%,美国为 1.5%~3.0%,日本高达 29%。成年猫 FIV 抗体较常见,以 5 岁以上猫的血清阳性率最高。公猫抗体阳性率比母猫高 2 倍,群养猫的阳性率高于单养者,杂种猫高于纯种猫,流浪猫和野猫高于室内家养猫。

目前,对 FIV 的传播机制了解甚少,但 FIV 在唾液中的含量较高,可经唾液排出。含毒唾液可经皮下、肌肉、腹腔或静脉接种而实验感染易感猫,并在接种后,很快就能从血液和唾液中分离出病毒。因此,一般认为猫与猫的打斗、咬伤为本病的主要传播途径。一般接触及共用饲槽、窝垫不能传播本病,也很少经交配传播。母猫和仔猫之间的水平传播也不多见。

[症状]　FIV感染的潜伏期很长,因此,自然病例主要见于中、老年猫。感染猫免疫功能低下,易遭受各种病原包括病毒、细菌、真菌和寄生虫的侵袭。抗生素治疗在大多数情况下只能缓解症状,而不能根除疾病。FIV感染后的常见症状是发热、慢性口腔炎、严重齿龈炎、慢性上呼吸道病、消瘦、淋巴腺病、贫血、慢性皮肤病、慢性腹泻及神经症状等。与人HIV感染相似,FIV感染后的临床表现包括急性期、无症状携带(AC)期、持续扩散性淋巴瘤(PGL)期、AIDS相关综合征(ARC)和艾滋病期5个期。急性期可达4周或长达4个月。有的猫出现淋巴结肿大,中性粒细胞减少症,发热和腹泻;有的急性期无临床症状。无症状携带期可能持续几个月至几年,随之为一个短的PGL期,但ARC和艾滋病期不明显。猫的ARC常有慢性呼吸系统疾病、胃肠道紊乱,并伴有皮肤及淋巴结疾病,机会性感染加重,并表现严重消瘦和淋巴样衰竭等艾滋病症状。自然感染猫18%发病死亡,18%出现严重疾病,50%以上无临床症状。但猫一旦进入ARC和艾滋病期,其平均寿命不足1年。25%～50%阳性猫的口腔出现溃疡或增生;约30%阳性猫发生慢性上呼吸道疾病;10%～20%阳性猫为持续性腹泻。

FIV相关的神经系统疾病较常见,表现为动作和感觉异常或行为改变,如瞳孔反应迟缓、瞳孔不等、听力和视力减退、正常反射减退、感觉和脊髓传导加快、睡眠紊乱等。这是由FIV直接感染中枢神经系统所致。

FIV感染引起的眼病很多,但常不出现视力明显减退,故必须仔细检查才能发现。与FIV有关的眼病包括前色素层炎和青光眼。前色素层炎时,眼房水发红,虹膜充血,眼球张力减退,瞳孔缩小或瞳孔不均,后部虹膜粘连和前部囊下白内障,部分病猫在玻璃体前有点状的白色浸润。个别猫晶状体脱位或视网膜脱离,但不出现临床症状。青光眼常继发引起眼内发炎或形成肿瘤、眼内压上升、眼积水及视力丧失。FIV感染引起眼病的原因尚不清楚。

临床症状明显的病猫,血细胞出现异常,如贫血、淋巴细胞减少症、中性粒细胞减少症、血红蛋白过多等,另有约10%的猫出现血小板减少症。

病猫由于免疫功能低下,常导致其他病原体继发感染,如疱疹病毒和杯状病毒引起的上呼吸道感染,细菌和细小病毒样病毒引起的肠炎或腹泻,真菌引起的皮肤病,以及寄生虫病等。

FIV感染的细胞主要是T淋巴细胞($CD4^+$细胞)。此外,还可感染巨噬细胞、巨核细胞和单核骨髓瘤细胞。感染作用主要是溶解$CD4^+$细胞。FIV感染猫的免疫功能缺陷,可在感染后数月内检查出来。感染10个月后,可查到外周血液循环中$CD4^+$细胞减少,$CD4^+$/$CD8^+$细胞比例下降,$CD4^+$细胞对体外抗原刺激的应答能力降低。随着时间推移,免疫功能障碍逐渐趋于严重。

[诊断]　猫感染FIV后,潜伏期很长,即使出现临床症状,也是与其他病原共同作用的结果。临床上,应注意区别猫艾滋病与猫白血病,两者症状十分相似,均表现为淋巴结肿大、低热、口腔炎、齿龈炎、结膜炎和腹泻等,但FIV引起的猫艾滋病,齿龈炎更为严重,齿龈极度红肿。确诊主要靠病毒分离和抗体检测。

1. 病毒分离　最好的样品是肝素抗凝血。室温条件下,病毒在该样品中可存活1天左右,如将血样立即与3倍的细胞培养液混合,则有利于血细胞存活,可提高病毒的分离成功率。分离病毒的程序因实验室而异,一般方法是首先分离并收集淋巴细胞,然后加含Con A的细胞培养液进行培养,Con A可促进猫T4细胞分裂。但Con A似乎对FIV增殖有抑制作用,因此2～3天后要清洗细胞,并重悬于不含Con A并加有白细胞介素-2的营养液中。每10天左右补加新培养液、经Con A刺激的淋巴细胞和营养液,每周观察细胞病变,或用电镜观察病毒粒子,或测定培养物的反转录酶(RT)活性,连续观察6周。电镜超薄切片可鉴定FIV粒子。

2. 抗体检测　常用市售ELISA、免疫荧光法、免疫印迹试验试剂盒。因ELISA有时出现假阳性和假阴性,故有些实验室用免疫荧光法和免疫斑点法加以验证。免疫印迹法可同时检查几种病毒蛋白抗体,因而是最特异的检查抗体方法。近年来,逐步应用重组蛋白或人工合成的多肽代替病毒裂解物作为抗原,ELISA 的特异性已得到很大改进。

PCR 技术可检出病毒的基因组核酸,对检测血清阳性的可疑病例很有帮助。

[预防]　控制 FIV 散播的唯一途径是防止健康猫接触感染猫。引进猫应进行 FIV 感染诊断,并在条件允许时,隔离饲养 6～8 周后,检测是否存在 FIV 抗体,只有抗体阴性猫才可领养或入群。

目前尚无预防 FIV 感染的商用疫苗。

特异的抗 FIV 化学药物也无市售,但有两种抗反转录病毒药物已在使用中。一种为反转录酶抑制剂,即齐多夫定(AZT,抗艾滋病药物),AZT 主要通过阻止病毒复制起始发挥作用。治疗后,FIV 感染猫的一般临床症状如胃炎、前色素层炎及腹泻等明显改善。但在使用 AZT 时,应检测机体是否有贫血、血细胞减少和肝中毒等现象,并根据需要调整剂量。另一种是免疫调节药物,如 α-干扰素等,它们通过刺激白细胞介素-1 等的释放来调节机体免疫功能。

第十三节　猫传染性腹膜炎

猫传染性腹膜炎(feline infectious peritonitis,FIP)是由猫冠状病毒引起的一种猫慢性进行性致死性传染病。本病有渗出型(湿型)和非渗出型(干型)两种形式,前者以体腔(尤其是腹腔)内体液蓄积为特征,后者以各种脏器出现肉芽肿病变以及出现与此相关的临床症状为特征。

[病原]　猫冠状病毒(feline coronavirus,FCoV)为冠状病毒科中甲型冠状病毒属的成员。其可能与猪传染性胃肠炎病毒、犬冠状病毒(CCV)等来源于同一病毒,是种间交叉传染的变异株。CCV 可试验性地感染猫,并引起渗出性腹膜炎的典型病理变化。也有证据显示,CCV 弱毒苗能在犬诱导 FIP 样病变。FCoV 有 2 个生物型,即猫传染性腹膜炎病毒(FIPV)和猫肠道冠状病毒(FECV),两者在生物学特性方面有所区别,但在形态和抗原性上则是相同的。FIPV 常引起传染性腹膜炎,FECV 只引起自愈性轻微肠炎。FIPV 可能是 FECV 的一个突变株,来源于同一群体猫 FIPV 和 FECV 的遗传背景相关程度比分离自不同区域的 FIPV 和 FECV 的相关程度更加密切。FECV 突变为 FIPV 后,FIPV 能在巨噬细胞内复制,这样 FIPV 就可脱离肠道导致传染性腹膜炎的发生。

FCoV 有两个血清型,血清Ⅰ型感染在临床上较多见。病毒不能被 CCV 抗血清中和,在细胞上生长也不好。血清Ⅱ型可能是血清Ⅰ型与 CCV 重组产生的病毒。

FCoV 病毒抵抗力较弱,但在外环境物体表面可保持感染性达 7 周以上。

[流行病学]　FCoV 感染呈世界范围内分布,所有年龄猫均易感。有研究显示,75％～100％的种猫和约 25％的家猫均呈现 FCoV 抗体阳性。仔猫的母源抗体常在 8 周龄时消失,至 10 周龄时即可被感染并呈现血清阳性变化。FIP 常见于幼年猫,6 个月至 2 岁幼猫最易感,13 岁以上猫也较易感。青年猫在怀孕、断乳、移入新环境等刺激条件下以及感染猫的自身疾病和猫免疫缺陷病等均是促进 FIP 发病的重要因素。

本病可通过接触病猫传播,临床健康带毒者也是重要的传染源之一。母猫可传染给自己的仔猫。通过试验证实,带毒猫主要通过粪便传播病毒,因肠道是 FCoV 持续感染和复制的主要部位。

[症状和病变]　断奶后的仔猫,在某些病例可能发生 1 周左右的暂时性呕吐和轻度或较严重的腹泻。在猫传染性腹膜炎病例初期,湿性 FIP 和干性 FIP 症状相似,包括发热、沉郁、食欲不振、嗜睡,有时腹泻,随后出现典型的症状。湿性 FIP 较干性 FIP 发展快,两种 FIP 均出现慢性、波动性发热,缺乏食欲和丧失体重。在干性 FIP 病例,发热可能持续更久,病猫生长缓慢,反应迟钝。随着病程发展,75％的病猫出现腹腔积液(又称腹水),25％出现胸腔渗出液,心包液增多,导致呼吸困难和沉闷心音。公猫阴囊变大,患病后期累及肝脏,出现黄疸。

干性 FIP 病猫的各种器官出现肉芽肿,并出现相应的临床症状。其中腹腔器官如肝、肠系膜淋巴结等受影响较严重。肾也出现病变,其他受影响部位包括中枢神经系统和眼,病猫呈现共济失调、轻度瘫痪等行为改变,定向力障碍,眼球震颤,癫痫发作,感觉过度敏感及外周神经炎等。典型的眼病引发眼病(如虹膜炎、前色素层炎)、脉络膜及视网膜炎等。有时眼部病变是本病唯一的临床表现。

干性和湿性 FIP 常被描述为两种不同的综合征,但某些病猫同时具有两种综合征表现。湿性 FIP 中只有 10% 的病猫具有中枢神经系统和眼部症状。少数干性 FIP 病猫出现腹水。此外,有些干性 FIP 可发展成湿性 FIP。

[诊断]　猫肠炎冠状病毒(FECV)感染引起的轻度暂时性腹泻难以确诊,主要是因轻度腹泻的原因很多。利用电镜观察可检测出致病性病毒。

采用 RT-PCR 技术可检测出 FCoV 特异性 RNA,但在判定结果时,要注意无症状猫的粪便中也存在少量的冠状病毒。

FIP 唯一的确诊方法是组织病理学检查。湿性 FIP 比干性 FIP 易诊断。湿性 FIP 出现典型的胸腔和腹腔积液,积液呈淡黄色,黏稠,蛋白含量高,摇晃时易出现泡沫,静置可发生凝固,含有中等量的炎性细胞,包括巨噬细胞和中性粒细胞等。具有中枢神经系统和眼部病变的病猫,脑脊髓液和眼房液中的蛋白质含量增加。

血清学检测动物抗体和 PCR 检测 FCoV RNA,虽然特异,但由于健康猫也带有阳性抗体和病毒,因此,只能作为诊断的辅助方法之一。

[治疗]　目前尚无有效的治疗方法,应用葡萄糖酸钙注射液可减少渗出、速尿(呋塞米)可促进体液排出,辅助地塞米松、环磷酰胺、干扰素等药物可延长病猫生命,但不能治愈。临床新药在试验阶段已取得较好的疗效,但尚未用于临床。

[预防]　FIP 常规疫苗和重组疫苗的使用效果均不佳,主要原因是 FIPV 感染具有抗体依赖性增强(antibody-dependent enhancement,ADE)现象,亦即当猫体内存在抗 FCoV 抗体时,接种强毒可促进 FIP 的发生。近年来发现,由血清Ⅱ型 DF2 株制备的温度敏感突变株,通过鼻内接种,可预防本病发生。该疫苗只在上呼吸道内增殖,能诱导很强的局部黏膜免疫(IgA)和细胞免疫,并且不诱导出现 ADE 现象。在实验室和野外实验均证明该疫苗安全有效,并已在世界许多地区出售。本疫苗应用于 16 周龄以上的幼猫。

第十四节　猫杯状病毒感染

猫杯状病毒感染(feline calicivirus infection)是由猫杯状病毒引起的一种多发性口腔和呼吸道传染病,以发热、口腔溃疡、鼻炎或关节疼、跛行(风湿型)等为特征。猫科动物均易感,发病率较高,但病死率较低。

[病原]　猫杯状病毒(feline calicivirus,FCV)属杯状病毒科的水疱疹病毒属,病毒粒子呈二十面体对称,无囊膜,直径 35～39 nm。衣壳由 32 个中央凹陷的杯状壳粒组成,衣壳在化学成分上只含有 1 种肽,分子质量为 73～76 ku,由 180 个这种多肽组装成衣壳。

FCV 的基因组为线状,单股正链 RNA,不分节段,有传染性,3′末端为 polyA 结构,在 5′末端连接一个小多肽 VPg(分子质量为 10～15 ku)。VPg 与病毒的感染性关系很大。

FCV 对乙醚和氯仿不敏感;对 pH 3.0 不稳定,对 pH 5.0 稳定;在 50 ℃经 30 min 被灭活;$MgCl_2$ 对其不起保护作用,相反加速其灭活,2%NaOH 能有效地将其灭活。

FCV 抗原很易变异,即所谓抗原漂移,即使同一猫群分离 2 个毒株也不一定完全相同,但在中和试验中,所有 FCV 分离株之间的抗原性广泛交叉。因此,一般认为 FCV 只有 1 个血清型,各种不同毒株均是该单一血清型的变异株。不同毒株用琼脂扩散试验即可区别。FCV 不能凝集各种动物的红细胞。

FCV 可在猫肾、口腔、鼻腔、呼吸道上皮和胎儿肺等原代细胞上增殖,也能在二倍体猫舌细胞以及胸腺细胞系上生长,常在48 h内产生明显的细胞病变。FCV还能在来源于豚鼠、犬和猴的细胞上生长。病毒存在于细胞质中,呈分散或晶格状排列,不形成包涵体。目前尚不能感染鸡胚或其他实验动物。

[流行病学]　病猫可通过唾液、分泌物或排泄物将病毒传给健康猫,也可通过空气传播,但直接接触的方式起着更重要的作用。因此,在清扫和饲养的过程中,防止猫和猫接触及用具交叉污染就可有效阻止本病的传播。

FCV在环境中较稳定,对脂溶剂、消毒剂和季铵盐类等不敏感,1∶32次氯酸钠可将FCV灭活。在猫集中的环境中,幼猫最易感染,并常与FHV-1和其他猫上呼吸道致病因子发生共同感染,加重病情。拥挤、应激、较差的饲养条件也可促使本病发生或病情加重。

[症状]　FCV主要通过摄入感染,最初病毒在咽喉部组织复制,随后病毒血症将病毒扩散至鼻腔、口腔、舌、结膜和腭上皮组织。

幼猫症状较重,单纯试验性嗜肺型感染于3天内出现发热、结膜炎及鼻炎。多数感染猫舌部出现囊泡和糜烂,腭部坚硬,偶尔出现角膜炎和咳嗽,但这些表现均很轻微,并在10～14天很快恢复。自然感染猫临床症状较严重,主要因并发或继发其他上呼吸道致病因子或细菌。

风湿型FCV病猫表现发热,关节肿胀,疼痛,肌痛及跛行等症状。不过这些症状不经特殊治疗也可在2～4天内消失。接种FCV弱毒苗时,个别猫也可有风湿型症状。

康复猫终生带毒,并通过口腔等向外排毒。在某些病例发生淋巴浆细胞性口炎和齿龈炎,可能与慢性带毒状态有关。

[诊断]　多数1岁以上的猫均可检出该病毒抗体,但与猫鼻气管炎难以区分,故单项检查难以对本病进行正确诊断,应结合临床症状、病理变化、病毒分离鉴定和血清学试验等进行综合分析判断。病毒分离时,可采集呼吸道组织和鼻分泌液接种原代细胞或传代细胞。应注意细胞病变,其特征为核固缩,而猫鼻气管炎病毒的细胞病变为合胞体,两者明显不同。对分离的病毒可与已知抗血清做中和试验、琼脂扩散试验、免疫荧光试验或补体结合试验,进一步鉴定。琼脂扩散试验可检出毒株之间的差异,免疫荧光和酶标试验可直接检出病料中的病毒,双份血清中和抗体效价检测具有回顾性诊断意义。

[预防]　猫感染FCV 1周后,即可检出特异性抗体。该抗体可与其他许多毒株发生交叉反应,但不能完全中和。国外广泛应用灭活疫苗和弱毒疫苗。弱毒疫苗均来源于F9株。该病毒株是自然弱毒,仅引起温和的呼吸道症状。F9株经进一步致弱和筛选,选育出注射和滴鼻两种弱毒疫苗,也可与猫鼻气管炎病毒和/或猫泛白细胞减少症病毒制成二联苗或三联苗。幼猫3周龄以后即可接种,每年重复免疫1次。FCV疫苗只能保护动物不发病,不能抵抗感染,免疫后的猫可能成为带毒者,有时也可造成暴发。因此,有人建议只用灭活苗。FCV具有抗原漂移现象,应尽快研制新流行株疫苗。

[治疗]　采用对症治疗,对出现结膜炎症状的病猫,可使用氯霉素眼药水防止继发感染。风湿型FCV感染常可在2～3天内自愈。对于口炎,可口腔给予冰硼散或青黛,以促进恢复。

第十五节　猫疱疹病毒1型感染

猫疱疹病毒1型感染是一种猫的高度接触传染性急性上呼吸道感染,临床上以角膜结膜炎、上呼吸道感染和流产为特征,但以上呼吸道症状为主,故又称为猫鼻肺炎(feline rhinopneumonitis)。发病率可达100%,主要侵害仔猫,病死率达50%,成年猫不发生死亡。

[病原]　猫疱疹病毒1型(feline herpesvirus type-1,FHV-1)又称为猫鼻肺炎病毒,为双股DNA病毒,具有疱疹病毒的一般形态特征,病毒粒子直径为128～168 nm,细胞外游离病毒的直径

约 164 nm,含 162 个壳粒。

FHV-1 对外界抵抗力很弱,离开宿主后只能存活数天;对酸和脂溶剂敏感;在−60 ℃时只能存活 3 个月,在 56 ℃时经 4～5 min 被灭活。不同毒株病毒特性相同,均属于一个血清型。本病毒对猫红细胞有凝集和吸附特性。可在猫胚肾、肺以及睾丸细胞和兔肾细胞培养物内良好增殖和传代。病毒增殖迅速,细胞致病性强,常在接种后 2～6 天产生分散性病灶,细胞变圆,细胞质呈线状,并出现合胞体。病变在显微镜下呈葡萄串状。病变出现后 36～48 h,细胞常全部脱落。感染细胞因融合产生多核巨细胞,核内有大量椭圆形嗜酸性包涵体。FHV-1 在琼脂覆盖层下能形成蚀斑。

[流行病学] FHV-1 全世界皆有流行,猫科动物易感。人类呼吸道疾病常通过飞沫传播,而 FHV-1 感染则需易感动物与病猫或其带毒分泌物、排泄物直接接触。FHV-1 通过易感猫的口、鼻直接接触传播,分泌物或排泄物为传染源。急性感染猫由其唾液和泪液大量散毒,可达数周;持续带毒猫无明显症状,呈应激性间歇性小量散毒;怀孕猫感染可将 FHV-1 传染给胎儿。仔猫常在 4～6 周龄,因其母源抗体水平下降而易感。发情期可因交配感染,急性感染仔猫亦可水平传播。

[症状] 在略低于正常体温时,FHV-1 复制增殖最快。因此,FHV-1 感染多局限于眼、口、上呼吸道等浅表组织。继发细菌感染时,可导致鼻甲坏疽变形,偶尔可见气管黏膜感染病例,极少有下呼吸道或肺感染的报道,个别病猫可发生病毒血症,导致全身组织感染。生殖系统感染 FHV-1 时,可致阴道炎和子宫颈炎,并发生短期不孕。孕猫感染 FHV-1 时,缺乏典型的上呼吸道症状,但可能造成死胎或流产,即使顺利生产,幼仔多伴有呼吸道症状,体格衰弱,极易死亡。

断乳仔猫或易感成年猫感染 FHV-1 后,均表现出典型症状,如打喷嚏、眼鼻分泌物增多、鼻炎、结膜炎、发热和厌食等。分泌物常由浆液性变为黏液性,溃疡处易发生细菌感染。感染猫免疫能力不同,病程长短不一,一般在数周内因自得以控制和恢复。

疱疹性角膜炎为 FHV-1 感染的示病性症状。典型损害是出现普遍严重的树枝状溃疡,继发细菌感染时可致溃疡加深,甚至角膜穿孔。溃疡修复过程中,结缔组织形成,甚至可导致角膜和结膜粘连。感染进一步扩散,导致全眼球炎,造成永久性失明。局部使用皮质类固醇时,可致角膜剥离。

急性感染 FHV-1 临床治愈的猫大部分转为慢性带毒者,再次感染 FHV-1 时,表现为间歇性角膜结膜炎或轻微鼻炎。慢性带毒者一般不表现症状,难以甄别,在应激或使用皮质类固醇药物时,发生间歇排毒。交配时可将 FHV-1 传播给同伴。

幼猫感染时,鼻甲损害表现为鼻甲及黏膜充血、溃疡甚至扭曲变形。由于正常的解剖学改变及黏膜防御机制破坏,易引起慢性细菌感染,导致慢性鼻窦炎。

[诊断] 由于上呼吸道感染可由杯状病毒、衣原体、支原体、博代菌等多种病原引起,因此单凭上呼吸道症状很难对 FHV-1 感染确诊,但角膜炎和角膜溃疡具有一定的示症性症状。

通过病毒分离进行诊断较可靠,可采取急性感染猫的结膜拭子或咽拭子接种猫肾细胞,如出现典型细胞病变即可确诊。慢性带毒猫间歇排毒,分离 FHV-1 常不成功。

对结膜、鼻黏膜刮片或活检组织片进行组织学或免疫荧光检测,可发现典型的核内疱疹病毒包涵体。

应用 PCR 检测急性和慢性 FHV-1 感染,也有较高的特异性和敏感性。

[预防] FHV-1 疫苗不能完全阻止病毒感染,但可减轻临床症状。非口服疫苗主要有修饰活疫苗(MLV)和灭活疫苗两类。灭活疫苗需同时使用佐剂,仔猫一般在断乳期接种,免疫 2 次,间隔 3～4 周,免疫效果一般可维持 4～5 年。但对群居猫或受 FHV-1 感染威胁的猫,再次免疫间隔需适当缩短。

[治疗] FHV-1 具有高度传染性,对感染猫应及时严格隔离。抗病毒应用干扰素、赖氨酸制剂抑制病毒复制,使用恩诺沙星或多西环素可防止衣原体、支原体和博代菌的继发感染,应用抗病毒眼药水可预防和治疗角膜炎或溃疡。及时静脉补液,维持机体代谢平衡。

第十六节 狂 犬 病

狂犬病(rabies)是由狂犬病病毒引起的所有温血动物的一种急性致死性脑脊髓炎,以狂躁不安、行为反常、攻击行为、进行性麻痹和最终死亡为特征,特点是潜伏期长短不一,病死率几乎100%。

本病为人兽共患性传染病,世界各地均存在,但在一些检疫严格的岛国或地区如日本、夏威夷、新西兰等无本病的存在。近年来,不少发达国家由于采取大规模免疫接种和综合防控措施,已控制本病。我国动物狂犬病的发生近年来日趋严重,也在很大程度上威胁人类健康。

[病原] 狂犬病病毒(rabies virus,RV)是一种单股负链RNA病毒。病毒粒子呈圆柱体,底部扁平,另一端钝圆。有些病毒粒子,在其底部有一尾状结构,系病毒由细胞膜芽生脱出的最后部分。整个病毒粒子的外形呈炮弹或枪弹状。长130～200 nm,直径75nm。表面有1072～1900个突起,排列整齐,于负染标本中表现为六边形蜂房状结构。每个突起长8～10 nm,由糖蛋白组成。病毒内部为螺旋形的核衣壳,核衣壳由单股RNA及5种蛋白质(M、L、N、P、G)组成,其中糖蛋白是RV的主要保护性抗原。

狂犬病病毒不稳定,但能抵抗自溶及腐烂,在自溶的脑组织中可保持活力7～10天。冻干条件下长期存活。在50%甘油中保存的感染脑组织中至少可存活1个月,4 ℃下数周,低温中数月,甚至几年,室温中不稳定。反复冻融可使病毒灭活,紫外线照射、蛋白酶、酸、胆盐、乙醚、升汞和季胺类化合物(如新洁尔灭)以及自然光、热等均可迅速破坏病毒活力。56 ℃在15～30 min、1%甲醛溶液和3%来苏儿在15 min内可使病毒灭活,60%以上乙醇也能很快杀死病毒。真空条件下冻干保存的病毒可于4 ℃下存活数年。

细胞内培养的狂犬病病毒可凝集鹅和1日龄雏鸡的红细胞,动物脑内病毒不呈现血凝现象。狂犬病病毒凝集鹅红细胞能力可被特异性抗体所抑制,可进行血凝抑制试验。

RV只有一种抗原型,但近年来证明狂犬病病毒表面糖蛋白抗原性是不同的。有人根据血清中和试验,即与单克隆抗体反应特性不同,将狂犬病病毒分为4个血清型:1型为古典型狂犬病病毒株,2型为Lagos蝙蝠病毒,3型为Makola病毒,4型为Duvenhage病毒。通过PCR技术对不同病毒株的N基因进行扩增,根据测序结果,还可将不同来源的病毒株分为7个基因型,前4个基因型分别与4个血清型相对应,欧洲蝙蝠狂犬病病毒株被分为5型和6型,澳大利亚蝙蝠狂犬病病毒为7型。但是,这种抗原或基因型的差异似乎并不影响对动物的免疫保护力。近年来,在世界其他地区如乌克兰、俄罗斯等地区的蝙蝠体内,相继分离获得了一些核酸同源性与已知狂犬病毒较低的新分离株,应为新的基因型。

RV可在鸡胚内、原代鸡胚成纤维细胞以及小鼠和仓鼠肾上皮细胞培养物中增殖,并在适当条件下形成蚀斑。此外,RV也可在兔内皮细胞系、蝾螈细胞系、人二倍体细胞(如WI-38、MRC-5和HDCS)等细胞株中良好增殖,并能形成光学显微镜下可见的嗜酸性包涵体。将狂犬病病毒接种于乳鼠(小鼠或仓鼠)脑内,可获得高滴度的病毒,因此,乳鼠常被用于进行毒株的分离和传代。

[流行病学] 所有温血动物对RV均易感,其中臭鼬、野生犬科动物、浣熊、蝙蝠及牛较易感,其次为犬、猫、马、绵羊、山羊及人等。自然界中,野生动物是传播狂犬病病毒的储存宿主,但家畜则是感染人的主要传播源。犬、猫等动物对RV高度敏感,应及时进行有效的预防接种。

RV主要存在于脑组织,在发病期间,唾液腺和唾液中也有大量病毒,并随唾液排出体外。本病的传播主要通过动物咬伤皮肤、黏膜感染,亦有通过气溶胶经呼吸道及误食患病动物的肉、动物间相互撕咬经消化道感染的报道。

狂犬病流行无明显的季节性,其流行和动物的密度、管理、免疫覆盖率等有关,动物年龄与狂犬病的发生无关。

[症状]　本病潜伏期长短不一，一般14～56天，最短8天，最长数月至数年。犬、猫、人平均20～60天，潜伏期的长短与咬伤部位的深度、病毒的数量与毒力等均有关系。病型分为狂暴型和麻痹型。

犬：狂暴型为3期，即前驱期、兴奋期和麻痹期。前驱期为1～2天。病犬精神抑郁，喜藏暗处，举动反常，瞳孔散大，反射功能亢进，喜吃异物，吞咽障碍，唾液增多，后躯软弱；兴奋期为2～4天。病犬狂暴不安，攻击性强，反射紊乱，喉肌麻痹；麻痹期为1～2天，狂暴与抑郁交替出现，病犬消瘦，张口垂舌，后躯麻痹，行走摇晃，最终全身麻痹而死亡。

猫：多表现为狂暴型。前驱期通常不到1天，其特点是低度发热和明显的行为改变。兴奋期通常持续1～4天。病猫常躲在暗处，当人接近时突然攻击，因其行动迅速，不易被人注意，又喜欢攻击头部，因此比犬的危险性更大。此时病猫表现肌颤，瞳孔散大，流涎，背弓起，爪伸出，呈攻击状，麻痹期通常持续1～4天，表现运动失调，后肢明显。头、颈部肌肉麻痹时，叫声嘶哑。随后惊厥、昏迷而死。25％的病猫表现为麻痹型，在发病后数小时或1～2天内死亡。

[病变]　狂犬病的一个示症性病变，是在感染神经元内出现胞质内嗜酸性包涵体。在海马回的锥体细胞以及小脑的Purkinje细胞内易发现这种包涵体，即Negri小体。

[诊断]　典型病例可根据临床症状、咬伤病史做出初步诊断，确诊需经实验室检查。

1. 组织病理学检查　脑触片法为一种快速、经济的方法，即取濒死期动物或死于狂犬病患者的延脑、海马回等做触片，用含碱性复红加美蓝Seller染液染色、镜检，检查特异包涵体，即Negri小体。Negri小体位于神经细胞胞质内，直径3～20 μm不等，呈菱形、圆形或椭圆形，呈嗜酸性着色（鲜红色），但在其中常可见到嗜碱性（蓝色）小颗粒。神经细胞染成蓝色，间质呈粉红色，红细胞呈橘红色。在犬应注意与偶尔存在的犬瘟热病毒引起的包涵体区别。检出Negri小体即可诊断为狂犬病。但必须指出，并非所有发病动物脑内均能找到包涵体，犬脑包涵体的阳性检出率为70％～90％。

2. 荧光抗体技术　荧光抗体技术是一种迅速而特异性很强的诊断方法。取可疑病犬脑干、小脑或大脑组织或唾液腺制备触片或抹片，丙酮固定后，以荧光标记的核蛋白特异性抗体染色在荧光显微镜下检查，胞质内如有翠绿色颗粒或斑状荧光即可确诊。其中用于标记的抗体，可由高免血清制备，后者用固定毒多次接种家兔、豚鼠或绵羊制备，按常规法提取IgG，并标记荧光素FITC，测定最适稀释度后应用。近年来常用抗RV单克隆抗体进行标记。

3. 酶联免疫吸附试验（ELISA）　先用抗狂犬病病毒阳性血清或IgG包被，加待测脑悬液，再用标记HRP的阳性IgG进行反应；亦可采用特异性抗体作为一抗与被检样品反应，然后再与酶标二抗进行反应。同时，设阳性及阴性抗原对照，如被测样品出现特异性显色，即可诊断为狂犬病病毒感染。

4. 病毒分离　取脑或唾液腺等材料用缓冲盐水或含10％灭活豚鼠血清的生理盐水研磨成10％的乳剂，脑内接种1～7日龄乳鼠，7～12天后如发现乳鼠哺乳力减弱，痉挛、麻痹、死亡，即可取其脑组织进行荧光抗体染色。新分离的病毒也可用电子显微镜直接观察，或者用抗狂犬病特异免疫血清进行中和试验或血凝抑制试验加以鉴定。

5. PCR技术　PCR技术于1990年首次应用于鼠脑内狂犬病病毒的检测，后来用于狂犬病的诊断研究。狂犬病病毒的PCR扩增分为2步：①病毒RNA反转录成cDNA；②cDNA的PCR扩增。根据被检样品PCR产物大小与设计引物间序列大小是否一致，即可确诊。如有条件，也可采用测序的方法，读出被检样品PCR扩增产物的部分序列，可更准确地做出诊断。PCR技术具有快速、特异、操作简单等特点，在狂犬病诊断中具有很好的应用前景。

[预防]　临床症状明显的犬，无法治愈，应予安乐死。对疑有狂犬病的犬应进行严格隔离，以防止与其他动物或人接触，必要时对其施行安乐死术，并取脑组织进行狂犬病病毒检查。

犬等动物对该病的预防，主要是疫苗接种。目前所用的常规疫苗，分活疫苗和灭活疫苗两类。灭活疫苗安全，效果确实，发达国家目前一直使用这类疫苗，我国人狂犬病的紧急预防也采用灭活的浓缩疫苗，其制备成本较昂贵。灭活疫苗对犬和其他动物均有较好的免疫保护力，免疫期长达1年左右。如利用某些灭活疫苗在3月龄时给犬和猫免疫，1年后再加强免疫1次，就可获得3年期的保护力,以后可每年或每 3 年加强免疫 1 次。

狂犬病是一种人兽共患的烈性传染病,从世界各国来看,犬是人类狂犬病的主要传播者,其次是猫。欧美国家全面实施"QDV"措施,即检疫(quarantine)、消灭流浪犬(destruction of stray dogs)和免疫接种(vaccination),对犬、猫等伴侣动物实行强制性接种和取缔无主的流浪犬消灭狂犬病,同时也可降低人狂犬病的发病率。

第十七节 伪 狂 犬 病

伪狂犬病(pseudorabies)是由伪狂犬病病毒引起的,发生于多种家畜和野生动物,以发热、奇痒和脑脊髓炎为主要症状的一种疾病。最早于 1902 年由匈牙利学者 Aujesky 报道,故又称 Aujesky 病。

[病原] 伪狂犬病毒(pseudorabies virus,PRV)属于疱疹病毒科水痘病毒属,病毒粒子呈椭圆形或圆形外观,成熟的病毒粒子直径 150~180 nm,有囊膜,表面有呈放射状排列的长 8~10 nm 的纤突。病毒基因组为线性双股 DNA,可编码 70~100 种病毒蛋白,其中有 50 种为结构蛋白。病毒抵抗力较强,在外界环境中可存活数周,在干燥的饲料中也可存活 3 天以上,但对乙醚、氯仿等脂溶剂以及福尔马林和紫外线等敏感。

PRV 可凝集小鼠红细胞,但不凝集其他动物的红细胞。PRV 具有泛嗜性,可在多种组织培养细胞内增殖,但敏感程度不同,以兔和猪肾细胞较适于病毒增殖,呈明显的圆缩、溶解、脱落病灶,并出现大量多核巨细胞,病变细胞经苏木紫-伊红染色后,可见核内嗜酸性包涵体。

[流行病学] PRV 感染动物广泛,猪、牛、羊、犬、猫、鼠、兔以及貂、狐、熊等均有感染发病的报道。研究证明,猪和鼠类是自然界中病毒的主要宿主,尤其是猪,它们既是原发感染动物,又是病毒的长期储存和排毒者,是犬、猫和其他家畜发病的疫源动物。本病在世界各地一年四季均有发生,但多发于冬、春季,犬和猫伪狂犬病主要发生在猪伪狂犬病的流行区,是由于吃了死于本病的鼠、猪和牛的尸体或肉而感染。

[症状] 犬的典型表现为行为突然出现变化,肌肉痉挛,头部和四肢奇痒,疯狂啃咬痒部和嚎叫,下颌和咽部麻痹和流涎等。病势发展迅速,常在症状出现后 48 h 内死亡,病死率 100%。

感染 PRV 的猫潜伏期为 1~9 天。初期临床症状为不适、嗜睡、沉郁、不安、攻击行为、抗拒触摸,以后症状迅速发展,唾液过多,过分贪食,恶心,呕吐,无目的乱叫,疾病后期发生较严重的神经症状如感觉过敏,摩擦脸部,奇痒并导致自咬。这种典型的形式取急性经过,并在 36 h 内死亡。非典型的伪狂犬病约占被感染猫的 40%,这些猫病程较长,缺乏较典型的奇痒症状。沉郁、虚弱、吞咽和吞食为其主要症状,但节奏性摇尾、面部肌肉抽搐、瞳孔不均等症状在两种形式的病程中均可见到。

[病变] 主要组织学变化是弥漫性非化脓性脑膜炎,脑膜充血及脑脊液增加,在病犬、猫脑神经细胞和星型细胞内可见核内包涵体。

[诊断] 临床病理学检查一般无价值。死前诊断常依据接触史和临床症状。猫鉴别诊断主要与狂犬病病毒感染区分开,因伪狂犬病的主要症状是流涎过多和攻击行为。死后确诊可进行神经细胞的核内包涵体检查,或由神经组织分离病毒。

[预防] 对本病的预防,首先要控制猪伪狂犬病的流行,同时不要用生猪肉或加工不适当的感染猪肉饲喂犬、猫。由于本病常取急性经过,引起致死性感染,且病毒仅局限于神经组织,故常在犬、猫中不发生横向传播。

人对伪狂犬病毒不易感,因此犬、猫伪狂犬病对公共卫生不构成危险。

第二章 立克次体病和衣原体病

第一节 犬埃利希体病

犬埃利希体病(canine ehrlichiosis)是埃利希体属多个成员引起的临床和亚临床感染,其中以犬埃利希体感染最常见,所引起的感染最为严重,主要以呕吐、黄疸、进行性消瘦、脾肿大、眼部流出黏液脓性分泌物、畏光和后期严重贫血等病症为特征。幼犬病死率较成年犬高。

[病原] 埃利希体属归属于立克次体目乏质体科。埃利希体为专性细胞内寄生的革兰阴性小球菌,有时可见卵圆形、梭镖状以及钻石样等多种形态,平均长度为 $0.5\sim1.5\ \mu m$。主要存在于宿主循环血液中的白细胞和血小板中。在宿主的吞噬细胞的胞质内空泡中以二分裂方式生长繁殖,多个菌体聚在一起形成光镜下可见的桑葚状包涵体,也可单个存在于细胞的胞质内。用 Romanov sky 染色埃利希体被染成蓝色或紫色,姬姆萨染色时菌体呈蓝色。埃利希体不能在无细胞的培养基或鸡胚中生长,部分埃利希体可在脊椎动物细胞培养上增殖。埃利希体在培养细胞内一般生长缓慢,需经 $1\sim2$ 周方能通过细胞涂片和染色在光镜下观察到包涵体,之后迅速繁殖,数天后细胞将被严重感染。

依据 16S rRNA 基因分析,可将埃利希体分为 3 个基因群,群内成员 16S rRNA 基因相似程度为 $97\%\sim99.9\%$,而群间成员的相似程度为 $85\%\sim93\%$。

[流行病学] 本病主要发生于热带和亚热带地区,已证明犬埃利希体群和嗜吞噬细胞埃利希体群成员主要以蜱作为储存宿主和传播媒介。通常情况下,蜱因摄食感染犬血细胞而感染,尤其是在犬感染的最初 $2\sim3$ 周最易发生犬-蜱传播。带菌蜱在吸食易感犬血液时,埃利希体从蜱的唾液中进入犬体内。菌体在感染蜱体内可持续 155 天以上。因此,越冬的蜱可在来年感染易感犬,这种蜱是本病年复一年传播的主要保存宿主。

急性期过后的病犬可带菌 29 个月,临床上用这些犬的血液给其他犬进行输血疗法时,可将埃利希体病传给易感犬,这也是一条重要的传播途径。在一种非洲豺中曾发现埃利希体可存活 112 天。除家犬外、野犬、山犬、胡狼、狐等亦可感染该病。

该病主要在夏末秋初发生,夏季有蜱生活的季节较其他季节多发,多为散发,也可呈流行性发生。

[发病机理] 人工感染犬埃利希体后,疾病的发展一般经过三个阶段,即急性期、亚临床期和慢性期。经过 $8\sim20$ 天的潜伏期后,进入埃利希体病的急性阶段,此阶段持续 $2\sim4$ 周。病原菌在血液单核细胞和肝、脾和淋巴结中的单核吞噬组织内繁殖,引起淋巴结肿大、肝和脾淋巴网状内皮细胞增生。感染细胞通过血液转运到身体的其他器官,特别是肺、肾和脑膜等,感染细胞吸附于血管内皮引起脉管炎和内皮下组织感染。血小板被破坏引起血小板减少。红细胞生成受抑制以及红细胞破坏速度加快,逐渐出现贫血。

感染后 $6\sim9$ 周进入亚临床感染阶段。此阶段不表现临床症状,主要特征是存在不同程度的血小板减少、白细胞减少和贫血。免疫能力较强的感染犬可将寄生菌清除,而免疫功能较低的感染犬则逐渐进入慢感染阶段。

[症状] 根据犬的年龄、品种、免疫状况及病原不同有不同表现。

1. 犬单核细胞性埃利希体病 主要由犬埃利希体感染引起。急性阶段主要表现为精神沉郁、发热、食欲下降、嗜睡、口鼻流出黏液脓性分泌物、呼吸困难、体重减轻、淋巴结病、四肢或阴囊水肿。急性期的临床表现为短时性的,一般不经治疗在1～2周内恢复。常在感染后10～20天出现血小板和白细胞减少。脑膜炎症或出血可引起不同程度的神经症状,如感觉过敏、肌肉抽搐。

多数病例在急性期症状1～2周后逐渐消失而进入亚临床阶段,在此阶段犬体重和体温恢复正常,但实验室检验仍表现异常,如轻度血小板减少和高球蛋白血症。亚临床阶段可持续40～120天,然后进入慢性期。慢性期病犬又可出现急性症状,如消瘦、精神沉郁。疾病发展及严重程度与感染菌株,犬的品种、年龄、免疫状态及是否并发感染有关。幼犬病死率一般较成年犬高。

血液学检验,疾病早期可见病犬单核细胞增多,嗜酸性粒细胞几乎消失。随着病程的发展,贫血症状明显,表现为红细胞比容、血红蛋白含量和红细胞总数下降。

2. 犬粒细胞性埃利希体病 主要由伊氏埃利希体或马埃利希体引起,临床上表现为一肢或多肢跛行、肌肉僵硬、呈高抬腿姿势、不愿站立、拱背、关节肿大和疼痛及体温升高。血液学变化包括贫血、中性粒细胞减少、血小板减少、单核细胞增多、淋巴细胞增多以及嗜酸性粒细胞增多。

3. 犬循环血小板减少症 主要由血小板埃利希体感染引起。除个别病例出现眼前色素层炎之外,一般无明显临床表现。在感染后10～14天可引起埃利希体血症和血小板减少。血小板数可达2000～50000个/μL,血小板凝血能力低下。

[病变] 犬埃利希体感染病例剖检可见贫血变化,骨髓增生,肝、脾和淋巴结肿大,肺有淤血点。少数病例还可见肠道出血、溃疡、胸腔积液、腹腔积水及肺水肿。组织学检查,可见骨髓组织受损,表现为严重的泛白细胞减少,包括巨核细胞发育不良和缺失,正常窦状隙结构消失。慢性感染病犬,骨髓组织一般正常。以中性粒细胞炎症反应为主的多关节炎是粒细胞性埃利希体病的主要特征。

[诊断] 在临床症状、流行病学做出初步诊断的基础上,结合血液、生化试验、病原分离和鉴定、血清学试验等可确诊。

由于埃利希体数量少,且包涵体的出现常为一过性,故血液涂片染色检出率较低。取离心抗凝血白细胞层涂片,可提高感染白细胞的检出率。胞质包涵体姬姆萨染色呈蓝紫色。发热期进行活体检验,可在肺、肝、脾内发现犬埃利希体。以新鲜病料接种易感犬可成功复制本病。

犬埃利希体感染缺乏特征性临床症状,血中病原菌检验较困难,一般采用间接荧光抗体技术进行诊断。多数犬在感染后7天血清中可查出特异性抗体。未治疗犬在80天抗体达到高峰,抗体水平一般在(1∶10)～(1∶10240)之间,在1∶10时即可判为阳性。也可对血红扇头蜱中肠组织进行荧光抗体染色,检验犬埃利希体的存在。

PCR技术是目前埃利希体病原学诊断最有效的方法。根据埃利希体16S rRNA基因的特异性碱基序列设计的引物扩增其特异性片段,可大大提高检测的敏感性。

[预防] 病愈犬常能抵抗犬埃利希体再次感染。由于目前还缺乏有效的疫苗可供应用,消灭其传播和储存宿主——蜱就成为关键,但由于血红扇头蜱宿主范围太广,故将其完全消灭尚有一定困难。

对阳性犬应进行治疗,直至检验阴性才可混群饲养。每隔6～9个月做一次血清学检验,这样才能很好地控制本病。

[治疗] 及时隔离病犬,及时治疗。使用土霉素或多西环素每千克体重10 mg口服,根据病情连续用药3～8周,配合营养支持疗法。

第二节　落基山斑点热

落基山斑点热(rocky mountain spotted fever,RMSF)是由立氏立克次体引起的人、犬和其他小型哺乳动物传染性疾病。主要分布于西半球,最早在美国西部落基山地区发现,故得此名。美国、加拿大、墨西哥及南美地区均有犬发生本病的报道,犬感染后未经治疗可引起死亡。

[病原]　立氏立克次体是立克次体科中立克次体属的成员。

[流行病学]　本病的分布与其传播媒介——蜱的分布密切相关,在美国西部传播本病的媒介主要为安氏革蜱,其宿主范围很广,幼、稚蜱可寄生于许多小型哺乳动物,稚蜱偶尔叮咬儿童,成蜱主要侵袭家畜和大型野生动物,也叮咬人。美国东部的主要传播媒介为变异革蜱,成蜱的主要宿主为犬。其他蜱,如血红扇头蜱、美洲钝眼蜱、卡宴钝眼蜱等被认为是美国其他地区、墨西哥等地的传播媒介。立氏立克次体在蜱体内可发生经卵和经期传播,但在有这些蜱存在的地区常只是少数蜱带有感染性立氏立克次体,而某些疫点有大量感染性蜱存在则可能与病原经卵传递及小动物宿主在一定的区域性范围流动有关。立氏立克次体在蜱叮咬宿主时通过唾液传染,一般附着宿主身体5~20 h后才可将立克次体传给宿主。在蜱附着点可能出现坏死病变(焦痂)。

[症状]　犬的临床症状包括发热、厌食、精神沉郁、眼有黏液脓性分泌物、巩膜充血、呼吸急促、咳嗽、呕吐、腹泻、肌肉疼痛、多关节炎,以及感觉过敏、运动失调、昏迷、惊厥和休克等不同程度的神经症状。部分感染犬发生多关节炎、多肌炎或脑膜炎时仅表现关节异常、肌肉或神经疼痛。视网膜出血是该病较一致的症状,但在疾病早期可能不明显。某些病犬,特别是出现临床症状而诊断和治疗被耽搁时可发生鼻出血、黑粪症、血尿及出血点和出血斑。雄犬常出现睾丸水肿、充血、出血及附睾疼痛等症状。末期可出现心血管系统衰竭、肾功能衰竭等有关的症状。

[病变]　立氏立克次体进入血液循环并在小血管和毛细血管内皮细胞内繁殖,直接损伤内皮细胞,引起血管炎症、坏死,导致血管渗透性增加,引起血管内液体和细胞外渗引发水肿、出血、低血压和休克。中枢神经系统水肿可引起神经症状,病情迅速恶化和死亡。心肌炎症则引起传导异常,如心传导阻滞,甚至致命性心律失常。肺水肿则可引起呼吸过速、呼吸困难和咳嗽。眼部病变包括结膜下出血、视网膜出血斑、水肿、血管周围炎性细胞浸润等不同程度的损伤。严重血管损伤可引起四肢末梢、阴囊、乳腺、鼻及嘴唇等坏疽。

[诊断]　季节性发病、有被蜱叮咬的病史、发热并结合上述临床表现,可初步怀疑感染RMSF,确诊可采用间接荧光抗体技术检测组织样本中立氏立克次体抗原、PCR技术检测立克次体DNA、血清学技术检测抗体滴度等。荧光抗体技术检测血清抗体时检查单份血清中IgG滴度$\leq$64或IgM$\leq$8不能判为阳性,应采取双份血清进行检测。如疾病恢复期血清抗体滴度比急性期升高4倍以上可确诊为RSFM,但应在疾病急性期及早采血,并在之后2~3周采集恢复期血清,这样才能提高血清学诊断的准确性。如在出现临床症状几天后采血,抗体滴度可能已很高,不利于结果的判定。

[治疗]　口服多西环素、恩诺沙星、氟苯尼考等对落基山斑点热立克次体感染有效。对于未出现严重血管损伤或神经症状的犬,用药后应很快见效,24 h内退热。对脱水和出血性素质需必要的支持疗法,严重病例输血可取得较好疗效。

[预防]　减少蜱的叮咬或消灭蜱是预防本病有效的方法。犬立克次体血症一般只能持续5~14天,故犬不是立氏立克次体的重要储存宿主,对人类的威胁也不大。

第三节　Q　热

Q热(Q fever)是由贝氏柯克斯体引起的人兽共患病。多见于从事畜牧业养殖、肉产品加工及与被感染羊和其他动物接触的实验研究人员。人在吸入含有贝氏柯克斯体的气溶胶或污染的尘埃后可感染,被感染后可出现急性发热、肺炎、肝炎,甚至心内膜炎。慢性贝氏柯克斯体感染是一种新发现的人兽共患病,引起慢性类疲劳综合征,本病为世界性分布。

[病原]　贝氏柯克斯体(*Coxiella burnetii*)属军团菌目柯克斯体科柯克斯体属,又称为Q热柯克斯体,为革兰阴性小杆菌或球杆菌,专性细胞内寄生,主要生长于脊椎动物巨噬细胞吞噬溶酶体内,可在鸡胚、多种人和动物传代细胞内繁殖。

贝氏柯克斯体在宿主细胞的吞噬溶酶体内有类似于衣原体的发育周期,即胞外生存的结构稳定、染色质致密的小细胞型(small cell variant,SCV)和在胞内繁殖、代谢活跃、多形性、染色质疏松的大细胞型(large cell variant,LCV)。SCV感染细胞时,先吸附于宿主细胞表面,通过吞饮作用进入胞内,待吞噬小体与初级溶酶体融合,吞噬溶酶体内酸性pH激活贝氏柯克斯体的代谢,活化SCV即开始生长并进行二分裂繁殖;当SCV形态转向LCV时,出现不对称横隔,在LCV二分裂繁殖的同时可有芽孢分化,以后LCV裂解,芽孢释放至吞噬溶酶体,经继续发育成SCV;待感染宿主细胞溶解,则有吞噬溶酶体释放出贝氏柯克斯体或芽孢至外部环境,也可通过排粒作用而释放。

贝氏柯克斯体存在宿主倚赖的相变异现象。自病人和动物分离的菌株为Ⅰ相,而在鸡胚或细胞培养中连续传代后则转变为Ⅱ相,主要原因是细胞壁脂多糖发生变化。

[流行病学]　贝氏柯克斯体宿主包括哺乳动物、鸟类和蜱。Q热在全世界许多地区均流行,许多种蜱,包括血红扇头蜱均可自然携带贝氏柯克斯体。我国曾从内蒙古、新疆、四川等地的蜱中分离到该病原。人感染主要源于被感染的牛、绵羊、山羊等家畜,动物间的传播是以蜱为传播媒介并可经卵传代。动物感染后多无症状,但乳汁、尿液、粪便中可长期携带病原体。人可经接触和呼吸道等途径感染。慢性感染动物生殖道组织含有大量病原体,分娩过程可形成含病原体的气溶胶。加拿大和美国均有分娩的感染猫作为传染源引起城市和家庭成员Q热暴发。接触新生猫,特别是死胎是人感染Q热的危险因素。

[致病机理]　贝氏柯克斯体对猫或犬的致病机理目前尚不完全清楚。皮下接种感染可引起发热、倦怠和食欲减退,且柯克斯体血症至少可持续1个月。猫经口饲喂或接触尿液和气溶胶感染不引起临床症状,但有半数猫形成柯克斯体血症和贝氏柯克斯体抗体阳性。在Q热发病率高的地区,犬血清抗贝氏柯克斯体凝集抗体阳性率也较高。

[症状]　感染的犬、猫一般临床症状不明显,犬仅发现脾肿大。试验感染的猫接种2天后开始出现发热、厌食、精神委顿,持续3天。有的猫发生流产,但也可从正常分娩的猫中分离到病原体。动物一般不会发生心内膜炎和慢性感染。

[诊断]　淋巴细胞增生和血小板减少是人感染非特异的血液学变化。确诊是通过血清学试验和病原分离。病原分离需在巨噬细胞或成纤维细胞系、鸡胚或啮齿类动物上进行,其中豚鼠对贝氏柯克斯体最易感。微量凝集试验是测定抗体的首选方法,常用于本病的早期诊断,约90%病人在发病的第2期即可检出凝集素。

[预防]　目前,动物或人还没有Q热疫苗。用福尔马林灭活的Ⅰ、Ⅱ期抗原给犬免疫接种试验,产生对贝氏柯克斯体的体液和细胞介导免疫反应。遗憾的是这种疫苗或其佐剂可引起接种部位的严重反应。因为气溶胶感染对人类健康构成威胁,Q热流行地区兽医人员在处理动物围产期疾病时应加以注意。

[治疗]　土霉素和多西环素治疗本病有效。

第四节　猫巴通体病

猫巴通体病(feline bartonellosis)是重要的人兽共患性病,人、多种家畜和野生动物可感染,世界上许多地区均流行。猫抓病(cat scratch disease,CSD)是由汉赛巴通体等引起的,以局部皮肤出现丘疹或脓疱、继而发展为局部淋巴结肿大为特征。

[病原]　巴通体科的巴通体属(*Bartonella*)至少有33个种,其中汉赛巴通体和克氏巴通体感染多见于家猫及猫科动物,而文氏巴通体伯氏亚种感染多见于家犬和犬科动物。汉赛巴通体为革兰阴性胞内寄生、稍弯曲的小杆菌,大小为1 μm×1.5 μm左右。巴通体对血红素具有高度的依赖性,生长缓慢,在多数营养丰富的含血培养基上需10～56天才形成可见的菌落。培养巴通体的传统方法是采用含有新鲜兔血(也可用绵羊血或马血)的半固体培养基。初次分离培养可形成白色、干燥的粗糙型菌落,菌落常陷于培养基中。感染组织病理标本片经Warthin-Starry银染可见紧密排列成簇状的小杆菌。

[流行病学]　人、家畜和野生动物,包括牛、犬、猫及啮齿动物均可作为巴通体的储存宿主。汉赛巴通体和克氏巴通体可引起家养猫和野生猫科动物血管内持续感染,而文氏巴通体伯氏亚种可引起家养犬和野生犬科动物,包括草原狼和狐的血管内持续感染。其他巴通体则可在啮齿动物、小型哺乳动物和反刍动物的血液中持续存在。流行病学及实验研究表明,跳蚤对汉赛巴通体和克氏巴通体在猫之间的传播起重要作用,但生物媒介在犬巴通体传播过程中的作用模式尚不清楚。许多节肢动物,如咬蝇、跳蚤、虱子和蜱等均可作为传播媒介。一旦动物被血液中带有巴通体的储存宿主或非储存宿主叮咬、抓伤,巴通体即可进入宿主的红细胞和上皮细胞。巴通体可感染骨髓造血干细胞,在不破坏红细胞的情况下在胞内定植,有利于细菌逃避宿主免疫系统、向全身组织扩散、降低抗生素的作用,并易于通过昆虫媒介传播。

世界各地健康猫汉赛巴通体菌血症的比率为25%～41%。汉赛巴通体引起人的CSD、杆菌性血管瘤、杆菌性紫癜等在美洲、欧洲、日本、澳大利亚等地区均有不少报道。猫是其主要储存宿主,传染来源主要为猫,尤其是幼猫。90%以上的病人与猫或犬有接触史。人被猫抓伤、咬伤或舔过,猫口腔和咽部病原体经伤口或通过污染的毛皮、脚爪侵入而受染,个别病例可能因接触松鼠而引起。

[症状和病变]　虽然试验感染可引起部分猫一过性发热和食欲减退,并引起多个脏器轻度组织学损伤,但猫自然感染汉赛巴通体一般无明显的临床表现。该菌感染引起的菌血症可持续数月,甚至数年,且在产生高水平抗体反应的情况下,仍可维持菌血症。汉赛巴通体抗原检测阳性与猫表现发热、淋巴肿大和齿龈炎密切相关。

[诊断]　可采用荧光抗体技术或ELISA检测血清抗体,但不能判定猫是否具有菌血症。从血液、淋巴结或心瓣膜中分离到病原,或用PCR扩增出巴通体特异性基因片段可确诊,但要求具备一定的实验技术条件,且需数周时间才能观察到长出的菌落。研究表明,只能间歇性地从感染猫中分离出汉赛巴通体,可能与感染脏器间歇性排出病原菌有关。

[治疗]　多西环素、林可霉素、红霉素、恩诺沙星等均可治疗本病。

第五节　衣 原 体 病

衣原体(chlamydiosis)是引起猫结膜炎的重要病原之一,偶尔可引起上呼吸道感染,与其他细菌或病毒并发感染时可引起角膜溃疡。犬衣原体感染的病例报道较少,但也可能引起结膜炎、肺炎及脑炎综合征。

[病原] 衣原体是一类严格细胞内寄生、具有特殊发育周期、可通过细菌滤器的原核微生物。其原体小而致密,呈球形、椭圆形或梨形,是衣原体的感染形式,直径 $0.2\sim0.4~\mu m$。姬姆萨染色呈紫色,Macchiavello 染色呈红色,对外界环境有一定的抵抗力,室温条件下,可存活近 1 周。原体从感染破裂细胞释放后,通过内吞作用进入另一个细胞,形成膜包裹吞噬体并在其中发育形成直径为 $0.5\sim1.5~\mu m$ 无细胞壁和代谢活跃的始体。始体以二分裂方式繁殖,发育成多个子代原体,最后,成熟的子代原体从细胞中释放,再感染新的易感细胞,开始新的发育周期。衣原体从感染细胞开始,其发育周期为 $40\sim48~h$。始体是衣原体发育周期中的繁殖型,不具有感染性。含有原体和繁殖型始体的膜包裹吞噬体或胞质吞噬泡称为衣原体包涵体。

衣原体可在 $6\sim8$ 日龄鸡胚卵黄囊中生长繁殖,并可使小鼠感染。另外,McCoy、BHK、HeLa 细胞等传代细胞系也适合其生长。

猫衣原体病的病原主要为鹦鹉热亲衣原体,猫源鹦鹉热亲衣原体不同株之间的主要外膜蛋白高度保守,但与其他哺乳动物和禽源分离株明显不同。

[流行病学] 因正常猫可分离到鹦鹉热亲衣原体,故其有可能作为结膜和呼吸道上皮的栖生菌群。易感猫主要通过接触具有感染性的眼分泌物或污物而发生水平传播,也可经鼻腔分泌物而发生气溶胶传播,但较少见。妊娠母猫泌尿生殖道感染时可将病原垂直传播给仔猫。

合并感染猫免疫缺陷病毒(FIV)可促进和加重临床症状及病原体的排放。感染 FIV 的猫人工接种鹦鹉热亲衣原体后,病原排放可持续 270 天,而 FIV 阴性猫则为 7 天。

[症状和病变] 最常见的症状是结膜炎。猫经 $3\sim14$ 天潜伏期后表现明显的临床症状,新生猫可发生眼炎,即生理性睑缘粘连尚未消退之前出现渗出性结膜炎,引起闭合的眼睑突出及脓性坏死性结膜炎,如先发生单眼感染,一般在 $5\sim21$ 天后另一只眼也会感染。急性感染猫表现轻度发热,但自然感染猫并不常见。

自然感染衣原体的猫多数为自限性发展。轻度感染的幼猫一般在 $2\sim6$ 周内恢复,而年龄较大的猫 2 周内即可自行恢复。严重感染或持续性感染病例在结膜穹窿和瞬膜后侧形成结膜淋巴滤泡。

成年猫感染后可成为病原慢性携带者而不表现临床症状,或在应激或感染 FIV 后间歇性发生结膜炎,这种慢性携带者可持续数月至数年。

[诊断] 衣原体感染的快速诊断是通过细胞学方法检查急性感染猫结膜上皮细胞胞质内的衣原体包涵体。一般在出现临床症状 $2\sim9$ 天后采集结膜刮片最有可能观察到包涵体。

PCR 技术是检测衣原体较敏感的方法,可用刮铲或无菌棉拭子采集样本进行 PCR 扩增,检测其特异性 DNA 片段。

[预防] 幼猫可从初乳中获得抗鹦鹉热亲衣原体母源抗体,保护作用可持续 $9\sim12$ 周。由于本病主要经易感猫与感染猫直接接触而传播,故预防本病的重要措施是将感染猫隔离并进行合理的治疗。

[治疗] 衣原体对四环素类和大环内酯类抗生素(如阿奇霉素)等敏感。应用多西环素、阿奇霉素治疗 $3\sim4$ 周,症状消除后继续用药 $2\sim3$ 天巩固疗效。对妊娠母猫和幼猫应避免使用四环素,因该药可引起牙釉质变黄。对结膜炎病例可外用四环素眼药膏,每天 $3\sim4$ 次。

第三章　细菌性传染病

第一节　链球菌病

链球菌病(streptococcosis)是由致病性链球菌引起的多种家畜(包括犬、猫等)动物化脓性感染、败血症以及毒性休克综合征的总称。

[病原]　链球菌为革兰阳性球菌,不形成芽孢和鞭毛。直径0.6～1.0 μm,呈链状排列,链的长短与菌种和培养条件有一定的关系,在液体培养基中易形成长链。多数菌株为兼性厌氧,对培养基营养要求较高,在普通培养基上生长不良,需补充血液、血清等成分。在血液琼脂平板上形成灰白色、边缘整齐的光滑型小菌落,菌落直径0.5～0.75 mm。不同的菌株产生的链球菌溶血素的特性不同,故溶血特性不一,根据其在绵羊或牛血液琼脂平板上是否溶血及溶血现象可将链球菌分为3类。

(1)α型溶血链球菌:菌落周围形成1～2 mm宽的草绿色不完全溶血环,这类细菌多为条件性致病菌。

(2)β型溶血链球菌:菌落周围形成2～4 mm宽、界限分明、完全透明的溶血环,这类细菌的致病力强,常引起人类和动物的多种疾病。

(3)γ型链球菌:不产生溶血素,菌落周围无溶血环。在临床健康的动物黏膜和皮肤可分离到α型溶血链球菌和不溶血链球菌,一般认为是非主要致病菌。

兰氏分群(Lancefield grouping)系统主要根据链球菌细胞壁中多糖抗原不同,将其分为A、B、C、D、E、F、G、H、K、L、M、N、O、P、Q、R、S、T、U和V 20个抗原群。用兰氏分群并利用商品化生化特性检测系统详细测定细菌的表型特征,对于确定犬、猫链球菌临床分离株的致病性具有重要的意义。

[流行病学]　链球菌作为犬、猫体表、眼、耳、口腔、上呼吸道及泌尿生殖道后段的常在菌群,多数为条件性致病菌,也可通过呼吸道、消化道、交配、产道感染以及接触污物间接感染。

[症状和病变]　犬、猫化脓链球菌感染较常见,猫也可能感染肺炎链球菌。

A群链球菌:感染A群链球菌一般与直接或间接与人接触有关,人是无症状携带者,幼儿A群链球菌感染率更高,但犬、猫常为一过性感染,一般不表现明显的症状或扁桃体肿大。

B群链球菌:犬、猫不多见,但可引起犬败血症、子宫内膜炎、幼犬衰弱综合征、肾小球肾炎和坏死性肺炎。

C群链球菌:作为猫和犬常在菌群,在临床健康犬和慢性呼吸道感染犬的下呼吸道冲洗液中均可分离到。该菌可引起犬急性出血性和化脓性肺炎,引起急性死亡。主要表现为虚弱、咳嗽、呼吸困难、发热、呕血及尿液偏红等。

G群链球菌:作为寄生于犬、猫的主要菌群之一,多数犬、猫链球菌感染是由其引起的。新生动物主要经母畜阴道感染、脐带感染等引起败血症。存活的小猫可发生颈淋巴结炎和关节炎等。伤口、手术、病毒感染及免疫抑制性疾病等可引起G群链球菌的内源性感染。化脓性感染可引起败血症和栓塞性病变,特别是肺和心脏部位。在新生犬败血症病例中,G群链球菌的分离率常比B群链球菌的高。链球菌也可引起猫腹膜炎、分娩性子宫内膜炎及胎盘炎等。

G群链球菌中的犬链球菌可引起犬毒性休克综合征(toxic shock syndrome)和坏死性筋膜炎

(necrotizing fasciitis)。动物表现发热,感染部位极度疼痛,局部发热和肿胀,筋膜面有大量渗出液积聚,筋膜和脂肪组织坏死。多数是由伤口、呼吸道或尿道感染引起,起初可能有皮肤溃疡和化脓,并伴有淋巴结肿大,随后发展为深度蜂窝织炎等,动物常有败血型休克症状。

[诊断] 链球菌感染主要依靠微生物学方法,无菌采集病变样本进行直接涂片镜检和分离培养。分离培养时应接种于绵羊血琼脂平板进行培养,然后进行生化鉴定和血清学分群,国外已有商品试剂盒用于相应的鉴定。

[治疗] 可选用青霉素按每千克体重 5 万 IU 肌肉或静脉注射或每千克体重头孢氨苄 20 mg 肌肉或静脉注射。局部化脓灶清创排脓,可用手术刀刮至微微出血,青链霉素抗菌消炎。有条件应进行药敏试验选择敏感药物。

第二节　葡萄球菌病

葡萄球菌病(stapylococcosis)是由葡萄球菌引起的人和动物多种疾病的总称,在犬、猫等小动物中,以局部化脓性炎症多见,有时可发生菌血症、败血症等。

[病原] 葡萄球菌为革兰阳性球菌,直径 0.5~1.5 μm,固体培养基上生长的细菌一般呈典型的葡萄串状排列,而液体培养物、组织渗出液或脓汁中的细菌常成簇、偶尔成双或短链状排列。不形成芽孢和鞭毛,某些条件下可形成荚膜。葡萄球菌可分为金黄色葡萄球菌、表皮葡萄球菌和腐生葡萄球菌等。金黄色葡萄球菌多数具有致病性,表皮葡萄球菌偶可引起发病,而腐生葡萄球菌一般不致病。金黄色葡萄球菌是人和多种动物共同的化脓性病原,中间葡萄球菌是引起犬化脓感染的主要病原菌,而施氏葡萄球菌凝聚亚种与犬外耳炎有关。

葡萄球菌对外界环境的抵抗力较强,可在干燥脓汁、痰液中存活 2~3 个月。加热 60 ℃经 1 h 或 80 ℃经 30 min 才被杀死。该菌具有很强的耐盐性,在含 10%~15%NaCl 的培养基中仍能生长,对多数消毒药敏感,但应注意,葡萄球菌对抗生素类药极易产生耐药性,近年来耐药菌株不断出现,给该病的治疗带来诸多困难。

[流行病学] 葡萄球菌可存在于各种温血动物上皮表面和上呼吸道,金黄色葡萄球菌和中间葡萄球菌可存在于外鼻道、皮肤、外生殖道黏膜表面,并且可在胃肠道中短暂存在。表皮葡萄球菌主要寄生于体表皮肤,也可定植于上呼吸道。犬主要以中间葡萄球菌寄生为主,感染主要来源于黏膜寄生菌。猫主要以猫葡萄球菌和木糖葡萄球菌寄生为主,金黄色葡萄球菌和中间葡萄球菌常是一过性寄生,主要来源于所接触的人和动物。动物葡萄球菌病,如脓皮病、外耳炎、尿道感染、伤口感染等,多数为内源性感染,也可通过直接和间接途径传播。

[症状和病变] 犬化脓性感染多数是由凝固酶阳性葡萄球菌引起。葡萄球菌感染可发生于任何组织脏器,但以皮肤、眼睛、耳朵、呼吸道、生殖道、血液淋巴系统、骨骼、关节的原发或继发性化脓和感染多见。中间葡萄球菌是引起犬脓皮病(化脓性皮炎)、外耳炎、菌血症、结膜炎等常见的病原菌之一。临床上,浅表性脓皮病的主要特征是形成脓疱和滤泡性丘疹。深层脓皮病常局限于病犬脸部、四肢和趾间,也可能呈全身性,病变部位流脓。12 周龄以内的幼犬易发生蜂窝织炎(幼犬脓皮病),主要表现为淋巴结肿大,口腔、耳和眼周围肿胀,形成脓肿和脱毛等。感染犬表现发热、厌食和精神沉郁。

猫感染部位与犬相似,但以猫葡萄球菌感染多见,其次为金黄色葡萄球菌和中间葡萄球菌。

[诊断] 对于非开放性病变,可用无菌注射器采集病料,也可根据具体情况采集血液或尿液样本。样本涂片染色后镜检可见革兰阳性球菌,成簇、成对或呈短链状。皮肤脓肿样本中细菌稀散。也可将采集的样本接种于普通琼脂和血液琼脂平板进行细菌分离培养,但采集样本时应避免浅表的细菌污染。

[治疗]　对于脓肿需进行清创排脓处理,多数浅表性脓皮病可局部使用龙胆紫等对皮肤无刺激性的消毒药,效果较好。全身感染经药敏试验后选择用药,宜对筛选出的药物交替使用,不可一种药物用药时间过长,临床常用药物有头孢氨苄、阿莫西林克拉维酸钾、庆大霉素、苯唑西林等。

第三节　沙门菌病

沙门菌病(salmonellosis)是由沙门菌属细菌引起的人和动物共患性疾病的总称,临床上可表现为肠炎和败血症。虽然犬、猫沙门菌病不常见,但健康犬、猫却可携带多种血清型沙门菌,对公共卫生安全构成一定的威胁。

[病原]　沙门菌属(Salmonella)是一大群寄生于人类和动物肠道、生化反应和抗原结构相似的革兰阴性杆菌,大小为$(0.6\sim1)$ μm$\times(2\sim3)$ μm。本菌对营养要求不高,在普通琼脂平板上形成中等大小、无色半透明的 S 型菌落。不发酵乳糖或蔗糖,多数产生 H_2S。生化反应对沙门菌属中各菌种的鉴定具有重要意义。沙门菌具有高度的相关性,均归属于肠道沙门菌种,在实际应用中常用血清型命名。引起犬、猫发病的主要有鼠伤寒沙门菌、肠炎沙门菌、亚利桑那沙门菌及猪霍乱沙门菌,其中以鼠伤寒沙门菌最常见。

[流行病学]　鼠伤寒沙门菌在自然界分布较广,易在动物、人和环境间传播。沙门菌在体外环境中存活时间较长,从环境中检出该菌则表明直接或间接受到粪便污染。沙门菌病主要经消化道途径传播,偶经呼吸道感染。饲养员、污染的饲料、饮水、空气中含沙门菌的尘埃、盛装食物的容器、医院的笼具、内窥镜及其他污染物亦可成为传播媒介。圈养犬、猫常因采食未彻底煮熟或生的肉品而感染,散养犬、猫在自由觅食时,吃到腐肉或粪便而感染。

影响发病的因素主要有年龄、营养状况、应激因素、并发症等。免疫抑制疗法、外科手术和饲养环境拥挤可增加发病的危险性。而长期使用抗生素破坏肠道正常菌群可降低机体对沙门菌的抵抗力。

[症状]　沙门菌病的临床表现与感染细菌数量、动物免疫状态以及是否有并发感染等有关,临床上可人为地分为胃肠炎、菌血症和内毒素血症、局部脏器感染以及无症状持续性感染等几种类型。

多数胃肠炎型病例在感染后 3~5 天发病,常以幼年及老年动物较为严重。开始表现为发热,体温达 40~41 ℃,食欲下降,然后出现呕吐、腹痛和剧烈腹泻。腹泻开始时粪便稀薄如水,继而转为黏液性,严重者胃肠道出血而使粪便带有血液,猫还可见流涎。几天内可见明显的消瘦、严重脱水,表现为黏膜苍白、虚弱。多数严重感染病例形成菌血症和内毒素血症,这种类型前期症状一般为胃肠炎过程,有时表现不明显,但幼犬、幼猫及免疫力较低的动物,其症状较为明显。患病动物表现为极度沉郁、虚弱,出现休克和中枢神经系统症状,甚至死亡。有神经症状者,表现为机体应激性增强,失明,后肢瘫痪、抽搐。有些病例前期不一定有胃肠炎症状。细菌侵害肺时可出现肺炎症状,咳嗽、呼吸困难和鼻腔出血。子宫内发生感染的犬、猫,还可引起流产、死产或产弱仔。

患病犬、猫仅有少部分(<10%)在急性期死亡,多数 3~4 周后恢复,少部分继续出现慢性或间歇性腹泻。康复和临床健康动物常可携带沙门菌 6 周以上。

[病变]　仅部分出现临床症状的动物有肉眼可见的病理变化,表现为黏膜苍白,脱水,并伴有较大面积黏液性至出血性肠炎。肠黏膜变化由卡他性炎症到较大面积坏死脱落。病变明显的部位常在小肠后段、盲肠和结肠。肠系膜及周围淋巴结肿大并出血。因局部血栓形成和组织坏死,可在多数组织器官(肝、脾、肾)表面出现密布的出血点(斑)和坏死灶。肺常有水肿及硬化。

组织病理学变化以纤维素性及纤维性化脓性肺炎、坏死性肝炎、化脓性脑膜炎及出血性溃疡性胃肠炎为主,并可在许多器官(包括骨髓、脾及淋巴结)内发现细菌。

[诊断]　细菌分离与鉴定是确诊的最可靠方法。在疾病急性期,从分泌物、血、尿、滑液、脑脊液

及骨髓中发现沙门菌可确定为全身感染。剖检时应从肝、脾、肺、肠系膜淋巴结和肠道取病料,接种于普通培养基或麦康凯培养基上。培养结果阴性并不能排除沙门菌感染的可能性,因在其他细菌共存的条件下,很难培养出沙门菌。为此,肠道及口腔所取材料应接种在选择性培养基或增菌培养基(四硫磺酸盐增菌液、亚硒酸盐增菌液、氯化镁-孔雀绿增菌液),24 h 后再在选择性培养基(如 SS 琼脂、麦康凯琼脂等)上传代。获得纯培养后,再进一步鉴定。

[治疗] 改善饲养环境,抗菌药物选用氟苯尼考注射液、阿莫西林、恩诺沙星等。脱水严重的采用生理盐水、5%葡萄糖溶液补充体液。心脏功能衰竭者,肌肉注射安钠咖;肠道出血时使用止血敏,止泻用药用炭片口服,腹泻严重的可用 0.1%高锰酸钾溶液深部灌肠。

[预防] 因慢性亚临床感染及潜伏感染的存在,预防犬、猫沙门菌病较为困难,主要应考虑以下几个方面:

(1) 保持犬、猫房舍的卫生,笼具、食盆等用品应经常清洗、消毒,注意灭蝇灭鼠。

(2) 新引进的有腹泻和呕吐症状的犬、猫应严格隔离。

(3) 禁止饲喂不卫生的肉、蛋、乳类食品,尽可能采用煮熟的饲料(尤其是动物性饲料)喂犬、猫,杜绝传染病。

(4) 严禁耐过犬、猫或其他可疑带菌畜禽(亦应包括人)与健康犬、猫接触。患病动物住院或治疗期间,应专人护理,防止病原人为扩散。

(5) 病死尸体要深埋或焚烧,严禁食用;病犬、猫房舍清洗后,要用 2%~3%氢氧化钠消毒。

第四节 弯曲菌病

弯曲菌病(campylobacteriosis)是人和多种动物共患的腹泻性疾病之一,由空肠弯曲菌和大肠弯曲菌引起。其宿主有犬、猫、牛、羊、貂、多种实验动物和人。

[病原] 弯曲菌属细菌菌体弯曲呈逗点状、S 形或海鸥展翅状,革兰阴性,大小为(0.2~0.5) μm×(0.5~5) μm,一端或两端具有单鞭毛、运动活泼。本菌对营养要求较高,需加入血液、血清等物质后方能生长,分离时多采用选择性培养基如 Skirrow 琼脂、Butzler 培养基和 Campy-BAP 培养基,这些培养基均以血琼脂为基础,加入多种抗生素抑制肠道正常菌群而有利于本菌的分离。本菌微需氧,在含 5%O_2、85%N_2、10%CO_2 及 36~37 ℃环境中生长良好,但在 42 ℃中选择性好,故温度可抑制粪便中其他杂菌生长。在该属细菌中空肠弯曲菌常与腹泻疾病有关,偶尔可从腹泻动物中分离到大肠弯曲菌,另从患腹泻犬及无症状犬、猫中分离到乌普萨拉弯曲菌。

[流行病学] 空肠弯曲菌广泛存在于人及多种动物肠道中,这些动物即为主要储存宿主和传染源。家禽带菌率很高,可达 50%~90%,一般认为是最主要的传染源。猪带菌率也很高。犬、猫空肠弯曲菌分离率与其年龄及生活环境有关。出现腹泻的犬、猫分离率为 20%~30%,而正常犬、猫分离率低于 10%。病原菌随粪便排出体外(包括患病动物、人和无症状带菌者)而污染食物、饮水、饲料及周围环境,也可随牛奶和其他分泌物排出散播。与多数肠道病原菌相同,主要经粪-口传播,常经食物或饮水途径感染。苍蝇等节肢动物带菌率也很高,可能成为重要的传播者。犬、猫的一个重要感染途径是摄食未经煮熟的肉制品,特别是家禽肉和未经巴氏消毒的牛奶。幼犬、猫易感染并表现临床症状。

[症状] 临床病例多见于 6 月龄以下的幼年动物,主要症状表现为水样腹泻或血性黏液性腹泻,部分出现厌食,偶有呕吐,也可能出现发热及白细胞增多,但较少见。个别犬可能表现为急性胃肠炎,临床症状可持续 1~3 周。

[病变] 侵袭性弯曲菌感染可引起胃肠道充血、水肿和溃疡。常可见结肠充血、水肿,偶见小肠充血。新生动物主要表现为急性或慢性回肠结肠炎。组织学检查可见结肠黏膜、盲肠上皮细胞高度

变低,结肠和回肠杯状细胞减少等。肠黏膜增厚,炎性细胞浸润。银染后镜检可见弯曲菌黏附于结肠上皮。

[诊断] 取新鲜粪便在暗视野显微镜下观察弯曲菌的快速运动,据此可做出推测性诊断,特别是在疾病急性阶段,动物粪便中可排出大量病原菌,革兰染色可见海鸥展翅状细杆菌。细菌分离鉴定可选用专用选择性培养基对新鲜肛门拭子或粪便进行培养,空肠弯曲菌在 42 ℃微需氧环境下培养可生长,然后进行生化鉴定。另可采用特异性杀菌试验来检测血清抗体滴度上升情况,也可用 ELISA 检查感染情况。在检验弯曲菌腹泻时,应排除其他肠道病毒和细菌感染。

[治疗] 可选用庆大霉素按每千克体重 2 万 IU 静脉注射,腹泻严重的采用生理盐水、葡萄糖补充体液,大量输入葡萄糖时配合注射维生素 B_1,部分病例症状消失但可继续排毒,可应用多西环素继续给药。

第五节 耶尔森菌病

耶尔森菌病(yersiniosis)是由耶尔森菌(主要是小肠结肠炎耶尔森菌,偶见伪结核耶尔森菌)引起的多种动物和人共患性传染病,主要表现为小肠结肠炎、胃肠炎或全身性症状等。

[病原] 小肠结肠炎耶尔森菌属肠杆菌科的耶尔森菌属,为兼性厌氧革兰阴性球杆菌,偶见两极浓染,不形成芽孢和荚膜。在 25 ℃培养可形成鞭毛,但在 37 ℃时则不形成或很少有鞭毛。本菌对培养基营养要求不高,在普通琼脂培养基上生长良好,部分菌株在血液琼脂平板上可出现溶血环。在麦康凯琼脂上,本菌较其他肠道致病菌生长慢,菌落小,为乳糖不发酵菌落。最适生长温度为 20~28 ℃,耐低温,在 4 ℃能生长。

根据菌体抗原可将本菌分为 50 多个血清型,但仅有少数血清型与致病有关,且各地区致病血清型有所不同,我国主要有 O∶9、O∶8、O∶5、O∶3 等。有毒力菌株均具有 V 和 W 抗原,并能产生肠毒素。

[流行病学] 多种野生动物,包括鸟类、啮齿类动物及家畜均可作为小肠结肠炎耶尔森菌的储存宿主。猪、猫及犬分离的菌株中致病性菌株所占比例常比其他动物高,猪可能是该菌的主要储存宿主。猪、犬、猫等均可呈健康带菌状态。本病主要是通过饮水和食物感染,或因接触感染动物感染,也可与屠宰工人、饲养管理人员间接接触而感染。

伪结核耶尔森菌也可引起多种动物的肠炎,尤其是在潮湿寒冷的冬、春季。鸟、啮齿类动物、猫及猪等均可作为本菌的储存宿主。

[症状] 病犬可表现为厌食、持续腹泻、粪便带有血液或黏液。多数犬、猫临床症状不明显,但粪便可周期性排菌,甚至在肠系膜淋巴结和其他组织中可分离到细菌。

[病变] 剖检可见肠系膜淋巴结肿大,肠黏膜充血和出血。组织学检查可见慢性肠炎,并有单核细胞浸润。

[诊断] 主要依据细菌的分离鉴定予以诊断,但仅从粪便分离细菌并不能确诊,因部分动物是本菌的携带者。若从血液或肠淋巴结分离到该菌则对于区分临床感染和无症状携带者具有重要意义。粪便标本可直接接种于麦康凯、NYE 或 SS 琼脂平板上,也可根据该菌嗜冷的特性,将取自粪便及食物的待检材料置于 pH 7.4~7.8 磷酸盐缓冲液中,于 4 ℃增菌 2~3 周,再用耶尔森菌专用选择性培养基于 25 ℃和 36 ℃培养 24~48 h。血液样本可直接接种于增菌培养基培养,挑选可疑菌落进行鉴定。依据 25 ℃培养时动力阳性、脲酶阳性、H_2S 阳性和血清型进行鉴定。

[治疗] 庆大霉素、头孢噻呋钠及恩诺沙星等对治疗本病有效。腹泻严重输液以调节机体水和电解质平衡。

[预防] 因多种动物可携带耶尔森菌,故彻底消除本病较困难。良好的饲养管理可减少和避免动物出现临床症状。

第六节 犬布鲁菌病

犬布鲁菌病(canine brucellosis)是由犬布鲁菌引起的一种人兽共患性传染病,主要引起犬隐伏性菌血症和繁殖障碍,也可引起椎间盘炎、骨髓炎、脑膜脑炎和眼色素层炎等。

[病原] 布鲁菌属有6个种,有的种还分为不同的生物型。犬布鲁菌病主要由犬布鲁菌引起,但亦可感染流产布鲁菌、马耳他布鲁菌、猪布鲁菌。

本菌为革兰阴性小球杆菌或短杆菌,大小为$(0.5\sim0.7)$ $\mu m \times (0.6\sim1.5)$ μm。无运动性,不产生芽孢和荚膜。Macchiavello和改良Ziehl-Neelsen染色呈红色。本菌对培养基营养要求较高,初代分离时需3~5天才可形成肉眼可见的菌落,多数需10~15天。在适当的环境条件下,布鲁菌在奶液、尿液、水和潮湿的土壤中可存活4个月。多数对革兰阴性菌有效的消毒剂均可杀灭本菌,巴氏消毒也可将奶中的布鲁菌杀死。

[流行病学] 犬是犬布鲁菌的主要宿主,也对马耳他布鲁菌、流产布鲁菌和猪布鲁菌易感,致弱的流产布鲁菌疫苗也可感染犬。

自然条件下,犬布鲁菌主要经患病及带菌动物传播。流产后母犬的阴道分泌物、流产胎儿及胎盘组织均带菌,流产后的母犬可排菌达6周以上。患病母犬的乳汁中含有低浓度的细菌,但对新生犬传染意义并不大,这些新生幼犬多数在子宫内或在生殖道已被感染。感染犬精液及尿液亦可成为犬布鲁菌病的传染来源,某些犬在感染后2年内仍可通过交配散播疾病。

本病主要传播途径是消化道,易感犬舔食流产病料、分泌物,摄食被病原体污染的饲料和饮水而感染。口腔黏膜、结膜和阴道黏膜为常见的侵入门户,消化道黏膜、皮肤创伤亦可使病原侵入体内造成感染。口服感染的最小剂量为10^6个细菌,结膜感染剂量为$10^4\sim10^5$个细菌。流产病料含菌量可高达每毫升10^{10}个,故经口咽途径感染最常见。

[症状] 成年犬感染布鲁菌很少表现出严重的临床症状,或仅表现为淋巴结炎,怀孕母犬常在怀孕45~60天时发生流产,流产前1~6周,病犬一般体温不高,阴唇和阴道黏膜红肿,阴道内流出淡褐色或灰绿色分泌物。流产胎儿常发生部分组织自溶、皮下水肿、淤血和腹部皮下出血。怀孕早期(配种后10~20天)胚胎死亡后会被母体吸收。流产母犬可发生子宫炎,以后常屡配不孕。公犬可发生睾丸炎、附睾炎、阴囊肿大及阴囊皮炎和精子异常等。另外,病犬除发生生殖系统症状外,还可发生关节炎、腱鞘炎,有时出现跛行。部分感染犬并发眼色素层炎。

[病变] 隐性感染病犬一般无明显的肉眼可见及组织病理学变化,或仅见淋巴结炎。临床症状较明显的病犬,剖检时可见关节炎、腱鞘炎、骨髓炎、乳腺炎、睾丸炎及淋巴结炎。

怀孕母犬流产的胎盘及胎儿常发生部分溶解,因纤维素性及化脓性或坏死性炎症,常使流产物呈污秽的颜色。

除定居于生殖道组织器官外,布鲁菌还可随血液循环到达其他组织器官而引起相应的病变,如到达脊椎椎间盘引起椎间盘炎;有时出现眼前房炎、脑脊髓炎病变等。

[诊断] 怀孕母犬发生流产或母犬不育、公犬出现睾丸炎或附睾炎时即应怀疑本病,确诊应结合流行病学资料、临床症状、细菌学检验及血清学反应进行综合诊断。

血清学检查是犬布鲁菌病检测最常用的方法。因犬布鲁菌脂多糖与多种细菌发生交叉反应,导致假阳性率比假阴性率高。因血红蛋白可能引起试管凝集试验出现假阳性,待检血清应有无溶血现象。在感染的最初3~4周,尽管有菌血症,但血清学检查也可能为阴性。因此,对新购进的犬应间隔30天至少检查2次。感染后8~12周,所有的血清学方法检测均应为阳性。2-巯基乙醇快速平板凝集试验可用于本病的筛选,出现阳性反应时,再用试管凝集试验和琼脂扩散试验进行跟踪检测。试管凝集效价为1∶50可能是早期感染(3周以内)或感染恢复期,(1∶50)~(1∶100)为可疑,

1：200或更高则具有诊断意义。犬感染犬布鲁菌后,其菌血症可持续数月到数年,取血液进行细菌培养是确诊的最佳方法。无菌采取血液样本接种于营养肉汤,在有氧条件下 37 ℃培养 4～5 天,然后取样接种到固体培养基上进行鉴定。犬布鲁菌生长较缓慢,需 48～96 h 后才能形成肉眼可见的菌落。也可取流产胎衣、胎儿胃内容物或有病变的肝、脾、淋巴结等组织材料,制成涂片,以 Macchiavello 和改良 Ziehl-Neelsen 法染色后镜检,见到红色细菌即可确诊。

PCR 可用于组织和体液样本中细菌的检测,其敏感性比细菌培养和血清学试验高。

[预防] 应采取如下综合措施进行预防。

(1) 对犬群(尤其种群)定期进行血清学检验,必要时抽血做细菌培养,最好每年进行两次,检出的阳性犬严格隔离,仅以阴性者作为种用。

(2) 尽量自繁自养。新购入的犬,应先隔离观察至少 1 个月,经检疫确认后方可入群。

(3) 种公犬配种前进行检疫,确认健康后方可配种。

(4) 犬舍及运动场应经常消毒,流产物污染的场地、栏舍及其他器具均应彻底消毒。

[治疗] 布鲁菌在单核吞噬细胞内持续存在,故临床治疗很难将其完全杀灭。治疗使用米诺环素口服加肌肉注射庆大霉素,本病治疗时间长,药物需要及时调整,避免毒副作用,同时治疗过程中应注意防护。

第七节　厌氧菌感染

厌氧菌是指一群需在无氧环境下才能繁殖的革兰阳性或阴性细菌。这类细菌占犬、猫正常菌群的很大一部分,是机体多数黏膜表面的主要菌群,而且黏膜表面厌氧菌数量及其代谢产物对于需氧菌数量具有重要的调节作用,因此对维持黏膜表面正常微生态平衡、刺激机体固有免疫以及保护机体免受其他病原菌的侵害起着关键性作用。

如黏膜表面受损,可能会导致正常菌群侵入机体的无菌部位,包括厌氧菌的侵入。若该细菌带有某些毒力因子,即可引起黏膜感染,包括牙周疾病、胃肠道感染等。

[病原] 犬、猫常见厌氧菌包括革兰阴性菌,如类杆菌、普雷沃菌、紫单胞菌、梭杆菌等;革兰阳性菌,如消化链球菌、梭菌、真杆菌和放线菌等。

[流行病学] 厌氧菌感染过程常因正常菌群"污染"所致。在动物体内,不同厌氧菌对感染组织和部位似乎无特异的亲嗜性。艰难梭菌感染常因某些诱发因素(如抗生素和化疗)促使其在肠道增殖,但很难确定该病是传染所致,因该菌存在于健康动物的肠道。产毒素性产气荚膜梭菌引起的疾病也难定论为传染性,因该病很可能是在某些不明的诱因作用下因细菌在肠道繁殖并产生毒素而引起,需进一步确定病原是内源性还是由其他动物传染,或来源于环境。小动物产气荚膜梭菌性腹泻很大程度上具有传染性。

[症状和病变] 厌氧菌感染的临床表现因感染部位不同而异,但均有化脓性坏死过程,常见于胸、腹腔、呼吸道、骨骼及淋巴系统。临床上表现发热、疼痛和红肿等。发生于咬伤或刺伤部位,伤口或分泌物恶臭,形成脓肿,感染组织或体腔有气体,甚至坏死和气性坏疽,分泌物颜色发暗或出现硫黄样颗粒。

[诊断] 厌氧菌感染的确诊标准是对组织样品中细菌进行分离培养,样品接种到相应的培养基后,应置于无氧环境中,或置于含 $5\%CO_2$、$5\%H_2$ 和 $90\%N_2$ 的培养罐中培养。因厌氧菌是口腔、咽喉、阴道、外耳、结膜和皮肤正常菌群的组成部分,故增加了这些部位黏膜感染诊断的难度。对肠道梭菌感染可选择特殊的培养基进行细菌分离,并采用免疫学技术检测肠道内容物或肉汤培养物中的毒素,也可采用 PCR 技术检测粪便样本或分离物的毒素基因。

[治疗] 对局部厌氧菌感染的治疗应结合手术处理、抗菌治疗,包括输液纠正电解质平衡、引流

等。常用药为甲硝唑结合阿莫西林克拉维酸钾治疗效果较好。

第八节 肉毒梭菌毒素中毒

肉毒梭菌毒素中毒(botulism)是因摄取腐败动物尸体或饲粮中肉毒梭菌产生的神经毒素——肉毒梭菌毒素(简称肉毒素)而发生的一种中毒性疾病,临床上以出现运动中枢神经麻痹和延脑麻痹症状为特征,病死率很高。

[病原] 肉毒梭菌为革兰阳性粗短杆菌,大小为(0.5~2.0) $\mu m \times$ (1.6~22) μm ,能形成芽孢,卵圆形芽孢位于菌体的次极端,比菌体粗。该菌严格厌氧,可在普通琼脂平板上生长,产生脂酶,在卵黄培养基上菌落周围出现混浊圈。肉毒梭菌为非侵袭性致病菌,其致病作用主要由神经毒素所引起。根据细菌所产生的神经毒素的抗原性分 A~G 共 7 个型,各型毒素的结构和神经毒性相似。多数菌株只产生一种型别的毒素,各型毒素只能被同型抗毒素中和。细菌芽孢对热有较强的抵抗能力,可耐 100 ℃达 1 h 以上,但肉毒素不耐热,煮沸 1 min 即可被破坏。

[流行病学] 肉毒梭菌主要存在于土壤及淤泥中。动物常因摄入被该菌污染的动植物而使该菌进入其消化道。存在于动物消化道内的肉毒梭菌及其芽孢一般对动物无危害,但在特定的条件下也可能产生毒素。

肉毒素是已知最剧烈的毒物,犬主要是由 C 型毒素引起。自然发病主要因动物摄食腐肉、腐败饲料和被毒素污染的饲料、饮水而经口传播。动物摄入毒素量少时可不发病,大群发病者亦不多见。健康易感动物与患病动物直接接触亦不会受到传染。人的食品在制作过程中被肉毒梭菌芽孢污染,制成后未彻底灭菌,芽孢可在厌氧环境中发育繁殖产生毒素,食用前又未经加热烹调而发生中毒。主要食品有罐头、香肠、腊肠、发酵豆制品及甜面酱等。

[发病机理] 肉毒素在胃和肠道前段被吸收后,进入血流循环,其结构、功能和致病机制与破伤风神经毒素很相似,不同点在于肉毒素达到神经肌肉接头处,作用于外周胆碱能神经,抑制神经肌肉接头处神经介质乙酰胆碱的释放,导致迟缓性麻痹。

[症状] 潜伏期数小时至数天,一般症状出现越早,说明中毒越严重。犬的初期症状为进行性、对称性肢体麻痹,一般从后肢向前延伸,进而引起四肢瘫痪,但此时尾巴仍可摆动。病犬反射功能下降,肌肉张力降低,呈明显的运动神经功能病的表现。病犬体温一般不高,神志清醒。因下颌肌张力减弱,可引起下颌下垂、吞咽困难、流涎。严重者则两耳下垂,眼睑反射较差,视觉障碍,瞳孔散大。有时可见结膜炎和溃疡性角膜炎。严重中毒的犬只,因腹肌及膈肌张力降低,出现呼吸困难,心率快而紊乱,并有便秘及尿潴留。病犬病死率较高,若能恢复,一般也需较长时间。

[病变] 肉毒素主要作用于神经肌肉结合点,动物死后剖检一般无特征性病理变化,有时在胃内可发现木石、骨片等其他异物,说明生前可能发生异嗜症。咽喉及会厌部黏膜有灰黄色黏液性覆盖物,黏膜上有出血点。胃肠黏膜有时有卡他性炎症和小点出血。心内膜及心外膜也可能有点状出血。有时肺充血、淤血、水肿。中枢和外周神经系统一般无肉眼可见的病变。

[诊断] 根据临床特征,如典型的麻痹、体温、意识正常及死后剖检无明显变化等,结合流行病学特点,可怀疑本病。可疑饲料、病死动物尸体、动物血清、粪便、呕吐物及食物中检测查到肉毒素,可确诊。

血清样本应尽量在发病早期采集,采集量为 10 mL 左右,粪便或食物采集量为 50 g 左右。样本应冷藏。最可靠的标准诊断方法是小鼠接种试验,即取可疑饲料或胃肠内容物,以 1:2 比例加入灭菌生理盐水或蒸馏水,研磨为混悬液,置室温 1~2 h,离心沉淀或过滤,取上清或滤过液,分为两份:一份不加热灭活,供毒素试验;另一份 100 ℃加热 30 min,作为对照。第一组小鼠皮下或腹腔注射0.2~0.5 mL 上清液,第二组注射加热过的上清液;第三组先注射多价肉毒抗毒素,然后注射不加热的上清液。如被检材料中有肉毒素存在,则第一组小鼠1~2天发病,有流涎、眼睑下垂、四肢麻痹、呼吸困难,最后死亡,而第二、三组小鼠正常。也可用加热和不加热的上清液做豚鼠实验,分别以1~2 mL注射或口服,实验组3~4天出现流涎、腹壁松弛和后肢麻痹等症状,并可引起死亡,而对照组仍健康,亦可做出诊断。如有条件还可用分型的单价抗毒素做保护试验以确定毒素型别。除以上可疑饲料及肠内容物接种动物实验方法,肉毒素中毒的动物血清对小鼠毒性可达 $20LD_{50}/mL$,故用患病动物血清接种小鼠亦有助于诊断。也可从可疑饲料和动物尸体内分离出肉毒梭菌,但其诊断意义不如毒素的鉴定。

[预防] 肉毒素 80 ℃经 30 min 或 100 ℃经 10 min 就可失去活性,故犬、猫饲喂的食物应尽量煮沸;不要让犬、猫接近腐肉。

[治疗] 洗胃、灌肠和服用泻剂等方法可减少毒素吸收,犬肉毒梭菌毒素中毒病例多由 C 型毒素引起,及时注射 C 型抗毒素治疗,若毒素已进入神经末梢(常在毒素进入机体血液循环后短时间内发生),再用抗毒素已无解毒作用。心脏衰弱的动物用强心剂安钠咖,出现脱水时应尽快补液。盐酸胍可促进神经末梢胆碱酯酶的释放,必要时可用此药增强肌肉张力,缓解瘫痪症状。

第九节 破 伤 风

破伤风(tetanus)是由破伤风梭菌感染所产生的特异性神经毒素所引起的毒素血症。发病后机体呈强直性痉挛、抽搐,可因窒息或呼吸衰竭死亡。本病在世界范围内广泛分布。

[病原] 破伤风梭菌(*Clostridium tetani*)菌体细长,大小为$(0.5\sim1.7)$ $\mu m\times(2.1\sim18.1)$ μm,有周身鞭毛、无荚膜。本菌的典型特征是芽孢正圆,比菌体粗,位于菌体一端,使菌体呈鼓槌状或球拍样。该菌严格厌氧,在血液平板上 37 ℃培养 48 h 后呈薄膜状爬行生长,并伴有溶血。生化反应(糖发酵、分解蛋白等)随培养基的不同而有所差异。芽孢在室外无阳光直射的环境中可存活数月,在室内尘埃或碎屑中可存活数年,可耐煮沸 1.5 h,但高压(121 ℃,10 min)可将其破坏。3%的碘制剂消毒有效,但常规浓度的酚类、来苏儿和福尔马林效果不佳。

根据鞭毛抗原的不同,可将本菌分为 10 个血清型,但神经毒素抗原性一致。

[流行病学] 因破伤风梭菌及其芽孢在自然界中分布甚广,极易通过伤口侵入体内。钉伤、刺伤、脐带伤、阉割伤等可引起感染。本菌一般在浅表伤口不能生长繁殖,感染的重要条件是创口内形成厌氧微环境。小而深的创伤(如刺伤),创口过早被血凝块、痂皮、粪便及土壤等覆盖,创伤内形成的厌氧环境有利于破伤风梭菌繁殖。因本病是创伤感染后繁殖产生的毒素所致,故不能通过直接接触传播,常表现为散发。因胃肠道中胆汁可破坏毒素,故该菌不会通过胃肠道吸收毒素而发病。

本病季节性不太明显,不同品种、年龄、性别的易感动物均可发病,幼年较老年动物易感。

[发病机理] 破伤风梭菌无侵袭能力,仅在局部繁殖,其致病作用完全依赖于病原菌所产生的毒素。破伤风梭菌能产生两种外毒素,一种是破伤风溶素,致病作用尚不清楚;另一种为破伤风痉挛毒素,是引起破伤风的主要致病物质。释放到菌体外的毒素由一条重链和一条轻链组成,两者有二硫键连接。重链通过其羧基端识别神经肌肉结点处运动神经元外胞质膜受体并与之结合,促进毒素进入细胞内由细胞膜形成的小泡中。小泡从外周神经末梢沿轴突逆行向上,到达运动神经元细胞体,通过跨突触运动从运动神经元进入传入神经末梢,从而进入中枢神经系统,然后通过重链 N 端的介导产生膜的转位使轻链进入胞质溶胶。轻链可裂解储存有抑制性神经介质(γ-氨基丁酸)小泡上的膜蛋白特异性肽键,使小泡膜蛋白发生改变,从而阻止抑制性介质的释放,使肌肉活动的兴奋与抑制失调,造成麻痹性痉挛。犬、猫等对破伤风毒素不甚敏感,主要因邻近毒素产生的神经干吸收了大量的毒素才引起明显的临床症状。

[症状] 潜伏期 5~10 天,有时可长达 3 周。受伤部位越靠近中枢,发病越迅速,病情也越严

重。因犬、猫对破伤风毒素抵抗力较强,故临床上较常见局部性强直,表现为靠近受伤部位肌肉或肢体发生强直和痉挛,且常从近伤口处开始僵硬,并逐渐波及至整个神经系统。患病动物有时耳朵僵硬竖起,耳和脸部肌肉收缩,瞬膜突出外露。其他症状可见牙关紧闭、流口水、心跳和呼吸节律改变、喉头痉挛、吞咽困难。轻微的刺激可引起全身肌肉周期性强直收缩和角弓反张,部分病例出现癫痫性抽搐。患病动物因呼吸肌痉挛,出现呼吸困难而死亡。疾病过程中,病犬或病猫一般神志清醒,体温一般不高,有饮食欲。急性病例可在2~3天内死亡;若为全身性强直病例,因患病动物饮食困难,常迅速衰竭,有的3~10天死亡,其他则缓慢康复;局部强直病犬一般预后良好。

[病变] 破伤风死亡的动物,其剖检一般无明显变化,仅可在浆膜、黏膜及脊髓膜等处发现小出血点,四肢和躯干肌肉结缔组织发生浆液性浸润。因窒息死亡者其血液凝固不良,呈黑紫色,肺充血、水肿。有的可见异物性肺炎病变。

[诊断] 根据病犬、猫特殊症状,即可怀疑本病。必要时,可将病料(创伤分泌物或创内坏死组织)接种于细菌培养基,于严格厌氧条件下37 ℃培养12天,进行生化试验鉴定分离物;也可将病料接种于肝片肉汤,培养4~7天后,将滤液接种小鼠,或将病料制成乳剂注入小鼠尾根部。如上述滤液或病料中含有破伤风外毒素,2~3天后实验小鼠可表现出强直病状。

[预防] 主要是防止发生外伤,一旦受伤应及时进行外科处理,对较大和较深的创伤,可注射破伤风抗毒素或类毒素,以增加机体的被动和主动免疫力。犬、猫去势时,可注射破伤风抗毒素预防。

[治疗] 本病需及早发现及早治疗。治疗原则为加强护理、消除病原、中和毒素、镇静解痉和其他对症疗法。

(1)保持环境安静。

(2)及时清创和扩创,消毒。

(3)早期使用破伤风抗毒素,疗效较好。犬、猫破伤风抗毒素用量为每千克体重100 IU静脉注射,静脉注射破伤风抗毒素易引起过敏反应,应采取适当的预防措施,可在静脉注射前15~30 min,经皮下或皮内注射0.1~0.2 mL破伤风抗毒素,注射部位出现疹块表明可能过敏。为防止发生过敏反应,患病动物可预先注射糖皮质激素地塞米松或抗组胺药。

(4)镇静解痉。患病犬、猫出现强烈兴奋和强直性痉挛时,使用镇静解痉药物,如氯丙嗪、苯巴比妥钠等药物。

第十节 钩端螺旋体病

钩端螺旋体病(leptospirosis)是犬和多种动物(包括人)共患和自然疫源性疾病。人感染后可引起螺旋体性黄疸。猪、牛、马、羊感染后可引起妊娠动物流产、死胎以及泌乳牛的乳腺炎。犬感染后,根据所感染钩端螺旋体的不同,主要有两种病型:一种是急性、致死性黄疸,另一种为亚急性或慢性肾炎,多数感染犬临床上表现与肾病有关的症状,其他系统脏器也可受到侵害。本病在世界大多地区均有流行,尤其以热带、亚热带地区多发。犬钩端螺旋体病也较常见,根据血清学调查,有些地区感染率达20%~80%。

[病原] 钩端螺旋体属分为2个种:具有致病性的问号钩端螺旋体和腐生性的双曲钩端螺旋体,后者来源于环境,主要存在于新鲜水,偶存在于盐水中。两者从形态学上难于区分,但双曲钩端螺旋体可在不加动物蛋白的简单培养基上生长,且腐生性菌株在13 ℃可生长,对问号钩端螺旋体有抑制作用的嘌呤衍生物和8-氮鸟嘌呤对其生长无影响。另外,可根据DNA组成的不同将两个种区分开。用显微凝集试验和凝集素吸收试验,可将其分为不同的血清型,具有共同群特异性抗原的血清型归属为同一血清群。到目前为止,从人和动物中分离到的问号钩端螺旋体有25个血清群,270

多个血清型。我国是发现钩端螺旋体血清型最多的国家。

钩端螺旋体菌体纤细,螺旋紧密缠绕,一端或两端弯曲呈钩状,长 6～20 μm,宽 0.1～0.2 μm,革兰阴性,但很难着色。Fontana 镀银染色法着色较好,菌体呈褐色或棕褐色。钩端螺旋体运动非常活泼,在暗视野显微镜下可见旋转、屈曲、前进、后退或围绕长轴做快速旋转。当其旋转活动时,两端较柔软,而中段较僵硬,有利于区别血液或组织内的假螺旋体。

钩端螺旋体为需氧或微需氧菌,最适生长温度为 28～30 ℃,但从感染组织中初次分离时,37 ℃效果更佳。最好使用 pH7.2 的液体培养基,但生长缓慢,常在接种后 2～3 周才观察到明显的生长现象。常用 Korthof 培养基,添加 10％兔血清或牛血清。在血清学诊断和对新分离的菌株进行分型时,一般选用 EMJH 培养基培养。从动物组织中分离钩端螺旋体时,可用加 0.2％～0.5％琼脂的半固体培养基。

该菌对干燥、次氯酸消毒剂和 pH6.2～8.0 之外的酸碱度敏感,尤其是酸性尿液、缺氧的下脚料和污水等;50 ℃经 10 min、60 ℃经 10 s 可将其杀死;致病性钩端螺旋体在 pH6.8 以上湿润的体外环境中可存活数天,动物组织中的钩端螺旋体在低温条件下存活时间较长。

我国从犬中分离的钩端螺旋体达 8 群之多,但主要是犬群、黄疸出血群,其他如波摩那群、流感伤寒群及拜伦群也可引起犬感染。虽然猫群可检测到钩端螺旋体抗体,但临床病例并不多见。

[流行病学]　钩端螺旋体几乎遍布世界各地,尤其气候温暖、雨量充沛的热带、亚热带地区,且其动物宿主的范围非常广泛,几乎所有温血动物均可感染,给该病的传播提供了条件。国外已从 170 多种动物中分离到钩端螺旋体。我国钩端螺旋体储存宿主的分布也十分广泛,已从 80 多种动物中分离到,包括哺乳类、鸟类、爬行类、两栖类及节肢动物,其中哺乳类的啮齿目、食肉目和有袋目以及家畜是我国的主要储存宿主。钩端螺旋体可在宿主肾中长期存活,并随尿排出污染水源,导致污染水源成为该病的传染源。

钩端螺旋体主要通过动物直接接触传播,如接触感染的尿液,通过交配、咬伤、食入污染有钩端螺旋体的组织脏器等均可感染本病,有时亦可经胎盘垂直传播。幼犬在拥挤状态下更易发生直接传播。间接感染通过被污染的水源、土壤、食物和垫料等感染可导致大批发病。某些吸血昆虫和其他非脊椎动物可作为传播媒介。

本病流行有明显季节性,一般夏、秋季为流行高峰,冬、春季较少见,但热带地区可长年发生。猫钩端螺旋体病的发病率很低,主要是接触野生动物排出的病原菌而感染。户外猫血清阳性率较高。可通过接触感染犬的尿液,接触携带钩端螺旋体的啮齿动物而感染。

[症状]　幼年动物比成年动物感染严重。

最急性型钩端螺旋体感染可引起严重的钩端螺旋体血症,临床表现不明显即死亡。

急性感染初期症状为发热(39.5～40 ℃)、震颤和广泛性肌肉触痛,之后出现呕吐、迅速脱水和微循环障碍,并可出现呼吸窘迫、心率快而紊乱、毛细血管充盈不良。因凝血功能不良及血管壁受损,可出现呕血、鼻出血、便血、黑粪症和体内广泛性出血。病犬极度沉郁,体温下降,以至死亡。

亚急性感染以发热、厌食、呕吐、脱水和饮欲增加为主要特征。病犬黏膜充血、淤血,并有出血斑点。出现干性及自发性咳嗽和呼吸困难的同时,可出现结膜炎、鼻炎和扁桃体炎症状。因肾功能障碍,可出现少尿或无尿,部分犬出现黄疸。耐过亚急性感染、肾功能障碍病犬,常于感染发病后 2～3 周恢复。有的病犬因肾功能严重破坏,亦可出现多尿或烦渴等症状。

由出血性黄疸钩端螺旋体引起的犬急性或亚急性感染,常出现黄疸症状。有的犬则表现明显的肝衰竭、体重减轻、腹水、黄疸或肝脑病。有的因肾大面积受损而表现出尿毒症症状,口腔恶臭,严重者发生昏迷。有的病例发生溃疡性胃炎和出血性肠炎等。临床上,多数感染钩端螺旋体犬仅表现亚临床感染或取慢性经过,症状不明显,但可能引起急性肾功能衰竭(简称肾衰)。

猫感染钩端螺旋体可产生抗体,但临床症状较温和,剖检仅见肾和肝炎症。

[病变] 病犬及病死犬剖检常可见黏膜呈黄疸样变化,还可见浆膜、黏膜和某些器官表面出血。舌及颊部可见局灶性溃疡,扁桃体常肿大;呼吸道水肿,肺呈充血、淤血及出血变化,胸膜面常见出血斑点。

肺组织学变化包括微血管出血及纤维素性坏死等。肝肿大,色暗、质脆;肾肿大,表面有灰白色坏死灶,有时可见出血点,慢性病例可见肾萎缩及发生纤维变性;心脏呈淡红色,心肌脆弱,切面横纹消失,有时杂有灰黄色条纹;胃及肠黏膜水肿,并有出血斑点;全身淋巴结,尤其肠系膜淋巴结肿大,呈浆液性、卡他性以至增生性炎症。

[诊断] 急性、亚急性病例,根据临床症状结合剖检病变和流行病学特点,可做出初步诊断。慢性病例,因症状不明显,病变亦不典型,诊断较为困难。确诊时,应结合下列检验进行综合判断。

1. 血液及生化检验 典型犬钩端螺旋体病可出现白细胞增多和血小板减少,但白细胞计数可因疾病的不同阶段和严重程度不同而异。在菌血症阶段白细胞减少,逐渐发展为白细胞增多,到后期白细胞数为 16500~45000 个/μL。多数病犬初次检查时有不同程度肾功能衰竭,病犬血清尿素氮、肌酐浓度升高。多数犬出现低钠血症、低氯血症、低钾血症和高磷酸盐血症,但最终因肾功能衰竭少尿而出现高钾血症。部分病犬可能出现肝功能紊乱,但比肾功能衰竭发展慢。

2. 影像学检查 部分病犬用 X 线检查可见肺间质和肺泡密度增加。超声检查可发现尿路系统异常,包括肾肿大、肾盂扩张、皮质回声增强、肾周围轻度积水和髓质带回声增强等。

3. 血清学检验 常用微量凝集试验和补体结合反应,前者是诊断钩端螺旋体的标准方法。因钩端螺旋体抗原的复杂性,有必要以多种抗原检验同一份血清。一般初步诊断后应尽快取第一份血清,2~4 周后取第二份血清,后者比前者高出 4 个滴度时,就可基本上确诊为钩端螺旋体感染。双份血清法的准确率约为 50%,若在采取第二份血清 1~2 周再取第三份血清检验,准确率一般可达100%。对于未接种过疫苗的犬,如测定单份血清的效价高于 1∶800,一般则认为具有诊断意义。虽然补体结合反应操作复杂,但因受钩端螺旋体血清群(型)的交叉反应限制较小,对于诊断来说就更有价值,尤其是对慢性病犬的诊断更有意义。

另外,还可采用荧光抗体技术、酶联免疫吸附试验(ELISA)等免疫学方法进行检测。

4. 微生物学检验 从临床标本中培养钩端螺旋体一般需数天到数周,故只能做出追溯性诊断。另外,因钩端螺旋体生长条件较为苛刻,且易受不良环境影响,故选择正确的时间和方法是分离病原的关键。急性发热期,血液及内脏器官中均存在大量菌体,一旦体内特异性抗体滴度增高,这些病原就易被杀死,只是在抗体难以到达的地方,如肾小管中可存活下来。因此,生前急性发病期(发病初期 7 天内并且未用抗生素之前)常以血液、中后期以脊髓液和尿液作为病原检验的分离材料。死后检验时,最好在动物死亡 1 h 内进行,最长不得超过 3 h,否则组织中菌体多数发生溶解而难检出。病料采集后应立即处理,用暗视野显微镜及荧光抗体染色后检验,病理组织中菌体常经镀银染色后检查。

5. PCR 技术 近年来已有不少有关 PCR 技术应用于钩端螺旋体病早期诊断的报道。该方法具有很高的敏感性和特异性,在很大程度上可弥补传统病原学诊断方法上的不足,但很易出现假阳性,应结合临床症状来解释结果。

[预防] 预防接种犬钩端螺旋体疫苗,每年一次。对犬群定期检疫,消灭犬舍中的啮齿动物等;消毒和清理被污染的饮水、场地、用具,防止疾病传播。

[治疗] 首选青霉素每千克体重 5 万~10 万 IU 肌肉注射,每天 2~3 次,后采用多西环素跟踪治疗,其余为对症治疗。肾病严重的采用血液透析治疗。

第十一节 莱 姆 病

莱姆病(Lyme disease)是由疏螺旋体引起的多系统疾病,也称为疏螺旋体病,是一种由蜱传播的自然疫源性人兽共患性传染病。我国于 1986 年、1987 年在黑龙江省和吉林省相继发现莱姆病,至今已证实多省、区存在莱姆病自然疫源地。

[病原] 疏螺旋体菌体形态似弯曲的螺旋,呈疏松的左手螺旋状,有数个大而疏的螺旋弯曲,末端渐尖,有多根鞭毛。长度 5～40 μm 不等,平均约 30 μm,直径为 0.18～0.25 μm,能通过多种细菌滤器。革兰染色阴性,姬姆萨染色着色良好。微需氧,营养要求苛刻,但在一种增强型培养基——Barbour-Stoenner-Kelly Ⅱ(BSK-Ⅱ)培养基生长良好,最适的培养温度为 33～35 ℃。该菌生长缓慢,一般需培养 2～3 周才可观察到生长情况。从蜱中较易分离到螺旋体,而从患病动物和人中分离则较难。不同地区分离株在形态学、外膜蛋白、质粒及 DNA 同源性方面有一定差异。引起莱姆病的疏螺旋体至少有以下 4 个基因种群:①伯氏疏螺旋体,分布于美国和欧洲;②嘎氏疏螺旋体,主要分布于欧洲和日本;③阿氏疏螺旋体,主要从欧洲和日本分离出;④日本疏螺旋体,主要从日本分离出。根据莱姆病病原体的外膜蛋白,如 OspA 和 OspB 的分子特征和氨基酸差异可进一步分为不同的亚种。

[流行病学] 伯氏疏螺旋体的宿主范围很广,自然宿主包括人、牛、马、犬、猫、鹿、浣熊、狼、野兔、狐及多种小啮齿类动物。多种节肢动物(包括鹿蝇、马蝇、蚊子、跳蚤)均可分离到伯氏疏螺旋体,但最主要是通过感染蜱的叮咬传播。我国调查研究证明莱姆病分布广泛,东北林区、内蒙古林区和西北林区是莱姆病的主要流行区。不同地区发病季节略有不同,东北林区为 4～8 月份,福建林区为5—9 月。从 10 种媒介蜱分离出伯氏疏螺旋体,其中全沟硬蜱是我国北方莱姆病的主要生物媒介,而在南方地区二棘血蜱和粒形硬蜱可能是相当重要的生物媒介。从姬鼠到华南兔等 12 种小型啮齿类动物分离到伯氏疏螺旋体来看,姬鼠类可能是主要的储存宿主。

疏螺旋体存在于未采食感染蜱的中肠,在采食过程中疏螺旋体进行细胞分裂并逐渐进入血腔中,几小时后侵入蜱的唾液腺并通过唾液进入叮咬部位,传播给宿主动物,但也有些硬蜱还可以经卵垂直传播。犬和人进入有感染蜱的流行区即可被感染。另外,伯氏疏螺旋体也可通过黏膜、结膜及皮肤伤口感染。

[症状和病变] 病犬体温升高(39.5～40.5 ℃)、跛行、关节肿大、淋巴结肿大、食欲减退、精神沉郁,抗生素治疗后症状有所改善。急性感染犬一般不出现关节肿大,故难以确定疼痛部位。跛行常表现为间歇性,且从一条腿转到另一条腿。慢性感染犬出现心肌功能障碍,病变表现为心肌坏死和疣状心内膜炎。在流行区,犬常出现脑膜炎和脑炎,与伯氏疏螺旋体的确切关系还未完全证实。自然感染伯氏疏螺旋体的犬可继发肾病-肾小球肾炎和肾小管损伤,出现氮质血症、蛋白尿、血尿等。猫人工感染伯氏疏螺旋体主要表现为厌食、疲劳、跛行或关节异常,但尚未有自然感染的病例报道。

[诊断] 本病症状一般只表现低热、关节炎和跛行等,易与其他疾病相混淆,诊断时应注意病史。首先本病的发病高峰与当地蜱类活动高峰季节相一致;患病动物进入林区或被蜱叮咬(特别是猎犬)。体检时可发现一个或多个关节肿大,或关节外表正常,但触诊有明显的疼痛。

荧光抗体技术和 ELISA 是较为常用的诊断技术。血清效价低于 1∶128 判为阴性;(1∶128)～(1∶256)为弱阳性;1∶512 或更高为强阳性。有临床症状而血清学检验阴性时,应在 1 个月后再检验。血清效价高而未表现临床症状者,说明近期接触过伯氏疏螺旋体,1 个月后再检验,如血清效价升高说明正被感染。检验关节液中的抗体更有利于确诊。已有医用 ELISA 试剂盒。荧光抗体技术和 ELISA 检测阳性后,可采用免疫印迹技术进行跟踪检测,该方法出现假阳性的概率较低,且可区分自然感染和疫苗免疫抗体。

PCR 技术是根据伯氏疏螺旋体独特的 5S-23S rRNA 基因结构设计引物检验蜱和动物样本(包括尿液),不仅可检测伯氏疏螺旋体,同时也可测出感染菌株的基因种。

[预防] 国外已成功地研制犬莱姆病灭活苗和基因工程重组 OspA 蛋白苗,需在被感染蜱叮咬之前免疫接种。接种疫苗之后血清学转阳性可能会给血清学诊断带来一定的困难,但可采用免疫印迹技术来区分疫苗接种和自然感染引起的免疫反应。

在不能完全依靠疫苗来进行预防的情况下,可考虑减少犬被感染的机会,如控制犬进入自然疫源地;应用驱蜱药物减少环境中蜱的数量;定期检验动物身上是否有蜱并及时清除以减少感染机会。

[治疗] 临床上很难获得精确的诊断结果。临床应用头孢氨苄、多西环素等进行治疗,本病治疗时间长,需 2~3 周,症状消失康复后,应在 1 个月之后再做一次血清学检验。

第十二节 鼠 疫

鼠疫(plague)是人、野生啮齿类动物、兔、猫及犬等多种动物共患的自然疫源性传染病,主要侵害淋巴系统和肺。人类历史上曾发生过 3 次大流行。该病在非洲、亚洲、美洲的部分地区仍有零星发生,全球人类每年有 1000~3000 个感染病例,故该病对人类仍具有一定的威胁。

[病原] 本病病原为鼠疫耶尔森菌,为两极浓染的卵圆形的革兰阴性短杆菌。大小为(0.5~0.8) μm×(1~2) μm,单个散在,偶成双或短链。感染动物新鲜内脏组织触片中细菌形态较典型。该菌为兼性厌氧,在普通培养基上可生长,但生长缓慢。在血琼脂平板上生长良好,24~48 h 可形成柔软、黏稠的粗糙型菌落。在肉汤培养基中开始呈混浊,24 h 后表现为沉淀生长,48 h 后逐渐形成菌膜,稍加摇动菌膜呈钟乳石状下沉,此特征具有一定的鉴别意义。

鼠疫耶尔森菌的抗原成分较复杂,与其致病性和免疫相关的有荚膜抗原(F1 抗原)、V 抗原和 W 抗原、外膜蛋白抗原和鼠毒素等。该菌对理化因素抵抗力较弱,但在自然环境中的痰液里可存活 36 天,在蚤粪和土壤中能存活 1 年左右。

[流行病学] 鼠疫为自然疫源性传染病,鼠等啮齿动物是鼠疫耶尔森菌的自然宿主和储存宿主,蚤是该菌的主要传播媒介。我国已基本查明至少有 11 种啮齿动物为该菌的储存宿主,并有 11 种节肢动物可作为其传播媒介。该病一般先在鼠类间发病和流行,通过鼠蚤叮咬而传染人类,人被感染后,可通过人蚤或呼吸道途径在人群中传播。人与野生动物及感染家猫接触也可感染本病。

猫、犬常见感染途径为捕食带菌鼠、野兔或被鼠蚤叮咬。猫似乎比犬和其他食肉动物更易感,且多见于夏季,但其他季节也可发生。吸入感染猫(肺型鼠疫)的呼吸道分泌物,被感染猫黏膜或皮肤伤口的分泌物或渗出液污染等均可发生感染,故兽医工作人员应加以注意。

[症状] 猫和人可发生淋巴结炎型、败血型和肺型鼠疫。猫肺型鼠疫较少见。临床上常见淋巴结炎型,颈部和下颌淋巴结化脓性淋巴腺炎,伴有发热(40.6~41.2 ℃)、脱水、淋巴结肿大、化脓和感觉过敏。败血型鼠疫因细菌血源性扩散,多个器官被感染,尤其是脾和肺,出现败血性休克,表现为发热、厌食、呕吐、腹泻、心动过速、脉搏减弱、低血压、末梢发凉及白细胞显著增多等败血症的特征性症状,常在出现菌血症后 1~2 天内死亡。肺型鼠疫可由淋巴结炎型或败血型发展而来,也可因吸入病原菌而感染,无论如何,肺型鼠疫的预后最差。

犬对鼠疫似乎有一定的抵抗力,故临床病例较少见。自然感染病例主要表现为发热、厌食、淋巴结肿大、出现脓肿和咳嗽。

[诊断]

1. 直接涂片检查 取渗出液、淋巴结穿刺液、血液或死亡动物的脏器等涂片或印片,分别进行革兰和美蓝染色,检查细菌的形态和染色特性。也可应用荧光抗体技术进行快速诊断。

2. 细菌分离鉴定 可将穿刺液、尸体组织材料、心血等接种于血琼脂培养基上,经约 48 h 培养

49

形成 1~2 mm 灰白色黏稠的粗糙型菌落,挑取可疑菌落采用染色、血清凝集试验、噬菌体裂解及荧光抗体染色等方法进行鉴定。

[预防] 接触动物的临床人员应戴手套、穿工作服、戴眼罩和厚的外科口罩,应检查动物是否有跳蚤。对动物粪便进行彻底消毒处理。对动物组织应予以焚烧。常用消毒剂可杀灭鼠疫耶尔森菌。预防本病的关键是消灭传染源和寄生蚤。

[治疗] 链霉素和庆大霉素是治疗鼠疫耶尔森菌感染有效的药物,治疗持续至临床症状消失后21天。

第十三节 放线菌病

放线菌病(Actinomycosis)是由放线菌引起的一种人兽共患慢性传染病,特征为组织增生、形成肿瘤和慢性化脓灶。本病广泛分布于全世界。

[病原] 放线菌属(*Actinomyces*)细菌为革兰阳性、非抗酸性丝状菌,菌丝细长无隔,直径 0.5~0.8 μm,有分枝。菌丝在 24 h 后开始断裂成链状或链杆状。培养较困难,厌氧或微需氧。部分对犬、猫致病的放线菌在有氧的条件下生长良好,如黏性放线菌(*A. uiscosus*)、溶齿放线菌(*A. odontolyticus*),其他则要求降低氧浓度或严格厌氧,如内氏放线菌(*A. naeslundii*)和受损大麦放线菌(*A. hordeovulneris*)可在血液或添加血清等营养培养基上生长,生长较缓慢,需 2~4 天才形成肉眼可见的菌落,菌落较致密,灰白或瓷白色,表面呈粗糙的结节状。放线菌是条件致病性细菌,可在正常犬、猫口腔和肠道发现。组织内呈颗粒状,随脓汁排出后,外观似硫黄颗粒,直径 1~2 mm,此为放线菌在组织中形成的菌落。

[流行病学] 放线菌病主要为内源性感染,当动物机体防御功能破坏,放线菌可经损伤的皮肤、黏膜或吸入胸腔引起感染。外界物体或带刺的草刺伤皮肤或黏膜后,局部发炎坏死,氧气减少,为放线菌无氧繁殖创造了条件。放线菌病多发于青年和中年大型户外运动犬,猎犬最多见,长时间接触花草,吸入或摄入被污染的花草,经咽喉进入不同的脏器造成感染。

[症状和病变] 皮肤放线菌病损伤散布全身,但多见于四肢、后腹部和尾巴。发病皮肤出现蜂窝织炎、脓肿和溃疡结节,有时还有排泄窦道。分泌物灰黄色或红棕色,常有恶臭气味。颈和颜面部放线菌病主要是头部和颈部皮下软组织肿胀,内容物具有波动性或为硬块,可出现溃疡和形成瘘管。以下颌部、颌下、颈部下侧和背侧常见,也可发生于脸部、颊部等。X 线检查可见邻近的骨周围增生,慢性感染还可见有骨髓炎。病变处的穿刺物为黏液脓性,含有放线菌菌落形成的硫黄样颗粒。

胸部放线菌病早期阶段,出现体温稍高和咳嗽,体重减轻。当胸膜出现病变时,因胸腔有渗出物而表现呼吸困难。胸腔 X 线摄片,可发现类似诺卡菌病样病变。

骨髓炎性放线菌病也多见于犬,猫也有报道。骨髓炎一般发生在第 2 和第 3 腰椎及其邻近椎骨,可能继发于草刺的移行。草刺刺伤脊髓,引起脊髓炎,甚至脑膜炎或脑膜脑炎,此时,脑脊液中蛋白质和细胞含量增多,尤其是多叶核细胞增多。

腹部放线菌病少见,可能继发于肠穿孔。放线菌从肠道进入腹腔,引起局部腹膜炎,肠系膜和肝淋巴结肿大,临床症状变化较大,一般表现体温升高和消瘦。

放线菌主要激发脓性肉芽肿反应,细菌在组织中形成菌落,引发周边化脓性反应,周围单核细胞浸润,形成肉芽和纤维化。病灶或窦道有渗出液流出,且常含有硫黄样颗粒,为组织中放线菌菌落聚集物。

[诊断] 从化脓性材料寻找硫黄样颗粒进行压片检查,或对病料进行革兰染色初步掌握病变细菌感染情况。将硫黄样颗粒制成压片或组织切片,在显微镜下可见颗粒呈菊花状,核心部分由分枝的菌丝交织组成。周围部分长丝排列成放线状,菌丝末端有交织胶质样物质组成的鞘包围,且膨

大成棒状体。病理标本经苏木精-伊红染色,中央为紫色,末端膨大部红色。确诊需从化脓病灶或穿刺组织中分离出放线菌并鉴定,通常情况下,黏性放线菌较易分离到,而其他菌株因采样和保存不当(如未立即进行厌氧保存和培养)而不易分离。

[治疗] 首选青霉素肌肉注射,体表感染病灶切开、引流、灌洗消毒等。

第十四节 诺卡菌病

诺卡菌病(nocardiosis)是由诺卡菌属细菌引起的一种人兽共患的慢性传染病,特征为组织化脓、坏死或形成脓肿。本病广泛分布于世界各地。

[病原] 犬、猫诺卡菌病多由星形诺卡菌引起,巴西诺卡菌和豚鼠诺卡菌也可引起。

诺卡菌与放线菌形态相似,为丝状,但菌丝末端不膨大。革兰染色阳性,抗酸染色呈弱酸性。在培养早期菌体多为球状或杆状,分枝状菌丝较少,时间较长则可见有丰富的菌丝体,病灶如脓、痰、脑脊液中其细菌为纤细的分枝状菌丝。

本菌为专性需氧菌。在普通培养基和沙氏培养基中,室温或 37 ℃可缓慢生长,菌落大小不等,不同细菌产生不同色素。星形诺卡菌和豚鼠诺卡菌菌落呈黄色或深橙色,表面无白色菌丝,巴西诺卡菌表面有白色菌丝。

[流行病学] 诺卡菌是土壤腐物寄生菌,在自然界广泛分布,而诺卡菌病却并不多见。本病主要发生在生长带有锐刺草的地区,犬发病率比猫高,免疫功能降低犬、猫易发生感染。各种年龄、品种和性别的犬、猫均可发病,主要通过吸入、摄入和外伤途径感染。

[症状和病变] 分为全身型、胸型和皮肤型。

全身型感染的动物表现为体温升高、厌食、消瘦、咳嗽、呼吸困难及神经症状。

犬、猫胸型感染均有发生,症状为呼吸困难,高热及胸膜渗出,发生脓胸,渗出液像西红柿汤样。X线透视可见肺门淋巴结肿大、胸膜渗出、胸膜肉芽肿、肺实质及间质结节性实变。

犬、猫皮肤型感染多发生在四肢,损伤处表现为蜂窝织炎、脓肿、结节性溃疡和多个窦道分泌物,类似于胸型的胸腔渗出液。

巴西诺卡菌引起的脓肿和窦道分泌物中含有硫黄样颗粒或鳞片,星形诺卡菌引起的脓肿和分泌物中则很少含有。硫黄样颗粒染色后,显微镜下可见其有菌丝丛。诺卡菌病的骨髓炎类似于放线菌病,常从窦道向外排泄脓汁。诺卡菌病的血象呈慢性化脓性炎症反应,中性粒细胞和巨噬细胞增多。

[诊断] 根据流行病学和临床症状可做出初步诊断。确诊需通过实验室分泌物或活组织涂片染色和人工培养检验。脓汁或压片检查可见有革兰阳性和部分抗酸性分枝菌丝。分离培养的样品不能冷冻。可用血液琼脂在 37 ℃条件下培养,菌落干燥、蜡样,用接种针不易挑取,在厌氧条件下不能生长,对分离的细菌可做进一步的生化鉴定。

[治疗] 手术刮除、胸腔引流、长期使用青霉素加磺胺嘧啶钠联合用药。治疗一般需 6 个月以上,如治疗得当,皮肤型治愈率可达 80%,胸型达 50%,全身型只有 10%左右。

第四章 真菌性疾病

第一节 皮肤真菌感染

皮肤真菌感染(cutaneous fungal infection)是由某些嗜角质真菌对毛发、爪及皮肤等角质组织引起的感染,皮肤癣菌侵入这些组织并在其中寄生,引起皮肤出现界限明显的脱毛圆斑、渗出及结痂等。由皮肤癣菌引起的上述这些部位的感染称为皮肤癣菌病,又称癣。由皮肤癣菌以外的其他真菌引起的上述部位感染称为表皮真菌病。

[病原] 皮肤癣菌是一群形态、生理、抗原性上关系密切的真菌,按大小分生孢子形态可分为 3 个属,即毛癣菌属、小孢子菌和表皮癣菌属,共 40 余种,其中约 20 种能引起人或动物的感染。引起猫和犬皮肤癣菌感染的病原主要有犬小孢子菌石膏样小孢子菌(*M. gypseum*)和须毛癣菌(*T. mentagrophytes*)等。

根据皮肤癣菌的自然寄居特性,可分为:亲动物型(zoophilic),主要侵犯动物,也可引起人感染皮肤癣菌病,如犬小孢子菌;森林型(sylvatic),如须毛癣菌;亲人型(anthropophilic),主要侵犯人,极少侵犯动物;亲土型(geophilic),多数腐生于土壤中,偶可引起人或动物感染,如石膏样小孢子菌。

[流行病学] 临床上,犬皮肤癣菌病主要由犬小孢子菌引起,其次为石膏样小孢子菌,再者为须毛癣菌。90%以上猫皮肤癣菌病是由犬小孢子菌引起,石膏样小孢子菌感染多见于潮湿的热带和亚热带地区,并以夏、秋季节多见。犬也可发生多种皮肤癣菌同时感染,其中以石膏样小孢子菌和须毛癣菌混合感染常见。

犬、猫是犬小孢子菌的主要携带者,易感动物直接或间接接触被感染动物或毛发而发生传染。石膏样小孢子菌主要存在于土壤中,感染多见于野外活动时间长的动物,且病变部位主要见于脚等与土壤接触较多的部位。须毛癣菌是啮齿动物的主要皮肤癣菌病病原,啮齿动物是犬、猫感染的主要来源。另外,野生啮齿动物感染较普遍,且临床表现并不明显,猫和犬捕猎这些野生动物可被感染。

亲动物型癣菌中,马类毛癣菌(*T. equinum*)、疣状毛癣菌(*T. verrucosum*)和猪小孢子菌(*M. nanum*)也可引起犬、猫皮肤癣菌病,这些病原的自然储存宿主为家畜,感染主要来源于与家畜的接触。潮湿、温暖的气候,拥挤、不洁的环境以及缺乏阳光照射等因素均可影响本病的发生。

[症状和病变] 犬皮肤癣菌病的主要表现是脱毛和形成鳞屑,被感染的皮肤有界限分明的局灶性或多灶性斑块。可观察到掉毛、毛发断裂、起鳞屑、形成脓疱和丘疹、皮肤渗出和结痂等,瘙痒程度不一。典型的病理变化为脱毛圆斑,中央呈康复状态,但也有些病灶不规则。

石膏样小孢子菌感染可引起毛囊破裂、疖以及脓性肉芽肿性炎症反应,形成圆形、隆起的结节性病变,且常继发中间葡萄球菌感染,又称为脓癣,多见于犬四肢和脸部。

患免疫缺陷或系统性疾病的成年犬可发生全身性皮肤癣菌病,而正常犬较少见,主要由石膏样小孢子菌和须毛癣菌引起,表现为广泛性脱毛和皮脂溢性皮炎,也可见局灶性皮肤癣菌病的病变。

猫皮肤癣菌病的临床表现多样,即使典型的皮肤癣菌病病例中典型的脱毛圆斑也较少见,且发生全身性感染时常与局部感染相混淆,尤其是长毛猫。皮肤癣菌感染可引起猫对称性脱毛,因瘙痒、毛囊炎症等过度梳、舔可使毛发大量脱落。

犬小孢子菌引起猫的一种肉芽肿性皮炎伪足分支菌病，多见于波斯猫，病原真菌感染引起溃疡性、结节性皮炎。感染猫一般感染全身性皮肤癣菌病。成年猫可出现亚临床型皮肤癣菌感染，无明显的病变，仅形成极轻微的斑或少量断毛，需病原分离培养才能确诊。这类猫在皮肤癣菌病的传播中具有重要意义。

须毛癣菌引起犬、猫甲癣，主要表现为指（趾）甲干燥、开裂、质脆并常发生变形等，在甲床和甲褶处易并发细菌感染。

[诊断]　仅根据临床症状很难对皮肤癣菌病做出诊断，需做特异性诊断才可确诊。

1. 伍氏灯检查　用伍氏灯（波长为 320～400 nm 的紫外线光）在暗室照射病变区、脱毛或皮屑，犬小孢子菌感染的毛发可发出苹果绿色荧光。应注意，可能只有 50% 的犬小孢子菌菌株激发荧光，而石膏样小孢子菌和须毛癣菌感染的毛发无荧光或显示不同的荧光颜色。皮肤鳞屑、药膏、乳油及细菌性毛囊炎在紫外线照射下也会发出荧光，但其颜色与犬小孢子菌感染毛干的荧光有所不同。所以，伍氏灯检查并不十分敏感，只能作为筛选手段，不能进行确诊。检查时应先将灯预热几分钟，并在暗室仔细检查。在检查前 1 周应停止使用外用药膏。

2. 显微镜直接检查　炎症部位拔毛，最好取断裂、被擦损的毛发或选取伍氏灯下有荧光的毛发，置于载玻片上，滴加几滴 10%～20% 氢氧化钾溶液，加盖玻片，作用 30 min 或稍微加热 15 s，待样本透明后，先用低倍镜（10 倍物镜）找出擦损、胀大、淡色的毛发，然后用高倍镜（20～40 倍物镜）检查真菌孢子和菌丝。如在毛发干外有孢子型孢子，呈圆形或卵圆形、绿色透明串珠状，发干内有菌丝则可诊断为皮肤癣菌病。

3. 真菌培养　尽管真菌培养的敏感性和特异性均有一定的不足，但皮肤癣菌病的确诊仍依靠真菌分离培养。培养皮肤癣菌培养基为皮肤癣菌试验培养基（DTM），也可选用沙堡琼脂培养基。将毛发等病料接种于培养基上，于 25 ℃ 培养，5～7 天可形成菌落，但需培养 3 周以上无真菌生长才能判定为阴性。必须每天检查培养基的颜色变化，一旦有菌落生长必然看见颜色变化。皮肤癣菌的生长可使 DTM 变红，或根据沙堡琼脂培养基上菌落的颜色和形态以及显微镜检查进行进一步鉴定。

犬小孢子菌在沙堡琼脂培养基上生长快，菌落呈白色棉花样至羊绒样，反面呈橘黄色。镜检可见大量纺锤状、壁厚带刺、有 6～15 个分隔的大分生孢子，大小为（40～150）μm×（8～20）μm，一端呈树节状。

石膏样小孢子菌在沙堡琼脂培养基上生长快，开始为白色菌丝，后成为黄色粉末状菌落，凝结成片。菌落中心有隆起，外围有少数极短的沟纹，边缘不整齐，背面红棕色。镜检可见多量的纺锤形、壁厚带刺、有 4～6 个分隔的大分生孢子，大小为（30～50）μm×（8～12）μm。

须毛癣菌菌落有两种形态，即颗粒状（大多来源于动物）和长绒毛状。前者表面呈奶酪色至浅黄色，背面为浅褐色至棕黄色；后者为白色，较老的菌落变为浅褐色，背面为白色、黄色，甚至红棕色。颗粒状菌落镜检可见有较多的雪茄样、薄壁、有 3～7 个分隔的大分生孢子，大小为（4～8）μm×（20～50）μm。

[预防]　皮肤癣菌孢子在外界环境中可存活 1 年以上，应采取措施保证动物治愈后不再感染，或家庭成员和其他宠物不被感染。用吸尘器清除地板、地毯及家具表面的毛发；对耐消毒剂地面、物体表面、毛发梳理器械等用 1∶10 漂白粉消毒；接触感染动物后应将手洗干净。

防止群养动物发生交叉感染或疾病散播，应将感染的动物隔离治疗，对笼具和圈舍进行清洗消毒，待感染痊愈后放回饲养。注意不要与感染动物同用梳毛器械。

[治疗]　感染部位较多或全身性感染的病例建议剃毛。

（1）药浴，应用皮特分等药浴每 3 天一次至痊愈。

（2）全身性治疗应用特比奈芬、酮康唑配合使用灰黄霉素有很好的效果，其副作用是可引起呕吐并具有肝毒性。

（3）对皮肤癣菌病，无论是外用还是内服药物治疗，应持续2～4周或更长，直到临床痊愈或分离培养结果阴性。

第二节　芽生菌病

芽生菌病（blastomycosis）是因吸入皮炎芽生菌孢子而引起的慢性肉芽肿性和化脓性病变。病原可从肺部扩散到淋巴系统、皮肤、眼、骨骼等器官引起全身系统性真菌感染。多种哺乳动物可感染本病，但犬感染最常见，其中生活于水域附近的幼犬、公犬及大型犬更易感染。犬发病率约是人的10倍，故曾被用作监测人类患该病的哨兵动物。

[病原]　病原为皮炎芽生菌（*Blastomyces dermatitidis*），属双相型真菌。在自然条件下，皮炎芽生菌以腐生型菌丝形式存在，通过有性繁殖产生感染性孢子。在感染组织内或在脑心浸膏琼脂培养基上37 ℃培养时呈厚壁酵母相，无性繁殖。芽生酵母直径5～20 μm，具有较厚的折光性双层轮廓的细胞壁结构。

在沙氏琼脂培养基室温培养为霉菌相。菌落生长缓慢，开始为酵母样薄膜生长，后有白色绒毛状气生菌丝。正面白色或棕色，颗粒状、粉末状或光滑，背面深棕色。镜检可见直径为1～2 μm的分枝、分隔菌丝以及从菌丝两侧或单根分生孢子梗终端长出的直径2～10 μm的圆形或卵圆形小分生孢子。

[流行病学]　芽生菌病主要流行于北美洲，一些非洲国家、印度、欧洲和中美洲也有报道。自然条件下，皮炎芽生菌可能是土壤和木材的腐生菌，因从环境中极少分离到该菌，故其确切来源仍不甚清楚。在潮湿、酸性以及含有朽木、动物粪便或富含其他有机质的土壤中常有该菌存在。湿度对该菌的生长和传播似乎很重要。

在本病流行的地区，芽生菌病常呈散发，偶尔也有人和犬暴发本病的报道。流行病学调查发现，疾病暴发的共同传染源常是局部范围内感染性孢子在短时间通过气溶胶扩散。但要通过病原分离来确定传染来源则相当困难，因环境污染常为一过性，且实验室分离也存在一定的困难。芽生菌病主要是通过呼吸道途径吸入环境中菌丝体生长阶段产生的感染性孢子而感染。动物之间常不发生接触性传染。猫的感染与品种、年龄和性别无关，但大型犬感染率似乎比小型犬高，且以1～5岁犬多发。

[发病机理]　感染性孢子被吸入肺，引起肺感染，从菌丝体相转化为酵母相刺激局部细胞免疫，引起明显的化脓性或脓性肉芽肿性炎症反应。部分病例细胞免疫作用使感染局灶化，而有些病例被吞噬的酵母相转移到肺间质，进入淋巴和血液循环系统，随淋巴和血流扩散而引起多系统肉芽肿性疾病。

本菌可扩散到全身任何器官，犬以淋巴结、眼、皮肤、骨髓、皮下组织及前列腺等部位多见，而猫常扩散到皮肤、皮下组织、眼、中枢神经系统及淋巴结。

[症状和病变]　本病潜伏期为5～12周。临床上公犬感染比母犬多见，虽然各年段均可被感染，但以2～4岁犬发病率最高。感染动物常一个或多个器官受侵害，故临床表现也有所差异，常表现厌食、精神沉郁、消瘦、发热及恶病质等。40%～60%病犬表现发热，体温高达39.4 ℃或更高，患有慢性肺病犬极有可能转为恶病质，常见一个或多个淋巴结肿大。绝大多数（85%）芽生菌病病犬有肺病变，其特征为干而粗厉的肺音。肺病变轻者不愿运动，严重者休息时仍呼吸困难。X线检查常见弥散性、结节样间质性肺病变。也可有边缘清晰的囊状结构或团块。部分犬气管、支气管淋巴结肿大。有时可见胸腔渗出和肺空洞。

约40%病例出现眼部疾病，一般是眼后部先出现炎症，主要有脉络膜视网膜炎、视网膜脱落、视网膜下肉芽肿及玻璃体炎,约50%为双侧性。眼前部炎症常继发于眼后部炎症,表现结膜炎、角膜炎、前色素层炎,最终发展为内眼炎。犬在发生眼前部炎症后常出现青光眼,长期影响犬的视力。

20%~50%的感染犬有皮肤病变,猫也有类似的情况,且实际发病率会更高。典型的皮肤病变表现为单个或多个疹块、结节,甚至溃疡斑,并有血清样或脓性渗出物。尽管病变可发生在身体各部位皮肤,但以鼻部、脸部和甲床多见。40%~60%的病犬为弥散性淋巴结病,其淋巴结肿大。如不做细胞学或组织病理学检查,易误诊为淋巴肉瘤。

10%~15%的病例发生真菌性骨髓炎,其中约30%因真菌性骨髓炎或疼痛性甲沟炎而引起跛行。部分发生生殖道感染,表现睾丸炎、前列腺炎或乳腺炎等。

猫发病率较犬低,其临床表现与犬相似,主要差异是猫易出现大的脓肿,中枢神经系统感染率比犬高。

[诊断]　感染的皮肤、眼及淋巴结病变组织中有大量特征性酵母型细胞,故较易诊断。血象检查对本病的诊断意义不大。怀疑芽生菌病时,可进行胸部或四肢骨骼X线检查。确诊则需通过细胞学或组织学技术对病原菌进行鉴定。病变组织或渗出物触片镜检可见厚壁单芽酵母型细胞,芽颈宽。组织病理学检查一般表现为化脓性或脓性肉芽肿性病变,且常见有宽颈酵母型细胞,特别是应用过碘酸希夫染色(PAS)、GF染色或GMS染色后更加明显。因菌丝体在沙堡琼脂培养基中,37℃培养需1~4周,在血液或脑心浸液培养基,25℃则需1~2周,病原真菌分离培养不太适合于临床病例的诊断。从环境中极少分离到该菌。

如怀疑本病但其病原多次未能确诊时,可考虑血清学诊断,包括琼脂扩散试验、补体结合试验、酶联免疫吸附试验以及对流免疫电泳等,其中以琼脂扩散试验最常用。该方法可检测抗真菌抗体,其灵敏度和特异性可达到90%,但在疾病的早期抗体可为阴性,且部分病例随病程的发展转为阴性。

[治疗]　对出现临床症状的病犬、猫应给予治疗。两性霉素B加酮康唑合用对芽生菌病有很好的疗效。

第三节　组织胞浆菌病

组织胞浆菌病(histoplasmosis)是由荚膜组织胞浆菌荚膜变种引起的人和多种动物真菌性疾病,病原菌从肺或胃肠道扩散到淋巴结、肝、脾、骨髓、眼及其他脏器而引起全身性感染。多数全身性感染病例见于4岁以下的动物,但各种幼年动物均可感染。猫似乎比犬更易感。

[病原]　荚膜组织胞浆菌荚膜变种为土源性双相型真菌。在沙堡琼脂培养基中25℃培养呈霉菌相生长,菌落生长缓慢,需2~4周,白色或乳白色绒毛状,可见浓密的气生菌丝。随时间的延长,菌落变为灰色或棕色,镜检可见分枝、分隔、细长的菌丝,有大小两种分生孢子。大分生孢子直径5~18μm,圆形或梨形,厚壁呈齿轮状,着生于与菌丝成直角的分生孢子梗上。小分生孢子直径2~5μm,泪珠状,单个着生于菌丝两侧或短的分生孢子梗上。

本菌在脑心浸液(BHI)血琼脂培养基上37℃培养,形成光滑、湿润、乳酪样酵母菌落。镜检可见直径3~4μm卵圆形芽生酵母细胞,芽生酵母细胞和母细胞之间有一窄颈相连。在感染组织的吞噬细胞内可见直径2~5μm的芽生酵母细胞。

[流行病学]　本菌为土壤腐生菌,温暖、潮湿、富含氮,特别是含有大量鸟粪和蝙蝠粪的土壤很适合其生长。本菌在温带和亚热带地区呈地方流行性。动物和人主要是从环境中吸入或摄入感染性小分生孢子而发生感染。呼吸系统可能是人、猫和犬的主要感染途径,但消化系统也可能是犬的重要感染途径之一。动物之间一般不发生接触性传播。该病主要为散发,但犬和人群在接触被组织胞浆菌污染严重的环境,如鸡笼、蝙蝠巢穴或鸟窝时,可呈暴发性发生。

[发病机理]　分生孢子被吸入或摄入后,由菌丝相转为酵母相,被单核巨噬细胞系吞噬细胞吞噬并成为细胞寄生菌,通过血液和淋巴循环扩散引起多系统脏器肉芽肿性炎性反应,其中以肺、胃肠道、淋巴结、肝、骨髓、眼等较常见。

[症状和病变]　本病潜伏期为 12～16 天。4 月龄到 14 岁猫对本菌很易感,但更多见于 4 岁以下年龄段,无品种差异,雌性感染较多见。多数猫表现为扩散性、一系列非特异性临床症状,如精神沉郁、厌食、发热、黏膜苍白和消瘦。约 50% 的病例有呼吸道症状,出现明显的呼吸急促或肺音异常,很少有咳嗽。约 1/3 的病例出现肝脾肿大和淋巴结病。侵害到眼时可引起视网膜色素异常增生、视网膜水肿、肉芽肿性脉络膜视网膜炎、前色素层炎、全眼球炎或眼神经炎。侵害皮肤可引起皮下多处形成小结节、溃疡等。胃肠道症状除食欲下降外,一般无其他表现。

犬组织胞浆菌病也多发于 4 岁以内,多数病例表现为食欲减退、消瘦、发热且抗菌药治疗无效。某些病例可能只局限于呼吸道,仅表现呼吸困难、咳嗽和肺音异常。但多数可扩散至胃肠道,其早期多为大肠性腹泻,里急后重,粪便带黏液和新鲜血液。随着病程的发展,转为小肠性腹泻,排泄量大,且与吸收不良和失蛋白性肠病有关。伴有肝脾肿大、内脏淋巴结病、黄疸和腹水(又称腹腔积液)等。

[诊断]　全血细胞计数、血清生化指标分析、X 线检查等可反映相应组织器官的病理损伤,只能做出初步的推测性诊断,确诊则需做相应的病原学鉴定。

取病变组织细胞学检查可见有肉芽肿性炎性反应,并有大量的圆形或卵圆形、直径 2～4 μm 的酵母细胞,细胞中央嗜碱性着色,边缘形成光亮的晕,主要是细胞壁在染色过程中皱缩所致。瑞氏-姬姆萨染色,在吞噬细胞内可见多个组织胞浆菌,并有少量菌体在制片过程中释放到细胞外。在做细胞学检查时,应从有明显病变的组织部位采样,猫可从骨髓、淋巴结采样或采取气管冲洗物等;犬可取直肠刮片或穿刺骨髓、淋巴结、肝等。另外,血液白细胞层涂片、胸腔或腹腔渗出液以及皮肤结节的压片也能检测到病原菌。

如细胞学检查观察病原菌不明显,应做组织病理学诊断,主要表现脓性肉芽肿性病变,细胞内可见有病原菌。酵母细胞用常规的苏木精-伊红染色效果不佳,需进行特殊的染色,如过碘酸希夫染色(PAS)、嗜银染色和 GF 染色。

感染组织的真菌培养对疾病的确诊具有重要意义,但对临床病例不太实用。可采用沙堡琼脂培养基和 BHI 血液琼脂培养基进行分离培养,但菌体的生长需 1 周以上的时间。血清学试验易出现假阳性或假阴性结果,不太适合于本病的诊断。

PCR 检测可用于穿刺样品和土壤中病原的检测。

[治疗]　本病的治疗首选伊曲康唑,持续 2～4 个月。肺部组织胞浆菌病为自限性,可不经治疗而自愈。

第四节　隐球菌病

隐球菌病(cryptococcosis)是由鼻腔、鼻旁窦组织或肺中的新生隐球菌扩散到皮肤、眼或中枢神经系统引起的条件性真菌感染。可感染人和多种哺乳动物,也是猫最常见的全身性真菌病。

[病原]　新生隐球菌(*Cryptococcus neoformans*)为圆形酵母型真菌,外周有荚膜,折光性强,一般染色法不被着色,难于发现,故称新生隐球菌。用印度墨汁负染后镜检,可见黑色的背景中有圆形或卵圆形透亮厚壁孢子,内有 1 个较大与数个小的反光脂质颗粒,直径 2.5～20 μm,一般单芽,可多芽,芽可位于母体任何部位。菌体外包一层透明的荚膜,荚膜厚度与菌体相当,甚至比菌体大。非致病新生隐球菌无荚膜。新生隐球菌荚膜由多糖构成,根据荚膜多糖的抗原性分为 A、B、C、D 和 AD 5 个血清型。

新生隐球菌在沙堡琼脂培养基和血琼脂培养基上,室温和 37 ℃ 条件下均能生长,培养数天后形成细菌样菌落,白色、光滑、湿润、透明发亮,以后逐渐转变为橘黄色,最后成浅棕色。镜检见大小一致的圆形孢子,多数单芽,开始无荚膜或荚膜狭小,随时间的延长逐渐增厚。无菌丝和子囊孢子,但有芽管和假菌丝。

[流行病学] 新生隐球菌可存在于灰尘、腐烂的水果、鸽粪中,并可从正常动物的皮肤、黏膜、肠道中分离到。鸽粪含有高浓度的肌酐可抑制多种细菌的生长,而新生隐球菌可利用肌酐而在鸽粪中富集,可存活 1 年以上。鸽子是本菌的重要传播媒介。鸟窝,特别是鸽子窝周围的碎屑和排泄物中含有大量的病原菌,动物常因吸入环境中的病原菌而感染。

[发病机理] 多数病原菌可能因个体较大不能进入肺内部而停留于鼻腔或咽喉部,引起局部病理损伤或成为无症状携带者,但干燥的小个体新生隐球菌可进入小支气管和肺泡中引起肺的疾病。菌体被吸入鼻腔、鼻旁窦和肺后刺激机体细胞免疫反应导致肉芽形成。病原菌可直接或经血液途径扩散,通过筛骨板从鼻腔扩散到中枢神经系统、鼻窦的软组织及皮肤组织等。

[症状] 临床上猫感染比犬多见,无性别差异。各年龄段均可感染,但 2～3 岁猫似乎更易感染,在感染的最初几年多为自限性。随着年龄的增长,肉芽病灶中新生隐球菌被激活而发病。临床表现一般与上呼吸道、鼻咽部、皮肤、眼及中枢神经系统感染有关。50%～80% 的病例均有鼻腔感染的症状,表现打喷嚏、有鼻塞声、单侧或双侧鼻腔有黏液脓性分泌物,并带血。鼻腔内或鼻梁上可见增生性软组织团块或溃疡,偶见口腔溃疡或咽喉病变。40%～50% 的病例皮肤或皮下组织受侵害,表现皮肤丘疹、结节,并出现溃疡或渗流,局部淋巴结发炎。从呼吸系统经血液传播也可引起骨髓炎导致跛行,或引起肾感染导致肾功能衰竭,甚至引发全身性淋巴炎。

中枢神经系统感染者主要表现精神沉郁、行为异常、抽搐、转圈、角弓反张、失明、麻痹等神经症状。并发白血病或免疫缺陷综合征的猫易发生中枢神经系统和眼部症状。

犬隐球菌病多见于 4 岁以下犬,表现消瘦和精神沉郁。多数犬的鼻腔、中枢神经系统和眼受侵害。中枢神经系统主要侵害脑组织,但脊髓也可同时被感染,表现脑膜脑炎和进行性脑脊髓炎症状,如歪头、眼球震颤、面部麻痹、瘫痪、角弓反张、转圈、惊厥。眼部感染主要表现为视神经炎、渗出性肉芽肿性脉络膜视网膜炎、视网膜出血引发瞳孔扩张。皮肤病变是扩散性感染的一个指征,表现为皮肤、鼻腔、舌、牙龈、硬腭、唇及颊部等部位出现丘疹、结节和溃疡。部分犬体温升高。

[病变] 特征为胶冻样团块或肉芽肿病变,主要是有新生隐球菌在结缔组织中的聚集。炎性反应细胞主要为巨噬细胞、巨细胞及少量的浆细胞和淋巴细胞。

[诊断] 快速诊断方法是取鼻腔深部拭子、鼻腔冲洗液、脑脊液、皮肤或淋巴结穿刺物、支气管肺泡冲洗液、胸腔液等进行病原分离培养或细胞学检查。采用 Romanowsky 染色、甲基蓝染色和革兰染色均可获得很好的效果,可见特征性荚膜结构。穿刺样本组织切片、PAS-苏木精染色,菌体细胞着染,荚膜不被染色而在细胞周边呈环形空白带。黏蛋白卡红染色时酵母细胞壁和荚膜呈红色,具有诊断意义。

如采集较大体积样本,可做病原菌分离培养。新生隐球菌在血液琼脂培养基和沙堡琼脂培养基上生长良好。应用巧克力琼脂,在 5% 二氧化碳条件下可促进荚膜的形成,而多数腐生性隐球菌在 37 ℃时不能生长。

在未观察到或培养出病原菌时,对可疑病例用血清学方法检测血清、尿液或脑脊液中的荚膜抗原有助于诊断。另外,抗原效价测定还可用于评价治疗效果。国外已有检测隐球菌荚膜抗原的商品化乳胶凝集试验试剂盒。

用 PCR 技术检测脑脊液、尿液或血清样品中的隐球菌 CAP59 基因具有很高的敏感性和特异性,在临床诊断中具有很高的应用价值。在其他诊断方法失败时,可选用该方法。

[治疗] 可选用两性霉素 B 加氟胞嘧啶合用及酮康唑、伊曲康唑或氟康唑口服治疗猫隐球菌病。

第五节　球孢子菌病

球孢子菌病(coccidioidomycosis)是粗球孢子菌侵入肺并扩散而引起的全身性真菌感染,临床上以肺和淋巴结脓性肉芽肿为特征。本菌分布于世界各地区,可感染人、多种哺乳动物,甚至是冷血脊椎动物。

[病原]　粗球孢子菌(*Coccidioides immitis*)为土源性双相型真菌,在土壤和培养基中以菌丝体形式存在。在沙堡琼脂培养基室温培养为霉菌相,菌落形态、质地和颜色多变。一般生长较快,开始像一层潮湿的薄膜,之后在菌落边缘形成一圈菌丝,颜色由白色变为淡黄色或棕色,菌落逐渐变为粉末状。此时已有大量关节孢子形成,传染性极大,应先杀灭后才可挑取菌落直接检查。镜检可见分枝、分隔菌丝、关节菌丝和大量长方形或桶状厚壁孢子,大小为(2.5×4) μm~(3×6) μm。每两个关节孢子之间有1个无内容物的空间隔,用酚棉兰染色更为清楚。

在球囊培养基上37 ℃培养为酵母相。镜检可见球形、厚壁、大小不等的球囊,其直径为10~60 μm,囊壁厚约20 μm。幼小球囊中央无结构似空白,胞质集中于球囊边缘。囊壁破裂,内孢子释放后留下形态各异的空球囊。内孢子不出芽,可继续发育成新的含有内孢子的球囊。

[流行病学]　粗球孢子菌为土壤腐生菌,主要存在于夏季温度高、冬季温度适当的低海拔半干旱地区碱性沙土中。在该病流行地区,雨季过后干旱引发沙尘暴及其他条件造成土壤中关节孢子进入空气形成疾病暴发的条件。本病一般是因吸入环境中感染性关节孢子而感染。试验接种关节孢子可引起局部皮肤感染。

本病以4岁以下户外活动较多的大、中型雄性犬易发生,随着年龄的增加其感染率减少。猫感染性似乎无品种、年龄、性别差异。

在高温少雨季节,菌丝体潜藏于土壤表层之下。雨季过后,菌丝体回到土壤表面并形成孢子,释放出大量的关节孢子在旱季随风扩散,吸入不足10个孢子即可感染发病。

[发病机理]　关节孢子被吸入后,从支气管周围组织扩散至胸膜下,发育成球囊并产生内孢子,随之形成大量的球囊和内孢子,引起严重的炎症反应,从而表现出呼吸道症状。关节孢子可随血液和淋巴循环扩散到骨髓、关节、脾、肝、肾、心脏、生殖系统、眼、脑及脊髓等,引起其他器官病变。猫以皮肤感染较常见。

[症状]　犬感染本病的潜伏期为1~3周不等。临床严重程度与机体免疫反应有关。多数感染犬、猫在产生有效的免疫反应之前有轻微的呼吸道症状或不表现任何症状,然后自然康复,也有少部分动物无有效的免疫反应,而呈现明显的呼吸道症状。如弥散性间质性肺炎则表现干而尖锐的咳嗽;若肺泡受损,则出现湿而有痰的咳嗽。病犬体温升高、食欲减退、消瘦。若病程继续发展则可引起严重肺炎,呼吸道症状加重。

全身性感染主要表现为持续或间歇性体温升高、厌食、消瘦、精神沉郁、虚弱、跛行、局部淋巴结肿大、皮肤病变部位有渗出液、惊厥、角膜炎、眼色素层炎和急性眼盲。因骨髓炎和关节肿胀引起跛行也较常见,甚至随病情发展引起皮肤溃疡、脓肿和皮肤瘘。内脏感染可引起黄疸、肾功能衰竭、左心室或右心室充血性心脏病、心包积液等。中枢神经系统感染则表现为抽搐、行为异常、昏厥等。多数犬吸入病原菌后为隐性感染。

猫对本病的抵抗力较犬强,感染后可出现精神沉郁、厌食、发热、消瘦等非特异性症状,但因受侵害的器官系统的不同有很大的差异。一般以皮肤感染较常见,主要为皮下有结块、脓肿或皮肤流脓等,其中约1/3病例还有局部淋巴结肿大。肺感染病例约占1/4,主要为呼吸困难、呼吸促迫或肺音异常等,少部分病例因骨感染而表现跛行。

[诊断]　血细胞计数、血清生化指标分析、X线检查等可反映相应组织器官的病理损伤,如弥散

性间质性肺炎、局部结节性病灶和淋巴结肿大等。确诊则需做相应的病原学鉴定。

采用细胞学或组织学方法查出病原菌即可确诊,但有一定的难度。皮肤渗出液或胸腔渗出液含菌量相对较多,直接检查或用 10% 氢氧化钾处理后可见直径 20～200 μm 的圆形球囊,内含许多内孢子。苏木精-伊红染色球囊双壁染成蓝色。PAS 染色时,球囊壁为深红色或紫色,内孢子为鲜红色。组织病理学检查效果常比直接细胞学检查好,因此怀疑球孢子菌病时,应进行多个脏器穿刺采样做组织学检查以提高诊断效果。

粗球孢子菌可在多种琼脂培养基上生长,形成白色绒状霉菌菌落,随着菌龄的增加变为褐色或棕色。确诊则需将分离菌接种动物,如接种小鼠腹腔,10 天内可在腹膜、肝、脾、肺等组织内发现典型的球囊和内孢子。另外,可进行双相型真菌鉴定,并在显微镜下观察菌丝体和关节孢子。

在病原学诊断有困难的情况下可结合病史、临床症状和血清学检测诊断,如用试管沉淀试验、补体结合反应、琼脂扩散试验和 ELISA 检测抗体等方法。

[治疗] 治疗应用酮康唑、伊曲康唑口服,直至彻底康复。

第六节 孢子丝菌病

孢子丝菌病(sporotrichosis)是由申克孢子丝菌引起的慢性肉芽肿性疾病,临床上主要以皮肤感染为主,也可扩散到其他器官引起系统性感染。

[病原] 申克孢子丝菌(*Sporothrix schenckii*)为双相型腐生真菌。在沙堡琼脂培养基上室温培养 2～3 天内即可生长,呈霉菌相。典型菌落初为白色平滑的酵母样,表面湿润,不久变为褐色或黑色的菌落,有皱褶或沟纹,可有灰白色短绒毛状菌丝。不典型菌落色淡呈乳白色,也有小部分褐色菌落,表面皱褶少。镜检可见分枝、分隔的细小菌丝。分生孢子梗位于菌丝两侧呈直角长出,较长,顶端有 3～5 个梨形小分生孢子,成群呈梅花状排列。37 ℃培养时,沙堡琼脂培养基上菌落形态与室温培养相同,而在血琼脂培养基上菌落为白色至灰黄色酵母样菌落,与细菌菌落相似。镜检可见革兰阳性、圆形、长形或梭形的孢子,有时出芽。感染组织中为酵母相,镜检可见圆形、卵圆形或雪茄样革兰阳性菌体。

[流行病学] 本菌广泛存在于土壤、腐木和植物上。犬、猫一般经伤口感染具有感染性的分生孢子梗而发生皮肤组织或系统性感染。皮肤病变中的酵母相具有感染性,可能是人伤口、抓伤或咬伤感染的潜在传染源。

[症状和病变] 孢子丝菌病主要有 3 种表现形式:皮肤型、皮肤淋巴型和扩散型。犬一般表现为皮肤型或皮肤淋巴型,扩散型极少。可见多处皮下或真皮结节,结节溃疡、流脓和结痂,以头部、颈部、躯干和四肢远端多见。肢体远端的病变常引起淋巴腺炎,表现为线性溃疡和局部淋巴结病。

猫病变多见于肢体远端、头、尾端以及打斗易暴露的部位。起初类似于打斗引起的脓肿和蜂窝织炎,用抗生素浸泡和治疗效果不佳,继而发生溃疡,有脓性渗出并形成大的结痂性病变,甚至广泛性坏死,露出肌肉和骨骼。也可发生扩散性感染,表现亚临床型或严重系统性疾病,体内淋巴结、脾、肝、肺、眼、骨、肌肉、中枢神经系统等均可感染,临床上表现一些非特异性症状或与感染器官有关的特异性症状。

[诊断] 最常用的诊断方法是对皮肤病变进行细胞学检查。感染猫的病变样本中可见大量病原菌,较易诊断,而犬的病变组织中病原菌数量少。病原菌可位于巨噬细胞或中性粒细胞内,也可位于细胞外。组织病理学检查可见脓性肉芽肿性炎症反应,猫的病变组织用苏木精-伊红染色即可见大量的菌体,采用 PAS 或荧光抗体染色有助于检查犬病变组织中的菌体。

确诊可取穿刺组织或感染组织深部的渗出液进行病原菌分离培养,应注意安全防护。

[治疗] 犬用康酮唑口服,持续使用到临床症状消失后 35 天以上。伊曲康唑对皮肤型和皮肤

淋巴型病例有很好的治疗效果。因猫对碘制剂和康唑的毒副作用反应较强，可选用伊曲康唑，持续使用到临床症状消失后 30 天。

第七节　曲霉菌病

曲霉菌病（aspergillosis）是由曲霉属的几种真菌引起的人和多种动物共患的传染病。犬主要表现为鼻腔和鼻旁窦组织感染，猫有肺和肠道感染的报道，且多数肠道感染病例与猫传染性肠炎有关。

[病原]　绝大多数曲霉为空气污染菌，引起犬、猫呼吸道感染的主要为烟曲霉（*Aspergillus fumigatus*）。对免疫缺陷的犬，黄柄曲霉（*A. flavipes*）、土曲霉（*A. terreus*）等偶可引起扩散性感染。

烟曲霉在沙堡琼脂培养基上生长快，开始为白色，2～3 天后转为绿色，边缘仍为白色，再过数天变深绿色，呈粉末状，无白色边缘。显微镜检查，分生孢子头呈短柱形，浅蓝绿色至暗绿色，长可达 400 μm。分生孢子梗壁光滑，长 300～5000 μm，近顶端渐粗大，带绿色。顶囊烧瓶状，直径 20～30 μm，绿色。小梗为单层，较长，布满顶囊表面的 2/3，排列成木栅状，绿色。分生孢子为球形、绿色、有小棘，直径 2.5～3 μm。

[流行病学]　曲霉属广泛存在于自然界，在腐烂的蔬菜、污水、堆肥、发霉的木板及垫草中含有大量的烟曲霉。在环境中产生大量的小孢子，通过空气和呼吸进入鼻腔，偶可进入呼吸道深部。

免疫缺陷、慢性肿瘤性疾病、猫白血病、猫泛细胞减少症等均可促进本病的发生。长头犬，如苏格兰牧羊犬、德国牧羊犬似乎更易感。

[症状]　犬以鼻腔曲霉菌病较多见，主要表现为慢性鼻腔疾病的症状，如鼻疼痛、鼻孔溃疡、打喷嚏、单侧或双侧鼻腔有黏液性或带血脓性分泌物、额窦骨髓炎、筛骨损伤以及鼻出血等。

临床上犬扩散性曲霉感染病例报道有增多趋势，而发生免疫缺陷和免疫抑制时易引起扩散性感染，引起脊椎骨髓炎、椎间盘炎等，主要表现为脊椎疼痛和进行性瘫痪或跛行、精神沉郁、消瘦。也可引起外周淋巴结、肾、脾和肝感染。

猫曲霉菌感染常累及多个器官系统，其中以肺部症状最常见，也可出现单个器官被感染，如肠道、鼻道、尿道等。

[诊断]　慢性感染引起鼻甲骨溶解可借助 X 线检查。怀疑鼻腔曲霉菌病时，做鼻镜检查可见白色或灰绿色的真菌菌落，且鼻镜检查有助于组织穿刺取样，对临床诊断和治疗具有很高的价值。

从感染组织中检出病原菌则可确诊。细胞学检查时，鼻腔分泌物、拭子或鼻腔冲洗液中常难见真菌菌丝，一旦发现有菌丝则可做出较准确的诊断。穿刺组织是较好的细胞学检查材料。组织病理学检查可见脓性肉芽肿性炎症和坏死，并有大量真菌菌丝，还可与非特异性鼻炎相鉴别。

琼脂扩散试验和 ELISA 可用于动物鼻曲霉菌病的辅助诊断，国外已有相应的商品化试剂盒，但可出现 5%～15% 的假阳性或假阴性结果。

[治疗]　局部滴注克霉唑，局部用药后在滴药部位杀真菌浓度可维持数天。副作用是引起打喷嚏或治疗后数天鼻腔出现带血分泌液，药物穿过筛骨板可引发药物性脑膜脑炎而出现急性中枢神经症状等。

第八节　念珠菌病

念珠菌病（candidiasis）是由于机体免疫抑制或菌群失调导致寄生于消化道、泌尿生殖道或上呼吸道的念珠菌过度繁殖而引起局部或全身性感染，主要特征是口腔、咽喉等局部黏膜溃疡，表面有灰白色伪膜样物质覆盖，或全身多处脏器出现小脓肿。

[**病原**] 白色念珠菌（*Candida albicans*）为念珠菌属中最主要和最常见的致病菌,是一种双相型真菌,但与其他双相型真菌不同之处是在室温和普通培养基上呈酵母相,而在组织内和特殊培养基上则呈菌丝相。在沙堡琼脂培养基上 25 ℃和 37 ℃培养菌落为奶油色酵母样,日久菌落干燥变硬或有皱褶。镜检有成群的芽孢及假菌丝。米粉琼脂或玉米粉吐温琼脂培养基接种后培养 24 h 可见真菌丝、假菌丝、芽孢及很多顶端圆形的厚壁孢子,后者是鉴定白色念珠菌的主要依据。

[**流行病学**] 白色念珠菌为条件性致病菌,许多正常动物的皮肤、胃肠道、肛门、阴道及上呼吸道均可分离到。一般情况下,体内的白色念珠菌和正常的微生物区系处于平衡状态,当动物机体出现免疫抑制、长时间使用广谱抗菌药等使其平衡状态被打破,白色念珠菌,尤其是伤口、咽喉和胃肠道的白色念珠菌过度繁殖,可引起感染,故念珠菌病多数是内源性感染。

[**症状和病变**] 动物出现局部感染或通过血液途径扩散而引起全身性感染。

局部感染主要见于患慢性免疫抑制性疾病的犬,出现口腔、胃肠道或泌尿生殖道难以愈合的溃疡,其溃疡表面覆盖灰白色斑块,边缘充血。生殖道黏膜在阴道或阴茎有分泌物。皮肤和甲床慢性感染主要表现为溃疡难以愈合,有脂质渗出和浅表性痂块。

犬扩散性念珠菌病的临床表现与其感染的脏器密切相关,一般是多个脏器被感染。犬全身性真菌病常为发热,皮肤出现急性隆起性红斑或出血性病变,起初为疹块,最后形成溃疡。病犬疼痛,不愿走动。外周淋巴结肿大。猫全身性念珠菌病可引起眼色素层炎、脉络膜视网膜炎、神经系统疾病和胸腔渗出等。

[**诊断**] 局部感染血液学检查正常,但全身感染可出现淋巴细胞减少和血小板减少。组织触片、病变抽出物或尿沉淀显微镜检查可检测到酵母细胞。可采集病变组织检查白色念珠菌。氢氧化钾涂片可见真菌丝和假菌丝以及成群的卵圆形芽孢,直径 3～5 μm,芽孢常集中于菌丝分隔处。分离培养只能说明标本中有无白色念珠菌,不能说明是否为病原菌,但自无菌部位,如脑脊液和关节液中分离出白色念珠菌具有诊断意义。PCR 可直接检查血液和尿液样品中的白色念珠菌,也可采用 ELISA 或乳胶凝集试验检测白色念珠菌可溶性抗原。已有两种商品化乳胶凝集试剂盒用于临床体液白色念珠菌抗原的检测。

[**治疗**] 皮肤病变使用酮康唑和含有醋酸洗必肽、酮康唑和硫酸硒的浴液。体表用药要持续 8 周。黏膜病变可用制霉菌素、甲紫(1:10000),也可用两性霉素 B。对于黏膜性念珠菌病主要用吡咯类抗真菌药。对猫尿道念珠菌病可通过膀胱灌注克霉唑治疗。

第五章 蠕虫病

第一节 蛔 虫 病

蛔虫病(toxocariasis)是由弓首属和弓蛔属的虫体寄生于犬和猫等的小肠而引起的常见寄生虫病,可导致幼犬和猫发育不良,生长缓慢,严重感染时可导致死亡。该病分布于全国各地。

[病原] 病原有犬弓首蛔虫(*Toxocara canis*)、猫弓首蛔虫(*Toxocara cati*)、狮弓蛔虫(*Toxascaris leonina*)3种。分类上,三者均属于蛔科,前两者属于弓首属(*Toxocara*),后者属于弓蛔属(*Toxcascaris*)。

1. 犬弓首蛔虫 寄生于犬的小肠内,是犬常见的寄生虫,还可感染狼、狐、獾等,人也有感染的报道。雄虫体长40~60 mm,雌虫65~100 mm。头端具有3个唇瓣,颈侧翼较长。食管与肠管连接部有小胃。雄虫后端卷曲,肛门前后各有有柄乳突数对,另有无柄乳突3对。交和刺长,左右不等长。雌虫阴门位于虫体前半部,子宫总管很短。卵短椭圆形,表面有许多点状的凹陷。卵的直径75~85 μm。

2. 猫弓首蛔虫 寄生于猫的小肠,也可感染野猫、狮、豹等。雄虫体长40~60 mm,雌虫体长40~120 mm。外形与犬弓首蛔虫相似,颈翼前窄后宽。雄虫尾端和犬弓首蛔虫一样,有有柄和无柄的乳突数对,但排列不同。交和刺不等长。卵为亚球形,卵壳薄,表面有许多点状的凹陷,直径65~75 μm。

3. 狮弓蛔虫 寄生于猫、犬及其他猫科和犬科动物的小肠内。雄虫长20~70 mm,雌虫长20~100 mm。成虫前端向背面弯曲,体表角质膜有横纹,颈翼发达,窄叶状。无小胃。卵壳厚,表面光滑无凹陷,大小为(60~75) μm×(75~85) μm。

[生活史]

1. 犬弓首蛔虫 在不同年龄犬体内其生活史不完全相同。虫卵随粪便排出体外,经10~15天发育为感染性虫卵(含第二期幼虫)。数周龄到3月龄幼犬吞食了感染性虫卵后,在小肠内孵出第二期幼虫,幼虫侵入肠壁经淋巴管和毛细血管进入血液循环,到达肝,再进入肺,经细支气管、支气管、气管到达咽喉进入口腔,后被咽下再进入消化道。幼虫在肺部和细支气管等处脱皮变为第三期幼虫。进入消化道后在胃内变为第四期幼虫,第四期幼虫进入小肠变为第五期幼虫,再发育为成虫。从感染到发育为成虫需4~5周。

6月龄以后的犬吞食虫卵感染后,幼虫进入血液循环,多进入体循环达到各个脏器和组织,形成包囊,但不进一步发育,虫体在包囊内可存活至少6个月。

成年母犬吞食虫卵感染后,幼虫也多在各脏器和组织内形成包囊。母犬怀孕后,包囊内幼虫被某种因素所激活,经胎盘感染胎儿。仔犬出生后24 h即可在肺内发现幼虫,30天后小肠中发现成虫,有虫卵排出。

2. 猫弓首蛔虫 生活史与犬弓首蛔虫大体相似,但无经胎盘感染途径。因感染的方式不同而出现不同的发育过程。

虫卵随粪便排出体外后发育为感染性虫卵(含第二期幼虫)。猫吞食虫卵后,孵出的幼虫首先进入胃壁,然后进入肝、肺,经气管到咽喉,回到消化道,再进入胃壁,发育为第三期幼虫,然后回到胃腔和肠腔,发育为第四、第五期幼虫,进一步发育为成虫。

感染性虫卵被鼠、蚯蚓、蟑螂等吞食后,幼虫可在这些动物体内形成包囊而存活下来。猫吞食了这些动物后,也可感染,但虫体在猫体内只进入胃壁,不进入肝、肺。进入胃壁的虫体发育为第三期幼虫,再回到胃腔,发育为第四期幼虫,后进入小肠,发育至成虫。

3. 狮弓蛔虫 其生活史相对简单。随粪便排出体外的虫卵,在适宜的环境条件下,经3~6天发育为感染性虫卵,被宿主吞食后,第二期幼虫在小肠孵出,进入肠壁,发育为第三期幼虫后,返回肠腔,发育至成虫。整个发育史约需74天。

小鼠吞食狮弓蛔虫的感染性虫卵后,第三期幼虫可在小鼠组织内形成包囊,猫、犬等吞食小鼠后,也可感染。虫体在肠道内直接发育为成虫。

[流行病学] 犬弓首蛔虫分布于世界各地,感染率在5%~80%。我国辽宁省幼犬感染率可达96%,病死率达60%。虫卵对外界环境的抵抗力极强,在地上能存活数年。猫弓首蛔虫中间宿主为鼠、蚯蚓、蟑螂等,分布极广。狮弓蛔虫生活史简单,虫卵在外界环境中直接发育为感染性幼虫,故该病感染普遍。

国外也有人感染猫弓首蛔虫的报道,故该病具有公共卫生意义。

[致病机理] 蛔虫主要通过机械性刺激、夺取营养和分泌毒素而致病。

蛔虫是犬、猫体内的大型虫体,成虫寄生在小肠,对肠道产生强烈的刺激作用,可引起卡他性肠炎。当宿主发热、妊娠、饥饿或饲料成分改变时,虫体可进入胃、胆管和胰管,造成堵塞或炎症。严重感染时,大量虫体可造成肠阻塞、扭转、套叠,甚至破裂。幼虫在移行时,经过肠壁进入肝、肺,可损伤肠壁、肝、肺毛细血管和肺泡壁,引起肠炎、肝炎和肺炎。虫体在小肠内以未消化食物为食,夺取宿主大量营养物质,使宿主营养不良、消瘦。

虫体代谢物和体液被宿主吸收后对宿主呈现毒害作用,引起造血器官和神经系统中毒,发生神经症状和过敏反应。

[症状] 幼犬症状较明显。幼虫移行时引起肺炎,表现为咳嗽、流涕等,3周后症状可自行消失。

成虫阶段,根据感染程度的不同,可表现消化不良、间歇性腹泻、大便含有黏液、腹部胀满、疼痛、口渴,时有呕吐,其呕吐物恶臭,以及发育不良,体毛粗糙,渐进性消瘦。幼犬偶有惊厥、痉挛等神经症状。

[诊断] 临床症状和病原体检查相结合。病原体检查以从粪便中检出虫卵或发现虫体为准。需注意的是,虫体未发育到成虫阶段粪便中不能检出虫卵。应采用剖检的方法从器官内发现虫体。

[治疗] 使用伊维菌素、阿维菌素、塞拉菌素、哌嗪、阿苯达唑、左旋咪唑等口服,严重病例连用3~5天直至无虫体排出,间隔7天后再用药一次,彻底清除虫体。

[预防] 主要措施为对犬、猫定期驱虫,搞好环境卫生,及时清除粪便,防止粪便污染水源和饲料。

第二节 钩 虫 病

钩虫病(hookworm)是由钩口科(Ancylostomatidae)中钩口属(*Ancylostoma*)、板口属(*Necator*)和弯口属(*Uncinaria*)的虫体寄生于犬、猫等小肠所致,其重要特点是可引起患病动物高度贫血。我国各地均有发生,是犬最为重要的寄生虫病。

[病原] 病原有犬钩口线虫、巴西钩口线虫、美洲板口线虫和狭头弯口线虫4种。

1. 犬钩口线虫 属钩口属,寄生于犬、猫及狐等动物的小肠,偶尔寄生于人。虫体呈灰色或淡红色。前端向背面弯曲。口囊大,腹侧口缘上有3对大齿,口囊深部有1对背齿和1对侧腹齿。食管棒状,肌质。雄虫长 11~13 mm,交合伞的侧叶宽。雌虫长 14.0~20.5 mm,后端逐渐尖细。虫卵大小为 60 μm×40 μm 新排出的虫卵内含有 8 个卵细胞。

2. 巴西钩口线虫 属钩口属,寄生于犬、猫及狐小肠。口囊呈长椭圆形,囊内腹壁有 2 对齿,侧方 1 对较大,十分显著,近中央 1 对较小,不十分注意难以看到。在口囊基部,有 1 对略呈三角形的内齿。雄虫长 5.0~7.5 mm,交合刺细长。雌虫长 6.5~9.0 mm,阴门位于体后端1/3处。尾部为不规则的锥形,末端尖细。虫卵大小为 80 μm×40 μm。

3. 美洲板口线虫 属于板口属,寄生于人、犬的小肠。头端弯向背侧,口孔腹缘上有 1 对半月形的切板。口囊呈亚球形,底部有两个三角形的亚腹侧齿和两个亚背侧齿。雄虫长 5.2~10 mm,平均 7.29 mm,交合伞有两个大的侧叶和小的背叶。背叶分为两小叶,各有一条末端分支的背肋支持着。雌虫长 7.7~13.5 mm,平均 10.72 mm。阴门有明显的阴门瓣,位于虫体中线略前。虫卵大小为(53~66) μm×(28~44) μm,平均 59 μm×40 μm。

4. 狭头弯口线虫 属于弯口属,寄生于犬、猫及狐的小肠。虫体淡黄色,口弯向背面。口囊发达,其腹面前缘有 1 对半月形切板。接近口囊底部有 1 对亚腹侧齿。雄虫长 6~11 mm,雌虫长 7~12 mm。虫卵与犬钩口线虫相似。

[生活史] 犬钩口线虫虫卵随粪便排出体外,在适宜的条件下,约经 1 周发育为感染性幼虫,并从卵壳内孵出。感染性幼虫感染宿主的途径有多种:经口和皮肤感染后,如是 3 月龄以下幼犬,幼虫经食管或皮肤黏膜,进入血液循环,到达肺,进入呼吸道,上行到咽,经咽下入消化道,到达小肠发育为成虫。从感染到发育为成虫约需 17 天,该途径最为常见。经胎盘感染时,幼虫进入母体血液循环,经胎盘感染胎儿。母犬体内虫体可进入乳汁,幼犬在吮乳时,也可把进入乳汁的虫体食入体内而被感染。其移行同经口感染。

3 月龄以上犬感染后,幼虫多不移行,而是在肌肉中休眠。这些休眠的虫体,是乳腺中虫体的来源。

巴西钩口线虫生活史和犬钩口线虫相似,但经胎盘感染较少见。

美洲板口线虫生活史较简单,进入宿主体内后不移行,直接在肠道发育为成虫。

狭头弯口线虫生活史与犬钩口线虫相似,但最为常见的感染途径是经口,经皮肤等途径感染很少见。感染后 15 天开始有虫卵排出。

[流行病学] 在几种钩虫中,美洲板口线虫以感染人为主,是人的重要寄生虫病,对犬危害相对较小,其他几种虫体对犬、猫危害较大。

虫卵在外界环境中的发育和幼虫的孵出,受温度影响很大,适宜的温度是 25~30 ℃。温度达 45 ℃,虫卵数小时即可死亡,温度低于 10 ℃,虫卵停止发育,0 ℃时虫卵只能存活 7 天。如在温暖、潮湿(含水量 30%~50%)、有荫蔽的松土中,24~48 h 内即可孵出幼虫。

第一期幼虫从卵壳内孵出后,48 h 内蜕去角皮发育为第二期幼虫,再经 5~6 天,发育为具有感染能力的第三期幼虫,即感染性幼虫。

感染性幼虫多生活于离地面约 6 cm 深的土层中,但只有当幼虫被土粒上薄层水膜围绕时方能生存。如地面草茎上有水滴,幼虫可沿着其草茎向上爬行,可爬行高达 22 cm 处。感染幼虫在土壤中存活时间与自然条件有关,与温度关系尤为密切。45 ℃时,幼虫只能存活 50 min,10~15 ℃时,不超过 4 h。根据我国的气候,土壤中感染性幼虫,在感染季节至少可存活 15 周或更久,但在冬季大都自然死亡,不能越冬。此外,干燥和直射阳光,也均不利于幼虫的生存。

[致病机理] 主要为机械性破坏和吸血。幼虫侵入皮肤时,可破坏皮下血管导致出血,并伴有中性粒细胞、嗜酸性粒细胞浸润,引起皮肤炎症。

幼虫移行至肺可破坏肺微血管和肺泡壁,导致肺炎,并出现发热等全身性症状。成虫在肠道寄生时,可导致宿主长期慢性失血,主要原因如下:虫体吸食宿主血液;虫体在吸血的同时,伤口渗出血液;虫体更换咬着部位后,原伤口在凝血前继续渗出血液。据估计,每条虫体每 24 h 可使宿主失血

0.025 mL。

[症状] 感染性幼虫侵入皮肤时,可导致皮肤发痒,随即出现充血斑点或丘疹,继而出现红肿或含浅黄色液体水疱。如有继发感染,可成为脓疮。

幼虫侵入肺时,可出现咳嗽、发热等。

成虫在肠道寄生时,出现恶心、呕吐、腹泻等消化紊乱症状,粪便带血或黑色,柏油状。有时出现异嗜。黏膜苍白,消瘦,被毛粗乱无光泽,因极度衰竭而死亡。胎内感染和初乳感染的3周龄以内的幼犬,可引起严重贫血,导致昏迷和死亡。

[诊断] 根据临床症状、粪便虫卵检查及剖检发现虫体进行综合诊断。

[治疗] 严重贫血病例,在驱虫的同时对症治疗,输血、补液。常用驱虫药物有甲苯达唑、阿苯达唑、左旋咪唑、噻嘧啶、依维菌素等。

[预防] 主要措施为搞好环境卫生,及时清理粪便,对犬定期驱虫。犬舍地面可用硼酸盐(每10 m² 用 2 kg 硼酸盐)处理以杀死幼虫。

第三节 绦虫病

绦虫病(cestodiasis)是由扁形动物门绦虫纲的寄生动物引起的寄生虫病。寄生于犬、猫等小动物的绦虫种类很多,对健康危害较大。它们的幼虫期大多感染其他家畜或人,严重危害家畜和人的健康。这些绦虫病在发病机理、临床症状、诊断方法和治疗药物方面有许多相似之处。

[病原及生活史]

1. 犬复孔绦虫 属双壳科复孔属,寄生于犬、猫、狼及狐狸等动物的小肠,偶见于人。虫体长15~70 cm,最宽约3 mm。头节上有4个吸盘和1个顶突,顶突上有30~150个小钩,玫瑰刺状,排列为3~4圈。成熟节片黄瓜籽状,含两套雌雄生殖器官。生殖孔开口于节片侧缘的中部。孕节完全被子宫占据,子宫形成许多囊,每个囊内含有2~40个虫卵。卵呈圆形,透明,直径20~40 μm,卵壳两层,薄,内含六钩蚴。发育过程需以蚤类为中间宿主。孕卵节片随粪便排至外界,卵散出,被蚤类吞食,六钩蚴在蚤类体内发育为似囊尾蚴。犬吞食了含似囊尾蚴的蚤类而被感染。经3周发育为成虫。

2. 带状带绦虫 属带科带属或泡尾带属,主要寄生于猫小肠,也见于犬。成虫乳白色,长15~60 cm。头节外观粗壮,顶突肥大,上有小钩26~52个,排成两圈。4个吸盘向外侧突出。颈节极不明显。孕节子宫充满虫卵。虫卵直径31~36 μm。发育过程以鼠类为中间宿主。孕节随粪便排出体外,鼠类食入后被感染。卵内六钩蚴在鼠类体内发育为链尾蚴。猫等吞食了含有链尾蚴的鼠类而被感染。

3. 豆状带绦虫 属带科带属,寄生于犬、猫及狐狸等动物的小肠内。成虫乳白色,长可达200 cm。头节上有吸盘和顶突,顶突上有小钩34~48个,排列为两圈。体节边缘呈锯齿状。孕节子宫内充满虫卵。子宫每侧有分支8~14个。虫卵大小为(36~40)μm×(32~37)μm。发育过程以家兔、野兔等啮齿类为中间宿主,在中间宿主的肝、肠系膜和腹腔内形成豆状囊尾蚴,有一定的危害性。中间宿主吞食了虫卵而被感染。终末宿主犬、猫等吞食了含有豆状囊尾蚴的内脏而被感染。

4. 泡状带绦虫 属带科带属,寄生于犬、狼及狐狸等动物的小肠内,少见于猫。虫体乳白色或淡黄色,体长可达5 m。头节上有4个吸盘和顶突,顶突上有小钩26~46个,排列两圈。孕节全被子宫充满,子宫每侧有分支5~10个。虫卵为卵圆形,大小为(36~39)μm×(31~35)μm。发育过程以羊、猪等为中间宿主,在中间宿主体内形成细颈囊尾蚴,出现于中间宿主的肝浆膜、大网膜、肠系膜及其他器官中。中间宿主因吞食了虫卵而被感染。终末宿主则因吞食了含细颈囊尾蚴的脏器而被感染。

5. 绵羊带绦虫　属于带科带属,寄生于犬、猫及狼等食肉动物的小肠内。虫体乳白色,体长45～110 cm。头节上有吸盘和顶突,顶突上有32～38个小钩,排列为两圈。生殖孔位于节片边缘的中央。孕节子宫每侧有20～24个分支。虫卵大小为(30～40)μm×(24～28)μm。发育过程以山羊和绵羊为中间宿主,在其肌肉等部位形成囊尾蚴,对羔羊有一定危害。中间宿主因吞食了虫卵而被感染。终末宿主吞食了含囊尾蚴的羊肉而被感染。

6. 多头带绦虫　属带科带属或多头属,寄生于犬、狼及狐狸等小肠内。长40～100 cm,由200～250个节片组成。头节上有4个吸盘,顶突上有22～32个小钩,排成两圈。孕节子宫有侧支14～26对。虫卵直径为29～37 μm,内含六钩蚴。发育过程以绵羊、山羊及其他反刍动物为中间宿主,在脑和脊髓中形成多头蚴,产生较为严重的危害。中间宿主因吞食了虫卵而被感染,终末宿主因食入多头蚴寄生的脑组织而被感染。

7. 连续多头绦虫　属带科多头属,寄生于犬、狼及狐狸等动物的小肠内。虫体长10～70 cm,头节的顶突上有小钩26～32个,排列为两圈。孕节子宫侧支20～25对。虫卵大小为(31～34)μm×(20～30)μm,内含六钩蚴。发育过程以兔为中间宿主,在兔的肌间和皮下结缔组织形成连续多头蚴。中间宿主因吞食了虫卵而被感染,终末宿主因食入连续多头蚴而被感染。有人认为该虫是多头带绦虫的同物异名。

8. 斯氏多头绦虫　属带科多头属,寄生于犬、狼及狐狸等动物的小肠内。虫体长20 cm,头节顶突上有小钩32个,排列为两圈。孕节子宫侧支20～30对。虫卵大小为32 μm×26 μm,内含六钩蚴。发育过程以绵羊、山羊和其他反刍动物为中间宿主,在其肌肉、皮下、胸腔等处形成多头蚴。中间宿主因吞食了虫卵而被感染,终末宿主因食入多头蚴而被感染。有人认为该虫是多头带绦虫的同物异名。

9. 细粒棘球绦虫　属带科棘球属,寄生于犬、狼、狐、豹的小肠中。虫体长2～6 mm,由1个头节和3～4个节片组成。头节有4个吸盘,顶突上有两圈小钩,成节有一组生殖器官。末节为孕节,子宫分出12～15对侧支。虫卵大小为(32～36)μm×(25～30)μm。发育过程以绵羊、山羊、黄牛、水牛、牦牛、骆驼、猪、马等动物和人为中间宿主,在肝、肺及其他器官形成棘球蚴,产生严重的危害,是一种重要的人兽共患寄生虫病。孕节随粪便排至外界,虫卵被羊等中间宿主吞食,六钩蚴从肠道逸出,进入血液循环,分布于身体各部,发育为棘球蚴。终末宿主采食了寄生有棘球蚴的动物脏器而被感染。还有一种多房棘球绦虫与细粒棘球绦虫相似,但更小,只有1.2～2.7 mm长,有2～4个节片。成虫寄生于狐狸、狼、犬、猫(较少见)小肠中。其他同细粒棘球绦虫。

10. 线中绦虫　属中绦科中绦属,寄生于犬、猫和野生食肉动物的小肠,偶尔感染人。虫体乳白色,长30～250 cm。头节上有4个长圆形的吸盘,无顶突和小钩。颈节很短。成节近似方形,每节有一套生殖器官。子宫为盲管,位于节片的中央,生殖孔开口于节片背面中线上。孕节似桶状,内有子宫和一卵圆形的副子宫器,后者含有成熟的虫卵。其生活史尚未完全阐明。已知需两个中间宿主。第一中间宿主为食粪的地螨,第二中间宿主为蛙、蛇、蜥蜴、鸟类和啮齿类。终末宿主因吞食了第二中间宿主而被感染。

11. 孟氏迭宫绦虫　属于假叶目双叶槽科迭宫属,寄生于犬、猫和野生食肉动物的小肠,偶尔感染人。虫体一般长40～60 cm,最长可达1 m。头节指状,背腹面各有一个纵行的吸槽。颈节细长。体节宽度大于长度。子宫位于节片的中部,有3～5次盘旋,末端有开口,位于阴门下方。虫卵淡黄色,椭圆形,两端稍尖,一端有卵盖,大小为(52～76)μm×(31～44)μm。发育过程需两个中间宿主,第一中间宿主为剑水蚤和镖水蚤,第二中间宿主为蝌蚪和蛙。虫体在第一中间宿主体内发育为原尾蚴,在第二中间宿主体内发育为裂头蚴。蛇、鸟类或其他哺乳类,如猪等,吞食了裂头蚴后,不能发育为成虫,但仍可保持感染力,后者称为转续宿主。终末宿主因吞食了第二中间宿主或转续宿主体内的裂头蚴而被感染。

12. 阔节裂头绦虫　又名阔节双叶槽绦虫,属于假叶目双叶槽科双叶槽属,寄生于人、犬、猫、猪、北极熊及其他食鱼的哺乳动物的小肠里。成虫长可达 2 m 以上。头节上有两个肌质纵行的吸槽，槽狭窄且深。成节和孕节均呈四方形。睾丸 750～800 个，与卵黄腺一起分散在虫体两侧。卵巢分两叶，位于虫体中央后部。子宫呈玫瑰花状，在虫体中央的腹面开孔，其后为生殖孔。虫卵呈卵圆形，两端钝圆，淡褐色，有卵盖，大小为 (67～71) μm×(40～50) μm。发育过程需两个中间宿主，第一中间宿主为剑水蚤和镖水蚤，第二中间宿主为淡水鱼类。虫体在第一中间宿主体内发育为原尾蚴，在第二中间宿主体内发育为裂头蚴。终末宿主因吞食了第二中间宿主体内的裂头蚴而被感染。

[致病机理] 当虫体大量寄生时，虫体以其头节顶突上的小钩和吸盘吸着在宿主肠黏膜，造成肠黏膜的损伤，引起炎症。虫体寄生于宿主的小肠，可大量夺取宿主的营养物质，造成宿主营养缺乏，发育不良。虫体分泌物和代谢物被宿主吸收后，可导致各种中毒症状，甚至神经症状。有些虫体个体很大，大量寄生时，可引起小肠堵塞、腹痛、肠扭转甚至肠破裂。

[症状] 轻度感染时常不表现临床症状。严重感染时，犬、猫主要表现为食欲下降，呕吐、腹泻，或贪食、异嗜，继而消瘦，贫血，生长发育停滞，严重者死亡。有的呈现剧烈兴奋，有的发生痉挛或四肢麻痹。本病呈现慢性和消耗性。

[诊断] 根据症状和粪便检查发现节片或虫卵即可确诊。由于细粒棘球绦虫非常小，为提高检出率，常用溴氢槟榔素试验。

[治疗] 犬、猫每千克体重内服吡喹酮 20 mg，隔 5 日再服一次。

[预防]

（1）犬和猫要定期驱虫，每季度应驱虫 1 次。

（2）不给犬和猫饲喂生的或未经无害化处理的动物内脏或动物性食品。

（3）应用杀虫药定期杀灭动物体和动物舍的蚤和其他昆虫。

第四节　犬心丝虫病

犬心丝虫病（canine dirofilariasis）或称犬恶丝虫病，是由犬恶丝虫寄生于犬的右心室和肺动脉所引起的一种临床或亚临床疾病，主要症状为循环障碍、呼吸困难、贫血等。猫、狐、狼等也能感染。本病在我国分布很广，北到沈阳，南至广州均有发现。在广东，犬的感染率可达 50%。

[病原] 犬恶丝虫属于丝虫科丝虫属。成虫主要在肺动脉和右心室中寄生，严重感染时，也可发现于右心房、前腔静脉、后腔静脉和肺动脉。成虫为细长白色。食管长。雄虫长 12～16 cm，尾端螺旋状卷曲，有肛前乳突 5 对、肛后乳突 6 对，交合刺 2 根，不等长，左侧的交合刺长，末端尖，右侧的交合刺短，相当于左侧的 1/2，末端钝圆。雌虫长 25～30 cm，尾部直，阴门开口于食管后端处。胎生，雌虫直接产幼虫，称为微丝蚴，出现于血液中。微丝蚴长约 315 μm，宽度大于 6 μm，前端尖细，后端平直，体形为直线形。

[生活史] 犬恶丝虫需蚊等作为中间宿主，蚊的种类有中华按蚊、白纹伊蚊、淡色库蚊等多种。除蚊外，微丝蚴也可在猫蚤与犬蚤体内发育。成熟雌虫产生微丝蚴，后者进入宿主的血液循环系统。蚊等吸血时，微丝蚴进入蚊体内，2 周内发育为感染性幼虫，并移行到蚊的口器内。蚊再次吸血时，将虫体带入宿主体内。未成熟虫体在皮下或浆膜下发育约 2 个月，然后经 2～4 个月移行至右心室，再经 2～3 个月变为成虫，开始产微丝蚴。微丝蚴在外周血液中出现的较早时间为感染后 6～7 个月。

[流行病学] 我国各地犬的感染率很高。感染季节一般为蚊子活跃的 6—10 月份，感染高峰期为 7—9 月份。感染率与年龄呈正相关，年龄越大感染率越高。犬的性别、毛色等与感染率无关。饲养环境与感染率有关。饲养于室外的犬感染率高于饲养于室内的犬。

［致病机理］　由于虫体的刺激及对血流的阻碍作用以及抗体作用于微丝蚴所形成的免疫复合物的沉积作用,病犬可发生心内膜炎、肺动脉内膜炎、心脏肥大及右心室扩张,严重时因静脉淤血导致腹水和肝肿大,肾可出现肾小球肾炎。

［症状］　临床症状的严重程度取决于感染的持续时间和感染程度以及宿主对虫体的反应。犬主要症状为咳嗽、训练耐力下降、体重减轻。其他症状有心悸、心内杂音、呼吸困难、体温升高、腹围增大等。后期贫血增进,逐渐消瘦衰弱而死亡。在腔静脉综合征中,右心房和腔静脉中大量虫体可引起突然衰竭,发生死亡。在此之前,常有食欲减退和黄疸。

患犬恶丝虫病的犬常伴有结节性皮肤病,以瘙痒和倾向破溃多发性结节为特征。皮肤结节中心化脓,在其周围血管内常见有微丝蚴。

猫常见的症状为食欲减退、嗜睡、咳嗽、呼吸痛苦和呕吐。其他症状为体重下降和突然死亡。猫少见右心衰竭和腔静脉综合征。

［诊断］　根据临床症状并在外周血内发现微丝蚴即可确诊。检查微丝蚴的较好方法是改良Knott试验和毛细管离心法。

1. 改良 Knott 试验　取全血 1 mL 加 2‰甲醛 9 mL,混合后以 1000～1500 r/min 的速度离心5～8 min,弃上清液,取 1 滴沉渣与 1 滴 0.1‰美蓝溶液混合,显微镜下检查微丝蚴。

2. 毛细管离心法　取抗凝血,吸入特制的毛细管内,用橡皮泥封住下端,离心后在显微镜下于红细胞与血浆交界处直接观察微丝蚴,或切断毛细管,将所要检查部分的血浆置载片上镜检。

动物体内无微丝蚴时难以确诊,感染犬、猫分别有 20％和 80％以上呈隐性感染。对于这些动物,可根据症状结合胸部 X 线进行诊断。犬特征性 X 线病理变化有肺动脉扩张,有时弯曲,肺主动脉明显隆起,血管周围实质化,尾叶有动脉分布,有心扩张。猫最常见的 X 线病理变化是肺尾叶动脉扩张。

超声波心动记录仪有助于腔静脉综合征的诊断。成年动物右动脉 M 型超声波图转移到右心室被认为有诊断意义。此外,在国外还用 ELISA 试剂盒诊断本病。

［治疗］　犬心保(伊维菌素、双羟萘酸噻嘧啶)按相应体重给药。

［预防］　消灭中间宿主是重要的预防措施。

第五节　食管线虫病

食管线虫病的病原为旋尾科旋尾属的狼旋尾线虫,寄生于犬、狐、狼及豺的食管壁、胃壁或主动脉壁,引起食管瘤等疾病。该病多发生于热带、亚热带地区,我国华中、华南等地多发,北京、张家口等地也有报道。

［病原］　成虫呈螺旋形,血红色。口周围有两个分为三叶的唇片。雄虫长 30～54 mm,尾部有尾翼和许多乳突,有两根不等长的交合刺。雌虫长 54～80 mm。卵壳厚,产出时已含幼虫。虫卵呈长椭圆形,大小为(30～37) μm×(11～18) μm。

［生活史］　发育中需食粪甲虫、蟑螂和蟋蟀以及其他昆虫作为中间宿主。成虫通过食管破口产卵于食管腔,经消化道随粪便排出体外。虫卵被中间宿主吞食后孵化出幼虫,幼虫在中间宿主体内发育为感染性幼虫。犬、狐等吞食了含感染性幼虫的甲虫等而被感染。若甲虫等被不适宜的动物如鸟类、两栖类、爬行类动物吞食,感染性幼虫即在这些动物体内形成包囊,仍可作为感染来源。犬等吞食中间宿主后,感染性幼虫钻入胃壁动脉壁并移行到主动脉壁,再通过胸腔结缔组织移行至食管壁。从感染到发育为成虫排出虫卵约需 5 个月。

［流行病学］　本病除感染犬、狐、狼和豺等外,也偶见于山羊、猪与驴等。我国主要分布于北京、辽宁、甘肃、河北、河南、山西、上海、浙江、湖北、四川、福建、广东及广西等地。

[症状] 幼虫钻入胃壁移行时,常引起组织出血、炎症和坏疽性脓肿。幼虫离去后其病灶可自愈,但遗留血管腔狭窄病变,若形成动脉瘤或引起管壁破裂,则发生大出血而死亡。成虫在食管壁、胃壁或主动脉壁中形成肿瘤,病犬出现吞咽、呼吸困难、循环障碍和呕吐等症状。另外,慢性病例常伴有肥大性骨关节病,胫骨肿大。

[诊断] 根据症状和粪便或呕吐物中发现虫卵即可确诊。但由于虫卵是周期性排出,故应多次反复检查。此外,X线检查胸部食管和胃部以及用胃镜检查食管和胃壁等对诊断有无肿瘤均有帮助。

[治疗] 多拉菌素或伊维菌素每千克体重0.03 mL皮下注射或口服左旋咪唑,严重病例连续给药3天,一周后再给药一次。

[预防] 主要预防措施为防止犬食入中间宿主。

第六节 鞭 虫 病

鞭虫病(trichuriasis)亦称毛尾线虫病、毛首线虫病。病原为毛尾科毛尾属的毛尾线虫(*T. vulpis*),寄生于犬和狐盲肠。该病呈世界性分布,我国各地均有发生,主要危害幼犬,严重感染时可引起死亡。

[病原] 成虫寄生于犬和狐盲肠。成虫体长40~70 mm。虫体前部细长,约占体长的3/4,呈毛发状,其内部是一串单细胞环绕的食管。虫体后部较粗短,内含肠管和生殖器官。雄虫后部弯曲,泄殖腔在尾端,有一根交合刺,外被有小刺的交合刺鞘。雌虫后部不弯曲,末端钝圆。雌性生殖孔开口于虫体粗细交界处。卵棕黄色,呈腰鼓形,两端有卵塞,内含单个胚细胞。虫卵大小为(70~89)μm×(37~41) μm。

[生活史] 发育中不需中间宿主。虫卵随粪便排至外界,在适宜的条件下经3~4周卵内幼虫发育至感染阶段,成为感染性虫卵,宿主食入感染性虫卵而被感染。感染后幼虫在十二指肠或空肠孵出,而后钻入肠黏膜中,2~8天后重新回到肠腔,发育为成虫。从感染到发育为成虫需74~87天。成虫的寿命约为16个月。

[流行病学] 幼犬寄生较多。虫卵卵壳厚、抵抗力强,故感染性虫卵可在土壤中存活5年。一般消毒药对虫卵杀灭效果不佳。

[症状] 虫体进入肠黏膜时,可引起局部炎症。许多犬感染毛尾线虫,但有症状的较少。严重感染时引起食欲减退、消瘦、体重减轻、贫血、腹泻,有时大便带血。症状严重的有黄疸。

[诊断] 根据症状和虫卵检查即可确诊。

[治疗] 阿苯达唑口服每千克体重25 mg,每日1次,连用4日。

[预防] 主要预防措施为搞好环境卫生,及时清理粪便,防止粪便污染水源和饲料。场地污染严重时,可清洁以后保持干燥,利用日光杀死虫卵。

第七节 旋 毛 虫 病

旋毛虫病(trichinosis)的病原为毛尾目毛形科毛形线虫属的旋毛形线虫(*Trichinella spiralis*),可感染人、猪、犬、猫、鼠类、狐狸、狼及野猪等。人旋毛虫病可致死,其感染来源于摄食了生的或未煮熟的含旋毛虫包囊的猪肉、犬肉等,故肉品检验中将旋毛虫列为首要项目,是一种重要的人兽共患寄生虫病。

[病原] 成虫寄生于小肠黏膜,幼虫寄生于同一动物的横纹肌。成虫细小,肉眼几乎难以辨识。

前端细,为食管部,后部粗,包含着肠管和生殖器官,粗部占虫体全长一半多。雄虫长 1.4~1.6 mm,尾端有泄殖孔,其外侧为 1 对呈耳状的悬垂的交配叶,内侧有 2 对小乳突,缺交合刺。雌虫长 3~4 mm,阴门位于食管部的中央。幼虫在横纹肌肌纤维内形成包囊。包囊呈梭形,直径可达 0.25~0.5 mm,肉眼可见,其长轴与肌纤维平行,有 2 层壁,一般含 1 条幼虫,但有的可达 6~7 条。

[生活史] 同一动物先是终末宿主,后转为中间宿主。动物吃了含有包囊幼虫的动物肌肉而被感染。包囊在胃内溶解,释出幼虫,进入十二指肠、空肠,很快发育为成虫,称为肠旋毛虫,这一时期的动物为终末宿主。雌雄虫交配后雄虫死去,雌虫在肠腺、黏膜下淋巴间隙发育,并直接产幼虫。刚刚产出的幼虫呈圆柱状,长 80~120 μm。幼虫前端尖细,向后逐渐变宽,尾端钝。雌虫寿命不超过 5 周。幼虫经肠系膜淋巴结进入血液循环,到达全身各处,但只有进入横纹肌纤维内才可进一步发育,以肋间肌、膈肌、舌肌、咀嚼肌中较多。感染后第 21 天开始形成包囊,第 7~8 周完全形成。初期包囊很小,最后可达 0.25~0.5 mm,肉眼可见。包囊呈梭形,其长轴与肌纤维平行,有 2 层壁,一般含 1 条幼虫,但有的可达 6~7 条。约 6 个月后,包囊发生钙化。钙化后,幼虫不一定死亡,仍有活力,但其感染力大为降低。包囊内幼虫的生存时间可达 25 年之久。肌肉内的旋毛虫称为肌旋毛虫。这一时期的动物为中间宿主。

[流行病学] 该病的传染源主要是猪、犬、猫、鼠,其次是野猪、狐、狼及熊等野生动物,其中猪是人类旋毛虫病的主要传染源。

猪—猪循环型、鼠—鼠循环型和森林型是自然界存在的 3 种常见传播类型。猪感染旋毛虫是由于吞食了老鼠。鼠为杂食,且常互相残食,一旦旋毛虫侵入鼠群就会长期在鼠群中保持平行感染,故鼠是猪旋毛虫病的主要感染来源。对于放牧猪,某些动物的尸体,蝇蛆、步行虫,以至某些动物排出的含有未消化肌纤维和幼虫包囊的粪便物均能成为猪的感染源。另外,用生的废肉屑和含有生肉屑的泔水喂猪也可引起旋毛虫病流行。

犬活动范围广,吃到动物尸体的机会比猪大得多,对动物粪便嗜食性也比猪强烈,故许多地区犬旋毛虫感染率比猪高许多倍。哈尔滨的犬有 50% 感染旋毛虫,而猪感染率不到 0.1%。

人感染旋毛虫多与生吃猪肉和食用腌制与烧烤不当的猪肉制品有关。云南西部和南部食谱中,有生皮、剁生、酸肉等食品,做法虽不同,但均系生肉或未全熟肉,食用这种食品,自然易感染旋毛虫病。西藏有喜食生肉和开锅肉的习惯,均易感染旋毛虫病。故这两个地区常因聚餐而集体暴发本病。在国外,特别是欧美,旋毛虫病的感染与流行也均与食用生猪肉及其制品或其他含有旋毛虫幼虫包囊的野生动物肉有关。此外,切过生肉的菜刀、砧板均可能偶尔黏附有旋毛虫的包囊,亦可能污染食品,造成感染。

旋毛虫病分布于世界各地,宿主主要包括人、猪、鼠、犬、猫、熊、狐、狼、貂及黄鼠等,几乎所有哺乳动物,甚至某些昆虫均能感染旋毛虫,因此,旋毛虫病流行存在着广大的自然疫源性。在人,青壮年多见,男性多于女性。

旋毛虫病宿主范围广泛,流行于世界各地。多种野生动物和家养动物,甚至许多海洋动物、甲壳动物均可感染并传播本病。这些动物互相捕食或感染旋毛虫宿主排出的粪便(内含成虫和幼虫)污染了食物,便可能成为其他动物的感染来源。加之旋毛虫在不良因素下的抵抗力很强,肉类的不同加工方法,大都不足以完全杀死肌旋毛虫。低温-12 ℃可存活 57 天。盐渍和烟熏只能杀死肉类表层包囊里的幼虫,而深层的可存活 1 年以上。高温达 70 ℃左右,才能杀死包囊里的幼虫。腐败肉尸里的旋毛虫能活 100 天以上,因此,鼠类或其他动物腐败的尸体,可长期保存旋毛虫的感染力,腐肉也成了感染源。

[症状] 犬和其他动物感染旋毛虫后一般无明显的临床症状。但当人感染后,可出现明显的临床症状。肠旋毛虫可引起肠炎,出现消化道疾病的症状。肌旋毛虫对人危害较大,可引起急性肌炎,表现发热和肌肉疼痛,严重感染时可因呼吸肌和心肌麻痹而导致死亡。

[诊断] 诊断主要靠肌肉中检出旋毛虫包囊,常用的方法为肌肉压片法和肌肉消化法。

在我国,肉品卫生检验中对猪肉旋毛虫检验有严格的规定,但对犬肉则无强制性规定。虽然如此,由于犬感染率很高,故不应忽视对犬肉的检验。

[治疗] 甲苯达唑、阿苯达唑每千克体重 20 mg 口服,连用 3 天,七天后再用一次。

[预防] 预防该病的主要措施为加强对各种肉品的卫生检验,发现含旋毛虫的肉应按肉品检验规程严格处理。加强环境卫生管理,消灭鼠类。改变人的饮食习惯,不食生猪肉等。

第八节 猫圆线虫病

猫圆线虫病是由后圆线虫科似丝亚科猫圆线虫属的莫名猫圆线虫寄生于猫的细支气管和肺泡所致。世界上大部分地区均有分布。

[病原] 体形较小,雄虫长 4~5 mm,雌虫长 9~10 mm。口孔周围有两圈乳突,内圈 6 个较大,外圈 6 对,一大一小排列,为小乳突。雄虫交合伞短,分叶不清楚。背肋稍大,外背肋单独从基部发出,侧肋 3 枝平列,腹肋 2 枝连在一起。雌虫阴门开口近虫体后端。虫卵大小为(60~85) μm×(55~80) μm。

[生活史] 本虫发育需蜗牛和蛞蝓作为第一中间宿主,啮齿类、蛙类、蜥蜴和鸟类为第二中间宿主。成虫寄生于肺动脉血管内,产卵后,卵侵入肺泡,孵出幼虫。幼虫进入气管系统,上行到达咽喉,经咽下入消化道随粪便排出。幼虫长 360 μm,其食管长度几乎达体长的一半,尾部呈波浪弯曲,背侧有一小刺。幼虫被第一中间宿主吞食,发育为感染性幼虫。第二中间宿主吞食了含感染性幼虫的第一中间宿主后,幼虫在其体内形成包囊。终末宿主吞食了第二中间宿主而被感染。感染后,幼虫进入食管、胃或肠管上段黏膜,经血液循环到达肺部寄生。从感染到发育为成虫需 5~6 周。

[症状] 肺表面可见大小不等的灰白色结节,结节内含有虫卵和幼虫。胸腔内时有乳白色液体,含有虫卵或幼虫。由于结节的压迫和堵塞,可引起周围肺泡萎缩或炎症。中度感染时,病猫出现咳嗽、打喷嚏、厌食、呼吸急促等症状。严重感染时,咳嗽剧烈,厌食,呼吸困难,消瘦,腹泻,常发生死亡。

[诊断] 用贝尔曼法检查粪便内的幼虫,发现大量虫体时,即可确诊。

[治疗] 可使用左旋咪唑每千克体重 10 mg,连用 3 天,5 天后再用一次。

第九节 犬、猫类圆线虫病

犬、猫类圆线虫病是由杆形目类圆科类圆属的粪类圆线虫(*Strongyloides stercoralis*)引起,可感染犬、猫、狐和人以及其他灵长类。为世界性分布,尤其广泛分布于热带和亚热带地区。

[病原] 寄生于动物体的均是雌虫,未见雄虫。雌虫细长,乳白色,后端尖细,虫体长 2.2~2.5 mm,宽 30~75 μm。体表角质有细横纹。体前端有 2 个唇瓣,向前突出。口腔小,食管呈柱状,占体长的 1/3~2/5。阴门位于体后 1/3 与中 1/3 的交界处。肛门位于虫体的亚末端。虫卵椭圆形,卵壳薄而透明。虫卵在子宫内大小为(60~70) μm×(28~32) μm,产出后为 70 μm×43 μm。

[生活史] 生活史复杂,有寄生世代和自由世代之分。寄生世代雌虫寄生于宿主十二指肠黏膜中,偶尔也在大肠、胆管、胰管和泌尿生殖道发现。虫卵产出后,很快在肠黏膜中孵出幼虫,排至外界,称为杆虫型幼虫,在不适宜的环境下直接发育为可感染终末宿主第 3 期幼虫,称丝虫型幼虫。在适宜的环境下,杆虫型幼虫进行间接发育,即先发育为自由生活的雌雄成虫,交配后产卵,卵孵出幼虫发育为丝虫型幼虫。丝虫型幼虫可主动钻入动物皮肤或经口而被感染。然后通过血液循环经心、肺、肺泡至支气管、气管及咽,被吞咽后,到达小肠,钻入肠黏膜发育为雌性成虫。在肠内发育的雄虫

不能侵入肠黏膜,易被排出。据试验,幼虫在犬皮肤组织可停留30天。

[流行病学] 该病在夏季和雨季流行特别普遍。未孵化的虫卵能在适宜的环境中保持其发育能力达6个月以上;感染性幼虫在潮湿的环境下可生存2个月。幼犬还可从母乳中获得感染。

[发病机理] 主要表现在三个阶段:幼虫在侵入皮肤时,可引起皮炎,出现红色肿块或结节,发痒,有刺痛感。幼虫侵入肺后,可破坏毛细血管,引起肺泡出血,导致肺炎。虫体进入肠道后,虫体钻入肠黏膜,破坏其黏膜的完整性,引起肠炎。

[症状] 该病主要发生在幼犬。初期表现皮炎的症状,继之发生肺炎症状,可出现咳嗽、轻度发热等。后期表现为肠炎症状。严重感染时,病犬消瘦,生长缓慢,腹泻,排出带有黏液和血丝的粪便等。

[诊断] 根据症状结合粪便幼虫检查即可确诊。粪便检查幼虫时,直接涂片法检出率较低,贝尔曼法分离幼虫检查效果较好。

[治疗] 可采用左旋咪唑。

[预防]

(1) 恶劣的卫生条件有利于疾病的发生,故应保持环境卫生,保持地面干燥清洁,做到经常消毒,以杀死环境中的幼虫。

(2) 该病在动物之间传播很快,应将可疑的病犬和健康犬分开饲养。

(3) 对犬定期驱虫。

(4) 粪类圆线虫可感染人,处理病犬时应格外小心。

第十节 肾膨结线虫病

肾膨结线虫病(renal dioctophymiasis)是由膨结目膨结科膨结属的肾膨结线虫(*Dioctophyma renale*)所致,寄生于犬肾或腹腔,亦寄生于貂和狐,偶见于猪和人。呈世界性分布。我国南京、杭州、长春等地均有报道。

[病原] 成虫新鲜时呈红白色,体圆柱形。虫体很大,口简单,无唇,围以6个圆形乳突。雄虫长14~45 cm,后端有一钟状无肋交合伞,交合刺1根,呈刚毛状。雌虫长20~103 cm,阴门开口于食管后端处。虫卵呈橄榄形,淡黄色,表面有许多小凹陷,大小为(60~80) μm×(40~48) μm。

[生活史] 发育需两个中间宿主,第一中间宿主为蛭蚓类(环节动物),第二中间宿主为淡水鱼。成虫寄生于终末宿主的肾盂内,卵随尿液排出体外,第一期幼虫在卵内形成。第一中间宿主吞食虫卵后,在其体内形成第二期幼虫。第二中间宿主吞食了第一中间宿主后,幼虫在其体内发育为第四期幼虫,终末宿主因摄食了含感染性幼虫的生鱼而被感染。在终末宿主体内,幼虫穿出十二指肠而移行至肾。整个发育过程约需2年。

[症状] 由于虫体寄生在肾盂,故可引起肾的病理变化,主要为增生性变化。有时可引起肾与十二指肠、肝及腹膜的粘连。由于肾有很强的代偿功能,一般感染的动物临床上多无明显的症状。

[诊断和治疗] 尿液中检查特征性虫卵是可靠的诊断方法。目前尚无有效的驱虫药物,可采取手术治疗。

第十一节 肺毛细线虫病

肺毛细线虫病(capillariasis)的病原为毛细科毛细属的肺毛细线虫虫体,寄生于狐狸、犬及猫的支气管和气管,有时也见于鼻腔和额窦。

［病原］　成虫细长,乳白色。雄虫体长 15～25 mm,尾部有 2 个尾翼,有 1 根纤细的交合刺,交合刺有鞘。雌虫长 20～40 mm,阴门开口接近食管的末端。卵呈腰鼓形,大小为(59～80) μm×(30～40) μm,卵壳厚,有纹,淡绿色,两端各有一个卵塞。

［生活史］　直接发育。雌虫在肺内产卵,卵随痰液上行到咽,经咽下入消化道随粪便排出。在外界适宜的条件下,经 5～7 周发育为感染性虫卵。宿主吞食了感染性虫卵后,在小肠内孵出幼虫。幼虫进入肠黏膜,随血液移行至肺。感染后 40 天幼虫发育为成虫。

［致病机理］　虫体寄生于支气管和气管,由于虫体的刺激,引起局部炎症;炎性产物可流入肺泡,并导致炎症过程向支气管周围组织发展,受害肺泡和支气管表皮脱落,阻塞管道,该处发生圆细胞浸润和结缔组织增生,最后成为小叶性肺炎灶,呈圆锥形轮廓,黄灰色。病灶切面的涂片上,可见到成虫和幼虫,与病灶接触的胸膜可能发生纤维素性胸膜炎。

［症状］　严重感染时常引起慢性支气管炎、气管炎或鼻炎。病犬流涕、咳嗽、呼吸困难,继而消瘦,贫血,被毛粗糙。

［诊断］　根据症状和粪便或鼻液虫卵检查即可确诊。

［治疗］　应用左旋咪唑、甲苯达唑。

［预防］　主要是保持犬舍和猫舍干燥,搞好环境卫生。

第十二节　肺 吸 虫 病

肺吸虫病(paragonimiasis)也称并殖吸虫病,其病原为复殖目并殖科并殖属的卫氏并殖吸虫,主要感染犬、猫、人及多种野生动物,寄生部位为肺。我国已有 18 个省、市、自治区报道,是一种重要的人兽共患寄生虫病。

［病原］　虫体呈深红色,肥厚,卵圆形,体表有小棘,大小为(7.5～16) mm×(4～8) mm,厚3.5～5.0 mm。腹面扁平,背面隆起。口、腹吸盘大小相似,口吸盘位于虫体前端,腹吸盘位于虫体中横线稍前。两条肠管形成 3～4 个弯曲,终于虫体末端。睾丸两个,分 5～6 支,并列于虫体后 1/3 处。卵巢分 5～6 叶,位于睾丸之前。卵黄腺很发达,分布于虫体两侧。子宫内充满虫卵,与卵巢的位置相对。虫卵呈金黄色,椭圆形,不太对称,大小为(75～118) μm×(48～67) μm。

［生活史］　发育需两个中间宿主,第一中间宿主为淡水螺,第二中间宿主为甲壳类。成虫在肺部包囊内产卵,沿气管系统入口腔,咽下后随粪便排出体外。在外界环境中,毛蚴孵出。毛蚴钻入第一中间宿主体内发育至尾蚴阶段。尾蚴离开螺体进入第二中间宿主体内变为囊蚴。犬、猫及人吃到含囊蚴的第二中间宿主,如溪蟹和蝲蛄后,囊蚴在肠内破囊而出,进入腹腔,在脏器间移行后穿过膈肌进入胸腔,经肺膜入肺。虫体在体内可存活 5～6 年。因有到处窜扰的习性,还常侵入肌肉、脑及脊髓等处。

［致病机理］　主要是移行所造成的机械性损伤及代谢产物所导致的免疫病理反应。移行的幼虫可引起腹膜炎、胸膜炎和肌炎。成虫在肺部寄生时,由于虫体的刺激和虫卵所引起的免疫反应,可导致小支气管炎和增生性肺炎。

［流行病学］　肺吸虫病的发生和流行与中间宿主的分布有直接关系。卫氏并殖吸虫的第一中间宿主为各种短沟蜷和瘤拟黑螺,它们多滋生于山间小溪及溪底布满卵石或岩石的河流中。第二中间宿主为溪蟹类和蝲蛄。溪蟹类广泛分布于华东、华南及西南等地区的小溪河流旁的洞穴及石块下,而蝲蛄只限于东北各省,喜居于水质清澈河流的岩石缝内。本病广泛流行于我国 18 个省及自治区。

卫氏并殖吸虫的终末宿主范围较为广泛,除寄生于猫、犬及人体外,还见于野生犬科和猫科动物,如狐狸、狼、貉、猞猁、狮、虎、豹、豹猫及云豹等。第一、二中间宿主均分布于山间小溪中,而又有许多野生动物可作为终末宿主,故本病具有自然疫源性。犬、猫及人等多因生食溪蟹及蝲蛄而遭感染。野生动物并不食溪蟹类和蝲蛄,它们的感染是由于捕食野猪及鼠类等转续宿主所致,在后者体内含有卫氏并殖吸虫的童虫。在流行区里,生饮溪水也有可能感染,因溪蟹及蝲蛄破裂,囊蚴流入水中。

囊蚴对外界的抵抗力较强,经盐、酒腌浸多数不死。囊蚴被浸在酱油、10%～20%的盐水或醋中部分囊蚴可存活 24 h 以上,但加热到 70 ℃,经 3 min 100% 的囊蚴死亡。

[症状] 患病猫、犬表现为精神不振、阵发性咳嗽、呼吸困难等。虫体窜扰于腹壁时可引起腹泻和腹痛,寄生于脑部及脊髓时可引起神经症状。

[诊断] 依靠粪检或痰检虫卵或剖检发现虫体,间接血凝试验和 ELISA 也可作为辅助诊断手段。

[治疗] 常用吡喹酮犬猫每千克体重 20 mg,隔 5 日再服一次,或硝氯酚内服治疗。

[预防] 在流行区里,防止犬、猫及人生食或半生食溪蟹和蝲蛄是预防并殖吸虫病的关键性措施。有条件的地区可注意灭螺。

第十三节　犬类丝虫病

犬类丝虫病(canine filaroidiasis)的病原为类丝虫科类丝虫属(*Filaroides*)的虫体,以引起肺部疾病为特征。美国、南非、新西兰、印度、英国、法国和澳大利亚等国家均有报道。

[病原] 主要有两种。

1. 欧氏类丝虫 寄生于犬气管和支气管,少见寄生于肺实质。雄虫细长,长 5.6～7.0 mm,尾端钝圆,交合伞退化,只有几个乳突,有 2 根不等长的交合刺。雌虫粗壮,长 9～15 mm,阴门开口于肛门附近。虫卵大小为 80 μm×50 μm,卵壳薄,内含幼虫,幼虫尾部呈 S 形,长 232～266 μm,食管不太清楚。

2. 褐氏类丝虫 与欧氏类丝虫相似,寄生于犬肺实质。

[生活史] 两种虫体生活史相似,属直接发育型。在唾液和粪便中可见到第一期幼虫,幼虫立刻成为感染性幼虫。6 周龄以下的幼犬易感。感染方式为母犬舔舐幼犬时使幼犬获得感染,粪便污染也可造成感染。犬感染后,幼虫通过淋巴、门静脉系统移行到心和肺,然后到细支气管,寄生于气管分叉处。从感染到发育为成虫约需 10 周。

[症状] 虫体寄生于气管或支气管黏膜下引起结节,呈灰白色或粉红色,直径 1 cm 以下,造成气管或支气管的堵塞。严重感染时,气管分叉处有许多出血性病变覆盖。症状的严重程度取决于感染的程度和结节数目的多少。主要表现为慢性症状,但有时也可引起死亡。明显的症状是顽固性咳嗽,呼吸困难,食欲缺乏,消瘦。某些感染群病死率可达 75%。

[诊断] 痰液或粪便中发现幼虫即可确诊,但幼虫的数量不会太多,必须仔细检查。另外,雌虫产卵不是连续的,需多次检查。用气管内窥镜有助于确诊。

[治疗] 常用阿苯达唑每千克体重 20 mg,连用 3 天。

[预防] 犬饲养场应执行严格的卫生消毒制度,母犬在生产之前应驱虫。对外来的犬要隔离,确定健康后再入群饲养。

第十四节　华支睾吸虫病

华支睾吸虫病(clonorchiasis)的病原为复殖目后睾科支睾属的华支睾吸虫(*Clonorchis sinensis*),可感染人、犬、猫、猪及其他一些野生动物,寄生于肝胆管和胆囊内,是一种人兽共患寄生虫病。分布很广,我国许多省市均有报道。对犬、猫危害较大,我国某些地区猫的感染率可达100%,低的为17%,犬的感染率为35%～100%。

[病原]　华支睾吸虫是小型虫体,体薄,半透明,长10～25 mm,宽3～5 mm,口吸盘位于虫体前端,腹吸盘在虫体前1/5处,较口吸盘小。有咽,食管短,肠管分两支达虫体后端,睾丸呈分支状,前后排列于虫体后部。卵巢分叶,在睾丸前。有较发达的受精囊,椭圆形,位于睾丸和卵巢之间。卵黄腺细小颗粒状,分布于虫体中部两侧。子宫在卵巢之前盘绕向上,开口于腹吸盘前缘的生殖孔。虫卵黄褐色,大小为(27～35) μm×(12～2) μm,前端狭小并有一盖,后端圆大,有一小突起,从宿主体内随粪便排出时卵内已含成熟毛蚴。整个虫卵形似灯泡。

[生活史]　发育中需两个中间宿主,第一中间宿主是淡水螺,第二中间宿主是多种淡水鱼和虾。虫卵随胆汁入消化道和粪一起排出体外,淡水螺吞食虫卵后,卵内毛蚴很快孵出,进一步发育为胞蚴、雷蚴和尾蚴。尾蚴自螺体逸出,钻入第二中间宿主体内发育为囊蚴。动物和人吃了生的或未煮熟的含囊蚴的鱼、虾而被感染。一般认为童虫逆胆汁流向经胆总管到达胆管发育为成虫,但也可经血流或穿过肠壁经腹腔到达胆管内变为成虫。从感染到发育为成虫约需1个月。

[流行病学]　华支睾吸虫病以人感染为主,动物感染仅作为保虫宿主。经调查发现,在华中、华北及东北各地亦广泛流行。人华支睾吸虫病经宣传教育和防治之后,已大大减少,而动物感染率则高于人,说明华支睾吸虫病在动物方面并不是单纯地作为保虫宿主。犬、猫均是吃鱼虾的家畜,如北京、上海、湖北和浙江等地,人感染率不高,而猫、犬感染率高达70%～80%。在四川省进行猪粪便检查时发现,虫卵阳性率达3.7%～19.5%。猪饲喂生鱼者,阳性率为50%,不饲喂生鱼者为7.4%。猪放养者,感染率为55.6%,圈养者为7.3%,这是因放养猪去沟塘觅食鱼虾所致。河南省某县检查猪肝34只,有华支睾吸虫的12只,感染率为35.3%。故华支睾吸虫病实属人兽共患,值得我们注意。

华支睾吸虫病的流行有下列几个因素:

(1)有适宜的第一中间宿主淡水螺和可作为第二中间宿主的淡水鱼和虾。在我国已证实第一中间宿主在辽宁地区为长角涵螺,江西为纹沼螺,四川为纹沼螺和长角涵螺,广东与河南为纹沼螺,而赤豆螺的感染率比其他螺低。华支睾吸虫的幼虫在这些螺体内发育良好,对本病的流行起决定性作用。成熟的尾蚴逸出后,在第二中间宿主淡水鱼的肌肉内形成囊蚴,囊蚴对淡水鱼虾的选择并不严格,除池塘内的草鱼、青鱼、鲤鱼、土鲮鱼等39种鲤科鱼可感染外,水沟或稻田内的各种小鱼虾均可作为第二中间宿主。

(2)流行地区的粪便如未经处理即倒入塘内,鱼和螺受到感染。有的地区在鱼塘边建厕所,或将猪舍盖在塘边,含大量虫卵的人兽粪便直接进入塘内,进一步促成本病的流行。

(3)由于人生活习惯和生活条件的关系,生吃或吃不熟而含有囊蚴的鱼肉而被感染。广东有些人嗜食生鱼粥、鱼球及蒸鱼等,由于鱼肉中的囊蚴未能杀死而受感染,以成人的感染率为高。河南、四川及山东等地则多因吃烧烤或晒干的小鱼而受感染,以小孩的感染率较高。江苏、浙江等地,有些人因嗜食醋鱼和生切鱼片等而感染。家畜方面,猪感染系因人用小鱼虾作为猪饲料而使之感染。

(4)我国已证实有40多种淡水鱼能作为华支睾吸虫的第二中间宿主,其中以草鱼、青鱼、鳙鱼、鳊鱼、土鲮鱼、鲤鱼、麦穗鱼、吻虾虎、爬虎鱼、船丁鱼及虾等为主。南京10种淡水鱼中以麦穗鱼感染率最高。辽宁以麦穗鱼和爬虎鱼感染率较高。江西以草鱼、麦穗鱼及吻虾虎感染率较高。广东以草鱼、鲫鱼及麦穗鱼感染率高,达 50%～100%。河南以船丁鱼和麦穗鱼感染率高。福建的淡水虾体内也发现有华支睾吸虫的囊蚴。

[致病机理] 由于虫体的机械性损伤和虫体分泌代谢物的作用,感染动物出现胆管炎和胆囊炎,进而累及肝实质,使肝功能受损,影响消化功能并引起全身症状。可见胆管扩张管壁增厚,周围有结缔组织增生。胆囊有时可见肿大。有时大量虫体寄生可引起胆管阻塞,出现阻塞性黄疸。

[症状] 疾病表现为慢性经过。多数感染动物为隐性感染,临床症状不明显。严重感染时,主要表现为消化不良、腹泻、消瘦、贫血及水肿,甚至腹水。剖检可见胆管变粗,胆囊肿大,胆汁浓稠,呈草绿色,胆管和胆囊内有大量虫体和虫卵。肝表面结缔组织增生,有时引起肝硬化或脂肪变性。

[诊断] 根据症状、流行病学情况和粪检虫卵以及剖检即可确诊,也可用间接血凝试验和酶联免疫吸附试验作为辅助诊断。

[治疗] 常应用吡喹酮、阿苯达唑、六氯对二甲苯治疗。

[预防]

(1) 流行区的犬、猫及猪等要定期检查和驱虫。

(2) 禁用生的鱼、虾饲喂动物。

(3) 管好人、猪及犬等的粪便,防止污染水塘,禁用人、畜粪喂鱼,禁止在鱼塘边盖猪舍或厕所。

(4) 消灭第一中间宿主。

第十五节 后睾吸虫病

后睾吸虫病病原为后睾科后睾属的猫后睾吸虫,寄生于猫、犬、猪及狐狸的胆管内。有的地方人感染也较普遍。

[病原] 猫后睾吸虫体大小为(7～12) mm×(2～3) mm,与华支睾吸虫有许多相似的地方。不同之处在于睾丸呈裂状分叶,前后斜列于虫体后 1/4 处。虫卵浅棕黄色,长椭圆形,内含毛蚴,大小为(26～30) μm×(10～15) μm。

[生活史] 与华支睾吸虫相似,第一中间宿主为李氏豆螺,第二中间宿主为淡水鱼。致病作用、症状、防治等参见华支睾吸虫。

第六章 原虫病

第一节 球 虫 病

球虫病是由艾美耳科等孢属（*Isospora*）球虫寄生于犬和猫的小肠和大肠黏膜上皮细胞内所致。一般情况下致病力较弱，严重感染时，可引起肠炎。

[病原]

1. 犬等孢球虫 寄生于犬小肠，主要在小肠后 1/3 段，呈世界性分布。孢子化卵囊圆形或椭圆形，大小为 (30.7～42.0) μm×(24.0～34.6) μm。卵囊壁光滑，淡色或淡绿色。无卵膜孔、极粒和卵囊余体。孢子囊椭圆形，无斯氏体，有孢子囊余体。卵囊内含 2 个孢子囊，每个孢子囊内含 4 个子孢子。孢子化时间在 20 ℃为 2 天。

2. 俄亥俄等孢球虫 寄生于犬小肠、结肠及盲肠，呈世界性分布。孢子化卵囊椭圆形至卵圆形，大小为 (20.5～20.6) μm×(14.5～23.0) μm。卵囊壁光滑，无色或淡黄色。无卵膜孔、极粒和卵囊余体。孢子囊椭圆形，无斯氏体，有孢子囊余体。卵囊内含 2 个孢子囊，每个孢子囊内含 4 个子孢子。孢子化时间在 1 周以内。

3. 伯氏等孢球虫 寄生于犬小肠后段和盲肠，呈世界性分布。孢子化卵囊球形或椭圆形，大小为 (17～24) μm×(15～22) μm。卵囊壁光滑，黄绿色。无卵膜孔、极粒和卵囊余体。孢子囊卵圆形或椭圆形，无斯氏体，有孢子囊余体。卵囊内含 2 个孢子囊，每个孢子囊内含 4 个子孢子。

4. 猫等孢球虫 寄生于猫小肠，呈世界性分布。孢子化卵囊卵圆形，大小为 (35.9～46.2)μm×(25.7～37.2) μm。卵囊壁光滑，淡黄色或淡褐色。无卵膜孔、极粒和卵囊余体。孢子囊卵圆形，无斯氏体，有孢子囊余体。卵囊内含 2 个孢子囊，每个孢子囊内含 4 个子孢子。孢子化时间为 2 天或更少。

5. 芮氏等孢球虫 寄生于猫小肠、盲肠及结肠，呈世界性分布。孢子化卵囊卵圆形或椭圆形，大小为 (21.0～30.5) μm×(18.0～28.2) μm。卵囊壁光滑，无色或淡褐色。无卵膜孔、极粒和卵囊余体。孢子囊宽椭圆形，无斯氏体，有孢子囊余体。卵囊内含 2 个孢子囊，每个孢子囊内含 4 个子孢子。孢子化时间为 1～2 天。

[生活史] 上述几种球虫的生活史基本相似，可分为 3 个阶段。随粪便新鲜排出的卵囊内含有一团卵囊质，在外界适宜的条件下，经过 1 天或更长时间的发育，完成孢子生殖，也叫孢子化，卵囊质发育为 2 个孢子囊，每个孢子囊内发育出 4 个子孢子，子孢子多呈香蕉形。完成孢子生殖的卵囊叫孢子化卵囊，对犬、猫等有感染能力，而未孢子化卵囊不具有感染能力。犬、猫等吞食了孢子化卵囊而被感染。子孢子在小肠内释出，侵入小肠或大肠上皮细胞，进行裂殖生殖，即首先发育为裂殖体，裂殖体内含 8～12 个或更多的裂殖子，裂殖子呈香蕉形。裂殖体成熟后破裂，释出裂殖子，裂殖子侵入新的上皮细胞，再发育为裂殖体。经过 3 代或更多的裂殖发育后，进入配子生殖阶段，即一部分裂殖子发育为大配子，一部分发育为小配子，大小配子结合后，形成合子，合子最后形成卵囊壁，变为卵囊，卵囊随粪便排出体外。动物从感染孢子化卵囊到排出卵囊的时间（也叫潜隐期）为 9～11 天。排

出一定时间的卵囊后,如不发生重复感染,动物可自动停止排出卵囊。

[症状] 球虫的主要致病机理是破坏肠黏膜上皮细胞。由于球虫裂殖生殖和孢子生殖均是在上皮细胞内完成,所以,当裂殖体和卵囊释出时,可引起大量肠上皮细胞的破坏,导致出血性肠炎和肠黏膜上皮细胞的脱落。轻度感染一般不表现临床症状。严重感染者,于感染后 3～6 天发生水泻或排出带血液的粪便。患病动物轻度发热,精神沉郁,食欲减退,消化不良,消瘦,贫血。感染后 3 周以上,临床症状自行消失,大多数可自然康复。

[诊断] 根据症状和粪便卵囊检查可确诊。需注意的是,在感染的初期,因卵囊尚未形成,粪便检查不能查出卵囊。此时,有效的方法是剖检,刮取肠黏膜做成压片,在显微镜下检查裂殖体。

[治疗] 每千克体重常用磺胺-6-甲氧嘧啶 100 mg,每天 2～3 次,连用 3～5 天;每千克体重氨丙啉 200 mg,连用 5～7 天。

[预防] 主要是做好环境卫生,防止感染。也可用氨丙啉进行药物预防。

第二节 弓形虫病

弓形虫病(toxoplasmosis)的病原为孢子虫纲肉孢子虫科弓形虫属的刚地弓形虫(*Toxoplasma gondii*),寄生于人、犬、猫及其他多种动物。猫是弓形虫的终末宿主。弓形虫可感染 200 种以上动物,对猪可引起成批急性死亡,对绵羊往往导致流产,对人也可引起流产和先天性畸形。该病分布很广。我国过去曾报道过的所谓猪"无名高热"即为弓形虫引起。犬、猫多为隐性感染,但有时也可引起发病。

[病原] 弓形虫不同发育阶段有不同的形态,在终末宿主猫体内为裂殖体、配子体和卵囊,在中间宿主犬及其他动物体内为速殖子和缓殖子。

速殖子呈弓形或梭形,大小为(4～8) μm×(2～4) μm,多数在细胞内,亦可游离于组织液内。缓殖子位于包囊内。包囊呈圆形或椭圆形,具有很厚的囊壁,直径 8～100 μm,内可含数十个缓殖子。包囊可见于多种组织,以脑组织最多。在急性感染时可见到一种假包囊,系速殖子在细胞内迅速增殖使含虫的细胞外观像一个包囊,但其囊壁是宿主的细胞膜,并非虫体分泌所形成的膜。

卵囊见于终末宿主猫的粪便内,呈圆形或近圆形,其大小为 10 μm×12 μm,在适宜的条件下经 2～3 天发育为孢子化卵囊,其内有 2 个孢子囊,每个孢子囊含有 4 个子孢子。成熟的裂殖体呈圆形,直径 12～15 μm,内含 4～24 个裂殖子。大配子体的核致密,较小,含有着色明显的颗粒。小配子体色淡,核疏松,后期分裂成许多小配子,每个小配子有 1 对鞭毛,存在于终末宿主的肠上皮细胞内。

[生活史] 终末宿主为猫及猫科动物,中间宿主为多种哺乳类和鸟类,也包括猫。猫食入孢子化卵囊、缓殖子或速殖子后,虫体钻入小肠上皮细胞,经 2～3 代裂殖生殖,最后形成卵囊,随粪便排出,在适宜的外界环境条件下,经 2～4 天发育为孢子化卵囊。其潜隐期为 2～41 天。猫一生只排一次卵囊。侵入猫的一部分子孢子也可进入淋巴和血液循环,并被带到各个组织和器官,进行和在中间宿主体内一样的发育。

中间宿主食入孢子化卵囊、缓殖子或速殖子而被感染。虫体通过淋巴或血液侵入全身组织,尤其是网状内皮细胞,在胞质中以内出芽方式进行繁殖。如感染的虫株毒力很强,而且宿主又未能产生足够的免疫力,或还由于其他因素的作用,即可引起弓形虫病的急性发作。反之,如虫株毒力较弱,宿主又能很快产生免疫,则弓形虫的繁殖受阻,疾病的发作较慢,或成为无症状的隐性感染。这样,虫体就会在宿主的一些脏器中形成包囊,包囊以脑内最多。

[流行病学] 不同发育期弓形虫的抵抗力不同。滋养体对高温和消毒剂较敏感,但对低温有一定抵抗力,在 −2～−8 ℃可存活 56 天。包囊的抵抗力较强,在冰冻状态下可存活 35 天,4 ℃存活 68

天,胃液内存活 3 h,但包囊不耐干燥和高温,56 ℃加热 10～15 min 即可被杀死。卵囊对外界环境、酸、碱及常用消毒剂的抵抗力很强,在室温下可存活 3 个月,但对热的抵抗力较弱,80 ℃加热1 min可丧失活力。

猫科动物为弓形虫的终末宿主和弓形虫病的重要传染源,含包囊或滋养体的动物肉也可成为传染源,人可经胎盘垂直传播。

弓形虫可经口、皮肤、黏膜及胎盘等途径侵入人或动物体。猫因摄入含弓形虫缓殖子、包囊的动物脑和肌肉等组织而被感染。人感染多因食入含有包囊的生肉或未煮熟的肉、被卵囊污染的食物或饮水而被感染,也有食用患有弓形虫病畜禽的生乳或生蛋后感染的报道。其他动物的感染(猫也可成为中间宿主)多因相互捕食或摄入未煮熟的肉类而被感染。

有 200 多种动物可感染弓形虫,包括猫、猪、牛、羊、马、犬、兔、骆驼及鸡等畜禽和猩猩、狼、狐狸、野猪及熊等野生动物。人群普遍易感,胎儿和婴儿易感性比成人高,免疫功能缺陷或免疫受损病人比正常人更易感。

[致病机理] 初次感染时,由于宿主尚未建立免疫反应,在血液中的弓形虫很快侵入宿主器官,在宿主细胞内迅速繁殖。这种繁殖很快的虫体称为速殖子。速殖子可充满整个细胞,导致细胞破坏,速殖子释出,又侵入新的细胞。虫体可侵入任何器官,包括脑、心、肺、肝、脾、淋巴结、肾、肾上腺、胰、睾丸、眼、骨骼肌以及骨髓等。

当宿主已具有免疫力时,弓形虫在细胞内增殖受到影响,增殖变慢,称为缓殖子,多个缓殖子聚集在细胞内,成为包囊。这种包囊周围无明显炎症反应。一旦宿主免疫力下降,包囊便开始破裂,虫体再次释出,形成新的暴发,故包囊是宿主体内潜在的感染来源。包囊多见于脑和眼,其次为心肌和骨骼肌,而肝、脾和肺少见。在慢性感染的宿主体内,因免疫力强,包囊破裂后释出的抗原和机体的抗体作用,可发生无感染的过敏性坏死和强烈的炎症反应,形成肉芽肿。

[症状] 猫的症状有急性和慢性之分。急性主要表现为厌食、嗜睡、高热(体温在 40 ℃以上)、呼吸困难(呈腹式呼吸)等。有些出现呕吐、腹泻、过敏、眼结膜充血、对光反应迟钝,甚至失明。有的出现轻度黄疸。妊娠母猫可出现流产,不流产者所产胎儿产后数日死亡。

慢性病例常复发。厌食,体温 39.7～41.1 ℃,发热期长短不等,可超过 1 周。有些猫表现腹泻、虹膜发炎及贫血等症状。中枢神经系统症状多表现为运动失调、惊厥、瞳孔不均、视觉丧失、抽搐、延髓麻痹。妊娠母猫流产或死产。

犬的症状主要为发热、咳嗽、呼吸困难、厌食、精神沉郁、眼和鼻流分泌物、呕吐、黏膜苍白、运动失调、早产及流产。

[病变] 剖检急性和慢性病例均可见肺水肿,肺有分散的结节。肝边缘钝圆,有小的黑色坏死灶。不同部位的淋巴结表现不同程度的增生、出血或坏死。心肌有出血和坏死灶。胸腔和腹腔有大量淡黄色液体。胃有出血。

犬剖检可见胃和肠道有多量大小不一的溃疡。肠系膜淋巴结肿大,切面常有范围不等的坏死区。肺有大小不同、灰白色的结节。脾中等肿大。肝通常只有轻度脂肪浸润,少数病例有不规则的坏死。心肌有小的坏死区。

[诊断] 可采集各脏器或体液做涂片、压片或切片检查虫体。也可用免疫学方法诊断,如间接血凝试验、补体结合反应、中和抗体试验、荧光抗体技术及 ELISA 等。还可用动物接种试验,小鼠、豚鼠和兔子等对弓形虫很敏感,可作为实验动物。

[治疗] 每千克体重磺胺嘧啶 70 mg 加每千克体重甲氧苄啶(TMP)15 mg 合用,每天 2 次,连用 3～4 天。

[预防] 最主要的预防措施为管理好猫的粪便,防止污染环境、水及饲料。

第三节　巴贝斯虫病

巴贝斯虫病(babesiosis)的病原为巴贝斯科巴贝斯属(*Babesia*)的虫体,寄生于犬红细胞内。寄生于犬的巴贝斯虫已定论的有两种,即犬巴贝斯虫(*B. canis*)和吉氏巴贝斯虫(*B. gibsoni*)。我国报道的为后者,江苏和河南等部分地区呈地方性流行,对犬,特别是军犬、警犬危害严重。

[病原]

1. 吉氏巴贝斯虫　虫体很小,多位于红细胞边缘或偏中央,多呈环形、椭圆形、原点形、小杆形等,偶尔也可见成对的小梨籽形虫体,其他形状的虫体较少见。其梨籽形虫体长度为 $1\sim2.5~\mu m$。原点型虫体为一团染色质,姬姆萨染色呈深紫色,多见于感染的初期。环形虫体为浅蓝色细胞质包围一个空泡,有一团或两团染色质。小杆形虫体染色质位于两端,染色较深。在一个红细胞内可寄生 $1\sim13$ 个虫体,以 $1\sim2$ 个为多。

2. 犬巴贝斯虫　犬巴贝斯虫是一种大型虫体,典型虫体呈梨籽形,一端尖,一端钝,长 $4\sim5~\mu m$,梨籽形虫体之间可形成一定的角度。此外,还有变形虫样、环形等其他多种形状的虫体。一个红细胞内可感染多个虫体,多的可达到 16 个。虫体还可见于肝、肺内皮细胞和巨噬细胞中,可能是吞噬了含虫红细胞的原因。

[生活史]　巴贝斯虫发育过程中需蜱作为终末宿主。吉氏巴贝斯虫终末宿主为长角血蜱、镰形扇头蜱和血红扇头蜱。犬巴贝斯虫终末宿主主要为血红扇头蜱及其他一些蜱。

巴贝斯虫的发育过程分为 3 个阶段。蜱在吸取动物血时,将巴贝斯虫子孢子注入动物体内,子孢子进入红细胞内,以二分裂或出芽方式进行裂殖生殖,形成裂殖体和裂殖子,红细胞破裂,虫体又侵入新的红细胞。反复几代后形成大小配子体。蜱再次吸血时,配子体进入蜱肠管进行配子生殖,即在上皮细胞内形成配子,而后结合,形成合子。合子可运动,进入各种器官反复分裂形成更多的动合子。动合子侵入蜱卵母细胞,在子代蜱发育成熟和采食时,进入子代蜱唾液腺,进行孢子生殖,形成形态不同于动合子的子孢子。在子代蜱吸血时,将巴贝斯虫传给动物。

[流行病学]

(1)蜱既是巴贝斯虫的终末宿主也是传播者,所以该病的分布和发病季节往往与传播者蜱的分布和活动季节有密切的关系。一般而言,蜱多在春季开始出现,冬季消失。

(2)原来认为,犬巴贝斯虫主要发生在热带地区,然而,随着犬的流动以及温带地区蜱的存在,在亚热带地区发生的病例越来越多,目前已蔓延到全世界。另外,已从狐狸、狼等多种动物体内分离到犬巴贝斯虫,说明这些动物在犬巴贝斯虫的流行上具有重要意义。

(3)在我国发生的为吉氏巴贝斯虫,在江苏、河南和湖北的部分地区呈地方性流行,对犬,特别是军犬、警犬危害严重。

(4)与其他动物巴贝斯虫病不同,幼犬和成年犬对巴贝斯虫一样敏感。

[致病机理]　巴贝斯虫的致病机理主要表现在以下几个方面。

(1)虫体在红细胞内繁殖,破坏红细胞,导致溶血性贫血,并引起黄疸。

(2)巴贝斯虫本身具有酶的作用,使动物血液中出现大量的扩血管活性物质,如激肽释放酶、血管活性肽等,引起低血压休克综合征。

(3)激活动物的凝血系统,导致血管扩张、淤血,从而引起系统组织器官缺氧,损伤器官。

[症状]　多呈慢性经过。病初精神沉郁,喜卧,四肢无力,身躯摇摆,发热,呈不规则间歇热,体温在 $40\sim41$ ℃,食欲减退或废绝,营养不良,明显消瘦。结膜苍白,黄染。常见有化脓性结膜炎。从口、鼻流出具有不良气味的液体。尿呈黄色至暗褐色,少数有血红蛋白尿。粪往往混有血液。部分病犬呕吐。

[诊断] 根据症状、当地以往流行情况及动物体表查到蜱,可做出初步诊断,血液内发现虫体可确诊。

[治疗] 每千克体重三氮脒(贝尼尔)3.5 mg 肌肉注射有较好的疗效。在应用以上药物治疗的同时,应根据机体的相应症状,进行对症治疗。

[预防]

(1) 首先要灭蜱,在蜱出没的季节消灭犬体、犬舍以及运动场等处的蜱。

(2) 引进犬时要在非流行季节引进。尽可能不从流行地区引进犬。

第四节 利什曼原虫病

利什曼原虫病(leishmaniasis)又称黑热病,病原为动基体目锥体科利什曼属的杜氏利什曼原虫(*Leishmania donovani*),寄生于人和犬。新中国成立前在我国是一种严重的人兽共患病,广泛流行于北方的大部分地区,新中国成立后,政府大力开展防治工作,于 20 世纪 50 年代末,已基本消灭本病。

[病原] 利什曼原虫在哺乳类宿主体内为利什曼型,呈圆形或卵圆形,大小约为 4 μm×2 μm,寄生于肝、脾、淋巴结的网状内皮细胞中。虫体一侧有一球形的核,此外还有动基体和基轴线。在染色涂片中,虫体呈淡蓝色,核呈深红色,动基体为紫色或红色。

[生活史] 通过白蛉作为媒介而传播。虫体被白蛉吸入后,在其肠内繁殖,形成前鞭毛型虫体,呈柳叶形,动基体前移至核前方,有 1 根鞭毛,无波动膜。7~8 天后,虫体返回口腔,宿主再次感染。

[流行病学] 在我国,已证明利什曼原虫传播媒介有 4 种,分别是中华白蛉、长管白蛉、吴氏白蛉和亚历山大白蛉。其中,中华白蛉是我国黑热病的主要传播媒介,除新疆、内蒙古和甘肃西部外,凡是有黑热病发生的地方,均有它的存在。我国的中华白蛉可分为家栖型和野栖型。前者出现在广大平原地区,从 5 月中、下旬开始出现,至 8 月份或 9 月份消失,高峰多见于 6 月份。活动范围一般只限于居民点内,主要吸取人血。野栖型出现于山丘地区,活动季节较长,在 10 月份还可能见到。吸血对象较多,包括人、犬、各种牲畜和野生动物。长管白蛉分布于天山南北,具有亲人的习性,是新疆南部黑热病的传播媒介。吴氏白蛉是我国西北地区荒漠内最常见的蛉种,属野生野栖,主要吸取野生动物血液,兼嗜人血。亚历山大白蛉已经被证明主要分布于新疆吐鲁番、温宿和内蒙古阿拉善右旗等砾石戈壁地带以及甘肃酒泉的黑山湖荒漠内。

犬对利什曼原虫较易感,感染后可出现一定的临床症状。野生动物对利什曼原虫的易感性因种类而易。啮齿类动物和有袋类动物感染后出现一定的临床症状。其中地鼠、小家鼠、亚洲花鼠易感,石松鼠、沙鼠、猴、狼、黑家鼠次之,豚鼠、兔、猫、山羊、牛、猪以及冷血动物等有抵抗力,不易感染。

[致病机理] 虫体在巨噬细胞内繁殖,使其大量破坏和增生。巨噬细胞增生主要见于脾、肝、淋巴结、骨髓等器官。浆细胞也大量增生。细胞增生是脾、肝、淋巴结肿大的基本原因,其中脾肿大最为常见,出现率 95% 以上。后期则因网状纤维结缔组织增生而变硬。血浆内清蛋白量减少,球蛋白量增加,出现清蛋白、球蛋白比例倒置。球蛋白中 IgG 滴度升高。血液中红细胞、白细胞及血小板均减少。

[症状] 犬感染本病后,表现为贫血、消瘦、衰弱、口角及眼睑发生溃烂等。慢性病例则见全身皮屑性湿疹和被毛脱落。

[诊断] 根据流行病学和症状可做出初步诊断,确诊主要依靠在血、骨髓或脾的涂片中及其他病料中检查到利什曼原虫。

1. 病原检查

（1）涂片法：以骨髓、淋巴结或脾穿刺物做涂片、染色、镜检。骨髓穿刺最为常用，原虫检出率为80％～90％。淋巴结穿刺应选取表浅、肿大者，检出率为46％～87％。脾穿刺检出率较高，可达90.6％～99.3％，但不安全，少用。

（2）培养法：将上述穿刺物接种于NNN培养基，置于22～25 ℃温箱内，经1周，镜检培养物，发现运动活泼的前鞭毛体即为阳性。

（3）动物接种法：穿刺物接种于易感动物（如地鼠、BALB/c小鼠等），1～2个月后取肝、脾做印片或涂片，瑞氏染色后镜检，发现虫体即可确诊。

（4）皮肤活组织检查：在皮肤结节处用消毒针头刺破皮肤，取少许组织液，或用手术刀刮取少许组织做涂片，染色后镜检。

2. 免疫学检查

（1）检测血清抗体：可用酶联免疫吸附试验（ELISA）、间接血凝试验（IHA）、对流免疫电泳（CIE）、间接荧光抗体技术、直接凝集试验等。此类方法阳性率高，假阳性率也较高。近年来，用分子生物学方法获得纯抗原，降低了假阳性率。

（2）检测血清循环抗原：主要有单克隆抗体抗原斑点试验（McAb-AST）。该法阳性率高，敏感性、特异性、重复性均较好，仅需微量血清即可，还可用于疗效评价。

3. 分子生物学方法　近年来，用聚合酶链式反应（PCR）及DNA探针技术检测黑热病取得较好的效果，敏感性、特异性高，但操作较复杂，未能普遍推广。

在血、骨髓或脾的涂片中检查到利什曼原虫即可确诊，有时在病犬的皮肤溃疡边缘刮取病料也可查到利什曼原虫。

［治疗］　由于本病是严重的人兽共患病，且已基本消灭，所以一旦发现新的病犬，应予以扑杀。

第五节　阿米巴病

阿米巴病（amebiasis）的病原为根足虫纲变形虫目内变形科内变形属的溶组织内变形虫（*Entamoeba histolytica*）。主要寄生于大肠黏膜，是人阿米巴痢疾的病原，也可感染猴、犬、猫、猪等。

［病原］　溶组织内阿米巴原虫生活史的不同阶段，虫体可出现几种不同的形态，主要包括滋养体和包囊两个时期。

（1）滋养体：分为大滋养体和小滋养体两种，前者为致病体，后者为无害寄生体。

①大滋养体：直径为10～60 μm，主要存在于肠道和新鲜稀粪中，活动性强，形成短而钝的伪足，形态多变。活虫的核在显微镜下难以看清楚，但用铁苏木素染色后，可见清晰的细胞核，呈泡状，直径为虫体直径的1/6～1/5。粪样中的虫体胞质中常可见含有红细胞的食物泡。

②小滋养体：又称肠腔滋养体，大小为7～20 μm，运动缓慢。食物泡中不含红细胞，只含细菌。

（2）包囊：呈圆形或椭圆形，多为圆形，直径5～20 μm。具有保护性的外壁，未染色时呈折光性圆形小体。刚形成的包囊仅有1个核，很快分裂成2个或4个核，经碘液染色后呈黄色，外包围有一层透明的壁。未成熟包囊有1～2个核，成熟包囊常具有4个核，每个核均有1个核仁位于中央。用铁苏木素染色，可见核的构造与滋养体阶段相同。

［生活史］　粪便中的4个核的包囊是感染期虫体。宿主经口感染，在小肠内消化液的作用下，囊壁被消化，逸出的虫体分裂为4个小的滋养体，移居至回盲部，接触肠黏膜，定居于结肠黏膜皱褶处或肠腺窝间，以宿主肠黏液、细菌及已消化了的食物为营养，以二分裂法繁殖。

滋养体可在大肠黏膜的隐窝中存活和繁殖，消耗淀粉和黏膜分泌物，并与肠道细菌一起干扰代谢过程。在肠腔内繁殖的滋养体,一部分随宿主肠内容物向下移动,随着下移过程中肠道内环境的改变,滋养体停止活动,排出未消化的食物,虫体团缩,分泌一层较厚的外壁,形成包囊。未成熟的包囊只有1~2个细胞核,成熟包囊含有4个核,随宿主粪便排到外界,具有感染新宿主的能力。侵入后的虫体在肠壁上形成溃疡,最后到达黏膜下,可进一步侵入血管,随血流转移至身体其他部位,如肝、肺和皮肤,造成局部感染。

[流行病学] 阿米巴原虫侵袭性很强,可在人和动物间传播,凡是带有包囊的动物和人均是重要感染源。人和动物均是经口感染包囊,人与人之间、人与动物之间可互相传播。目前认为阿米巴病主要传播方式为以下几种。

(1)水和食物:主要是在经济不发达地区,卫生条件差,粪便污染水源,造成阿米巴病的流行。

(2)媒介昆虫:研究发现,阿米巴原虫可在某些昆虫的肠道内生存,并随粪便排出体外,污染食物和饮水,从而感染动物和人。

(3)接触传播:密切接触的动物或人在群体内或群体间互相传播,造成聚集性感染。

犬、猫、猪、牛及羊等动物和人均易感,实验动物大鼠、小鼠、豚鼠等均可作为储存宿主。蝇类和蟑螂的粪便中可检出虫体。肠道、皮肤、口腔和脏器等多部位均可寄生。动物阿米巴病也很普遍。临床上常见家畜、宠物的阿米巴病,多与其他病原并发感染。我国犬、猫、牛等多种动物均有阿米巴病的临床病例报道。野生动物也感染阿米巴原虫,如野兔、水貂、灵长类动物、两栖爬行动物以及某些鱼类等。我国黑猩猩的带虫现象较为普遍。曾有报道,猴的急性感染可达55.4%,家鼠的隐性感染可达55.7%,可见灵长类动物和鼠类是该原虫的重要储存宿主,也是重要的传染源。

[致病机理] 最直接的损伤是破坏肠道的完整性,一般发生在盲肠、结肠,可见肠壁溃疡、黏膜坏死等不同程度的损伤。严重感染时病变可波及整个肠道。滋养体自肠腺开口处侵入,破坏肠上皮细胞,虫体在黏膜内繁殖。大滋养体破坏肠壁组织,形成溃疡。但黏膜肌层常阻止了损伤的进一步深入,故若没有细菌混合感染,病变常局限于黏膜浅部。但在感染后期,细菌侵入的情况下,病变可穿过黏膜肌层、黏膜下层甚至浆膜,滋养体可通过血液和淋巴液被带入身体其他部位,还可能造成肠壁深部损伤甚至穿孔,引发腹膜炎。由于慢性溃疡时的细胞反应,有时在肠壁上形成"阿米巴肿"瘤状物,内含滋养体,造成肠道堵塞,引起肠壁坏死、溃疡、出血性结肠炎。剖检可见溃疡表面有黄色或黑色的坏死组织、黏液和大滋养体,黏膜下血管被破坏,黏膜出血,肠壁破溃,造成腹膜炎等程度不一的病理变化。患病动物多排出血性粪便。

阿米巴病还可造成身体其他器官的损伤,肝是最易受侵害的器官。虫体一般先寄生于肠道后,形成阿米巴脓肿,然后虫体随血液循环进入肝,形成肝脓肿。肺阿米巴病也较常见,其发生频率仅次于肝阿米巴病。其他常见发病部位是脑、皮肤和阴茎,而肾、脾、生殖腺和心包膜等为不常见的发病部位。

[症状] 虫株毒力、宿主抵抗力、宿主身体状况及精神状况等可影响临床症状。阿米巴病特征性表现是腹泻,并伴有发热。急性病例,虫体大量繁殖,引起组织损伤,形成溃疡,发生阿米巴型肠炎和溃疡。频繁出现黏液和血性腹泻,严重发热,持续时间长,每天多次排黏液性甚至血性稀便。严重者可死于腹膜炎、肠壁穿孔、心脏衰弱或继发细菌感染。急性病例转为慢性,表现为间歇性或持续性腹泻,里急后重,厌食,体重下降。

[诊断] 主要的诊断方法有下列几种。

1. 虫体检查 粪便中检出溶组织内滋养体和包囊是可靠的诊断依据。

2. 组织病理学检查 通过直肠直接获取病变组织,或从剖检动物肠道采集溃疡病变,涂片后染色镜检,观察黏膜组织内和肠道内容物中的滋养体和包囊。

3. 血清学诊断 选用纯培养的虫体或收集纯化的虫体作抗原,进行间接血凝试验、补体结合反应和免疫电泳等,均有较高的检出率。

4. 动物实验 对于难以确诊的病例,可采集病料接种实验动物。已知实验动物中的小鼠、豚鼠、仓鼠等均可作为阿米巴病的适宜模型。

5. PCR PCR 技术是近年来发展较快而且十分准确、敏感、安全、特异的诊断方法。目前已能从人和动物体得到病料,不需预处理即可直接用于 PCR 诊断。但 PCR 诊断技术费用很高,需特定的仪器而且缺乏及时性,目前实用性不强。

[治疗] 首选每千克体重口服甲硝唑 25 mg,每天 2 次,结合对症治疗。

第六节 贾第鞭毛虫病

贾第鞭毛虫病(giardiasis)的病原为双滴目六鞭科贾第属的犬贾第虫和猫贾第虫,寄生于犬和猫的小肠。

[病原] 犬贾第虫寄生于犬十二指肠和空肠,有滋养体和包囊两种形态。滋养体如对切的半个梨,左右对称,前半呈圆形,后部逐渐变尖,长 12～17 μm,宽 7.6～10 μm。腹面扁平,背面隆突,腹面有两个吸盘。有 2 个核,4 对鞭毛,根据其所在的位置,分别称为前鞭毛、中鞭毛、腹鞭毛和尾鞭毛。体中部有 1 对半月形中体。包囊呈卵圆形,大小为(9～13) μm×(7～9) μm。虫体可在包囊内繁殖,其包囊内有 2 个或 4 个核,少数有更多的核。猫贾第虫寄生于猫小肠,与犬贾第虫形态很相似,认为是犬贾第虫的同物异名。

[生活史] 虫体以包囊传播。包囊随粪便排出体外,污染饲料或饮水,被犬和猫吞食,在十二指肠内脱囊变成滋养体,侵入肠壁,以纵二分裂法繁殖,引起肠炎。滋养体落入肠腔,在小肠后段或大肠变为包囊。虫体可在包囊内繁殖。包囊随粪便排出体外。

[流行病学] 本病通过食入包囊污染的食物和饮用包囊污染的水而传播。患病动物排出的包囊污染食物和饮用水,是重要的传染源。贾第虫包囊对外界抵抗力强,坚韧的囊壁可防止虫体受化学和物理因素(如外环境温度、干燥和氯气消毒剂等)的影响。贾第虫包囊在冰水里可存活数月;在消毒水内可存活 2～3 天;在蝇类肠道内存活 24 h;在粪便中活力可维持 10 天以上。50 ℃可杀死包囊,在 37 ℃水中包囊存活率低,在 21 ℃和 8 ℃自来水中分别可存活 20 天和 5 周。加氯消毒饮用水和游泳池水均不能杀死包囊,而 2.5% 苯酚可杀死包囊。

[致病机理] 本虫的致病性尚有争议,有人认为无致病性,但确有发病者,用药物治疗后,虫体消失,症状消失。现在一般认为,本虫的致病性和宿主的免疫状态和抵抗力有关。宿主健康状态良好,免疫功能正常时不致病,但当宿主免疫功能受到抑制或破坏时,或肠黏膜完整性受到损伤时,则可致病。

[症状] 幼犬发病时,主要表现为腹泻,粪便灰色,带有黏液或血液,精神沉郁,消瘦,后期出现脱水症状。成年犬仅表现为排出多泡沫的糊状粪便,体温、食欲无太大变化。

[诊断] 根据临床症状和粪便检查发现贾第虫包囊或滋养体可确诊。

1. 病原检查 因每天排包囊量差异很大,故应隔日多次收集粪便检查。取粪便用生理盐水稀释涂片或用稀便直接涂片,显微镜检查可查到滋养体。取样后需立即送检。包囊出现在成形粪便中,用碘液染色法、醛醚沉淀或饱和硫酸锌漂浮法,可提高检出率。

2. 免疫学诊断 可用 ELISA 和对流免疫电泳等检查抗原。也可采用滋养体或包囊抗原,进行 IFA 和 ELISA 等查患病动物血清中抗体。

[治疗] 甲硝唑、丙硫咪唑、吡喹酮等药物治疗。

[预防] 控制贾第虫感染和流行,主要从公共卫生和个人防护两个方面进行。处理好人和动物的粪便;避免人和动物接触;发现病人及患病动物应及时治疗;搞好环境卫生,消灭苍蝇和蟑螂。

第七章　蜘蛛昆虫病

第一节　疥　螨　病

疥螨病是小动物较严重的常见皮肤病,呈接触性传染,易感品种多,小型犬发生率高,春季和夏季是主要发病期。疥螨交配后,雌虫在犬皮内打洞,并在洞内产卵,卵经 3～8 天孵化,幼虫移至皮肤表面蜕皮,相继发育为一期若虫、二期若虫和成虫。雄虫和未交配的雌虫也在皮肤内开凿洞穴,但交配是在皮肤表面进行的。整个生活史需 10～14 天。

〔症状〕　犬、猫被疥螨感染后的主要表现为皮肤红,剧痒;一般症状为掉毛、皮肤变厚,出现红斑、小块痂皮和鳞屑,因非常瘙痒引起犬、猫自己抓伤,继发细菌感染。疥螨常寄生在外耳,严重时波及肘后部和跗关节部。在临床上,背部、腹下部病灶分布较多。

〔诊断〕　主要根据临床症状和皮肤刮取物的显微镜检查结果(发现疥螨)来确诊,耳部、背部红疹处皮肤刮取物检出率较高。

〔治疗〕　疥螨的治疗主要是皮下注射伊维菌素,每千克体重 0.03 mL,重症病例可适当加量使用,连用 3 天后隔 7 天一次直至痊愈。当瘙痒严重时可短时间(一般 3 天)注射地塞米松,局部皮肤有继发细菌感染时可应用林可霉素。柯利犬、喜乐蒂犬疥螨(或蠕形螨、耳螨等)感染时,不使用伊维菌素(易引起中毒),可选择赛拉菌素或非泼罗尼(福来恩)。

第二节　蠕　形　螨　病

蠕形螨主要侵害犬,寄生在皮肤毛囊中,而且多寄生在皮肤的疱状突起内,并在此完成生活史,共需 24 天。皮肤上可见到数量不等的、与周围界限分明的红斑。红斑多出现在眼、耳、唇和腿内侧的无毛处,犬并无痒感,只有当继发细菌感染时才发生瘙痒现象。犬蠕形螨病是可造成犬死亡的寄生虫病,严重感染的犬,身体大面积脱毛、水肿。当出现红斑、皮脂溢出和脓性皮炎时,病犬瘙痒,并常见体表淋巴结病变。

蠕形螨主要是由母犬传给幼犬,临床病例中食肉比例高的犬发生率高,皮肤皱褶多的犬种更易患蠕形螨病。

〔症状〕　犬蠕形螨感染分为局部和全身感染两种。局部感染多在年轻犬的头部,常见眼眶周围、口鼻处或爪部有红斑形成,脓疹,局部被毛脱落,患部皮肤增厚、色素化,并有少量皮屑。红斑代表皮肤的炎症过程。严重感染治疗不当或不予治疗,可造成全身感染,被蠕形螨寄生的毛囊膨胀,破溃后蠕形螨扩散,细菌和碎屑进入皮肤引起异体反应,并有脓疱和脓肿形成。而蠕形螨也能产生免疫抑制性血清因子,它易助长细菌的感染。全身感染伴随严重的瘙痒以及明显的自我损伤。皮肤细菌感染严重时,皮肤异味明显。

〔诊断〕　可根据病史、体表皮肤症状、皮肤刮取物镜检结果(发现蠕形螨)进行综合判断。刮皮肤取样时应适当用力将皮肤挤一挤,检出率高一些。犬蠕形螨性皮肤病的主要检出物是蠕形螨和细菌。

[治疗]　治疗原则同疥螨病。

第三节　虱　病

临床上犬被虱子感染的比例远高于猫。引起犬虱病的虱子主要有犬毛虱和犬长颚虱两种。犬毛虱还是犬复孔绦虫的传播者，它外形短宽，长约 2 mm，黄色带黑斑，雌虱交配后产卵于犬被毛基部，1～2 周后孵化，幼虫脱 3 次皮，经 2 周发育为成虱，成熟的雌虱可活 30 天左右，它以组织碎片为食，离开犬身体后 3 天左右即死亡。犬长颚虱为吸血性寄生虫，身体呈圆锥形，长 1.5～2 mm。终生不离开犬体，卵产在犬被毛上。卵经 9～20 天孵化为稚虱，稚虱 3 次蜕化后发育为成虱，从卵到成虱的发育过程需 30～40 天。

[症状]　因犬毛虱以毛和表皮鳞屑为食，故可造成犬瘙痒和不安，犬啃咬瘙痒处而自我损伤，引起脱毛，继发湿疹、丘疹、水疱、脓疱等，严重时食欲差，影响犬睡眠，造成犬营养不良。犬长颚虱吸血时分泌有毒的液体，刺激犬的神经末梢，产生痒感。大量感染时可引起化脓性皮炎，可见脱毛或掉毛，患病犬精神沉郁，体弱，因慢性失血而贫血，对其他疾病的抵抗力差。

[诊断]　患部拔毛（一般在毛尖部）可发现有虱子。

[防治]　预防虱子感染可用相应的浴液定期洗澡；治疗时可用灭虫宁滴剂或除癞灵药浴，三天一次，两次即可。

第四节　蚤感染症

侵害犬和猫的跳蚤主要是犬栉首蚤和猫栉首蚤。它们可引起犬、猫的皮炎，也是犬绦虫的传播者。猫栉首蚤主要寄生于猫和犬，而犬栉首蚤只限于犬和野生犬科动物。栉首蚤的个体大小变化较大，雌蚤长，有时可超过 2.5 mm，雄蚤则不足 1 mm。其卵为白色、小、球形。跳蚤在犬被毛上产卵，卵从被毛上掉下来，在适宜的环境下经 2～4 天卵化为幼虫。一龄幼虫和二龄幼虫以植物和动物性物质（包括成年跳蚤的排泄物）为食物，三龄幼虫只作茧，不吃食。茧为卵圆形，不易被人发现，常附在犬的垫料上，几天后化蛹，从卵发育为成年跳蚤约需 2 周时间。温度和湿度对跳蚤影响很大。在低温、高湿的情况下，跳蚤不吃食也能存活 1 年多，而在高温、低湿条件下，则几天后就死亡。犬、猫通过直接接触或进入有成年跳蚤的地方而发生感染。

[症状]　跳蚤叮咬皮肤，使犬、猫因瘙痒而自己抓咬或摩擦患部；长期跳蚤感染可造成贫血。跳蚤感染还可能引起跳蚤过敏性皮炎，此时，犬感到非常瘙痒，脱毛，患部皮肤上有粟粒大小的结痂。

[诊断]　判断有无跳蚤的方法如下：根据临床症状；观察到跳蚤或跳蚤粪便；最易发现跳蚤的部位是颈背部和荐背部。长毛犬不易找到跳蚤，但在被毛深处可以找到硬、黑、亮的蚤粪。将蚤粪放在潮湿的白色吸墨纸上可以滤出血红蛋白。发现犬复孔绦虫结片；也可根据跳蚤抗原皮内试验结果诊断。

[治疗]　使用赛拉菌素或非泼罗尼（福来恩），佩戴犬驱虫项圈（主要成分是增效除虫菊酯或拟降虫菊酯），使用灭虫宁滴剂或除癞灵药浴。

[预防]　犬、猫要定期驱虫，对生活环境定期喷洒杀虫剂。用含杀虫剂成分的香波洗澡也是可取的预防方法。

第五节 耳 痒 螨 病

犬、猫耳痒螨是通过直接接触传播,特别是在犬哺乳期。耳痒螨的整个生命过程是在耳壳表面完成的,常造成耳部瘙痒和继发感染。

[症状] 犬、猫耳痒螨有高度传染性,有瘙痒感,患耳常被自己抓伤。常见犬、猫摇头,有时甚至出现耳血肿、发炎或过敏反应,在外耳道有厚的棕黑色痂皮样渗出物。犬、猫耳痒螨早期感染常为双侧性,进一步发展则整个耳廓广泛性感染,鳞屑明显,角化过度并被自己抓伤。更严重的感染为双耳廓有厚的过度角化性鳞屑,并蔓延至头前部。犬、猫耳痒螨常侵害外耳道,也可引起耳和尾尖部的瘙痒性皮炎,有时因耳痒螨感染而引起同侧后肢爪部暂时性皮炎。

[治疗] 应先清洁外耳道,耳内喷洒非泼罗尼,也可皮下注射伊维菌素。

第八章 消化系统疾病

第一节 口腔、咽及唾液腺疾病

一、口炎

口炎(stomatitis)是口腔黏膜的炎症,临床上以流涎、拒食或厌食、口腔黏膜潮红肿胀为特征。一般呈局限性,有时波及舌、齿龈、颊黏膜等处,称为弥漫性炎症。根据发病原因,分原发性和继发性,按其炎症性质可分为溃疡性、坏死性、真菌性和水疱性口炎等。在临床上,犬、猫最常见的是溃疡性口炎。

[病因]

1. 物理性 包括外伤(粗硬的饲料、鱼刺、骨碎片、锐齿、齿结石等)、过热或过冷食物、药物的错误投放等。

2. 化学性 包括刺激性物质,特别是酸性和碱性物质、刺激性药物应用不当,如外用药涂布体表被动物舔食引起。

3. 细菌性 细菌引起的口炎多表现为坏死,并出现溃疡或化脓,常发生细菌混合感染,易发生于衰弱的犬、猫,有时也可继发于胃肠病和其他传染病过程中。

4. 病毒性 犬、猫口炎可发生于很多病毒性传染病的病理过程中,如犬乳头状瘤病、猫传染性鼻气管炎、猫流感、猫杯状病毒感染、猫免疫缺陷病、猫疱疹病毒感染、猫白血病、猫泛白细胞减少症、犬腺病毒 2 型感染、犬瘟热及犬传染性肝炎等。

5. 真菌性 多数病例由念珠菌、酵母菌、曲霉菌、芽生菌、组织胞浆菌、孢子丝菌及球孢菌等真菌感染引起。

6. 营养代谢性 代谢性疾病过程中,如糖尿病、甲状旁腺功能减退、尿毒症和甲状腺功能减退等。营养障碍如维生素 A 过多症、烟酸缺乏症(糙皮病)、核黄素缺乏、抗坏血酸缺乏、锌缺乏症等以及犬蛋白能量不足性营养不良。

7. 其他 邻近器官的炎症,如咽、食管、唾液腺等;消化器官疾病的经过中,如急性胃卡他等。

[症状] 一般临床表现为口腔黏膜红、肿、热、痛,咀嚼障碍,流涎,以及口臭等症状。犬常有食欲,但采食后不敢咀嚼即行吞咽。猫多见食欲减退或消失。患病动物搔抓口腔,有的吃食时,突然尖声嚎叫,痛苦不安;也有的因剧烈疼痛引起抽搐;口腔感觉过敏,抗拒检查,呼出的气体常有难闻臭味。下颌淋巴结肿胀,有的伴发轻度体温升高。

1. 溃疡性口炎 常并发或继发于全身性疾病,如继发于猫病毒性鼻气管炎时,在舌、硬腭、齿龈、颊等处黏膜,迅速形成广泛性、浅在性溃疡病灶。初期多分泌透明样唾液,随病势发展,分泌黏稠而呈褐色或带血色唾液,并有难闻臭味,口鼻周围和前肢附有上述分泌物。

2. 坏死性口炎 除黏膜有大量坏死组织外,其溃疡面覆盖有污秽的灰黄色油状伪膜。

3. 真菌性口炎 真菌性口炎是一种特殊类型的溃疡性口炎,其特征是口腔黏膜呈白色或灰色,并略高于周围组织的斑点,病灶周围潮红,表面覆盖有白色坚韧的被膜。常发生于长期或大剂量使用广谱抗生素的犬、猫。

4. 水疱性口炎　多伴有全身性疾病,如犬瘟热、营养不良等,口黏膜出现小水疱,逐渐发展成鲜红色溃疡面,其病灶界限清楚。猫患本病时,在其口角也出现明显病变。

[诊断]　根据口腔黏膜炎性症状进行诊断。对真菌性口炎和细菌感染性口炎,可通过病料分离培养来确诊。小动物因脾气不好或疼痛,进行全面检查可全身麻醉。

[治疗]　应消除病因、加强管理。

应给予清洁的饮用水,补充足够的B族维生素。对于细菌性口炎,肌肉注射氨苄西林,对于局部病灶可用0.1%高锰酸钾溶液冲洗。对于真菌性口炎可口服酮康唑、伊曲康唑。对口腔溃疡面,使用冰硼散或青黛促进恢复。

二、咽炎

咽炎(pharyngitis)是咽黏膜、软腭、扁桃体(淋巴滤泡)及其深层组织炎症的总称。犬、猫咽炎常并发于广泛的口腔、上呼吸道或全身疾病,以吞咽障碍、咽部肿胀、局部敏感和流涎为特征。

[病因]　原发性咽炎多因机械性、化学性和温热性刺激所引起,如粗硬的食物、热食、刺激性气体和强烈的刺激性药物等。受寒感冒和过度疲劳,是诱发咽炎的主要因素。在机体抵抗力降低的情况下,上呼吸道(特别是咽部)的常在微生物(葡萄球菌、链球菌、大肠杆菌等)大量繁殖,发生致病作用,可引起咽炎。

继发性咽炎常见于流感、狂犬病、犬瘟热、钩端螺旋体病、传染性肝炎、脓毒血症的经过中。此外,咽部邻近器官(鼻、喉、口及食管)的炎症也可蔓延至咽黏膜而引起咽炎。

[症状]

1. 急性咽炎　全身症状明显,表现为体温升高(40℃以上)、精神萎靡、食欲不振或废绝、吞咽困难和流涎等。触诊咽部,病犬表现为敏感、躲避、摇头,颌下淋巴结、咽后淋巴结和咽淋巴结肿胀,人工诱咳阳性。

2. 慢性咽炎　发展缓慢,有发作性咳嗽,吞咽障碍,饮水和食物有时从鼻孔流出。颌下淋巴结轻度肿胀。

[诊断]　根据临床症状及咽部检查可确诊。临床上需与咽部异物、咽腔肿瘤、腮腺炎等疾病进行鉴别。

[治疗]　头孢氨苄每千克体重20 mg肌肉或静脉注射,呼吸困难的给予地塞米松2～5 mg。

三、唾液腺炎

唾液腺炎(sialadenitis)是指唾液腺及其导管的炎症。唾液腺包括腮腺(耳下腺)、颌下腺、舌下腺和颧腺等。腮腺炎最常见,有时呈地方性流行。按其经过可分为急性或慢性;按其病性可分实质性、间质性和化脓性;按病原可分原发性与继发性。犬唾液腺炎多为继发性的。

[病因]　原发性唾液腺炎常因唾液腺或其邻近组织创伤或感染所致,如犬之间咬伤、外伤、鱼钩刺伤等;继发性唾液腺炎可继发于咽炎、喉炎、口炎、唾液腺结石、唾液腺黏液囊肿、犬瘟热、流行性腮腺炎、狂犬病等疾病过程中。

[症状]

1. 急性实质性腮腺炎　腮腺肿大,触诊腺体较坚实,并有热痛。病犬头颈伸直,向两侧活动受到限制,如一侧腮腺炎症,即见头颈向健侧歪斜,体温升高。采食困难,咀嚼迟缓,唾液分泌增加,不断流涎,特别是采食和咀嚼时。如继发咽炎,则吞咽困难。

2. 化脓性腮腺炎　除具有上述症状外,腮腺区有水肿性肿胀,并可扩展至颈部和下颌,几天后形成脓肿,触诊有波动;脓肿破溃形成瘘管,向外流出混有脓汁的唾液。

3. 慢性间质性腮腺炎　较为少见,除具有局部硬肿外,常无发热症状,局部疼痛亦不明显。

4. 颌下腺炎 常伴有下颌间隙蜂窝织炎,病犬头颈伸直,咀嚼迟缓,流涎。口腔黏膜充血、肿胀。颌下腺常形成脓肿,破溃后脓汁可从口内或破溃处向外流出。

[治疗] 氨苄西林、甲硝唑肌肉或静脉注射,已形成脓肿时及时切开排脓。

第二节 胃肠疾病

一、胃炎

胃炎(gastritis)指胃黏膜急性或慢性炎症,犬、猫以各种不同程度和频率的急性或慢性持续性呕吐为临床特征。

[病因] 急性胃炎见于动物最近吃过热烫或被污染的食物、异物、刺激性药物(阿司匹林、吲哚美辛、保泰松等)、传染病(如犬瘟热、细小病毒病、冠状病毒病、猫瘟热)、真菌感染、犬泡翼线虫病、猫三尖壶肛线虫病以及继发于引起胃溃疡的全身性疾病,如肝、肾功能障碍和胰腺炎等。

慢性胃炎见于因反复受到某些药物、毒物、感染性因素、食物性抗原等刺激。螺旋杆菌引起的慢性胃炎在犬、猫均较常见。常根据组织学将慢性胃炎分成慢性浅表性胃炎、慢性萎缩性胃炎、慢性肥大性胃炎和嗜酸性粒细胞性胃炎。

[症状] 临床上以精神沉郁、呕吐和腹痛为主要症状。急性胃炎主要症状为厌食、急性呕吐、烦渴、嗜睡,食物和胆汁是典型的呕吐物,呕吐的次数取决于疾病的严重程度和病程的长短。严重病例也可表现为脱水以及前腹部触诊不适,体温多不升高。出现肠炎的病例则会发生腹泻现象。

慢性胃炎最常见症状为不同频率和特征的慢性呕吐,常呈间歇性呕吐。因胃炎损害了胃的动力和排空,食物不能在胃中存留几个小时,最终排入肠道时还未消化。有时动物在吃东西后不久就发生呕吐,而有时只呕出绿色的黏液而无食物,有些患病动物特别是嗜酸性粒细胞性胃炎动物还吐血但并未表现腹痛症状,常采用可缓解疼痛的体位站立。体检无明显异常,仅偶见动物轻微脱水,严重者体重下降、贫血,腹部触诊常无明显异常,但有时腹前部有疼痛表现。

[诊断] 根据病史和临床症状可获得初步诊断。单纯性胃炎,特别是急性胃炎,一般经对症治疗多可奏效,也可做治疗性诊断。X线检查可见异物,或投予造影剂,对其疾病的范围、性质等做进一步诊断,还可与食管疾病等相区别。血常规检查一般正常,呕吐时间长者可造成电解质紊乱,如低钠血症、低钾血症、低氯血症,并伴随脱水和代谢性酸中毒。内窥镜检查胃黏膜变化,有助于确诊。

[治疗] 原则是除去刺激因素,保护胃黏膜,抑制呕吐。

急性胃炎伴有顽固性呕吐动物应用甲氧氯普胺止吐;抑制胃酸分泌用西咪替丁肌肉注射,头孢曲松钠控制继发感染。胃出血或溃疡病例,用维生素K和酚磺乙胺等药止血,用鞣酸蛋白保护胃黏膜。

二、胃内异物

胃内异物(gastric foreign bodies)是指胃内长期滞留难以消化的异物,使胃黏膜损伤,影响胃的功能,严重时还能引起胃穿孔,继发腹膜炎。多见于幼犬和小型品种犬及老年猫。

[病因] 幼年或成年犬、猫可吞食各种异物,如骨头、橡皮球、石头、破布、线团、针、鱼钩等。尤其是猫有梳理被毛的习惯,将脱落的被毛吞食,在胃内积聚形成毛球。此外,犬患有某种疾病时,如狂犬病、胰腺疾病、寄生虫病、维生素缺乏症或矿物质不足等,常伴有异嗜现象,甚至个别犬生来就有吞食石块的恶习。

[症状] 胃内存有异物的动物,根据异物的不同,临床症状有较大差异,虽然有的胃内有异物,但不表现临床症状,长期不易被发现。此种患病动物在采食固体食物时,有间断性呕吐史,呈进行性

消瘦。胃内存有大而硬的异物时,能使动物呈现胃炎症状(详见胃炎部分)。尖锐或具有刺激性的异物伤及胃黏膜时,可引起出血或胃穿孔,但此种情况较为少见。猫胃内毛球常引起呕吐或干呕,食欲差或废绝。有的猫的特征性表现为肚子饥饿现象,觅食时鸣叫,饲喂食物时出现贪食,但只吃几口就走开,逐渐消瘦,这种现象提示胃内可能存有异物。

[诊断] 根据病史和临床体检,可做出初步诊断。小型犬、猫腹壁较柔软,胃内有较大异物时,用手触诊可觉察。多数病例 X 线检查看不到异常,应考虑用胃肠道钡餐造影或内窥镜检查,查明异物的大小和性质。

[治疗] 小异物可通过内窥镜取出,大异物无法取出时,应进行外科手术,切开胃壁取出。

三、胃扩张-胃扭转

胃扩张-胃扭转(gastric dilatation-volvulus)是指一种急性发作、剧烈的致命性胃肠道疾病,其特征为胃变位、胃内气体快速积聚、胃内压增加和休克等。胃扭转为一种胃幽门和贲门呈纵轴从右向左顺时针扭转,挤压于肝、食管的末端和胃底之间,导致胃内容物不能后送的疾病。胃扭转之后很快发生胃扩张。本病多发于 2～10 岁大型、胸部狭长品种犬,雄犬比雌犬发病率高。猫较少发生本病。急性胃扩张-胃扭转为一种急腹症,疾病发展迅速,预后慎重。

[病因] 最危险的因素是身体结构,胸廓或腹腔深且狭长的品种(如大丹犬、德国牧羊犬、圣伯纳犬、戈登猎犬、爱尔兰猎犬及标准贵妇犬等)易患此病。据报道,5.2～7.5 岁的犬较易发。胃下垂,胃内食糜胀满,采食大量食物和水,脾肿大,以及钙、磷比例失衡使胃韧带松弛,饱食后打滚、跳跃、迅速上下楼梯、旋转,日粮以干谷物或豆类为主,胃排空机能障碍等,均可引发胃扭转。

[症状] 患病犬突然腹痛,腹部进行性膨胀,干呕,流涎,烦躁不安和呼吸困难。因胃扭转,胃贲门和幽门部闭塞,发生急性胃扩张,表现为腹围增大。腹部叩诊呈鼓音或金属音。腹部触诊,可摸到球状囊袋,急剧冲击胃下部,可听到拍水音。病犬呼吸困难,脉搏频数。多于 24～48 h 内死亡。

[诊断] 主要根据临床症状、X 线或胃导管检查来确诊。

注意与单纯性胃扩张、肠扭转及脾扭转相鉴别,常以插胃导管来区分。单纯性胃扩张,胃导管插到胃内,腹部胀满可减轻;胃扭转时,胃导管插不到胃内,因而不能减轻腹部胀满;肠扭转及脾扭转时,胃导管插到胃内,但腹部膨胀仍不能减轻,且即使胃内留存的气体消失,患病犬仍逐渐衰弱。

[治疗] 本病发生后不能及时手术者多数死亡。手术治疗时应用大剂量地塞米松抗毒素,插胃管,实施紧急手术,切除脾脏,将扭转的胃复位,必要时将胃大弯固定于相应的腹壁上。术后输注林格氏液、氨苄西林等药物。胃切开 24 h 后,可给予营养膏,饲喂量要逐渐增加,同时可给予健胃、助消化药物。

四、肠炎

肠炎(enteritis)是指肠黏膜急性或慢性炎症。它可作为仅侵害小肠黏膜的一种独立性疾病,但更为常见的是广泛涉及胃或结肠的炎性疾病。临床上以消化紊乱、腹痛、腹泻、发热为特征。

[病因] 与胃炎多有相似之处。体内外的沙门菌、大肠杆菌、变形杆菌、弧菌及病毒等,在动物机体抵抗力降低时,都可成为肠炎病原菌。肠炎也常作为某些传染病的症状,如犬瘟热、犬细小病毒病、猫泛白细胞减少症、钩端螺旋体病等。肠道寄生的绦虫、蛔虫、弓形虫和球虫等,在肠炎发生时也起一定作用。腐败变质、污染食物或刺激性化学物质(毒物、药物),某些重金属中毒以及某些食物性变态反应,都能引起肠炎。过食或长期滥用抗生素也可引起肠炎。

吸收障碍性肠炎(嗜酸性粒细胞性、淋巴细胞-浆细胞性、肠道失蛋白性)的病因复杂,目前尚不清楚,其病理特征是胃、小肠壁嗜酸性粒细胞浸润或淋巴细胞和浆细胞浸润,可能的病因包括寄生虫迁移、对食物异常敏感或肠道内细菌过度生长而产生抗原。

出血性肠炎是犬的一种严重疾病,其特征是初期急性呕吐和严重腹泻,发展为严重者呈血样腹

91

泻。病因不清,有人认为是由机体细菌内毒素的过敏反应所致。

[**症状**]　肠炎最为突出的症状是腹泻。十二指肠前部和胃的炎症,或小肠患有严重的局限性病灶时,均可引起呕吐。患结肠炎时,可出现里急后重,粪便稀软、水样或胶冻状,并带有难闻的臭味。患小肠出血性肠炎时,粪便呈黑绿色或黑红色;患大肠出血性肠炎时,粪便表面附有鲜血丝或血块。

病原微生物所致肠炎,动物体温升高,精神沉郁,食欲减退或废绝。重剧肠炎,动物机体脱水,迅速消瘦,电解质丢失和酸中毒。急性病例有拱腰、不安等腹痛症状,触诊腹壁紧张、敏感。有些患病动物,因腹痛,胸壁紧贴冷的地面,举高后躯,呈祈祷姿势。病初肠蠕动音增强,后出现反射性肠音降低,发生肠臌气。

慢性肠炎,病变和症状均较急性者轻微。因反复腹泻,动物脱水、消瘦,营养不良,或腹泻与便秘交替出现,其他症状不太明显。病理变化轻者肠黏膜轻度充血和水肿,严重的为广泛性肠坏死,肝、肾实质脏器变性等。

[**诊断**]　根据病史和症状易于诊断,但查清病因需进行实验室检验,可检查粪便中的寄生虫卵或培养分离病原微生物。有条件的进行肠道钡剂造影或内窥镜检查,这对确定病变类型和范围具有诊断意义。此外,血液检验和尿液分析,也有助于认识疾病的严重程度和判断预后,并对制订正确治疗方案有指导作用。

[**治疗**]
(1) 呕吐腹泻时禁食禁水,呕吐停止后给予饮水,腹泻停止时逐渐给予犬、猫粮。
(2) 控制和预防病原微生物继发感染:应用庆大霉素、阿莫西林肌肉或静脉注射。
(3) 补充水分、电解质和防止酸中毒:选用复方生理盐水、葡萄糖、碳酸氢钠注射液等。
(4) 呕吐时给予甲氧氯普胺,出现血便的应用止血敏。

五、肠阻塞

肠阻塞(intestinal obstruction)为犬、猫的一种急腹症,发病部位主要为小肠。常于小肠肠腔发生机械性、神经性、肌原性损伤阻塞或小肠正常生理位置发生不可逆变化,如套叠、嵌闭和扭转等。小肠梗阻不仅使肠腔机械性不通,而且伴随局部血液循环严重障碍,致使动物剧烈腹痛、呕吐或休克等变化。本病发生急剧,病程发展迅速,预后慎重,如治疗不及时,病死率高。

[**病因**]　肠阻塞由异物(如骨、果核、橡皮、线团、毛球等)、大量寄生圆虫或绦虫等,突然阻塞肠腔所致;也可因肠管粘连、肠套叠、肠扭转、肠狭窄或肠腔内新生物、肿瘤、肉芽肿等致使肠腔狭窄引起。

犬、猫为食肉动物,因生理解剖学特点,发生肠扭转较为少见,但发生肠套叠却常见,且多继发于青年动物急性肠炎或寄生虫病等。这是因肠蠕动机能失调所致,多发部位是空肠、回肠近端和回盲结合处。

[**症状**]　临床表现和结果依赖于阻塞的部位、程度、持续时间以及肠管的血管完全性。厌食、呕吐、虚弱、腹痛、体重下降是常见症状。临床症状是由脱水、血容量不足、电解质平衡失调、败血症和内毒素血症共同引起。

腹痛初期,表现为腹部僵硬,抗拒触诊。对于小型犬或猫多能触诊到阻塞物。梗阻发生于前部肠管时,呕吐可成为一种早期症状。初期呕吐物中含有未消化的食物和黏液。随后在呕吐物中含有胆汁和肠内容物。持续呕吐导致机体脱水、电解质紊乱和伴发碱中毒,晚期发生尿毒症,最终虚脱、休克而死亡。

[**诊断**]　根据病史和临床症状,可初步诊断为小肠梗阻。腹部触诊,常可在梗阻肠段的前方触及充满气体和液体的扩张肠管。腹壁紧张而影响检查时,可施行麻醉或注射氯丙嗪使其镇静以利诊断。肠套叠时,在中腹部可触及"香肠"状物体。必要时剖腹探查,以便及时治疗。

必要时应用 X 线摄片进行辅助诊断,最好投予造影剂,增加对比度。在站立侧位腹部 X 线摄片时,不论是胃肠空虚病例,还是肠道液体水平面上积有气体病例,均可在梗阻部位前方见到扩张肠祥。肠套叠可见光密度增加的"香肠"状物体,还可见到因薄层气体,使套叠肠管形成分层的图像。

实验室检查见血细胞比容升高,消化道前段阻塞时常发生代谢性碱中毒,同时伴有低氯血症、低钾血症,有时还会出现低钠血症;由于脱水,可能会发展为休克、肾前性氮质血症和代谢性酸中毒。

[治疗] 确诊后及时手术治疗。通过输注乳酸林格氏液、口服庆大霉素控制肠道感染。术后禁食 24~48 h,然后投予流质食物,直至恢复常规饮食。

六、巨结肠

巨结肠(megacolon)是指结肠的异常伸展和扩张,分先天性和继发性(假性巨结肠)两种。先天性是因结肠壁肌层间神经节缺乏或变性,引起痉挛性狭窄,在患病前肠段出现扩张,或整个结肠神经节发育不良,引起整个结肠或直肠弥散性扩张。猫比犬多发。

[病因] 结肠远侧端肠壁内神经丛先天性缺陷,结肠长期处于收缩状态而堵塞粪便,导致前端结肠扩张和肠壁肌层增厚。此外,引起慢性便秘的诸多因素,如骨盆肿瘤、直肠内异物、骨盆骨折、前列腺肥大、环状直肠腺癌等,均可继发假性巨结肠。

[症状] 便秘是主要临床症状,常见里急后重,频繁排粪,仅能排出少量浆液性或带血丝的黏液性粪便,偶尔排出褐色水样便。随便秘发展,出现脱水、厌食、被毛粗乱、体重下降、虚弱、呕吐等症状。临床检查示腹围膨隆,似桶状,腹部触诊可感知充实粗大的肠管。

[诊断] 主要依据腹部触摸到粪便积聚的粗大结肠、直肠探诊触到硬的粪块或不含粪便的扩张结肠、钡剂灌肠、X 线检查等进行诊断。直肠镜可观察结肠有无先天性狭窄、阻塞性肿瘤及异物等。

[治疗] 肠管切除术。

第三节 肝脏疾病

一、肝炎

肝炎(hepatitis)是肝实质细胞出现不同程度的急性弥漫性变性、坏死和炎性细胞浸润的肝疾病。临床上以黄疸、急性消化不良以及出现神经症状为特征。

[病因]

1. 中毒 各种有毒物质和化学药品,如铜、砷、汞、硒、氯仿、鞣酸、四氯化碳、黄曲霉毒素等,均可引起中毒性肝炎。

2. 病毒、细菌及寄生虫感染 如传染性肝炎病毒、疱疹病毒、钩端螺旋体、结核杆菌、化脓杆菌、梭菌、真菌、巴贝斯虫等,这些病原体侵入肝或其毒素作用而致病。

3. 药物过敏 反复投予氯丙嗪、睾酮、氟烷、氯噻嗪等可引起急性肝炎。此外,食物中蛋氨酸或胆碱缺乏时,也可造成肝坏死。

[症状] 病犬食欲不振或废绝,全身无力,眼结膜黄染,常有微热。粪便呈灰白绿色,恶臭,不成形。明显消瘦。肝区触诊有疼痛反应,腹壁紧张。偶尔有呕吐、腹泻、异食癖。尿呈豆油色。若肝细胞损害严重,则血氨浓度升高,表现肌肉震颤、痉挛、过度兴奋、肌无力、感觉迟钝、起立困难及昏睡。肝细胞弥漫性损害时,出现黄疸、腹腔积液和出血倾向。重症犬可因弥散性血管内凝血而致死。

[临床病理] 丙氨酸氨基转移酶(ALT)、门冬氨酸氨基转移酶(AST)、碱性磷酸酶(ALP)等酶的活性升高,尤以乳酸脱氢酶活性增高明显,同时伴有高胆红素血症和低糖血症。溴酞酚磺酸钠(BSP)排泄试验,滞留率明显升高。溴酞酚磺酸钠以每千克体重 511 mg 配成 5%溶液,静脉注射,30 min 或 45 min 后,从对侧静脉采血 5 mL,分离血清,测血清中的 BSP 滞留率。正常犬滞留率 30 min

Note

为 3.1%,45 min 为 5%以下。血液凝固时间、出血时间及凝血酶原时间明显延长,并发弥散性血管内凝血时,血小板及纤维蛋白原明显减少。血清胆红素、总蛋白和 γ 球蛋白含量增加,血清尿素氮和胆固醇含量降低。

[诊断]　本病缺乏特异的征候,根据临床病理变化可做出诊断。

1. 中毒性肝炎　粪便恶臭,出血性腹泻,中性粒细胞数量增加,核左移。

2. 药物性肝炎　病症轻微,胆汁严重淤滞,血清乳酸脱氢酶活性明显升高,丙氨酸氨基转移酶活性稍升高,嗜酸性粒细胞和中性粒细胞数量增加。

3. 食物性肝坏死　胆固醇及游离脂肪酸含量升高,磷脂、总蛋白及白蛋白含量低。

4. 重症肝炎　表现为嗜睡、昏睡及氨中毒,血清氨基转移酶活性和 BSP 试验的滞留率均极度升高。

[治疗]　治疗原则主要是除去病因,促进肝细胞再生,恢复肝功能。

1. 消除病因　主要是治疗原发病,停止使用有损肝脏功能的药物等。

2. 保肝利胆　可用 25%葡萄糖注射液、维生素 C 注射液、复合维生素注射液,每天 1 次,促进胆汁排泄。可口服硫酸钠。

3. 增强肝脏解毒功能　可应用复方甘草酸胺或谷氨酸,内服 0.5～2 g,每天 3 次。

二、肝硬化

肝硬化(hepatic cirrhosis)是一种常见的慢性肝病,由一种或多种致病因素长期或反复损害肝脏所致。本病因肝细胞呈弥漫性变性、坏死和再生,同时结缔组织弥漫性增生,肝小叶结构破坏和重建,导致肝硬变。

[病因]　病因至今不完全清楚。据观察,犬心丝虫病、心瓣膜病、慢性充血性心力衰竭、门静脉血栓、传染性肝炎以及某些毒物中毒均可继发。

[症状]　肝硬化发生缓慢,初期症状不明显。急性肝炎和重症肝炎继发的肝硬化发展较快。病犬呈现慢性消化不良,便秘与腹泻交替出现,有时伴有呕吐。可视黏膜黄染,疾病的早期肝肿大、平滑、柔软或坚实,触诊疼痛,而在晚期可触知肝缩小、坚硬,表面呈粒状或结节状。一般无疼痛,并发腹腔积液(又称腹水)及皮下水肿。后期出现痉挛、昏睡、出血性素质以至肝性脑病而死亡。

[临床病理]　血液淋巴细胞、单核细胞数量相对增加,白细胞数量减少及中度大细胞性贫血,血小板减少。血清直接胆红素及总胆红素含量升高。溴酚酞磺酸钠试验滞留率超过 10%。丙氨酸氨基转移酶、乳酸脱氢酶活性升高。血清白蛋白明显减少,γ 球蛋白明显增多,呈 A/G 倒值(0.5 以下),血清总蛋白、胆固醇和胆固醇酯减少。凝血酶原时间延长。血清胶质反应强阳性,尿胆红素及尿胆素原多为阳性。

[诊断]　根据临床症状和临床病理变化可诊断。超声波检查或肝穿刺组织病理学检查是可靠的诊断方法。

[治疗]　食物疗法是治疗本病的关键,要给予低蛋白、低脂肪、高糖和富含维生素的食物,同时进行对症治疗,用 5%葡萄糖、胰岛素、ATP、10%氯化钾、辅酶 A、复合氨基酸、肌苷、维生素 C 等药物。对神经异常及肝性脑病的犬,可用谷氨酸钠、精氨酸及鸟氨酸等制剂。为抑制肠道内氨发酵,防止高氨血症,可选用磺胺嘧啶治疗。

第四节　胰　腺　炎

胰腺炎(pancreatitis)可分为急性和慢性两种。实际上患胰腺炎的犬、猫较多,但表现临床症状的则较少,多在死后剖检时才发现病变。犬发病率比猫高。急性胰腺炎以突发性腹部剧痛、休克、腹膜炎为特征。

[病因] 目前病因尚不详。自然病例多为水肿型胰腺炎,试验发病的为急性出血性胰腺炎。病因可与以下因素有关。

1. 肥胖 急性胰腺炎多发生于肥胖犬,试验发病的肥胖犬病情比消瘦犬严重。食物中脂肪过多易导致"营养缺乏症",同时高脂肪食物还可改变胰腺细胞内酶的含量。因此,高脂肪食物和营养状况成为诱发急性胰腺炎的重要因素。

2. 高脂血症 在急性胰腺炎患病犬中,多伴有高脂血症。反之,急性胰腺炎又可诱发高脂血症,并能改变血浆蛋白酶。富含脂肪的食物可导致明显食饵性脂血症(乳糜微粒血症),继而发生胰腺炎。

3. 胆管疾病 因胆管和胰腺间质的淋巴管相通,胆管疾病可通过淋巴管扩散到胰腺而发病。

4. 传染性疾病 犬、猫发生某些传染病时,胰腺炎成为必发疾病之一,如猫弓形虫病和猫传染性腹膜炎,可损害肝,诱发胰腺炎。因此,猫肝疾病或胰腺炎,有可能是弓形虫病或猫传染性腹膜炎的一个征兆。

5. 十二指肠液逆流 某种原因使十二指肠液或胆汁逆流进入胰腺导管和胰腺间质时,可能是引起急性胰腺炎的原因之一。胆汁中含有溶血卵磷脂和未结合的胆盐,对胰腺有毒性。

6. 药物 许多药物可诱发本病,如兽医常用的噻嗪类利尿药、硫唑嘌呤、门冬氨酸酶和四环素等,胆碱酯酶抑制剂和胆碱能拮抗药也可诱发胰腺炎。

7. 其他因素 汽车事故和高空摔落及外科手术可导致胰腺创伤,诱发胰腺炎。并发性疾病,如糖尿病、甲状腺功能减退、慢性肾功能衰竭(简称肾衰)、充血性心衰和自身免疫性疾病。

[症状] 临床特征为消化不良性综合征。大多发生急性胰腺炎的犬为肥胖的中年雌犬。病史中普遍的症状包括严重顽固性呕吐、明显腹痛、厌食、精神沉郁,间有腹泻,粪中带血。严重者出现昏迷或休克。病犬消化不良,食欲异常亢进,生长停滞,明显消瘦。排粪量增加,粪便中含有大量脂肪和蛋白质。慢性胰腺炎,特征是反复发作,持续性呕吐和腹痛。常见症状是不断地排出大量橙黄色或黏土色、酸臭味粪便,其粪便中含有未消化食物。因吸收不良或并发糖尿病,动物表现为贪食。慢性胰腺炎只偶见于家猫。

[诊断] 胰腺炎已有试纸进行诊断。急性胰腺炎的血液检验可见白细胞总数增多,中性粒细胞比例增大,血清淀粉酶和脂肪酶活性升高,其中脂肪酶比淀粉酶更具参考价值。血尿素氮增多。尿中含有蛋白质及呈管型。严重胰腺炎可波及周围器官,形成腹水,腹水中含有淀粉酶。测定腹水中的淀粉酶,对胰腺炎具有诊断意义。动物废食出现高脂血症时,也可作为诊断参考依据。

诊断时应注意与急性肾衰或小肠梗阻相区别:动物有急性腹痛,可排除肾衰。应用X线平片,胰腺炎左右腹上部密度增加,这可与肠梗阻区别开来。慢性胰腺炎或胰腺发育不全时,因缺乏胰蛋白酶、脂酶和淀粉酶,粪便中含有不消化肌纤维、脂肪和淀粉。

[治疗] 急性胰腺炎者,首先禁食48～96 h,以防止食物刺激胰腺分泌,呕吐停止1～2 h后给予饮水,并逐渐恢复喂食高糖食物,严格控制脂肪和蛋白质,以减少胰腺的分泌。为抑制其分泌也可给予阿托品。禁食时需静脉注射葡萄糖、复合氨基酸,进行维持营养和调节酸碱平衡等对症治疗。腹痛严重者给予止痛药,为控制感染,可选用氨苄西林。

第五节 腹 膜 炎

腹膜炎(peritonitis)是由细菌感染或化学物质刺激所引起的腹膜的炎症。根据临床表现,分为急性腹膜炎和慢性腹膜炎;根据腹膜内有无感染病灶,分为原发性腹膜炎和继发性腹膜炎;根据炎症的范围或程度又分为局限性腹膜炎和弥漫性腹膜炎。犬多为继发性腹膜炎。

[病因]

1. 急性腹膜炎 主要继发于下列疾病。

（1）消化道穿孔：如消化道异物、肠套叠、肠破裂及肠梗阻等时，消化道内容物漏入腹腔，使腹膜受到刺激和感染。

（2）膀胱穿孔：主要发生于插入导尿管失误或尿道堵塞使膀胱破裂，尿液刺激腹膜。

（3）生殖器穿孔：常见于子宫蓄脓及子宫扭转等。

（4）腹壁穿透创、腹部挫伤、腹部外科手术感染、脏器与腹膜粘连以及肿瘤破裂或腹膜内注入刺激性药物等。

2. 慢性腹膜炎 多发生于腹腔脏器炎症的扩散，或由急性腹膜炎逐步转为慢性弥漫性腹膜炎。

[症状]

1. 急性腹膜炎 主要表现为剧烈持续性腹痛、体温升高。犬呈弓背姿势，精神沉郁，食欲不振，反射性呕吐，呈胸式呼吸。触诊腹壁紧张蜷缩。压痛明显处有温热感。腹腔积液时，下腹部向两侧对称性膨大，叩诊呈水平浊音，浊音区上方呈鼓音。病情进一步发展，则表现为心动过速和其他心律失常、电解质平衡紊乱、凝血功能障碍和血压下降。

2. 慢性腹膜炎 常发生肠管粘连，阻碍肠蠕动，表现为消化不良和腹痛。X线检查结果以腹部呈毛玻璃样、腹腔内阴影消失为特征。腹腔积液中可见白细胞，特别是未成熟的白细胞。血液检查可见白细胞明显增多，其中多形核白细胞占优势。

[治疗] 使用头孢曲松钠、庆大霉素等药物控制细菌感染，美洛昔康止疼，阿托品防止休克。腹腔渗出液过多时，要及时穿刺放液，同时注入0.2%的普鲁卡因青霉素，静脉注射葡萄糖酸钙溶液可制止渗出。

第六节 呕吐与反流

一、呕吐

呕吐（vomiting）是指不自主地将胃内或肠道内容物从口排出的动作。

[病因]

1. 日粮问题 突然更换日粮、摄食异物、吃食过快、食物过敏和对特殊食物的不耐受。

2. 胃功能障碍 胃阻塞、慢性胃炎、寄生虫病（犬、猫泡翼线虫）、胃排空机能障碍、胆汁呕吐综合征、胃溃疡、胃息肉、胃肿瘤、胃扩张、胃扩张-胃扭转、胃食管疾病（食管裂疝）、膈疝及胃食管套叠等。

3. 肠功能障碍 小肠肠道寄生虫、肠炎、肠管阻塞、弥漫性胃壁肿瘤、真菌感染性疾病、肠扭转及麻痹性肠梗阻、盲肠炎、顽固便秘及肠道过敏综合征等。

4. 代谢障碍 糖尿病、肾上腺功能低下、肾脏疾病、肝脏疾病、脓血症、酸中毒、高钾血症、低钾血症、高钙血症、低钙血症、低镁血症和中暑等。

5. 腹部疾病 胰腺炎、腹膜炎、炎性肝病、胆管阻塞、肾盂肾炎、子宫蓄脓、尿道阻塞、膈疝及肿瘤等。

6. 药物 药物不耐性，如抗肿瘤药物、强心苷、抗微生物药物（红霉素、四环素）及砷制剂；前列腺素合成封闭剂（非类固醇抗炎药）；抗胆碱药的错误应用以及剂量过大等。

7. 神经机能障碍 精神因素（疼痛、恐惧、兴奋）、运动障碍、炎性损伤、水肿、癫痫及肿瘤等。

8. 毒素 铅、乙二醇、锌及其他毒素等。

9. 其他因素 犬心丝虫病和甲状腺功能亢进。

[诊断]　呕吐的检查主要包括临床症状、急性（3～4 天）或慢性、呕吐的频率、症状的程度（轻度、中度或重度）、其他临床症状及物理检查。必要时，进行血细胞计数、生化分析、尿液分析和粪便检验等。为进一步分析临床检查结果，通过 X 线、B 超、内窥镜检查综合分析，做出正确诊断。

在诊断呕吐时，还要注意以下几个问题：①呕吐与采食时间的关系：如采食后立即呕吐，见于日粮质量问题、食物不耐受、过食、应激或兴奋、胃炎等；采食后 6～7 h 呕出未消化或部分消化的食物，见于胃排空机能障碍或胃通道阻塞。②呕吐及呕吐物性状：如呈喷射状呕吐，见于胃及邻近胃小肠的严重阻塞；呕吐物呈胆汁样，见于胆汁反流综合征、原发或继发胃运动减弱、肠内异物及胰腺炎；呕吐物带有少量血液见于胃溃疡、慢性胃炎或肿瘤，大量血凝块或咖啡色呕吐物常提示胃黏膜损伤或溃疡的程度。③间歇性慢性呕吐：间歇性慢性呕吐是临床上常见症状之一，常与采食时间无关。呕吐物性状变化大和呕吐呈周期性，并伴发其他症状（如腹泻、昏睡、食欲不振、腹部不适和流涎等）时，应重点考虑慢性胃炎、肠道炎性疾病、过敏性肠道综合征、胃排空机能障碍等，确诊需进行胃和肠道黏膜活检。一般来说，全身或代谢疾病引起的急性或慢性呕吐与采食时间和呕吐内容物性状无直接关系。

[治疗]　去除病因、控制呕吐和纠正体液、电解质和酸碱平衡。必要时，应用止呕药以缓解病情和减少体液及电解质的损失。

二、反流

反流（regurgitation）是指采食的食物被动逆行到食管括约肌近端，常发生在采食的食物到达胃之前。反流是许多疾病的一种临床症状，不是原发性疾病。巨食管是犬常见反流症状原因之一。严重的反流可导致吸入性肺炎和慢性消耗性疾病。

[病因]　巨食管或继发性巨食管，如重症肌无力、多发性肌炎、红斑狼疮、肾上腺功能低下、甲状腺功能减退、铅中毒及食管内异物、食管狭窄及食管肿瘤等均可引起反流。

[诊断]　在反流的诊断中，X 线检查是第一步，也是最重要的一步，结合钡剂进行确诊。此外，血细胞计数、血液生化检查和尿液分析用于辅助诊断全身性疾病。怀疑其他疾病可进行特殊试验，如肾上腺功能低下进行 ACTH 刺激试验，红斑狼疮进行抗核抗体检查，重症肌无力进行血清 AchR 抗体检查等。

在诊断反流时，还要注意以下几个问题：①咳嗽与呼吸困难：对于继发于反流的咳嗽或呼吸困难，应做详细的问诊和胸部 X 线检查，以确定肺炎是否原发，或有无巨食管所致的吸入性肺炎。猫先天性巨食管常伴发咳嗽和流鼻液。②虚弱：与反流有关的虚弱或衰竭见于全身性疾病，如重症肌无力、肾上腺功能低下和多发性肌炎，这些疾病均可引起食管运动障碍或巨食管症。在重症肌无力病例中，反流发生在肌肉虚弱之前，而犬重症肌无力并不表现虚弱。③体重下降：伴有反流的动物，其体重下降，表明摄入的营养不能满足机体需要，主要是因采食量下降或转入到胃的内容物减少。④采食后窘迫：采食后（几秒钟或几分钟）迅速发生不安或窘迫，表现为头颈伸展、频繁吞咽，发生反流，表明食管狭窄，而这一症状常伴有旺盛的食欲。⑤食欲旺盛：发生反流的同时具有旺盛的食欲，常见于食管阻塞和巨食管。⑥物理检查：胸部听诊可见继发于反流的吸入性肺炎，伴有捻发音，发生肺炎的病例出现脓性鼻液。检查内容包括虚弱（重症肌无力）、心动迟缓（肾上腺功能低下）、肌肉疼痛（多发性肌炎），症状还包括全身性疾病引起的关节疼痛、跛行、舌炎及其他症状（红斑狼疮）。

[治疗]　去除病因，防止吸入性肺炎和补充足够的胃肠营养。

第七节　厌食与贪食

厌食（anorexia）是指不愿采食，甚至发生明显的营养衰竭。不同的病因导致完全和部分厌食，但

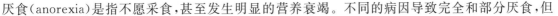

厌食不是疾病的特异性症状。有的因日粮质量问题(如缺乏适口性),可引起动物厌食,有的则因环境应激发生暂时性厌食,如运输或增加新的动物及更换新的主人等。

贪食(polyphagia)是指过量摄取食物,这种现象在某些生理条件下是正常反应,如泌乳、妊娠、极度寒冷和剧烈运动等,有的日粮适口性好可引起贪食,但不当的贪食会导致肥胖。贪食也见于用抗惊厥药、糖皮质激素、甲地孕酮及少见的下丘脑损伤的病例。贪食还可在机体试图补偿某些疾病引起的体重下降时发生,如糖尿病、甲状腺功能亢进等。贪食是一种特殊症状,它既可能是生理性的,也可能是病理性的。

[诊断] 临床出现发热、脱水、贫血和黄疸,应作为与厌食有关疾病的指示器,需进行详细的临床检查。①头颈:观察口腔、牙齿和颈部损伤引起的咀嚼疼痛或吞咽困难。②胸腔:听诊和触诊胸腔。心肺疾病常导致严重的厌食。③腹部触诊:对确定这类疾病极为重要。肝肿大和腹部膨胀同时发生。医源性肾上腺功能亢进与贪食有关,可明显见腹部肠袢疼痛、异物、团块和肠壁增厚,涉及脾、肾和膀胱的疼痛与团块要加以鉴别。④神经系统检查:可揭示引起厌食和贪食的中枢神经系统疾病,如下丘脑损伤则表现贪食,同时体重下降(间脑综合征)。可通过试验诊断原发病。⑤血细胞计数和血液生化测定:包括肝、肾功能及电解质检查,通过尿液分析评价肾脏的状态。⑥粪便寄生虫检验、特异性内分泌试验和某些传染病试验有助于鉴别诊断。⑦放射学检查:根据临床诊断或实验室诊断结果做出确诊,找到原发病因。

[治疗] 单纯厌食给予健胃散或维生素 B₁、乳酸菌素调节消化机能。

第八节 腹 泻

腹泻(diarrhea)是指粪便稀薄如水样或稀粥样,临床表现为排粪次数明显增多。腹泻是最常见的临床症状,可根据疾病持续时间、肠道病变位置、腹泻的机理和病原进行分类。

[病因]

(1) 饮食方面:包括日粮的性质和日粮的改变,食物过敏以及毒素的摄入。

(2) 胃肠炎症:如肠道炎性疾病、寄生虫病、传染性肠炎、出血性胃肠炎、非浸润性肿瘤以及细菌生长繁殖过盛或胃肠溃疡。

(3) 肠道淋巴管炎和急性胰腺炎。

(4) 肝疾病、肾疾病、全身机能紊乱:如药物诱导、肾上腺功能低下、甲状腺功能亢进等。

[症状] 急性腹泻多由感染因素引起,临床上除腹泻外,一般都有发热及白细胞增多等症状,且伴有肠鸣,里急后重,腹泻次数多,粪便量多,不成形或稀薄,混有泡沫及未消化食物残渣,有的呈黏冻状,混有血液。如严重犬细小病毒感染,其粪便带血,似番茄汁样,味恶臭,机体严重脱水。慢性腹泻多因急性腹泻治疗不及时所致,也见于全身性或消化道疾病,如慢性胰腺炎。动物持续呕吐和腹泻,粪便中可见油滴,多泡沫,含食物残渣,有恶臭。

[临床检查] 临床检查可为判定腹泻的原因和疾病的严重程度提供有价值的资料。严重疾病的警示性症状包括发热、腹部疼痛、严重脱水和血样粪便,应制订快速诊断和治疗措施。小肠疾病明显影响体液、电解质和营养平衡,水样腹泻导致脱水和电解质减少,表现为精神沉郁、消瘦和营养不良。与小肠性腹泻有关的发热表明严重黏膜损伤,而大肠性腹泻的动物则活泼、状态良好。

(1) 腹部触诊:通过详细地触诊判断有无疼痛、内脏损伤及肠系膜淋巴结病变等。腹部疼痛动物表现为气喘、精神沉郁、背腰拱起。肠道积液表明肠道炎症或肠梗阻。肠袢增厚可能提示肿瘤细胞或炎性细胞浸润。

(2) 直肠检查:通过直肠检查可判定直肠积粪、直肠狭窄及肛门疾病。

[诊断] 根据临床表现和病因分析可进行初步诊断,确诊需进行血液学、粪便及 X 线检查,必

要时做胃肠功能试验。

腹泻诊断时应注意以下几个问题。

(1)腹泻持续时间:有助于对单纯性腹泻和慢性腹泻进行鉴别诊断。

(2)环境因素:根据动物生存环境的情况可确定传染性和寄生虫性疾病,处于应激环境下的动物也倾向于腹泻。

(3)日粮:日粮的性质和日粮的改变对评价腹泻极为重要。

(4)粪便的特征:带有未消化的食物、脂肪小滴或黑色的稀软水样粪便提示小肠疾病,带有黏液或鲜血的半固体粪便提示大肠疾病。

(5)粪便的量:粪便异常增加主要是小肠性腹泻,粪便正常增加是大肠性腹泻。

(6)排粪频率:小肠疾病可能导致排粪次数增加,但大肠疾病总是伴有排粪次数增加。

(7)整体状态:患小肠疾病的动物常营养水平低下,主要因厌食、呕吐、水和电解质平衡失调所致。动物表现为被毛粗乱、昏睡和体重下降。患大肠疾病的动物常维持正常的营养状态。

(8)里急后重或排粪困难:大肠疾病的特征,应考虑盲肠、直肠和肛门炎症及阻塞。

(9)呕吐:带有呕吐的腹泻主要提示小肠疾病,也应考虑结肠炎伴发呕吐。

[治疗] 急性腹泻的治疗主要是去除病因和对症治疗,如应用阿托品止泻,应用抗病原微生物药物控制继发感染等。

第九节　便　秘

便秘(constipation)是指因某种因素致使肠蠕动机能障碍,导致肠内容物不能及时后送而滞留于肠腔(主要在结肠和部分直肠),其水分进一步被吸收,内容物变干,形成肠便秘。犬、猫对便秘均有较强耐受性,有的动物便秘虽已发生数天,但临床上并未有明显症状。便秘时间愈久,治疗也愈困难,严重者可自体中毒或继发其他疾病使病情恶化。

[病因]

1. 食物和环境因素 食入的骨头、毛发和异物与粪便混合纠缠在一起,难以顺利通过肠腔;一次食入大量骨头、肉、肝等,导致消化不充分,易形成便秘。此外,因环境突然改变、缺乏运动等,破坏动物正常排粪习惯,均可引起便秘。

2. 直肠或肛门受到机械性压迫或阻挡 如会阴疝、直肠息肉或肿瘤、肛门囊疾病、直肠狭窄、骨盆骨折变形、骨盆发育不良、缺钙、腹腔或盆腔新生物、前列腺增大、膀胱积尿等。

3. 其他原因 诸如老年性肠蠕动机能减弱,腰荐神经损伤,致使肛门括约肌丧失排便反射。髋关节脱位或四肢骨折时,改变了排便姿势,也可导致肠便秘。另外,某些慢性疾病,如机体脱水、衰弱或应用抗胆碱药物、抗组胺药、硫酸钡、阿片等,均有可能发生便秘。老年猫直肠便秘较多见。

[症状] 便秘动物常试图排便,但排不出来。初期在精神、食欲方面多无变化,久之出现食欲不振,直至废绝。患病动物常因腹痛而鸣叫、不安,有的出现呕吐。直肠便秘时,肛门指检常可触及干硬粪便,或触诊腹部时可触摸到直肠内有长串粪块。有的动物可见腹围膨大,肠臌气。结肠便秘不全阻塞时,可发生积粪性腹泻,即褐色水样粪液包裹干粪团而排出。小型犬、猫通过腹部触诊,常可触摸到粪结块。

[诊断] 根据病史和临床体征,结合直肠指检和腹部触诊,易做出诊断。X线检查,可清晰见到肠管扩张状态,其中含有致密粪块或骨头等异物阴影。

[治疗] 对单纯性便秘,可采用温水、2%小苏打水或温肥皂水反复灌肠,并配合腹外适度按压肠内便秘粪块,一般均能奏效。直肠后段或肛门便秘阻塞时,为防止肠黏膜损伤,可在动物镇静或全身麻醉后用镊子、产科钳夹碎干粪块,取出。严重结肠便秘,用上述方法不能奏效时,可行外科手术

取出肠腔结粪,术后注意护理。

[护理和预防]　肠便秘解除后,为防止复发,可应用液体石蜡或植物油,必要时再应用果导片(酚酞片),促使肠内容物排出。平常注意定时定量饲喂,犬、猫应适当运动。

第十节　吞咽困难、口臭及流涎

吞咽困难(dysphagia)是指吞咽时困难或疼痛,主要因口腔、咽及食管近端阻塞或功能性异常或疼痛所致。吞咽困难、口臭及流涎是多种动物口腔疾病相互兼有的病症。吞咽困难(即采食困难)是因口腔疼痛、肿瘤、异物、创伤、神经肌肉功能障碍,或这些联合作用所致;口臭是因口腔组织坏死、齿垢、牙周病、口腔或食道食物滞留等导致细菌的增殖所致;流涎是因不会或因疼痛不能吞咽唾液(即假流涎)所致。

[病因]　过多流涎常由于作呕引起,不作呕的动物则很少产生过多的流涎。任何疾病均可引起吞咽困难,且均为急性发生,但对这样的动物一般首先考虑的病因应是异物或创伤。动物所处环境和接种史也应搞清楚,以排除狂犬病的可能。

[症状]　小动物常吞咽困难、口臭和流涎同时发生,或吞咽困难与流涎并发或吞咽困难与口臭并发。动物常急性作呕、吞咽次数增加、流涎、口臭,但采食旺盛(因饥饿),少见食欲不振和咳嗽。吞咽困难也可与反流同时发生,特别是食管近端机能障碍时。

[临床检查]　充分检查口腔,常在麻醉情况下进行操作。打开口腔,检查有无解剖异常、炎性病变和疼痛不适等。还要检查有无骨折、撕裂伤、肿块、肿大的淋巴结、黏膜发炎或溃疡、引流管道、牙齿松动、颞肌过度萎缩以及眼球疾病等。若口腔疼痛明显但难发现病灶时,其疼痛可能是因眼后病损、颞颌关节病及咽后损伤等所致。

[诊断]　根据临床症状和口腔检查,一般可确诊。但若一般口腔检查难以诊断时,最好做口腔、喉 X 线平片摄影,并做颈、胸部 X 线检查,观察食道状态,必要时应用钡剂造影。如口腔有肿块、炎性溃疡等,应做活组织病理学检查,必要时做细菌培养。发现舌坏死时,应怀疑是全身性疾病如尿毒症、慢性感染、肾上腺功能亢进等,同时做临床病理学检查。在诊断吞咽困难、口臭及流涎时,应注意以下几点。

(1)口臭常伴随吞咽困难。在这种情况下,口臭常更能有效地确定吞咽困难的原因。若口腔有异味但无吞咽困难,应首先肯定的是气味异常,然后检查是否摄入有异味的东西(如粪便)。对此,应对口腔做全面的检查。如口臭不是口咽病变所致,则可能源于食道,故对食道实施食道造影强化 X 线摄影或食道镜检查,以确定有无肿瘤或食物滞留(继发于食道狭窄或食道肌乏力)。如口腔检查仍未发现异常(除牙齿轻度到中度的齿垢积聚外),应对牙齿进行清洗,以期减轻口臭的问题。

(2)流涎常由作呕、口腔疼痛或吞咽困难所致,但也可能由传染病(如狂犬病)、中毒病(如有机磷中毒)引起,临床检查时应特别注意。

(3)无口腔病损或疼痛的吞咽困难可能与神经肌肉疾病有关。肌源性吞咽困难常因萎缩性肌炎所致。检查时若发现颞肌肿胀、疼痛,则提示为急性肌炎。动物严重颞-咬肌萎缩,其口腔难以打开(甚或在麻醉时),提示为慢性颞-咬肌炎。神经源性吞咽困难由口、咽及环咽 3 个吞咽部位疾病所致。首先考虑狂犬病,尽管其发病罕见;其次是脑神经缺损(尤其是第 Ⅶ、Ⅸ、Ⅻ 对脑神经缺陷)。因可能是一个或多个脑神经缺损,故临床症状有差异,需认真进行神经学检查。

[治疗]　针对病因进行治疗。

第十一节 腹 水

腹水(ascites)是指腹腔内液体非生理性潴留的状态。潴留液分为炎性渗出液和非炎性漏出液。腹水不是一种疾病,只是一种继发症状。

[病因]

1. 渗出液的潴留原因 包括腹膜炎及癌性腹膜炎。腹膜通透性异常增强而再吸收功能降低,淋巴管阻塞造成渗出性腹水。

2. 漏出液的潴留原因

(1)低蛋白血症:因膜性肾小球肾炎及肾病选择性低蛋白血症引起血清胶体渗透压降低,使组织间液增多而产生腹水。长期食用低蛋白饮食,亦可引起低蛋白性腹水。

(2)肝实质障碍:因肝内血流障碍而引起门静脉压增高,肝静脉流出障碍,肝淋巴液增加和漏出,肝合成蛋白的功能减弱,非活性醛固酮增加,导致水、钠潴留而发生腹水。

(3)心脏功能不全:因肾功能减弱,钠排泄障碍,水潴留及毛细血管压升高造成组织间液增多,表现为水肿和腹水。

[症状] 腹围膨隆,腹腔腹水未充满时腹部呈梨形下垂;腹水充满时腹壁紧张呈桶状。腹部触诊有波动感,随体位变换表现不同的水平面。背侧脊柱和肋骨显露,渐进性消瘦,食欲减退和呕吐,不耐运动。因腹内压增高,膈肌及腹肌运动受阻而压迫胸腔致使循环障碍、呼吸加速甚至呼吸困难,脉搏异常增加。

[诊断] 根据特征性临床症状,结合腹腔穿刺及X线检查可确切诊断。穿刺部位为脐和耻骨前缘之间腹部正中线偏左或偏右。注意鉴别漏出液和渗出液,同时要与肥胖症、卵巢肿瘤、子宫蓄脓、膀胱麻痹及渗出性腹膜炎相区别。

[治疗] 用呋塞米(速尿)肌肉注射,为防治低钾血症,可静脉注射10%氯化钾。腹水严重时穿刺排液。静脉注射葡萄糖酸钙、白蛋白可减少渗出。

第十二节 黄 疸

黄疸(jaundice)是指因胆色素代谢障碍,血清胆红素含量高于正常所致的组织黄染现象。黄疸的生化指标是血浆和血清胆红素水平超过正常值,临床表现为皮肤、黏膜、巩膜黄染。

[症状]

1. 昏睡、虚弱和不耐运动 昏睡和精神沉郁是黄疸疾病的共同症状。严重的虚弱和不耐运动是贫血标志,多见于肝前高胆红素血症,偶尔贫血也可导致组织缺氧以至衰竭。

2. 皮肤着色和便尿颜色 虽然动物被毛覆盖,但仍可在耳廓、巩膜、可视黏膜及相对光秃的皮肤(腹部)上见异常着色,即黄染。猫在软腭部位可早期见黄疸。尿液呈棕黄色,粪便呈灰色或白垩色。

[诊断] 首先进行血细胞计数或血细胞比容检测。严重贫血可作为肝前性黄疸的指征。然后做血清生化分析。总胆红素浓度反映黄疸的存在与程度。肝功能分析则有助于区别肝内性黄疸和肝后性黄疸。严格区别肝内性黄疸和肝后性黄疸十分困难,要根据其他试验加以鉴别。尿液分析也可证实黄疸。犬尿液中有大量胆红素,则提示黄疸。

溶血引起的肝前性黄疸可根据毒物试验加以验证,如亚甲蓝、洋葱、铜、锌、铅可引起犬溶血,同样丙二醇、苯佐卡因和对乙酰氨基酚可引起猫溶血;血凝试验有助于排除血管内凝血的可能性;犬恶心丝虫抗原酶联免疫吸附试验（ELISA）则可排除其感染的可能性。对于引起溶血的传染性疾病可借助临床症状和血清学试验逐一排除，包括犬、猫巴尔通体病，犬巴贝斯虫病和猫巴贝斯虫病。免疫介导性溶血则通过直接抗球蛋白试验、抗核抗体试验加以鉴别。

肝内性黄疸和肝后性黄疸可通过检查胆管系统进行鉴别，胆管阻塞或泄露则为肝后性黄疸；胆管结构的完整性可通过腹部超声检查，胆管扩张则为肝外胆管阻塞。胆管肿瘤、胆结石偶尔也可引起肝后性黄疸。

［治疗］　根据溶血的原因治疗肝前性黄疸，如去除毒素、治疗引起溶血的传染性疾病和应用免疫抑制剂治疗免疫介导引起的贫血。对胆管阻塞引起的肝后性黄疸，应去除阻塞物或做胆管切除术。但胰腺炎引起的除外，应针对胰腺炎进行对症处理。

第九章　呼吸系统疾病

第一节　鼻　炎

鼻炎(rhinitis)是鼻腔黏膜的炎症。临床上以鼻腔黏膜充血、肿胀,流鼻液,呼吸困难和打喷嚏为主要特征。根据病因有原发性鼻炎和继发性鼻炎之分;根据病程有急性鼻炎和慢性鼻炎之分。

[病因]　原发性鼻炎主要是由于鼻腔黏膜受到机械性、化学性、物理性刺激所致。机械性刺激如树枝、铁丝、钢丝等尖锐异物刺伤,鼻腔检查或胃管投药时动作粗暴,以及昆虫叮咬;化学性刺激如吸入氨气、硫化氢、氯气、二氧化硫、甲醛及浓烟等有毒有害气体;物理性刺激如天气寒冷吸入过冷的空气,或天气炎热吸入过热的空气等。这些致病因素均可使鼻黏膜防御机能减退,鼻腔内常在细菌乘机生长繁殖,引起本病。此外,吸入某些花粉、植物纤维、粉尘及真菌孢子等,可引起过敏性鼻炎。

继发性鼻炎常继发于某些传染病(犬瘟热、犬副流感、猫细小病毒病、猫鼻气管炎、出血性败血性巴氏杆菌病等)、寄生虫病(鼻螨、肺棘螨病等)的经过中,以及邻近组织器官炎症的蔓延,如咽喉炎、鼻旁窦炎、口腔炎症等。

[症状]

1. 急性鼻炎　病初出现鼻黏膜充血、潮红、肿胀。因黏膜发痒,患病犬、猫常用前爪搔抓鼻部,摇头后退,频频打喷嚏,轻度咳嗽。一侧或两侧鼻孔流出鼻液,初期为浆液性,后期为黏液性,甚至为脓性,有时混有血液。当鼻孔被排泄物、结痂物阻塞时,出现呼吸急促,张口呼吸。可听到吸气性杂音和鼻塞音。伴发结膜炎时,可见畏光流泪;伴发咽喉炎时,患病犬、猫呈现吞咽困难,咳嗽,下颌淋巴结肿大。

2. 慢性鼻炎　病程较长,病情发展缓慢,时轻时重,天气冷暖不定、变化较大的季节常发病。主要表现为鼻液时多时少,多为黏液脓性,呼吸加快或急促。病情较长者可继发鼻旁窦炎,鼻液常混有血液、脓汁,有强烈的腐败臭味。

[诊断]　根据鼻部发痒(患病犬摇头或摩擦鼻部)、流鼻液、呼吸急促等特征性临床症状,再结合鼻腔检查(鼻黏膜潮红、肿胀、敏感)可做出诊断。但应注意各种因素引起鼻炎的鉴别诊断。

[治疗]　除去病因,通风良好。对鼻腔严重肿胀、鼻塞和严重呼吸困难者,可用去甲肾上腺素滴鼻液(内含0.2%去甲肾上腺素、3%林可霉素、0.05%倍他米松)滴鼻;打喷嚏频繁、痒觉剧烈,可用地塞米松。对鼻炎较重的犬、猫,在局部处理的同时,可选用抗生素治疗。

第二节　扁桃体炎

扁桃体炎(tonsillitis)是指扁桃体急性或慢性炎症。临床上以发热、寒战、咽喉疼痛、吞咽困难、扁桃体充血及肿胀为特征。扁桃体是咽的淋巴器官,犬扁桃体表面平滑且形成小窝(隐窝)。扁桃体炎多见于犬,猫少见。

[病因]　许多物理性和生物性因素,如异物刺激(如停留在扁桃体隐窝内的植物纤维或其他异

物)、过热食物刺激、某些细菌(溶血性链球菌或葡萄球菌)和病毒(如犬传染性肝炎病毒)感染等均可引起本病。此外,邻近器官组织炎症(如口炎、咽炎、鼻炎、气管炎等)蔓延或扩散,也可继发本病。

[症状] 急性扁桃体炎,病初体温升高,精神沉郁,食欲减退,流涎,吞咽困难。常有短、弱咳嗽,继之呕出或排出少量黏液。口腔检查,可见扁桃体表面潮红、肿胀,且有白色或灰色黏液性渗出物。严重时,扁桃体水肿,由隐窝向外突出,鲜红色,表面有小的坏死灶或化脓灶,或形成溃疡。慢性扁桃体炎,多由急性炎症反复发作导致扁桃体表面失去光泽,呈泥样,隐窝上皮组织增生,轻度肿胀。

[诊断] 根据临床症状和口腔检查即可做出诊断。犬恶性淋巴瘤和鳞状细胞癌也可引起扁桃体肿大,应注意鉴别。血常规检查,白细胞总数和中性粒细胞数量均增多。

[治疗] 及时应用青霉素肌肉或静脉注射。

第三节　喉　炎

喉炎(laryngitis)是喉黏膜及黏膜下组织的炎症。临床上以剧烈咳嗽、喉头敏感和肿胀为主要特征。严重者可引起呼吸困难,常并发咽炎。根据炎症性质可分为卡他性和纤维蛋白性喉炎;根据病因和临床经过又可分为原发性和继发性、急性和慢性喉炎。多发于春秋季节。

[病因] 原发性喉炎主要是由各种不良刺激引起,如吸入寒冷空气引起黏膜抵抗力降低,易发生病原微生物感染;机械性刺激,如骨渣、鱼刺以及各种尖锐异物刺伤;化学性刺激,如强酸、强碱、烟雾等有毒有害气体的刺激。

继发性喉炎常由邻近器官炎症,如鼻炎、咽炎、扁桃体炎、气管炎及肺炎蔓延所致。细菌性、病毒性呼吸道感染和某些传染病,如犬瘟热、犬副流感、猫鼻气管炎等也可继发本病。

[症状]

1. 急性喉炎 以剧烈疼痛性咳嗽为主要特征。病初为干、短、剧痛性咳嗽,数天后则变为湿、长而痛感稍缓和性咳嗽,时间延长,则声音嘶哑。呼吸困难或低头张口呼吸,伴有呼噜声,呼出气恶臭。吞咽困难,表情痛苦,叫声异常。触诊喉部或邻近喉气管环敏感、肿胀、发热,可引起强烈咳嗽。压迫时可引起呼吸困难。过多分泌物可随咳嗽从口、鼻流出。听诊喉部气管,可听到呼噜声或狭窄音。严重时,体温升高1~1.5 ℃,精神沉郁,脉搏增数,可视黏膜发绀,喉头附近淋巴结肿胀。喉头水肿时呈吸气性呼吸困难,甚或窒息死亡。

2. 慢性喉炎 症状较轻,仅表现为早晨频频咳嗽,或喉部受到刺激时才出现阵发性咳嗽,喉部触诊敏感。口腔检查可见喉黏膜增厚,呈颗粒状或结节状,结缔组织增生,喉腔狭窄。

[诊断] 根据咳嗽、喉部敏感等特征性临床症状,结合口腔和喉镜检查即可做出诊断。鉴别诊断时应注意与鼻炎、咽炎和支气管炎区别。

[治疗] 抗菌消炎,可肌肉注射或静脉注射青霉素和地塞米松,慢性喉炎可应用林可霉素、庆大霉素雾化治疗。

第四节　气管支气管炎

气管支气管炎(tracheobronchitis)是气管、支气管黏膜表层或深层的炎症。临床上以咳嗽、气喘、流鼻液、胸部听诊有啰音以及不定热型为特征。单纯性支气管炎较少见,临床上常是先发生气管炎,而后继发支气管炎。根据病程可分为急性和慢性气管支气管炎。

[病因] 原发性气管支气管炎主要是机械、物理(如寒冷刺激)、化学性刺激所引起。当犬、猫受寒时,机体抵抗力降低,特别是气管支气管黏膜防卫机能减弱,内外源非特异性细菌得以繁殖或乘虚

而入,呈现致病作用。吸入任何刺激性物质,如饲草或空气中的尘埃、真菌孢子、氨和有毒气体,也可引发本病。灌服药物、呕吐食物误入气管,过度勒紧脖(项)圈,食管异物及肿瘤等压迫,以及某些过敏性疾病(如花粉、有机粉尘等)也可引起本病。

继发性气管支气管炎多见于某些传染病和寄生虫病,如犬瘟热、犬流感、犬传染性肝炎、支原体感染、猫鼻气管炎、嗜血杆菌病、链球菌病、肺炎、肺丝虫病、类圆线虫病及蛔虫病等。

[症状]　急性气管支气管炎的主要症状是咳嗽。病初,支气管黏膜充血、肿胀还未被炎性渗出物覆盖时,咳嗽短、干且伴疼痛。3~4天后因炎性渗出物渗出,咳嗽变为湿润而细长,疼痛亦减轻,并经常发作,有时咳出痰液。痰液为黏液或黏液脓性,呈灰白色,有时带有黄色,从两鼻孔流出,咳嗽时其流出量增多。

触诊喉头或气管敏感,常诱发持续性咳嗽,咳嗽声音高朗。胸部听诊,病初肺泡呼吸音增强。以后分泌物增多并变为稀薄,可听到湿啰音。叩诊无明显变化。

病初体温轻度升高,若炎症蔓延至细支气管,则体温持续升高,脉搏增数,食欲减退,精神委顿,呼吸急促。重症者,可出现呼吸困难、可视黏膜发绀,呈腹式呼吸。

慢性气管支气管炎的主要症状是长期顽固性持续性咳嗽,常为剧烈、粗厉、突然发作、痉挛性咳嗽。运动、采食、夜间或早晚时,其咳嗽更为严重。当继发支气管扩张、支气管黏膜结缔组织增生变厚、支气管腔狭窄时,咳嗽后有大量腐臭液外流,严重者出现吸气性呼吸困难,甚至死亡。

[诊断]　本病主要根据明显的咳嗽和胸部听诊有干、湿啰音以及X线检查给予诊断。胸部X线检查时,急性气管支气管炎可见沿气管支有斑状阴影;慢性气管支气管炎可见肺纹理增强,支气管周围有圆形不透X线部分。支气管镜检查可见支气管内有呈线状或充满管腔的黏液,黏膜粗糙增厚。

血液学检查,重症犬、猫可见白细胞总数增多,伴有中性粒细胞数量增多及核左移。病情缓解期可见单核细胞、淋巴细胞数量增多。寄生虫性和过敏性气管支气管炎时,嗜酸性粒细胞数量增多。血液pH、二氧化碳分压升高。

[治疗]　本病治疗原则为消除致病因素、祛痰、镇咳、消炎,必要时结合使用抗过敏药物。消除炎症可用青霉素、阿米卡星等药物。祛痰止咳,可用咳必清、氯化铵,平喘可用氨茶碱。对过敏反应性气管支气管炎,可用地塞米松等类固醇皮质激素。

第五节　肺实质性疾病

一、肺炎

肺炎(pneumonia)是指肺实质的炎症,临床上以高热稽留、呼吸障碍、低氧血症、肺部叩诊呈现散在或广泛性的浊音区、听诊有啰音或捻发音为特征。

[病因]　主要是在引起机体抵抗力下降的一些因素诱发下,由某些病原微生物感染而发病。受寒感冒、真菌、原虫、蠕虫、过敏性反应及异物吸入等均可能是本病的诱因。

1. 感染性因素　主要是由某些病毒(如犬瘟热病毒、猫传染性鼻气管炎病毒、疱疹病毒等)、细菌(如金黄色葡萄球菌、溶血性链球菌、肺炎链球菌、克雷伯菌、大肠杆菌、绿脓杆菌、军团菌、牛分枝杆菌、放线菌及诺卡菌等)、真菌(如白色念珠菌、烟曲霉、组织胞浆菌及球孢子菌等)、寄生虫(如弓形虫、嗜气毛细线虫、猫圆线虫、蛔虫及钩虫的幼虫等)和支原体等感染所致。

2. 变态反应性因素　吸入某些过敏原、异物、花粉等引起的过敏反应。此外,部分溶解的细菌释放出内毒素,以及细菌毒素和组织分解产物被吸收后,刺激机体产生特异性抗体,引起变态反应。寄生虫幼虫移行使支气管黏膜损伤及刺激性物质的吸入,均可直接引起肺炎。

3. 饲养管理不良 受寒感冒、贼风侵袭、舍内潮湿、运动过度、长途运输、环境卫生差及吸入有毒有害气体等,使机体抗病力下降,免疫机能减退,可诱发本病。

4. 其他因素 一些化脓性疾病(子宫炎、乳腺炎、子宫蓄脓等),其病原可经血液途径进入肺而致病;异物(如药物)、呕吐物或其他刺激性气体或液体吸入引起异物性肺炎。

[发病机理] 病原微生物可经由血源性、气源性或淋巴源性途径感染而致病。其中气源性感染更为重要,炎症常开始于细支气管,并迅速波及肺泡,使肺泡成为细胞繁殖的场所。其机理还不清楚,有人认为可能是细支气管黏膜较脆弱,对病原微生物抵抗力小,且细支气管和肺泡壁防御机能只能依靠巨噬细胞的吞噬作用。由于巨噬细胞功能有限和活动缓慢,特别是对那些缺乏免疫力的宿主,巨噬细胞不仅不能有效地吞噬、消化,且还可能被毒力强的微生物所破坏,从而发生感染。细菌侵入肺泡内,尤其在浆液性渗出物中迅速大量繁殖,并通过肺泡间孔或呼吸性细支气管向临近肺组织蔓延,播散形成整个或多个肺大叶的病变,大叶之间的蔓延则由带菌渗出液经支气管播散所致。

[症状] 病初,体温常升高至40℃左右,呈稽留热,但机体衰弱的病例,可能一时或很久不表现发热。脉搏增数至每分钟140~190次。厌食、嗜睡。流鼻液,先为浆液性,后为黏液性或脓性,有时可见铁锈色鼻液。咳嗽,常为短速浅咳。可视黏膜潮红或轻度发绀。呼吸增数,节律改变,以腹式呼吸为主,并表现出所谓的"唇型呼吸"特征。肺部听诊,病初局部肺泡呼吸音增强,有湿啰音及捻发音。随病程发展,病区肺泡呼吸音减弱直至消失,但其周围的肺泡呼吸音则增强。叩诊肺泡呼吸音消失区出现浊音,有时因病变位置较深,而呈现半浊音。

血常规检验显示,白细胞总数增加,中性粒细胞比例升高,并伴有核左移现象,多见于细菌性肺炎。嗜酸性粒细胞增加,多见于变态反应性肺炎。白细胞总数减少,伴有核右移,提示预后不良。

X线检查是诊断肺部疾病有效的方法,常取侧卧位和仰卧位或胸卧位两个方位拍摄。一些肺炎影像特征如下:①侧面像主要表现为前叶腹侧阴影度增加以及其他部位不规则阴影度增加,多见于支气管肺炎、嗜酸性粒细胞性肺炎、弓形虫病等;②单个或多个肺叶均一阴影度增加,多见于大叶性肺炎、肺叶捻转、异物性肉芽肿、肿瘤等;③弥漫性、大叶性间质阴影度增加,多由间质性肺炎、败血症、毒血症、肠道内寄生虫幼虫移行等引起;④支气管及血管结构弥漫性阴影度增加,多由肺循环增强、慢性支气管炎等引起;⑤后叶边缘部阴影度均匀增加,多由血栓栓塞性肺炎、细菌性心内膜炎、脂肪栓塞、心功能不全、血液凝固障碍等引起;⑥以后叶及其边缘部界限明显或不明显为主的单发或多发结节性不定型阴影,多由肉芽肿性肺炎、结核、肺吸虫等引起;⑦单叶或多叶均一阴影度增加,由肺不张、动脉或支气管完全阻塞、外伤等引起。

[诊断] 根据临床症状(高热稽留、呼吸障碍、肺部叩诊呈现散在或广泛性浊音区、听诊有啰音或捻发音),结合实验室检查和X线检查即可做出诊断。

[治疗] 抗菌消炎,止咳化痰,制止渗出,促进渗出物的吸收和排出。

(1) 消除炎症:肌肉或静脉注射青霉素、阿奇霉素,对于真菌性肺炎,可选用两性霉素B。

(2) 止咳化痰:同气管支气管炎治疗。

(3) 制止渗出:可用10%葡萄糖酸钙溶液或5%氯化钙溶液缓慢静脉滴注。

(4) 高热:可用安痛定注射液结合清开灵注射液。

二、肺水肿

肺水肿(pulmonary edema)是肺毛细血管内血液异常增加,血液液体成分渗漏到肺泡、支气管及肺间质所引起的一种非炎症性疾病。临床上以极度呼吸困难、流泡沫样鼻液为特征。

[病因]

1. 肺毛细血管压升高 见于各种原因引起的左心功能不全、肺静脉栓塞性疾病、输血及输液过量或速度过快等。

2. 血浆胶体渗透压降低(低蛋白血症) 见于肝病时蛋白质合成能力降低、肾小球肾炎、淀粉样变性的蛋白质丢失、蛋白质漏出性肠炎及消化吸收不良综合征等。

3. 肺泡毛细血管通透性改变 见于中毒(有机磷中毒、安妥中毒及氯气中毒等)、弥散性血管内凝血、免疫反应及过敏性休克,此外还见于淋巴系统障碍,如肿瘤性浸润。

[症状] 常突然发病,表现为进行性呼吸困难。眼球突出,静脉怒张。黏膜发绀,惊恐不安,头颈伸展,鼻孔开张和张口呼吸。两鼻孔流出大量粉红色泡沫状鼻液。肺部听诊时,可听到广泛性水泡音,叩诊病变部呈现浊音。当心脏机能严重障碍时,患病犬、猫呈现不同程度的休克症状。

胸部 X 线检查,肺视野阴影呈散在性增强,呼吸道轮廓清晰,支气管周围增厚。如为补液量过大引起的肺水肿,肺泡阴影呈弥漫性增加,大部分血管几乎难以发现。肺泡气肿所致的肺水肿,X 线检查可见斑点状阴影。因左心功能不全并发的肺水肿,肺静脉较正常清晰,而肺门呈放射状。

[诊断] 根据病史以及临床上突然发生极度呼吸困难和两鼻孔流出粉红色泡沫状鼻液等症状可做出初步诊断。确诊应依据 X 线检查结果。鉴别诊断应注意与中暑、肺出血、弥漫性支气管炎相区别。

[治疗] 本病进展迅速,必须立即急救。及时供氧。肌肉注射氨茶碱用于平喘,葡萄糖酸钙注射液用于强心及抑制渗出,速尿促进体液排出。

三、肺气肿

肺气肿(pulmonary emphysema)是指肺空气含量过多而导致体积膨胀。气体只充满肺泡而引起的肺气肿为肺泡性肺气肿;肺泡破裂,气体进入间质的疏松结缔组织,使间质膨胀而引起的肺气肿称为间质性肺气肿。临床上以呼吸困难、气喘、胸廓扩大、肺部叩诊呈过清音以及叩诊区扩大后移为主要特征。

[病因]

1. 原发性肺气肿 剧烈运动、急速奔驰及长期挣扎时,由于强烈呼吸所致。特别是老年犬肺泡壁弹性降低,易发生肺气肿。

2. 继发性肺气肿 常因支气管炎、弥漫性支气管炎时持续咳嗽,或当支气管狭窄和阻塞时,因支气管气体通过障碍而发生。

3. 间质性肺气肿 由于剧烈咳嗽,或异物误入肺,肺泡内气压急剧增加,致使肺泡壁破裂而引起。

4. 慢性肺气肿 由慢性支气管炎引起的肺气肿,其发生与细支气管通气障碍、肺泡孔侧流通气形成及肺组织营养障碍有关。

[症状] 动物表现为呼吸困难,剧烈气喘,有时张口呼吸。黏膜发绀,易于疲劳,脉搏增快,体温一般正常。间质性肺气肿可伴发皮下气肿。肺部叩诊呈过清音,叩诊界后移。肺部听诊肺泡音减弱,可听到碎裂性啰音及捻发音。在肺组织被压缩的部位,可闻及支气管呼吸音。X 线检查,整个肺区异常透明,支气管影像模糊及膈肌后移。

[诊断] 根据病史、特征性临床症状(气喘、高度呼吸性呼吸困难、胸廓扩大呈圆桶状、肺部叩诊呈过清音及叩诊区扩大后移)以及 X 线检查结果,可确诊。鉴别诊断应注意与下列疾病区别。

(1)肺水肿:患病动物鼻腔流出泡沫样鼻液,肺部叩诊为半浊音,叩诊界正常。听诊时可听到广泛性水泡音。

(2)气胸:突然发病,严重呼吸困难,叩诊肺部出现单侧鼓音,病情迅速恶化,甚至窒息死亡。

[治疗] 每天多次使用低浓度吸氧疗法,控制心力衰竭时应用安钠咖、异丙肾上腺素扩张气管、支气管。

第六节 咳 嗽

咳嗽(cough)是一种保护性反射动作,借助咳嗽反射动作可将存留在呼吸道内的病理性分泌物和从外界进入呼吸道内的异物排出体外,以保护动物的健康。咳嗽的产生,是因异物、刺激性气体、呼吸道内分泌物等刺激呼吸道黏膜感受器,冲动通过传入神经纤维传到延髓咳嗽中枢引起咳嗽反射。健康犬、猫一般不发咳嗽或仅发一两声咳嗽。如连续多次咳嗽,常提示有呼吸系统疾病。咳嗽是呼吸系统疾病的重要症状。

[病因]

(1)炎症因素:各种传染性或非传染性因素引起的呼吸系统炎症反应是导致咳嗽的最常见病因,包括上呼吸道疾病(咽炎、喉炎、喉水肿、扁桃体炎及感冒等)、气管和支气管炎症(气管炎、急性支气管炎、慢性支气管炎及支气管扩张等)、肺脏疾病(细菌性肺炎、病毒性肺炎、真菌性肺炎、肺气肿及肺脓肿等)和胸膜疾病(胸膜炎、胸膜肺炎等)以及传染病(副流感、犬瘟热等)和寄生虫病(肺吸虫病、心丝虫病及弓形虫病等)。

(2)物理因素:凡可阻塞、压迫或牵拉呼吸道而致使其黏膜壁受刺激或管腔被扭曲变窄的病变均可引起咳嗽。常见于呼吸道阻塞、气管或支气管异物及支气管狭窄,肺门淋巴结肿大、胸腔积液及呼吸器官肿瘤(气管、咽、纵隔、肋骨、胸骨及肌肉和淋巴的原发性或转移性肿瘤)等疾病。吸入过热、过冷空气也可引起咳嗽。

(3)化学因素:吸入有毒有害刺激性气体均可刺激呼吸道引起咳嗽。常见的有浓烟、刺激性气体(如氨气、氯气、二氧化硫、臭氧、光气及氮氧化物等),也见于硝酸、硫酸、盐酸及甲醛等挥发出的雾气等。

(4)过敏因素:吸入一些过敏物质,如花粉、有机粉尘、真菌孢子及异体蛋白等,引起过敏性鼻炎、支气管哮喘及嗜酸性粒细胞性肺炎等。

[分类] 咳嗽的分类中主要应注意其性质、频度、强度和疼痛反应。

(1)性质分类:一般分为干咳和湿咳。干咳的咳嗽声音清脆,干而短,表示呼吸道内无液体或仅有少量的黏稠液体。典型干咳见于喉、气管内存在异物和胸膜炎。急性喉炎初期、慢性支气管炎等也可出现干咳。湿咳的咳嗽声音钝浊,湿而长,表示呼吸道内有大量稀薄的液体,常随咳嗽从鼻孔流出多量鼻液。见于咽喉炎、支气管炎、支气管肺炎和肺坏疽等疾病的中期。

(2)频度分类:一般分为稀咳、连咳和痉咳。稀咳为单发性咳嗽,每次仅出现一两声咳嗽,常反复发作而带有周期性,故又称周期性咳嗽,见于感冒、慢性支气管炎、肺结核及肺丝虫病等。连咳即连续咳嗽,咳嗽频繁,严重时呈痉挛性咳嗽,见于急性喉炎,传染性呼吸道卡他、弥漫性支气管炎及支气管肺炎等。痉咳即痉挛性咳嗽或发作性咳嗽,咳嗽具有突发性和暴发性,剧烈而痛苦,且连续发作,表示呼吸道受到强烈刺激,见于呼吸道异物、慢性支气管炎和肺坏疽等。

(3)强度分类:分为强咳和弱咳。强咳,肺组织弹性正常,而喉、气管患病时,咳嗽强大有力,见于喉炎、气管炎;弱咳,肺组织和毛细支气管有炎症和浸润性病变或肺泡气肿而弹性降低时,咳嗽弱而无力,见于细支气管炎、支气管肺炎、肺气肿和胸膜炎等。

(4)疼痛反应分类:一般为痛咳,咳嗽时带有疼痛,动物表现为头颈伸直、摇头不安、刨地及呻吟,见于呼吸道异物、异物性肺炎、急性喉炎、喉水肿及胸膜炎等。

[诊断] 咳嗽的诊断包括病史调查、临床检查、物理检查和胸颈部X线检查。同时注意检查心音和肺部异常杂音,对喉、气管和胸部进行适当触诊。必要时,应用血细胞计数、粪便悬浮检查和犬恶丝虫检查。特殊情况下进行血液生化分析、心电图检查、支气管冲洗、细菌培养、支气管镜检查及血气分析等。诊断时应注意以下几点。

(1) 咳嗽的性质:检查咳嗽时,应注意是如何发生、是湿性还是干性、是原发还是继发。湿性咳嗽常见于咽喉炎、支气管炎、支气管肺炎、肺脓肿以及寄生虫或过敏引起的疾病。干性咳嗽见于心源性疾病、支气管炎、气管支气管炎、扁桃体炎、大部分过敏性咳嗽及弥漫性肺间质疾病。夜间咳嗽与心脏病、精神性因素和气管衰竭有关,也可能是由各种原因引起的肺水肿。心性咳嗽初期主要在夜间,后期逐渐发展为昼夜咳嗽,肺炎初期表现为白天剧烈咳嗽。传染性、寄生虫性及肿瘤等疾病初期,咳嗽最常见于白天。

(2) 咳嗽与分泌物:如眼鼻分泌物增多的年轻猫应首先考虑细菌、病毒、寄生虫等引起的传染性疾病;伴有咳嗽而无眼鼻分泌物的老年猫可能是类气喘综合征。中老年小型犬可能是慢性肺阻塞性疾病,而中老年大型犬常是充血性心肌病或肺炎。

(3) 咳嗽与干呕、痰液:临床上咳嗽常伴有干呕,见于在心源性疾病、气管炎、支气管炎及肺通道的非传染性疾病的早期。心源性咳嗽具有原发病症状并进一步发展为肺水肿,咳出的液体呈粉红色或带有血液。在这些疾病的早期,仅有少量白色或清亮的黏痰。咳嗽而无痰或痰量甚少,常见于急性咽喉炎与急性支气管炎的初期、胸膜炎、轻症肺结核等。咳嗽伴有大量痰液时,常见于肺炎、慢性咽炎、慢性支气管炎、支气管扩张、肺脓肿及空洞型肺结核等。

(4) 咳嗽出现的时间与节律:骤然发生的咳嗽,多因急性上呼吸道炎症(特别是刺激性气体吸入所致者)及气管或支气管异物引起。长期慢性咳嗽,多见于慢性呼吸道疾病,如慢性支气管炎、支气管扩张、慢性肺脓肿及空洞型肺结核等。发作性咳嗽可见于支气管淋巴结结核或癌瘤压迫气管分叉处等。慢性支气管扩张与肺脓肿动物常于清晨起床或夜间卧下时(即改变体位时)咳嗽加剧,并继而咳痰。

(5) 咳嗽与音色:咳嗽音嘶哑是声带发炎或肿瘤所致,见于喉炎、喉结核及喉癌等。咳嗽音低微,可见于极度衰弱或声带麻痹。金属音调咳嗽可因纵隔肿瘤、主动脉瘤或支气管癌等直接压迫所致。

(6) 咳嗽与环境因素:因环境污染,城市饲养的动物常发生慢性呼吸道疾病,乡村饲养的动物常因寒冷环境和空气中尘埃易患肺炎、呼吸道异物和与青草有关的过敏。室内饲养的动物比室外饲养的动物感染犬恶丝虫的可能性小,而与寄生虫中间宿主接触的犬、猫有较高的感染率。室内饲养或与其他动物隔离饲养的猫很少感染上呼吸道病毒和寄生虫病。潮湿的环境是呼吸道疾病的一个致病因素。同样,饲养在干燥地区也易发生咳嗽,吸入有毒气体和烟雾也倾向发生咳嗽。

[鉴别诊断] 引起咳嗽的疾病较多,应注意与以下几个主要疾病的鉴别。

(1) 喉炎:初期为干短带痛的咳嗽,数天后变为湿咳,在饮冷水或早晨吸入冷空气时,咳嗽加剧。触诊喉部敏感,喉部可听到狭窄音。严重病例体温升高,呼吸困难。

(2) 急性支气管炎:有剧烈的阵发性咳嗽。初为短而带痛的干咳,后为长的湿咳、流鼻液、听诊有啰音等症状。

(3) 慢性支气管炎:咳嗽拖延数月或数年。饮水、运动、天气变冷时咳嗽加剧。人工诱咳可引发咳嗽。X线检查示支气管阴影增重而延长。

(4) 肺炎:小叶性肺炎常有痛苦的湿咳,大叶性肺炎在肝变期前有间歇性粗厉的痛咳。至溶解期则为湿咳,另外有特征性的铁锈色鼻液。

(5) 肺结核:病初有干短咳嗽,后咳嗽加重。消瘦,肺部听诊有啰音。X线摄片、结核菌素试验可提供有价值的诊断依据。

(6) 犬病毒性呼吸道病:轻者有干咳,咳后有呕吐。触诊喉头、气管可诱发咳嗽,听诊有干啰音。鼻孔流水样分泌物或脓性鼻液。重者体温升高,有痛性咳嗽或咳后持续干呕或呕吐。

(7) 组织胞浆菌病:原发性肺组织胞浆菌病的初期,咳嗽不明显。重型肺炎时,体温升高,鼻液增多,咳嗽加剧,常为湿咳,呼吸困难。剖检可见肺组织形成结节。用组织胞浆菌素进行皮内试验有助于诊断。

（8）犬肺毛细线虫病：虫体寄生在犬的呼吸道、鼻旁窦，有鼻炎症状、咳嗽、气管炎症状，重者呼吸困难，逐渐消瘦、贫血。进行鼻液和粪便的虫卵检查有助于确诊。

[治疗]　确定原发病，消除病因，通过临床检查制订适当的治疗措施。

第七节　呼吸困难

呼吸困难（dyspnea）是一种复杂的病理性呼吸障碍，也是呼吸功能不全的一个重要症状。动物呼吸运动加强，同时伴有呼吸频率、深度及节律异常，有时呼吸类型也发生改变，且辅助呼吸肌参与活动。高度呼吸困难称为气喘。

[病因]　临床上，引起呼吸困难的原因大致包括以下几类。

（1）呼吸系统疾病：鼻腔疾病（鼻狭窄、阻塞，如感染、炎症、肿瘤及外伤出血等），咽喉疾病（软腭水肿、猫咽息肉、喉水肿、瘫痪、痉挛及肿瘤等），颈、胸部气管、肺疾病（气管塌陷、异物、肺水肿、肺炎、气胸、胸膜腔积液、胸壁外伤、膈疝、肿瘤及寄生虫等）。

（2）心血管系统疾病：各种心脏病，出现心功能不全，尤其是急性左心衰竭。

（3）中毒性疾病：代谢性酸中毒（尿毒症、糖尿病酮中毒）时，血中酸性代谢产物强烈刺激呼吸中枢，致呼吸深而规则，可伴有鼾声，称酸性大呼吸。急性感染性毒血症时机体代谢增加，血中毒性代谢产物的作用，可刺激呼吸中枢，使呼吸加快。吗啡类、巴比妥类药物急性中毒时，呼吸中枢受抑制，致呼吸缓慢，也可呈潮式呼吸。有机磷杀虫药或灭鼠剂、化学毒物或毒气（如亚硝酸盐、苯胺、一氧化碳等）中毒均可导致呼吸困难，最后因呼吸衰竭而死亡。

（4）血液疾病：重度贫血致红细胞携氧量减少，血液含氧量降低，引起呼吸较慢而深，心率亦加快；大出血或休克时，也可因缺血与血压下降，刺激呼吸中枢引起呼吸困难。白血病、输血反应等也可引起。

（5）其他疾病：中枢神经系统疾病（脑膜脑炎、脑脊髓炎、脊髓灰质炎、脑出血、颅内压增高及颅脑外伤）、外周神经系统疾病及肌肉疾病等。某些腹腔器官疾病，如急性胃扩张、肠臌气、肠便秘、腹腔积液、腹腔内巨大肿物等限制膈肌运动，使胸腔变小而发生呼吸困难。

[分类]　根据呼吸困难的原因和程度，将其分为5种类型。

（1）肺源性呼吸困难：主要由呼吸器官病变所致。

①吸气性呼吸困难：特征为吸气发生困难，即吸气费力，吸气时间显著延长。动物吸气时鼻孔开张，头颈伸展，胸廓明显扩张，肘部外展，肛门内陷，甚至张口呼吸，常见于上呼吸道狭窄的疾病。

②呼气性呼吸困难：特征为呼气发生困难，表现为呼气用力，呼气时间显著延长，严重者呈腹式呼吸。呼气性呼吸困难主要是因肺泡弹性减退和细支气管狭窄，肺泡内空气排出困难所致。见于急性细支气管炎、慢性肺气肿、胸膜肺炎等。

③混合性呼吸困难：特征为吸气和呼气均发生困难，常伴有呼吸次数增加，是临床上最常见的一种呼吸困难形式。混合性呼吸困难是因肺有效呼吸面积减少，气体交换不全，致使血液中二氧化碳浓度增高而氧缺乏，引起呼吸中枢兴奋的结果。见于各种类型的肺炎、胸膜肺炎、急性肺水肿、肺出血、肺纤维化、大量胸腔积液、气胸等。

（2）心源性呼吸困难：心功能不全时常见的一个症状，多因心脏衰弱，血液循环障碍，肺换气受到限制，导致缺氧和二氧化碳潴留所致。患病犬、猫表现混合性呼吸困难的同时，常伴有明显的心血管症状，运动后心跳和气喘加剧。常见于心力衰竭、心内膜炎、心肌炎和左心功能不全所致心源性肺水肿等。

（3）血源性呼吸困难：各种原因引起的血液红细胞和血红蛋白减少，血氧不足，导致呼吸困难，尤以运动后更显著。见于各种类型的贫血、血液寄生虫病等。缺血及血压下降，刺激呼吸中枢而引起呼吸困难,见于大出血或休克等。

（4）中毒性呼吸困难:内源性中毒,如各种原因引起的代谢性酸中毒,均可使血中二氧化碳浓度升高或血液酸碱度降低,反射性或直接兴奋呼吸中枢,使肺通气量和换气量增加,表现深而大的呼吸困难,常见于尿毒症、糖尿病酮症酸中毒和严重胃肠炎等。外源性中毒,如亚硝酸盐中毒,因血液中二价铁血红蛋白变成高铁血红蛋白,血液红细胞丧失携氧能力导致缺氧而引起呼吸困难。呼吸抑制剂(如吗啡、巴比妥类等)中毒、有机磷中毒、灭鼠药中毒、有毒气体中毒时,因支气管分泌物增加,支气管痉挛和肺水肿,导致呼吸困难。

（5）中枢神经性呼吸困难:因中枢神经系统发生器质性病变或机能障碍,刺激兴奋呼吸中枢,引起呼吸困难。见于脑膜炎、脑出血、脑肿瘤、癫痫、日射病及热射病等。破伤风时,因毒素直接危害神经系统,使中枢兴奋性增高,呼吸肌发生强直性痉挛收缩,导致呼吸困难。

[诊断] 主要根据病史调查、临床表现、实验室及辅助检查进行综合判断。病史调查时,应注意呼吸困难起病缓急情况。突发性呼吸困难是指突然发生,有明确的发病时间,见于上呼吸道梗阻、自发性气胸、肺栓塞、心脏结构破裂;急性呼吸困难指在短时间内(数小时或几天)发生,见于肺炎、肺水肿、肺不张、积液量迅速增大的胸腔积液或心包积液、急性呼吸窘迫综合征等;慢性呼吸困难见于慢性阻塞性肺病、肺间质纤维化、肺部肿瘤、肺心病、慢性心力衰竭、胸腔或心包积液、贫血、神经肌肉疾病等。应注意呼吸困难与体位、运动的关系,心源性呼吸困难多在运动后加重,休息或坐位时减轻。肋骨骨折、扁平胸、血胸、气胸及心包填塞等,也可出现呼吸困难。

临床检查注意呼吸困难时有无异常鼻液、有无其他损伤和呼吸类型的变化。尽可能确定呼吸困难是吸气性、呼气性或混合性。听诊检查正常呼吸音和异常呼吸音(如捻发音和喘鸣音以及心音的变化)。如上呼吸道阻塞时可通过喉部和气管的触诊进行确诊。实验室检查或辅助检查方面,可进行血常规、血液生化指标、内窥镜、X射线、胸腔穿刺和超声等检查。

[治疗] 治疗根本在于治疗原发病,根据需要选用支气管扩张剂治疗、排痰、吸氧等措施。

（1）病因治疗。

（2）通畅气道。

（3）吸氧:小动物呼吸困难一般通过面罩、鼻导管输氧。长期氧治疗其氧浓度常限于40%。

（4）对症治疗:严重呼吸衰竭时,可选用呼吸兴奋剂,如尼可刹米等。

第十章 心血管系统疾病

第一节 心 肌 病

心肌病(cardiomyopathy)指以心脏收缩功能障碍和心房肥大为特征的一种心脏疾病,也是犬、猫心力衰竭的重要原因。按其病理形态学改变、血流动力学紊乱和临床特点,可分为扩张性、肥大性和限制性心肌病,犬主要发生前两种。

一、犬扩张性心肌病

扩张性心肌病(dilated cardiomyopathy,DCM)是指以心室扩张为特征,并伴有心室收缩功能减退、充血性心力衰竭和心律失常。犬的扩张性心肌病主要发生在中型犬,并随年龄增加而增多;中年犬(4~8岁)多发,雄犬发病率几乎是雌犬的2倍。

[病因] 本病确切病因尚不清楚。有人提出其病因包括病毒性感染、微血管反应性增加、营养缺乏、免疫介导、心肌毒素、遗传缺陷或几种疾病共同作用等。

[发病机理] 扩张性心肌病因心肌收缩力降低而妨碍心室收缩,主要反映在心室内压降低,心输出量减少,使心室舒张压、心房压和静脉压升高,最终导致左心室和右心室充血性心力衰竭。因心输出量减少,出现诸如衰弱、不耐受运动、晕厥或心源性休克等低输出量症状。因心室功能障碍和心力衰竭,还可出现其他症状,包括瓣膜缺陷继发心房和心室扩大、心律不齐和全身变化等。

[症状] 常表现不同程度的左心衰竭或左右心衰竭的体征。病史调查为精神委顿、虚弱、体重减轻和腹部膨胀。临床检查可见咳嗽、呼吸困难、晕厥、食欲减退、体重下降、烦渴和腹腔积液(下称腹水)。心区触诊可感心搏动快速而节律失常,听诊可见奔马律,左房室瓣有微弱或中度的收缩期杂音。

右心衰竭表现为腹部扩张、厌食、体重下降、易疲劳。拳师犬和多伯曼犬常发生左心衰竭或晕厥。工作犬因活动有耐受性,病情逐渐发生,出现临床症状需几个月以上,而闲散犬仅需几天或几周。

舒张初期(S_3)和收缩前期(S_4)奔马律是在窦性节律中易发现的重要临床症状。左或右房室瓣区听诊有柔和和强度改变的回流性收缩期杂音。伴有左心衰竭和肺水肿的犬听诊可听到啰音、捻发音和肺泡音增强,多数伴有右心衰竭犬可见颈静脉扩张、搏动,肝肿大和腹水。左右心衰竭时,胸腔积液掩盖了心音和肺音,动脉脉搏减弱而不规则,体重减轻,肌肉萎缩。但外周水肿并不常见。

多数患DCM犬具有异常心电图。明显心力衰竭时,主要表现左心室扩张的高振幅或加宽的QRS综合波,表明左心室扩张,P波增宽。更重要的是心律失常,其中房性纤颤常见,大型品种犬多达75%~80%。其他为室性早搏和室性心动过速。

[治疗] 矫正心律失常,增强心脏功能。

(1)增强收缩力的药物:如洋地黄毒苷、多巴酚丁胺。

(2)利尿药和血管扩张剂:利尿用呋塞米。

二、犬肥大性心肌病

肥大性心肌病(hypertrophic cardiomyopathy,HCM)是一种以左心室中隔与左心室游离壁不相称肥大为特征的综合征,以左心室舒张障碍、充盈不足或血液流出通道受阻为病理生理学基础的一种慢性心肌病。

[病因] 本病的病因尚不明确。研究表明,导盲犬左心室流出通道阻塞和左心室肥大具有遗传性,即多基因或常染色体隐性遗传。

[症状] 犬肥大性心肌病临床症状变化较大,有些犬无症状表现。临床表现主要包括精神委顿、食欲废绝、胸壁触诊有较强的心搏动,心区听诊有心内杂音、奔马律、心律失常。急性发作时呼吸困难,肺部听诊有广泛分布的捻发音和/或大小水泡音,叩诊呈浊鼓音,表明有肺淤血和肺水肿。有些表现为过度疲劳、呼吸急促、咳嗽、晕厥或突然死亡。常在物理检查评价心杂音或心律失常时做出诊断。这些杂音在静息状态下不易发现或缺乏,但运动、兴奋、应用增加心收缩力药物时可明显加强。

[诊断] 根据临床症状,结合心电图和X线摄片进行诊断。在标准导联的心电图上,P波和QRS波群增大增宽,表明左心房、左心室扩张。X线胸部影像显示,左心房扩张增大,肺水肿和胸腔积液。心血管造影显示左心室壁肥厚,充盈不足,而左心房极度充盈、淤滞、扩张、变长及变宽。

[治疗] 普萘洛尔可减少左心室流出通道阻塞,减慢心率和改善舒张期充盈;维拉帕米也可通过减弱心肌收缩力减轻阻塞,改善舒张期充盈,本病多预后不良。

三、猫肥大性心肌病

猫肥大性心肌病的病因是原发性还是自发性目前不详,很多病例可能是遗传性的。有些品种如缅因猫、波斯猫、布偶猫及英国短毛猫等发病率高。目前认为本病为家族性常染色体显性遗传,如缅因猫外显率达100%。美国短毛猫也有常染色体显性遗传形式传递。在伴有左心室流出通道阻塞的猫,尚未确定心肌肥大是否是动力学阻塞引起。左房室瓣膜和室中隔轻度变形可诱发心肌肥大。

许多病猫病初无明显症状。有的病猫因肺水肿,出现严重呼吸困难和犬坐呼吸。此前1~2天动物有厌食和呕吐症状。急性轻瘫为常见继发性临床症状,多与动脉栓塞有关。因快速心律失常或左心室血流通道动力性阻塞而出现晕厥症状,但少见。常因应激、急速活动、人工导尿或排粪而突然死亡。有2/3的猫可听到收缩期杂音,在主动脉或左房室瓣区可听到柔和的心杂音,其强度、持续时间和位置变化较大。40%可见奔马律,约25%可见心律失常。

根据临床表现和心电图检查进行综合诊断。心电图检查可见P波持续时间、R波幅度、QRS波宽度增加,在前平面平均QRS左轴偏高。连续心电图检测普遍发现室性心动过速和其他严重的心律失常,而心房提前搏动。

特发性左心肥大而无明显症状、明显左心房扩张、左心室血流通道阻塞和严重心律失常的病猫无须治疗。相反,如伴有急性肺水肿,需静脉注射呋塞米和输氧疗法。严重肺水肿者,可用硝酸甘油,并给予低钠食物。其他药物应用包括防止血栓栓塞、降低心率和改善舒张期充盈。两类药物用于改善病猫的左心室充盈和心功能,即钙离子通道阻滞剂和β-肾上腺素能受体阻滞剂。

四、猫限制性心肌病

限制性心肌病(restrictive cardiomyopathy)是以心内膜弹力纤维弥漫性增生、变厚为特征,并以抑制正常心脏收缩和舒张为基础的一种慢性心肌病。

猫患本病具有家族遗传性倾向,但遗传类型尚未最后确定,多数学者认为属常染色体隐性遗传,也有学者认为属常染色体显性遗传。基本病理特征是心内膜尤其左心室流入或流出通道、乳头肌和腱索等部位心内膜严重弥漫性弹力纤维组织增生、变厚,有的在游离心肌侧壁和室中隔、乳头肌间形成横跨的节制带,限制了心脏尤其是左心室的收缩和舒张,造成血流动力学紊乱以致心力衰竭。

动物常在成年时出现临床症状,发病年龄平均为 6～8 岁。其症状主要包括呼吸困难、结膜发绀、肺淤血和水肿、胸腔积液、腹腔积液等心力衰竭的体征。心区听诊可发现心内杂音、奔马律、节律失常等。心电图检查可发现期前收缩、房颤、心动迟缓、传导阻滞等。胸部 X 线和心血管造影显示胸腔积液、肺水肿、左心房扩张增大、左心室腔窄小且充盈不足等。

心力衰竭时,可用洋地黄、呋塞米等强心和利尿药实施对症急救。

第二节 先天性心血管疾病

一、动脉导管未闭

动脉导管未闭(patent ductus arteriosus,PDA)是因胚胎期动脉导管在出生后未能闭合所致的一种先天性心脏病,为犬、猫常见的先天性血管畸形。其发病率占先天性心脏病的 25％～36％。

病因及发病机理尚不明确。PDA 同多数先天性心脏病一样,具有明显的遗传易感性,在一定的动物品系内呈家族性发生。有多种遗传方式,多数属多基因遗传,有的属常染色体显性遗传、隐性遗传或 X 连锁显性遗传。还有多种染色体畸变所致的综合征。动脉导管发自左第 4 动脉弓,连接左肺动脉和降主动脉。动脉导管在胚胎期是连接肺动脉和主动脉的一条动脉管,因胎儿期的肺无呼吸功能,呈肺不张状态,因此右心室的血液排入肺动脉后,绝大部分经动脉导管流入主动脉。出生后,体循环阻压突然升高而肺循环阻压明显降低,血液由主动脉经导管向肺动脉分流。新生期动物的动脉导管很快收缩,血流停止,首先发生功能性闭锁,然后经数周的管壁组织重新构建而达到解剖学闭锁。动物一般在出生后 1～5 天动脉导管闭锁。

动脉导管未闭时血液短路分流的方向,主要取决于导管两侧的动脉压。在通常情况下,主动脉压高于肺动脉压,少量血液由主动脉向肺动脉分流,导致连续心杂音。增加肺血流量,可增加静脉血回流到左心房和左心室。左心室负荷过重引起心房、心室扩张以及左心室舒张压增加。如心腔缺损大而肺血管压正常,则发生伴有肺水肿的左心衰竭。由于增加充盈,左心室驱血量增加。因通过导管血液流出,主动脉舒张压降低,引起一种高动力学作用即水击作用,主动脉搏动。主动脉和肺动脉血流增加以及导管作用而引起主动脉和肺动脉扩张。

[症状] 临床表现取决于动脉导管的短路血量和肺动脉压的高低,主要表现为左心或右心功能不全。常在初生期出现临床症状,6～8 周龄时症状明显,渡过此危急期常能存活到成年。临床症状主要包括食欲废绝,发育迟滞,呼吸促迫,呼吸困难乃至呈犬坐呼吸,死于左心衰竭。触诊左侧第 3 肋间肺动脉区有持续性震颤感;左侧心尖搏动增宽、增强;因主动脉向肺动脉的血液持续分流,故产生持续性心内杂音。

心电图显示,第 Ⅱ 导联的 R 波波幅显著增大,而 P 波增宽,特称僧帽状 P 波,并出现房性期前收缩、房性心动过速以至房颤等心律失常图形。X 线影像显示,左心房、左心室、升主动脉增大,肺血管阴影增多、增大,有时可见右心室肥大和降主动脉瘤样扩张。心脏造影(左心房或升主动脉内注入造影剂)可见造影剂由动脉导管进入肺动脉。

[治疗] 2 岁以下犬发生 L-R 型 PDA,建议手术治疗。经左侧第 4 肋间做胸膜腔切开术,找到动脉导管(犬、猫的导管短而宽)后,实施贯穿固定缝合和/或绕管结扎,不必切断和切除。

二、肺动脉狭窄

肺动脉狭窄(pulmonic stenosis,PS)可分 3 种病型,即瓣膜上狭窄、瓣膜狭窄和瓣膜下狭窄,是肺动脉瓣孔附近存在纤维组织环而使右心室流出通道不同程度变窄所致的一种先天性心瓣膜病。其病理形态学特征包括肺动脉瓣膜性和/或瓣膜下狭窄、主肺动脉狭窄后扩张、右心室肥厚以致扩张以及肝肿大、腹水等右心充血性衰竭的相关病变。犬肺动脉狭窄,居先天性心脏病的第2位,仅次于动脉导管未闭。猫本病少见。

[病因] 先天性肺动脉狭窄,常在一定的品系内呈家族性发生,易患本病的犬种有英国斗牛犬、比格犬、吉娃娃犬等,其中以比格犬为实验动物的实验证明,本病为多基因性遗传。其确切病因尚不清楚。

[症状] 临床表现取决于狭窄程度和心肌代偿能力。多数犬1岁内无临床症状。轻度肺动脉狭窄的病犬,除心内杂音外,常终生无明显的临床表现。中度狭窄者,一般可存活5年以上。重者,除生长迟滞、呼吸窘迫、不耐运动和晕厥,肺动脉瓣区可听到明显的喷射性杂音。后期,常出现后肢及胸腹下部皮下水肿、肝肿大、腹水等右心充血性衰竭的各种体征,直至死亡。

心电图检查显示,右心室肥厚或扩张图形,右轴偏高。X线胸片显示,肺动脉狭窄部后方显著扩张,形成心前区纵隔斑块,重叠于气管腔的透光区带。心血管造影显示,狭窄部位及其狭窄程度、主肺动脉狭窄部后方扩张及其扩张程度。

[治疗与预后] 先天性肺动脉狭窄,一般无须治疗,无症状犬预后良好。

三、主动脉狭窄

主动脉狭窄(aortic stenosis,AS)与肺动脉狭窄相似,其损伤分为3种类型,即瓣膜上狭窄、瓣膜狭窄和瓣膜下狭窄。瓣膜下狭窄是主动脉瓣基部存在纤维组织环而使左心室流出通道不同程度地变窄所致的一种先天性心脏瓣膜病,犬、猫主动脉狭窄是仅次于动脉导管未闭的常见先天性心脏瓣膜病。犬主要见于瓣膜下狭窄。

[病因] 尚不明确。本病多见于纽芬兰犬、牧羊犬和拳师犬等。Patterson试验性繁殖证实,纽芬兰犬瓣膜下狭窄与多基因有关。

[症状] 常在初生期和幼年期出现临床症状。轻度和中度主动脉狭窄犬,可存活若干年而从不显现充血性心力衰竭。重度主动脉狭窄者,早期(6月龄前后)常死于室性心动过速、心肌和脑缺血所致的心性晕厥,或晚期(1~2岁)死于心力衰竭。表现为活动耐受力差、早期黏膜发绀、咳嗽、呼吸困难等左心衰竭以及晚期腹水、后肢水肿等右心衰竭体征。特征性体征还包括心前区明显震颤,在左侧第4~5肋间下部,右侧第2~4肋间下部以及颈动脉胸腔入口处均可触觉。心电图检查显示,第Ⅱ导联的R波波幅增大,而S-T段下降(左心室肌缺血),QRS波群呈典型的左心室肥大波形。X线影像显示,升主动脉狭窄后扩张;心血管造影显示,左心室出口不同程度狭窄,升主动脉狭窄部后扩张,二尖瓣闭锁不全所致的造影剂倒流(入左心房)。

[治疗与预后] 轻症和中等程度狭窄的病犬,常不表现心力衰竭症状而存活数年,不必治疗。重症病犬,常出现心力衰竭,大多于数周内死亡,预后不良。

四、室间隔缺损

室间隔缺损(ventricular septal defects,VSD)是因室间隔未能将心室间隔孔完全关闭所致的一种先天性心脏病,可为单纯的先天性畸形,亦可作为法洛四联症的一部分而存在。一般室间隔缺损是指单纯室间隔缺损,其发病率为先天性心脏病的6%~15%。

[病因] 本病有明显的遗传性素质,在英国斗牛犬等品种中有家族史。荷兰卷毛犬品种,经测交试验已确定为多基因遗传,也有常染色体显性遗传和隐性遗传。染色体畸变也可引起本病。

[症状] 在一定动物品系内呈家族性发生,常在初生期或幼年期发病,病程数周、数月或数年不等。轻症病犬常能存活至成年或老年而不显心力衰竭体征,也有少数缺损逐渐闭合而自行康复。临床症状因分流不同而异。常见尖锐的全收缩期杂音,生长迟滞,易疲劳,不耐运动以及咳嗽、呼吸窘迫、肺充血、肺水肿等左心衰竭体征;或黏膜发绀、静脉怒张、皮下水肿、肝肿大、胸腹腔积液等右心衰

竭体征。听诊可闻及响亮的全收缩期吹风样心内杂音。心电图无明显改变,但在肺动脉高压时,心电轴右偏,表明右心室增大。X线影像显示,右心室、左心房、左心室增大,肺动脉、肺静脉以及肺阴影清晰。

[治疗] 轻症缺损不必治疗,缺损孔小的可自然闭合,预后良好。缺损孔大的犬,幼年期应对左心功能不全进行治疗,可用洋地黄苷和呋塞米等缓解心力衰竭体征。本病外科治疗危险性较高,不宜手术。

五、房间隔缺损

房间隔缺损(atrial septal defects,ASD)按缺损部位可分3种类型,即卵圆孔未闭,乃胚胎期右心房向左心房的直接血液通道在出生后未能完全闭锁所致;第2孔缺损,位于卵圆孔区;原发孔缺损,位于房间隔的下部。

[病因] 本病确切病因不明,一般认为与西摩族犬和近亲繁殖的遗传因素有关,在某些动物品种内呈家族性发生。拳师犬的先天性房间隔缺损已确定为遗传性疾病,但遗传类型待定。

[症状] 某些品种犬单独发生或同其他类型的先天性心脏缺损合并发生。单独的卵圆孔未闭和轻症第2孔缺损型房间隔缺损,一般不表现临床症状,大多在剖检时发现,且相当一部分病犬可在发育过程中逐渐闭合而自行康复。重症病犬,常在幼年期出现症状,主要表现为虚弱,不耐运动和呼吸急促,可视黏膜发绀,呼吸困难以及体表静脉扩张、皮下水肿、肝肿大和腹水等右心衰竭的体征,直至死亡,病程数年。心电图检查显示,右心室肥大图形,心电轴右偏。X线胸片显示,右心室肥大扩张,肺血管阴影清楚,主肺动脉节段突出。心血管造影显示,造影剂经缺损的房间隔分流。

[治疗] 重症病犬,可施房间隔修补术。

六、法洛四联症

法洛四联症又称先天性紫绀四联症,是最常见的发绀型先天性心脏病,包括肺动脉狭窄、室间隔缺损、主动脉骑跨以及右心室肥大四种类型的先天性心血管畸形。1888年由Fallot首先记述,故得此名。其中主要的是前两种,犬、猫该病的发病率占先天性心脏病的3%～10%。

[病因] 尚不十分明确。一般认为犬法洛四联症具有明显的遗传性。其中荷兰卷毛犬家族性法洛四联症确定为多基因遗传,有若干基因突变分别导致明显临床表型的圆锥乳头肌缺乏、房室通道中隔缺损和肺动脉发育不全。

[症状] 典型的法洛四联症,在某些品种犬如德国牧羊犬、狐狸和荷兰卷毛犬有家族史。常在初生期或哺乳期内发病。除极少数轻症者可存活至成年或老年,多数于初生期、哺乳期或1～2岁之内死亡。呼吸窘迫和发绀是本病的早期症状和固定症状,即使在静息状态下亦不消失,轻微活动(如吮乳动作)之后则更加明显。而且,因严重缺氧,常出现继发性红细胞增多症,可视黏膜发绀,PCV可增高到60%乃至75%,以致继发DIC和血管栓塞而造成急性死亡。

[诊断] 本病诊断要点包括:因肺动脉狭窄和室间隔缺损,在左侧第3肋间和右侧第2～4肋间有心收缩期震颤。听诊可闻及渐强渐弱的收缩期心内杂音。在典型的法洛四联症(R-L型房间隔缺损),此杂音最强听取点在左侧第3～4肋间,系肺动脉狭窄和室间隔血液由右向左分流所致。心电图检查显示,心电轴明显右偏;各导联QRS综合波波形颠倒。X线胸片图像有3个特点,即右心室显著增大,肺动脉节段内凹(主肺动脉发育不全),肺野内血管分布的阴影不明显(肺动脉血流减少)。心血管造影显示,右心室壁增厚,右心室血液流出通道变窄,瓣膜和/或瓣膜下肺动脉狭窄以及经支气管动脉的肺血流量增大。

[治疗] 法洛四联症以治疗低氧血症为重点。急性发作时吸氧,对反复发作的病犬使用普萘洛尔。

第三节 后天性心血管疾病

一、二尖瓣闭锁不全

二尖瓣闭锁不全(mitral valve insufficiency)是瓣膜增厚、腱索伸长等使收缩期的左心室血液逆流入左心房的现象。本病主要表现左心功能不全病理变化。犬最常见,占犬心脏病的75%～80%。本病与年龄因素有关,1岁以下犬达5%,而16岁以上犬约为75%。

[病因] 病因未确定,结缔组织退化是一个决定性内在因素。因本病好发于小型和中型犬,故长期一直怀疑其具有遗传性。最近认为本病是一种多因子疾病,即多基因阈性状。多基因影响其性状,当达到一定基因阈时,就发病。这就意味着低龄就有二尖瓣闭锁不全的公、母犬配种,其后代一般发病早。发病迟的公、母犬配种,其后代发病就会晚(老年)或不发生。因此,在育种规程方面人们已着手考虑大年龄犬的临床表现及其遗传背景。本病所有品种犬均可发生,但最多见于小型和中型犬,如吉娃娃犬、贵宾犬、腊肠犬等。雄犬比雌犬多发。

[发病机理] 本病主要为左心功能不全,与以下因素有关:①左右心室输出量减少而引起虚脱、耐力下降或晕厥;②左心室和肺静脉压增加导致呼吸困难、咳嗽或犬坐呼吸;③左支气管压缩引起咳嗽;④右心衰竭导致腹水或胸腔积液;⑤急性肺水肿或室性纤颤引起突然死亡。

[症状] 初期表现为运动时气喘,以后发展为安静时呼吸困难,甚至夜间也发作。常深夜11时至凌晨2时左右发作,早晨和傍晚发作少。这可与慢性支气管炎咳嗽和阵发性喘息相鉴别。不过并发感染慢性支气管炎时,则难以诊断和治疗。听诊可听到全收缩期杂音。心杂音的最强点位于胸骨左缘第4～6肋间的心尖部或稍靠背侧(肋软骨结合部),并向腋窝、背侧或尾部扩散。胸部触诊有震颤。心电图检查示正常的窦性节律。但心功能不全的犬可出现室上性心动过速或心房纤颤。P波幅增宽,呈双峰性。QRS波群中的R波增高,ST波随病情发展而下降。胸部X线检查时,重症犬可见左心房和左心室扩张,肺静脉淤血和肺水肿。

[治疗] 具体治疗方法参照心力衰竭的治疗。

二、三尖瓣闭锁不全

右心室收缩期,因三尖瓣闭锁不全(tricuspid valve incompetence,TVI),右心室的血液逆流于右心房,与来自前、后腔静脉的血液相冲击,引起血液漩涡运动,产生收缩期性杂音。逆流到心房的血液还会涌向静脉,导致颈静脉搏动以及静脉系统淤血,右心房血液充满而扩张。因门静脉系统淤血,内脏各器官发生淤血、水肿或体腔积液。

三、心肌炎

心肌炎(myocarditis)是伴有心肌兴奋性增加和心肌收缩减弱为特征的心肌炎症。按炎症性质分为化脓性和非化脓性;按其病程分为急性和慢性。临床上常见急性非化脓性心肌炎。

[病因] 急性心肌炎常继发于某些传染病(如犬瘟热、犬细小病毒感染、钩端螺旋体病、结核病等)、寄生虫病(如弓形虫病、犬梨形虫、犬恶丝虫病等)、代谢病(如B族维生素B缺乏症等)、内分泌疾病(如甲状腺功能亢进、糖尿病等)、毒物中毒(如重金属、麻醉药中毒)、自身免疫性疾病、脓毒败血症、风湿病及贫血等发病过程。慢性心肌炎因急性心肌炎、心内膜炎反复发作而引起。

[症状] 急性非化脓性心肌炎以心肌兴奋为主要特征,表现为脉搏疾速而充实,心悸亢进,心音高朗。病犬稍做运动,则心跳加快,即使运动停止,仍持续较长时间。这种心功能试验,常是诊断本病的依据之一。心肌细胞变性性心肌炎,多以充血性心力衰竭为主要特征,表现为脉搏疾速和交替脉。

第一心音强盛、混浊或分裂;第二心音显著减弱。多伴有收缩期杂音,其原因为心室扩张、房室瓣口相对闭锁不全。心脏代偿能力丧失时,黏膜发绀,呼吸高度困难,体表静脉怒张,颌下、四肢末端水肿。

[诊断]　根据病史、临床症状及实验室检查进行诊断。

(1)心功能试验:诊断急性心肌炎的一个指标,其做法是在安静状态下,测定病犬心率,随后令其急走 5 min,再测其心率,如为心肌炎,停止运动 2～3 min 后,心率仍继续加快,较长时间才能恢复原来的心率。

(2)心电图检查:常见 T 波减低或倒置,S-T 间期缩短或延长。

(3)X 线检查:心影扩大。

(4)血清学检查:可见 AST、CK 和 LDH 活性升高。

[治疗]　治疗原则主要是去除病因,减轻心脏负担,增加心肌营养,抗感染和对症治疗。首先使病犬安静,避免过度兴奋和运动。治疗原发病应用磺胺类药物、抗生素、血清和疫苗等。促进心肌代谢可用 ATP、辅酶 A 或肌苷。或用细胞色素 C 加 10% 葡萄糖溶液。伴有高热、心力衰竭时,可试用氢化可的松。出现严重心律失常时,可按不同心律失常措施进行抢救。伴有水肿者,可用利尿剂。

四、心包炎

心包炎(pericarditis)是心包的壁层和脏层(即心外膜)的炎症。按其病源分为原发性和继发性;按其病程分为急性和慢性。临床上以心区疼痛、听诊呈现摩擦音或拍水音、叩诊心浊音区扩大为特征。

[病因]　心包炎几乎均是继发性,多见于结核病、流感、犬瘟热、放线菌病、脓毒败血症、胸膜肺炎、风湿病、红斑狼疮、尿毒症的病程中。邻近组织(心肌或胸膜)病变的蔓延,也可引起心包的炎症。此外,饲养管理不当、受凉、过劳等因素能降低机体的抵抗力,在心包炎的发生上也起着一定的促进作用。

[发病机理]　在各种致病因素作用下,心包脏层和壁层充血、出血和渗出,蓄积大量的浆液性、纤维蛋白性、出血性或化脓性以至腐败性渗出物。随病程进展,渗出物逐渐被吸收,在心包表面形成纤维蛋白膜,心搏动时产生心包摩擦音。当心包积聚大量渗出物时,产生心包拍水音。

[症状]　初期心搏动强盛,以后减弱。心浊音区扩大,可随体位改变。心率快,心音遥远,可闻及心包摩擦音或拍水音,心区疼痛的表现为躲避检查,多数病例精神沉郁,食欲不振或废绝,不愿运动,眼结膜潮红或发绀。严重者体温升高,呼吸困难,可视黏膜发绀,静脉怒张,四肢水肿,甚至发生休克。

[诊断]　根据临床症状和其他辅助检查,可以确诊。

(1)X 线检查:可出现心影增大,并随体位改变而移动。

(2)心电图检查:急性心包炎短期可有 ST 段抬高,T 波高尖,继之变为平坦或倒置。

(3)超声波检查:心包积液液平面反射波。

(4)血液检查:化脓性心包炎白细胞增多,核左移。结核性和风湿性心包炎时血沉(红细胞沉降率)明显增快。

(5)心包穿刺液检查:对病原诊断价值较大。结核性心包炎为浆液性血性渗出液,蛋白质含量较高,易凝固。化脓性心包炎为脓性渗出液,涂片或培养可检查到病原体。

[治疗]　感染引起的心包炎可使用抗菌药如头孢噻呋钠等治疗;疼痛明显时,应用美洛昔康等;心包积液及水肿时;应用呋塞米肌肉注射。

五、心内膜炎

心内膜炎(endocarditis)是心内膜及其瓣膜炎症。常发生误诊。本病常在尸体剖检后发现,发病率为 0.06%～6.6%。主要发生在 4 岁以上的大、中型雄性犬。

[病因] 心内膜炎的发生,多因侵入血液循环中的微生物感染所致,如革兰阳性菌(溶血性与非溶血性链球菌、葡萄球菌等)以及革兰阴性菌(大肠杆菌、绿脓杆菌、肺炎杆菌、变形杆菌、厌氧杆菌、沙门菌等)的感染,少数由真菌和立克次体等引起。还常继发于感染创、软组织脓肿、骨髓炎、前列腺炎、子宫内膜炎、细菌性肺炎、胸膜炎、肾盂肾炎、风湿病等。也可由邻近部位炎症蔓延所致,见于心肌炎、心包炎、主动脉硬化症等。临床上滥用肾上腺皮质激素可抑制机体抗感染能力,易导致细菌侵入血液而致病。

[症状] 病犬心悸亢进,心律不齐,胸壁出现震动,心浊音区扩大,脉搏增快(每分钟 120～140次),多出现间歇脉,第一心音微弱,第二心音几乎消失,第一心音与第二心音常融合为一个心音。常伴有发热和心杂音。

血液学变化表现为急性病例白细胞明显增多和核左移。血清碱性磷酸酶活性升高,血清白蛋白和血糖浓度下降。

[诊断] 根据心内杂音、血液学变化以及有无转移化脓性病灶,可进行诊断。因本病易与急性心肌炎、心包炎、败血症、脑膜炎等混淆,临床上应注意鉴别。

[治疗] 根据药敏试验结果应用药物,如每千克体重头孢噻呋钠 30 mg,连续用药 6～8 周,直至痊愈。对伴有心力衰竭、心律失常者应及时发现和治疗。

第四节 心律失常

心律失常(cardiac arrhythmias)是指心脏冲动的频率、节律、起源部位、传导速度与搏动次数的异常。临床上表现为脉搏异常和不规则心音,并引起虚弱、衰竭、癫痫样发作或突然死亡。

正常心率,大、中型犬每分钟为 90～160 次,小型犬和幼年犬每分钟为 110～180 次,猫每分钟为 140～225 次。当节律紊乱时,则可高至每分钟 360 次或低于每分钟 50 次。研究表明,犬、猫心律失常主要表现为心房纤颤(27%)、窦性心动过速(17%)、期前收缩(11%)及心传导阻滞(12%)等。

[病因] 病因复杂,包括心脏本身疾病,如创伤、感染、先天性形态异常、心肌病和肿瘤等;心外因素,如电解质代谢紊乱、自主神经紊乱、低血氧、酸中毒、甲状腺功能亢进、药物中毒、应激、兴奋、低血钾、高血钙、高热或体温过低等。

[症状] 根据病性不同,有的无明显危害,有的可突然死亡。轻症犬、猫,其心音和脉搏异常,易疲劳,运动后呼吸和心跳次数恢复慢。重症犬、猫表现为无力,安静时呼吸促迫,严重心律不齐,呆滞,痉挛,昏睡,衰竭,甚至突然死亡。听诊和触诊时可见心音和脉搏不规则。死后剖检,无明显肉眼可见变化。

[诊断] 通过病史调查,听诊,以及辨别心动过速、心动过缓、间歇性心音、心音不规则及触诊脉搏不规则等可做出初步诊断。心电图检查对诊断心律失常最有意义,必要时应用霍尔特监护仪(Holter)进行 24 h 连续监控,以判断心律失常的严重程度。心电图检查应在安静状态和运动负荷后进行。心律失常心电图的分析应包括:心房与心室节律是否规则,频率是多少,PR 间距是否恒定,P波与 QRS 波群形态是否正常,P 波与 QRS 波群的相互关系等。

[治疗] 根据诊断,在治疗原发病的同时,加强饲养管理并结合药物进行治疗(表 10-1)。

表 10-1 心律失常的处理方法

心律失常的类型	处理方法
窦性心动过速	不必采取特殊处理,除去病因,注意管理
窦性心动过缓	不必采取特殊处理,除去病因,注意管理

119

续表

心律失常的类型	处理方法
室上性心动过速	用洋地黄、普萘洛尔、普鲁卡因酰胺治疗
室性心动过速	用普鲁卡因酰胺、利多卡因、硫酸奎尼丁、潘生丁治疗
室上性过早搏动	用普萘洛尔、潘生丁治疗
室性过早搏动	用利多卡因、普鲁卡因酰胺、硫酸奎尼丁治疗
心房纤颤	用异羟基洋地黄毒苷、硫酸奎尼丁、除颤器除颤治疗
心室纤颤	用电击除颤、左心室内注入肾上腺素或去甲肾上腺素、氯化钙、维生素E治疗
逸搏或逸搏心律	用利多卡因、普萘洛尔治疗
窦房传导阻滞	用肾上腺素、硫酸阿托品、麻黄碱治疗
房室传导阻滞	改善管理,去除病因,用硫酸阿托品、异丙基肾上腺素治疗
心房传导阻滞	治疗原发病
心室传导阻滞	治疗原发病
WPW综合征	用普鲁卡因酰胺、阿托品、亚硝酸异戊酯、硫酸奎尼丁治疗

第五节 心 力 衰 竭

心力衰竭(heart failure)不是一个独立的疾病,它是多种疾病过程中发生的一种综合征。临床上表现为心肌收缩力减弱、心排血量减少、静脉回流受阻、动脉系统供血不足、全身血液循环障碍等一系列症状和体征。心力衰竭可分为左心衰竭和右心衰竭,但任何一侧心力衰竭均可影响对侧。

[病因]

(1) 心肌功能障碍:扩张性心肌病、猫牛磺酸缺乏症和心肌炎。

(2) 心负荷加重:收缩期负荷加重,见于主、肺动脉瓣狭窄或体、肺循环动脉高压;舒张期负荷加重常见于心瓣膜闭锁不全及先天性动脉导管未闭等。

(3) 心肌发生病变:由各种病毒(犬瘟热病毒、犬细小病毒)、寄生虫(犬恶丝虫、弓形虫)、细菌等引起的心肌炎;由硒、铜、维生素 B_1 等微量元素缺乏引起的心肌变性;由有毒物质(如铅等)中毒引起的心肌病;由冠状动脉血栓引起的心肌梗死等。另外,心肌突然遭受剧烈刺激(如触电,快速或过量静脉注射钙剂等)或心肌收缩受抑制(如麻醉引起的反射性心搏骤停或心动徐缓)等。

(4) 心包疾病:如心包积液或积血,使心脏受压,心腔充盈不全,引起冠状循环供血不足,导致心力衰竭。

(5) 其他:治疗时过快或过量输液,不常剧烈运动的犬、猫突然运动量过大(如长途奔跑)等。

[症状] 左心衰竭时主要呈现肺循环淤血,因肺毛细血管内压升高,可迅速发生肺间质或肺泡水肿和心搏出血量减少。患病犬、猫表现为呼吸加快和呼吸困难,听诊肺部有各种性质的啰音,并发咳嗽等。右心衰竭时主要呈现体循环障碍(全身静脉淤血)和全身性水肿。早期可见肝、脾肿大,后期因腹水(又称腹腔积液)使腹围扩大,腹水及肿大的肝压迫膈肌引起喘息。偶见胸腔积液。充血性心力衰竭常是由左心衰竭或右心衰竭发展而来,其特征性症状是肺充血、水肿或腹水。临床表现为呼吸困难,咳嗽,轻微运动或兴奋即疲劳,腹围增大,精神沉郁,食欲废绝,体重减轻,黏膜淤血或苍白,毛细血管充盈缓慢及偶尔黏膜发绀等。

[诊断] 根据病史、临床症状即可做出诊断。

[治疗] 治疗原则为去除病因,减轻心脏负荷。使用安钠咖注射液可增强心脏功能,用辅酶

Q10、丹参片等药物可改善心肌营养,口服呋塞米可减轻心脏负荷,以促进水肿消退。

[预防] 加强饲养管理,按时接种疫苗和驱虫,严防发生对犬、猫危害较大的传染病、寄生虫病等。

第六节 发 绀

发绀(cyanosis)是指黏膜呈蓝色或紫色,其反映外周血管淤滞和血氧饱和度下降。黏膜颜色变化是反映局部或全身性疾病的指示器,正常黏膜呈粉红色,湿润。正常毛细血管再充盈时间为 2 s 以内。口腔、耳廓及生殖器黏膜是检查黏膜颜色的较佳部位。

[病因]

(1) 先天性心脏病:法洛四联症、室间隔缺损及动脉导管未闭等。

(2) 后天性心脏病:心肌炎、心内膜炎、犬恶丝虫病及肺部疾病。

(3) 血液和血管疾病:红细胞增多症、异常血红蛋白血症以及血管疾病(如血栓闭塞性脉管炎等)。

[发病机理] 正常状态下,氧气主要通过血红蛋白(97%)运输到各个组织,仅有 3% 溶解于血浆,低氧血症最常见的原因是各种因素引起血红蛋白分子氧饱和不足。发绀是因中枢或外周缺乏氧合血红蛋白,其与心血管和呼吸系统疾病或血红蛋白分子异常有关。中枢性发绀导致未氧合血输送到全身各个组织,主要发生于肺部疾病晚期,或因肺泡通透性降低或呼吸道阻塞而引起。在某些情况下,肺水肿限制氧扩散至肺泡,在先天性心脏病也较为明显。未氧合血红蛋白呈蓝色,当未氧合血红蛋白超过 50 g/L 时,临床症状明显。

[症状] 心脏或肺部疾病引起的发绀伴有咳嗽、不耐运动、无力、晕厥、呼吸困难,体检时显示心杂音、异常脉搏速率、肺杂音及腹水明显。当抽出患病动物血液样品时,血液变为淡红色或红色;患高铁血红蛋白血症动物的血液样本则仍呈黑色,面部水肿明显。

外周性发绀出现脉搏微弱,末端发凉,肌肉疼痛,最常见的是猫心肌病所引起的髂动脉血栓。犬肾上腺功能亢进、细菌性心内膜炎、淀粉样变性和血管壁肿瘤均可发生血栓和血管淤滞。值得注意的是动脉导管未闭,未氧合血液从肺动脉流入降主动脉,黏膜和耳廓颜色正常,而从颈部向尾部区域发绀。

[诊断] 本症的诊断及鉴别诊断,可通过临床症状、实验室检查及心电图、超声心动图和心血管造影术进行综合分析,找出原发病。

[治疗] 解除病因,输氧。

第十一章　泌尿系统疾病

第一节　犬尿石症

犬尿石症（canine urolithiasis）是指尿路中的无机或有机盐类结晶凝结物，即结石或多量结晶刺激尿路黏膜而引起出血、炎症和阻塞的一种泌尿器官疾病。该病根据其结石部位有不同名称，如尿道结石、膀胱结石和肾结石等。本病多见于老年、小型犬，哈巴狗、拉萨犬、贵宾犬、北京犬、约克夏㹴、比格犬、巴赛特猎犬、凯安㹴、苏格兰犬等。膀胱和尿道结石常见，肾结石只占 2%～8%，输尿管结石鲜见。小于 1 岁雄犬中 97% 和所有雌犬的尿道结石，几乎均为磷酸铵镁（鸟粪石）。成年雄犬只有 23%～60% 的尿结石是磷酸铵镁，其他还有尿酸盐、胱氨酸、草酸盐和硅酸盐（多见于大型犬）等。多数尿结石是以某一成分为主，还包含不等的其他成分。尿结石常伴有尿道感染，因结石类型不同，其感染率各异，磷酸铵镁结石感染率为 50%～97%，尿酸盐为 3%～80%，胱氨酸为 10%～50%，患草酸盐尿结石的犬，很少发生感染。

［病因］

1. 尿道感染　多见于葡萄球菌和变形杆菌感染，直接损伤尿路上皮，使其脱落，促使结石核心的形成。感染菌可使尿液变碱，有利于磷酸铵镁尿结石的形成。

2. 肝功能降低　某些品种犬（如达尔马提亚犬）因肝缺乏氨和尿酸转化酶而发生尿酸盐结石。但该犬仍有近 25% 尿结石是磷酸铵镁尿结石。

3. 某些代谢、遗传缺陷　如英国斗牛犬、约克夏㹴尿酸盐遗传代谢缺陷易形成尿酸铵结石，或机体代谢紊乱易形成胱氨酸结石。

4. 慢性疾病　如慢性原发性高钙血症、甲状旁腺功能亢进、食入过多维生素 D、高降钙素等作用，损伤近端肾小管，影响其再吸收，均可增加尿液中钙和草酸分泌，从而促进草酸钙尿结石的形成。

5. 饮水不足　长期饮水不足，引起尿液浓缩，致使盐类浓度过高而促进尿结石的形成。

［症状］　犬尿石症可表现为尿频、滴尿、血尿，并有强烈的氨味。雄犬严重尿结石，发生尿道阻塞，无尿排出，引起膀胱膨胀，甚至破裂，出现尿毒症。病犬精神抑郁，厌食和脱水，有时呕吐和腹泻，可在 72 h 内昏迷而死亡。因结石所在位置不同，其症状略有差别。

（1）肾结石：临床少见，其结石多位于肾盂，呈现肾盂肾炎的症状，排血尿，肾区疼痛，行走缓慢，步幅强拘、紧张。

（2）输尿管结石：剧烈腹痛，血尿，腹部触诊有压痛。

（3）膀胱结石：尿频，血尿，有频频排尿动作，膀胱触诊可触及结石。

（4）尿道结石：公犬常阻塞龟头和坐骨弓。尿道不全阻塞时，排尿疼痛，排尿时间长，尿液呈点滴状流出，有血尿。完全阻塞时，发生尿潴留，见频频排尿动作，却不见尿液排出，常导致膀胱破裂和尿毒症。母犬尿道结石发病率较公犬少，但一旦发生，则有一个或多个大而圆的结石沉积膀胱内或阻塞在尿道开口处。

结石长期刺激膀胱、尿道黏膜，可引起严重的膀胱炎或尿道炎，导致其黏膜增厚，加剧尿道阻塞。输尿管结石少见。

[诊断]　根据临床上出现尿频,排尿困难,血尿,膀胱敏感、疼痛,膀胱硬实、膨胀、挤压不动及手搓听到"咯咯"声等症状可做出初步诊断。尿道结石也可通过触诊或插入导尿管诊断,并可确定其阻塞位置。确诊需用 X 线检查,尤其是尿道或膀胱,见有大小不等的结石颗粒。

[治疗]

1. 药物治疗　结石较小可顺利排出时可使用排石颗粒,每日三次,连用两周,其间多饮水,对于饮水较少的犬猫可用鸡汤、鱼汤等增加饮水量,促进结石排出。

2. 中等大小尿道结石　导尿管进入尿道结石处,轻推后结石未动时可从导尿管顶端冲击性注入生理盐水,迅速拔出导尿管使结石随生理盐水排出,未能排出的促使结石进入膀胱。

(1)膀胱结石:尿道插管,注入适量生理盐水,使膀胱膨胀,然后轻轻挤压膀胱,使尿液和结石从尿道排出,重复几次,直至尿道、膀胱无结石为止。

(2)碎石技术:使用超声波碎石技术将结石击碎排出。

3. 手术治疗　对于上述方法都无法排出时应用膀胱切开术或尿道切开术。术后尿道保留导尿管,使用抗生素预防感染。

[预防]　①对磷酸铵镁尿结石,应饲喂使尿液变酸性的食物。②预防尿酸盐和胱氨酸尿结石,应饲喂使尿液变碱性的食物,如碳酸氢钠和食盐。如采用饲喂碳酸氢钠和食盐,尿酸盐尿结石仍复发,可用别嘌呤醇治疗;胱氨酸尿结石复发,可用青霉胺治疗。③预防草酸盐尿结石,除设法使尿液变碱外,并应防治使尿液中钙和草酸分泌增多的原因。④根据结石的化学性质,选喂相应的犬结石处方食品,对防治犬尿结石有一定意义。

第二节　猫泌尿系统综合征

猫泌尿系统综合征(feline urologic syndrome)是指膀胱和尿道结石、结晶和栓塞等刺激,引起膀胱和尿道黏膜炎症,甚至造成尿道阻塞的一组症候群。多发生在 1～6 岁,公、母猫均可发生,以长毛猫发病率最高。尿道阻塞以雄性较常见,膀胱炎和尿道炎则以雌性多发,肾盂结石不常见。90％以上结石是磷酸铵镁(鸟粪石),0.5％～3％为尿酸盐和草酸盐,3％～5％是胶状物。临床上以排尿困难、努责、频尿、痛性尿淋漓、血尿、部分或全部尿道阻塞等为主要特征。

[病因]　饲喂含过量镁的干食物是形成猫泌尿系统综合征的主要原因。日粮中的镁和碱性尿液易形成磷酸铵镁结晶;饲喂干食物、饮水少、排尿次数减少、尿液浓稠,尿中结晶或颗粒易在膀胱和尿道中形成和增大,引起尿道阻塞;细菌、疱疹病毒、杯状病毒感染或膀胱炎和尿道炎时,产生的细胞碎片,也有利于尿结石的形成;活动少、去势、卵巢摘除、肥胖、气候寒冷等,也可能成为本病发生的诱因;膀胱脐尿管憩室和间质性膀胱炎是猫泌尿系统综合征的病因之一;其他病因包括特发性膀胱炎、尿失禁、尿道狭窄、脐尿管、包茎异常、肿瘤(如前列腺肿瘤)、神经性疾病(如尿道痉挛、膀胱麻痹)和医源性因素(如尿道插管、逆行尿道冲洗)等均可引起猫泌尿系统综合征。

[症状]　因尿结石部位、大小及造成阻塞程度不同,临床症状各异。病初常无明显症状,继续发展可引起膀胱炎或尿道炎,肾盂结石可引起肾盂肾炎,然后尿道或输尿管发生不全阻塞或全阻塞。临床表现为尿频、少尿、血尿或无尿。病猫精神抑郁,不停走动,鸣叫和频频舔生殖器。若发生尿道阻塞,病猫表现为绝食、呕吐、脱水、电解质丢失及酸中毒等。如阻塞物不及时排出,常于 3～5 天内虚脱休克而死。尿道阻塞时,腹部触诊可感知膀胱饱满,有时膀胱破裂,腹腔积液。X 线摄片,可见膀胱积尿膨大,膀胱或尿道内有结石阴影。

[实验室检查]　血液尿素氮和肌酐浓度升高,碳酸氢盐含量减少。尿液呈碱性,尿中含有蛋白质和血细胞,尿沉渣有磷酸铵镁结晶。

[治疗]　发病初期,按压膀胱排出积尿。无法排尿病例用猫导尿管插入尿道、膀胱,用水反复

冲洗,除去阻塞物。如有结石,需做膀胱切开术;每天在食物中加入 0.5～1.0 g 食盐,使猫增加饮水和多排尿,也可减少尿结石的发生。

第三节　肾脏疾病

一、肾小球肾病

肾小球肾病(glomerulonephropathy)是免疫复合物在肾小球毛细血管壁沉积,引起炎性变化为特征的一种免疫介导性疾病。其临床特征为血尿、蛋白尿、高血压、肾功能降低和水肿等。犬比猫多发,一般无年龄、性别和品种差异。

[病因]　本病由免疫复合物引起。免疫复合物的生成,犬常与腺病毒感染、子宫蓄脓、肿瘤、全身性红斑狼疮、犬恶丝虫病、利什曼病等有关;猫常与白血病、传染性腹膜炎、支原体感染等有关。多伯曼犬易发生本病,可能与家族有关。

[症状]　患病初期,犬、猫表现嗜睡、体重减轻,通常无氮质血症。随病情发展,病犬、猫多数发展成肾病综合征,其特点为大量尿蛋白丢失、血蛋白减少、高胆固醇血症和水肿。多数患肾病综合征的犬、猫,经不同时期的发展,最后均成为慢性肾衰。白蛋白不断从尿中排出,血浆蛋白减少,血浆胶体渗透压降低,导致腹水和呼吸困难,蛋白质丢失还常引起凝血功能增强。严重或慢性肾小球疾病,最终引起肾衰和氮质血症。实验室检查提示,血清尿素氮和肌酐浓度升高。

[治疗]　出现腹水和水肿,可用呋塞米,同时饲喂低钠性高质量蛋白质食物;发展成肾衰的犬、猫,按肾衰治疗。

二、肾小管病

肾小管病(tubular nephropathy)是一种并发物质代谢紊乱及肾小管上皮细胞变性的非炎性疾病。其临床特征是大量蛋白尿、明显水肿及低蛋白血症,但无血尿及血压升高,最后发生尿毒症;其组织学病理变化有肾小管上皮细胞混浊、肿胀、变性(淀粉样和脂肪变性)乃至坏死,但缺乏炎性变化,肾小球的损害轻微或正常。可分为急性和慢性肾小管病。本病犬较为多见。

[病因]　肾小管病主要发生于犬瘟热、流行性感冒、钩端螺旋体病的经过中,由于病原体强烈刺激或毒害作用,引起肾小管上皮细胞变性,严重时还可发生坏死。某些有毒物质的侵害(如汞、磷、砷、氯仿、石炭酸等中毒)、真菌毒素(如采食发霉食物引起中毒)、体内有毒物质(如消化道疾病、肝脏疾病、蠕虫病和化脓性炎症等疾病时,产生的内源性毒素)均可引起肾小管病。此外,肾局部缺血,如休克、脱水、急性出血性贫血及急性心力衰竭所引起的严重循环衰竭,常导致肾小管变性。

[症状]　急性肾小管病时,临床可见尿量减少、比重增加、尿液浓稠、颜色变黄如豆油状,严重时无尿,排尿困难。肾小管上皮变性以致重吸收障碍,尿中出现大量蛋白质及肾上皮细胞。当尿呈酸性反应时,可见有少量颗粒和透明管型。此时,动物呈现衰弱、消瘦、营养不良及水肿体征,水肿多发生于颜面、四肢和阴囊,严重时伴发胸腔和腹腔积液。晚期常有厌食、微热、沉郁、心率减慢和脉搏细微等尿毒症症状。慢性肾小管病时,临床上以多尿为特征。同时尿比重降低,出现广泛的水肿,尤其是眼睑、胸下、四肢和阴囊等部位更明显。尿量和比重均无明显变化,但当肾小管上皮严重变性或坏死时,因重吸收功能降低,故尿量增多。

[诊断]　根据尿液检查、尿液分析(尿中有大量蛋白质、肾上皮细胞和颗粒管型,但无红细胞和红细胞管型)、血液检查(蛋白质含量降低、胆固醇含量增高、尿素氮含量增高),结合病史(有传染和中毒病病史)、临床症状(仅有水肿,无血尿,且血压不升高)等,进行综合诊断。但需与肾小球病相区别,后者多由细菌感染引起,炎症主要侵害肾小球,并伴有渗出、增生等病理变化。患病动物肾区敏

感、疼痛,尿量减少,出现血尿,在尿沉渣中有大量红细胞、红细胞管型及肾上皮细胞,水肿较轻微。

[治疗] 发病初期使用醋酸泼尼松或地塞米松,水肿时给予呋塞米、白蛋白,可用乌洛托品控制泌尿系统感染,同时给予富含蛋白质的食物,以补充机体丧失的蛋白质。

第四节 膀 胱 炎

膀胱炎(cystitis)是膀胱黏膜或黏膜下层组织的炎症,临床特征是尿频和尿中含有大量膀胱上皮细胞、脓细胞和白细胞等。

[病因] 常见的原因是细菌感染,如链球菌、绿脓杆菌、葡萄球菌、大肠杆菌、变性杆菌、化脓杆菌等。主要通过肾下行性感染和尿道上行性感染。膀胱结石、膀胱肿瘤、肾组织损伤碎片、尿长期蓄积发酵分解产生大量氨及其他有害产物等均可强烈刺激膀胱黏膜,造成炎症,甚至坏死;导尿管消毒不严或使用不当、长期使用某些药物(如环磷酰胺)或各种有毒、强烈刺激性的药物(如松节油等)均可引起膀胱炎。有时也可继发于前列腺炎、前列腺脓肿以及阴道、子宫、输尿管疾病等。

[症状] 疼痛性尿频是本病最典型的症状。尿频,或有排尿姿势,但仅有少量尿液或呈点滴状排出,并表现疼痛不安。尿液混浊、氨臭味,混有大量黏液、血液或血凝块。触压膀胱疼痛,多呈空虚状态。尿沉渣镜检提示,尿液含有大量白细胞、膀胱上皮细胞、红细胞及微生物等。严重病例体温升高,精神沉郁,食欲不振。慢性者病程长。

[诊断] 根据临床症状及实验室检查进行诊断。

[治疗] 治疗原则为消除病因,控制感染,促进尿液排泄等。

(1)呋喃妥因、40%乌洛托品控制膀胱尿道感染。

(2)膀胱炎症严重时用0.1%高锰酸钾溶液冲洗膀胱。

第五节 尿 道 炎

尿道炎(urethritis)是尿道黏膜的炎症,临床以频频尿意和尿频为特征。

[病因] 多因导尿时消毒不严或操作粗鲁,引起细菌感染或黏膜损伤所致。还见于尿道结石、尿道阻塞以及膀胱炎、包皮炎、子宫内膜炎等邻近器官炎症蔓延而发病。

[症状] 病犬、猫频频排尿,尿液呈断续状排出,有疼痛表现,公犬阴茎频频勃起,母犬阴唇不断开张,尿液混浊,含有黏液、血液和脓汁。触诊或导尿检查时,病犬、猫表现为疼痛不安,并抗拒或躲避检查。严重时尿道黏膜糜烂、溃疡、坏死或形成瘢痕组织而引起尿道狭窄或阻塞,发生尿道破裂,尿液渗流到周围组织,腹部下方积尿而中毒。

[诊断] 根据临床症状、X线检查或尿道逆行造影进行诊断。

[治疗] 治疗原则是消除病因、控制感染和冲洗尿道。

口服呋喃妥因,静脉注射40%乌洛托品溶液,0.1%洗必泰溶液冲洗尿道,也可全身应用抗生素,如氨苄西林、喹诺酮类药物等。

第六节 血 尿

血尿(hematuria)是指尿液中含有大量红细胞,尿液放置后红细胞会发生沉淀。

[病因]

1. 肾性血尿 肾结石、急性肾衰、出血性疾病（丙酮苄羟香豆素中毒）、血小板减少症、热射病、急性肾盂肾炎、肾小球肾病（肾淀粉样变性、免疫复合物疾病）、肿瘤（血管瘤、转移细胞癌）及钩端螺旋体病等。动脉血栓引起的肾梗死（心肌炎、亚急性细菌性心内膜炎）、良性肾出血、寄生虫（血丝虫）感染、肾囊泡及放射线照射等。

2. 膀胱性血尿 细菌性膀胱炎、膀胱外伤、膀胱结石、膀胱肿瘤、毛细线虫感染及药物性膀胱炎（环磷酰胺）等。

3. 尿道性血尿 尿道结石、尿道炎、尿道外伤及肿瘤。

4. 尿路外出血 公犬前列腺炎、前列腺肿瘤、前列腺囊肿、阴茎外伤、传染性性病肿瘤。母犬发情前期、胎盘恢复不良及平滑肌瘤。

5. 血液凝固不良 血友病、系统性红斑狼疮等。

[症状] 尿液中出现大量红细胞，并伴有全身症状和特发性症状，根据鉴别诊断区别。

[鉴别诊断]

（1）尿石症症状：尿频、血尿、尿闭、努责及腹围增大等。

（2）膀胱炎症状：尿频、尿混浊、脓尿、碱性尿及血尿等。

（3）丙酮苄羟香豆素中毒症状：黏膜下出血、血便、血尿及呼吸困难等。

（4）前列腺炎症状：发热、食欲不振、便秘、努责、血尿、脓尿及排尿困难等，见于 5 岁以上的犬、猫。

（5）念珠菌病症状：皮肤糜烂和肉芽增生、口炎、腹泻、角膜炎及血尿等。

（6）尿道损伤症状：血尿、少尿、排尿困难、尿道周围肿胀、尿道狭窄及尿毒症等。

（7）先天性血液凝固不良症状：出血性素质、皮肤和黏膜出血症、血尿、血便及血肿等。

（8）原发性甲状旁腺功能亢进症状：食欲减退、呕吐、易骨折、多饮多尿、血尿、结石症及痉挛等。

（9）肾膨结线虫病症状：血尿、脓尿、尿频、体重减轻、腹痛、便秘及呕吐等。

（10）TNT 中毒症状：食欲不振、四肢无力、步态跛行、黏膜苍白或发绀及血尿等。

[治疗] 在治疗原发病的同时，每千克体重用头孢曲松钠 50 mg 静脉注射，酚磺乙胺注射液肌肉注射。

第七节 尿失禁、少尿与排尿困难

排尿（urination）是指尿的排泄或排出，是一种在自主神经支配下有意识的行为。尿失禁（incontinence）是指尿液排出失去自主神经支配。少尿是指排尿量减少。排尿困难（dysuria）是指排尿疼痛或困难。排尿困难的特殊症状包括排尿次数增加、频尿、尿急、欲排尿和痛性尿淋漓等。

[病因] 尿失禁主要有神经源性紊乱、非神经源性紊乱和功能性紊乱三种。

1. 神经源性紊乱 排尿反射上运动神经元损伤时，排尿的自主控制被破坏，膀胱处于神经性痉挛状况。下运动神经未受影响，逼尿肌还有收缩作用。但其收缩与尿道括约肌的松弛不协调，故排尿是非自主性，且不完全。排尿反射下运动神经元损伤时，逼尿肌收缩作用被抑制，膀胱处于神经性松弛状态。膀胱尿储量比正常多。膀胱内压力超过尿道口阻力时，尿液流出，它取决于尿道括约肌的张力。当尿道张力小时，膀胱内压小幅度增加，就会有尿液排出，如尿道保持原张力不变，只要膀胱内压明显增加，就会有大量尿液排出。

2. 非神经源性紊乱 下尿道解剖结构异常会引起尿失禁。输尿管异位或其他发育异常（少见）时，尿液绕过尿道括约肌或通过异常管道或开口排出。后天性下尿道异常也会引起尿失禁，均由膀胱或尿道炎症或侵蚀性疾病所致，如慢性膀胱炎、尿道炎、尿道肿瘤、尿道结石及前列腺炎等。

3. 功能性紊乱 膀胱和尿道结构正常,但失去其正常作用则为功能性紊乱,多见于尿道括约肌功能不全,其特征为储尿时尿道口闭合不全。如尿道口缺乏阻力,膀胱充盈期内压低于正常时,其尿液就会流出;逼尿肌功能不全,有时也会引起尿失禁,其特征为充盈期膀胱不能处于松弛状态;膀胱疾病时,刺激排尿反射,也可引起急性尿失禁。尿可正常排出,但储尿期缩短。因排尿太急而不能自主控制,表现为非主动性排尿。

许多下尿道疾病所致的尿道口阻力过大、用力排尿,导致典型的尿道阻塞症状,即排尿困难、痛性尿淋漓和尿潴留,但不是尿失禁。然而,尿道部分阻塞时,随着膀胱内压升高,尿液可漏出。这种反常的阻塞性尿失禁可能因膀胱腔或膀胱壁病变引起。

4. 先天性和后天性 幼年犬、猫尿失禁很可能是先天性的,与遗传有关;老年犬、猫尿失禁多为后天性。

[病史与体格检查] 仔细观察排尿方式,多尿、夜尿症、尿频、痛性尿淋漓和排尿困难可能误认为尿失禁。首先要确定是否是自主性排尿。动物开始有主动排尿意识和保持排尿状况,表明排尿反射正常,且受到刺激时膀胱逼尿肌收缩。如膀胱积尿,无排尿反射,提示是神经源性尿失禁。当动物排尿表现为间歇性尿滴注、痛性尿淋漓及膀胱排空不全时,说明尿道口阻力过大,提示为非神经源性尿失禁。神经源性紊乱有时也可引起间歇性尿滴注。动物侧卧或睡眠时尿液溢出,表明尿道括约肌功能不全。各种解剖结构或功能异常时也会引起持续性尿滴注。

外周神经或脊髓损伤、腹部或泌尿生殖道手术均可能导致下尿道损伤而出现尿失禁,故应进行全面的体格检查,特别注意神经系统和泌尿生殖系统情况。神经系统检查关键是检查神经性排尿异常,因神经系统损伤很少只损害膀胱和尿道,所以应检查球状海绵体肌、会阴反射、肛门张力、后背和尾的感觉等。如这些异常,提示荐反射和会阴部神经功能未受影响。

非神经源性尿失禁病因常可通过腹部触摸、直肠检查(会阴疝、尿道异常)及阴道和/或外生殖器检查等予以诊断。应触摸排尿前、后的膀胱。如发现膀胱大而膨胀、壁薄,证明膀胱松弛,反射性减弱;如膀胱小而皱缩、壁厚,说明膀胱痉挛,反射性增强。如可能,人为压迫膀胱,排空膀胱尿液,测试尿道口阻力。如适当挤压膀胱,尿液就排出,说明尿道口阻力下降,反之,挤压困难或挤不出尿液,说明尿道口阻力正常或增加。

观察动物排尿动作,估计排尿是否受主动意识支配,逼尿肌是否与尿道括约肌松弛协调。插入导尿管检测膀胱的余尿量(通常为每千克体重 0.2~0.5 mL)。余尿量过多表明尿排空不全。插入导尿管也可探明尿道阻塞部位。

[诊断] 血常规检验和血清生化检验一般不能说明尿失禁的原因,但有助于对动物体质的全面了解。某些实验室检测结果可提示多尿的原因。

诊断尿失禁,尿液分析特别重要。如尿比重小于或等于 1.015 与多尿有关。如出现血尿、蛋白尿或脓尿,则表明尿道有病理性损害。如尿道感染会出现明显的菌尿,检查尿沉渣可看到细菌,尿培养对检测细菌可靠。

如神经检查发现有神经性紊乱,还应查出发生位置和可疑原因。因脊髓受损所致时,需做脊髓影响诊断,包括脊髓 X 线平片,脊髓 X 线造影、CT 和 MRI 等。

尿道病理性损害及其形态学特征也可用影像学诊断。因 X 线平片对许多尿道病变的诊断不很敏感,故对尿道器官非侵蚀性病变可选择超声波诊断。动物尿失禁或排尿困难时,超声波检查特别有助于诊断膀胱和前列腺疾病。如怀疑输尿管移位,超声波可揭示其在膀胱颈和邻近尿道壁的异常直径和走向。另外,超声波也可诊断输尿管异位(有时伴有上行输尿管异常,如一侧肾发育不全)。超声波对远端膀胱颈诊断意义不大,可通过体外检查和尿道插管进行诊断。当怀疑下尿道发育性异常时,内窥镜为最好的诊断技术。下尿道异常常发生于青年母犬。内窥镜可精确诊断泌尿生殖道结构,包括阴道、尿道开口及膀胱(包括输尿管和尿液流进三角区)等是否正常。

如无超声波和内窥镜设施,可用 X 线对比造影术诊断。常用静脉尿道造影术。为检查尿道和膀胱,用阳性对比尿道 X 线造影、阴道尿道 X 线造影或双对比膀胱造影的技术,可获得更多的诊断数据。如触摸发现膀胱和尿道有浸润性病变(如肿瘤),可通过膀胱冲洗或尿道插管获取活组织,进行细胞学和组织学检验。也可用内窥镜采取活组织。

[治疗]　结构异常性尿失禁、阻塞性尿失禁可手术治疗。功能性尿失禁可使用维生素 B_1、维生素 B_{12} 调节,无效果者多预后不良。

[预防]　尿道结构异常和尿道括约肌功能不全的预后相对较好。阻塞性尿失禁可分为两种,即尿道出口机械性阻塞和功能性阻塞。前者如得到正确的治疗,常可恢复正常功能;后者则预后不良。对于神经源性引起的尿失禁,其预后(下尿道功能的恢复)与潜在神经性引起的尿失禁相同。

第八节　烦渴与多尿

饮水增多和尿量增多是小动物疾病中常见的病症。烦渴(polydipsia)是指动物反复饮水,每天饮水量超过每千克体重 100 mL;多尿(polyuria)是指每天尿量多于每千克体重 50 mL。发现犬、猫饮水或尿量显著增加时,应进行全面诊断,确定其发病原因。

[病因]

1. 原发性多尿症

(1)渗透压因素:肾小球滤液中溶质浓度超过近曲小管重吸收能力时,水分不能被动地被肾小管重吸收,即使存在抗利尿激素,原尿也不能被浓缩,这样就引起渗透性或溶质性多尿。糖尿病和原发性肾性糖尿病患者,因显著糖尿会引起渗透性多尿和继发烦渴、多饮。肾后阻塞时,血清尿素氮显著增多,一旦阻塞被解除,则会呈现阻塞后多尿。患慢性肾衰的犬、猫,因肾单位丧失而导致肾小管滤液和溶质重吸收能力渐进性下降,引起渗透性多尿和肾髓质张力减少(尿比重通常为 1.008~1.020)。

(2)中心性尿崩症(CDI):为抗利尿激素缺乏的一种病症(不常见),多由抗利尿激素合成或分泌功能完全或部分缺失所致。多数患中心性尿崩症犬、猫均有特发性综合征。尽管 50% 老年犬患有垂体肿瘤,但少见因头部创伤或先天性损伤而引起中心性尿崩症。苯妥英钠、乙醇和糖皮质激素等多种药物抑制释放抗利尿激素,引起 CDI。某些犬患肾上腺功能亢进,其抗利尿激素水平下降。抗利尿激素缺乏的临床及试验特征不明显,为轻度脱水(烦渴、多饮的发病原因)或重度脱水(因限制饮水加之尿浓缩功能减退引起)。犬颅腔生长肿瘤,会发生 CDI,表现中枢神经系统症状。诊断取决于水缺失和抗利尿激素反应试验。

(3)肾源性尿崩症:为肾小管对抗利尿激素不敏感的一种病症,分原发性和继发性肾源性尿崩症。前者为肾先天性结构和功能缺陷,十分罕见;后者是肾缺乏对抗利尿激素的敏感性,常继发于某些代谢病或某些药物的副作用。只要纠正这些原发病,许多继发性肾源性尿崩症就有可能转归。一些引发肾源性尿崩症的疾病和药物如下。

①肾功能不足或衰竭:是引起犬、猫多尿或烦渴多饮最常见的病因。

②肾盂肾炎:肾盂感染和炎症可破坏肾髓质逆流机能,导致尿被稀释和多尿多饮。

③子宫蓄脓:子宫蓄脓时,大肠杆菌内毒素沉积于肾小管,损伤和干扰钠、氯离子重吸收,使渗透压下降,引起多尿。

④高钙血症:可直接影响肾小管对抗利尿激素的反应能力,不能将钠、氯离子转入肾髓质间质内,并且抑制水的重吸收。

⑤低钾血症:严重低钾血症(小于 3.5 mmol/L)使肾单位终端部分对抗利尿激素的反应降低,也

可干扰腺垂体抗利尿激素的正常释放。

⑥肾上腺皮质功能亢进：患肾上腺皮质功能亢进的犬，80％以上呈现多尿多饮的症状，这是唯一的症状，尽管也有其他临床和实验室特征。多因中枢抗利尿激素释放减少所致。

⑦甲状腺功能亢进：可直接刺激过量饮水或通过增加肾血流量、减少渗透压，从而引起多尿或多饮。

⑧肾上腺皮质功能低下：肾上腺皮质功能低下时，尽管肾功能正常和血容量明显减少，但尿很少被浓缩。

⑨肝功能衰竭：患慢性肝病的犬、猫，常见稀释尿。引起多尿的确切原因不详，但可累及肾髓质张力丧失（尿素减少引起）、内源性醛固酮和可的松清除迟缓、低钾血症和脑病性多饮等。

⑩肾髓质溶质丢失：在某种程度上，任何引起多尿的紊乱，因肾小管尿流量和容积增加，使钠和尿重吸收减少，均可引起肾髓质溶质丢失。

药物或饮食：许多药物，如利尿、抗痉挛剂、合成左甲状腺素和糖皮质激素等均可引起多尿和烦渴、多饮；食物的改变，如低蛋白日粮也可引起肾髓质溶质丢失和原发性多尿，而高盐饮食可增加饮欲，继发多尿。

2. 原发性（行为性）多饮 犬在限制活动和应激的状态下会不由自主地引发多饮（嗜饮癖），这属于后天性行为。下丘脑渴觉中枢肿瘤或创伤也可引发嗜饮癖。多尿继发于多饮，尿呈低渗透压，血浆渗透压下降。排除多尿多饮的其他原因，如无器质性脑病或肝功能低下的症状，并经逐步禁水和脱水试验证明尿浓缩，即可诊断为行为性多饮。

[诊断] 当主人怀疑犬排尿或饮水增加时，很可能是多尿多饮。如病史不清楚，建议主人在家连续3～5天测定犬饮水量。

1. 常见病因诊断 仔细进行体质检查和常规诊断试验，排除多尿多饮常见病因。最初可做全血计数、尿分析、血清生化检验及血清甲状腺素（老年猫）含量测定。还应考虑尿样细菌培养，即使尿沉积不明显。腹部 X 线诊断和/或超声波检查有助于诊断肝、肾、子宫和肾上腺疾病。对患有多尿、多饮成年犬，就应考虑将垂体-肾上腺轴试验（促肾上腺皮质激素刺激和低剂量地塞米松抑制试验）作为最初诊断计划的一部分。如体检和最初实验室检验不能确诊，应做进一步诊断试验，初步试验完成后，多数多尿、多饮病例将会做出鉴别诊断（表 11-1）。对还未确诊的病例，应采用行为性多饮、肾原性尿崩症和 CDI 等不常用的鉴别诊断法。

2. 比重分析 等渗尿（比重为 1.008～1.015）常见于肾功能不全，但患有不全中心性尿崩症或肾源性尿崩症犬、猫，尤其在限制饮水时也发生等渗尿。另外，犬、猫患完全中心性尿崩症、原发性或继发性肾尿崩症、行为性多饮、肾上腺皮质功能亢进或肝功能衰竭（不常见）时，见有低渗尿（比重小于 0.005）。

3. 血浆渗透压分析 犬、猫患 CDI 和原发性或继发性肾源性尿崩症时，水随尿丢失，血清渗透压上升，饮欲增加，但其血浆渗透压常稍高（300～350 mOsm/kg H_2O），而患原发性多饮症时，血浆渗透压低于正常值（275～285 mOsm/kg H_2O），在禁水试验中血浆渗透压可反映机体脱水状态。

4. 禁水试验或抗利尿激素反应试验 可确定犬、猫能否释放内源性抗利尿激素对脱水的反应和肾能否对抗抗利尿激素的反应，多用于区别中心性尿崩症、肾源性尿崩症和行为性多饮。有人喜欢用合成抗利尿激素做试验性治疗，而不用禁水试验。试验性治疗价廉、安全，对诊断可靠，又有特异性。在排除肾上腺皮质功能亢进和其他所有肾源性尿崩症的继发病因后，才可进行禁水试验。先进行肾髓质洗脱，然后做禁水试验，并监测尿浓缩情况。如动物临床上已脱水或血浆渗透压大于 320 mOsm/kg H_2O，不能进行前两个试验。如动物已脱水但无尿浓缩，再做外源性抗利尿激素反应试验，以判断肾对抗利尿激素有无反应。

表 11-1　多尿和多饮的鉴别诊断试验

诊断	支持诊断的诊断性试验
糖尿病	长期高血糖和糖尿,酮尿阴性或阳性
肾性糖尿	血糖正常但有糖尿,检测氨基酸尿;肾超声波检查;肾静脉尿道造影;活组织检查
中心性尿崩症	血浆渗透压正常或增高,脱水试验无反应。外源性抗利尿激素有反应,需做排除颅内疾病试验
肾源性尿崩症	血浆渗透压由正常到增高,脱水试验和外源性抗利尿激素无反应,检查肾原性尿崩症的继发原因,尤其肾功能不全
肾功能不全或衰竭	等渗尿,血清尿素氮和肌酐可能增多,肌酐清除异常,肾超声波检查;肾静脉尿道造影;活组织检查
肾盂肾炎	发热、肾疼痛,炎性全血计数,炎性尿沉渣检测,尿培养阳性,肾静脉尿道造影和超声波检查
子宫蓄脓	阴道分泌物和(或)触摸子宫膨大;炎性全血计数,核左移阳性或阴性;腹部 X 线和超声波检查
高钙血症	血钙浓度增加,检测潜在的病因:直肠检查,胸部和腹部 X 线检查,淋巴结细胞、活组织细胞、骨髓细胞检测,甲状旁腺激素测试,PTHrP 测试,促肾上腺皮质激素刺激试验
低钾血症	血钾浓度下降,钾部分排出增加
肾上腺皮质功能亢进	体格和临床病理学检查有助诊断;需做促肾上腺皮质激素刺激试验、低剂量地塞米松抑制试验
甲状腺功能亢进	体格和临床病理学检查有助诊断;血清 T_4 浓度增高,颈部肿块细胞检查(犬),T_3 抑制试验(猫)
肾上腺皮质功能低下	组织学和体格检查有助诊断;血清钾比值降低;做促肾上腺皮质激素刺激试验
肝功能不全和门静脉血管吻合	可能出现黄疸或腹水;实验室诊断包括白蛋白和血液尿素氮含量下降,数种肝酶增高;禁食和食后血清胆酸、氨耐受试验有助于诊断肝病;腹部超声诊断、门静脉血管造影、手术和肝活组织检查可揭示病情
肾髓质溶质丢失	脱水试验,尿浓缩不充分;外源性抗利尿激素尿无进一步浓缩;长期通过限制饮水和盐摄入后,需再做脱水和抗利尿激素反应试验
原发性多饮	血浆渗透压降低,低渗尿,脱水试验有反应;再做试验排除潜在病因(肝性脑病、脑病)

注:PTHrP 为甲状旁腺素相关蛋白。

第十二章　营养代谢与电解质紊乱性疾病

第一节　肥　胖　症

　　肥胖症(obesity)指体内脂肪组织增加、过剩的状态,是因机体总能量摄入超过消耗,过多部分以脂肪形式蓄积,是成年犬、猫较多见的一种脂肪过多性营养疾病。多数肥胖由过食引起,这是饲养条件好的犬、猫最常见的营养性疾病,其发病率远远高于各种营养缺乏症。一般认为体重超过正常值的15%就是肥胖症。西方国家有44%的犬和12%的猫超重。

　　[病因]

　　1. 品种、年龄和性别因素　12岁以上犬和老年猫易肥胖,母犬、猫多于公犬、猫。比格犬、可卡犬、腊肠犬、牧羊犬和拉布拉多、短脚猎犬及某些㹴类犬种等及短毛猫较易肥胖。

　　2. 饲养过剩　因食物适口性好,摄食过量,加上运动不足,或患有呼吸道、肾和心脏疾病等,易肥胖。

　　3. 睾丸、卵巢摘除与某些内分泌疾病因素　公犬、猫去势,母犬、猫卵巢摘除以及糖尿病、垂体瘤、甲状腺功能减退、肾上腺皮质功能亢进及下丘脑损伤等内分泌疾病,易致肥胖。

　　4. 遗传因素　犬、猫父代肥胖,其后代也易肥胖。

　　[症状]　患肥胖症犬、猫皮下脂肪丰富,尤其腹下和体两侧,体态丰满,用手摸不到肋骨。肥胖犬、猫食欲亢进或减少,不耐热,易疲劳,迟钝不灵活,不愿活动,走路摇摆。动物易发生骨折、关节炎、椎间盘病、膝关节前十字韧带断裂等;也易患心脏病、糖尿病,影响生殖功能等,麻醉和手术时易发生问题,生命缩短。由内分泌紊乱引起的肥胖症,除上述肥胖的一般症状外,还有各种原发病的症状表现。如甲状腺功能减退和肾上腺皮质功能亢进引起的肥胖症有特征性脱毛、掉皮屑和皮肤色素沉积等变化。患肥胖症犬、猫血液胆固醇和血脂浓度升高。

　　[防治]　以预防为重点,采取以下措施:①定时定量饲喂,减少采食量;②运动;③对于内分泌紊乱引起的肥胖症,应治疗原发病。

第二节　高　脂　血　症

　　高脂血症(hyperlipidemia)是指血液中脂类含量升高的一种代谢性疾病,临床上常以肝脂肪浸润、血脂升高及血液外观异常为特征。常发于犬。犬、猫血液中的脂类主要有四类:游离脂肪酸、磷脂、胆固醇和三酰甘油。血脂类和蛋白质结合形成脂蛋白。因密度不同,脂蛋白也分为四类:乳糜微粒(CM,富含外源性三酰甘油)、极低密度脂蛋白(VLDL,富含内源性三酰甘油)、低密度脂蛋白(LDL,富含胆固醇和三酰甘油)和高密度脂蛋白(HDL,富含胆固醇及其酯)。血中脂类,特别是胆固醇或三酰甘油及脂蛋白浓度升高,即高脂血症。

　　[病因]　分原发性和继发性两种。前者见于自发性高脂蛋白血症、自发性高乳糜微粒血症、自发性脂蛋白酶缺乏症和自发性高胆固醇血症;后者多由内分泌和代谢性疾病引起,常见于糖尿病、甲

状腺功能低下、肾上腺皮质功能亢进、胰腺炎、胆汁阻塞、肝功能降低、肾病综合征等。另外，糖皮质激素和醋酸甲地孕酮也可诱导高脂血症。犬、猫采食后可产生一过性高脂血症。

[症状]　营养不良，饮食欲废绝，偶见恶心、呕吐、精神沉郁、心跳加快、呼吸困难、虚弱无力、站立不稳和瘦弱等；血液如奶茶状，血清呈牛奶样。继发性高脂血症的临床症状主要是原发病表现。实验室检验，犬、猫饥饿 12 h，血浆或血清肉眼可见血清呈乳白色，即血脂异常。血清三酰甘油浓度大于 2.2 mmol/L 时，一般会出现肉眼可见变化。高脂血症是血液中三酰甘油浓度升高，同时 CM 和（或）VLDL 及胆固醇也增多。饥饿状态下成年犬血脂胆固醇和三酰甘油分别超过 7.8 mmol/L 和 1.65 mmol/L，成年猫分别超过 5.2 mmol/L 和 1.1 mmol/L，即可诊断为高脂血症。高脂血症血清在冰箱放置过夜，如是乳糜微粒，在血清顶部形成一层奶油样层；如是 VLDL，血清仍呈乳白色。单纯胆固醇症，血清无肉眼异常变化，但仍是高脂血症。高三酰甘油血症时，除三酰甘油浓度升高外，血清胆红素、总蛋白、白蛋白、钙、磷和血糖浓度出现假性升高，血清钠、钾、淀粉酶浓度出现假性降低，同时还可能发生溶血，影响多项生化指标的检验。

自发性高脂蛋白血症多发生于中、老年小型犬，病因不清，可能与家族遗传有关。临床表现为腹部疼痛，腹泻，血清呈乳白色，高三酰甘油血症，轻度高胆固醇血症，血清 CM、VLDL 和 LDL 浓度也升高。

自发性高乳糜微粒血症发生于猫和犬，病因不明，可能是脂蛋白酶活性低，不能分解三酰甘油，也不能清除血液中的乳糜微粒，猫还可能与常染色体隐性遗传有关。病猫腹部触诊可摸到内脏器官有脂肪瘤。血清呈乳白色，血脂变化特点为高三酰甘油血症，血清 VLDL 轻度增多。犬患此病无临床症状，但化验结果与猫基本相同。

自发性高胆固醇血症多发生于德国笃宾犬和罗威纳犬。病因不详，临床症状不明显。血脂检查为高胆固醇血症，血清 LDL 浓度也升高。

[治疗]　治疗原发病，多运动，饲喂低脂肪高纤维性食物；使用降血脂药如辛伐他汀。

第三节　电解质紊乱性疾病

一、高钠血症

高钠血症（hypernatremia）指血钠浓度高于 150 mmol/L。钠是细胞外液的主要阳离子，故高钠血症一定伴有血浆晶体渗透压升高。

[病因]　高钠血症是因水丢失多于钠，使体内钠相对增多。高钠血症可分为三种，即细胞外液量正常、细胞外液量减少及细胞外液量增加。高钠血症细胞外液量正常，见于水摄入少、肾排水多（如尿崩症）、不显性失水增加（如高热、呼吸系统疾病、甲状腺功能亢进等）和原发性高钠血症（如某些中枢神经系统疾病，可能因渗透压感受器调节点提高，引起抗利尿激素释放和渴感所需的渗透压增高）；高钠血症细胞外液量减少，见于高渗性脱水（如食盐中毒、高渗液体治疗）；高钠血症细胞外液量增加见于原发性醛固酮增多症、肾上腺皮质激素分泌亢进。

[症状]　病犬口渴，眼球下陷，尿量减少，皮肤弹力减退，四肢发凉，血压下降。严重者发生抽搐。

[诊断]　实验室检查血清钠浓度增高，超过 150 mmol/L。尿量减少，尿比重增高（1.060 以上）。

[治疗]　高钠血症伴细胞外液量减少，先纠正血容量，可用生理盐水，再用 5% 葡萄糖补充液体。高钠血症伴细胞外液量增加，用排钠利尿剂并补水，可口服或静脉注射 5% 葡萄糖溶液。

二、低钠血症

低钠血症(hyponatremia)亦称低钠综合征,是指血清钠浓度低于140 mmol/L。根据病因可分为缺钠性低钠血症和稀释性低钠血症。

[病因]

1. 缺钠性低钠血症 因体内水和钠同时丢失而以钠丢失相对过多所致,可见于下列情况。

(1)过多钠丢失:肾上腺皮质功能减退(Addison病)、严重腹泻、呕吐、大出汗、利尿治疗、慢性肾衰、糖尿病酮症酸中毒、长期高脂血症、肠阻塞、代谢性酸中毒、血清蛋白水平升高等。

(2)不适当钠摄取:饲料中食盐缺乏、不吸收钠盐。

(3)血浆渗出过多:如大面积烧伤、急性大失血等。

2. 稀释性低钠血症 因水分潴留引起,但钠在体内的含量并未减少。

(1)慢性代谢性低钠:慢性肾病、肝硬化、慢性消耗性疾病(如肿瘤、结核等)。

(2)慢性充血性心力衰竭:见于各种心脏病。

(3)严重损伤后低钠:主要因水潴留和钠进入细胞内而使钾逸出,血钠浓度降低,且伴有高钾血症。

(4)水中毒所致低钠:见于液体治疗(低渗性盐水)、抗利尿激素(ADH)大量分泌或肾衰时过多给水等。

[症状] 病犬精神沉郁,体温有时升高,无口渴,常有呕吐,食欲减退,四肢无力,皮肤弹力减退,肌肉痉挛。严重者血压下降,出现休克、昏迷。

[诊断] 实验室检查血清钠浓度低于140 mmol/L。尿量减少,尿比重正常或增高,尿中氯化物减少或缺乏,即认为低钠血症。

[治疗] 缺钠性低钠血症,补钠量可用下式计算:补钠量(mmol/L)=(正常血钠值-病犬血钠值)×体重(kg)×20%,先静脉注射补钠量的1/3~1/2,其余部分视病情改善状况,决定是否再补给。对于慢性代谢性低钠,主要是排水而不是补钠,可给予呋塞米。慢性充血性心力衰竭所引起的低钠,除给予强心剂外,亦应以利尿为主。严重损伤后低钠时,因低钠加强高血钾对心肌的毒性,应首先补钠,静脉注射3%氯化钠溶液。对高血钾可给予葡萄糖和胰岛素治疗(参阅高钾血症)。若为水中毒所致低钠,应限制给水,静脉注射脱水剂(如甘露醇、山梨醇等)和高渗盐水。

三、高钾血症

高钾血症(hyperkalemia)是指血清钾浓度高于5.5 mmol/L。正常情况下,因机体具有防止发生高钾血症的有效机制,故不易发生高钾血症。当钾摄入多时,可使胰岛素分泌增加2~3倍,钾离子可较快进入细胞内。同时高血钾可促使醛固酮的分泌,使肾排钾增加。

[病因]

(1)摄入过多:如输入含钾溶液太快、太多,输入储存过久的血液或大量使用青霉素钾盐等,可引起血钾过高。

(2)肾排钾减少:见于肾功能衰竭、有效循环血容量减少及醛固酮分泌减少,远端肾小管上皮细胞分泌钾障碍的少尿期和无尿期,肾上腺皮质功能减退等。

(3)细胞内钾外移:见于输入不相合的血液或其他原因引起的严重溶血、缺氧、呼吸及代谢性酸中毒、胰岛素分泌减少等。

(4)细胞外液容量减少:见于脱水、失血或休克所致的血液浓缩。

[症状] 高血钾对心肌有抑制作用,可使心脏扩张、心音低弱、心律失常,甚至发生心室纤颤,心脏停于舒张期。轻度高钾血症使神经肌肉系统兴奋性升高,重度高钾血症则使兴奋性降低,主要表现为肌无力、四肢末梢厥冷、少尿或无尿、呕吐等。

［诊断］ 特异性,常被原发病或尿毒症的症状所掩盖,故一般以实验室检查和心电图检查为主要诊断依据。血钾浓度高于 5.5 mmol/L,常伴有代谢性酸中毒,二氧化碳结合力降低。心电图检查,T 波高而尖,基底狭窄,P-R 间期延长,QRS 波群增宽,P 波消失。

［治疗］ 静脉注射 5% 碳酸氢钠溶液纠正酸中毒。严重者静脉注射 10% 葡萄糖酸钙溶液拮抗钾对心肌的作用,注射呋塞米促进钾的排出。

四、低钾血症

低钾血症(hypokalemia)指血钾浓度低于 3.5 mmol/L。

［病因］

1. 摄入不足 全价日粮中含钾丰富,一般不会缺钾。正常犬、猫每日从日粮中摄入的钾为 40～100 mmol。当吞咽障碍、长期禁食或每日摄入钾 15～20 mmol 时,经 4～7 天,尿排钾开始减少,可发生低钾血症。

2. 钾丢失过多 有肾外丢失与肾性丢失两种。肾外丢失指钾从汗腺及胃肠道丢失,见于严重呕吐、腹泻、高位肠梗阻、长期胃肠引流等;肾性丢失指钾经肾丢失,见于醛固酮分泌增加(慢性心力衰竭、肝硬化、腹水等),肾上腺皮质激素分泌增多(应激),长期使用糖皮质激素、利尿剂、渗透性利尿剂(高渗葡萄糖溶液),碱中毒和某些肾疾病(急性肾小管坏死恢复期)等。

3. 分布异常 钾从细胞外转移到细胞内,当这一转移使细胞内、外钾浓度发生变化时,就会出现低血钾。如用大量胰高血糖素或葡萄糖,促使细胞内糖原合成加强,引起血钾降低。此外,碱中毒时,细胞内的氢离子进入细胞外,同时伴有钾、钠离子进入细胞内以维持电荷平衡,也可引起血钾降低。当心力衰竭或因大量输入不含钾的液体时,亦可导致细胞外液稀释,使血清钾浓度降低。

［症状］ 病犬精神倦怠,反应迟钝,嗜睡;有时昏迷,食欲不振,肠蠕动减弱;有时发生便秘、腹胀或麻痹性肠梗阻,四肢无力,腱反射减弱或消失,出现代谢性酸中毒,心力衰竭,心律紊乱,心电图发生改变(T 波倒置、ST 段下移)。低钾血症还引起低血压、肌无力、肌麻痹和肌痛,尿量增多,肾功能衰竭,严重者出现心室颤动及呼吸肌麻痹。

［诊断］ 分析病史,结合临床症状、实验室和心电图检查进行诊断。如血清钾浓度低于 3.5 mmol/L,可诊断低钾血症,并伴有代谢性碱中毒和血浆二氧化碳结合力增高。其心电图 S-T 段降低,T 波低平、双相,最后倒置。

［治疗］ 治疗原发病,补充钾盐。缺钾量(mmol/L)=(正常血钾值－病犬血钾值)×体重(kg)×60% 。10% 氯化钾加入 5% 葡萄糖溶液,缓慢静脉注射,以防心搏骤停。不严重的病例每天口服果味钾。

五、高钙血症

高钙血症(hypercalcemia)指血清钙含量大于 2.75 mmol/L(11 mg/dL),是一种代谢异常,其临床表现差别很大。有时仅在验血时发现,有时也可出现严重的临床症状,如昏迷。高钙血症可导致死亡,是一种危重急症。血钙有三种形式,即离子钙,与白蛋白结合的非离子钙,以及与枸橼酸盐、磷酸盐形成的复合物。只有离子钙才有生理作用。血清白蛋白水平高低常影响血总钙的浓度。

［病因］ 病因很多,其分类也不尽相同,按疾病种类可分为:①原发性甲状旁腺功能亢进;②继发性甲状旁腺功能亢进;③恶性肿瘤,如多发性骨髓瘤、骨转移瘤、分泌 PTH 激素类物质的肿瘤;④与维生素 D 代谢有关的疾病,如维生素 D 中毒;⑤非甲状旁腺内分泌疾病,如甲状腺功能亢进、肾上腺功能不全;⑥药物引起,如噻嗪类利尿剂;⑦急性肾功能衰竭;⑧低尿钙症。

［症状］ 不论何种原因引起高钙血症,当其浓度达到一定数值后,均会影响神经、肌肉、消化、心血管、泌尿等系统的功能。

(1)神经肌肉系统:普遍肌无力。血钙浓度达 4.0 mmol/L 时出现神经症状,血钙浓度高于 4.1

mmol/L 时出现昏迷。

（2）消化系统：表现为胃 G 细胞增加，分泌胃泌素、胃酸，胰腺分泌胰酶增加，胃肠平滑肌收缩加强。

（3）心血管系统：心肌收缩力加强，心率变慢，收缩期缩短，心律失常和易发生洋地黄中毒等。

（4）泌尿系统：肾小管浓缩，功能障碍，多尿，多饮，尿排钠及钾增加，ADH 敏感性下降，肾钙化，肾结石，电解质及酸碱平衡失调，可发生肾小管酸中毒、低钾血症、低钠血症、低磷血症、低镁血症等。

（5）血液系统：钙离子可激活凝血因子，形成广泛性血栓。

（6）高血钙危象：血钙浓度超过 4.5 mmol/L（18.75 mg/dL），临床表现为呕吐、便秘、腹痛、烦渴、多尿、脱水、无力、高热、昏迷、急性肾功能衰竭，并可发生心律失常，常为致死的原因。

[实验室检查] 实验室检查不仅可确定有无高钙血症及其严重程度，而且对引起高钙血症的病因诊断亦有帮助。血液测定内容包括血清钙、钾、钠、镁、磷、氯、二氧化碳结合力、尿素氮，以及碱性磷酸酶、酸性磷酸酶、甲状旁腺激素、降钙素测定等；尿液检查内容包括尿钙、钾、钠、氯、磷及尿羟脯氨酸测定等。

对鉴别诊断高钙血症较为有意义的检查正常值及其诊断低值如下：①血清钙浓度：正常值为 2.15～2.55 mmol/L（8.75～10.6 mg/dL）。②血清磷浓度：正常值为 0.87～1.45 mmol/L（2.3～3.7 mg/dL）。③尿钙浓度：正常 24 h 排出 200～250 mg。④尿磷：正常 24 h 排出 700～1500 mg。⑤血羟脯氨酸（为骨胶原蛋白的主要成分），尿中正常值 24 h 为 114～328 μmol，血清为 1.4 mg/dL。⑥血清酶测定，正常值为 32～93 IU/L。⑦酸性磷酸酶：血中正常浓度为 7～28 IU/L。⑧PTH：血清浓度正常值小于 25 ng/L。⑨降钙素：血清浓度正常值为 28 ng/L 以下。

[诊断] 结合病史、临床表现、实验室检查进行诊断。血清钙浓度高于正常值，即可确诊为高钙血症，可继发于特殊的疾病，故常有原发病的临床表现。

[治疗] 治疗原则为增加钙从肾的排出、抑制骨的吸收及抑制肠道吸收钙。

（1）静脉输入生理盐水，每千克体重 40 mL。

（2）应用排钠利尿剂可增加钙的排出。常用药物有呋塞米、布美他尼。

（3）口服磷制剂抑制骨质吸收。

（4）应用降钙素，每千克体重 5～10 IU，加于 500 mL 生理盐水中，静脉滴注，至少 6 h 滴完。

（5）光辉霉素可拮抗甲状旁腺激素、减少骨的吸收，故降低血钙浓度的有效率可达 90%。一次用药作用可持续 48 h。

六、低钙血症

低钙血症（hypocalcemia）指血清钙总量低于 2.15 mmol/L（8.6 mg/dL）。钙离子可直接参与很多生物反应。血清钙离子正常值为 1.0～1.5 mmol/L（4.2 mg/dL）。因此，测定钙离子意义更大。但钙离子测定较困难，故临床多测定血清钙总量。当血液 pH 升高时，钙与血中的蛋白质结合增加，pH 每上升 0.1，则血清钙离子浓度下降 0.05 mmol/L，反之则升高。

[病因及发病机理] 病因主要有以下几种。

1. 甲状旁腺疾病、甲状旁腺激素（PTH）异常及靶细胞功能障碍 甲状旁腺与钙代谢的关系非常密切。PTH 与靶细胞之间的关系为钙离子浓度降低→甲状旁腺→PTH 分泌→靶细胞受体→腺苷酸环化酶→蛋白激酶→磷酸蛋白→生物效应。

（1）PTH 合成、分泌减少或缺乏：PTH 对控制破骨细胞起重要作用。PTH 减少则破骨细胞活力减弱，骨质吸收减少，血钙浓度降低。引起 PTH 合成、分泌减少的常见疾病有：甲状旁腺切除、特发性甲状旁腺功能减退、甲状旁腺肿瘤（如乳腺癌甲状旁腺转移，破坏甲状旁腺）、药物副作用（阿霉素、阿糖胞苷等抗肿瘤药，可抑制 PTH 分泌）、低镁血症等。

（2）分泌合成无生物活性的 PTH：由 PTH 基因异常所致。甲状旁腺合成及分泌 PTH 异常，且血中浓度较高,有免疫活性,用免疫方法可测出其存在,但无生物活性。

2. 肠道吸收钙减少 常见于某些疾病:①脂肪泻,影响脂溶性维生素 D 的吸收,使钙在肠道吸收减少。②肝、肾疾病可使内源性维生素 D 减少,引起钙在肠道的吸收减少,发生低血钙。因肝、肾患病时,发生 25-羟化酶系功能障碍,不能使维生素 D_3 变为 $1,25$-$(OH)_2$-D_3,只有 $1,25$-$(OH)_2$-D_3 才具有生物活性。③PTH 减少也使 $1,25$-$(OH)_2$-D_3 减少。④维生素 D 摄入不足。

3. 维生素 D 代谢障碍或对其反应不良 见于:①维生素 D 依赖性佝偻病,因肾 $1,α$-羟化酶缺陷,虽然血中 25-(OH)-D_3 正常,但不能产生足够的 $1,25$-$(OH)_2$-D_3,需给予大量 $1,25$-$(OH)_2$-D_3 后,方可达到生理需要的水平;②维生素 D 靶细胞受体缺陷,影响肠道吸收钙,血钙减少,血磷亦低,但PTH 增高。

4. 应用排钠利尿剂 抑制钙重吸收,使尿钙排出增多,血钙则降低。

5. 急性胰腺炎 发生体内钙转移。尽管体内钙总量不减少,但因钙转移,血钙降低。坏死性急性胰腺炎时,因脂肪坏死形成脂肪酸,后者与钙结合形成钙皂,导致低钙血症。胰蛋白酶可分解PTH,血 PTH 浓度降低,也是血钙降低的原因之一。

〔**症状**〕 主要临床表现为神经、肌肉应激性、兴奋性增加。临床症状的严重程度,不仅与血钙下降的多少有关,而且与其下降的快慢有关。

1. 神经、肌肉系统 低钙血症可使神经、肌肉的应激性增加、刺激阈降低、调节功能下降,故一个刺激可发生重复的反跳,使神经组织持续性活动。临床表现为感觉及运动神经纤维自发运动,出现神经及肌肉的症状及体征。慢性低钙血症血钙浓度低于 1.0 mmol/L(4.0 mg/dL)时或急性低钙血症血钙浓度为 1.75~1.9 mmol/L(7.3~7.9 mg/dL)时,即可出现神经、肌肉症状及体征。临床表现为四肢肌肉抽搐,常因很轻的刺激即可发生。严重者甚至发生全身随意肌收缩,出现惊厥现象,并伴有腹痛、恐惧感。持续时间为几分钟到几天。因植物性神经功能障碍而发生平滑肌痉挛,喉、支气管喘息、腹痛和腹泻等。

2. 骨骼改变 维生素 D 缺乏引起的低钙血症,骨骼呈佝偻病样变。假性甲状旁腺功能减退引起者,可发生软骨病、纤维性骨炎、纤维囊性骨炎。

3. 消化系统 胃酸减少,消化不良。表现呕吐、腹痛、腹泻、便秘、吞咽困难等症状。

4. 心血管系统 心率增快,心律不齐。心电图可有 QT 间期及 ST 段延长,T 波低平或倒置。房室传导阻滞,心力衰竭。低血钙使迷走神经兴奋性提高,可发生心脏停搏。

5. 低血钙危象 当血钙浓度低于 0.7 mmol/L(3.0 mg/dL)时,可发生严重的平滑肌痉挛,从而发生惊厥、癫痫样发作。严重者,支气管平滑肌痉挛,哮喘,可引起心力衰竭、心搏骤停而致死。

〔**诊断**〕 血清钙浓度低于 3.15 mmol/dL 即可确诊。

〔**治疗**〕 急性缺钙时,10% 葡萄糖酸钙 3~5 g 缓慢静脉注射纠正低血钙,输液过程中动物出现呕吐即停止输液。治疗佝偻病时,口服维生素 D 或肌肉注射维丁胶性钙。

七、高磷血症

高磷血症(hyperphosphatemia)是指血磷浓度高于正常而引起磷代谢紊乱。犬血磷浓度高于 1.9 mmol/L(6.0 mg/dL)、猫血磷高于 2.1 mmol/L(6.6 mg/dL)可诊断为高磷血症。

〔**病因**〕

1. 维生素 D 中毒 维生素 D 可促进肠道吸收磷和肾小管磷重吸收,使血磷增加。维生素 D 中毒时,即使吃正常含磷不高的食物,亦可发生高磷血症。

2. 输入磷制剂 治疗低磷血症而输入磷制剂时,若监护不及时,亦可发生高磷血症。

3. 急性溶血 如输血血型不合,大量红细胞被破坏,红细胞内的磷进入血液,使血磷突然升高,可发生急性高磷血症。

4. 应用抗癌药物 特别是治疗淋巴系统恶性肿瘤时,因淋巴母细胞内含磷量较其他细胞高,抗癌药物使癌细胞崩解后,细胞内的磷释放到血液中,引起高磷血症,同时也可伴有高钙血症。

5. 严重肌肉损伤、肌纤维溶解、肌肉缺血或缺氧 肌细胞内的磷释放到细胞外,引起高磷血症。除高磷血症外,还可发生肌红蛋白血症、高钾血症,亦可引起急性肾功能衰竭。

6. 代谢性酸中毒 如乳酸中毒,因细胞代谢障碍,细胞内磷可释放到细胞外,从而发生高磷血症。

7. 甲状旁腺分泌减少 因 PTH 分泌不足使尿磷排泄减少,可发生高磷血症。

8. 肾功能衰竭 当肾小球滤过率小于 20 mL/min 时,血清磷浓度就可升高,主要是因磷酸盐的滤过障碍所致。此外,因高血磷导致低血钙,引起继发性 PTH 增多,骨盐释放增加,过多的磷酸盐在重度肾功能衰竭时又不能及时排出,使血磷进一步上升。

[症状] 高磷血症是一种潜在疾病的征兆,本身一般不会引起临床症状。急性血磷增加可引发低钙血症及其神经肌肉症状,如四肢搐搦。持续高磷血症可继发甲状旁腺功能亢进、纤维性骨营养不良、转移性骨外钙化以及软组织矿物质沉积。慢性肾功能衰竭是持续高磷血症的最常见病因。

[诊断] 急性或慢性肾功能衰竭,均会发生高磷血症。若肾功能正常,而又无磷负荷加重,发生高磷血症,可能是因肾小管对磷的重吸收增加引起;血磷高、血钙低,见于甲状旁腺功能减退、假性甲状旁腺功能减退、肾功能衰竭等;血磷高、血钙也高,见于维生素 D 过量、多发性骨髓瘤等;血磷浓度大于 2.1 mmol/L(6.6 mg/dL)时,肾小球滤过率小于 20 mL/min,见于急性或慢性肾功能衰竭;肾小球滤过率小于 25 mL/min,血磷大于 2.1 mmol/L 时,见于磷负荷增加、甲状旁腺功能低下、甲状腺功能亢进及生长激素过多等。

[治疗] 治疗高磷血症原发病。急性高磷血症时,应输入葡萄糖溶液,同时用胰岛素、排钠利尿剂。若已有肾功能衰竭,常采用透析疗法。慢性高磷血症时,除减少磷的摄入外,可口服能与磷结合的药物,如氢氧化铝凝胶,以减少磷在肠道的吸收。

八、低磷血症

低磷血症(hypophosphatemia)是指血清磷浓度低于正常而引起的磷代谢紊乱。犬血磷浓度低于 0.75 mmol/L(2.32 mg/dL)、猫血磷浓度低于 1.2 mmol/L(3.71 mg/dL)即可诊断为低磷血症。临床以溶血、倦怠、虚弱及惊厥为特征。

[病因及发病机理]

1. 磷从细胞外液转移到细胞内 无机磷被机体用来合成很多的化合物,包括磷蛋白、磷糖、磷脂等。当细胞代谢旺盛时,磷就从血浆中转移到细胞内而被利用。此时,虽有血磷的降低,但体内磷总量并不减少。代谢性碱中毒时,因血液中 HCO_3^- 增加,引起中度血磷降低,伴有尿排磷增多;急性呼吸性碱中毒时,如过度呼吸 10 min,pH 升高,磷从血浆中转移到细胞内,血磷则很快下降到 0.323 mmol/L(1 mg/dL)。这说明磷从细胞外转移到细胞内相当快。当 pH 升高时,葡萄糖酵解加速,磷与葡萄糖代谢的中间产物结合较多,血浆中磷进入细胞内增加,这是呼吸或代谢性碱中毒血磷降低的机理。

2. 肠道丢失增多或摄入减少 正常饮食时,应用能与磷结合的药物,如氢氧化铝凝胶、碳酸铝凝胶治疗消化道溃疡,因该类药可与磷在肠道结合,而影响其吸收。长期应用可发生严重的低血磷。严重呕吐时,因摄入减少,也可发生低磷血症。

3. 肾小管重吸收磷减少 包括:①原发性甲状旁腺功能亢进时,磷从骨骼中移出增加,肾排磷增多,发生低磷血症;②快速输入糖皮质激素时,可降低近曲小管对磷的重吸收,增加尿磷的排出;③利尿剂,如噻嗪类、呋塞米及依他尼酸钠等,均可增加排尿和排磷。

4. 肠道对磷的吸收障碍 缺少维生素 D 时,肠道吸收磷功能障碍,伴有尿排磷增多。

[症状] 血磷浓度低于 1.5 mg/dL 时出现临床症状,尽管症状各异,但严重低血磷时多数动物则无临床症状。低血磷主要影响犬、猫血液和神经肌肉系统。溶血性贫血是其最常见的后遗症。因

低血磷可减少红细胞 ATP 浓度,降低红细胞脆性,导致溶血。溶血性贫血一般其血清磷浓度降至 1 mg/dL 或更少时才被发现。如溶血性贫血未能发现和治疗则会威胁生命。神经肌肉症状包括无力、共济失调、惊厥以及厌食和呕吐(继发于肠阻塞)。

[**诊断**]　血清磷浓度低于正常即可确诊,可参见钙代谢紊乱实验室检查。若低血磷伴有尿排磷增加,可能因肾病所致,影响磷重吸收,应注意是否有肾小管病变或甲状旁腺功能亢进;若低血磷伴有高血钙,见于甲状旁腺功能亢进或恶性肿瘤分泌 PTH 样物质。

[**治疗**]　用磷酸钠或磷酸钾溶液治疗,治疗过程中监测血磷,并根据其浓度,确定其补充量。

第十三章　内分泌系统疾病

第一节　肢端肥大症

肢端肥大症(acromegaly)是指生长激素分泌过多,导致结缔组织增生、骨骼过度生长、脸面粗糙和内脏增大的一种疾病。多伯曼猎犬、美国可卡犬、达尔马提亚犬、德国牧羊犬和杂种犬的母犬多发,猫也有发生。

[病因及发病机理]　犬多见于长期使用黄体酮或间情期内源性黄体酮分泌过多引起,有时由垂体肿瘤引起。猫最常见于垂体肿瘤。

体内过量黄体酮能促使垂体分泌大量生长激素。垂体分泌的生长激素具有两方面作用:一是合成代谢作用,它是类胰岛素生长因子,具有促进骨骼、软骨、结缔组织、骨骼肌和心肌生长的功能;二是分解代谢作用,它是通过生长激素中抗胰岛素肽起作用,此种肽能使脂肪分解和产生高糖血症,从而导致糖尿病。

[症状]　犬脸部变宽,脸和颈部多皱褶,齿间距离增大,腹部膨大。表现迟钝,头低和呆立。因舌头增大,出现喘鸣声。乳房上有软组织肿块。患病老年犬、猫厌食,易疲劳。多饮多尿,严重者发生糖尿病。猫多表现心肌和关节疾病。

实验室检查:碱性磷酸酶活性增高,血糖浓度升高,红细胞容积稍减少。

[诊断]　根据病史、症状和实验室检查做出诊断。舌、咽喉区X线平片可见软组织呈弥散性增生。CT扫描脑垂体,可诊断其肿瘤。另外,还可用生长激素抑制试验诊断。本病应与软腭过长、咽麻痹、甲状腺肿瘤、糖尿病和肾上腺皮质功能亢进相区别。

[治疗]　肢端肥大症是因黄体酮用药所致,应停止使用。内源性黄体酮过多,可手术摘除卵巢、子宫。

第二节　尿崩症

尿崩症(diabetes insipidus)是因下丘脑-神经垂体功能减退所引起的抗利尿激素分泌不足或缺乏。临床上以多尿、多饮和尿比重降低为特征。

[病因]　尿崩症是由下丘脑-垂体后叶病变所致,但其原发性病因尚不清楚。继发性病因可见于下丘脑、垂体或其附近组织肿瘤、脓肿、感染及外伤等。另外,肾盂肾炎、低血钾性肾病、高血钙性肾病、肾淀粉样变及某些药物等也可引起肾性尿崩症。

[症状]　发病可急可缓,以突发性居多。因肿瘤引起者,多呈渐进性发生;因外伤、脑膜炎、脊髓炎所引起者,多发病急剧,表现多饮、多尿,日饮水量大于每千克体重100 mL,日排尿量大于每千克体重50 mL,尿比重较低,小于1.006。常有夜尿症。限制饮水,尿量不减,尿呈水样清亮透明,不含蛋白质。病犬初期肥胖,后期消瘦,生殖器官萎缩。

[诊断]　本病的诊断标准为:如每天饮水超过每千克体重100 mL,每天排尿超过每千克体重90

mL,可确诊。也可肌肉注射垂体后叶抗利尿激素鞣酸油剂 2.5～10 IU,如为尿崩症,用药后数小时内尿量迅速减少,尿比重增高至 1.040 以上,尿渗透压增高至正常。本病应与糖尿病、慢性肾炎区别。

[治疗] 消除原发病后应用垂体后叶素。

第三节　甲状旁腺功能亢进症

甲状旁腺功能亢进症(hyperparathyroidism)是指甲状旁腺激素(PTH)分泌过多,引起机体钙、磷代谢紊乱的疾病。临床上呈现血钙浓度升高、骨盐溶解性骨质疏松、泌尿道结石或消化道溃疡等特征。主要发生于犬和猫。

根据产生甲状旁腺激素分泌过多的原因不同,甲状旁腺功能亢进症可分为原发性和继发性两种。体内有些肿瘤,可分泌一些多肽物质,如前列腺素 E_2、甲状旁腺样多肽和破骨活性因子等,使骨骼重吸收增加,亦产生与甲状旁腺功能亢进症十分类似的症状,称为假性甲状旁腺功能亢进症。

[病因] 原发性甲状旁腺功能亢进症多由甲状旁腺功能性主细胞腺瘤引起,致使甲状旁腺激素分泌过多。该腺瘤呈良性经过,恶性者少见,常为单一的淡棕色,位于甲状旁腺,或在胸腔入口的纵隔内。甲状旁腺增生的同时,甲状腺内 C 细胞亦增多。后者可能是因血钙长期升高而刺激其增生。

继发性甲状旁腺功能亢进症可分为肾性和营养性两种。肾性继发性甲状旁腺功能亢进症多发生于老年犬、猫长期患间质性肾炎、肾小球性肾炎、肾硬变、淀粉样变性等,引起肾功能衰竭;青年犬因肾皮质发育不良、多囊肾、两侧性肾盂积水等,导致肾功能不全,也可引起肾性继发性甲状旁腺功能亢进症。肾功能衰竭的结果使肾小球滤过率下降,磷滞留并产生进行性高磷血症,血钙浓度相对降低,刺激甲状旁腺分泌甲状旁腺激素。肾功能衰竭会降低 25-(OH)-D 转变为 1,25-(OH)$_2$-D 的速度,减少肠内钙的吸收和转运,使血钙浓度下降。在低血钙刺激下,甲状旁腺主细胞增生。随后代偿功能加强,以利于增加甲状旁腺激素的合成和分泌。与此同时,高磷血症干扰了甲状旁腺激素的降解,间接促使甲状旁腺激素浓度升高,骨盐溶解,随之又促使磷酸盐滞留和血磷升高。

营养性继发性甲状旁腺功能亢进症是因犬、猫食物中钙、磷供给不平衡引起。食物中钙含量少,使血钙水平降低,可反射性引起甲状旁腺分泌加强;动物内脏(如心、肝、脾等)磷含量较多,钙含量过少,如肉或肝钙磷比例可能为 1∶20～1∶50。如犬、猫以此作为主食,易使体内血磷升高,血钙下降。高血磷虽不能直接作用于甲状旁腺,使其分泌功能增强,但能使血钙进一步减少,间接地增强甲状旁腺分泌功能,使甲状旁腺激素分泌增多。后者可使破骨细胞活跃,骨溶解作用大于骨沉积,同时促使肾小管排泄磷而保留钙。其结果是血钙浓度可维持在正常范围内,但骨质在钙化不足的基础上脱钙加剧,最终导致纤维性骨营养不良,与原发性甲状旁腺功能亢进症产生的骨病——纤维性骨炎十分类似。

[症状]

1. 原发性甲状旁腺功能亢进症　最明显的症状是血清钙离子浓度升高,同时产生呕吐、厌食、便秘、全身神经和肌肉兴奋性降低等现象。病情进一步发展可出现骨骼严重脱钙,引起骨软症和纤维性骨炎。病犬表现跛行、骨折、面骨肥厚、鼻腔不完全堵塞,牙齿松动、脱落或陷入齿槽等典型纤维性骨炎症状。血钙浓度在 2.88～3.00 mmol/L,原发性甲状旁腺功能亢进症犬血钙浓度更可高达 3.00～5.00 mmol/L,血磷浓度小于 1.29 mmol/L。血浆碱性磷酸酶(ALP)活性升高,尿磷浓度升高,尿钙浓度正常,但有时也升高,有时有肾钙沉着和尿石症。用放射免疫技术测定,血浆甲状旁腺激素浓度升高。

2. 营养性继发性甲状旁腺功能亢进症　犬、猫精神沉郁,喜卧,跛行,步调不协调,长骨皮质变薄,髓腔变宽,不愿走动,多发性骨折,骨质疏松。暹罗猫和波斯猫及小猫最易患此病,成年猫发病过程较慢。

3. 肾性继发性甲状旁腺功能亢进症 主要表现为全身骨吸收,尤其是头部骨骼,成年犬除下颌骨脱钙变软、长骨和椎骨骨折、牙齿松动和脱落、齿龈退化和显露外,还有肾功能不全和尿毒症等一系列症状。

[诊断] 根据特征性骨骼病损和 X 线影像变化,结合血钙浓度升高、血磷浓度下降和血浆碱性磷酸酶活性升高可做出诊断。营养性和肾性继发性甲状旁腺功能亢进时,其血钙和血磷浓度均降低,血浆碱性磷酸酶活性升高,尿中钙和磷浓度降低,且肾性继发性甲状旁腺功能亢进症还有肾功能异常。诊断时应与下列引起血钙浓度升高的疾病相区别。

(1)维生素 D 中毒:除血钙浓度升高外,血磷浓度升高,血浆碱性磷酸酶活性正常。通常无骨骼疾病。

(2)转移性淋巴肉瘤:肿瘤侵害骨骼后,X 线检查可识别明显的限定性骨损伤。血浆碱性磷酸酶活性和血磷浓度大多正常。

(3)肾功能衰竭:少数肾功能衰竭犬、猫血钙浓度亦升高,还有尿圆柱、尿蛋白浓度升高的现象。

[治疗] 原发性甲状旁腺瘤需施以手术摘除。肿瘤摘除后,使用葡萄糖酸钙维持血钙浓度防止抽搐。肾性继发性甲状旁腺功能亢进症的治疗原则是恢复肾功能,给予高能量低蛋白质饲料,补充维生素 D。营养性继发性甲状旁腺功能亢进症的犬、猫,调整日粮钙、磷比例为 2∶1,纠正水、电解质功能紊乱和酸中毒,给予碳酸氢钠溶液。

第四节 甲状旁腺功能减退症

甲状旁腺功能减退症(hypoparathyroidism)是指甲状旁腺激素分泌不足或分泌的甲状旁腺激素不能正常地与靶细胞作用引起的疾病。本病常发生于贵宾犬、拾猎类犬、德国牧羊犬和㹴类犬种等。临床上以血钙浓度下降、肌肉痉挛或抽搐甚至惊厥发作、血清无机磷浓度升高为特点。

[病因] 甲状旁腺损伤是主要原因。甲状腺手术不慎损坏甲状旁腺,或将腺体血管切断,造成腺体萎缩、淋巴细胞浸润。此外,淋巴细胞、浆细胞浸润和成纤维细胞及毛细血管增生,使甲状旁腺主细胞萎缩、消失或被取代也可造成甲状旁腺功能减退。犬瘟热病毒颗粒侵入甲状旁腺主细胞,造成甲状旁腺激素分泌减少。主细胞内缺乏某些酶,生成甲状旁腺激素受阻,组织学检查正常,但功能减退,称为自发性甲状旁腺功能减退。颈区肿瘤压迫腺体,使之萎缩,亦可产生甲状旁腺功能减退症。

[症状] 临床上突出表现为神经、肌肉兴奋性增强,全身肌肉抽搐、痉挛,病犬虚弱、呕吐、神态不安、神经质和共济失调。心肌受损,表现心动过速。病程延长后,可见皮肤粗糙,色素沉着,被毛脱落,牙齿钙化不全。血钙浓度降低,血磷浓度严重升高。心电图 QT 间期和 ST 波延长,T 波变小。

[诊断] 根据明显的低钙血症、痉挛和抽搐可做出初步诊断,但应注意与降钙素分泌过多症和母犬(猫)产后搐搦相区别。

(1)降钙素分泌过多症:发病率很低,在犬已有报道,主要原因是甲状腺髓质癌,又称 C 细胞癌。病犬颈前方有硬块,呈现慢性水泻。肿瘤细胞内有许多膜性分泌颗粒。因降钙素长期慢性分泌过多,血钙浓度处于正常范围的下限或低于正常,但一般不产生低钙性抽搐。

(2)产后搐搦:主要发生于分娩前后的母犬及母猫,表现为血钙浓度下降(小于 1.75 mmol/L),血磷及葡萄糖浓度亦下降。但本病发作迅速,每 8～12 h 发作 1 次,且体温常升高。

[治疗] 用 10% 葡萄糖酸钙控制抽搐症状,口服维生素 D。甲状旁腺激素皮下或肌肉注射,初期有效。

第五节　甲状腺功能亢进症

甲状腺功能亢进症(hyperthyroidism)简称甲亢,是指甲状腺受肿瘤等因素影响,甲状腺素生成过多,基础代谢增加和神经兴奋性增高,临床上以甲状腺肿大、烦渴、贪食、消瘦、心功能变化为特征。本病常见于猫,尤其是老年猫,其次是犬。动物甲亢大多由良性或恶性肿瘤所致。

一、猫甲状腺功能亢进症

猫的甲状腺肿瘤多发生于中年至老年猫(4~22岁),中位数年龄为13岁,性别间无明显差别。甲状腺腺瘤常为两侧性,而分散性腺瘤和腺癌则是单侧性,且很少转移。恶性肿瘤发病率比犬低。猫甲状腺肿瘤临床识别率和发生率有逐年增多的趋势。近年来尸检发现90%老年猫发生甲状腺腺瘤或腺瘤性增生。

[症状]　猫甲状腺功能亢进症发生缓慢,9岁以下病猫很少出现临床症状,但9岁以上则出现临床症状,其突出表现是贪食、体重减轻、常排大量软粪便、烦渴、多尿、不安及不停走动。猫常惨叫,外观略显邋遢。心功能紊乱,严重者心动过速,节律不齐,有杂音和充血性心力衰竭。甲状腺肿瘤发生在一侧或两侧甲状腺,呈中等程度肿大,而甲状腺腺瘤和腺癌常呈块状,明显肿大。仔细触诊咽至胸口颈腹侧,常可触摸到肿大的甲状腺。血浆 T_4 浓度升至 200 $\mu g/L$,T_3 浓度高达 4000 $\mu g/L$,丙氨酸氨基转移酶(ALT)、天门冬氨酸氨基转移酶(AST)和血浆碱性磷酸酶(ALP)活性升高。

[治疗]　甲状腺肿瘤可行手术摘除。口服甲巯咪唑、丙烯基硫脲嘧啶、碘化钠(钾)抑制甲状腺素分泌。如切除双侧甲状腺,术后病猫需终身服用甲状腺素。

二、犬甲状腺功能亢进症

[病因]　犬的甲亢多因甲状腺肿瘤所致。肿瘤可原发于甲状腺,也可继发于其他器官或甲状旁腺肿瘤(转移而来)。1/3甲状腺肿瘤是甲状腺腺瘤(良性),2/3是甲状腺腺癌。15%原发性腺瘤和60%腺癌呈现临床症状,雌、雄动物间发病率无差异,但拳师犬甲状腺腺癌发病率很高。犬甲状腺继发性肿瘤和甲状旁腺瘤,临床上少见。

[症状]　初期,出现烦渴、多尿、食欲增强,随后体重减轻、消瘦,心搏动增强,血压升高,喘息,喜找凉爽处休息,但直肠温度正常。眼球不同程度突出,流泪,结膜充血。动物表现不安,易疲劳。

犬甲状旁腺肿瘤多为一侧性(占85%),少数为两侧性,多数从咽到胸口部,可摸到肿大的甲状腺肿瘤。腺瘤体积较小,最大的直径约2 cm,几乎为透明囊状物,有的内部充满淡红色液体。而腺癌体积较大,一般直径3 cm以上,常发生转移。组织学检查表明,其中75%~80%的腺癌为腺泡瘤,其余属巨细胞瘤或毛细血管瘤。巨细胞瘤比例虽小,但死亡率极高。肿瘤越大、病史越长,产生转移的可能性越大。75%病犬甲状腺仍可摄取碘,并产生大量的 T_4 和 T_3,但有时出现 T_4 浓度是正常的3~4倍,而 T_3 浓度正常。这意味着甲状腺腺泡内和外周血由 T_4 脱碘转变为 T_3 的过程受阻。

[治疗]　甲状腺施行手术摘除,需终身服用甲状腺素。

第六节　甲状腺功能减退症

甲状腺功能减退症(hypothyroidism)简称甲减,是指甲状腺素合成和分泌不足引起的全身代谢减慢的症候群。临床上以易疲劳、嗜睡、畏寒、皮肤增厚、脱毛和繁殖功能障碍为特征。本病常见于犬,猫偶见。

[病因]　按发病原因可分为原发性和继发性两类。原发性甲减是因淋巴细胞、浆细胞呈弥散性或结节样浸润甲状腺组织,引起腺泡进行性破坏、受压而萎缩或消失。亦可因甲状腺腺泡细胞自发性萎缩和消失引起,占整个甲状腺功能减退症病例的 90%。继发性甲减可因垂体受压而使腺泡萎缩,或因垂体本身肿瘤,造成促甲状腺素(TSH)分泌和排放不足;因下丘脑病损,引起促甲状腺释放激素(TRH)的分泌和排放不足,使垂体前叶 TSH 分泌减少,随之引起甲状腺功能减退症。

[症状]　原发性甲减常发生在中、老年犬,2 岁以下犬发病较少。病初,犬易疲劳,睡眠时间延长,病犬畏寒、体温偏低、喜欢睡在炉灶或暖气管道旁,反应迟钝,体重增加,皮肤、被毛干粗,脱毛,在躯干腹侧、大腿内侧、颈两侧皮肤有色素沉着,皮脂腺萎缩。因中性或(和)酸性黏多糖积累,皮肤增厚,特别是前额和面部显得臃肿,称为黏液样水肿。母犬发情减少或不发情,公犬睾丸萎缩无精子。部分病犬呈现烦渴、多尿、贪食。血液检查有高胆固醇血症和血清肌酸激酶(CK)活性增高。病程较长者还有中等程度的正染性、正细胞性贫血,有时亦可出现血浆蛋白浓度升高等。

继发性甲减最明显的症状是体力下降或丧失,病情发展没有原发性甲减明显。病犬行动迟缓、头大腿短、发育迟缓、痴呆。先天性继发性甲减常伴有垂体性侏儒;后天性继发性甲减常伴有神经症状,如抑郁、运动紊乱、眼睑下垂等。先天性下丘脑性甲减可伴有克汀病,但无甲状腺肿大,生长受阻,头颅宽大,腿短粗,与身体不成比例,痴呆。获得性下丘脑性甲减,体力下降明显,睡眠时间延长,在紧急状态下显得很紧张。

[诊断]　甲状腺功能减退症无明显的特征性症状,故不能单凭症状做出诊断,需结合实验室检验进行确诊。

1. 应用放射免疫技术(RIA)　测定血浆 T_4 和 T_3 浓度。健康犬血液 T_4 和 T_3 浓度分别为 15～40 $\mu g/L$ 和 500～1500 $\mu g/L$,如 T_4 浓度低于 15 $\mu g/L$,T_3 浓度低于 500 $\mu g/L$,可认为是甲减。然而,有时 T_3 浓度下降,T_4 浓度正常,用 L-甲状腺素治疗无效,用 L-三碘甲状腺原氨酸治疗效果良好,这可能是因外周血中 T_4 转变为 T_3 过程受阻。

2. 给动物注射促甲状腺素(TSH)　检测血液中 T_4 对 TSH 的反应。正常犬静脉或肌肉注射TSH,每千克体重 0.5 IU,8 h 后 T_4 浓度可升高 2～3 倍。

3. 甲状腺活组织穿刺、染色及镜检　原发性甲减时甲状腺腺泡萎缩以至消失,而继发性甲减时甲状腺腺泡完好,只有上皮细胞显得扁平,胶质积累,腺泡扩大。

4. 注射糖皮质激素(TRH)　垂体性甲减可呈先天性侏儒症,同时可继发糖皮质激素缺乏(下丘脑性甲减动物表现呆笨和呆睡)。TRH 注射后血浆 T_4 和 TSH 浓度升高者,为下丘脑性甲减,如 T_4 和 TSH 浓度几乎不变者,则为垂体性甲减。

5. 鉴别诊断　诊断中还应与有类似症状的其他内分泌疾病相区别。

(1)肾上腺皮质功能亢进:亦呈现多尿、烦渴、贪食现象,但尿液稀薄,渗透压下降,T_4、T_3 浓度正常。

(2)雌激素过多症:常发生于中、老年患有隐睾症的公犬,并有乳腺及乳头增大现象,但 T_4、T_3浓度正常。

[治疗]　使用左甲状腺素或干燥的甲状腺组织片 4～8 周,恢复后应及时调整用量。

第七节　糖　尿　病

糖尿病(diabetes mellitus)是指胰腺胰岛素分泌不足引起的糖类代谢障碍性疾病。临床上以烦渴、多尿、多食、体重减轻和血糖升高为特征。犬、猫均可发生,两者发病率相同,有报道其发病率为 1:(100～500)。

[病因及分类]　根据病因分Ⅰ型(原发型)和Ⅱ型(继发型)两类。Ⅰ型即胰岛素依赖型糖尿病,

Ⅱ型为非胰岛素依赖型糖尿病。Ⅰ型是临床上最常发生的一种糖尿病,犬、猫均可发生,但犬比猫多见。临床统计表明,几乎所有犬和50%～70%的猫均患Ⅰ型糖尿病。而Ⅱ型糖尿病多发于猫,占30%～50%,犬偶见。

Ⅰ、Ⅱ型糖尿病病因复杂,包括遗传、免疫介导性胰岛炎、胰腺炎、肥胖症、感染、并发症、药物和胰岛淀粉样变等。本病在某些犬种有家族史,如匈牙利长毛牧羊犬等较其他品种犬有更高的遗传倾向性,但猫没有明显的遗传倾向性。犬、猫营养过度(肥胖),增加胰岛负荷及脂肪组织细胞相对不敏感,可出现糖尿病或糖耐量减退的倾向,多见于成年犬、猫(尤其猫)和Ⅱ型糖尿病。某些药物,如糖皮质激素、孕激素、非类固醇类消炎镇痛药(如阿司匹林、吲哚美辛)等均可引起糖耐量减低,提高血糖水平,但多数为可逆性,即停药后,高血糖恢复正常。某些疾病可引起内源性生长激素、肾上腺皮质激素分泌过多,拮抗胰岛素,引起血糖浓度升高和糖尿。各种感染、并发症、创伤、手术等应激及怀孕等也可引起肾上腺素、生长激素、胰高血糖素内源性激素的增加,使胰岛素减少,血糖浓度升高。

Ⅰ型糖尿病常见严重的β细胞空泡和退变、慢性胰腺炎和免疫介导性胰岛炎等组织损伤。Ⅱ型糖尿病则以肥胖症和胰岛淀粉样变较多见。无论何种致病因素和异常组织,最终结局是引起β细胞的损害,使胰岛β细胞产生胰岛素减少,妨碍循环中葡萄糖转入细胞,加速肝葡萄糖的异生和糖原分解,随后发生高糖血症和糖尿,引起多尿、多饮、贪食和失重等。

[发病机理]　在多种因素的作用下,使β细胞分泌胰岛素相对或绝对减少,导致糖尿病。胰岛素的减少反过来又降低了组织对葡萄糖、氨基酸和脂肪酸的利用,不能分解和转化来自食物和肝糖原异生的葡萄糖,血糖浓度增加,促使肾小球滤过和肾小管吸收葡萄糖的作用加快。犬葡萄糖肾阈值为$10.0～12.2$ mmol/L,猫葡萄糖肾阈值变动范围较大,为$11.1～17.8$ mmol/L(平均16.1 mmol/L)。如血糖浓度过高,超过这个阈值,就发生糖尿。高血糖导致渗透性利尿而造成多尿。尿量越多,口渴越甚。因葡萄糖不能被充分利用,机体处于半饥饿状态,故有强烈的饥饿感。进食虽多,但糖不能充分利用,大量脂肪和蛋白质分解,使身体逐渐消瘦而失重。

如动物不及时治疗,病情将进一步发展。胰岛素不足时,脂肪分解增强,血中非酯化脂肪酸增多,脂肪酸在肝内经β氧化分解生成大量乙酰辅酶A。因葡萄糖利用率减少,生成草酰乙酸减少,故大量乙酰辅酶A不能与草酰乙酸结合进入三羧酸循环,而使乙酰辅酶A转化为酮体的过程加强。若超过外周组织氧化利用的速度,则可使血中酮体蓄积增多,形成酮血病、酮尿病和酮酸中毒。

[症状]　典型糖尿病主要发生于较年老的犬、猫,其中犬发病年龄最高为7～9岁,猫为9～11岁。小于1岁的犬、猫也可发生"青少年"糖尿病,但不常见。母犬发病率约是公犬的2倍,猫主要见于去势公猫。糖尿病的典型症状是多尿、多饮、多食和体重减轻,尿液带有特殊的甜味,似烂苹果(丙酮味),尿比重加大,含糖量增多,一般尿中含葡萄糖超过正常的10%,甚至高达11%～16%(犬)。更严重病例,见有顽固性呕吐和黏液性腹泻,最后极度虚弱而昏迷,称糖尿型昏迷,亦称酮酸中毒性昏迷。另外,早期约25%病例从眼睛晶状体中央开始发生白内障,角膜溃疡,晶体混浊,视网膜脱落,最终导致双目失明,并在身体各部出现湿疹。有时出现脂肪肝。有些病例尾尖坏死。

[诊断]　根据犬、猫的年龄、病史、典型症状及定量测定尿糖和血糖进行诊断,必要时做糖耐量试验。为顾及β细胞功能,也可测定血胰岛素含量。

[治疗]　限制糖类摄入,药物治疗主要是应用胰岛素。

第八节　肾上腺皮质功能亢进症

肾上腺皮质功能亢进症(hyperadrenocorticism)又称库欣综合征,是因肾上腺皮质增生,或垂体分泌ACTH过多,引起糖皮质激素分泌过多,临床上以多尿、烦渴、贪食、肥胖、脱毛和皮肤钙质沉着为特征。主要发生于中、老年犬(2～6岁),峰期发病年龄为7～9岁,性别、品种间无明显差异,亦散发于猫。

[病因和发病机理] 　在生理情况下,促肾上腺皮质激素(ACTH)作用于肾上腺皮质分泌皮质醇,当皮质醇超过生理需要时,ACTH 就停止作用,皮质也停止分泌皮质醇。本病是因皮质醇或 ACTH 分泌失控引起,原因如下:①垂体前叶和间叶肿瘤,如非染色性垂体腺瘤、嗜碱性细胞瘤等,因垂体 ACTH 分泌过多,引起肾上腺皮质功能亢进;②肾上腺皮质增生或肿瘤,多为腺瘤,亦有腺癌,一般为单侧性,个别为双侧性,多属自发性肿瘤,在无 ACTH 时自动分泌皮质醇;③在治疗疾病时大量使用皮质醇或 ACTH;④某些非垂体肿瘤分泌 ACTH,称为异位 ACTH 综合征,犬、猫少见。不论何种原因,其结果是糖皮质激素分泌过多,也可有其他皮质激素分泌过多。

[症状] 　本病发展过程缓慢,一般需数年才表现临床症状。病初表现渴欲增加、多尿、贪食、腹围增大、运动耐力下降、呼吸迫促、嗜睡、渐胖、脱毛、母犬不发情、不耐热、皮肤有色素沉着等。

实验室检查:血液中中性粒细胞及单核白细胞增多,淋巴细胞减少,红细胞正常。血糖浓度轻度升高,尿氮和肌酸浓度下降,皮质醇浓度升高。血清 ALT 活性升高,90% 的病犬 ALP 活性升高。胆固醇浓度升高,常有高脂血症。血清电解质浓度在正常范围内,偶有波动。尿比重在 1.007 以下,禁水后浓缩尿液的能力下降,大约 10% 的病犬有糖尿现象。肝活组织穿刺,肝中心小叶呈空泡样,空泡周围有糖原积聚和灶性中心小叶坏死。腹部 X 线检查,可见腰椎骨质疏松。有时真皮和皮下有钙质沉着。

[诊断] 　根据临床症状特点,可做出初步诊断,但应与糖尿病、尿崩症、肾功能衰竭、肝病、高钙血症、充血性心力衰竭等相区别。过量糖皮质激素使血压升高、血容量增加,因而增加了心脏负担,心肌肥大,同时常伴有纤维素增生和瓣膜性疾病,用洋地黄效果不佳,从听诊和心电图检查可区别。诊断中还应区分是否是垂体性、自发性或医源性肾上腺皮质功能亢进症。垂体性的,可引起肾上腺皮质增生激素分泌无明显昼夜节律变化;自主性的,肾上腺皮质增生,除可使 ACTH 呈负反馈性分泌减少外,非增生部分肾上腺皮质萎缩;医源性的,双侧肾上腺皮质萎缩。此外,还可用下述方法进行区别。

1. ACTH 刺激试验 　先禁食,采血测定皮质醇浓度,然后肌肉注射肾上腺皮质激素,2 h 后再测定皮质醇浓度。正常犬血清皮质醇浓度为 27.59～137.95 nmol/L(10～50 μg/L)。如皮质醇浓度比用药前浓度高 3～7 倍,即可确诊为垂体性肾上腺皮质功能亢进症,若低于正常值,可确定为功能性肾上腺皮质肿瘤性肾上腺皮质功能亢进症。还可测定内源性 ACTH,浓度升高为垂体性肾上腺皮质功能亢进症,浓度降低为肾上腺皮质肿瘤性肾上腺皮质功能亢进症。

2. 地塞米松抑制试验 　地塞米松可抑制垂体分泌 ACTH,或抑制下丘脑分泌皮质激素释放激素。低剂量地塞米松静脉注射后,可使皮质醇分泌减少。清晨取受试犬血样后,静脉注射地塞米松(每千克体重 0.01 mg),以后第 3 h,8 h 再采血样。如皮质醇浓度减少至 27.59 nmol/L(10 μg/L)以下,为正常或轻度肾上腺皮质增生的犬;如皮质醇浓度在 386.3 nmol/L(14 μg/L)以上,则为肾上腺皮质功能亢进症;如用大剂量地塞米松(每千克体重 0.1～1.0 mg)皮质类固醇无甚变化,则意味是癌,尤其是皮质癌,其分泌皮质类固醇不受地塞米松影响;如其浓度下降至用药前的 50%～75%,则表明是垂体性肾上腺皮质功能亢进症。

[治疗] 　由肿瘤引起,应予切除,但术后注意防止激素缺乏。由垂体肿瘤引起的,可行垂体或肾上腺切除术。切除垂体或肾上腺的动物,需终身补充皮质类固醇。用 O,P-DDD 治疗,可使糖皮质激素分泌减少。

肾上腺皮质瘤可施手术摘除,术后肌肉注射醋酸去氧皮质酮。密切注意血压、尿素氮、血清电解质和葡萄糖浓度的变化。同时应连续使用糖皮质、盐皮质激素。术后 4～8 周,隔日治疗 1 次,以后逐渐减少用量及用药次数;6 个月后视病情可考虑能否停药或停止治疗。肾上腺良性肿瘤手术切除,预后良好,其标志是术后数周内排尿量减少,病犬活泼,肚腹减小,被毛持续干燥,1～3 个月后,新毛生长,皮肤纹理正常。恶性肿瘤如已发生转移,预后谨慎。

第九节　肾上腺皮质功能减退症

肾上腺皮质功能减退症(hypoadrenocorticism)又称阿狄森病(Addison's disease),是指双侧肾上腺皮质因感染、损伤和萎缩,引起皮质激素分泌减少,临床上以体虚无力、体重减轻、血清钠离子浓度下降、钾离子浓度升高为特点。本病主要发生于幼年至中年犬,6个月龄即可患病。雌性动物发病较多,无品种和体型大小的差异。猫未见报道。

[病因和发病机理]　按发病原因可分为原发性和继发性两类。

原发性肾上腺皮质功能减退症多见于自身免疫性肾上腺皮质萎缩、组织胞浆菌等深部真菌感染、淀粉样变性、出血性梗死、腺癌转移、某些药物、X线照射等引起肾上腺皮质损伤。继发性肾上腺皮质功能减退症一般是因丘脑-垂体前叶受到损伤和破坏,引起促皮质释放激素(CRF)和促肾上腺皮质激素(ACTH)分泌不足,出现肾上腺皮质功能减退。肾上腺皮质药物,如O,P-DDD损害了肾上腺皮质,抑制了醛固酮与皮质醇的合成和分泌,造成体内钠离子从尿、汗、粪中大量丢失,同时机体脱水、血容量下降、肾小球滤过率下降,最终引起氮质血症、高钾血症和中等程度酸中毒,加重了肾上腺皮质功能减退。

[症状]　腺体破坏是渐进性的,有90%的肾上腺皮质被破坏时,开始出现临床症状,表现为精神抑郁、食欲不振、厌食、呕吐、腹痛、便秘、有时腹泻、进行性消瘦、失水、体重下降、嗜睡、虚弱、颤抖、多尿、烦渴、不愿走动、心搏徐缓、血压下降、血糖浓度降低。个别犬病情急剧,还会出现休克或昏迷,不及时治疗则会很快死亡。

实验室检查,白细胞总数增多(28.7×10^9 个/L以上),血液尿素氮浓度升高至 $44.30 \sim 54.98$ mmol/L(正常仅为 $1.79 \sim 8.21$ mmol/L),血清钠离子浓度低于 106 mmol/L,同时血氯浓度下降,血清钾离子浓度高达 10.2 mmol/L(正常仅为 5 mmol/L),Na^+、K^+ 浓度比值从$(27 \sim 40)$:1 降至 20:1以下。但继发性肾上腺皮质功能减退的动物,其 Na^+、Cl^- 浓度变化不明显,因醛固酮分泌作用下降,可维持高钾血症。

[诊断]　根据病史调查、临床特点和实验室检验进行诊断。其中 ACTH 刺激试验也是诊断本病的方法。如果 ACTH 刺激试验显示血浆皮质醇浓度升高,则为继发性肾上腺皮质功能减退,病变在垂体或下丘脑;如皮质醇浓度低于正常,则为原发性肾上腺皮质功能减退。另外,内源性 ACTH 测定,原发性病例其 ACTH 浓度升高,继发性的其浓度则降低。应区别其他病因的低钠血症和高钾血症,如因肾小管损伤、过多使用利尿剂、呕吐、腹泻等均引起血中钠离子浓度下降。急性肾功能衰竭、酸中毒、各种原因的溶血性疾病及血清制备过程中红细胞破裂等,均可引起血钾浓度上升过高。

[治疗]　长期给予静脉注射生理盐水、琥珀酸钠脱氢皮质醇和碳酸氢钠,当病情稳定时,每天口服醋酸氟氢可的松片,但不宜间断给药。

第十节　胃肠内分泌系统疾病

一、高胃泌素血症

高胃泌素血症(hypergastrinemia)是以血液中胃泌素含量异常增多为特征的综合征。血液胃泌素过多可引起胃壁细胞分泌胃酸增多,导致胃黏膜损伤。高胃泌素血症不是一种疾病,而是一组疾病的症候群。

[病因]　有下列一些疾病可引起高胃泌素血症。

1. 萎缩性胃炎 此病因胃壁分泌胃酸的壁细胞数减少,降低了胃酸生成,胃内 pH 升高,可反射性地引起主要分泌胃泌素的胃幽门腺 G 细胞分泌增多。

2. 肥大性胃炎 因胃壁黏膜 G 细胞增生,引起特发性胃泌素释放增多。

3. 胰腺内功能性胃泌素瘤 见于佐-埃二氏综合征。

4. 胃扩张-扭转综合征 因胃扩张引起胃泌素过多释放。

5. 肾功能衰竭 肾功能遭破坏,消除胃泌素作用减少,导致血液胃泌素浓度升高。

6. 肝脏疾病 肝患病时,血液胆汁酸含量增多,刺激胃分泌胃泌素。另外,因患肝病时,食物中组氨酸经肝代谢产生的组胺,再经肝分流侧支至胃,刺激胃壁细胞分泌胃酸。正常胃泌素分泌受食物的硬度、容积、某些化学成分(如蛋白质分解产物)、胃内 pH 及胃膨胀等因素影响。任何原因引起的高胃泌素血症,因胃酸分泌过多,逐渐引起胃溃疡、胃黏膜增生,延缓胃的排空。

〔**症状**〕 最明显的症状是呕吐。因高胃泌素血症也是多种疾病的一种表现,临床上还有引起此症的其他疾病症状。

〔**诊断**〕 根据临床表现,结合血液胃泌素浓度测定进行诊断。

〔**治疗**〕 治疗原发病,西咪替丁抑制胃泌素分泌,减少食物中蛋白质的含量。

二、佐-埃二氏综合征

佐-埃二氏综合征(Zollinger-Ellison syndrome)是一种胰腺瘤,也称为胃泌素瘤,可引起胃泌素分泌增多,导致胃和小肠上部溃疡,犬、猫均可发生。

〔**病因**〕 因胰腺发生机能性胰岛非 β 细胞瘤,造成胃泌素分泌增多引起。血液中胃泌素增多后,促进胃酸分泌,胃酸过多可引起胃溃疡、十二指肠溃疡、肠炎,并降低胆汁盐和胰腺酶的作用;又因促进胃黏膜营养,导致胃黏膜增生。另外,还可刺激甲状腺滤泡旁细胞(C 细胞)分泌降钙素,使血液降钙素浓度升高。

〔**症状**〕 多发于中老年犬、猫。最明显的表现是呕吐,呈慢性持续性,呕吐物量大,酸臭,其内常含有鲜血或咖啡色液体。腹泻,排黑便或脂便。精神沉郁,食欲差。腹部疼痛,如有胃肠穿孔,可引起腹膜炎。

实验室检查,血象为小细胞低色素性贫血,血钾和血氯浓度降低,代谢性碱中毒。胃液 pH 降低。饥饿后血浆胃泌素检验,正常犬为 $45\sim125$ pg/mL,患胃泌素瘤时可达 $500\sim1000$ pg/mL。

〔**诊断**〕 根据临床症状和实验室检验进行诊断。另外,也可做钡餐 X 线、胃肠内镜检查;外科手术和病理切片检查可确诊胰腺胰岛非 β 细胞瘤。应注意与犬、猫慢性胃炎、胃溃疡、腹泻和消瘦相区别。

〔**治疗**〕 一般治疗效果极差,可采用手术切除肿瘤,如胃和十二指肠溃疡较大,也可手术切除。药物治疗使用西咪替丁或雷尼替丁。

第十四章 中毒性疾病

第一节 中毒病的一般治疗措施

小动物一旦发生中毒，特别是急性中毒，一般来不及抢救。对轻症和尚未出现症状可疑中毒的动物，采取早期治疗与预防性治疗，才可争取时间，最大限度地减少损失。对中毒动物的急救与治疗，应根据毒物的性质及其进入体内的时间，采取综合治疗措施。

一、切断毒源

为使毒物不再继续进入动物体，必须立即让动物离开中毒所在现场，停喂可疑有毒食物或饮水。若皮肤为毒物所污染，应立即用清水或可破坏毒物的药液洗净。不要用油类或有机溶剂，因它们可透过皮肤，可增加皮肤对毒物的吸收。

二、阻止或延缓机体对毒物的吸收

对经消化道吸收的毒物，可根据毒物的性质投服吸附剂、黏浆剂或沉淀剂。吸附剂可将毒物吸附其上，而本身不溶解，从而阻止对毒物的吸收。常用的有活性炭、滑石粉等。其中活性炭可吸收胃肠内各种有害物质，如砷、铅、汞、磷、有机磷农药、草酸盐及生物碱等，用量为每千克体重 1～3 g。万能解毒药的配方为活性炭 2 份，氧化镁和鞣酸各 1 份，发生各种中毒时均可配成混悬液应用。黏浆剂主要是富含蛋白质的液体，常用的有蛋清、牛奶和豆浆，可在消化道黏膜上形成被膜，并使毒物被包裹，从而减缓毒物的吸收，并有保护胃肠黏膜的作用，适用于腐蚀性毒物引起的中毒。沉淀剂（或络合剂）如鞣酸可与金属类、生物碱、苷类化合物，生成不溶性复合体，从而阻止毒物的吸收。摄入含生物碱毒物时还可投服碘化钾溶液或碘酊水溶液，使生物碱沉淀为难溶性盐类。常用络合剂有依地酸钙钠（EDTACa-Na），它可与多种金属离子结合，生成稳定的水溶性金属络合物，使有毒金属失去活性，并以络合物的形式由尿或粪便排出。

三、排出毒物

1. 催吐 应用催吐剂，如 1% 硫酸铜溶液、酒石酸锑钾、吐根末等。对犬用阿扑吗啡（每千克体重 0.05～0.1 mg）效果较好，但不宜用于猫，因易引起猫中枢兴奋。对发生昏迷或惊厥、咽麻痹及摄入腐蚀性毒物的动物，不要催吐，以防发生异物性肺炎或胃破裂。

2. 洗胃 根据毒物的性质，可选择对毒物起氧化、分解、中和或沉淀作用的药液洗胃。可通过胃导管洗胃排除毒物，也可进行胃切开术，取出内容物。催吐与洗胃的目的是使胃内尚未被吸收的毒物排出，应在摄入毒物后尽早进行，最好不晚于 4 h，时间过久，毒物已排入肠道或已被吸收，再行催吐或洗胃意义不大。

3. 泻下 目的是把尚未吸收的毒物由粪便排出。泻剂的选择以不促使毒物溶解者为宜，一般用盐类泻剂。在未查清毒物以前，不要用油类泻剂，因其可促使脂溶性毒物溶解而加速吸收。若患病动物已出现严重腹泻或脱水时，则应慎重使用。

4. 利尿 肾脏是毒物重要的排泄器官,当毒物已被吸收,为加速其从肾排出,可给予利尿剂,如甘露醇、呋塞米及氢氯噻嗪等。动物血液和尿液 pH 可影响毒物的离子化程度,一般碱性尿可加强酸性毒物的排泄,酸性尿可促进碱性毒物的排泄,可根据具体情况给予碳酸氢钠或氯化铵,调整尿液的 pH。

5. 放血 放血可使部分毒物随血液排出,适用于毒物已被吸收、患病动物尚未出现虚脱时,放血量可根据动物体况决定。放血后应随即进行输液,这样不仅可稀释毒物,还可防止动物血压下降而发生虚脱。

6. 腹膜透析 腹膜透析是排泄毒物较好的方法,这是根据晶体较快、胶体较慢通过半透膜的原理,利用毒物的被动扩散作用,将透析液注入动物腹腔,使血浆中的毒物经透析膜扩散至透析液中。一定时间后,经腹腔穿刺排出含毒透析液,再更换新透析液,以维持血浆与透析液之间的毒物浓度梯度。透析液为 5% 葡萄糖液与复方氯化钠溶液等量混合。

四、解毒

1. 应用特效解毒剂 当毒物已被查清时,应尽快选用特效解毒剂,以减弱或破坏毒物的毒性,这是治疗中毒病最有效的方法,应争取早期用药,否则机体已遭受不可逆的损害时,即使特效药也无济于事。

2. 应用增强解毒机能的药物 为加强肝脏的解毒机能,可静脉注射高渗葡萄糖溶液。葡萄糖在肝中氧化成葡萄糖醛酸,可与某些毒物结合从尿排出,并有改善心肌营养及利尿的作用。因此,对各种中毒,特别是尚未查明毒物时,可应用一般解毒剂。

五、对症治疗

中毒动物常出现诸如心力衰竭、休克、呼吸困难、脱水、酸中毒及惊厥等症状,可能很快危及生命,为防止迅速死亡,应根据中毒动物具体情况,进行支持疗法和对症治疗,及时解除危症。治疗内容包括:①预防惊厥;②维持呼吸功能;③治疗休克;④调整电解质和体液;⑤增强心脏功能;⑥维持体温。此外,对有腹痛的动物应进行镇痛。

六、加强护理

中毒动物其体内某些酶的活性常降低,需经过一定的时间才可恢复,在此以前动物对原毒物更敏感。因此,无论在治疗期间或康复过程中,一定要杜绝毒物再次进入体内。对体温偏低的动物,要注意保温。为促进肾毒物的排出,应充分供给饮水。

第二节 灭鼠药中毒

一、安妥中毒

安妥(antu)也称甲萘硫脲,纯品呈白色结晶,商品为灰色粉剂,常将其按 2% 比例混于食品内配成毒饵,用以毒杀鼠类。犬、猫多因误食这种毒饵而发生安妥中毒(antu poisoning)。

[病因] 因保管不严,致使安妥散失;或因同其他药剂混淆,造成使用上的失误;或因投放毒饵地点、时间不当,引起动物误食中毒。猫可因偶然捕食中毒的鼠类而间接发生中毒。

[发病机理] 安妥经胃肠道吸收,分布于肺、肝、肾和神经组织中。其分子结构中的硫脲部分可在组织液中水解成为 CO_2、NH_3 和 H_2S 等,故对局部组织具有刺激作用。但对机体的主要毒害作用为经交感神经系统,阻断血管的收缩作用,引起肺微血管壁通透性增加,致使大量血浆透入肺组织和

胸腔,导致严重的呼吸障碍。此外,本品还具有抗维生素 K 样作用,即阻抑了血中凝血酶原的生成及其活性,降低血液凝固性,使中毒动物呈出血性倾向。

[症状] 中毒的动物呼吸急促,体温偏低,有时伴有呕吐。动物很快因肺水肿和渗出性胸膜炎而呼吸困难,流出带血色的泡沫状鼻液,咳嗽。肺部听诊有明显的湿啰音。心音混浊,脉搏增速。同时患病动物表现兴奋、不安或怪声嚎叫等症状,最多因窒息致死。

[病变] 安妥中毒死亡病例,以肺部病变最为显著,可见全肺呈暗红色,极度肿大,且有许多出血斑,气管内充满血色泡沫。胸腔内有大量水样透明液体。肝呈暗红色,稍肿大。脾也呈暗红色,并见有溢血斑。心包有大量出血斑,容积稍增大,心脏冠状血管扩张。肾充血,表面也有溢血斑。胃中有时尚可检出安妥的颗粒或团块,可能有胃肠卡他性病变。

[治疗] 无特效解毒药,采用对症疗法,为消除肺水肿和排除胸腔积液,应用安钠咖、维生素 C、复方甘草酸铵、25%葡萄糖等解救。

[预防] 加强对安妥的保管。特别是在拟订灭鼠计划时,应将有关人和动物的安全问题,列为必须考虑的因素,并做好必要的防护措施,由专人负责执行,以免发生意外事故。

二、磷化锌中毒

磷化锌是久已使用的灭鼠药和熏蒸杀虫剂,纯品是暗灰色带光泽的结晶,常同食物配制成毒饵使用。动物常因摄入该诱饵而发生磷化锌中毒(zinc phosphide poisoning)。磷化锌露置于空气中,会散发出磷化氢气体,在酸性溶液中则散发更快。散发出来的磷化氢气体有剧毒,不仅可毒杀鼠类,而且也对人和其他动物有毒害作用。各种动物的口服致死量,一般为每千克体重 20～40 mg。

[病因] 多因误食灭鼠毒饵或被磷化锌污染的食物,造成中毒。

[发病机理] 食入的磷化锌在胃酸的作用下,释放出剧毒的磷化氢气体,并被消化道吸收,进而分布在肝、心、肾以及横纹肌等组织,引起所在组织的细胞发生变性、坏死。并在肝和血管遭受病损的基础上,发展至全身泛发性出血,直至休克或昏迷。

[症状] 食欲显著减退,呕吐和腹痛。其呕吐物有蒜臭味,在暗处有磷光。同时有腹泻,粪中混有血液,在暗处也见发磷光。患病动物迅速衰弱,脉数减少,节律不齐,黏膜、尿及粪便呈黄色,尿中有蛋白质、红细胞和管型。后期,动物可能陷于昏迷。

[病变] 切开胃散发带有蒜味的特异臭气。将其内容物移至暗处,可见有磷光。尸体静脉扩张,泛发性微血管损害。胃肠道充血、出血,肠黏膜脱落。肝、肾淤血,混浊肿胀。肺间质水肿,气管内充满泡沫状液体。

[治疗] 无特效解毒药。早期灌服 2%～5%硫酸铜溶液催吐降低毒性,静注 25%葡萄糖溶液和氯化钙溶液。

[预防] 加强对灭鼠药的保管和使用,杜绝敞露、散失等一切漏误事故。凡制订和实施灭鼠计划时,均需在设法提高灭鼠功效的同时,确保人和其他动物的安全。

三、灭鼠灵中毒

灭鼠灵又名华法令(warfarin),属抗凝血杀鼠药,具有良好的抗凝血作用,由羟基香豆素和苯丙酮缩合而成,为白色结晶,性质稳定,难溶于水(但其钠盐易溶于水),是使用较广的灭鼠药之一。一般以 0.025%～0.05%的浓度做成毒饵,多次投放。

[病因] 动物多因误食灭鼠灵毒饵,或食入被灭鼠灵杀死的死鼠而发生灭鼠灵中毒(warfarin poisoning)。

[发病机理] 灭鼠灵可在肠中缓慢地被完全吸收,摄入 1 h 即可在血液中测出,但 6～12 h 尚难达到峰值。在肝、脾和肾中浓度较高。在体内代谢速度缓慢,降解一般需 2～4 天,代谢物主要由尿排出。维生素 K 是肝合成凝血酶原和凝血因子过程中所需生物酶的组成部分。因灭鼠灵所含羟基

香豆素的主要结构与维生素 K 很相似,当其进入体内后与维生素 K 竞争生物酶,从而抑制这类生物酶的活性,使肝制造凝血酶原和某些凝血因子减少,降低血液凝固性,延长凝血时间,易发生广泛性出血。灭鼠灵并无直接的肝毒作用,也不破坏凝血酶原,对血小板数量无明显影响,但降低血小板的黏附性。肝坏死性病变是因贫血、缺氧所致。

[症状]　急性中毒的动物常无前驱症状而突然死亡,尤其是在脑血管、心包腔、纵隔和胸腔发生大出血时,常很快死亡。亚急性中毒者,黏膜苍白,呼吸困难,常见鼻出血和便血,也可能出现巩膜、结膜和眼内出血。体表可能出现大面积血肿,稍有创伤即长时间出血不止。关节常肿胀,并有压痛。严重失血时,中毒的动物十分虚弱,心跳减弱,节律不齐,行走摇晃。当肺出血时,呼吸极度困难,鼻孔流红色泡沫状液体。如出血发生于脑、脊髓或硬膜下间隙,则表现轻瘫、共济失调及痉挛,并很快死亡。病期长者可出现黄疸。

[病变]　以大面积出血为特征。常见出血部位为胸腔、纵隔间隙、血管外周组织、皮下组织、脑膜下和脊髓、胃肠及腹腔等。心脏松软,心外膜下出血,肝小叶中心坏死。

[诊断]　根据可能食入毒饵或鼠尸病史,结合临床及剖检所见广泛性出血,一般可做出诊断。注意与其他原因所致出血性疾病相鉴别。确诊可取生前血浆或死后肝及胃肠内容物检验灭鼠灵。食入数日内,在尿中可检出灭鼠灵代谢产物。

[治疗]　维生素 K_3 80 mg 加入 5% 葡萄糖溶液静脉注射。

四、敌鼠中毒

敌鼠又名敌鼠钠盐,其化学名为二苯乙酰基茚酮,工业品为黄色针状结晶,无臭,不溶于水,可溶于酒精、丙酮等有机溶剂,其钠盐可溶于水,市售品有 1% 敌鼠粉剂及 1% 敌鼠钠盐。

[病因]　小动物多因误食敌鼠毒饵,或食入被敌鼠杀死的死鼠而发生敌鼠中毒(diphacinone poisoning)。口服敌鼠急性 LD_{50},犬、猫为 $5\sim15$ mg。临床上以天然孔流血、可视黏膜出血及血液凝固不良为特征。

[发病机理]　敌鼠中毒机理与灭鼠灵相似,也属于抗凝血杀鼠药,被吸收后主要干扰肝对维生素 K 的利用,降低血液凝固性,使凝血时间延长。此外,敌鼠可直接损伤毛细血管壁,发生无菌性炎症,使管壁渗透性和脆性增高而易破裂出血。

[症状]　一般在食入后 3 天左右出现症状,患病动物食欲减退,精神沉郁,呼吸加快,以后可持续出现粪便带血、尿血及皮肤出血斑等出血症状,并可出现关节疼痛、跛行、腹痛、卧地不愿起立、低热、贫血及凝血时间延长等症状。后期呼吸高度困难,结膜发绀,终因窒息而死亡。

[病变]　与灭鼠灵中毒相似。

[诊断]　根据误食毒饵的病史,以出血为特征的症状可提出疑似诊断。通过对呕吐物或胃肠内容物敌鼠的检验可确诊。

[治疗]　应用阿扑吗啡催吐或洗胃,肌肉注射维生素 K_1、维生素 C。

第三节　杀虫剂和杀螨剂中毒

一、有机氟化物中毒

有机氟化物主要有氟乙酰胺(fluoro acetamide,FAA)、氟乙酸钠(sodium fluoro acetate,SFA)等,为一类药效高、残效期较长、使用方便的剧毒农药,主要用于防治农林蚜螨及草原鼠害等。氟乙酰胺只有在动植物组织中活化为氟乙酸时才具有活性。

[病因]　有机氟化物可经消化道、呼吸道及皮肤进入动物体内,小动物有机氟化物中毒(organic

fluoride poisoning)常因误食(饮)被有机氟化物处理或污染的食品、饲料或饮水所致。

[**发病机理**]　氟乙酰胺主要对食肉动物中枢神经系统发生毒害作用,而对杂食动物心脏及神经系统均有毒害作用。氟乙酰胺进入机体后,因其代谢、分解和排泄较慢,故可引起蓄积中毒。氟乙酰胺中毒而死亡的动物组织,在相当长的时间内,还可对其他动物发生毒害作用。氟乙酰胺进入机体后,脱胺形成氟乙酸,后者经乙酰辅酶 A 活化,在缩合酶作用下,与草酰乙酸缩合,生成氟柠檬酸。氟柠檬酸的结构同柠檬酸相似,但它却是正常代谢柠檬酸的拮抗物,可阻断柠檬酸的代谢,并且氟柠檬酸可抑制乌头酸酶活性,使糖代谢反应中止、三羧酸循环中断。组织和血液中柠檬酸蓄积,使三磷酸腺苷(ATP)生成受阻,导致严重中毒。

[**症状**]　食入毒物后的潜伏期为 30 min 到 2 h,一旦出现症状,即迅速发展。中毒初期,精神沉郁,口腔黏膜潮红,舌苔黄,可视黏膜发绀。随后肩、肘部肌肉出现颤动,肢端发凉。呼吸迫促,心跳表现为快、强、节律不齐,每分钟心跳为 80~140 次。有时出现轻微腹痛。死前惊恐,鸣叫,突然倒地,全身震颤,四肢划动。

[**病变**]　无特异病变。出现心肌变性,心内、外膜有出血,肝、肾淤血、肿胀,有些病例可见卡他性或出血性胃肠炎。组织学检查显示脑水肿和血管周围淋巴细胞浸润。

[**诊断**]　与有机磷农药中毒的鉴别:有机磷农药中毒,潜伏期短,发病快,中毒症状出现早(肌肉纤维性颤动,瞳孔缩小,多汗,流涎,腹痛,便稀),血液胆碱酯酶活性下降,血氟及血液柠檬酸含量无变化。氟乙酰胺中毒,症状出现较慢但临床发病却很突然,其主要症状是肌群震颤,阵发性强直痉挛,瞳孔无明显规律性改变,血液无胆碱酯酶的变化,血氟及血液柠檬酸含量增高。

[**治疗**]

(1) 肌肉注射乙酰胺,可重复使用直至症状消失。

(2) 0.2%高锰酸钾溶液洗胃。

(3) 对症治疗:镇静,用氯丙嗪及安定等;解除呼吸抑制,可用尼可刹米;解除肌肉痉挛,可静脉注射葡萄糖酸钙;控制脑水肿可静脉注射 20%甘露醇溶液,氟乙酰胺中毒动物的心脏损害严重,静脉注射应十分缓慢,否则常加速中毒动物的死亡。

二、有机磷农药中毒

有机磷农药是磷和有机化合物合成的一类农用杀虫剂的总称。按其毒性强弱的不同,分为剧毒、强毒及弱毒三类。有机磷农药中毒是动物因接触、吸入或采食某种有机磷制剂所致的病理过程,以体内胆碱酯酶活性受抑制,导致神经生理功能紊乱为特征。

[**病因**]　动物误食被农药污染的食物或饮水而发生中毒,或用农药(驱除体内外寄生虫)方法不当或剂量过大而发生中毒。偶见于人为投毒所致。

[**发病机理**]　有机磷农药属于剧烈的接触毒,具有高度的脂溶性,可经完整的皮肤渗入机体,但通过呼吸道和消化道吸收较快且完全。动物中毒以消化道吸收而中毒最为常见。有机磷农药进入动物体内后,主要是抑制胆碱酯酶的活性。在正常机体中,胆碱能神经末梢所释放的乙酰胆碱,在胆碱酯酶的作用下分解。胆碱酯酶在分解乙酰胆碱过程中,先脱下胆碱并生成乙酰化胆碱酯酶的中间产物,继而水解,迅速地分离出乙酸,而胆碱酯酶则又恢复其正常生理活性。

有机磷化合物可同胆碱酯酶结合而产生对硝基酚和磷酰化胆碱酯酶。磷酰化胆碱酯酶则为较稳定的化合物,仅可极缓慢地发生水解,且经长时间后还可能成为不可逆性,以致无法恢复其分解乙酰胆碱的作用,使体内发生乙酰胆碱的蓄积,出现胆碱能神经的过度兴奋现象。

[**症状**]　有机磷农药中毒时,因制剂的化学特性、动物的种类以及造成中毒的具体情况等不同,其所表现的症状及程度差异极大,但基本上均表现胆碱能神经受乙酰胆碱的过度刺激而引起过度兴奋现象,临床上将这些可能出现的复杂症状归纳为三类症候群。

1. 毒蕈碱样症状　当机体受毒蕈碱的作用时,可引起副交感神经的节前和节后纤维以及分布在汗腺的交感神经节后纤维等胆碱能神经发生兴奋,按其程度不同可具体表现为食欲不振、流涎、呕吐、腹泻、腹痛、多汗、尿失禁、瞳孔缩小、可视黏膜苍白、呼吸困难、支气管分泌增多及肺水肿等。

2. 烟碱样症状 机体受烟碱的作用时,可引起支配横纹肌的运动神经末梢和交感神经节前纤维(包括支配肾上腺髓质的交感神经)等胆碱能神经发生兴奋,但在乙酰胆碱蓄积过多时,则转为麻痹,具体表现为肌纤维震颤、血压上升、肌紧张度减退(特别是呼吸肌)、脉搏频数等。

3. 中枢神经系统症状 这是动物脑组织内的胆碱酯酶受抑制后,使中枢神经细胞之间的兴奋传递发生障碍,造成中枢神经系统的功能紊乱,动物表现兴奋不安、体温升高、抽搐,甚至昏睡等。

［病变］ 有机磷农药中毒的动物尸体,除其组织标本中可检出毒物和胆碱酯酶的活性降低外,缺少特征性的病变。仅在迟延死亡的尸体中可见肺水肿、胃肠炎等继发性病理变化。

经消化道吸收中毒 10 h 以内的最急性病例,除胃肠黏膜充血和胃内容物可能散发蒜臭外常无明显变化。中毒 10 h 以上者则可见其消化道浆膜有散在性出血斑,黏膜呈暗红色、肿胀,且易脱落。肝、脾肿大。肾混浊肿胀,被膜不易剥离,切面呈淡红褐色而界限模糊。肺充血,支气管内含有白色泡沫。心内膜可见有不规则白斑。

稍久后,尸体内浆膜下泛发小点状出血,各实质器官均发生混浊肿胀。胃肠发生坏死性出血性肠炎,肠系膜淋巴结肿胀、出血。胆囊膨大、出血。心内、外膜有小出血点。肺淋巴结肿胀、出血。切片镜检时,可见肝组织有小坏死灶,小肠淋巴滤泡也有坏死灶。

［病程及预后］ 根据接触有机磷农药的次数、摄入量的多少以及是否得到及时的救治等,其病程可自数小时拖延至数天。一般动物在发病后及时停止接触或采食,12 h 后可见病情顿挫,如耐过24 h,多有痊愈希望。但完全康复则需 1 周左右,未经彻底治愈或重症、慢性病例者,有视力障碍、后躯麻痹或幼崽发育受阻等后遗症。

［诊断］ 对呈现有胆碱能神经过度兴奋现象的病例,特别是表现流涎、瞳孔缩小、肌纤维震颤、呼吸困难、血压升高等综合征者,均需列为可疑。在仔细查清其有机磷农药接触史的同时,亦应测定其胆碱酯酶活性(其中滤纸法简单实用),必要时采集病料(如剩余食物、饮水或胃内容物)进行毒物鉴定,以建立诊断,并根据其病史、症状、胆碱酯酶活性等变化与其他疑似疾病相区别。

［治疗］ 催吐或洗胃,阿托品结合解磷定或双复磷肌肉或静脉注射,直至症状消失后再注射一次。

三、砷及砷化物中毒

砷及其化合物多用做农药(杀虫药)、灭鼠药、兽药和医药。虽然砷(As)本身毒性不大,但其化合物的毒性却极其剧烈,故用药时稍有不慎,便可引起人和动物砷及砷化物中毒(arsenic and arsenide poisoning)。砷的化合物包括无机砷化物和有机砷化物两大类。无机砷化物依其毒性强弱的不同,又分为剧毒和强毒两类。

(1)剧毒类:包括三氧化二砷、砷酸钠、亚砷酸钠、砷酸钙、亚砷酸等。

(2)强毒类:包括砷酸铅(酸式砷酸铅)等。

有机砷化物的毒性比无机砷化物的毒性弱。无机砷化物中以三氧化二砷(As_2O_3,俗称砒霜)的毒性最强,为白色粉末,易溶于水,溶解后变为亚砷酸。

［病因］ 动物砷及砷化物中毒较为常见的病因包括:①治疗用药不当,如应用新胂凡钠明或其他含砷药剂治疗动物疾病时,因剂量过大或用法不当引起中毒;②小动物误食灭鼠的含砷毒饵,亦可引起中毒。

［发病机理］ 砷及砷化物,一般经呼吸道、消化道及皮肤进入机体。砷化物吸收迅速,多于3～6h 内被机体吸收。吸收后的毒物首先聚集于肝,然后逐渐分布到其他组织。慢性砷中毒时,毒物主要积聚于骨骼、皮肤及角质组织(被毛或蹄)中。

砷化物在动物体内,一小部分被解毒,其余大部分通过尿、汗、乳及粪排出体外。故砷中毒的哺乳动物,可通过乳汁引起幼小动物发生中毒。

砷及砷化物属于细胞原浆毒,主要作用于机体的酶系统。亚砷酸离子可抑制酶蛋白的巯基(—SH),尤其易与丙酮酸氧化酶的巯基结合,使其丧失活性,从而减弱酶正常功能,阻碍细胞的氧化和呼吸作用,导致组织、细胞死亡。

砷尚可麻痹血管平滑肌,破坏血管壁通透性,造成组织、器官淤血或出血,并可损害神经细胞,结果引起广泛的神经性损害。

此外,砷化物对皮肤和黏膜也具有局部刺激和腐蚀作用。

[症状] 急性中毒时,迅速出现中毒症状。中毒初期动物出现流涎(吐沫)、口腔黏膜潮红、肿胀,重症病例黏膜出血、脱落或溃烂,齿龈呈黑褐色,有蒜臭样气味。继而出现胃肠炎症状,如呕吐、腹痛、腹泻,粪便混有血液和脱落黏膜,且带腥臭味。可视黏膜潮红且污秽不洁。随病程进展,当毒物被吸收后,则出现神经症状和严重的全身症状,患病动物表现兴奋不安、反应敏感,随后转为沉郁,低头闭眼,衰弱乏力,肌肉震颤,共济失调,呼吸急促,体温下降,瞳孔散大,一般经数小时至1~2天,终因呼吸或循环衰竭而死亡。

因神经细胞受损,中毒动物精神高度沉郁。皮肤感觉减退,四肢乏力或发生麻痹。最后肝、心、肾等实质器官受损而引起少尿、血尿或蛋白尿以及心脏功能障碍和呼吸困难,最终死亡。

[病变] 急性中毒病例,主要病变集中于胃肠道。胃及小肠黏膜充血、出血、肿胀且有水肿、糜烂等变化,腹腔内有蒜臭样气味。实质器官(肝、肾、心脏)呈脂肪变性,脾增大、充血。胸膜,心内、外膜,肾,膀胱有点状或弥漫性出血。

[诊断] 主要根据病史、场地环境特点(附近有无生产砷化物或有关的工厂)、饲喂情况、临床症状以及病理解剖等进行综合诊断。如仍有可疑,可进行实验室毒物分析,以便确诊。

[治疗] 急性中毒时洗胃。硫酸亚铁10 g,水250 mL;氧化镁15 g,水250 mL。将两液混合振荡成粥样,每4 h灌服1次,剂量为30~60 mL。砷化物已被吸收可用5%~10%硫代硫酸钠溶液。在应用上述解毒药剂的同时,可根据病情适当给予对症治疗(如强心、补液、保护胃肠黏膜、缓解腹痛、防止麻痹等措施)。

慢性中毒时除用上述解毒剂,还应给予利尿剂以促进毒物的排出。

[预防] 用砷剂治疗疾病应严格控制剂量,外用时注意防止动物舔食,如发现有中毒现象应立即停药、救治。

四、氯化烃类杀虫剂中毒

常作为杀虫剂的有机氯包括林丹、氯丹、毒杀芬、狄氏剂、七氯、艾氏剂、氯化松节油、西丹合剂及DDT等。

小动物氯化烃杀虫剂中毒(chloridize hydrocarbon insecticide poisoning)有急性、慢性中毒两种。急性中毒时,毒物作用于神经系统,使中枢神经应激性升高,最后因麻痹而死亡。慢性中毒损伤实质器官,如肝中央静脉坏死,肝肿瘤,脑组织退行性病变,偶发肾损伤等。猫比犬对有机氯敏感。

[病因] 因储存不当或运输、用时散落,致使饲料或饮水污染。使用不当,如在其周围环境用药,动物直接接触,或因给犬、猫驱除外寄生虫时,用量过大致使中毒。

[症状] 动物表现以中枢神经障碍为主,如对刺激敏感、神经质、烦躁不安等。动物肌肉抽搐,痉挛,由前向后发展。有的共济失调,狂躁而无目的地走动,强直性(间歇性)痉挛或痴呆,可视黏膜发绀,精神沉郁、昏睡,直至死亡。

[诊断] 根据毒物接触史和临床症状建立诊断。

[治疗] 目前无特效治疗药物,早期催吐、洗胃及对症治疗。

[预后] 预后慎重,因无特效解毒药。猫急性中毒36 h不发生死亡,就有可能康复。

第四节 除草剂中毒

除草剂为一类可消灭或控制杂草生长的农药。最早欧洲在 19 世纪末开始使用,目前各类除草剂(主要是有机除草剂)已得到广泛应用。其中,在城镇中,随着城市绿地不断扩大,除草剂用量也不断增加,特别是用于城镇草坪的维护。目前,城市小动物饲养量大,特别是犬,在刚刚喷洒过除草剂的草坪上觅食而引起中毒,屡有报道。本节主要介绍氯化苯氧酯类除草剂中毒。

目前市场上常见的氯化苯氧酯类除草剂有 2,4-D、二甲四氯丙酸(MCPP)、二甲四氯酸(MCPA)及二甲四氯丁酸(MCPB)等。

氯化苯氧酯类经胃肠道很快吸收,但经皮肤很难吸收或几乎不吸收。毒物进入机体后很快分布到肝、肾、脑组织中。氯化苯氧酯类经机体代谢,转化为低毒产物,2,4-D 半衰期为 18 h 左右。氯化苯氧酯类为有机酸,故碱化尿液可有效促进其排出。

[病因] 因储存不当或运输、使用时散落,致使饲料或饮水污染,或在刚刚喷洒过药物的草坪上玩耍,因舔食而引起中毒。

[发病机理] 氯化苯氧酯类通过阻止氧化磷酸化及核糖核酸酶的合成发挥其作用。中毒犬肌电图发生变化,对多数器官系统均有影响,包括胃肠道、肝、肾及骨骼肌。2,4-D 经口服吸收,犬半数致死剂量约为每千克体重 100 mg,犬蓄积致死剂量为每千克体重 25 mg,连续服用 6 天。有些犬,可耐受食物中 500 mg 的 2,4-D 达 2 年之久,而未出现不良反应。

[症状] 急性中毒时出现呕吐、腹泻、血便,肌肉强直,共济失调,后躯无力;重度中毒时出现间歇性抽搐,肌肉附着点活动增强,肌电图异常。

[诊断] 有明确的接触毒物病史;因肝、肾及肌肉受损,血清碱性磷酸酶、乳酸脱氢酶轻微升高;对草、喷洒剂、尿或肾进行检测,以便确诊。尸体剖检常见肝肿大、肾充血和肿大、肾小管变性坏死。

[治疗] 无特效解毒药,可催吐、洗胃,应用药用炭吸附,静脉补液。

第五节 有毒室内用品及装饰植物中毒

一、乙二醇中毒

乙二醇(ethylene glycol)是一种带有甜味、无色、无臭、易溶于水的液体,广泛用于工业液体化学药品,同时也作为发动机的抗凝剂,浓度为 95%。

[病因] 犬、猫乙二醇中毒是因乙二醇有甜味,故当储存不当被误食,或运输、使用时散落致使饲料或饮水污染而引起。有时也可被人故意投毒而造成。犬、猫中毒或最小致死剂量分别为每千克体重 6.6 mL 和 0.9～1.0 mL。

[发病机理] 乙二醇可通过消化道、呼吸道和皮下注射迅速吸收,犬在接触后 1～4 h 达到血峰浓度。乙二醇中毒会产生两种代谢产物而造成毒性,即草酸和甲酸。乙二醇经代谢形成乙二酸,引起代谢性酸中毒。乙二酸进一步代谢形成草酸,故尿液中有草酸钙结晶和血钙降低是乙二醇中毒的重要特征。同时,乙酸盐和草酸盐可严重损伤肾小管上皮细胞,导致肾功能衰竭。同时,有些病例,可出现肺水肿,但机理尚不清楚。

[症状] 临床症状与摄入乙二醇的量和时间有关。

第一阶段主要是神经症状,发生在摄入乙二醇 30 min 到 12 h 期间,症状与乙醇中毒相似,主要表现烦渴多饮、多尿，恶心、呕吐、共济失调和代谢性酸中毒。摄入量较多时，会引起昏迷和死亡。

第二阶段主要是心肺系统症状，发生在摄入乙二醇12～24 h期间，主要表现高血压、心跳加快，严重时出现充血性心力衰竭。

第三阶段主要是肾功能衰竭症状，发生在摄入乙二醇24～72 h期间，主要表现极度沉郁、少尿、贫血、呕吐、腰区疼痛，严重时出现急性无尿性肾功能衰竭、酸中毒而死亡。

[病变] 剖检可见口腔溃疡，胃肠黏膜充血、出血，肾肿大，肺水肿。组织学变化为肾近曲小管和远曲小管有明显双折射钙晶体，肾发生多灶性变性、萎缩，炎性细胞浸润；病程较长者有小管再生；有的肾皮质弥漫性间质性纤维化和小管基底膜矿化；肾小球萎缩，毛细血管丛和肾小球囊粘连，壁层上皮细胞肿胀和增生。

[诊断] 根据接触乙二醇的病史，结合以中枢神经系统抑制、酸中毒和肾损伤为特征的临床症状，即可初步诊断。超声波检查时，肾区出现弥漫性高回声区域。必要时测定血清及尿液中的乙二醇含量，也可测定血清羟乙酸含量。在摄入毒物6 h后，即可在尿液中镜检到草酸钙结晶，并可能出现蛋白尿或血尿。急性、无尿性肾功能衰竭，犬在摄入乙二醇36～72 h，猫在摄入12～24 h，出现尿毒症。本病应与引起中枢神经系统抑制的其他疾病（如脑炎、脑震荡）和急性肾功能衰竭的其他疾病（如急性肾炎、尿毒症、钩端螺旋体病等）进行鉴别。

[治疗] 阻止毒物吸收和特效解毒措施。摄入乙二醇不超过4 h，可催吐、洗胃并灌服活性炭。特效解毒剂20％乙醇溶液主要是抑制肝醇脱氢酶活性，阻止乙二醇代谢，使其以原型从肾排泄。5％ 4-甲基吡唑的副作用较小，但对猫无效。辅助治疗包括补液、纠正代谢性酸中毒和电解质紊乱，维持正常的排尿量。

二、漂白剂中毒

家用含氯漂白剂（chlorine bleach）液体主要成分是次氯酸钠，低于5％，其颗粒含量会较高一些。粉剂漂白剂含次氯酸钙和二氯二甲基乙内酰脲（三氯异氰尿酸），有的还含有一定的过硼酸钠。工业漂白剂含50％或更多的次氯酸钙。

[病因] 犬、猫漂白剂中毒（bleach poisoning）是因漂白剂储存不当被接触或运输、用时散落，致使饲料或饮水污染而引起。

[发病机理] 漂白剂的毒性主要是刺激和腐蚀性，pH 11～12的漂白剂具有较强的腐蚀性。固体漂白剂因浓度高而毒性大。过硼酸钠分解为过氧化钠和硼酸盐，摄入过氧化钠可在消化道分解释放氧，并引起轻度胃肠炎。次氯酸钠与酸或氨结合可产生氯气和氯胺气，刺激黏膜和呼吸道。

[症状] 经口摄入主要表现流涎、呕吐或干呕、食欲缺乏及嗜睡。有的表现口腔溃疡，抓挠口唇，吞咽困难，严重者精神沉郁。有的碱性漂白剂可使局部组织发生化学灼伤而增厚。

皮肤接触可产生刺激，并使皮毛漂白。氯气与眼睛直接接触可引起流泪、眼睑痉挛及眼睑水肿。眼睛接触碱性漂白剂可导致角膜损伤，甚至形成溃疡。吸入氯胺气体可引起咳嗽、窒息和呼吸困难；长时间吸入可导致肺炎、肺水肿和呼吸衰竭。

[诊断] 根据犬、猫接触漂白剂病史，结合以刺激为主的临床症状，即可诊断。大剂量摄入次氯酸盐漂白剂可引起高钠血症和高氯血症。

[治疗] 本病无特效解毒药，经口摄入中毒后应立即灌服水或牛奶等进行稀释，治疗消化道溃疡可用硫糖铝，并及时用抗菌药预防和治疗继发感染。

[预防] 用漂白剂时严禁动物接近，用后应妥善保存，避免犬、猫在玩耍的地方接触漂白剂。

三、腐蚀剂中毒

家庭常用腐蚀剂有两类：酸性腐蚀剂，主要有卫浴清洗剂、下水管道清洗剂、金属清洗剂和卫生消毒剂;碱性腐蚀剂,主要有下水道疏通剂、烤箱清洁剂、假牙清洁剂和洗涤剂。

[病因]　犬、猫腐蚀剂中毒(corrosive poisoning)是因腐蚀剂储存不当被接触或运输、使用时散落,致使饲料或饮水被污染而引起。

[发病机理]　强酸引起蛋白质凝固和完全破坏,皮肤、黏膜接触处呈灼烧样。皮肤接触强酸后,可发生皮肤灼烧、腐蚀、坏死和溃疡。强酸酸雾被吸入后,刺激上呼吸道,引起咳嗽和上呼吸道炎症,甚至发生水肿。误服后强烈刺激口腔、咽部和胃黏膜,发生剧烈呕吐,呕吐物混有血液和黏膜碎片。经消化道吸入血液,消耗血液碱储,发生代谢性酸中毒。

强碱与组织接触后,可迅速吸收组织中的水分,溶解蛋白质及胶原组织,与组织蛋白结合形成胶冻样碱性蛋白盐,并可皂化脂肪,使组织细胞脱水。皂化产生的热量可使深层组织坏死,形成溃疡。经消化道吸收后可发生代谢性碱中毒。当强碱类进入机体时,经血液循环分布于全身,亦可造成肝和肾等实质器官的损伤。

[症状]　皮肤接触腐蚀剂后表现轻度皮炎、蜂窝织炎、皱缩及感染,严重者皮肤坏死、溃疡。口服主要表现消化道炎症,口腔、咽部黏膜肿胀和糜烂,流涎及呕吐,呕吐物含有血液和黏膜碎片,口渴,拒食,腹痛,有的用爪在口唇部抓挠。唇、舌、齿龈因酸性毒物腐蚀,初期呈灰白色,以后转为黑色,草酸损伤呈黄色。因喉头水肿可致吞咽困难和窒息。严重者可发生消化道穿孔、休克、昏迷,甚至危及生命。眼损伤可发生结膜炎、角膜炎、角膜混浊和溃疡。

吸入强酸烟雾后,立即出现呛咳、胸部疼痛。因发生喉头水肿、肺水肿、支气管痉挛、肺炎、气管支气管炎,肺部听诊有啰音,呼吸困难,甚至窒息。

[诊断]　根据接触腐蚀性化学品病史,结合以刺激性为主的临床症状,即可初步诊断。必要时采集呕吐物或胃内容物等进行相关游离酸碱的分析。

[治疗]　无特效解毒药,可采用保护胃肠黏膜和对症治疗。酸性腐蚀剂中毒可灌服蛋清、氧化镁等,碱性腐蚀剂中毒可灌服4倍稀释的食醋;酸碱中和之后可进行催吐,并用盐类泻剂。保护胃肠黏膜可用高岭土或蛋清等。

[预后]　如治疗及时,多数动物可康复。

四、洗涤剂、肥皂和香波中毒

人和宠物香波、液体洗手液、固体肥皂、洗衣剂和其他一些家用洗涤剂一般均含有阴离子去污剂和非离子去污剂。

[病因]　犬、猫发生洗涤剂、肥皂和香波中毒(detergent,soap and shampoo poisoning)是因洗涤剂、肥皂和香波储存不当被接触或运输、使用时散落,使饲料或饮水污染而引起。

[发病机理]　许多洗涤剂、肥皂和香波 pH 均经调整以减少对皮肤的刺激,但可能会对眼睛和黏膜有一定的刺激,故其中毒主要表现眼睛、口腔或胃肠道的刺激,且常轻微。

[症状]　恶心、呕吐和腹泻是主要的临床表现,有时出现继发性脱水和电解质平衡紊乱。有时可见眼睛轻微刺激,如流泪和睑痉挛。除一些局部刺激外,其他明显的损伤很难见到。

[治疗]　用牛奶和清水灌服稀释可明显减少呕吐。腹泻和呕吐时间较长的病例,可静脉注射纠正脱水和电解质紊乱。

五、装饰植物中毒

现代家居装饰中植物是重要的一部分,而小动物常出现因啃食这些植物而引起的装饰植物中毒(poisoning of house plants and ornamentals)。小动物的年龄、厌烦心理以及环境的改变均可能导致其中毒事件的发生。

第六节 药 物 中 毒

一、士的宁中毒

士的宁（strychnine）是一种生物碱，临床上用于兴奋脊髓或治疗运动神经不全麻痹，还可作为驱除鼠害的毒饵。

[病因] 犬、猫士的宁中毒（strychnine poisoning）是因误食毒饵或毒死的老鼠，也见于临床上治疗剂量过大，连续治疗时间过久，使药物在体内蓄积致使中毒。犬口服中毒剂量为每千克体重 0.75 mg，猫致死剂量小于每千克体重 1 mg。

[症状] 中毒症状以中枢神经系统反射性兴奋为特点。动物呈现神经过敏，不安，肌肉不自主挛缩等，包括恐惧、肌肉强直，对声、光和触摸等刺激敏感。可诱发痉挛，呈间歇性发作。呼吸困难，可视黏膜发绀，颈强直，牙关紧闭，角弓反张等。常因肌肉过度兴奋引起体温升高。

[病变] 无特征性病变。

[诊断] 一般根据病史和严重急性渐进性神经症状做出诊断，但乙二醇、杀虫剂中毒，破伤风和急性电解质平衡紊乱也可引起类似症状，应注意加以区别。检测血清电解质含量，排除钙离子和糖代谢异常引起的神经症状。

[治疗] 可用安定或戊巴比妥钠，以维持肌肉松弛，采用对症治疗。

[预后] 如治疗及时，多数动物可康复。

二、巴比妥盐中毒

巴比妥盐主要有苯巴比妥钠、戊巴比妥钠和硫喷妥钠等，常作为镇静、解痉和麻醉药而广泛用于临床，但常因临床使用不当或过量而发生巴比妥盐中毒（barbiturate poisoning）。

[症状] 精神沉郁，多半处于昏迷状态。呼吸浅表，机体缺氧，瞳孔散大。严重急性中毒时，多因呼吸中枢被抑制而危及生命或导致死亡。

[治疗] 支持疗法可静脉注射糖盐水和碳酸氢钠；可给予呼吸中枢兴奋药，也可吸入含 5% CO_2 的气体。另可给予拮抗剂，如贝格美，缓和中毒。

三、阿维菌素类药物中毒

阿维菌素类药物（avermectins）是阿维链霉菌的发酵产物及其衍生物，不仅对动物体内线虫，且对体外节肢动物均具有优良驱杀作用，具有广谱、高效和低毒等优点，兽医临床上常用的产品有阿维菌素（或称阿维菌素 B_1）和伊维菌素（即伊维菌素 B_1）。

伊维菌素是来源于阿维菌素 B 的一种衍生物，是阿维菌素类药物中应用最为广泛的一种新型广谱抗寄生虫药，目前已在世界上 60 多个国家和地区注册使用。

伊维菌素对实验动物的 LD_{50} 一般大于每千克体重 25 mg，而其临床剂量一般为每千克体重 0.2～0.3 mg，因而其安全范围较大。伊维菌素对靶动物的安全范围较大，按规定剂量使用不易引起动物中毒，但超量则可引起各种动物中毒，甚至死亡。犬最大耐受量为一次内服每千克体重 2.0 mg，或每日每千克体重 0.5 mg，连续内服或注射 14 周。超过此剂量，可引起犬急性中毒。

[发病机理] 动物中毒机理目前还不明了。据报道，伊维菌素是作用于中枢神经系统而引起动物中毒。在中毒的柯利牧羊犬的中枢神经系统中检测出了高浓度伊维菌素，说明伊维菌素已透过犬的血脑屏障。

[症状] 犬急性中毒症状为厌食、共济失调、精神沉郁、脱水、震颤、瞳孔散大、昏迷,甚至死亡。需特别注意的是,柯利牧羊犬对伊维菌素特别敏感,其最大耐受量仅为每千克体重 50 μg。以每千克体重 200 μg 伊维菌素内服,即可引起此类犬的严重中毒反应。对死亡柯利犬组织中的药物含量测定表明,中枢神经系统中伊维菌素含量很高。

[病变] 尸体剖检仅见濒死期犬胃肠道出血和充血。

[诊断] 治疗用药后动物很快出现神经抑制症状,严重者昏迷、死亡等,据此即可做出诊断。

[治疗] 对症治疗,以兴奋中枢神经功能、恢复动物肌张力为主,但治愈率不高。

[预防] 严格控制用药剂量,并采用正确的给药途径(内服或皮下注射)。混饲给药时要混匀。用伊维菌素治疗犬恶丝虫病时,用其专用片剂,剂量不超过每千克体重 6 μg。

四、阿司匹林中毒

阿司匹林是临床常用的解热镇痛药,可直接影响中枢神经系统,在三羧酸循环中改变细胞代谢,并可改变血小板和凝血酶原功能。阿司匹林在国外小动物临床治疗中为常用药物,但用药过量会引起阿司匹林中毒(aspirin poisoning),甚至可致死。

[症状] 症状为酸碱平衡机能失调、代谢性酸中毒、呼吸急促(因代谢性酸中毒或药物直接对中枢神经系统的影响引起)。另外,还会出现呕吐、脱水、兴奋和休克(继发于血管萎陷)等症状。

[诊断] 根据用药史、临床表现及尿液分析(1 mL 酸化尿中加 3 滴 10% 氯化铁,如有阿司匹林存在,尿液变为深红色)可做出诊断。

[治疗] 首先催吐,治疗休克,静脉输液纠正酸碱平衡紊乱,有出血迹象时,应给予维生素 K。

[预后] 如中毒轻微,治疗及时,则预后良好。

五、新洁尔灭中毒

新洁尔灭是一种阳离子表面活性剂,常以 0.01%～0.1% 浓度在外科手术时消毒术部、浸泡手臂和器械等。

[病因] 用高浓度做大面积体表消毒、创伤冲洗等可引起吸收中毒。偶见经口饮入过量中毒。

[症状] 动物中毒后表现为不安、呼吸困难、可视黏膜发绀、胃肠痉挛、肌无力、不可站立。严重病例出现心力衰竭、休克。

[治疗] 经口摄入时,早期进行催吐或用肥皂水洗胃。经皮肤吸收中毒时,应用清水冲洗体表,同时采取相应的对症治疗。

六、碘中毒

碘酊、碘仿等常作为皮肤外伤消毒杀菌药,如使用不当可引起碘中毒(iodism)。高浓度碘酊对局部皮肤可产生强烈刺激作用。同时,一旦皮肤吸收后,与组织蛋白反应发生中毒,还可损害内脏,如中毒性肾炎等。碘仿用于创面被动物舔食后,尽管微量也可产生毒性反应。猫、犬对碘及含碘物质均较为敏感。

[症状]

1. 急性中毒 食欲废绝,呕吐,便秘,昏迷,并有痉挛发作。动物体温下降、心力衰竭、呼吸困难、尿闭或排蛋白尿等。

2. 慢性中毒 消瘦,各种腺体尤其是乳腺显著萎缩。有时出现碘疹、黏膜卡他性炎症等病变。

[治疗] 碘中毒时可用 0.15% 硫代硫酸钠溶液洗胃。对已吸收的病例,应用硫代硫酸钠(用 5%～10% 葡萄糖稀释)静脉注射。

第七节 变质食物中毒

变质食物中毒(poisoning of food and garbage toxins)是指犬、猫采食变质食物后引起的中毒。

[病因] 温暖季节,所有食物,尤其是肉类、奶及其制品、蛋和鱼等富含营养和水分的食品,极易腐败变质。在夏季即使放在冰箱里的食物,时间长了也会变质。变质食物不再适合人食用,用来饲喂犬、猫,便会引起中毒。

[发病机理] 变质食物引起中毒的毒素,包括肠毒素、内毒素和真菌毒素等。食物中的链球菌、葡萄球菌、沙门菌、大肠杆菌和其他细菌等,在温暖条件下,可大量繁殖产生肠素。犬、猫采食后,肠毒素刺激和腐蚀胃肠上皮,引起损伤和坏死,导致胃肠分泌增多,甚至出血。中毒犬、猫呕吐,肠蠕动增强,发生腹泻。发病后10～72 h,肠管蠕动变弱,甚至停滞,出现腹胀。在变质食物中繁殖的革兰阴性菌,此后溶解,释放出大量脂多糖性内毒素。内毒素性质稳定,耐热,进入胃肠道,可引起胃肠炎。毒素吸收后,引起心血管系统弥散性血管内凝血、血容量减少和休克。内毒素常与肠毒素一起,引起犬、猫中毒。

[症状] 犬、猫采食变质食物后,一般0.1～3 h就发生呕吐、采食量少。呕吐完变质食物后便康复。严重中毒者,出现腹泻,便中带血,腹壁紧张,触压疼痛。随后肠蠕动变弱,肠内充气,肚腹膨胀,更有利于革兰阴性菌生长繁殖,释放内毒素,使病情进一步恶化,甚至发生内毒素性休克。

内毒素中毒,体温常在采食后2～24 h内升高到39 ℃以上,同时发生呕吐、腹泻、排水样便。腹部胀大,腹壁紧张,触压疼痛。毛细血管充盈时间延长,心搏增快,脉搏变细弱,精神委顿,最后休克。实验室检验白细胞和中性粒细胞减少,多形核细胞增多,血糖含量升高。

[病变] 可见胃肠炎,肝、肾和心脏水肿等。

[诊断] 根据中毒病史和临床症状,做出初步诊断,确诊需对食物进行实验室检验。

[治疗] 变质食物中毒尚无特效药物治疗,一般治疗方法如下。

(1)止泻:口服广谱抗生素,如庆大霉素等,阿托品腹泻后期应用,可缓解疼痛。

(2)静脉输液:补充水分和电解质,调节酸碱平衡失调。

(3)防止犬、猫休克,可应用地塞米松磷酸钠注射液。

第八节 动物毒素中毒

一、蛇毒中毒

蛇毒中毒(snake venom poisoning)是因动物在野外觅食或在牵遛过程中被毒蛇咬伤而引起的疾病。

[病因] 动物被毒蛇咬伤时,对犬、猫致死量主要取决于咬伤部位,越接近中枢神经(如头面部咬伤)及血管丰富的部位其症状越严重。

我国较常见且危害较大的毒蛇主要包括:眼镜蛇科,如眼镜蛇、眼镜王蛇、银环蛇、金环蛇;海蛇科,如海蛇;蝰蛇科,如蝰蛇;蝮蛇科,如蝮蛇、五步蛇、竹叶青蛇、龟壳花蛇等。

[发病机理] 毒蛇生有毒牙和毒腺,当毒蛇咬动物时,因张口而使上腭肌肉收缩压迫毒腺,排出毒液,通过牙管或牙沟注入动物机体,发生中毒。蛇毒进入机体后散布方式有两种:一种是毒液直接随血液散布,这种情况极为危险,极少量毒液注入机体血管很快散布于全身,可使动物很快死亡;另

一种是毒液随淋巴循环散布,这是毒液散布的主要方式,无论毒牙咬得深或浅,毒液总是随淋巴流向皮下组织和肌肉的淋巴间隙内,故其散布速度缓慢。当被毒蛇咬后及时急救处理,可将毒液的大部分吸出,这样就可减轻蛇毒引起的中毒症状。

神经毒:各种毒蛇蛇毒中所含的神经毒理化性质与作用均不同,银环蛇蛇毒主要干扰乙酰胆碱的释放与作用,眼镜蛇蛇毒是对乙酰胆碱的合成有抑制作用,但两者均可阻断神经肌肉接头间冲动传导,致使骨骼肌麻痹,同时两者均可抑制呼吸中枢兴奋,使机体缺氧逐渐加重,导致呼吸衰竭。眼镜蛇及银环蛇的蛇毒尚可透过血脑屏障进入脑组织中,抑制延脑呼吸中枢。

心脏毒:心脏毒主要作用于心脏,使心脏在短暂的兴奋后转入抑制,它的作用是使细胞膜除极化,直接损坏心肌,使心肌肿胀、变性、出血及坏死,引起心力衰竭。

酶:蛇毒中含有多种酶,其中与蛇毒毒性关系较大的有卵磷脂酶、蛋白分解酶和磷酸酯酶三种。

(1)卵磷脂酶:卵磷脂酶分解成溶血卵磷脂后可使红细胞溶解,析出血红蛋白,侵犯毛细血管壁细胞引起出血,释放组胺、5-羟色胺、缓动素等使毛细血管扩张,并增加毛细血管的渗透性,引起有效血容量不足,血压下降。

(2)蛋白分解酶:可消化血红蛋白,破坏血管壁,引起出血及组织损伤,甚至导致大片深部组织坏死。

(3)磷酸酯酶:此酶可使体内三磷酸腺苷(ATP)水解增加,导致ATP缺乏;使乙酰胆碱的合成发生障碍,因而神经冲动传导不能很好完成;此外还可引起末梢血管扩张、血压下降、心率减慢及呼吸困难等。

[症状] 因毒蛇的种类不同,毒液的成分各异,故各种蛇伤的临床症状亦不一样。根据各种蛇毒的作用类型,大体上可分为神经毒和血循毒两大类。

1. 神经毒 金环蛇、银环蛇均属神经毒类。

(1)局部症状:被神经毒类蛇咬伤后,局部反应不明显,但被眼镜蛇咬伤后,局部组织坏死、溃烂,伤口长期不愈。蛇咬伤均有齿痕,并对称。

(2)全身症状:首先是四肢麻痹且无力,因心脏及呼吸中枢、血管运动中枢麻痹,导致呼吸困难、脉搏不齐、瞳孔散大、吞咽困难,最后全身抽搐、呼吸肌麻痹、血压下降、休克以至昏迷,常因呼吸麻痹、循环衰竭而死亡。

2. 血循毒 竹叶青蛇、龟壳花蛇、蝰蛇、五步蛇等均属这一类。常引起溶血、出血、凝血、毛细血管壁损伤及心肌损伤等毒性反应。

(1)局部症状:伤口及其周围很快出现肿胀、发硬、剧痛和灼热,且不断蔓延,并伴有淋巴结肿大、压痛、皮下出血,有的发生水疱、血疱以至组织溃烂及坏死。

(2)全身症状:全身战栗,继而发热,心动快速,脉搏加快。重症者呼吸困难,不能站立,最后倒地,因心脏麻痹而死亡。

蝮蛇、眼镜蛇和眼镜王蛇等蛇毒中既含有神经毒,亦含有血循毒,故其中毒表现包括神经系统和血液循环系统两个方面的损害,但以神经毒症状为主,一般是先发生呼吸衰竭,而后发生循环衰竭。

[治疗] 首先要防止蛇毒扩散,进一步排毒和解毒,并配合对症疗法。

(1)防止蛇毒扩散,早期结扎伤口上方。经排毒和服蛇药后即可松解结扎。

(2)冲洗伤口结扎后可用清水、冷开水冲洗,条件许可时用肥皂水、过氧化氢溶液或1:5000高锰酸钾溶液冲洗伤口,以清除伤口残留蛇毒及污物。

(3)采用对应蛇毒血清肌肉注射。

二、蜂毒中毒

蜂毒(bee venom)是蜂类尾部毒囊分泌的毒液,蜂蜇伤动物皮肤时注入毒液而引起蜂毒中毒

(bee venom poisoning)，也可因食入蜂体而中毒。雌蜂尾部有毒腺和蜇针，蜇针是产卵器的变形物，尖端有逆钩，刺入机体后不易拔出，部分残留于创伤内。天然蜂毒为具有芳香气味的透明液体，是一种成分复杂的混合物，可被消化酶类和氧化物所破坏，易溶于水和酸，不溶于乙醇。干燥蜂毒较稳定，可保持其生物活性达数年之久。蜂毒的含水量约38%，其余为多肽酶、生物胺和其他多种活性物质。

[发病机理]　蜂毒中含有乙酰胆碱，可使平滑肌收缩，运动麻痹，血压下降。黄蜂及大黄蜂毒液中含有组胺、5-羟色胺、透明质酸酶及磷脂酶A，可引起平滑肌收缩、血压下降、呼吸困难、局部疼痛、淤血及水肿等。磷脂酶A具有很强的致病作用，可引起严重的血压下降及间接性溶血。

[症状]　动物被蜂蜇伤多发生在头部。病初蜇伤部位及周围皮下组织迅速出现热痛及捏粉样肿胀，针刺肿胀部流出黄红色渗出液。因鼻唇肿胀，呈吸气性呼吸困难，流涎，采食、咀嚼障碍；因上下眼睑肿胀，闭合难睁；同时动物兴奋，体温升高。病程中有的出现荨麻疹。后期或重病例，发生溶血，结膜苍白黄染，严重贫血，血红蛋白尿，血压下降，甚至出现神经症状，步态踉跄，心律不齐，呼吸困难，常因呼吸麻痹而死亡。

[病变]　蜇伤后短时间死亡的动物常有喉头水肿，各实质器官淤血，皮下及心内膜有出血斑，脾肿大，肝柔软变性，肌肉变软呈煮肉色。

[治疗]　病初对肿胀部位用三棱针行皮肤锥刺。用0.1%高锰酸钾溶液冲洗，以0.25%普鲁卡因加适量青霉素进行肿胀周围封闭，防止肿胀扩散。用0.5%氢化可的松溶液100 mL配合糖盐水静脉滴注，以便脱敏、抗休克。为保肝解毒，可用高渗葡萄糖溶液、5%碳酸氢钠溶液及维生素B_1或维生素C等。

第十五章 神经系统疾病

第一节 脑 积 水

脑积水(hydrocephalus)是因脑脊液流动受阻,吸收减少或生成过多,脑室和蛛网膜下腔大量积聚,致使脑室扩张、脑内压升高的一种慢性脑病。临床上以意识障碍、知觉和运动异常等为特征。

[病因] 脑积水有先天性和后天性两种。

1. 先天性脑积水 主要与中脑导水管缺陷、蛛网膜颗粒异常、小脑发育不全等有关。胚胎发育期间受到母体内传染性因素侵害以及中毒性、物理性等病理因素的影响也可引起本病的发生。先天性脑积水多发生在小型犬种(如吉娃娃犬、约克夏犬、曼彻斯特玩赏犬、小型贵妇犬)和短头型犬种(如北京犬、英国斗牛犬、波士顿犬、拉萨狮子犬)。

2. 后天性脑积水 由脑膜脑炎、脑肿瘤、蛛网膜下出血等导致脑脊液流动受阻而引起。维生素A缺乏可影响蛛网膜绒毛对脑脊液的重吸收,也可导致本病的发生。脑脊液生成过多,仅见于脉络膜乳头状瘤。

[症状] 脑积水多为慢性经过,其症状表现与颅内压升高的程度、脑组织受压的部位等有关。

(1)意识障碍:精神沉郁,嗜睡,呆立,痴呆,癫痫发作。

(2)感觉迟钝:皮肤敏感性降低,轻微刺激无反应;听觉障碍,微弱的声音不引起任何反应,但有较强的音响时,常引起高度惊恐和战栗;视力减退。

(3)运动障碍:无目的地向前行进,或做圆圈运动,间歇性痉挛,后躯麻痹。

随着病情的发展,可伴随出现心动徐缓、心律不齐、肠蠕动减弱。

先天性脑积水除可出现上述症状外,还表现颅顶呈半球形,骨缝和囟门开放,有的两眼均向内侧斜视。

[诊断] 应根据病史、临床症状、X线检查等做出诊断。先天性脑积水头颅X线检查可见开放的骨缝和囟门(注意有些犬种的健康仔犬也可能囟门开放),头盖骨皮质薄,颅穹窿呈毛玻璃样外观。后天性脑积水X线检查无明显异常。对脑积水病例做超声波检查,可见脑室扩大。另外,脑电图(EEG)、计算机断层扫描(CT)和核磁共振成像技术(MRI)对本病的诊断也有一定的参考价值。

[治疗] 目前尚无特效疗法。利尿脱水为主要治疗方法,多预后不良。

第二节 脑 膜 脑 炎

脑膜脑炎(meningoencephalitis)是指脑膜和脑实质的一种炎症性疾病,以伴有一般脑症状、灶性脑症状和脑膜刺激症状为特征。

[病因] 小动物脑膜脑炎由感染性因素和非感染性因素引起。

1. 感染性因素

(1)病毒感染:见于犬瘟热病毒、犬副流感病毒、狂犬病病毒、伪狂犬病病毒、犬疱疹病毒、犬细小病毒、猫传染性腹膜炎病毒、猫免疫缺陷病毒等。这些病毒沿神经干或经血液循环进入神经中枢，引起非化脓性脑炎。

（2）细菌感染：李氏杆菌可经口腔损伤处侵入，并沿头部神经干进入神经中枢。链球菌、葡萄球菌等可经头部邻近部位感染（如眼炎、内耳炎、额窦炎）蔓延或其他部位感染（如心内膜炎、子宫蓄脓）经血液转移引起继发性化脓性脑膜脑炎。

（3）原虫感染：主要是弓形虫和犬新孢子虫，在幼龄动物可出现神经症状。

（4）真菌感染：如新型隐球菌、荚膜组织胞浆菌，在机体免疫低下时偶尔可发生感染。

2. 非感染性因素

（1）中毒：氟乙酸钠、杀鼠剂、汞、铅等中毒均见有非化脓性脑炎的病理变化。

（2）粒细胞增生性脑膜脑炎（炎症性网织细胞增多症）：为犬的一种特发性疾病，是引起犬脑膜脑炎的常见病因，可能仅次于犬瘟热。本病多发生在1～8岁的雌性玩赏犬，如哈巴犬、马尔济斯犬、约克夏犬。猫较少发生此病。

（3）免疫性疾病：由免疫反应引起的脑膜脑炎，多见于大型青年犬，对类固醇药物治疗敏感。

（4）其他：创伤、肿瘤等。

[症状]　常表现体温升高，食欲不振，结膜充血，心律异常。神经症状大体上可分为一般脑症状、灶性脑症状和脑膜刺激症状。

（1）一般脑症状：表现为兴奋，烦躁不安，惊恐，意识障碍，不认识主人，捕捉时咬人，无目的地奔走，冲撞障碍物。有的以沉郁为主，头下垂，眼半闭，反应迟钝，肌肉无力，甚至嗜睡。

（2）灶性脑症状：与炎性病变在脑组织中的位置有密切的关系。大脑受损时表现行为和性情的改变，步态不稳，转圈，甚至口吐白沫，癫痫样痉挛。脑干受损时，表现精神沉郁，头偏斜，共济失调，四肢无力，眼球震颤。炎症侵害小脑时，出现共济失调，肌肉颤抖，眼球震颤，姿势异常。炎症波及呼吸中枢时，出现呼吸困难。

（3）脑膜刺激症状：表现感觉过敏，抚摸身体时嚎叫，颈部僵直。

[诊断]　根据症状和病史可做出初步诊断。脑脊液检验有助于进一步确诊。因颅内压升高，脊髓穿刺时脑脊液混浊，易流出。细菌性脑膜脑炎时，脑脊液中蛋白质含量和白细胞数目显著增加。粒细胞增生性脑膜脑炎时，脑脊液中除蛋白质含量和白细胞数目增加外，可见大的退行发育样单核细胞，在哈巴犬还可见嗜酸性粒细胞增多。化脓性脑膜脑炎时，脑脊液中除中性粒细胞增多外，还可见病原微生物。

另外，脑脊液血清学试验有助于确定特定的病原；CT 和 MRI 检查能较好地确定脑部器质性病变。

[治疗]　治疗原则为加强护理、降低颅内压、抗菌消炎、对症治疗。

（1）将患病动物置于安静的环境中，尽可能减少刺激。

（2）降低颅内压、防止脑水肿：可静脉注射 20％甘露醇，快速滴注。

（3）抗菌消炎：对细菌性感染，青霉素加磺胺嘧啶钠肌肉或静脉注射。

（4）对症治疗：当有高度兴奋、狂躁不安时，可应用苯巴比妥或氯丙嗪；心力衰竭时，应用安钠咖等强心剂。

脑炎一般死亡率较高，偶尔恢复也易留下后遗症。

第三节　肝性脑病

肝性脑病（hepatic encephalopathy）是因肝脏疾病所引起的一种中枢神经系统功能障碍综合征。

[病因]　目前发现主要有三种类型的肝脏疾病可导致肝性脑病。

1. 肝实质广泛性损害 如肝炎、脂肪肝、肝硬化及肝肿瘤等。肝实质损伤，尤其是急性肝坏死和慢性肝病晚期，肝代谢功能减退，氨、吲哚、巯基乙醇及短链脂肪等代谢产物在血液中堆积。

2. 门静脉系统短路 主要为先天性。这种异常可出现在肝内，多见于大型犬种，如爱尔兰猎狼犬、澳洲牧牛犬、金毛犬及拉布拉多猎犬；门静脉系统短路也可出现在肝外，且多见于小型犬种，如约克夏犬、小型雪纳瑞犬、马尔济斯犬、贵宾犬及西施犬。后天性门静脉系统短路，见于严重的肝脏疾病(如慢性肝炎和肝硬化)，因旁系血管长期受门静脉高压而形成短路。因门静脉分流，部分门静脉血液不经肝而直接流入后腔静脉，正常由胃肠道吸收的有毒物质未经肝解毒而进入体循环。

3. 先天性尿素循环酶缺乏 氨代谢为尿素的过程受阻，致使血液中氨大量蓄积。

[症状]

1. 肝功能异常 表现为食欲不振，体重减轻，生长停滞，烦渴，异嗜，呕吐，腹泻等。血清总蛋白含量降低，采食后血清胆汁酸和血氨浓度升高。酚磺溴酞钠排泄半衰期延长(>5 min)。急性肝坏死病例，血清肝特异性酶活性升高。动物对镇静剂、麻醉剂等药物耐受性差。伴有门静脉高压或严重低蛋白血症时，出现腹水和腹围胀满。猫还可出现明显流涎。

2. 神经症状 多在大量食入肉、肝等高蛋白食物后出现。常见的神经症状有精神沉郁，行为异常，运步缓慢，步样跛行，异常鸣叫，沿墙壁行走，肌肉震颤，转圈运动，癫痫样发作，痴呆，昏睡以至昏迷，视力障碍。先天性门静脉异常所致的肝性脑病，多在6月龄后出现症状。

3. 泌尿系统症状 肾肿大，多尿。有的伴有泌尿系尿酸铵结石，并出现血尿、蛋白尿，尿沉渣检查多见尿酸铵结晶。

[病变] 肝肿大或萎缩，或发生纤维变性，肾肿大，脑多无异常。

[诊断] 主要通过病史、临床症状和实验室检查做出诊断。血管造影术可确定门静脉系统短路的部位和血液分流程度。

[治疗]

(1) 限制食物中蛋白质和脂肪的摄入量。

(2) 清理胃肠，用适量的硫酸镁或硫酸钠溶液灌服或灌肠。

(3) 抑制消化道细菌，如用氨基糖苷类药物口服。

(4) 适量补液，并配合维生素(维生素 B_1、维生素 B_2)治疗。

(5) 对于门静脉系统短路，特别是肝外门静脉系统短路病例，可行门静脉矫正术，闭合门静脉侧支。

(6) 尿素循环酶缺乏病例，尚无有效的治疗方法。

第四节 日射病和热射病

日射病(sun stroke)是指在炎热季节，日光直接照射动物头部，引起脑膜充血和脑实质急性病变，导致中枢神经系统功能严重障碍的现象。热射病(heat stroke)是指在潮湿闷热环境中，动物机体产热多而散热少，体内积热引起的严重中枢神经系统紊乱现象。临床上日射病和热射病统称为中暑。本病以体温显著升高、呼吸和循环障碍、神经症状为特征。犬汗腺不发达，对热耐受性差，特别是短头犬更易发生本病。

[病因及发病机理]

1. 日射病 因动物长时间受强烈日光的直接照射，日光中的红外线透过颅骨直接作用于脑膜和脑实质，引起血管扩张、充血、水肿，甚至出血；紫外线损伤脑神经细胞，引起炎症反应和组织蛋白的分解。因而，脑脊液增多，颅内压增高，中枢神经功能紊乱，机体新陈代谢异常，出现自体中毒，心力衰竭，呼吸浅表，痉挛抽搐，昏迷，死亡。

Note

2. 热射病 因环境温度过高，湿度过大，通风不良，机体产热和散热平衡失调，体内积热过多，氧化不全的中间代谢产物大量蓄积，导致自体中毒、组织缺氧、脑脊液增多，出现心肺功能衰竭，静脉淤血，黏膜发绀，终因窒息和心脏麻痹而死亡。

3. 其他 体质肥胖、长期休闲、缺乏锻炼、劳役过度、心脏衰弱、饮水不足等也可促进本病的发生。

［症状］ 突然发病，体温急剧升高，呼吸急促，黏膜潮红，心跳加快，末梢静脉怒张。因脑膜充血和水肿，可出现一般脑症状。有的精神抑郁，站立不稳，卧地不起，陷入昏迷。有的神志不清，兴奋不安，癫狂冲撞。随着病情的急剧恶化，出现心力衰竭，脉搏快而弱，静脉淤血，黏膜发绀。伴发肺充血和肺水肿时，张口伸舌，呼吸浅表，口、鼻喷出白沫或血沫。有的突然倒地，肌肉痉挛、抽搐，昏迷，以至急性死亡。

轻症病例，如治疗得当，很快好转。有严重脑症状的，因并发脑出血、水肿，多预后不良。

［病变］ 日射病和热射病病例的脑及脑膜血管均出现淤血和出血点；脑脊液增多，脑组织水肿；肺充血和肺水肿；胸膜、心包膜和肠系膜有出血斑及浆液性炎症。

［诊断］ 根据临床症状，结合发病情况和病因分析，易做出确诊。

［治疗］ 加强护理、促进降温和对症治疗。

（1）冰块或冷水降温。

（2）肌肉注射氯丙嗪，体温降至接近正常时，应停止降温。

（3）对症治疗：对心力衰竭者可适当用安钠咖。

第五节 脊髓炎和脊髓膜炎

脊髓炎（myelitis）是指脊髓实质的炎症。脊髓膜炎（spinal meningitis）是指脊髓软膜、蛛网膜和硬膜的炎症。两者可单独发生，也可同时发生。临床上以感觉、运动、反射功能障碍和肌肉萎缩为特征。本病多发生于犬，而较少发生于猫。

［病因］

1. 传染病 多见于犬瘟热、狂犬病、伪狂犬病、破伤风、弓形虫病、全身性真菌感染、狂犬弱毒疫苗注射之后等。

2. 中毒 细菌毒素或有毒物质中毒。

3. 机械性损伤 脊椎骨折以及踢伤、冲撞、跌倒等引起脊髓的损伤。

4. 诱因 如感冒、受寒、过劳、佝偻病、骨软病、椎间盘突出症。

［症状］ 本病的前驱症状为四肢疼痛，肌肉震颤，不愿活动，易疲劳。随着病情的发展，临床症状较为复杂，可出现运动、感觉、反射等功能障碍症状。

1. 运动障碍 脊背强硬，步态强拘，肌肉痉挛、抽搐，后躯发生不全麻痹或完全麻痹。

2. 感觉障碍 感觉出现过敏、减弱或消失。感觉过敏时，触及脊背会引起大声鸣叫。感觉减弱或消失时，对各种刺激的反应丧失。

3. 低级神经中枢功能障碍 当支配膀胱、直肠和生殖器官的低级神经中枢功能发生障碍时，初期发生尿闭、便秘、阴茎勃起，后期发生大小便失禁、阳痿。

4. 反射功能障碍 病变脊髓所支配的皮肤、肌肉和肌腱反射功能亢进或减弱，以至完全消失。

以脊髓膜炎为主的病例，因脊髓背根受到刺激，躯体某一部位可出现感觉过敏，还可因脊髓腹根受到刺激出现背、腰和四肢姿势改变，甚至步态改变，如头向后仰、曲背、四肢伸直、行走时紧张小心和步幅缩短。

以脊髓炎为主的病例，初期也可出现感觉过敏，疼痛不安。因脊髓病变部位和范围不同，临床表现也不尽相同。

（1）局灶性脊髓炎：一般只呈现患病脊髓节段所支配区域的皮肤感觉减退和局部肌肉营养不良性萎缩，对感觉刺激的反应消失。

（2）横贯性脊髓炎：因传导途径被阻断，发生感觉、运动和反射功能障碍。初期不全麻痹，数日后陷入完全麻痹。若横贯性脊髓炎发生在颈部脊髓，前后肢出现麻痹；若发生在胸部脊髓，后肢、膀胱和直肠括约肌麻痹；若发生在腰部脊髓，坐骨神经、膀胱和直肠括约肌麻痹，形成截瘫，不能站立，拖着两后肢行走；若发生在骶部脊髓，尾部麻痹和大小便失禁。

（3）蔓延性脊髓炎：因炎症沿脊髓长轴蔓延，运动和感觉障碍由躯体的后方向前方波及（上行性）或由前方向后方波及（下行性）。如炎症蔓延至延髓，即发生吞咽困难、心律不齐、呼吸障碍，甚至突然窒息死亡。

（4）散布性脊髓炎：在脊髓各部发生许多散在的大小病灶，临床上表现各种各样的运动和感觉障碍。狂犬病病毒引起的脊髓炎多属于此类。

此外，传染性因素引起的脊髓炎，通常伴有体温升高。慢性脊髓炎时，因神经麻痹，肌肉出现营养不良性萎缩。

［诊断］ 脊髓炎和脊髓膜炎的诊断可根据病史和脊髓功能障碍的临床表现做出诊断。

［治疗］ 消除病因，消散炎症，促进神经功能恢复。

（1）保持安静，限制活动。

（2）控制感染：对细菌性感染可选用青霉素，对病毒性感染可应用相应抗血清或干扰素等。

（3）消散炎症：用肾上腺糖皮质激素，如氢化可的松、地塞米松，改善神经营养可用维生素 B_1、维生素 B_2、辅酶 A、三磷酸腺苷等，还可用通经活血的中药。

（4）为兴奋脊髓，用 0.2% 硝酸士的宁溶液皮下注射，2～3 天后停药 2 天观察，防止中毒。

第六节 癫痫

癫痫（epilepsy）是因大脑某些神经元异常放电引起的暂时性脑功能障碍，临床上以反复发生短时意识丧失、强直性与阵发性肌肉痉挛为主要特征。按病因可分为原发性和继发性两种，原发性癫痫又称真性癫痫（true epilepsy）或自发性癫痫，继发性癫痫又称症候性癫痫（symptomatic epilepsy）。犬癫痫发病率比猫高，且多为继发性。

［病因］ 原发性癫痫是因大脑组织代谢异常，皮层或皮层下中枢受到刺激，导致兴奋与抑制失调而引起。有人认为其与遗传因素有关，多见于比格犬、德国牧羊犬、小猎兔犬、荷兰毛狮犬、比利时牧羊犬、贵宾犬及爱尔兰雪达犬，且第一次发作多在 6 月龄至 5 岁之间，母犬发病多于公犬。

继发性癫痫通常继发于：

（1）脑器质性病变：如脑膜脑炎、脑积水、脑血管疾病、脑内肿瘤及脑震荡或挫伤疾病的经过中。

（2）传染病和寄生虫病：如犬瘟热、狂犬病、弓形虫病及猫传染性腹膜炎。

（3）代谢失调：如低糖血症（患胰岛 β 细胞瘤犬和功能性低血糖猎犬）、低钙血症、肝功能低下、氮质血症、维生素缺乏。

（4）中毒：一氧化碳、铅、汞及有机磷农药等中毒。

（5）其他：肠道寄生虫（如绦虫、蛔虫、钩虫等）、外周神经损伤、过敏反应等也能反射性地引起癫痫发作（称反射性癫痫）。另外，极度的兴奋、恐惧和强烈的刺激，也能促进癫痫的发作。

［症状］ 癫痫发作有三个特点，即突然性、暂时性和反复性。按临床症状，癫痫发作主要可分为大发作、小发作和局限性发作。

1. 大发作 这是最常见的一种发作类型。原发性癫痫的大发作可分为三个阶段，即先兆期、发作期和发作后期。先兆期表现不安、烦躁、点头或摇头,鸣叫,躲藏暗处等,仅持续数秒或数分钟,一般不被人所注意。发作期意识丧失,突然倒地,角弓反张,先肌肉强直性痉挛,继之出现阵发性痉挛,四肢呈游泳样运动,常见咀嚼运动。此时瞳孔散大,流涎,大小便失禁,牙关紧闭,呼吸暂停,口吐白沫。一般持续数秒或数分钟。发作后期知觉恢复,但表现不同程度的视力障碍、共济失调、意识模糊及疲劳等。此期持续数秒或数天。癫痫发作的时间间隔长短不一,有的一天发作多次,有的数天、数月或更长时间发作一次。在间歇期,一般无异常表现。

2. 小发作 在动物中极为少见。通常无先兆症状,只发生短时间的晕厥或轻微的行为改变。

3. 局限性发作 肌肉痉挛仅限于身体的某一部分,如面部或一肢。

[诊断] 可根据反复发生的暂时性意识丧失和强直性及阵挛性肌肉痉挛为特征的临床表现做出诊断,但要做出明确的病因学诊断,仍需要进行全面系统的临床检查。原发性癫痫患病动物的中枢神经系统和其他器官无明显病理学变化。

[治疗] 原发性癫痫不能治愈,继发性癫痫如原发病能彻底治愈,癫痫或许可停止或逐渐减轻,否则预后不良。药物苯巴比妥或安定可镇静缓解症状。

第七节 昏 迷

昏迷(coma)是因大脑、脑干的功能或结构受损而出现的一种无意识状态。

[病因] 分先天性和后天性。先天性昏迷见于脑回缺如或脑回畸形、先天性脑积水等。后天性昏迷主要继发于:

(1)代谢性疾病:肝性脑病、肾上腺皮质功能减退、糖尿病、低糖血症、甲状腺功能减退、尿毒症、缺氧、酸碱平衡及电解质平衡紊乱、中暑、高脂血症及维生素 B_1 缺乏等。

(2)脑部炎症:犬瘟热、狂犬病、猫传染性腹膜炎及细菌和真菌感染等引起的脑膜脑炎。

(3)化学物质或药物中毒:乙二醇、铅、巴比妥类及乙醇等中毒。

(4)心血管疾病:高血压病、心肌病、细菌血栓及脑局部缺血等。

(5)其他:脑创伤、脑肿瘤及癫痫等。

上述病因可导致脑水肿、颅内压升高、脑疝的发生,进而引起昏迷。脑水肿可引起颅内压的升高、脑血液灌注减少及脑组织细胞缺氧。细胞缺氧又可加重脑水肿,还可能导致脑膨大和脑疝的形成。

[症状] 动物昏迷,对外界刺激无反应,此外还表现原发病的症状。原发病症状较复杂,因其病变部位不同而异。大脑受损时,可出现癫痫症状,瞳孔缩小或无改变,对光照有反应,眼球转动,陈-施二氏呼吸。中脑受损时,可出现呼吸过快,转动头部时眼球缺乏相应的反应。瞳孔缩小或扩大,对光照无反应。延髓受损时,出现呼吸不规则,心律不齐。

[诊断] 根据临床症状易做出诊断,但确定病因及病变部位则需神经学和实验室检查等。

[治疗] 主要是甘露醇静脉注射降低颅内压,治疗原发病。

第十六章　外科感染

外科感染是动物有机体对致病微生物侵入并在其中生长繁殖所造成损伤的一种反应性病理过程。它是炎症的一个类型，还能由机械性、物理性和化学性原因所引起。

外科感染与其他感染的不同点有：①主要是由外伤所引起。②外科感染均有明显的局部症状且常呈急性经过。③常是由两种以上致病菌引起的混合感染。④损伤的组织或器官常发生化脓和坏死过程，治愈后局部常形成瘢痕。

致病菌主要是通过皮肤或黏膜表面的伤口侵入机体而致病称为外源性感染。但也有呈隐性感染，此时侵入机体的致病菌当时未被消灭而隐藏存活于某部，当机体全身和局部的防卫能力降低时则发生感染。前一种是致病菌感染的主要途径。

第一节　局部化脓性感染

一、脓肿

组织或器官内形成的局限性脓腔称为脓肿（abscess）。在生理体腔内（胸膜腔、喉囊、关节腔、鼻窦及子宫）有脓汁潴留时称蓄脓。

［病因及病理发生］　引起本病的主要致病菌是葡萄球菌，其次是化脓性链球菌、大肠杆菌、绿脓杆菌和腐败杆菌。此外，亦可因注射时失误把刺激性强的化学药品，如水合氯醛、氯化钙、高渗盐水等误注或漏注到静脉外而发生非细菌性化脓性炎症所引起。借血液循环或淋巴循环使远离的化脓灶转移并在新的组织或器官内形成新的脓肿者称为转移性脓肿，常继发于蜂窝织炎及化脓性淋巴管炎的经过中。

化脓感染的初期，局部因血管扩张，血管壁渗透性增高，白细胞特别是分叶核白细胞大量渗漏到血管外，因而发生以分叶核白细胞为主的炎性细胞浸润。继而因局部受到强烈压迫，血液循环及新陈代谢均发生严重扰乱，患部组织细胞发生变性坏死，最后在酶的作用下，使其发生化脓溶解，并在炎性病灶周围因炎症反应而形成脓肿膜，随着脓肿膜的形成，脓肿即成熟。脓肿膜是脓肿和健康组织的分界线。

［分类及症状］　按发生的部位，脓肿可分为浅在性脓肿和深在性脓肿两种；按临床经过，脓肿分为急性脓肿和慢性脓肿。

浅在性急性脓肿发生于皮肤、皮下结缔组织、筋膜下及表层肌肉组织中，经过急剧，初期局部肿胀无明显界限且稍高出于皮肤表面，触诊局部坚实，热痛明显，以后中心逐渐软化并出现波动，波动越来越明显，此时如不及时切开常可自溃排脓。

浅在性慢性脓肿发生缓慢，局部缺乏急性炎症的主要症状，即局部虽有明显的肿胀和波动感，但常无热无痛。

深在性脓肿发生在深层肌肉、肌间、骨膜下、腹膜下及内脏器官中。当深层肌肉、肌间、骨膜下发生脓肿时，因其部位较深，故局部肿胀增温的症状不明显，但常可见到局部皮肤及皮下组织的炎性水肿，触诊有疼痛反应，常留有指压痕。较大的深在性脓肿有时自溃，并向深部组织扩散，引发弥漫性蜂窝织炎或败血症而使病情恶化。内脏器官的脓肿常是转移性脓肿或败血症的结果,根据其发生器官的不同而出现不同的临床症状。

无论是浅在性还是深在性脓肿,当脓肿腔内潴留脓汁较多,又未及时切开排脓或脓肿自溃时,动物会出现体温升高、食欲不振等全身症状。但如脓肿切开、充分排脓,则体温可迅速恢复正常。

[诊断]　浅在性脓肿一般易诊断,深在性脓肿确诊困难者,可经穿刺、超声波、CT 及 MRI 检查予以诊断。临床上脓肿需注意与血肿、淋巴外渗、疝及某些挫伤区别诊断。

[治疗]　清创排脓,手术刀清理腐肉微微出血后采用 3% 过氧化氢溶液充分冲洗后创口撒布青链霉素,用纱布条引流。

二、蜂窝织炎

疏松结缔组织内发生的急性弥漫性化脓性炎症称为蜂窝织炎(phlegmon)。它常发生在皮下、黏膜下、肌肉、气管及食管周围的蜂窝组织内,以其中形成浆液性、化脓性和腐败性渗出液并伴有明显的全身症状为特征。

[病因及病理发生]　引起蜂窝织炎的致病菌主要是葡萄球菌和链球菌,也有少数与腐败菌混合感染。小动物一般是通过皮肤小创口,尤其是咬伤引起的原发性感染,也可继发于邻近组织或器官化脓性感染直接扩散或通过血液循环和淋巴循环的转移感染。局部误注或漏注刺激性药物(如硫喷妥钠、氯化钙等)和变质疫苗,也可引起蜂窝织炎。病初患部首先发生急性浆液性渗出,渗出液最初透明,而后逐渐变混浊而形成化脓性浸润,最后局部形成化脓灶而成为蜂窝织炎性脓肿,但形成的脓肿膜不完整,易破溃。

[分类]

(1) 按发生部位的深浅分为浅在性(皮下、黏膜下)蜂窝织炎和深在性(筋膜下、肌间、软骨周围及腹膜下)蜂窝织炎两种。

(2) 按渗出液的性状和组织的病理解剖学变化分为浆液性蜂窝织炎、化脓性蜂窝织炎、厌气性蜂窝织炎及腐败性蜂窝织炎。

(3) 按发生部位的解剖学名称分为关节周围蜂窝织炎、食管周围蜂窝织炎及直肠周围蜂窝织炎等。

[症状]　皮下和筋膜下蜂窝织炎常见于四肢,病初局部出现无明显界限的弥漫性渐进性肿胀,触诊热痛明显,皮肤紧张,无可动性,肿胀初期呈捏粉状,有指压痕,后变坚实。患病动物体温升高,食欲减退,精神沉郁。渗出液初期为浆液性,后变为化脓性。随着局部坏死组织的化脓性溶解而出现化脓灶,触诊柔软有波动感。经过良好者化脓过程局限化,形成蜂窝织炎性脓肿,脓汁排出后,动物局部和全身症状均减轻。病程恶化者感染可向周围蔓延而使病程加剧。

肌间蜂窝织炎时感染沿肌间和肌群间的大动脉及大神经干的径路蔓延。首先是患部出现炎性水肿,继而形成化脓性浸润和化脓灶。患部肌肉肿大、肥厚、坚实、界限不清,功能障碍明显。触诊局部紧张,主动或他动运动时疼痛剧烈,动物体温升高,无力,食欲减退,精神沉郁,局部已形成脓肿时,切开后可流出灰色血样脓汁。

静脉周围漏注强刺激剂时,根据漏注量的多少局部症状亦有所不同,一般于注射后局部很快出现弥漫性肿胀,皮肤紧张,无可动性,有明显的热痛反应,不出现全身症状。初期为浆液性渗出,如感染化脓则于注射后 3~4 天局部出现化脓性浸润,继而成为化脓灶,自溃后流出微黄白色较稀薄的脓汁,可继发为化脓性血栓性静脉炎。

蜂窝织炎治疗不及时或耽误治疗时间,则局部病程可转为慢性过程。此时皮肤及皮下组织肥厚,弹力消失而成为慢性畸形性弥漫性肥厚,称为象皮病。

[治疗]

(1) 蜂窝织炎初期(24~48 h)患部周围做青霉素、普鲁卡因封闭,每日 2 次。

（2）手术切开排出炎性渗出物后按化脓创处理。

（3）全身治疗早期应用抗菌药物。

第二节 全身化脓性感染——败血症

机体从败血病灶吸收致病菌及其生活活动产物和组织分解产物所引起的全身性病理过程称为败血症（sepsis）。致病菌和毒素的作用使动物机体的神经系统、实质脏器和组织均发生一系列的功能障碍和形态方面的变化。

[病因及病理发生] 金黄色葡萄球菌、溶血性链球菌、大肠杆菌、厌气性链球菌和坏疽杆菌是引起败血症的主要致病菌。机体过劳、衰竭、维生素不足或缺乏症及某些慢性传染病均为易发败血症的因素。败血症一般是开放性损伤、局部炎症过程及手术后的严重并发症。

当体内有感染病灶时即构成发生败血症的基础，但并非所有感染病灶者均可发生败血症，这既取决于患病动物的防卫机能，也取决于致病菌的感染力。败血病灶内存有大量坏死组织和不良的血液供应是致病菌大量生长繁殖的有利条件。此时，各种有毒物质和致病菌可随血流及淋巴流入体内，因其量大毒力强，机体不能将其变为无毒，故使心血管系统、神经系统、实质器官均发生一系列的功能障碍和营养失调。在败血症的发生上，机体的防卫功能具有重要的意义。但是，当机体内存在的败血病灶成为致病菌和毒素的储存和制造场所时，机体就是有良好的抗感染能力也很难防止败血症的发生。如致病菌的致病力占首要地位，则发生转移性败血症，如毒素的致病力占首要地位，则发生非转移性败血症。

[分类]

（1）根据引起败血症的原因可分为创伤性败血症、炎症性败血症和术后败血症。

（2）根据临床症状和病理解剖学的特点可分为脓毒症、败血症及脓毒血症。

（3）根据临床上有无化脓转移分为有转移的全身化脓性感染和无转移的全身性化脓性感染。

[症状]

1. 有转移的全身化脓性感染 致病菌通过栓子或被感染的血栓进入血液循环后被带到各种不同器官和组织，并在其中形成粟粒大到成人拳头大的转移性脓肿。主要是由致病菌所引起，故也称细菌型败血症，常见于犬。

败血病灶有明显的感染症状，患病动物体温升高，呈弛张热或间歇热，每次体温升高均可能与致病菌或毒素进入血液循环有关。当败血病灶有热原性物质不断地被机体吸收时则出现稽留热。动物精神萎靡，食欲废绝，嗜饮水，常因身体虚弱而趴卧不起。当内脏发生转移性脓肿时，因被侵害脏器的功能不同而出现不同的临床症状。

2. 无转移的全身化脓性感染 主要致病因素是各种毒素（致病菌分泌的内外毒素、坏死组织分解的有毒产物等）引起的中毒。动物常卧地，不愿站立或起立困难，运步时步态不稳；食欲废绝，呼吸困难；可视黏膜黄染，有时有出血点；脉弱而快；有时出现中毒性腹泻和癫痫症状；尿量少且含蛋白。体温明显升高，达 40 ℃以上，即出现高热稽留，但死前不久开始下降。

[诊断] 确诊一般并不困难，但需与急性炎症过程时发生的中毒相区别。

[治疗] 需尽早采取局部及全身综合性治疗措施。

（1）清理败血病灶，周围用青霉素、普鲁卡因封闭。

（2）全身治疗应用头孢噻呋钠、甲硝唑等药物。

（3）心力衰竭时可使用安钠咖。

Note

第三节 脓 皮 病

脓皮病(pyodeyma)是指皮肤感染化脓性细菌而引起的化脓性皮肤病。本病犬多发,猫少见。

[病因] 常见的化脓性细菌有金黄色葡萄球菌、表皮葡萄球菌、链球菌(溶血性和非溶血性)、棒状杆菌、假单胞菌和寻常变形杆菌等。代谢性疾病、免疫缺陷、内分泌失调或各种变态反应也可引起脓皮病。皮肤干燥、裂伤、创伤、烧伤或皮炎等均易发生脓皮病。

[症状] 可分为浅表脓皮病、深部脓皮病和幼年脓皮病。

1. 浅表脓皮病 特征为皮肤表面形成脓疱、滤泡样丘疹或粟黍样红疹圈。后者最为常见,呈环形病变,其边缘脱落,常误认为癣。

2. 深部脓皮病 特征为皮肤深在性炎性水疱或脓疱,脓疱破溃,流出脓性液体或有脓性窦道。常发生于面部、四肢或指(趾)间等部位,亦可发生于全身。

3. 幼年脓皮病 又称幼犬腺疫。一般12周龄以下的幼犬易发。多发生于拉布拉多猎犬、金毛犬、布列塔尼猎犬等品种。特征为淋巴结肿大,耳、口及眼周围肿胀,脓疱及脱毛,常伴有发热、厌食、嗜睡等全身症状。

对于犬,无论何种类型的脓皮病,临床上都应首先与犬毛囊蠕形螨病相区别。

猫脓皮病临床症状与犬相同。猫可感染分枝杆菌,如猫麻风病。

[治疗] 局部化脓灶清创排脓,清除腐肉,用生理盐水冲洗,青霉素加甲硝唑创口抗菌消炎;全身通过药敏试验筛选敏感抗菌药物治疗,如头孢氨苄 100 mg/kg 静脉注射,甲硝唑静脉注射,每天两次,转移因子肌肉注射 1 周提高皮肤免疫力。

第十七章 损 伤

第一节 创 伤

组织或器官的机械性开放性损伤称为创伤(wound)。此时皮肤或黏膜完整性被破坏,同时与其他组织断离或发生部分缺损。

一、分类

(1) 按致伤物体的性质及原因可分为切创、刺创、砍创、挫创、撕裂创、压创、咬创、毒创和复合创等。不过,犬、猫等小动物常见的是由车祸引起的挫创和压创,以及互相玩耍和撕咬引起的咬创。

(2) 按创伤的新旧可分为新鲜创和陈旧创。

(3) 按创伤的形状分为整形创、不整形创、瓣状创及组织缺损创等。

(4) 按引起创伤的原因分为手术创和自然灾害创等。

(5) 按创伤有无感染分:

①无菌创:严格遵守无菌操作的手术创为无菌创。

②污染创:创伤当时被泥土、被毛、异物及微生物污染称污染创。此时侵入创内的微生物与损伤组织仅发生机械性接触,并未出现局部和全身感染症状。一切自然灾害创均属污染创。

③感染创:感染创是指创伤被病原微生物感染,此时进入创内的微生物在坏死组织中增生繁殖并向创伤深部侵入,大量微生物及其产生的有毒物质首先进入淋巴管并沿其进入淋巴结和血液循环,从而引起创伤的局部感染或进而发生全身感染。创伤感染常发生在伤后2~3天。

④保菌创:晚期化脓创伤表面虽然仍有脓性分泌物,但此时细菌已丧失毒力,并无向健康组织侵害的趋势,细菌只停留在创伤表面的坏死组织及化脓性分泌物中。取第二期愈合的肉芽创均为保菌创。在正常情况下,创伤保菌有促进创伤内坏死组织净化和组织再生的作用。但需注意,感染创和保菌创在临床上是可以互相转化的。

二、症状

1. 局部症状

(1) 出血及组织液外流:组织发生开放性损伤后立即有血液外流。在出血的同时也有带微黄色的组织液大量外流,只是因被血液的红色所掩盖常不被人们重视。

(2) 组织断裂或缺损:一切开放性、机械性损伤均伴有组织断裂或缺损。

(3) 创伤疼痛:创伤时感觉神经末梢、神经丛或神经干遭到损伤所引起。

(4) 功能障碍:根据创伤的种类、程度、部位及大小的不同,其功能障碍亦有差异,主要是损伤的局部出现运动功能障碍、运动失调和跛行。感觉神经损伤时出现局部知觉丧失和肌肉麻痹等。

2. 全身症状 在重度创伤的经过中可出现急性贫血、休克,因重度感染而发生败血症等。

三、愈合种类

1. 第一期愈合(非化脓创的愈合) 非化脓创的愈合是最好的愈合形式。大部分清净的手术创及轻微污染并及时合理处理的自然灾害创可取这种愈合形式。创伤未被感染,创缘、创壁能密切接着,创内无异物、坏死组织和血肿,组织具有生机的创伤均取第一期愈合。第一期愈合一般是经过三个阶段。

2. 第二期愈合(化脓创的愈合) 创缘、创壁之间有较大空隙或缺损,组织挫灭严重,创腔中有泥土、血凝块、被毛侵入或污染严重已感染化脓的陈旧创均取第二期愈合。当创伤坏死组织基本净化后,创面逐渐长出新生肉芽组织并充满创腔,肉芽组织逐渐成熟而形成瘢痕并被覆上皮而痊愈。创缘、创壁间空隙或缺损越大,痊愈后瘢痕也越大,愈合时间亦越长。

3. 痂皮下愈合皮肤 发生表层剥脱的擦伤时,因局部血液、组织液干固而形成痂皮被覆于创面起保护创伤的作用,同时痂皮下上皮新生,未化脓时则痂皮逐渐自然脱落,创伤即可痊愈;化脓时痂皮脱落后局部形成小的缺损而取第二期愈合。

四、检查

1. 一般检查 包括问诊及全身检查等。

2. 创伤局部检查 注意检查创伤的部位、大小、形状、方向,以及创缘、创壁、创底的情况,创口裂开的程度,创内有无异物,创伤组织出血和污染的程度等;创内有创液或脓汁流出时,注意检查其性状和排出情况等;当创内已有肉芽组织形成,要检查肉芽组织的数量、颜色、生长发育情况等。做创伤内部检查时,一定要在熟悉局部解剖构造的基础上,严格无菌操作,细心大胆,防止破坏相邻健康组织,避免造成继发性感染。

3. 创伤辅助检查 有一定诊断意义。根据需要进行实验室检查、影像学检查等辅助检查。前者包括血常规、尿常规检查,判断失血和感染情况;后者通过 X 线检查确定有无硬组织的损伤,通过B超检查确定胸、腹腔有无积血和内脏破裂等情况。

五、治疗

治疗原则包括积极抢救,防治休克,防止感染,纠正水、电解质平衡紊乱,促进创口愈合和功能恢复。

1. 急救 对于严重损伤动物应现场着手急救,如采用临时止血、包扎及固定等措施,防止创伤再度感染或再度损伤,进行通气、控制休克、防止感染和支持疗法等。

(1)维持呼吸:要保持气道通畅和换气充分,必要时行气管内插管或气管切开,以保持通气,并给予氧气。

(2)控制休克。

(3)防止感染:一般伤后立即使用抗菌药可起到预防感染作用,开放性创伤需用破伤风抗毒素。

(4)支持疗法:主要是维持水、电解质和酸碱平衡,保护重要器官功能,并给予营养支持。

2. 创伤的外科处理

(1)清创、扩创。

(2)创伤部分或全部切除:根据创伤内污染和失活组织的严重程度,将其部分或全部切除,根据切除后情况进行创口全缝合或部分缝合。

(3)引流。

(4)创伤包扎:应根据创伤情况选用不同的包扎方法和包扎材料,如卷轴绷带、夹板绷带、石膏绷带或人工合成绷带等。但如创内有大量炎性渗出物或脓液不宜包扎,应行开放治疗。

第二节　软组织非开放性损伤

在外力作用下,机体软组织受到破坏,但皮肤或黏膜并未破损,这类损伤称为软组织非开放性损伤,包括挫伤和血肿。

一、挫伤

挫伤(contusion)是指机体在诸如棒击、车撞、跌倒或坠落等钝性外力直接作用下,引起的组织非开放性损伤。

[症状]　患部皮肤可出现轻微的致伤痕迹,如被毛逆乱、脱落或皮肤擦伤。患部溢血、肿胀、疼痛或功能障碍。溢血是血管破裂,血液积聚在组织中的表现,在缺乏色素的皮肤上可见到溢血斑。肿胀是受损组织被挫灭,血液和淋巴液浸润所致。疼痛是神经末梢受损或渗出液压迫所致。一般挫伤疼痛为瞬时性,但重度挫伤时局部可能一时感觉丧失。严重挫伤可能造成骨及关节的损伤,出现运动功能障碍。如伤部感染,可形成脓肿或蜂窝织炎。反复轻微的挫伤,可形成黏液囊炎或局部皮肤肥厚、皮下结缔组织硬结等。

[治疗]　病初冷敷可减轻疼痛与肿胀。2天后改用温热疗法,并发感染时,按外科感染治疗。

二、血肿

血肿(hematoma)是指由于外力作用引起局部血管破裂,溢出的血液分离周围组织,形成充满血液的腔洞。

[病因]　血肿常见于软组织非开放性损伤,骨折、刺创也常形成;常发生于皮下、筋膜下、肌间、骨膜下及浆膜下。根据损伤的血管不同,可分为动脉性血肿、静脉性血肿或混合性血肿。

血肿形成的速度、大小取决于受伤血管的种类和周围组织的性状,一般均呈局限性肿胀,且能自然止血。较大动脉断裂时,血液沿筋膜或肌间浸润形成弥散性血肿。

[症状]　血肿的临床特点是肿胀迅速增大,呈明显的波动感或饱满有弹性。以后由于血液凝固并析出纤维素,触诊时周围呈坚实感,并有捻发音,中央有波动,局部或周围温度增高,穿刺时可排出稀薄血液。如伴发感染,局部出现热痛,穿刺物含有脓汁和血液,动物体温升高。

[治疗]　切开血肿,排除积血、血凝块及破碎组织,结扎止血,清理创腔后再行缝合。

第三节　物理化学性损伤

由物理和化学因素所引起的机体组织破坏,称为物理化学性损伤。这里主要介绍烧伤、冻伤和化学性烧伤。

一、烧伤

烧伤(burn)是指由热力(火焰、热液、热蒸汽、热金属)、电、放射能等引起的组织损伤。由热液引起的损伤又称烫伤(scald)。

[分类及症状]　烧伤的程度主要取决于烧伤深度和面积,但也与烧伤的部位和机体的健康状况有关。

1. 烧伤的深度

(1)一度烧伤:皮肤表层被损伤,伤部被毛烧焦,局部呈现红、肿、热、痛等浆液性炎症变化。这类烧伤一般 7 天左右可治愈,不留瘢痕。

(2)二度烧伤:皮肤表层及真皮层部分或大部被损伤,伤部被毛烧光或烧焦,血管通透性显著增加,血浆大量外渗积聚在表皮与真皮之间,呈明显的弥散性水肿或出现水疱。真皮损伤较浅的一般经 7～20 天愈合,不留瘢痕。真皮损伤较深的一般经 20～30 天创面愈合,痂皮脱落后常遗留轻度的瘢痕,易感染化脓。

(3)三度烧伤:为皮肤全层或深层组织(筋膜、肌肉、骨骼)被损伤。组织蛋白凝固,血管栓塞,形成焦痂,呈深褐色干性坏死状态。三度烧伤因神经末梢和血液循环遭到破坏,创面疼痛反应不明显,创面温度下降。伤后 7～14 天,失活组织开始溃烂、脱落,露出红色创面,最易感染化脓。小面积的三度烧伤,可达瘢痕愈合。创面较大时应进行植皮促使愈合。三度烧伤愈合后,局部留有瘢痕。

较大面积的二、三度烧伤,常伴发不同程度的全身紊乱。严重的烧伤,由于剧烈疼痛,可在烧伤当时发生原发性休克,动物精神高度沉郁,反应迟钝,心力衰竭,呼吸快而浅,可视黏膜苍白,瞳孔散大,耳、鼻及四肢末端发凉或出冷汗,食欲废绝。若病程继续发展,因伤部血管通透性增高,血浆及血液蛋白大量渗出,血液浓稠,水、电解质平衡紊乱,可能引起继发性休克或中毒性休克。烧伤创面易感染、化脓,特别是感染绿脓杆菌,尤为严重,常并发败血症。

2. 烧伤的面积

(1)轻度烧伤:烧伤总面积不超过体表总面积的 10％,其中三度烧伤不超过 2％。

(2)中度烧伤:烧伤总面积占体表总面积的 11％～20％,其中三度烧伤不超过 4％。

(3)重度烧伤:烧伤总面积占体表总面积的 21％～50％,其中三度烧伤不超过 6％。

(4)特重烧伤:烧伤总面积占体表总面积的 50％以上。

[急救与治疗]

(1)应尽快使动物脱离烧伤现场,用凉水冲淋或浸浴。

(2)注意维护呼吸道通畅,有严重呼吸困难者可行气管切开。

(3)止痛、镇静(肌肉注射氯丙嗪或静脉注射 0.25％盐酸普鲁卡因),大量使用抗菌药物,预防感染。

(4)创面处理:①一度烧伤创面经清洗后,不必用药,保持干燥即可自行痊愈。②二度烧伤创面可用 3％甲紫等涂布,如无感染可持续应用,直至治愈。一般行开放疗法,四肢创面可用绷带包扎。③三度烧伤要正确处理焦痂,既不能过早清除,也不应长期保留,应根据病情发展,分期清除。

二、冻伤

由于低温作用所引起的组织局部病理变化,称为冻伤(frostbite)。

[病因] 低温、湿度大、风速大等均是冻伤的主要外因,而动物饥饿、营养不良、心力衰竭、血液循环障碍等均是冻伤的内因。

[分类及症状]

(1)一度冻伤:皮肤浅层冻伤,局部皮下水肿,呈紫蓝色,以后充血、灼痛或瘙痒,数日后局部反应消退,其症状表现轻微,常不被发现。

(2)二度冻伤:皮肤全层冻伤,先充血、水肿,以后出现水疱,12～24 天后逐渐干枯坏死,形成黑色干痂,并有剧痛。

(3)三度冻伤:皮肤及皮下组织冻伤,数日后出现大水疱,伤区周围疼痛严重,以后出现不同程度的坏死,严重时可波及肌肉和骨骼。

[治疗] 恢复局部血液和淋巴循环,并预防感染。对一度冻伤,可在患部涂布碘甘油、樟脑油或采取按摩疗法。二度冻伤,局部可用 5％甲紫或 5％碘酊涂擦,并包扎酒精绷带或行开放疗法。三度冻伤已发生湿性坏疽的可摘除和截断坏死组织,还应注射破伤风类毒素或破伤风抗毒素,并采取对症疗法。

三、化学性烧伤

化学性烧伤是由于具有烧灼作用的化学物质(如强酸、强碱和磷等)直接作用于动物机体而发生的损伤。

(一)酸类烧伤

常由硫酸、硝酸和盐酸等引起。酸类可引起蛋白质凝固,形成厚痂,呈致密的干性坏死,故可防止酸类向更深层组织侵蚀,故常局限于皮肤。在临床上可根据焦痂的颜色,大致判断酸的种类,黄色为硝酸烧伤,黑色或棕褐色为硫酸烧伤,白色或灰黄色为盐酸或碳酸烧伤。烧伤程度因酸类强弱、接触时间和面积不同而异,从皮肤肿痛到皮肤和肌肉坏死。

急救时,立即用大量清水冲洗,然后用5%碳酸氢钠溶液中和。如为石炭酸烧伤,可用乙醇、甘油和蓖麻油涂于伤部,使石炭酸溶于乙醇及甘油中,蓖麻油则能减缓石炭酸的吸收,从而便于除掉石炭酸和保护皮肤及黏膜。

(二)碱类烧伤

常由生石灰、氢氧化钠或氢氧化钾引起。碱类对组织破坏力及渗透性强,除立即作用外,还能皂化脂肪组织,吸出细胞内水分,溶解组织蛋白,形成碱性化合物。虽然碱类烧伤局部疼痛较轻,但可烧伤深部组织,故损伤程度较酸性烧伤严重。

急救时,立即用大量水冲洗,或用食醋、6%醋酸溶液中和。如为氢氧化钠烧伤,也可用5%氯化铵溶液冲洗。若为生石灰烧伤,在冲洗前必须扫除伤部的干石灰,以免因冲洗产生热量,加重烧伤的程度。

第四节 损伤并发症——休克

休克(shock)是一种有效循环血量锐减、微循环障碍、组织血液灌注不足和细胞缺氧的临床综合征。临床上主要表现急性有效循环衰竭和中枢神经系统功能活动降低。

[病因及分类] 引起休克的病因有很多。休克可分为低血容量性休克、感染性休克、心源性休克、神经源性休克和过敏性休克等。在外科临床常见低血容量性休克和感染性休克。损伤性休克和失血性休克均属低血容量性休克,因均可引起血容量锐减。

1. 损伤性休克 常见于严重损伤的犬、猫,如骨折、胸壁透创、挫伤、挤压伤及大面积烧伤的早期。造成休克的主要原因为剧烈的疼痛刺激、血浆渗出或全血丧失及坏死组织分解产物的释放和吸收。

2. 失血性休克 多见于严重创伤引起大血管破裂、物体撞击或坠落使内脏(肝、脾、肾)损伤引起的大出血或手术不慎造成大血管出血等。因出血量大,血容量锐减而引起休克。严重呕吐、腹泻和大出汗等引起严重脱水,使有效血容量减少,也可引起休克。

3. 感染性休克 常因败血症、大面积烧伤、皮肤感染创、子宫蓄脓及化脓性腹膜炎等引起严重感染,产生大量细菌毒素所致。

4. 神经源性休克 中枢神经系统受到抑制或损伤,如麻醉药使用过量或脑、脊髓外伤等易引起神经源性休克。

虽然休克病因和最初病理机制不同,但生理性结局均趋于一致,即相对血容量减少,外周血管代偿性收缩,代谢性酸中毒和肺功能衰竭。休克开始是处在可逆期或代偿期。此时,儿茶酚胺分泌增多,血管收缩以调整循环血容量。若病情再度恶化,代偿功能难以维持足够血容量,生命重要器官血液灌流量减少,心输出量进一步下降,血液停滞于毛细血管床,出现休克的不可逆性,进而更加减少生命重要器官的血液灌流量。

[症状] 根据病程演变,休克可分为休克代偿期和休克抑制期。

1. 休克代偿期 又称休克初期。动物表现兴奋不安,心率加快,心音减弱,呼吸次数增加,黏膜苍白。此期时间较短。

2. 休克抑制期 又称休克期。此期精神沉郁,四肢发凉,肌肉无力,毛细血管充盈时间延长,血压下降,心动过速,脉搏细速,呼吸困难,尿量减少或无尿,黏膜发绀。口渴,呕吐,饮食欲废绝。反应迟钝,瞳孔散大,甚或出现昏迷,如不及时抢救易发生死亡。

在感染性休克前或代偿期,动物会出现体温升高、寒战等症状。

[诊断] 根据临床症状诊断并不困难,重要的是要做出早期诊断,故需配合血压、中心静脉压、心率和毛细血管充盈度等项目的检查。

1. 测定血压 休克初期,因血管剧烈收缩,血压可维持接近正常水平,休克期则下降。正常犬、猫平均动脉压为 12.00～18.67 kPa;当其降至 6.00～6.67 kPa 时,则动物丧失意识;降至 4.00～4.67 kPa持续 2 h,可导致脑缺血性休克。也可通过触摸股动脉,估测动脉压。如脉搏不明显,则平均动脉压低于 6.67 kPa;脉搏弱者,动脉压在 6.67～9.93 kPa 之间;脉搏有力,动脑压一般大于10.67 kPa。

2. 测定心率 心率快,犬一般均超过 150 次/分。

3. 测定中心静脉压 中心静脉压的变化一般比动脉压早,持续观察其数值可了解血流动力学变化。

4. 毛细血管充盈度 用手指轻压齿龈或舌边缘,观察松压后血流充盈时间。正常犬、猫毛细血管充盈时间为 1 s,在休克状态时超过 2 s。

5. 尿量测定 尿量能反映肾灌流情况,故也能反映生命重要器官血液灌流情况。可安装导尿管,观察每小时尿量,正常犬、猫为每千克体重 0.5～1.0 mL/h,少于 0.5 mL/h 提示肾血流量不足,即全身血容量不足。如无尿,则表示肾血管痉挛,血压急剧下降。

[治疗] 早发现、早诊断、早治疗。

(1)抢救措施:首先保持足够的通气和输氧。若外伤出血,应及时止血,以补充血容量为主,严重失血时,应按每千克体重 12～20 mL 输全血,改善血液循环,纠正水、电解质和酸碱平衡紊乱。

(2)肾上腺素 1～2 mL,地塞米松每千克体重 4～8 mg 肌肉或静脉注射抗休克。

(3)治疗原发病。

第十八章　眼　　病

第一节　眼睑疾病

一、睑内翻

睑内翻(entropion)是指部分或全部睑缘向内翻转,导致睫毛和皮肤被毛长期刺激结膜和角膜的异常状态。本病多发,尤其面部皮肤皱褶、松弛的犬易发。多数犬 6 月龄之前发病,但有的到 1 岁后才发生。

[病因]　分为发育缺陷性、痉挛性和后天性三种。

1. 发育缺陷性睑内翻　与品种和遗传有关,但确切遗传规律未搞清楚。沙皮犬、松狮犬、圣伯纳犬、可卡犬、拉布拉多猎犬、斗牛獒犬、挪威糜提犬、大丹犬、爱尔兰赛特猎犬、玩具犬及小型贵妇犬等品种易发生。面部和眼构形可能是一种致病遗传缺陷。一般认为是一种简单的显性遗传。某些品种外显率完全,而其他品种呈散发性发生,其遗传模式难以确定。一般两眼患病,猎犬或运动犬最常发生外侧下睑内翻,而大型或巨型犬连同外眦也内翻。不过,内翻的程度差异很大,有时整个睑裂(上下睑)均内翻。这种现象常见于沙皮犬,有的早在 14 或 15 日龄时就出现 360° 的睑内翻。毫无疑问,这种现象与眼周围和面部皮肤皱褶、松弛有关,进而导致睑扭转、内翻。也可发生内侧下睑内翻,但常见于玩具犬和小型贵妇犬。小睑眼裂犬(如松狮犬、斗牛㹴、长毛或粗毛牧羊犬)、阔睑或异常的长睑犬(如圣伯纳犬、血提犬、纽芬兰犬等)易发生睑内翻。德国笃宾犬、斗牛獒犬、大丹犬、罗威那犬等因眼眶大而深,对眼睑缺乏足够的支撑力,反过来也会引起睑内翻。

2. 痉挛性睑内翻　结膜炎、异物、干性角膜结膜炎、倒睫、双行睫、睫毛异生和角膜溃疡等继发眼轮匝肌痉挛而使睑内翻。三叉神经痛可引起睑痉挛和内翻。眼睑创伤或炎症使其纤维变性引起睑变形、内翻。常发生于一侧眼睑,任何年龄犬均可发生。

3. 后天性睑内翻　常为内眼一种后遗症,因其眼眶脂肪丧失或颞肌萎缩引起睑内翻。眼球痨或小眼致使眼球异常变小,老年犬肌张力丧失也会发生本病。

[症状]　常见一侧或两侧睑内翻,有的上下眼睑均内翻。轻度睑内翻时,眼睑内翻少,或其睫毛或皮肤被毛仅轻轻地接触眼球表面,表现轻微不适、泪溢或流泪。严重者,眼睑内翻过度,眼难睁开。因三叉神经受刺激,动物持续疼痛、畏光、睑痉挛等,进而发生严重结膜炎和角膜炎。本病病程长,角膜血管增生、色素沉着及角膜溃疡等,加之动物自我损伤(为缓解疼痛),患眼损伤更严重。

[诊断]　根据病史和临床表现易诊断。为区别痉挛性和发育缺陷性睑内翻,可在患眼滴局麻药或阻滞耳睑神经,如内翻解除,提示为痉挛性睑内翻,反之为发育缺陷性睑内翻。

[治疗]　根据病因进行治疗。

发育缺陷性睑内翻手术。常用改良霍尔茨-塞勒斯(Holtz-Celus)睑成形术治疗,即距睑缘 2~3 mm 切除一半月形皮肤,其宽度依内翻矫正的程度而定,长度与内翻睑缘等长,再将其切口结节缝合。术后前几天因肿胀,眼睑有轻度外翻。患眼应用氯霉素眼药水,3~4 次/天。颈部用伊丽莎白颈圈,术后 10~14 天拆除线。

二、睑外翻

睑外翻(ectropion)是指部分或全部睑缘向外翻转,睑结膜显露和形成兔眼。下睑多发,但上睑也见瘢痕性外翻。

〔病因〕 分为发育性和后天性两种。前者与先天性遗传有关,常见于圣伯纳犬、血提犬、美国可卡犬、大丹犬、纽芬兰犬和斗牛獒犬等。这些犬常见下睑松弛,可能因明显的阔睑和缺乏外侧收缩肌所致,这也是这类品种犬的一种标准特征;后者见于外伤或慢性炎症形成瘢痕、疲劳及老年犬睑裂松弛、睑神经损伤等。

〔症状〕 下眼睑外翻,其睑结膜和球结膜暴露,呈红色或暗红色。由于结膜长期暴露,引起结膜炎症、流泪,其眼内眦下被毛潮湿。

〔治疗〕 可采用手术矫正术,如沃顿-琼斯(Warton-Jones)睑成形术(V-Y 技术)或改良 Kuhnt-Szymanowski 睑矫正术。

三、睑炎

睑炎(blepharitis)是指眼睑组织(皮肤和睑腺)的几种急性和慢性炎症。由于眼睑有高度的血管结构,故通常有明显的充血和水肿。疼痛表明睑痉挛和过多的泪液分泌。还有炎性渗出、自我损伤、脱毛和侵蚀等。慢性睑炎会引起睑扭转、瘢痕形成、睑内翻和睑外翻。

1. 麦粒肿 为一种局限性、化脓性炎症,一般由葡萄球菌感染睑腺组织所致。外麦粒肿(或睑腺炎)为睑缘腺或睫腺感染,沿睑缘有一个或多个脓肿或肿胀。本病主要发生在幼年动物。内麦粒肿是指睑板腺感染,炎症可向睑板深部蔓延,肿胀可扩展至睑结膜。治疗包括局部热敷(局部应镇痛)、局部和全身应用抗生素等。

2. 睑板腺囊肿 又称霰粒肿,是指睑板腺分泌物滞留在腺体内,形成硬结节样肉芽肿,其分泌物漏入周围组织而引起炎症反应,从睑结膜可看到。治疗可手术切开肉芽肿,刮除分泌物和肉芽肿组织,其切口取第二期愈合。术后局部用抗生素和可的松制剂,连用 7 天。

3. 免疫介导性睑炎 几种免疫介导和自身免疫性疾病均可引起睑炎。过敏性睑炎常以急性睑肿胀或水肿、充血为特征,与局部或全身接触变态原有关。免疫接种或被昆虫叮蜇后可见眼睑和嘴唇肿胀。局部应用药物可产生接触过敏反应,其中新霉素最常见。环境变态原性的季节或非季节反应为特异性变态反应,对 IgE 有遗传倾向。涉及几个品种犬,其中西部高地白㹴发病率高。一般 1 岁龄犬开始发病,常见眼周充血、面部瘙痒及结膜炎等症状。查明特异的过敏原和脱敏作用不大可能,故其治疗主要依赖于局部和全身应用皮质类固醇及抗组胺药物。对于食物过敏和全身性药物反应引起的眼周皮炎和睑炎,治疗方法是避免饲喂过敏性食物和停止用药。

自身免疫性睑炎与红斑狼疮或天疱疮有关,可引起眼睑脱毛、炎症、结痂和溃疡。尽管红斑狼疮最常累及鼻平面,但其损害也可影响眼睑。叶状天疱疮常引起面、头部病变,包括眼周组织。寻常天疱疮为最严重的天疱疮,可累及口腔、指(趾)垫、皮肤,另外还引起眼睑、鼻外侧和耳溃疡。自身免疫性疾病的诊断取决于典型的组织学变化或适宜的免疫组织化学检验。治疗方法包括全身和局部应用皮质类固醇类药物。对于顽固性病例,可选用免疫抑制剂,如环磷酰胺或硫唑嘌呤等。

4. 细菌性睑炎 在幼犬,化脓性睑炎为幼年型脓皮病的一部分,其典型特征为睑板腺炎,局部红肿,疼痛剧烈。成年犬,细菌性睑炎常是葡萄球菌和链球菌感染。急性者以眼睑充血、结痂为特征,而长期感染则以溃疡、纤维变性和脱毛为主,也可发生睑板腺脓肿,后者可能是一种细菌性皮肤毒素的变态反应。根据细菌培养和药敏试验选择适宜的抗生素治疗。急性睑炎应采用局部疗法,慢性者可全身配合应用抗生素。化脓性肉芽肿可局部注射抗生素。葡萄球菌毒素有破坏组织作用,局部应用皮质类固醇可限制其损害。自身菌苗对慢性病例有效,也具有抗葡萄球菌感染的作用。

5. 真菌性睑炎 睑真菌病不常见,但其感染小孢子菌、发癣菌则是幼犬全身皮肤病的一部分。

广泛的脱毛、脱皮屑和充血为临床特征。通过刮取皮肤碎屑染色或真菌培养进行诊断。对于浅表感染，用碘伏刷洗，并涂擦硝酸咪康唑或克霉唑膏有效，但应防止接触眼角膜。如持久、深层感染，最有效的治疗方法是再配合全身用灰黄霉素，或口服酮康唑。

6. 寄生虫性睑炎 犬疥螨和蠕形螨病也可损害眼睑，其特征为充血、脱毛、瘙痒等，常继发细菌感染和自我损伤。常用药物为伊维菌素。

四、睫毛生长异常

睫毛生长异常（abnormal cilia growing）是指睫毛方向和位置异常生长。正常睫毛是由睑缘向前向外生长，起保护眼球的作用。猫无睫毛，故本病仅发生于犬。常见双行睫、睫毛异位（异位睫）、倒睫和长睫毛等。

1. 双行睫 双行睫为附加睫毛。通常沿睑缘，靠近睑板导管开口后面长出，距睑缘5～6 mm（接近结膜下组织）。有明显品种倾向，美国和英国可卡犬、小型长毛腊肠犬常见，其他品种犬如英国斗牛犬、京巴犬、约克夏㹴等也可发生。4～6月龄多发。睫毛可单根或成簇长出，一般是两侧性。多数犬其异生睫毛贴附在角膜前泪膜上而无临床症状。但长期存在，可刺激三叉神经，引起泪液分泌过多、睑痉挛、轻度结膜炎和浅表角膜炎等。重者发生角膜溃疡和睑内翻。常用冷冻疗法根除异生睫毛毛囊。多数术后局部立即出现肿胀，可用皮质类固醇治疗，角膜涂布润滑膏。术后2天其肿胀消失。

2. 异位睫 异位睫是指睫毛异位生长，一般在睑缘下4～6 mm的睑结膜长出，直接刺激角膜。主要发生在上睑子午线12点处，长出一根或多根睫毛。幼犬多发，某些猎物犬可能有遗传倾向。临床特征为疼痛、睑痉挛和流泪。急性发作，症状明显，常见角膜迅速损伤和溃疡。用手术刀经睑结膜切除异生睫和毛囊即可。

3. 倒睫 倒睫是指睫毛从正常毛囊长出，向内生长，接触角膜、结膜引起刺激性症状，如睑痉挛和过多泪液分泌，导致结膜炎和角膜炎。本病一般为原发性，但也与其他睑病和鼻皱褶有关。原发性倒睫常累及上睑外侧，最常见于英国可卡犬及短头品种犬。单根或几根倒睫者，可用睫毛镊拔除（会再生长）。超过5根或6根睫毛者，可施电解术，永久破坏睫毛囊。对原发性倒睫也可施上睑皮肤切除术。因鼻皱褶睫毛倒入眼内，可涂眼膏，减少其对角膜的刺激。持久的治疗办法是手术矫正鼻部皱褶。

4. 长睫毛 长睫毛是指睫毛过长。最常见于美国可卡犬，无明显的临床症状。

第二节 结 膜 炎

结膜炎（conjunctivitis）是指睑结膜和球结膜的炎症。临床上以畏光、流泪、结膜潮红、肿胀、疼痛和眼分泌物增多为特征。犬、猫均可发生。

[**病因**] 引起结膜炎的病因有多种。

1. 感染性（原发性结膜炎） 不常见，常继发于多种传染病，如犬瘟热、犬立克次体病、猫疱疹病毒感染、猫鹦鹉热亲衣原体病、猫支原体病等；原发性细菌性结膜炎少见，常继发于邻近组织疾病，如眼睑异常、角膜炎、干性角膜结膜炎（KCS）、鼻泪管阻塞等，一般由金黄色葡萄球菌和其他革兰阳性菌引起；真菌性结膜炎罕见，偶尔继发于芽生菌性皮炎；眼吸吮线虫也可引起结膜炎，多发生在美国西部，我国一些地区也有流行。

2. 机械性 结膜和眼睑外伤；睑异常，如睑内、外翻，睫毛生长异常等；结膜及结膜囊异物，如灰尘、草籽、昆虫等。

3. 化学性 使用被毛清洁剂或驱虫剂时误入眼内。

4. 过敏性　常发生在犬，为特异反应性皮炎的一个组成部分。常见的过敏原是花粉、灰尘和细菌性毒素等。偶见注射疫苗、滴用某些眼药水引起过敏性结膜炎。

[症状]　根据病理及临床特点，可分为以下几种类型。

1. 浆液性或浆液黏液性结膜炎　临床上最常见，为多种原因引起结膜炎的早期症状。有急性和慢性两种类型：急性型，结膜轻度潮红，呈鲜红色，分泌物稀薄或呈黏液性，严重时，眼睑肿胀、增温、畏光，结膜充血，疼痛加剧；慢性型，常因急性未及时治疗所致，患眼畏光，结膜充血，疼痛常不明显，有少量分泌物，经久者，结膜增厚。

2. 化脓性结膜炎　局部症状加剧，常因严重细菌感染，眼内流出多量脓性分泌物，上、下眼睑常粘在一起，易并发角膜混浊、溃疡、睑球粘连及眼睑湿疹等。

3. 滤泡性结膜炎　犬多继发于慢性抗原性刺激，但几种病毒或细菌继发感染并不发生滤泡性结膜炎。猫主要见于衣原体感染，也可见于其他因素引起的慢性结膜炎。因结膜长期受到刺激，使结膜下淋巴组织增生，常在瞬膜的球面形成半透明的滤泡，大小不等，有的呈鲜红色或暗红色，偶尔在穹窿结膜处见有滤泡。本病最常发生于 18 月龄以下的犬。先是一眼发病，5～7 天后另一眼也发病。开始球结膜水肿、充血和有浆液黏液性分泌物，几天后，其分泌物变为黏液脓性。猫滤泡性结膜炎发病急，但 2～3 周后则可康复。不过，亦有猫转为慢性或严重结膜炎，甚或发生睑球粘连。

4. 伪膜性结膜炎　为猫支原体性和衣原体感染的典型特征。其伪膜由一层白色、黏稠分泌物形成，覆盖在结膜和瞬膜表面，易于分离，且伴有结膜滤泡和水肿。

[诊断]　根据病史、临床特点、动物对治疗的反应等可做出初步诊断，确诊需在炎症早期取眼分泌物做病原微生物、细胞检测。

机械性或化学性所致的结膜炎，易通过病史和临床检查诊断；病毒性结膜炎常见犬瘟热和猫疱疹病毒感染，多双眼同时发病，并伴有鼻炎和气管支气管炎，其中疱疹病毒性结膜炎可引起角膜溃疡；犬立克次体性结膜炎病情严重，常伴有色素层和视网膜炎；细菌性结膜炎最初为一眼发病，数天后可波及另一眼，一般广谱抗生素治疗有效；衣原体和支原体性结膜炎开始也常一眼感染，并在结膜或瞬膜表面形成滤泡或伪膜，四环素或氯霉素治疗有效；过敏性结膜炎用皮质类固醇治疗，其症状可明显好转；寄生虫性结膜炎常在结膜囊发现虫体（吸吮线虫），引起慢性结膜炎。

结膜炎是多种疾病的"晴雨表"。除上述疾病可引起结膜炎外，其他严重眼病和全身性疾病尤其肝、肾、消化道疾病也可引起结膜炎。因此，如结膜炎的病因难以确定，或对应治疗效果不佳，应做进一步的眼部和全身性检查，以免误诊，确保正确的治疗和预后判断。

[治疗]　用 3% 硼酸洗眼，氯霉素眼药水 3～4 次/天，连用 7～10 天。配合用醋酸氢化可的松眼药水疗效更好。疼痛剧烈时，可用利多卡因滴眼。

第三节　角　膜　炎

角膜炎（keratitis）是指角膜因受微生物、外伤、化学及物理性因素影响而发生的炎症，为犬、猫常见眼病。某些全身免疫反应、中毒、营养不良、邻近组织的病变也可引起角膜炎。临床上以畏光、流泪、眼睑痉挛、结膜水肿、充血、角膜混浊、角膜新生血管和角膜溃疡等为特征。常根据其组织受损程度分为浅表性角膜炎、慢性浅表性角膜炎、间质性角膜炎和溃疡性角膜炎等。

（一）浅表性角膜炎

由角膜长期受到刺激所致。常见原因为倒睫、双行睫、干燥性角膜结膜炎等。其他原因包括眼睑位置异常，如睑内翻和睑外翻、眼球脱出、阔睑（睑裂大，眼球显露的品种犬多见）等。常见到角膜内有黑色素沉着，这是因为角膜缘及角膜缘周围组织的黑色素细胞移行，并逐渐向中间移行，覆盖角膜和瞳孔,影响视力。常伴发活动性角膜炎的其他症状,如角膜血管增生、基质层炎性细胞浸润等。炎性反应越剧烈,其黑色素沉着则越严重。治疗首先祛除病因,用地塞米松和环孢菌素滴眼。如视力发生障碍,可采用浅表角膜切除术,将沉着的色素切除。

(二)慢性浅表性角膜炎

本病又称变性角膜翳,为一种进行性、炎性和潜在性失明角膜炎。病因不详,在犬中,本病有家族史。角膜和眼色素层抗原细胞免疫介导、环境因素(如紫外线)也可诱发本病。德国牧羊犬最常发生,其他品种犬如灵提犬、腊肠犬等也可发生。发病年龄在 1.5 岁。其发病率和严重性与高海拔有关。一般双眼发病,开始在颞或前颞角膜缘呈红色、血管增生的病变,并逐步向角膜中央发展。临床上可见在病变和血管的前缘 1~2 mm 角膜基质层有一条白线或小白点状物。最后,整个角膜血管形成,伴有色素沉着,呈"肉色"血管翳,导致失明。治疗包括控制病情发展和防止失明,但一旦确诊,很难治愈。开始局部应用皮质类固醇眼膏或眼药水(0.1% 地塞米松或 1.0% 泼尼松),3~4 次/天,连用 3~4 周。长期应用皮质类固醇应注意角膜感染和溃疡,如使用荧光素点眼,发现荧光的绿色点状或线状,应停止使用,否则会加剧角膜溃烂。涂布 0.2% 环孢素眼膏,配合地塞米松,2 次/天改善临床症状。

(三)间质性角膜炎

间质性角膜炎是角膜基质层的炎症,伴有慢性或急性前色素层炎。主要由继发感染所致,包括全身性疾病(如犬传染性肝炎、全身性真菌病、败血症)和眼病(如眼创伤、浅表性角膜炎、眼肿瘤等)。角膜上形成的新生血管分支比浅表性的少,多位于深层,出现深在弥漫性角膜混浊,呈毛玻璃样,也有局灶性混浊。角膜周膜边形成环状血管带,呈毛刷状。可按前色素层炎和全身感染进行治疗,或两者同时进行。

(四)溃疡性角膜炎

溃疡性角膜炎即角膜溃疡,犬、猫常见。多因机械性损伤(角膜外伤、睫毛异生、睑结构和功能异常等)或继发感染(犬瘟热、猫鼻气管炎,细菌、真菌感染等)所致。根据角膜溃疡的深度和病因分为浅表性、侵蚀性、浅层性、中层性、深层性、后弹力层突出性和虹膜脱出性角膜溃疡等。浅表性溃疡为角膜上皮、基膜层损伤;侵蚀性角膜溃疡,又称顽固性角膜溃疡,也是上皮、基膜损伤;浅层性溃疡损伤至 1/4~1/3 基质层;中层性溃疡伤及 1/2 基质层;深层性溃疡深达 2/3~3/4 基质层;后弹力层突出性溃疡深至基质层全层;虹膜脱出性角膜溃疡为角膜全层损伤(穿孔)。

临床表现为患眼流泪、结膜充血、睑痉挛和有脓性分泌物。角膜表层或深层不规则缺损。深入基质层溃疡多呈圆形和椭圆形,缺损部细菌感染,白细胞浸润,角膜混浊,血管增生。浅层角膜溃疡疼痛明显,深层则疼痛轻微。深层角膜溃疡常伴发前色素层炎,易发生后弹力层和角膜穿孔。荧光色素钠点眼可判断有无角膜溃疡、溃疡严重程度(面积、深浅),对指导治疗十分重要。小点状角膜溃疡只有通过荧光色素钠点眼才能发现。开始点眼荧光色素着色只有小米至绿豆大小,几分钟至十几分钟后增至大豆或玉米大小,提示角膜表层溃疡面积较小,深层溃疡面积较大。如后弹力层突出,本身不着色,而其周围角膜上皮及基质层染成黄绿色。

对浅表性角膜溃疡,用广谱抗生素眼药水(膏)点眼,3~4 次/天,配合滴用 1% 阿托品,2~3 次/天,控制睫状体肌痉挛,消除眼疼痛,一般 3~5 天可愈。猫疱疹病毒性角膜溃疡可用 0.5% 碘苷眼膏。

侵蚀性角膜溃疡治疗愈合慢,常持续数周至数月。用广谱抗生素和阿托品治疗,并在局部麻醉下,配合清创术,清除未黏合的角膜上皮,间隔 3~14 天,再清除 1 次。保守疗法无效时,建议施行多点角膜切开术和格栏角膜切开术,即在溃疡面上打多个孔或交叉划线,暴露正常基质层,使新角膜上皮黏附到基质层,形成正常的半桥粒。

对深层性角膜溃疡(超过基质层 1/2),应强化局部治疗,即局部用广谱抗生素,每 1~2 h 1 次;

结合用5％～10％半胱胺溶液滴眼,以控制蛋白酶和胶原酶溶解作用。为保护角膜,可实施结膜移植或结膜瓣或瞬膜瓣遮盖术。

第四节　泪器及第三眼睑腺疾病

一、泪道阻塞

泪道阻塞(obstruction of tear duct)是指泪液不能进入鼻腔排出而导致泪溢。临床上以泪溢为特征。犬猫均可发生,但犬多见。

[病因]　先天性病因有泪点缺如、狭小、移位,结膜皱褶覆盖泪点,泪小管或鼻泪管闭锁及眼睑异常等;后天性的多因继发感染所致,如眼部疾病(尤其结膜炎)、上呼吸道感染、上颌牙齿疾病等。泪道外伤,睫毛、灰尘、草籽等落入泪道可直接引起泪道炎症。由于泪道长期受到炎症刺激,使泪道黏膜上皮细胞肿胀、瘢痕形成,引起泪道狭窄或阻塞。

[症状]　可单眼或双眼发生泪道阻塞。临床表现为内眦泪溢、泪点和结膜有黏液脓性分泌物、内眦下方湿性皮炎等。幼犬先天性泪点异常,常在断乳数周或数月出现泪溢,有泪染痕迹;下泪点及泪小管炎症或阻塞,除流泪,眼内眦有轻度肿胀;泪囊发炎时,在内眦下方明显肿胀,触压疼痛。严重泪道阻塞者,伴有化脓性结膜炎、眼睑脓肿等。

[诊断]　仔细检查上、下泪点,尤其下泪点,若无异常,可按下列顺序做进一步检查。首先做希尔默泪液试验(详见干性角膜结膜炎),然后做荧光素试验。荧光素试验是检测鼻泪管排液功能。1％荧光素染料滴在角膜和结膜上,3～5 min消失,若在鼻孔处见有黄绿色染料,说明泪道通畅;如染料延迟出现或不出现,证明泪道狭窄或阻塞。此法并不十分可靠,因有30％正常犬排入咽后部,故可能得出阴性结果。为查明泪管狭窄或阻塞部位,应做鼻泪管冲洗:患眼表面麻醉后,将4～6号钝头圆针(屈成直角)经上泪点或下泪点插入泪小管,缓慢注入生理盐水。如液体从下泪点或上泪点排出,说明上、下泪小管通畅。然后指压下泪小管或上泪小管,继续推动注射器,如液体从鼻腔排出或动物有吞咽、逆呕或喷嚏等动作,证实鼻泪管通畅。必要时,应做鼻泪管造影术,对确定鼻泪管狭窄或阻塞部位有价值。

[治疗]　炎症早期,多用抗生素、皮质类固醇治疗。泪管已形成器质性阻塞,压迫上、下泪小管汇合处远端,于上泪点用力注入生理盐水,迫使下缘接近眼内眦处隆起,即为下泪点位置。再用眼科镊提起隆起组织,将其切除,即下泪点复通。因炎症引起的泪点或泪小管狭窄或阻塞,可采用鼻泪管冲洗法,除去阻塞物质。

二、干性角膜结膜炎

干性角膜结膜炎(keratoconjunctivitis sicca,KCS)是指因泪液减少或丧失而引起角膜结膜干燥性炎症,为一种严重的眼病。临床特征为角膜干燥无光泽、呈灰暗色,上有黏稠分泌物和结膜充血等。本病犬比猫多发,最新报道犬发病率为1％。

[病因]　有多种病因,包括免疫介导性泪腺炎(泪腺病)、犬瘟热、猫疱疹病毒感染、慢性睑结膜炎、先天性腺泡发育异常和药源性因素(如磺胺类药和抗胆碱类药)等。有些品种犬如英国斗牛犬、西部高原白狍、巴哥犬、约克夏狍、美国可卡犬、京巴犬等对本病有易感性。

[症状]　根据发病时间和干燥程度,其临床症状各异。急性时,角膜中轴溃疡,疼痛剧烈。因化脓感染,发生渐进性角膜病,基质层软化,后弹力层突出、葡萄肿和虹膜脱出。但多数病例其病情逐步发展,持续数周渐而加重。病初,眼发炎、潮红,间有黏液或黏液脓性分泌物。随着病情逐渐加重,眼表面无光泽,结膜严重充血,眼球附着坚固黏稠的黏液脓性分泌物。角膜发生渐进性角膜炎、广泛

的血管增生和色素沉着,角膜混浊,视力减退。因眼周围皮肤和眼睑缘积聚多量炎性分泌物,继而发生睑炎、眼周围皮炎和睑痉挛。

[诊断] 除根据病史和临床症状进行诊断,还可用希尔默眼泪试验。该试验是测定泪腺分泌功能和泪液量的一种常用方法。取 1 条 5 mm×35 mm 滤纸,将其一端 5 mm 处折回,插入下眼睑中间结膜囊内,让滤纸悬挂在眼睑外面。放置 1 min 后测滤纸泪液渗湿长度。犬、猫正常值为 8.9~23.9 mm/min 和 16.9 mm/min。多数 KCS 病犬为 0~5 mm/min,5~10 mm/min 为可疑。

[治疗] 局部应用人工泪液,如 0.5%~1.0%甲基纤维素,每天数次,可替代泪液作用。为促进泪腺分泌泪液,可用 1%~2%硝酸毛果芸香碱眼药水滴眼,3 次/天;用 0.2%环孢菌素 A 药膏,每 12 h 1 次,严重者,每 8 h 1 次。对慢性、顽固性病例经上述治疗泪液分泌功能未改善者,可采用腮腺管移位术。

三、第三眼睑腺增生

第三眼睑腺增生又称樱桃眼,是指瞬膜下与眼眶周组织间结缔组织松弛,使位于腹侧的腺体向外翻转、脱出于眼球表面的一种眼病。本病犬多发,单眼或双眼均有发生。

[病因] 确切病因不详。可能因腺体基部与眶骨膜间结缔组织发育不良、局部受到异物刺激或局部应激所致。可能与遗传有关。所有品种犬均可发生,但更常见于美国可卡犬、英国斗牛犬、比格犬、京巴犬和波士顿㹴等。多在 3~12 月龄发病。

[症状] 单眼或双眼发病。最初在眼内眦出现类似绿豆大小粉红色软组织,并逐渐增大至黄豆或蚕豆大小。因腺体长期暴露在外,局部充血、水肿、泪溢。动物不安,常用前爪搔抓患眼。严重者,脱出物呈暗红色,破溃,并影响泪液分泌,引起干性角膜结膜炎(KCS)。

[治疗] 一般采用手术治疗。动物全身麻醉,用组织钳或镊子将脱出物钳镊提起,并用小弯止血钳钳紧脱出物基部,然后沿止血钳上缘将其切除。数分钟后,松开止血钳,如有出血,用灭菌干棉球填塞止血或烫烙止血,应用氯霉素眼药水控制眼部感染。

第五节 前色素层炎

前色素层炎(anterior uveitis)又称虹膜睫状体炎,由于前色素层(虹膜和睫状体)血管丰富,血流缓慢,血液中有害物质和病原体易停留而引起炎症,故前色素层炎是多种全身性疾病的重要征候。

[病因] 病因复杂,分内源性和外源性两类。内源性包括犬瘟热、犬传染性肝炎、犬钩端螺旋体病、莱姆病、猫传染性腹膜炎、猫白血病病毒感染、全身性真菌病、弓形虫病、犬埃利希体病、代谢病、免疫介导性疾病及自身免疫性疾病等;外源性包括眼外伤、角膜溃疡、角膜穿孔、肿瘤及眼手术等。

[症状] 可单眼或双眼发生。急性者,可见泪溢、睑痉挛和畏光、球结膜水肿和充血。角膜水肿、混浊和边缘血管增生呈毛刷样。虹膜充血、肿胀、纹理不清、瞳孔缩小。眼房液呈不同程度混浊,严重者前房积血或前房积脓;慢性者,瞳孔固定、变形,对光反射迟钝或消失,不同程度眼内压增高,继发青光眼。

[诊断] 因角膜深层和眼内疾病(色素层炎),引起前睫状体周缘深在血管充血,称睫状潮红(ciliary flush),可与眼外部疾病所致的常见结膜浅在充血相区别。也可用拟交感神经药(如 0.1%肾上腺素溶液)点眼鉴别这两种类型的充血,即浅在结膜血管收缩效果要比较深在的前睫状体血管大。另外,结膜血管可随眼球转动而移动,而前睫状体血管则不移动。在炎症期,由于释放前列腺素和其他炎性介质可直接作用于虹膜括约肌而导致瞳孔缩小,同样这些物质也可作用于睫状体肌,引起睫状体痉挛性疼痛,称偏头疼(browache)。前房混浊,由于血浆蛋白和细胞聚集成颗粒浮动于前房中,称"房水闪辉"(aqueous flare)。多量纤维素性渗出物,呈半透明絮状聚集于瞳孔区,形成前房

积脓;眼前房积血和积脓表明血-色素层屏障严重损伤。继发青光眼之前,其眼内压一般是低的,因睫状体炎可导致房水生成减少,眼内压降低;慢性前色素层炎特征为虹膜-晶体后粘连,瞳孔不动、变形,固定在缩窄或中度扩张的位置;虹膜水肿,细胞浸润,与炎性介质共同作用于其括约肌,妨碍瞳孔的正常活动。因此,用短效散孔药(1%托吡卡胺)治疗,其瞳孔散大慢或不全散大(与正常眼比较)。这本身就是一种诊断。患眼瞳孔由于眼内压(IOP)增高,对光反射缓慢,甚至无对光反射。炎性组织碎片阻塞色素层小梁网,继发青光眼和虹膜膨起性青光眼,形成虹膜周缘后粘连。晶体前囊色素沉着成簇或花瓣样,色暗。

[治疗] 使用1%阿托品滴眼散瞳,配合应用醋酸氢化可的松眼药水,每2~4 h 1次。若急性眼内压增高,可用20%甘露醇。

第六节 白 内 障

白内障(cataract)是指晶体囊或晶体混浊,视力发生障碍的一种眼病。犬、猫均可发生。

[病因] 分先天性和后天性两类。先天性白内障因晶体及其囊膜先天发育不全所致,与遗传和非遗传有关。犬白内障大部分为遗传性,常见的遗传病有持久瞳孔膜、持久玻璃体动脉、视网膜发育不全、进行性视网膜萎缩及糖尿病等。非遗传因素与母体孕期感染、营养不良、代谢紊乱以及应用某些药物有关。常见于德国笃宾犬、松狮犬、英国可卡犬、德国牧羊犬、比格犬、波士顿狷及金毛犬等。猫先天性的少见,仅发生持久瞳孔膜先天性白内障;后天性白内障常继发于前色素层炎、视网膜炎、青光眼、角膜穿孔、晶体前囊破裂、长期 X 线照射、糖尿病、萘或铊中毒及长期使用皮质类固醇等。老年动物因晶体退变亦易发生白内障。

虽然引起白内障病因很多,但无论起因如何,在发病过程中都有使晶体通透性增加,致使晶体失去屏障效应,导致晶体混浊。白内障分类方法有多种,但常用的有两种:根据其发病的不同时期,分为初发期、幼稚期、成熟期和过熟期(表18-1);根据其发病原因,分为先天性、青年性、老年性、外伤性和并发性白内障。

表 18-1 犬白内障根据其发病时期分类

类型	累及晶体面积	对光反射	视力
初发期	晶体及囊膜局灶性混浊,占晶体的 10%~15%	有	无影响
幼稚期	晶体混浊面积扩散,但某些皮质仍透明,晶体皮质膨胀	有	有一定影响
成熟期	晶体全部混浊,晶体皮质膨胀	模糊	有明显影响
过熟期	晶体缩小,囊膜萎缩,皮质液化分解,晶体核下沉	一般模糊	无

[症状] 先天性白内障常在出生时或出生后不久发病,多为两侧性。青年性白内障一般在青年期发生,也常为两眼发病。老年性白内障,随着年龄增长,逐步发生晶体退行性变化,5 岁以上犬多发。初发期,因晶体或晶体囊膜轻度混浊,位于晶状体轴线上,常不发展或发展缓慢,需用间接光源或生物显微镜才能发现,视力一般不受影响。幼稚期,晶体及其囊膜混浊范围逐步扩大,一般累及晶体皮质,混浊多呈绒毛状,位于晶体赤道、前后囊下。检眼镜可观察到眼底变化,有对光反射,视力一般不受影响。成熟期,混浊进一步扩大,形成均匀一致的混浊,临床上可见一眼或两眼瞳孔呈灰白色(白瞳症),视力严重减退或丧失,前房变浅,看不见眼底(检眼镜观察)。动物活动减少,步态不稳,在熟悉环境内也碰撞物体。过熟期,除上述症状,患眼失明,前房变深,晶体前囊皱缩。由于皮质液化分解,晶体蛋白逸出囊外,导致前色素层炎。更甚者,晶体悬韧带断裂,晶体不全脱位或全脱位,继发青光眼,但此期也有动物视力可部分恢复。

[诊断] 根据病史和临床症状进行诊断。

[治疗] 药物治疗无效,需手术治疗更换晶体。

第七节 青 光 眼

青光眼(glaucoma)是眼房液排泄受阻、眼压升高、视网膜损害而发生视力障碍的一种眼病。犬多发,可一眼或双眼发生。

[病因] 根据病因分为原发性、继发性和先天性三类。

原发性青光眼多因眼房角结构发育不良或发育停止,引起房水排泄受阻、眼压升高。犬原发性青光眼与遗传有关,尤其纯种犬易发,涉及至少42个品种犬。最近证实某些品种犬更易发生原发性青光眼,如比格犬、萨摩犬、挪威糜提犬、法兰德斯牧羊犬、西伯利亚雪橇犬、大丹犬、秋田犬、威尔士猎獚、松狮犬、沙皮犬等。其中仅少数犬的遗传特性已查明,例如比格犬为常染色体隐性性状遗传,大丹犬为常染色体显性性状遗传,并有不同的表达。猫罕见,但波斯猫和泰国猫较易发生。多数原发性青光眼两眼发病,开角和闭角型青光眼均可发生。可突然发作,出现急性青光眼综合征,也可缓慢进行性发生。眼压增高达数年,其病情缓慢加重。

继发性青光眼多因眼球疾病如前色素层炎、瞳孔闭锁或阻塞、晶体前或后移位、眼肿瘤等,引起房角粘连、堵塞,改变房水循环,使眼压升高而导致青光眼。先天性青光眼见于房角中胚层发育异常或残留胚胎组织、虹膜梳状韧带宽,阻塞房水排出通道。犬出生时先天性青光眼罕见。

[症状] 早期可能无症状,或轻微瞳孔散大,短暂角膜水肿、巩膜深层轻度充血。眼压中度升高(2.7~4.0 kPa),看上去眼"似乎变硬"。视网膜及视神经乳头无损害,视力未受影响;中期,不同程度瞳孔散大,巩膜深层血管充血,角膜水肿,眼球轻度增大。早期晶体不全脱位,视网膜和视神经乳头病变,眼压升高(4.0~5.3 kPa),视力障碍;晚期,眼球显著增大,眼压明显升高(5.3~6.7 kPa),指压眼球坚硬。瞳孔散大固定,对光反射消失。角膜严重水肿、混浊。皮质性白内障形成,玻璃体退变,脱水凝缩,晶体悬韧带变性或断裂,引起晶体全脱位或不全脱位。视神经乳头萎缩、凹陷,视网膜变性,视力完全丧失。

[诊断] 根据临床症状易于诊断。检查眼压可用两手食指尖(不用拇指)在闭合上眼睑时触压眼球,可粗略估计其硬度。精确眼压是用眼压计测定,正常眼压为2~3.6 kPa。用检眼镜检查眼底,可见视神经乳头形成杯状凹陷,其周围血管伸进凹陷呈"屈膝"状和视网膜变性等。

[治疗] 常用20%甘露醇静脉注射,用药后15~30 min产生降压作用,维持4~6 h,必要时8 h后重复应用。随后应用抑制房水产生和促进房水排泄的药物,常用二氯磺胺、乙酰唑胺和甲醋唑胺。用药后1 h眼压开始下降,并可维持8 h。在应用上述药物的同时,配合应用缩孔药,如滴用1%~2%硝酸毛果芸香碱溶液,或与1%肾上腺素溶液混合滴眼。最初1次/时,瞳孔缩小后减到3~4次/天。缩孔药对开放已闭塞的房角,改善房水循环,降低眼压有帮助。药物治疗不能降低眼压、恢复眼视力者,或对窄角青光眼或房角闭锁时,应考虑手术治疗,常用虹膜嵌顿术、睫状体分离术、激光睫状体光凝固术等手术方法。

第八节 眼 外 伤

一、眼球挫伤

犬、猫眼球挫伤(contusion of orbital)多因汽车撞击或钝性物体打击所致。纯外力冲击眼球,直接作用于浅表组织,引起不同程度的外伤。有时浅表组织损伤不明显,但可通过眼内液的传导,波及眼球内组织,并在眶内组织反作用下,引起震荡,加重眼组织的损伤和破坏。常发生以下几种损伤。

（一）眼眶出血

眼眶出血常见结膜下出血,多因车祸所致,表现明显的眼球突出、"兔眼"和继发性眼干燥。眼球挫伤常伴发晶状体脱位、玻璃体出血和视网膜分离等。严重者,发生巩膜破裂。大量眼眶出血也可引起眼球脱出。

患眼应立即清洗,防止眼干燥。一旦动物全身病情稳定,应做头部 X 线平片检查。眼眶支和颧弓骨折常可通过触诊发现。如角膜内出血妨碍眼后部检查,需做眼球超声诊断。巩膜广泛破裂者,只能做眼球摘除术。眼球痨常是眼球挫伤的后遗症。为了防止角膜显露、干燥,宜施第三眼睑瓣遮盖术和暂时眼睑固定术。局部和全身应同时使用抗生素。如果角膜上皮未损伤,可局部和全身应用皮质类固醇制剂。不能应用非类固醇类消炎药,因这些药物可加重出血。严重眼内出血,其视力恢复预后不良。如上所述,眼球痨是常见后遗症,故常在后期做眼球摘除术。

（二）眼眶骨折

当头部严重创伤时,常发生颅骨、颞骨和颧骨骨折。临床症状包括眼球突出或内陷、斜眼、眼周和眼后出血、疼痛、流泪和面部不对称等。骨折如累及鼻旁窦,可引起眼眶或皮下气肿、捻发音。X线平片和超声检查可确诊。眼眶骨折动物应保持安静,防止进一步肿胀和出血,可局部冷敷。局部和全身应用抗生素、消炎药。小且未移位的稳定性骨折不必手术整复和固定,但大而不稳定骨折需施行内固定术。

（三）前房积血

挫伤使虹膜根部断离、睫状体及视网膜血管破裂,导致前房积血（hyphema）。挫伤性前房出血常伴有结膜下和眼眶出血,多呈鲜红色,5~7 天后则变为蓝红色。单纯性前房积血一般在伤后 7~10 天可自行吸收,不必治疗,也不会引起视力丧失。但是眼内出血原因应查清,并根据其病因进行治疗。出血较多或继发色素层炎症时,用 1%阿托品(3~4 次/天)滴眼,有助于减少后粘连和稳定血管-房水屏障。局部和全身应用皮质类固醇制剂,可减轻和控制眼内炎症。但不可使用非类固醇类药,否则干扰血小板功能,诱发持久出血或再发生出血。如广泛的前房出血已引起眼压增高和广泛的后粘连,可向眼房内注射组织-纤维蛋白原溶酶原激活剂快速溶解血液或纤维蛋白。在凝固 48 h 内注入该激活剂最有效,而且也可有效地溶解更长时间的凝块。建议剂量为 0.2~0.3 mL(每毫升含 250 mg 激活剂)。如出血复发,不可再注射。

二、眼球内异物

犬、猫常因穿透性异物如鸟枪子弹、碎玻璃、木屑、植物棘刺、大头针、仙人掌等引起眼眶、巩膜或角膜穿孔或裂伤。无机异物可分为有反应物体和无反应(惰性)物体两种。有反应物体是指可在组织内氧化的金属如铁、钢和铜等;惰性物体包括锡、银、金、不锈钢、玻璃及大多数塑料等。眼球异物损伤的程度取决于异物的化学性质、大小、停留时间及部位等。临床应仔细检查,以便发现异物进入眼内的通道或异物本身。X 线和超声检查眼球内异物是重要的辅助诊断方法,其最大价值是易分辨眼内金属性异物。根据异物性质、大小、位置、损伤范围及色素层炎症程度进行治疗。

三、眼球脱出

眼球脱出(proptosis of the globe)多因车祸、斗殴等引起眼球突然向前移位,与此同时眼睑向眼球赤道陷入所致。犬、猫均可发生,其中短头品种犬常发,可能与其眼球显露(称"大眼睛")、眼窝浅有关,如北京犬。长头品种犬只有在严重创伤时才引起眼球脱出。

眼球脱出是眼科一个急症,要求快速做出病况评估、立即进行药物和手术治疗。动物全身麻醉,用灭菌生理盐水清洗患眼。如果眼球严重肿胀，可切开眼外眦，以扩大睑裂，便于眼球复位。但在很多情况下，即使切开眼外眦，肿胀的眼球也难通过骨性眶缘，进入眶内。用湿的灭菌纱布轻轻压迫眼球，使其尽可能退回至眶内。注意不宜过度压迫眼球，否则易引起眼球内部损伤。然后上、下眼睑对合做临时睑板固定术。做 2～3 个水平纽孔状缝合，不急于打结，待全部穿上，轻压眼球，同时收紧缝线、打结，使眼球复位。打结前，缝线穿上乳胶管，以免缝线压迫睑缘。为便于术后注入药物，眼内眦留一空隙。最后，闭合眼外眦切口（如前面施行眼外眦切开）。术后，全身应用广谱抗生素 3～5 天；局部经空隙注入阿托品、皮质类固醇类和抗生素眼药水 7～10 天。热敷 2 次/天。术后一旦有灵活的眨眼反射和眼眶肿胀消退，就应拆线。为防止眼球再次脱出和让眼适应光线，应逐步拆除缝线。可先从眼内侧开始，一次拆除 1 根，隔日依次拆除其他缝线。术后并发症包括斜视（上斜或外斜多见）、失明、"兔眼"、角膜感觉缺陷、干燥性角膜结膜炎、暴露性角膜炎、青光眼和眼球痨等。

如视神经全断离，或多数眼肌断裂，眼球悬吊在眼眶外，眼内容物已挤出或内容物严重破坏，或眼球严重化脓感染，则预后不良，应施眼球摘除术。

第十九章 耳 病

第一节 耳 血 肿

耳血肿(aural hematoma,othematoma)是指在外力作用下耳部血管破裂、出血而形成的肿胀,多发生在耳廓内侧面。犬常发生本病。

[病因] 主要是因外耳瘙痒或炎症刺激时动物摇头、抓耳、拍打耳朵,或在墙壁及其他物体上摩擦所致。也见于相互斗咬以及蜱和虱叮咬。

[症状] 耳廓一侧局部突然出现肿胀,触之富有波动性和弹性。白色或浅白色毛皮者肿胀呈深红色至紫褐色。数天后肿胀周围呈坚实感,并可有捻发音,中央有波动,局部增温。穿刺可排出红色液体。耳廓局限性小血肿可因搔抓和甩耳,扩展至整个耳廓。血肿感染后则形成脓肿。

[诊断] 根据临床症状和穿刺检查易做出诊断。

[治疗] 应制止溢血、防止感染和排除积血。

1. 穿刺疗法 适用于局限性小血肿。抽出血液后短时间内继续充血则行切开疗法。

2. 切开疗法 动物全身麻醉,耳道内塞入棉球以防血液等进入耳内。耳廓两侧剪毛、消毒,在耳廓血肿表面沿耳廓长轴方向做1~1.5 cm长的切口,清除血凝块。切口不做缝合,但在原血肿表面用三棱针穿透耳廓全层做数针散在的结节缝合,以消除血肿腔。每天用注射器经切口灌入氨苄西林溶液,以防感染。

第二节 外 耳 道 炎

外耳道炎(otitis externa)是指外耳道的炎症。外耳道炎是犬的常发病,猫有时也发生。根据病程可分为急性和慢性两类;根据病原体可分为细菌性、真菌性和寄生虫性三类。

[病因]

1. 机械性刺激 如耳垢、泥土、被毛、芒刺、昆虫的刺激,加之搔抓、摩擦造成外耳道损伤,病原微生物侵入伤口或毛囊、耵聍腺,引起感染。洗澡液或香波液流入外耳,也是引起外耳道炎的常见诱因。

2. 病原微生物 常见感染的细菌有金黄色葡萄球菌、链球菌、假单胞菌、变形杆菌等,常见的真菌有糠疹癣菌、念珠菌等。耳痒螨也是常见病原微生物。

3. 过敏反应 如食物过敏。

4. 肿瘤 如鳞状细胞癌、黑色素瘤等。

[症状] 动物表现不安,经常摇头、摩擦或搔抓耳廓,嚎叫;有时仅见搔抓耳根部及附近颈部皮肤,致使耳廓及颈部皮肤抓伤、擦伤、出血,甚至出现耳廓血肿。被毛脱落、打结。早期检查发现耳廓和外耳道皮肤充血、肿胀、疼痛,甚至破溃、出血。耳道内积垢较多,表面粘有分泌物,散发出异常臭味。感染的病原微生物种类不同,耳垢和分泌物的性状也有差异,如:假单胞菌感染时,耳垢为淡黄

色稀薄的脓性分泌物；变形杆菌和酵母菌感染时，耳垢易碎，呈黄褐色；金黄色葡萄球菌和糠疹癣菌感染时，耳垢呈棕黄色鞋油样；真菌感染时，耳内形成干燥的鳞片耳垢紧紧地粘于皮肤；耳痒螨感染，耳垢呈暗褐色蜡质样。病久者耳道皮肤肥厚，发生溃疡，分泌物黏稠。当耳垢和分泌物堵塞外耳道时，听力减退。

[诊断] 根据临床症状、检耳镜检查可做出诊断。若要确定病原微生物需进行微生物分离培养和鉴定。耳痒螨感染时，痒感明显，用放大镜或低倍镜可发现细小的白色或肉色的螨虫虫体。

[治疗]

(1) 清理外耳道：细菌性外耳道炎，向耳道内滴入滴耳液，每天 3～5 次。

(2) 严重病例全身给药，以防继发中耳炎和内耳炎。

第三节　中耳炎和内耳炎

中耳炎(otitis media)是指鼓室黏膜的炎症。内耳炎(otitis interna)又称为迷路炎，多为中耳炎继发。临床上常见卡他性和化脓性中耳炎。

[病因] 鼓室通过咽鼓管和鼻咽相通，黏膜相延续，因而鼻和鼻咽部的炎症可波及咽鼓管和鼓室；外耳道炎可蔓延或经穿孔的鼓膜直接感染鼓室。另外，中耳炎和内耳炎均可经血源性感染。

[症状] 卡他性中耳炎表现听力减退，摇头或头偏向患侧。检耳镜检查可见鼓膜变色、向外突出。患化脓性中耳炎时，体温升高，食欲不振，耳根部有压痛，在幼犬有时可见鼓膜穿孔，流出脓性分泌物。中耳炎症侵及面神经和副交感神经时，则引起面部麻痹、角膜和鼻黏膜干燥和张口疼痛。

若中耳炎并发内耳炎时，表现眼球震颤，共济失调，向患侧转圈。若炎症继续发展，侵及脑膜，则出现脑膜炎，或引起小脑脓肿而死亡。

[诊断] 无特征性症状，检耳镜检查和 X 线检查有助于本病的诊断。X 线检查可见急性中耳炎时鼓室积液，慢性中耳炎时鼓泡骨增生。

[治疗]

(1) 根据药敏试验确定致病菌敏感的药物。

(2) 局部处理时深部的脓性分泌物需清理干净，新霉素滴耳油每天 4～5 次。

第二十章　头颈部疾病

第一节　牙齿疾病

一、齿龈炎

齿龈炎(gingivitis)是指齿龈的炎症过程,常可引起齿龈溃疡、坏死和继发感染。

[病因]　多因齿菌斑、齿石、龋齿、食物嵌塞等刺激齿龈引起局部组织炎症。齿菌斑主要由唾液糖蛋白和细菌构成。首先唾液中的营养物质吸附在牙齿表面,形成薄膜。薄膜可吸引细菌定居,同时为细菌提供营养,以后有更多的细菌来定居,即细菌黏附和共聚,形成齿菌斑。另外,慢性胃炎、营养不良、犬瘟热、钩端螺旋体、尿毒症、B族维生素或维生素C缺乏症、重金属盐中毒等,均可继发本病。猫某些疾病如白血病引起免疫缺陷,也可发生严重的齿龈炎。

[症状]　典型症状为齿龈红肿、发软。动物表现为流涎、口臭、咀嚼和吞咽疼痛、体重下降、精神沉郁,口腔检查可见齿龈红肿、增生、口腔黏膜、咽部或舌面溃烂,严重病例炎症可涉及咽喉部、舌、软腭,甚至整个口腔;一般情况下病变以最后白齿周围为重。也有的病例齿龈萎缩或牙齿脱离,牙齿与齿龈之间形成凹穴。猫患慢性齿龈炎时,症状比其他任何动物严重。

齿龈炎可分为三级:轻度齿龈炎,可见齿龈缘轻度充血,无组织增生;中度齿龈炎,齿龈充血但无增生迹象、齿龈溃疡;严重齿龈炎,伴有齿龈缘充血红肿,齿龈增生、溃疡,伴有牙周病症状,如形成牙周袋、齿槽萎缩和牙齿松动。

[诊断]　根据临床症状,详细检查不难确诊。由于本病可继发于多种全身性疾病,故应做全身系统性检查以查明其病因。

[治疗]　洗牙、清理病变牙齿,抗菌药物如氨苄青霉素 50 mg/kg 肌肉注射。

二、牙周病

牙周病(periodontal disease)是指牙周膜及其周围组织的一种急性或慢性炎症,也称牙周炎、牙周脓肿等。以齿周袋形成、骨重吸收、齿松动和齿龈萎缩为特征。本病犬较常见,猫虽少见,但发生时较严重。病变可发生于单个或多个牙齿,犬以白齿较为常见。

[病因]　齿龈炎、口腔不卫生、齿石、食物嵌塞及微生物侵入,尤其是长期摄食稀软食物等是形成牙周病的主要原因。菌斑(革兰阴性厌氧菌占优势)在牙周病发生过程中起重要作用。某些短头品种犬,由于齿形和齿位不正、闭合不全、软腭过长、下颌功能不全、缺乏咀嚼及齿周活动障碍等,可能是本病的诱发因素。另外,不适当的饲养和全身疾病,如糖尿病、缺钙、甲状旁腺功能亢进和慢性肾炎均可引起本病的发生。

[症状]　动物常表现口臭、流涎,想进食,但只能食软食,不敢咀嚼硬质食物。用牙垢刮子轻叩病牙,则疼痛明显。牙周韧带破坏,齿龈沟加深,形成蓄脓的牙周袋或齿龈下脓肿。轻压齿龈,牙周袋内有脓汁溢出。一般白齿多发,病情后期,牙齿不同程度松动,但疼痛并不明显。

［诊断］ 根据病史和临床症状不难诊断。为诊断其严重程度,可进行牙周袋深度测定(正常牙周袋深 1～3 mm)、放射学检查和齿龈组织检查等。必要时还需做血液学和血清学检查。自身免疫和免疫抑制疾病、慢性肾病和糖尿病可并发牙周病,临床上应注意鉴别诊断。

［治疗］ 洗牙,病变严重的牙齿拔除,口腔消毒后,每千克体重头孢噻呋钠 20 mg 肌肉注射,连用 3～5 天,犬给予流食直至痊愈。

［预防］ 定期检查并及时清除牙垢、牙石。

三、龋齿

龋齿(dental caries)是指口腔内细菌产生的酸性物质黏附于齿冠、釉质表面,使其脱钙、分解及破坏。犬的龋齿常从釉质开始,常发部位为第一上白齿齿冠。猫则多见于露出的白齿根或犬齿。

［分类］ 根据病变程度可分为一度龋齿、二度龋齿、三度龋齿以及全龋齿。龋齿最初是釉质、齿质表面发生变化,以后逐渐向深处发展。当釉质与齿表层破坏时,牙齿表面粗糙,称为一度龋齿或表面龋齿;若已形成龋齿腔,但龋齿腔与另一齿髓腔之间仍有较厚的齿质相隔,称为二度龋齿或中度龋齿;再向深处发展两个腔相邻时称为三度龋齿;损害波及全部齿冠者则称为全龋齿。

［症状］ 病初常易被忽视,待出现咀嚼障碍时,损害常已波及齿髓腔或齿周围。患病动物咀嚼无力或困难,常呈偏侧咀嚼,饮水缓慢,流涎或将咀嚼过的食物由口角漏出。口腔检查时,口臭显著,病变部常有齿斑、齿石,呈褐色。病齿釉质、牙骨质形成凹陷空洞,变软,探针易嵌入空洞。轻轻叩击患齿,有痛感,牙齿松动。

［治疗］ 拔牙术。

第二节 唇、鼻及咽喉疾病

一、唇裂和腭裂

唇裂和腭裂(cleft lip and cleft palate)是指犬、猫颜面部常见的先天性畸形,多因胚胎发育时,颜面、下颌发育不全所致。唇裂又称兔唇(hare lip),腭裂又称狼咽。上唇唇裂多见,可与腭裂同时发生。常发生于短头品种犬,猫亦可发生。

［病因］ 唇裂和腭裂可能是遗传性的,但其遗传方式不详。也可能在妊娠期,母犬、猫营养缺乏和某些应激因素导致畸形。胚胎刚形成头时,易产生腭裂。短头犬品种中,腭裂的发生率很高。猫有原腭裂和次生腭裂。腭裂猫交配后产生的后代有 41.7% 表现为腭裂,以左侧腭裂为最常见。另外,内分泌紊乱、感染及创伤等因素也可导致本病的发生。

［症状］ 腭裂的临床特征为幼犬或猫吮吸乳汁时,乳汁从鼻孔反流。大多个体矮小、营养不良。如不及时治疗,常继发鼻炎、咽炎及中耳炎,严重者常因感染及饥饿而死亡。唇裂常伴发齿槽突裂和硬腭裂。下唇唇裂少见,多发生于中线,偶伴有鼻变形。上唇唇裂常发生于门齿与上颌骨联合处,可分为有单侧、双侧、不全或完全唇裂。

［治疗］ 唇裂、腭裂尽早实施矫正术。

二、软腭过长症

软腭过长症(over long soft palate)是指软腭异常生长,引起气道狭窄、呼吸障碍的一种先天性疾病。短头品种犬多发,约占 80%。本病常伴有其他呼吸道异常,如呼吸减慢、鼻道狭窄、喉室外翻、喉萎陷、气管狭窄及气管萎陷等,还可见咽黏膜水肿、扁桃体肿大或突出。

[症状]　动物安静时,呼吸音高朗,表现干咳、湿咳、呼吸困难。吸气时有明显呼噜声或鼾声。采食时,食物常从鼻孔喷出。口腔检查,可发现软腭肥大,压迫会厌软骨或被声门吸入。病久可引起软腭、会厌软骨、咽、扁桃体及喉的损伤或水肿,导致严重呼吸困难。检查时,应注意是否伴有上述上呼吸道异常。

[治疗]　手术切除过长的软腭。

三、咽后脓肿

咽后脓肿(retropharyngeal abscess)是指因咽后淋巴结感染、咽后间隙外伤或尖锐异物致咽后间隙蜂窝织炎等原因而形成的脓肿。慢性咽后肿胀多因药物治疗和局部有效的防御机制而使异物稳定在结缔组织内所致。

[症状]　急性发作时,起病急。动物畏寒、全身发热、咳嗽、吞咽困难、呼吸不畅,头常后仰或偏向患侧。检查时可见咽后壁有脓肿隆起,咽部黏膜充血,病程较长的脓肿常较大,壁薄,易破裂。触诊咽部敏感、肿胀、热、痛、硬实,颈部淋巴结肿大并有压痛。若不及时治疗,软组织可能胀破。

慢性咽后肿胀,起病缓慢,一般全身无发热或有低热。检查见咽后壁隆起,但无明显咽部充血。咽部积聚多量血清样渗出物,触诊肿胀物硬实或柔软,一般无痛。

[诊断]　结合临床症状和咽部检查,易于诊断。X线检查对诊断有无异物有重要意义,颈侧位X线片可见咽后壁前移和椎前软组织阴影增宽,或显示有积水面。本病应与急性喉炎、喉水肿、唾液腺黏液囊肿鉴别诊断。咽部也易发唾液腺黏液囊肿,但不影响呼吸。如穿刺难以区别,可将其穿刺液做特异的黏多糖染色试验,如糖原染色(PAS)可辨认黏液囊肿中的黏液细丝。

[治疗]　急慢性咽喉脓肿,需切开脓肿,排除脓液,红霉素软膏每天3～4次抗菌消炎,一般需2～3周治愈。

四、喉麻痹

喉麻痹(laryngeal paralysis)是指支配喉部肌肉的神经因受到各种损害,使勺状软骨和声带不能外展,发生机械性通气障碍的一种疾病。临床上以呼吸时出现喘鸣为特征。犬、猫均可发生。

[病因]　有先天性和后天性两种。先天性喉麻痹多与遗传有关,发生于某些品种犬,如西伯利亚雪橇犬、法兰德斯牧羊犬和斗牛犬等,多在1岁以下出现临床症状。后天性喉麻痹多因外伤或手术、颈部肿瘤、脓肿等引起疑核、迷走神经和喉返神经压迫或损伤。后天性特发性喉麻痹常见于9岁以上大型品种犬,如圣伯纳犬、拉布拉多猎犬、金色猎犬、西伯利亚雪橇犬等。病毒感染也会引起喉麻痹。

[症状与诊断]　发病早期,动物仅表现作呕、咳嗽,尤其在吃食或饮水时更明显。以后随气道阻塞加重,动物的耐受力降低,喉喘鸣音增大(尤其吸气时),严重者出现周期性呼吸困难、发绀或晕厥。病程发展缓慢,可持续数月甚或数年才发生呼吸窘迫。有单侧或双侧性喉麻痹。喉镜检查发现吸气时勺状软骨和声带不能外展,停留在正中位置,不随呼吸而移动。本病应与喉狭窄、气管喉萎陷和充血性心力衰竭相区别。

[治疗]　脓肿或肿瘤压迫所致,应尽早切开脓肿或摘除肿瘤。为减轻喉部炎症和水肿,可给予地塞米松。可手术治疗,扩大声门,以致在吸气时不出现狭窄现象。开始进行部分喉切除术,即用活组织钳经口腔将勺状软骨的小角状软骨切除。如不满意,可进一步修剪勺状软骨或做声带切除。对侧勺状软骨一般不予切除,以防引起吸入性肺炎。如临床症状仍不解除,可进行勺状软骨切除术或外移术。

第三节 食管与气管疾病

一、食管阻塞

食管阻塞(esophageal obstruction)是指因硬质食物或异物阻塞食管段而引发的疾病,临床上以突然发病和咽下障碍为特征。食管阻塞分完全阻塞或不完全阻塞两种。易发生的阻塞部位是胸部食管入口与心基底部间或心基底部与膈食管裂孔间。本病是犬、猫常见病,但犬比猫更多见。

[病因] 多因吞食过猛、强吞强咽、进食过程中突然受到惊吓以及啃咬异物等造成。常见的阻塞物包括骨头、金属、塑料、木头、线团、瓶塞、袜子、玩具等。误食鱼刺、缝针、鱼钩等异物不会引起食管阻塞,但易发生食管损伤和穿孔。犬食管狭窄或憩室、食管麻痹及食管炎等常可继发本病。

[症状] 是否出现临床症状及症状的轻重,取决于食管阻塞时间、阻塞部位、阻塞程度和异物性质等。不完全阻塞时,液体和流质食物可通过食管入胃,但采食缓慢、拒食大块食物,吞咽小心,有疼痛表现,阵发性呕吐。完全性阻塞时,动物拒食、不安、头颈伸直、大量流涎,有哽噎或呕吐动作,即使采食也立即全部吐出,有时吐血样或带有泡沫样黏液,并有阵发性干呕,呼吸困难,甚至窒息。颈部食管阻塞时,外部触诊可感阻塞物,常在左侧颈沟处局部隆起。胸部食管阻塞时,动物能采少量食物,但即刻又从鼻孔流出,在阻塞部位上方食管内积满唾液;触诊能感到波动并引起哽噎运动。部分阻塞动物可能在几天或几周之内才出现临床症状。若阻塞已发生较长时间,动物会出现食欲废绝、精神不振、消瘦等症状。

[诊断] 多数病例具有吞食异物的病史,有些可能未被注意,故结合病史和临床症状可做出初步诊断。可通过胃导管、内窥镜及X线检查确诊。用胃导管探诊,当触及阻塞物时,感到阻力,不能推进。食管内窥镜检查可直接看到阻塞物。X线检查,完全性阻塞时,阻塞部呈块状密影。食管造影检查,显示钡剂到达该处则不能通过。

[治疗] 用内窥镜取出异物,严重者可采用颈部、胸部食管切开术和胃切开术等。

二、食管狭窄

食管狭窄(esophageal stricture)是指由于肌肉发炎并形成瘢痕组织或由于周围组织压迫而导致的食管内腔狭窄,食物难以通过的一种疾病。狭窄可发生于食管的任何部位。临床以进行性食物反流、吞咽困难和营养不良为特征。犬、猫均可发生。

[病因] 动物吞食腐蚀性物质、食管创伤、食管切除及吻合术等引起瘢痕性狭窄;食管寄生虫感染、食管肿瘤等引起阻塞性狭窄;颈、胸部食管周围组织肿瘤、脓肿及永久性右主动脉弓等引起压迫性狭窄;继发于全身麻醉和食管引流等。

[症状] 典型表现为食管功能低下,动物能耐受液体但难于进食固体食物,吞咽困难,食物反流,若不治疗其症状有恶化的趋势。随着病程发展,动物逐渐消瘦。有的大量流涎。

[诊断] 根据病史和临床表现可初步诊断,通过钡餐造影、胸部X线及内窥镜检查可确诊。

[治疗] 非瘢痕性食管狭窄应根据病因加以治疗;瘢痕性食管狭窄可采用非手术疗法和手术疗法。

1. 非手术疗法 可实施膨胀导管扩张术。在柔性食管内窥镜的引导下将把扩张器放置在狭窄处,通过向扩张器充气使之产生辐射状张力,从而机械扩张食管狭窄处。每次扩张术后禁食 24 h,口服泼尼松,每千克体重 1~2 mg,连用 10~14 天。

2. 手术疗法 即实施食管全切除及断端吻合术,适用于经非手术疗法无效的颈部食管狭窄、恶性食管狭窄。动物全身麻醉,仰卧保定。从下颚后方至胸骨前部剃毛、消毒。颈腹侧纵行切开皮肤

4～5 cm，分离皮下组织和胸骨舌骨肌，暴露气管。气管向左牵引，显露并钝性分离食管，直至狭窄部完全分离。吸除聚积的唾液，以减少污染。用肠钳在狭窄部前后钳夹，切除狭窄部，形成两个断端。两断端对合，做断端吻合术，可吸收缝线做全层水平纽扣状外翻缝合，结打在外侧。再行第二层缝合，即结节缝合肌层和浆膜层。咽部造瘘，安插胃导管。常规闭合颈部肌肉、皮下组织、皮肤。术后7～10天拔除胃导管。

三、巨食管症

巨食管症（megaesophagus）是指以食管广泛性扩张和无蠕动为特征的疾病。可发生于先天性特发性巨食管（不常见）和成年犬特发性巨食管或后天性特发性巨食管（常见）。临床表现主要是进食后发生食物反流。本病犬多发，猫少见。

[病因]　本病具有先天性。具有家族倾向性先天性巨食管的犬有爱尔兰塞特犬、大丹犬、德国牧羊犬、拉布拉多猎犬、中国沙皮犬、纽芬兰犬、迷你雪纳瑞及狐狸㹴等。尽管猫先天性巨食管症鲜见，但暹罗猫易患。先天性特发性巨食管的发病机理并不清楚，可能与迷走神经传入支配食管功能缺陷有关。后天性巨食管症可继发于神经肌肉性疾病、食管阻塞、免疫调节紊乱、内分泌失调、中毒及食管裂孔疝等。

[症状]　病犬进食后，发生食物反流，多有口臭。当有炎症或食管过度扩张时，病犬不敢吞咽，表现为颈部伸长或僵直，并从口角流出多量唾液。体质逐渐下降，或恶病质。当伴发异物性肺炎时，动物呼吸紧迫，湿咳，听诊有啰音。继发于后天性疾病的巨食管症还表现有相关疾病的症状。

[诊断]　全面了解病史，成年犬具有反流病史者应怀疑此病，但应与呕吐相鉴别。X线平片可显示食管显著膨大，内含气泡和液体。颈、胸段X线钡餐造影检查可确诊。X线钡餐造影可见食管蠕动类型、频率及强度，判定其功能变化。常规血液学检查、生化指标测定、尿液分析等有助于该病的诊断。应注意与食管异物、肉芽肿、狭窄、食管周围肿胀、严重食管炎、憩室以及食管瘤等食管疾病鉴别诊断。

[治疗]　先天性巨食管症小动物常死亡，可行安乐死。成年动物巨食管症多预后不良，但犬由严重肌无力引起的可使用新斯的明治疗，预后良好。

四、气管发育异常

气管发育异常（hypoplasia of the trachea）是由先天畸形引起，导致气管腔狭窄的一种疾病，解剖学变化为气管环末端相连或重叠而不是正常的C形，气管背侧黏膜明显缺失或不足。气管发育异常可能是节段性的，也可能是整体性的。主要见于短头品种犬，且雄性多发于雌性。

[症状]　主要为气管狭窄症状。动物表现为呼吸困难、发绀、喘鸣、咳嗽、呕吐，不耐受运动、晕厥及激动时症状加重等。幼犬还表现生长缓慢，常伴发呼吸道感染、其他先天性异常疾病，如软腭过长、鼻孔狭窄、心脏缺陷以及食管扩张等。症状的严重程度与是否伴发或继发其他疾病有关，而与气管直径减小的程度关系不大。

[诊断]　根据病史、病征和典型临床症状可初步诊断。临床检查可发现气管敏感性增加，触诊可感知气管狭窄，听诊可听到吸气喘鸣或乐音。结合胸部X线检查可确诊。应注意与气管萎陷、气管阻塞、原发性纤毛运动障碍以及短头犬上呼吸道综合征等疾病鉴别诊断。

[治疗]　严格控制动物体重，防止原发病。

五、气管萎陷

气管萎陷（tracheal collapse）又称气管支气管软化，是由于颈部或胸部气管软骨的松弛和变平而导致气管管腔直径减小或阻塞所引发的呼吸困难综合征。气管萎陷有背腹位性萎陷和侧位性萎陷两种，临床多为背腹位性萎陷。常发生于小型犬，如贵宾犬、约克夏犬及博美犬等。猫也有发生。

[病因]　分为先天性和后天性两类。先天性气管萎陷又称原发性气管萎陷,主要发生于青年犬,与遗传有关;后天性气管萎陷又称继发性气管萎陷,多见于中、老年犬。引起气管萎陷的病因包括以下几个方面。

(1)营养因素:主食肉类的犬比主食犬粮的犬易发。

(2)过度肥胖:肥胖可使呼吸系统的负荷增加,易导致气管动力性萎陷。

(3)继发于致气管软骨软化的疾病:支气管肺炎,尤其是慢性支气管炎侵害透明气管软骨,使气管肌和结缔组织长时间延伸,使气管变扁平,发生气管萎陷;软骨基质退行性改变,使透明软骨被纤维软骨和胶原纤维所取代,大量的糖蛋白和糖胺多糖(黏多糖)的缺乏导致气管萎陷;有些病犬气管软骨缺乏硫酸软骨素和氨基葡萄烯糖环结构,致使软骨基质内结合水减少,导致气管软骨动力性萎陷。

(4)刺激因素:气管受到刺激性气体或污染性气体刺激也会产生气管萎陷的临床症状。

[症状]　患病动物表现为有长期慢性咳嗽病史。安静时偶有咳嗽,阵发性咳嗽时常有"雁鸣"声,并伴有呕吐、兴奋不安等症状,受到应激时,症状更加明显。病犬运动耐受力差,可视黏膜发绀,甚至虚脱,常伴发慢性二尖瓣疾病或心肌肥大。肥胖犬,易伴发肝肿大。

[诊断]　听诊可见呼吸音粗厉、心律不齐,触诊气管有痉挛性咳嗽,有的可感知上下扁平的气管及其窄缘。结合临床症状可建立初步诊断。X线检查见患病段气管直径显著小于其他区段气管可确诊。也可用气管内窥镜检查。气管内窥镜检查可将气管萎陷分为四级,即Ⅰ级(气管内径减小25%)、Ⅱ级(气管内径减小50%)、Ⅲ级(气管内径减小75%)及Ⅳ级(气管腔完全萎陷)。

犬气管萎陷有颈段、胸段气管萎陷之分,临床上可通过吸气和呼气困难加以鉴别。有时两者同时发生,需通过X线检查确诊。

(1)颈段气管萎陷:动物表现吸气困难,吸气时可发生咳嗽。喉部听诊,病犬表现喘鸣。触诊可感知萎陷的软骨形成的边缘。X线检查,吸气末萎陷最明显。

(2)胸段气管萎陷:动物呼气困难,在强迫呼气或咳嗽时症状严重。肺部听诊,呼气末爆破音明显。X线检查,呼气末萎陷最明显。

[治疗]　可分为保守疗法和手术疗法。

1. 保守疗法　对于病程短、气管萎陷不严重的病例,对症治疗,止咳、平喘、抗菌消炎。

2. 手术疗法　提高气道的硬度,扩大通气量。患气管萎陷的犬常伴有上呼吸道阻塞、鼻孔狭窄、软腭过长、喉麻痹或萎陷以及喉室外翻等,应先排除或缓解这些病变,再实施气管矫正术。

(1)气管背膜折襞术:适用于Ⅰ级和Ⅱ级气管萎陷。采用间断水平褥式缝合法将气管背膜折襞缝合,使气管保持C形结构。

(2)气管内置支架术:根据病情选用硅胶管支架、金属丝支架或镍钛诺支架,并安置于萎陷的气管或支气管内。

(3)气管外置支架术:根据病情选用单个塑料环支架、聚丙烯注射器样支架、特氟隆管形支架或聚丙烯网等。装置外置支架可防止气管变扁,适于长期的气管支撑。

六、气管狭窄

气管狭窄(tracheal stenosis)是指由于瘢痕组织的产生而导致气管腔变窄的一种疾病。

[病因]　主要由气管损伤引起,如各种创伤、气管造口术和气管吻合术等。

[症状]　动物主要表现为呼吸困难、可视黏膜发绀。可通过气管听诊、气管镜检查以及X线检查,建立诊断。

[治疗]　气管探条扩张术已用于人气管狭窄,获得良好的治疗效果。缓慢插入大的硬性支气管镜,也可扩张狭窄的气管。严重气管狭窄时可施部分气管切除和断端吻合术。

第二十一章　胸部疾病

第一节　胸壁疾病

一、胸壁凹陷

胸壁凹陷(pectus excavatum)是指胸骨后端及肋软骨向胸腔凹陷的一种先天性畸形，因造成胸腔后部呈背、腹狭窄的漏斗状，故又称漏斗胸。缅甸猫和短头品种犬易发。

[病因]　确切病因尚不十分清楚。可能是膈中心腱短缩、膈前部肌肉组织先天性缺陷及母犬子宫内压异常导致胎儿胸廓或膈发育不良。短头品种犬最常发生本病，其呼吸梯度异常似乎对本病发展起一定作用，而许多犬同时还表现出一致性的气管发育不全。本病与新生仔犬的一种"游泳综合征"可能也有联系，其特征为患病仔犬四肢向外伸张，行走困难，四肢关节和长骨均可能异常。

[症状]　患病动物可出现或不出现症状。有症状时，动物刚出生或出生后不久即可发现异常，主要表现为呼吸功能和心血管功能紊乱。患病动物呼吸浅、快，肺呼吸音粗厉，呈不同程度的呼吸困难。因心脏位置改变，可造成大静脉扭曲或静脉回流障碍，心脏受压引起心律不齐、心室容量和肺通气量减少等，均可导致循环障碍。同时由于心脏异位，心脏听诊时常有杂音。但随动物体位改变或对缺陷的胸壁进行手术矫正，其心杂音常消失。某些病例因肺动脉与胸壁较贴近，故心脏收缩期杂音可能与肺动脉扭曲或肺动脉正常搏动音有关。

不表现临床症状的动物，一般也易观察到胸壁的异常。

[诊断]　胸部X线摄片可显示胸骨于胸廓后部异常升高。通过测量X线胸片上胸廓的矢状指数及椎骨指数，可对胸壁畸形进行客观评价。矢状指数采用第10胸椎处胸宽与第10胸椎腹面中央到胸骨最近点之间距离的比例。椎骨指数采用已选定椎体背面中央到胸骨最近点之间的距离与该椎体中央上下径的比例。依据胸廓矢状指数及椎骨指数，可将本病分为轻度、中度和重度，有助于客观评价施行手术矫正的效果。

[治疗]　单纯扁平胸无须手术，可试用补充钙制剂，尤其对刚出生幼犬有效。出现呼吸功能和心血管功能紊乱症状时，施行手术修复，包括多处肋软骨切开、膈肌松弛术及用内支架或外夹板维持胸骨于正常位置。

二、胸壁损伤

胸壁损伤(chest wall trauma)包括胸壁钝性伤和穿刺伤，是犬的常见病，以经济发达或道路交通便利地区多发。

[病因]　胸壁钝性伤常在遭受机动车辆碰撞、高处坠落或人为击打后发生。胸壁穿刺伤常见的原因是枪击、戳伤、被其他动物牙齿刺伤或咬伤等。

[症状]　胸壁钝性伤和穿刺伤均可造成胸壁软组织广泛性损害。因肋间肌损伤或破裂引起疼痛，动物呼吸状态有所改变，表现呼吸加深。动物有时还会出现胸壁皮下气肿，是由于肋间肌与胸膜破裂后，空气通过破裂孔进入皮下，并沿肌肉层或筋膜层分布。此外，纵隔气肿外延也可发展为胸壁

皮下气肿。单纯闭合性肋骨骨折,很少引起严重症状,但肋骨骨折后尖锐断端很易造成肋间血管破裂,从而形成胸膜外血肿或血胸;或刺伤肺组织,造成气胸,若不及时治疗,将很快导致死亡。当胸壁撞击点两侧有多个肋骨发生骨折并有向内移位的游离骨片时,即为连枷胸。此时因胸膜内压改变,胸壁在呼吸过程中运动反常,即吸气时游离骨片向内,呼气时游离骨片向外。形成连枷胸的动物有一系列呼吸参数改变,如肺活量和肺功能余气量降低,低氧血症,气道阻力增加,呼吸运动加强等。

[诊断]　根据动物胸壁受伤情况与呼吸功能的改变,可对胸壁损伤程度做出初步判断,但最好进行 X 线摄片检查,以求准确诊断胸壁损伤程度,及时进行正确的治疗。

[治疗]　清创,缝合胸壁创口,抽出胸腔积气,应用氨苄西林全身抗感染治疗。

第二节　胸腔疾病

一、胸腔积液

胸腔积液(hydrothorax)是指胸膜腔内有较多渗漏液潴留。正常状态下,犬、猫胸膜腔内仅有少量浆液,一般不超过 2 mL,具有润滑胸膜和减轻呼吸中肺与胸膜壁层之间摩擦的作用。当胸膜液形成与吸收平衡失调,即发生胸腔积液。

[病因]　当某些原因或疾病引起胸膜内毛细血管血压或通透性增高、血浆胶体渗透压降低或胸膜内淋巴管排泄途径受阻时,胸膜腔便出现积液现象。最常见的原因是脉管炎引起胸腔积液,主要见于猫传染性腹膜炎。免疫介导性疾病如系统性红斑狼疮和类风湿性关节炎,也可表现为继发于脉管炎的胸腔积液。尿毒症、胰腺炎可引起脉管炎和胸腔积液。其他有关炎性或感染因素还包括细菌性、病毒性、真菌性或寄生虫性肺炎。

胸膜肿瘤如淋巴肉瘤、转移性乳腺瘤和间皮瘤等也与胸腔积液有关,壁层胸膜瘤可阻碍淋巴回流或增加毛细血管通透性,脏层胸膜瘤则减少毛细血管对胸腔液的吸收。

心脏收缩压升高,可增加淋巴管通透性,并减少淋巴回流,从而导致胸腔积液。全身静脉压升高,胸膜腔淋巴回流受阻,也可导致渗出性积液或乳糜胸。至于引起静脉内压升高的原因,最常继发于心肌病所致充血性心力衰竭,此外还有心包积液、心丝虫病、膈疝、肺叶扭转及肿瘤等。

血浆胶体渗透压降低也常表现胸腔积液,多因壁层胸膜毛细血管渗透液体增多、脏层胸膜毛细血管吸收液体减少所致。血浆胶体渗透压降低多与肝病、肾病、蛋白丧失性肠病及肿瘤有关。一般当血浆蛋白含量低于 1.5 g/dL,就有可能发生胸腔积液。

[症状]　多数患病动物不表现临床症状,除非肺换气功能发生明显改变。最常见症状是呼吸困难,通常表现为吸气有力,呼气延迟,似乎动物有意抑制呼吸。其他症状包括呼吸急促、黏膜发绀、张口呼吸、咳嗽、心音及肺呼吸音减弱等。咳嗽可能因胸腔积液刺激所致,也可能与某些潜在疾病过程有关,如心肌病或胸腔肿瘤。因此,对病因不清的咳嗽动物进行常规治疗无效时应考虑是否有胸腔积液。此外,患病动物也可出现体温升高、精神沉郁、食欲减退、体重减轻、黏膜苍白、心律不齐、心杂音、心包积液和腹腔积液等症状。

[诊断]　全面评价心脏及呼吸功能,有助于对胸腔积液做出诊断。

1. 一般检查　动物站立或呈胸卧位叩诊胸壁,两侧均呈水平浊音。胸壁听诊,心音和肺下部呼吸音显著减弱,某些动物出现心杂音和心律不齐,而胸壁上部支气管肺泡音增强。右心衰竭的动物,还可观察到颈静脉波动。对疑患胸腔积液的所有病猫应做胸廓加压试验,许多患有前纵隔肿瘤和胸腔积液的病猫,前胸受压能力显著下降。

2. 胸膜腔穿刺　胸膜腔穿刺点常选第 6～8 肋间、肋骨肋软骨连接水平线下方。由于犬、猫纵隔有孔将两侧胸膜腔相通,故在胸壁任一侧穿刺均可引出对侧积液。但需注意,当穿刺针刺破胸膜后,应立即将针体靠向胸壁(保持针尖斜面向内,有利于引流积液);或经穿刺针向胸膜腔导入一根导管,然后退出穿刺针,可避免损伤肺。收集的穿刺液可分别做抗凝、不抗凝和直接涂片处理,以便进行细胞、细菌和生化等系列检查。

3. 超声波检查 超声波检查是评价心脏功能、心瓣膜损害及功能改变、先天性心脏异常、心包积液和纵隔肿瘤等疾病的有效方法。检查应在胸膜腔穿刺前进行,保留胸腔积液有助于增强胸腔内部结构的可视性。

4. X线检查 X线侧面像显示,胸下部为均匀水平阴影,心阴影模糊,心膈角钝化或消失,肺叶间裂沟增宽,近胸骨处肺边缘呈扇形。X线背腹像或腹背像显示,纵隔增宽,肺界远离胸壁,肋膈角增大,此处肺边缘钝圆。需要指出的是,对表现呼吸困难的动物应在X线检查前先行胸腔穿刺,排出积液,以改善呼吸,防止检查时发生意外。

[**治疗**] 对因治疗,同时施行胸腔穿刺。

二、胸膜炎

胸膜炎(pleuritis)是指胸膜腔内有渗出液积聚和纤维蛋白沉积的炎症过程。犬、猫原发性胸膜炎较少,多继发于其他疾病。

[**病因**] 分为原发性和继发性两类。

1. 原发性胸膜炎 犬、猫遭受车辆冲撞或从高处坠落可引起胸膜急性挫伤,或胸壁遭受枪伤、被异物刺伤等可造成胸壁穿透伤而引发感染。

2. 继发性胸膜炎 多是胸部器官疾病蔓延或作为某些疾病的症状之一。见于肺、纵隔、心包、淋巴结炎症,肋骨或胸骨骨折后发生感染,某些传染病,如结核病、钩端螺旋体病、犬传染性肝炎、猫传染性鼻气管炎或猫传染性腹膜炎等。

[**症状**] 病初体温升高,精神沉郁,食欲减退,呼吸快而浅表,且呈明显的腹式呼吸,动物常取站立或犬坐姿势。胸部听诊,依疾病发展过程可听到胸膜摩擦音或胸膜拍水音。胸部叩诊,常出现水平浊音区,同时动物表现敏感,并发出轻而弱的咳嗽声。当胸膜腔内积聚大量渗出液时,动物呼吸极为困难,呈张口呼吸状。因渗出液对心脏和前后腔静脉造成压迫,心功能发生障碍,出现心力衰竭、外周循环淤血及胸、腹下水肿。在慢性病例,体温反复轻度升高,呼吸浅表而快,其他症状不明显。

[**诊断**] 依据病史和临床症状可做出初步诊断,确诊需行胸膜腔穿刺或X线检查。

1. 胸膜腔穿刺 纯粹漏出液清亮、无色,含有极少量蛋白和细胞成分,其中蛋白含量<2.5 g/dL,有核细胞总数(TNCC)<1500个/μL。而炎性渗出液呈白色、淡黄色或红色,混浊不清,有较高的蛋白含量和有核细胞总数,主要以变性中性粒细胞为特征。炎性渗出液分析表明,其中蛋白含量>3 g/dL,TNCC>5000个/μL,乳酸脱氢酶>200 IU/L,并依据大多数白细胞是否变性,可判断胸膜腔发生的炎症为感染还是非感染过程。猫发生脓胸,通常渗出液中葡萄糖含量<10 mg/dL,pH<6.9。

2. X线检查 胸膜炎X线影像与前述胸腔积液十分相似,特别是炎性渗出阶段基本相同。轻度胸膜粘连,X线影像可能难以显现,但当胸膜广泛增厚粘连时,可见肺野密度增高,在肺野周边与上方胸廓内缘,呈现条状密度增加阴影。

[**治疗**] 主要是抗菌消炎,解热镇痛,制止炎性渗出和促进胸膜腔渗出液吸收。

(1)抗菌消炎用氨苄西林加庆大霉素。

(2)解热镇痛用安痛定。

(3)制止炎性渗出用10%葡萄糖酸钙和维生素C混合静脉注射,配合地塞米松肌肉注射,防止粘连。

(4)渗出液化脓或较多时穿刺排脓,然后用0.1%高锰酸钾溶液冲洗胸腔。

三、乳糜胸

乳糜胸(chylothorax)是指乳糜在途经胸导管时异常渗漏并积聚于胸膜腔的一种病理现象。乳糜或乳糜颗粒是动物小肠黏膜上皮细胞合成的以三酰甘油为主要成分的中性脂肪颗粒,进入小肠毛细淋巴管后沿肠系膜淋巴干汇入乳糜池,再沿胸导管进入胸腔,并于胸腔入口处注入左颈静脉或前腔静脉。乳糜胸以胸膜腔积液呈白色乳糜样、胸液分析含乳糜颗粒为特征。犬、猫均有发生,但发病率较低。

[病因] 关于犬、猫乳糜胸的病因尚不十分清楚。已确定的病因有创伤,即胸部的钝性伤或穿透伤均可造成胸导管破裂。在猫,有外伤性膈疝并发胸导管破裂的报道。乳糜胸非外伤性原因常见于肿瘤,如纵隔前部恶性肿瘤可导致乳糜胸,且胸导管可能同时受到侵害;前腔静脉血管瘤当造成血流堵塞时也可引发乳糜胸。心肌病、三尖瓣发育不良和猫试验性心丝虫病,均可诱发右心充血性心力衰竭,引起静脉压升高,其结果不仅抑制淋巴回流,而且不利于建立淋巴管静脉吻合,也可导致乳糜胸。

[症状] 由于乳糜丢失,动物体内发生一系列病理生理学改变,主要表现为由于水和电解质丢失引起脱水和电解质平衡紊乱;脂类和蛋白质丢失引起营养不良和低蛋白血症;抗体、淋巴细胞减少和营养不良引起免疫功能降低。动物可有咳嗽、呼吸困难、黏膜发绀、肺炎及发热等症状。

[诊断] 对动物进行临床、放射学检查,是诊断本病的常用方法。临床检查包括病因分析,如询问动物有无外伤或是否接受过胸腔手术。胸部放射学检查重点是胸腔肿瘤,尤其纵隔前部是否有肿瘤。或对乳糜性积液进行细胞学检查,若发现瘤细胞也证明有肿瘤存在,抽取胸液分析,如有乳糜颗粒或三酰甘油含量大于血清含量,即可做出诊断。直接淋巴管造影术可确定胸导管是否破裂或阻塞及其发生部位。

[治疗] 一般采用内科疗法和外科疗法。

1. 内科疗法 穿刺引流,患病动物饲喂高蛋白、高糖和低脂食物,食物中添加中链三酰甘油以增加能量,后者可直接被吸收进入门静脉,而不形成乳糜颗粒进入淋巴管。对饲喂无脂肪食物时定期补充脂溶性维生素和必需脂肪酸。

2. 外科疗法 开胸后结扎胸导管后端,以便在胸导管闭塞后5～14天形成淋巴管静脉吻合,使转运乳糜的肠系膜淋巴液不经胸导管而直接进入血液循环。犬、猫胸壁切口分别选在右侧或左侧第9肋间。手术需彻底结扎胸导管后端所有的并列分支,以防乳糜液在经过胸导管时继续渗漏并积聚于胸膜腔。

四、血胸

血胸(hemothorax)是指血液积聚于胸膜腔的一种病理现象,多与胸壁、胸腔器官或横膈的外伤性出血有关。以犬较为多发。

[病因] 最常见于胸壁的钝性损伤。如动物从高处坠落或受车辆冲撞常造成肋骨骨折,而肋骨断端极易刺伤胸膜壁层而导致出血。血胸也是胸壁切开术的并发症,主要与手术操作不慎造成肋间动脉撕裂有关。血液凝固异常是血胸较少见的原因,如血小板减少症、灭鼠灵中毒或播散性血管内凝血等。胸廓血管壁瘤细胞浸润可能导致血管破裂和自发性血胸。无明显原因的自发性血胸还与狼旋尾线虫或犬恶丝虫侵害主动脉或肺动脉壁引起血管破裂有关。

[症状] 取决于胸膜腔血液蓄积的程度。少量积血,动物不出现明显呼吸困难及其他异常,或仅表现呼吸有所加快。大量出血因限制肺扩张,导致肺换气不足,呈现呼吸困难;同时由于循环血量不足,可视黏膜苍白,精神沉郁。胸部听诊,胸下部心音、肺泡音减弱。胸部叩诊,呈现水平浊音。

[诊断] 简单、快速的方法是进行胸腔穿刺,穿刺液为血性液体且不凝固即可确诊。应注意区别穿刺针刺入血管引起的出血,后者未经胸膜渗出液稀释而会凝固。也可进行X线检查,虽然血胸

影像与胸膜腔积液基本相同,但有助于判断胸膜腔积血程度。

[治疗] 主要取决于胸腔容量及胸膜腔血液蓄积量。由于犬能在 90 h 内吸收胸膜腔积血的 30%,且 70%～100% 的红细胞无溶血被完好吸收,因此血胸只要不引起明显的呼吸困难,可采取保守疗法。对呼吸困难病犬,行胸膜腔穿刺和引流,输血、输液。

五、气胸

气胸(pneumothorax)是指胸膜腔有空气积聚。由于空气破坏胸腔负压状态和限制肺的扩张,动物以典型换气不足为临床特征。

[病因] 气胸是因空气经胸部皮肤、食管或肺的破裂孔进入胸膜腔而引起。常见胸部外伤性因素,如胸壁刺伤、枪击伤、被较大动物咬伤、胸腔穿刺不当或开胸术创口闭合不严等,均可引起开放性气胸。食管异物造成胸部食道穿孔,可引起闭合性气胸。但因食管上部括约肌具有密闭性,食管穿孔引起的气胸发生率较低;只有在用力吸气、麻醉或发生弥散性食管炎的情况下,空气才易进入食管,从而增大发生本病的可能性。肺破裂引起的气胸有外伤性和自发性两种情况,其中外伤性肺破裂多因胸部钝性伤如车撞而引起,此外临床诊断、治疗或手术失误有可能造成医源性肺破裂;自发性肺破裂常无外伤病史。胸膜下气泡破裂可引起自发性气胸,这些气泡大多位于肺尖,而肺组织其他部分正常,可称为原发性自发性气胸。犬自发性气胸还可继发于细菌性肺炎,但极为罕见。当肺脓肿、肺并殖吸虫病或绦虫包囊、弥散性肺气肿形成胸膜下气泡发生破裂,以及犬恶丝虫病继发肺动脉血栓栓塞,继而形成胸膜支气管瘘,均可成为继发性自发性气胸的病因。

[症状] 气胸发生后,主要表现因肺换气不足引起低氧血症和呼吸性酸中毒。动物呼吸急促或困难,可视黏膜发绀,呈典型腹式呼吸,常保持久立不卧。如为开放性气胸,症状发展快且严重,在胸部创口可听到空气出入胸腔的"呼呼"声;而闭合性气胸,则症状一般较轻。胸腔积存空气增多时,胸膜内压超过大气压,肺发生萎陷,将迅速危及动物生命。

[诊断] 开放性气胸根据病因和明显局部症状,易做出诊断。食管或肺破裂引起的气胸,可行 X 线透视或摄片诊断。动物直立背腹位 X 线影像显示,患侧肺野周围为充斥空气的透明区,透明区下方可显示肺叶被压缩的清楚边缘。X 线侧面像显示,肺萎陷、回缩、离开胸壁,心脏位置升高,与胸骨间距增大。肺野上部的胸椎下方呈现高度透明区,其下方显示密度增高、界限整齐的肺野影像。

[治疗] 开放性气胸,对胸部创口迅速施行手术修复。闭合性气胸的胸腔积气会被吸收,如出现呼吸困难,应排除胸腔积气。

六、脓胸

脓胸(pyothorax)是指胸膜腔有脓液积聚。本病通常是化脓性胸膜炎的严重后果,临床上以中度或重度呼吸困难为特征。

[病因] 脓胸的形成与胸膜感染有关,而胸膜感染的途径常并非显而易见。可能的感染途径有:血源性传播、异物游走到胸腔、肺或胸壁外伤、胸壁刺创或咬创、椎间盘炎或肺炎(如吸入性肺炎)的蔓延、肺肿瘤或脓肿的扩散以及术后感染等。

[症状] 突出表现为中度或重度呼吸困难,腹式呼吸明显。同时体温升高,精神沉郁,食欲减退或废绝。胸部听诊,依疾病发展过程可听到胸膜拍水音或摩擦音。胸部叩诊,动物敏感、疼痛、咳嗽明显。当胸膜腔内积聚大量脓液时,动物呼吸极为困难,张口呼吸,可视黏膜发绀,呈严重的低氧血症。

[诊断] 简单、快速的方法是进行胸腔穿刺,如穿刺液为脓性液体或脓液即可确诊。穿刺液细胞学检查显示,有核细胞中主要为变性中性粒细胞,其他还有巨噬细胞和反应性间皮细胞。

[治疗] 胸腔穿刺和冲洗可参见胸膜腔积液和胸膜炎的治疗方法。由于脓液中含有大量渗出性蛋白而具黏滞性,最好用胸壁造口插管排脓,并进行多次胸腔冲洗。

第二十二章 腹部疾病

第一节 腹部闭合性损伤

腹部闭合性损伤(closed abdominal trauma)多因动物腹部受钝性暴力作用所致,以软组织损伤或内脏器官破裂,而腹部皮肤保持完整为特征。

[病因] 多因受到钝性物体撞击或挤压造成。犬常见于车辆冲撞,猫则多发生于从高处坠落。此外,动物被拳击、脚踢或棒击等,均可人为引起本病。

[症状] 腹部闭合性损伤的临床症状主要取决于暴力作用的强度与速度,以及钝性物体的硬度、作用部位与方向等。单纯性腹壁损伤,临床症状一般较轻,仅表现伤部肿胀、疼痛,伤部皮肤可有被毛逆乱或脱落、表皮擦伤及皮下溢血等。若腹腔器官发生破裂,如肝、脾、肾损伤,即以大量出血为主,动物病情发展迅速,很快出现因内出血而导致急性贫血或休克,受伤动物精神极为沉郁,黏膜苍白、心率加快,四肢软弱,难以站立,严重者迅速死亡。而胰脏、胆囊、胃肠、膀胱破裂症状相对缓和,除有出血外,动物在 24～48 h 内发生腹膜炎,可出现呕吐、便血、腹痛或体温升高等一系列全身症状。在腹部发生闭合性损伤的同时,有时还合并发生肋骨、骨盆或四肢骨折。

[诊断] 依据询问病史和临床一般检查,有无内脏损伤可做出初步诊断。采用腹腔穿刺法抽取腹腔液检查,对确诊本病及判断内脏损伤性质与程度具有重要价值。还可做 X 线透视或摄片检查,观察腹腔有无积气、积液以及内脏的大小、形态及位置。如以上方法仍不能确诊,或经治疗病情无明显好转,且怀疑内脏破裂有继续出血倾向时,宜做剖腹探查。

[治疗] 单纯性闭合性腹壁损伤,应用酚磺乙胺止血、10％葡萄糖酸钙制止渗出。若腹腔器官损伤,则根据具体情况采取相应措施。

(1) 肝损伤或破裂:轻度损伤出血可在 B 超引导下实行肾上腺素止血或体外压迫止血;若肝持续出血,可采用剖腹探查,局部清创、结扎出血点和缝合修补。

(2) 脾损伤或破裂:可采用脾切除术。

(3) 肾损伤:挫伤和包膜下出血,可采用抗感染、利尿;肾实质严重损伤无法修复时才施行肾摘除术。

(4) 胃肠破裂:清洗腹腔,缝合胃肠,全身应用广谱抗菌药物。

第二节 急性腹膜炎

急性腹膜炎(acute peritonitis)是指腹膜的急性炎症。腹膜内富有毛细血管和淋巴管,有较强的吸收和渗出能力,但当腹膜受到细菌、病毒感染或化学物质刺激时,易发生炎症。

[病因] 犬、猫急性腹膜炎主要是继发性细菌性腹膜炎。多发生于腹腔脏器,如胃肠、膀胱或积脓子宫穿孔、破裂或炎症扩散,以及腹壁穿透创引起感染。此外,腹腔穿刺消毒不严、腹腔注入刺激性药物如红霉素或四环素等,以及腹腔手术污染,均可发生急性医源性腹膜炎。猫传染性腹膜炎由

特定病毒引起,是猫科动物的一种慢性进行性传染病。

［症状］　根据腹膜病变的范围和程度,可分为局限性腹膜炎和弥漫性腹膜炎。至于炎症取何种形式,取决于病因的强弱和动物机体的反应性或抵抗力。急性腹膜炎的症状包括以下两个方面。

1. 腹部症状　突出表现是持续性腹痛。动物弓背、腹部蜷缩、不愿活动,或行走缓慢,卧地谨慎,常有回头顾腹现象。腹壁触诊多感腹肌紧张、硬如木板,同时可引起明显疼痛,动物有呻吟表现。弥漫性腹膜炎常有较多腹腔积液积聚于腹腔,可见下腹部向两侧呈对称性膨大,腹壁叩诊呈水平浊音,而浊音区上方呈鼓音。局限性腹膜炎腹腔积液一般很少,主要以腹腔病变部出现纤维性粘连为特征,当触诊到病变部可引起动物明显的痛感。

2. 全身症状　动物体温升高,脉搏快而弱,呈明显的胸式呼吸。精神沉郁,食欲减退或废绝,常有反射性呕吐。血液白细胞计数,白细胞数显著增多,并有核左移现象。

［诊断］　依据病史和较典型的临床症状,易做出诊断。当病因不明时,可采取诊断性腹腔穿刺、X线摄片或剖腹探查,有助于查明病因和原发病灶。腹腔穿刺液检出细菌、食物纤维或变性中性粒细胞,是胃肠破裂的征象;检出尿素氮和肌酐,是膀胱破裂的征象;穿刺液为红褐、灰黄或黄绿色混浊的液体是子宫蓄脓的征象。X线摄片影像显示,局部或广泛软组织密度增加,腹腔脏器轮廓可见度降低。如局部密度增加,根据腹腔器官正常解剖形态和位置分析,可能存有破裂、感染、粘连或肿瘤等异常。如广泛软组织密度增加,多是腹腔某处炎症广泛扩散的结果。

剖腹探查是确诊病灶与病因最直观的方法,也是修复病灶、消除病因的必要手段。

［治疗］　消除病因、控制感染和防治休克为基本原则。早期应用头孢噻呋钠控制感染。有急性渗出时腹腔穿刺排出积液,腹腔注射庆大霉素普鲁卡因做腹腔封闭治疗。

确诊腹腔脏器穿孔、破裂时,尽快施行剖腹术修补。

第二十三章　直肠和肛门疾病

第一节　直　肠　脱

直肠脱(rectal prolapse)是指直肠末端黏膜或部分直肠全层脱出至肛门外的疾病。前者称脱肛，以肛门处形成蘑菇状突出物为特征；后者称直肠脱，以肛门外形成香肠状突出物为特征。犬、猫均可发生，但以幼年犬和老年犬发病率较高。

［病因］　本病多继发于各种原因引起的里急后重或强烈努责，如慢性腹泻、便秘、胃肠道寄生虫、盲肠炎、结肠炎、直肠炎、膀胱炎、直肠内异物或肿瘤、会阴疝、尿石症、难产或前列腺疾病等。直肠脱有时发生在会阴疝修补术后，尤其是两侧会阴疝及已形成大的直肠囊，或尿生殖道手术后。动物久病瘦弱或营养不良时，直肠与肛门周围常缺乏脂肪组织。直肠黏膜下层与肌层结合松弛，或肛门括约肌松弛无力等，均为本病的易发因素。

［症状］　动物脱肛时，其脱出的黏膜多呈圆盘状或蘑菇状，颜色淡红或暗红。当发展为直肠全层脱出后，即直肠脱，其脱出的直肠似香肠状外观，并向后下方下垂，因受肛门括约肌钳夹，肠壁淤血、水肿严重，颜色暗红或发紫，动物卧地时极易造成损伤，易发生溃疡和坏死。全身症状一般较轻，体温、心率和呼吸多正常，偶见精神沉郁、食欲减退或废绝症状。

［诊断］　依据本病的发生部位、外观和特征性临床表现，极易做出诊断，但应与肠套叠直肠脱相区别。用润滑剂涂布金属探针或手指，沿脱出的直肠和肛门间插入。若为肠套叠，探针盲端或手指宜插入 5～7 cm 深，若为直肠脱，因肛门黏膜皮肤连接处与脱出的组织汇合成一体，故探针或手指不能插入。

［治疗］

1. 整复与固定　温生理盐水冲洗、水肿严重的用注射器针头放出水肿液，手指或清洁纱布包裹并逐渐送入肛门，肛门做荷包缝合(缝线保留 7 天)，打活结，保留恰当的排粪孔，以确保软便排出。

2. 直肠截除术　直肠反复脱出，损伤严重时，麻醉后切除脱出的直肠，并对齐缝合，注意术后的术部消毒，促进愈合。

第二节　肛门直肠狭窄

肛门直肠狭窄(anorectal stricture)是指多种原因引起的肛门和直肠肠腔狭窄，临床上以排粪困难为特征。本病以犬多发。

［病因］　主要是肛门、直肠周围炎症或占位性疾病所引起，常见疾病有肛门囊炎、肛门直肠周围脓肿或蜂窝织炎、肛门周围瘘、盆腔内肿瘤等。直肠脱整复后行直肠周围注射乙醇固定时，将乙醇误注入肠壁或肠腔，或会阴疝手术不慎造成直肠壁损伤，均可导致肠壁发炎形成瘢痕组织而收缩，结果引起直肠肠腔狭窄。此外，也偶见犬先天性肛门直肠狭窄。

［症状］　与便秘症状相似，动物排粪时强烈努责，但排粪延迟，常排出细条状粪便，且粪便表面

Note

带血。因肛门周围炎症引起的本病,动物常卧地摩擦肛门。一般无其他异常。

[诊断] 依据肛门、直肠曾有损伤或手术史、排粪困难和摩擦肛门现象,以及对肛门及其周围细致检查,可能发现引起本病的原发病。用戴手套的食指检查直肠,可能触及肠腔狭窄处,并初步查明狭窄原因。应用硫酸钡剂灌肠进行 X 线造影,有助于发现狭窄部位。

[治疗] 对引起本病的肛门囊炎、直肠或肛门周围脓肿、肛门周围瘘等原发病应给予积极的治疗,直肠黏膜瘢痕性收缩引起的直肠狭窄,将两手食指插入肛门扩张直肠狭窄部。手指难以触及的直肠狭窄,可切除直肠狭窄部,再做直肠端端吻合术。

第三节 锁 肛

锁肛(atresia ani)是一种先天性畸形,表现为肛门被一层皮肤覆盖而无肛门孔,动物排粪障碍。本病犬最常见。锁肛最常分为四种解剖类型,即 I 型锁肛(肛门先天性狭窄)、II 型锁肛(有持久性肛膜,直肠末端紧贴肛膜前方,形成盲囊)、III 型锁肛(肛门闭锁,不过直肠盲端位置前移)及 IV 型锁肛(肛门和直肠末端发育正常,但其末端前方像一盲囊位于盆腔内)。

[病因] 妊娠期胎儿原始肛发育不全或异常,以至于肛门处被皮肤覆盖形成锁肛,或直肠与肛门之间被一层薄膜分隔导致直肠闭锁。本病是否与遗传有关,尚不十分清楚。

[症状] 临床上可见仔犬出生数天后腹围逐渐膨胀,嚎叫不安,频频努责做排粪动作,但不见粪便排出。锁肛动物努责时,可见肛门处皮肤臌胀、向后明显突出;而直肠闭锁动物,因直肠盲端与肛门之间有一定距离,努责时肛门周围臌胀不如锁肛明显。若不及时治疗,动物食欲逐渐减退或废绝,最终因衰竭而死亡。但在雌性动物,因多并发有直肠阴道瘘,稀粪可经阴道排出,故症状较缓和。

[诊断] 本病发生部位固定,症状明显,易于诊断,但有必要进行 X 线透视或摄片检查,以便观察结肠膨胀程度和直肠盲端的确切位置,有利于手术修复。

[治疗] 锁肛造孔术:动物全身麻醉胸卧位姿势并抬高后躯,肛门的部位切除大小适宜的圆形皮瓣,向前分离皮下组织至显露直肠盲端,充分剥离直肠壁与周围组织联系,并尽量向后牵引直肠盲端,环切盲端排出肠内积聚的粪便。用消毒防腐液彻底冲洗术部,然后将直肠断端与皮肤创缘对接缝合。术后在肛门周围经常涂擦红霉素软膏,直至愈合,拆除缝线。锁肛并发直肠阴道瘘时,需先在会阴正中切开皮肤,将瘘管壁与周围组织分离开,然后牵引直肠到肛门部,并将直肠断端与肛门部皮肤创缘对接缝合。最后闭合会阴切口。

第四节 肛 周 瘘

肛周瘘(perianal fistula)是指肛门周围形成的慢性化脓性感染创道,临床以创口小、窦道深、创内积聚脓汁或粪便并间歇性流出为特征。

[病因] 可能与肛门周围不清洁有关。在某些粗尾、垂尾犬或患慢性腹泻犬,粪便长期附着于肛周皮肤且通气不良,导致肛门周围易发生感染。肛周脓肿自发破溃或切开引流后排脓不畅,治疗肛门囊感染时外科处理不当造成囊壁新的损伤,均易造成感染扩散和难以消除,甚至侵害到肛管或直肠而形成肛周瘘。此外,临床还见直肠脱整复后行直肠周围注射乙醇固定时,乙醇用量过大或将乙醇误注入肠壁,引起直肠壁炎性坏死,结果发生本病。

[症状] 病初动物里急后重,排便困难,常有舔咬肛门和臀部擦地现象,检查肛门周围肿胀、疼痛,从肛周瘘管口不断流出脓汁或粪便。脓汁流出量及排便困难现象与瘘管大小及形成时间有关,如瘘管长且在形成早期,则脓汁较多,肛门区皮肤粘有脓汁和粪便;随着病程延长,脓汁流出量减少。

如瘘管与肛管或直肠相通，可见其外口流出稀便，且瘘管口内陷、缩小；随着肛周肿痛减轻，对肛管直肠壁压迫消除，动物排便一般不再困难。

[诊断] 依据肛周有久不愈合、不断流出脓汁或粪便的开口，即可确诊，但应与原发性肛门囊疾病相区别，肛门囊疾病主要发生于肛门囊部位，而肛周瘘则发生于肛门周围任一部位。

[治疗] 保守治疗：清理瘘道，去除腐肉，止血，瘘道用消炎粉加高锰酸钾颗粒每日处理一次，直至瘘道内无化脓为止，生肌散可促进肉芽组织生成，病程长需 1 个月左右的时间，待瘘道长满后缝合。手术疗法：动物全身麻醉，确定瘘管与肛管或直肠有无相通，切除所有坏死组织和窦道，对创腔和创口做适当缝合。若确认为肛周瘘，术前先灌肠排空直肠内积粪，用手指确定瘘管内口并塞纱布于瘘管内口前，以避免术中粪便污染，用消毒防腐液经瘘管外口彻底冲净瘘管，切除瘘管壁及所有坏死组织，闭合肛管或直肠壁瘘管内口，对创腔和创口可行部分缝合以加速愈合，创口适当开放，并保证引流通畅，全身使用抗菌药防止术部感染。

第五节　肛门囊疾病

肛门囊疾病（anal sac disease）是肛门部最常见的疾病，主要包括肛门囊阻塞、肛门囊炎和肛门囊脓肿三种。犬、猫均有发生，但以犬发病较多。

[病因] 肛门囊是肛门两侧稍下方、相当于时钟 4 时和 8 时位置的两个球形囊状结构，囊壁内衬腺体，分泌黑灰色含有小颗粒的恶臭皮脂样物，经 2～4 mm 长的短管排出，具有润滑肛门皮肤的作用。当某些原因引起肛门囊腺体分泌旺盛或囊管阻塞时，囊内分泌物积留使肛门囊肿大，并易引起感染和炎性反应，严重时形成脓肿或蜂窝织炎。可能的原因有：长期饲喂高脂肪性食物，粪便稀软，阻塞囊管或开口；全身性皮脂溢并发肛门囊腺分泌过剩；肛门外括约肌张力减退，造成肛门囊皮脂样物积留，均易导致本病发生。

[症状] 犬常呈坐地姿势，摩擦或试图啃咬肛门，排便费力，烦躁不安。接近病犬可闻到腥臭味，可见肛门一侧或两侧下方肿胀，肛门囊管口及肛门周围黏附大量脓性分泌物。触之肿胀部敏感、疼痛，若见稀薄脓性或血样分泌物从肛门囊管口流出，即为肛门囊已发生化脓感染的特征。有时因肛门囊阻塞严重，脓肿形成后自行破溃，可在肛门囊附近形成一个或多个窦道。在某些大型犬，脓液还可沿肌肉和筋膜面扩散，进而发展为蜂窝织炎。

[诊断] 依据典型的临床表现易做出诊断，但应细致检查以确定肛门囊疾病的性质和程度，具体做法：将戴乳胶手套的一个食指插入肛门，而大拇指抵肛门囊外皮肤，两指用力挤压肛门囊。若内容物不易挤出或挤出浓稠皮脂样物，即为肛门囊阻塞；若稍用力即挤出多量脓性或血样液体，即为肛门囊炎；若挤出的脓液黏稠、量少，且病程长久，则肛门囊多已形成化脓性窦道。

[治疗] 单纯性肛门囊阻塞，挤净肛门囊内容物即可。化脓性肛门囊炎，同样在挤净脓性内容物后，用 0.1% 高锰酸钾溶液冲洗囊腔，应用广谱抗生素，并可沿肛门囊周围注入庆大霉素、普鲁卡因进行封闭。若肛门囊已形成化脓性窦道或瘘管，需进行肛门囊摘除术，并按肛周瘘治疗方法清除窦道或瘘管和坏死组织。

第二十四章　疝

第一节　腹　壁　疝

一、脐疝

脐疝(umbilical hernia)是指腹腔内脏经脐孔脱至脐部皮下所形成的局限性突起,其内容物多为网膜、镰状韧带或小肠等。本病是幼年犬、猫的常发病,但更多见于幼犬。

[病因]　本病主要与遗传有关。先天性脐部发育缺陷,动物出生后脐孔闭合不全,以至腹腔内脏脱出,是犬、猫以及其他动物发生脐疝的主要原因。此外,母犬、猫分娩期间强力撕咬脐带可造成断脐过短,分娩后过度舔幼仔脐部,均易导致脐孔不能正常闭合而发生本病。也见于动物出生后脐带化脓感染,从而影响脐孔正常闭合逐渐发生本病。

[症状]　脐部出现大小不等的局限性球形突起,触摸柔软,无热、痛。犬、猫脐疝大多偏小,疝孔直径一般不超过3 cm,疝内容物多为镰状韧带,有时是网膜或小肠。大的脐疝可能有部分肝、脾脱入疝囊。脐疝多具可复性,将动物直立或仰卧保定后压挤疝囊,疝内容物易还纳入腹腔,此时即可触及扩大的脐孔。患有脐疝的动物多无其他症状,精神、食欲、排便均正常。少数脐疝因内容物与疝囊或疝孔缘发生粘连或钳闭,则不能还纳腹腔,触诊囊壁紧张且富有弹性,并不易触及脐孔。若钳闭性疝内容物是肠管,脐部很快出现肿胀、疼痛,动物表现不安,食欲废绝,体温升高,脉搏加快,严重时可能发生休克。

[诊断]　脐疝易于诊断。当脐部出现局限性突起,压挤突起部明显缩小,并触摸到脐孔,即可确诊。但当疝内容物发生钳闭或粘连时,应注意与脐部脓肿鉴别。脐部脓肿也表现为局限性肿胀,触之热痛、坚实或有波动感,穿刺可排出脓液,与脐疝显然不同。

[治疗]　犬、猫小脐疝不用治疗。当疝内容物发生粘连,需施行手术:动物全身麻醉,疝囊基部皮肤上做环形切口,打开疝囊暴露疝内容物。如疝内容物无粘连、未钳闭,将其还纳腹腔;如已与疝囊或脐孔缘发生粘连,需仔细剥离粘连,肠管发生钳闭时,常需适当扩大脐孔,便于肠管还纳腹腔。但若肠管已坏死失活,则需切除坏死肠管做断端吻合术。最后对脐孔进行修整,采用水平褥式或重叠褥式缝合法闭合脐孔,常规缝合皮下组织和皮肤。

二、外伤性腹壁疝

外伤性腹壁疝(traumatic ventral hernia)是指腹壁外伤造成腹肌、腹膜破裂,引起腹腔内脏脱至腹壁皮下形成局限性突起。疝内容物多为肠管和网膜,也可能是子宫或膀胱等。犬比猫多发。

[病因]　被车辆撞击或从高处坠落等钝性外力造成腹壁肌层和腹膜破裂,而皮肤仍保留完整,是发生本病的常见原因。施行腹腔手术时,若缝合肌层、腹膜时选择缝线过细或打结不牢,术后可因腹压增大导致缝线断开或线结松脱,在腹壁切口处或其下方发生本病。此外,动物间相互撕咬而致腹壁强力收缩,也可造成腹肌和腹膜破裂而引发本病。

[症状]　多在腹侧壁或腹底壁形成一个局限性的、柔软的扁平或半球形突起。若疝囊位于腹侧

壁,在动物前方或后方观察,可见左右腹侧壁明显不对称。在疝发生早期,局部常有炎性肿胀,触之温热疼痛,用力压迫突起部,疝内容物可还纳入腹腔,同时可摸到皮下破裂孔。随着炎症消退和病程延长,触诊突起部无热、痛,疝囊柔软有弹性,疝孔光滑,疝内容物大多可还复,但也有的与疝孔缘腹膜、腹部肌肉或皮下纤维组织发生粘连,很少发生钳闭。

[诊断]　依据病史、典型的局部表现和触诊摸到疝孔,即可确诊。当疝孔偏小且疝内容物与疝孔缘及皮下纤维组织发生粘连而不复时,常难以触及疝孔。此时应注意与腹壁脓肿、血肿或血清肿等进行鉴别。腹壁疝无论其内容物可还复或不可还复,触诊疝囊大多柔软有弹性,此外听诊常可听到肠蠕动音。而脓肿早期触诊有坚实感,局部热痛反应强烈。触诊成熟的脓肿、血肿与淋巴外渗均呈内含液体的波动感,穿刺后分别排出脓液、血液或血清样液,肿胀随之缩小或消失,并不存在疝孔。

[治疗]　外伤性腹壁疝可能伴发其他组织器官的损伤。因此,手术修复前应先对动物做全身检查。腹壁疝修复术与脐疝修复术基本相同:动物全身麻醉,疝囊朝上进行保定,术部按常规无菌准备。因疝内容物常与疝孔缘及疝囊皮下组织发生粘连,故在疝囊皮肤上做梭形切口有利于分离粘连,还纳疝内容物。疝孔闭合一般采用减张缝合法,如水平褥式或垂直褥式缝合。陈旧性疝孔大多瘢痕化,肥厚而光滑,缝合后常愈合困难,应削剪成新鲜创面再行缝合。当疝孔过大难以拉拢时,可自疝囊皮下分离出左、右两块纤维组织瓣,分别拉紧重叠缝合在疝孔邻近组织上,以起到覆盖疝孔的作用。最后对疝囊皮肤做适当修整,采用减张缝合法闭合皮肤切口,装结系绷带。

三、腹股沟疝

腹股沟疝(inguinal hernia)是指腹腔内脏器经腹股沟环脱出至腹股沟处形成的局限性隆起。疝内容物多为网膜或小肠,也可能是子宫、膀胱等,母犬多发。公犬腹股沟疝较少见,主要表现为疝内容物沿腹股沟管下降至阴囊鞘膜腔内,称之为腹股沟阴囊疝,以幼年公犬多见。

[病因]　本病有先天性和后天性两类。先天性腹股沟疝的发生与遗传有关,即因腹股沟内环先天性扩大所致,如北京犬、沙皮犬、巴山基犬及巴赛特猎犬等均有较高的发病率。后天性腹股沟疝常发生于成年犬、猫,多因妊娠、肥胖或剧烈运动等因素引起腹内压增高及腹股沟内环扩大,以致腹腔内脏落入腹股沟管而发生本病。

[症状]　在股内侧腹股沟处出现大小不等的局限性卵圆形隆肿。疝内容物若为网膜或一小段肠管,隆肿直径为 2～3 cm;若为妊娠子宫或膀胱,隆肿直径可达 10～15 cm。疝发生早期多具可复性,触之柔软有弹性、无热痛。将动物倒立上下抖动或挤压隆肿部,疝内容物易还纳入腹腔,隆肿随之消失。当挤压隆肿或如前改变动物体位均不能使隆肿缩小时,多是因疝内容物与鞘膜等组织发生粘连或被腹股沟内环钳闭所致。钳闭性腹股沟疝一般少见,一旦发生肠管钳闭,局部显著肿胀,皮肤紧张,疼痛剧烈,动物立即出现食欲废绝、体温升高等全身反应。如不及时修复,很快因钳闭肠管发生坏死,动物出现中毒性休克而死亡。

[诊断]　可还复性腹股沟疝临床易诊断。将动物两后肢提举并挤压隆肿部,隆肿缩小或消失,恢复动物正常体位后隆肿再次出现,即可确诊。当疝内容物不可还复时,腹股沟处可能发生其他肿胀,如血肿、脓肿、肿瘤、淋巴结肿大等,应予以鉴别。必要时用 X 线造影或 B 型超声对隆肿部进行检查,有助于确定疝内容物的性质。

[治疗]　手术治疗:术前最好先对皮肤切口进行定位,提举动物两后肢并挤压疝内容物观察其是否可还复,如疝内容物可完全还纳入腹腔,切口选在腹中线旁侧倒数第 1 对乳头附近腹股沟外环处,切口长度 2～3 cm;如疝内容物不可还复,切口则应自腹股沟外环向后延伸,长度为疝囊长度的1/2～2/3,以便在切开疝囊后对粘连部进行剥离。于腹股沟外环处(或向后延伸)切开皮肤与皮下组织,继续向下分离,充分显露疝囊及腹股沟外环。若为母犬、猫或不留种用公犬、猫,当疝内容物完全还纳入腹腔后,即可在靠近腹股沟外环处结扎疝囊颈部,并将结扎线以及多余部分的疝囊(含公犬、

猫睾丸)切除,结节或螺旋缝合腹股沟外环。如公犬、猫欲留种用,还纳疝内容物后注意保护精索,采用结节或螺旋缝合法适当缩小腹股沟外环即可。当疝内容物过大或发生钳闭难以还纳时,需扩大腹股沟外环,才可将疝内容物还纳。最后常规闭合皮肤下组织和皮肤切口。对于母犬、猫双侧性腹股沟疝,可选腹中线切口分别对两侧疝进行修复,但皮肤切口一般较长。若欲同时施行卵巢子宫摘除术,则可经腹中线剖腹完成。

四、阴囊疝

阴囊疝(scrotal hernia)是指腹腔内脏器经腹股沟环脱出并下降至阴囊鞘膜腔内,又称为腹股沟阴囊疝。疝内容物最多见小肠,也见网膜或前列腺脂肪等。幼年公犬多发。

[病因]　阴囊疝主要是因腹股沟内环先天性扩大所致,一般认为与遗传有关。

[症状]　阴囊疝多发生于一侧,两侧同时发生甚少。犬阴囊疝多具可还复性,临床可见患侧阴囊明显增大,皮肤紧张,触之柔软有弹性、无热痛。提起动物两后肢并挤压增大的阴囊,疝内容物易还纳腹腔,阴囊随即缩小,但患侧阴囊皮肤与健侧相比,显得松弛、下垂。病程较久时,因肠壁或肠系膜等与阴囊总鞘膜发生粘连,即呈不可还复性阴囊疝,一般并无全身症状。钳闭性阴囊疝发生较少,一旦发生,即表现与钳闭性腹股沟疝相同的症状。

[诊断]　可还复性阴囊疝依据临床表现即可确诊。不可还复性阴囊疝应注意与睾丸炎进行鉴别。急性睾丸炎也表现阴囊一侧或两侧增大,与阴囊疝外观相似,但触诊患侧阴囊为睾丸体积肿大,且热痛明显,阴囊内无其他实质性内容物,与阴囊疝不难区别。

[治疗]　手术修复与腹股沟疝相同。

第二节　膈　疝

膈疝(diaphragmatic hernia)是指腹腔内脏器通过天然或外伤性横膈裂孔突入胸腔,是一种对动物生命具有潜在威胁的疝,疝内容物以胃、小肠和肝多见。犬、猫均有发生。

[病因]　本病可分为先天性和后天性两类。先天性膈疝发病率很低,是因膈先天性发育不良或出生前损伤、腹膜腔与心包腔相通或膈食管裂隙过大所致,多数不具有遗传性。后天性膈疝最为多见,多是因受机动车辆冲撞,胸、腹壁受钝性物打击,从高处坠落或身体过度扭曲等因素致腹内压突然增大,造成横膈最薄弱的肌肉处撕裂所致。应当指出的是,膈疝的先天性和后天性分类有一定的局限性,两者界限并不十分清楚,因膈先天性发育不全或缺陷可成为后天性膈疝发生的因素,钝性外力引起腹内压增大只是诱因。

[症状]　膈疝无特征性临床症状,其具体表现与进入胸腔的腹腔内容物多少及其在膈裂孔处是否钳闭有密切关系。进入胸腔内脏少,对心、肺压迫影响不大,在膈裂孔处不发生钳闭,一般症状较轻,可能有运动不耐受和采食后不安的现象。许多先天性膈疝与小的外伤性膈疝即是如此。当进入胸腔内脏多时,便对心、肺产生压迫,引起呼吸困难、脉搏加快、黏膜发绀等表现,听诊心音低沉,心律不齐,肺听诊界明显缩小,且在胸部听到肠蠕动音。如进入胸腔内脏在膈裂孔处发生钳闭,即可引起明显的腹痛,动物头颈伸展,腹部蜷缩,不愿卧地,行走谨慎或保持犬坐姿势,同时精神沉郁,食欲废绝。当内脏钳闭,血液循环障碍发生坏死,动物即转入中毒性休克或死亡。

[诊断]　依据动物有外伤病史和呼吸困难表现,结合听诊心音低沉、肺界缩小和胸部出现肠音等,即可做出初步诊断。X线透视或摄片检查是诊断本病的可靠方法,典型的膈疝影像为:心膈角消失,膈线中断,胸腔内有充气的胃或肠段,还可能有液平面等。必要时给动物投服 20%～25% 硫酸钡胶浆做胃小肠联合造影,常可看到胸腔内清晰显影的胃和肠管,更有助于确诊本病。

[治疗]　手术修复:仰卧位保定,自剑状软骨向后至脐部打开腹腔,探查膈裂孔的位置、大小、进

入胸腔内脏种类及其量,有无钳闭。轻轻牵拉脱出的内脏,如有粘连应谨慎剥离;如有钳闭可适当扩大膈裂孔再行牵拉,用灭菌生理盐水浸湿的大块纱布或毛巾将内脏向后隔离,充分显露膈裂孔,用两把组织钳将创缘拉近并用巾钳固定,10 号以上丝线由远及近采取间断水平纽扣缝合或连续锁边缝合法闭合膈裂孔。在缝合之前,应注意先将胸、腹腔多量积液抽吸干净。利用提前放置的胸腔引流管或用带长胶管的粗针头行胸膜腔穿刺,并于肺充气阶段抽尽胸膜腔积气,恢复胸膜腔负压,冲洗腹腔,并注入青链霉素,以预防感染,常规闭合腹壁切口。术后胸膜腔引流一般维持 2~3 天,全身应用抗菌药 5~7 天。

第三节　会　阴　疝

会阴疝(perineal hernia)是指腹腔或盆腔脏器经盆腔后直肠侧面结缔组织间隙突至会阴部皮下所形成的局限性突起。疝内容物多为膀胱、直肠,也见前列腺、腹膜后脂肪等。本病多发生于 7~9 岁公犬,10 岁以上公犬虽也有发生,但发病率明显降低,母犬发生本病甚少。

[病因]　本病与多种因素有关,其中盆腔后结缔组织无力和肛提肌变性或萎缩是发生本病的常见因素,性激素失调、前列腺肿大及慢性便秘等因素及其相互影响对本病的发生起着重要的促进作用。研究表明,公犬激素不平衡可引起前列腺增生、肿大,肿大的前列腺可引起便秘和持久性里急后重,长期过度努责又可导致盆腔后结缔组织无力,促使本病发生。

[症状]　典型特征是在肛门侧方或侧下方出现局限性圆形或椭圆形突起。多数病犬疝内容物是膀胱或直肠,如疝内容物为膀胱或前列腺,触摸有波动感或质地稍硬,按压时动物多有疼痛反应。若稍用力按压疝囊见动物排尿,或于突起部穿刺见淡黄色透明液体,表明疝内容物是膀胱。如疝内容物为直肠,则触摸突起部较坚实、无热痛,用手指做直肠检查可发现直肠向外侧偏移如形成憩室,其内蓄积多量粪便。少数病犬疝内容物是腹膜后脂肪组织,其疝囊一般较小,触之呈柔软可复的无痛性肿胀。患本病犬多表现排粪、排尿困难,而精神、食欲一般无异常。

两侧性会阴疝偶见,临床曾见到一侧会阴疝经手术治疗后不久,另一侧也发生本病。

[诊断]　依据本病患部相对固定,触摸突起部大多柔软、可复、无炎性反应,病犬排粪或排尿困难,即可做出初步诊断。结合直肠指检或对突起部进行穿刺等检查,易做出确诊。

[治疗]　手术疗法:吸入麻醉后行胸卧位保定,保持前低后高姿势,肛门与会阴部常规无菌准备。皮肤切口选疝囊一侧,自尾根外侧至坐骨结节弧形切开皮肤,向下分离皮下组织和疝囊,切开疝囊,即可显露疝内容物。如疝内容物是直肠或前列腺等,常易将其还纳复位。如内容物为膀胱,在导尿或抽出尿液使其缩小后便易将其还纳复位,必要时可用敷料钳或长柄止血钳夹持生理盐水浸湿的纱布块,将其向前推以确认其复位。一般先将尾肌和肛门外括约肌前部缝合 3~4 针,再分离出闭孔内肌与肛门外括约肌间缝合 1~2 针,再将闭孔内肌与尾肌缝合 1~2 针,若组织坏死较多,可清除后用疝气补片修补,疝修复术结束后,可对动物施行去势术,有利于防止本病复发。

第二十五章　泌尿系统疾病

第一节　急性肾功能衰竭

急性肾功能衰竭(acute renal failure,ARF)是指各种致病因素引起肾实质组织发生急性损害而出现的一种综合征。临床上主要以发病急骤、少尿或无尿、代谢紊乱、氮质血症等为特征。

[病因]　按病理发生的部位,可分为肾前性、肾性和肾后性三类。

1. 肾前性病因　引起肾血液灌注不足的一些因素,如严重呕吐和腹泻引起大量体液的丢失;各种休克导致有效循环血量的锐减;麻醉、药物滥用及脊髓损伤诱发的低血压等,导致肾小球动脉端血压下降,肾组织缺血、缺氧,肾小球滤过率下降,少尿,继而发生肾功能衰竭。

2. 肾性病因

(1) 感染:如钩端螺旋体、细菌性肾盂肾炎。

(2) 肾中毒:如某些氨基糖苷类药物、磺胺类药物、两性霉素 B、西咪替丁、阿昔洛韦、乙二醇、重金属、蛇毒及蜂毒。

(3) 肾血液循环障碍:如肾动脉血栓、弥散性血管内凝血等引起肾小球、肾小管和肾间质细胞急性变性、坏死,从而导致本病的发生。

3. 肾后性病因　多见于双侧性输尿管或尿道阻塞。因尿液排出障碍,而肾仍在不断泌尿,结果尿液积聚,肾小管、肾小球内压力过高。这样不仅造成肾小管破裂或坏死,而且也使肾小球滤过受阻,血中代谢产物聚积,引起急性肾功能衰竭。

[症状]　急性肾功能衰竭可分为少尿期、多尿期和恢复期。

1. 少尿期　此期除原发病的症状外,80%~90%的犬和猫表现尿量迅速减少,甚至无尿。因代谢产物蓄积,出现高钾血症、代谢性酸中毒、氮质血症,易并发感染(因白细胞功能异常)。补液过多时,可引起水潴留。患病动物精神沉郁,体温有时偏低,但伴有感染时可升高。因高钾血症对心脏的抑制,心跳缓慢,但伴有血容量减少时,因心脏的代偿作用,心率可能接近正常。此期持续 1~2 周。

2. 多尿期　此期突出表现为多尿。患病动物耐过少尿期后,肾血流量改善,肾小球滤过功能逐渐恢复,肾小管阻塞逐渐消除,肾间质水肿消退,因而机体内潴留的水、电解质及代谢产物开始向外排泄,排尿量增多,但血中氮质代谢产物仍然潴留。因钾的排出过快,出现低钾血症。患病犬、猫常在此期死亡。此期持续几天到几周。若能度过,便进入恢复期。

3. 恢复期　血清尿素氮和肌酸酐含量、尿量等逐渐恢复正常,但肾浓缩尿液的功能恢复需较长的时间。因组织中蛋白质被大量破坏,体力消耗严重,表现四肢无力、消瘦、肌肉萎缩。恢复期的长短取决于肾实质病变的程度。个别病例肾功能长期不能恢复,可能转变为慢性肾功能衰竭。

[诊断]　根据病史、临床症状和实验室检查结果进行诊断。

1. 尿液检查　少尿期,尿量少,尿呈酸性,尿比重偏低,尿中可见红细胞、白细胞、各种管型及蛋白质。多尿期,尿量增多,但尿比重仍然偏低,尿中白细胞增多。

2. 血液检查　血液中肌酸酐、尿素氮、磷酸盐增高,二氧化碳结合力降低。钾含量在少尿期增高,而在多尿期降低。血清钙含量初期升高,随后因钙在受损的肌肉内沉积而下降,恢复期又升高。血清钠浓度受到补充溶液或丢失体液中钠的含量、利尿剂等因素的影响。

3. 液体补充试验 可用于鉴别急性肾功能衰竭引起的少尿与脱水引起的少尿。给患病动物静脉补液,每千克体重 20～40 mL,然后再静脉注射呋塞米,若仍无尿或尿比重低者,则可认为急性肾功能衰竭。

4. 物理性检查 X线和超声波检查可用于肾后性阻塞的检查。

[治疗]

1. 原发病治疗 对中毒性疾病,应中断毒源,缓解机体中毒现象;对失血和体液丢失引起的循环血量减少,应补充血液或电解质溶液;尿路阻塞时,要尽快排尿,必要时采用外科手术的方法排除阻塞的原因;对感染性疾病,应用抗生素控制。

2. 少尿期治疗 应纠正高血钾、酸中毒、水钠潴留等。

(1) 饮食:给予含高糖、低蛋白质的易消化食物。

(2) 纠正酸中毒:可静脉注射碳酸氢钠溶液。

(3) 纠正高钾血症。

(4) 减缓氮质血症:可静脉注射渗透性利尿剂,如 10%～25% 甘露醇。若使用 1～2 次后仍不见尿液增加,应停用,否则会造成细胞外液增多,血容量增加,发生甘露醇中毒。此外,还可使用呋塞米、多巴胺等药物,促使尿液的生成。血液或腹膜透析有利于除去血液中的有害代谢产物。

3. 多尿期治疗 此期仍需按少尿期部分治疗原则处理。随着尿量增多,电解质大量流失,应注意电解质的补充,尤其是钾的补充。

4. 恢复期治疗 当血液尿素氮水平低于 20 mg/dL(犬)或 30 mg/dL(猫)时,应开始增加蛋白质的摄入量,同时加强护理。

第二节 慢性肾功能衰竭

慢性肾功能衰竭(chronic renal failure,CRF)是指因功能性肾组织长期或严重损害,承担肾功能的肾单位绝对数减少引起机体内环境平衡失调和代谢严重紊乱而出现的临床综合征。本病常呈进行性发展且不可逆转。本病多见于成年犬和猫。

[病因] 慢性肾功能衰竭主要由急性肾功能衰竭转化而来。

[症状] 根据疾病的发展过程,本病可分为四期,即Ⅰ期、Ⅱ期、Ⅲ期和Ⅳ期,并可见轻度脱水、贫血和心力衰竭等症状。Ⅱ期为氮质血症期,表现排尿量减少,中度或重度贫血。血钙浓度降低,血钠浓度多降低,血磷浓度升高,血中尿素氮浓度升高(可达 130 mg/dL 以上),多伴有代谢性酸中毒。Ⅳ期为尿毒症期,表现无尿,血钠、血钙浓度降低,血钾、血磷浓度升高,血中尿素氮浓度高达 200 mg/dL 以上,并伴有代谢性酸中毒、尿中毒症状、神经症状和骨骼明显变形等。

[治疗] 纠正水、电解质和酸碱平衡紊乱,进行对症治疗。血中肌酸酐含量>2.5 mg/dL,血尿素氮含量 60 mg/dL 以上时应控制蛋白质的摄入,以避免蛋白质过度分解,出现高氮质血症。血液透析疗法可促进血液中代谢产物的排出。

第三节 先天性输尿管异位

先天性输尿管异位(congenital ectopic ureters)是指单侧或双侧输尿管终止于膀胱三角区以外

的部位。母犬多为单侧性,且输尿管多终止于阴道和尿道,少数终止于膀胱和子宫。公犬多终止于骨盆腔尿道的近膀胱端。先天性输尿管异位多见于拉布拉多猎犬、西伯利亚犬、西高地白犬、苏格兰牧羊犬、小型贵宾犬、威尔士牧羊犬、斯凯犬等。猫较少发生。

[症状]　幼龄动物常有尿液从尿道口间断或连续滴出,尿道口周围出现尿渍性皮炎。

[诊断]　根据病史、临床症状及发病品种可疑为本病。尿道造影可显示肾的大小、位置、形状以及输尿管的路径。若输尿管开口于阴道,则阴道镜检可发现其开口。

[治疗]　主要通过手术矫正。

1. 壁内输尿管膀胱吻合术　用于输尿管在膀胱壁内行走终止于膀胱以外的尿生殖道的输尿管异位。多数先天性输尿管异位属于这种情况。其吻合方法是在三角区附近的膀胱腹侧壁做切口,经此切口进入膀胱内再切开膀胱黏膜层和输尿管,用可吸收缝线对膀胱黏膜层和输尿管黏膜进行间断缝合。最后常规闭合膀胱切口。

2. 壁外输尿管移植术　用于不经过膀胱壁行走的输尿管异位。结扎输尿管远端,并在近端切断输尿管。在膀胱腹侧壁做切口,然后再在其旁斜行膀胱壁做一穿刺小孔道,其长度与输尿管口径比约为 5：1。通过牵引线将输尿管断端经此孔道引入膀胱内,斜行修剪输尿管断端,使其与膀胱黏膜平齐。用可吸收缝线对膀胱黏膜和输尿管口黏膜进行间断缝合。将细导管的一端插入输尿管内,另一端经尿道穿出至体外,并将其缝合固定在外阴或包皮内,保留 3～5 天。最后常规闭合膀胱壁切口。

第四节　膀胱破裂

膀胱破裂(bladder rupture)是指膀胱壁发生裂伤,尿液流入腹腔而引起的以排尿障碍、腹膜炎和尿毒症为特征的疾病。

[病因]　小动物膀胱破裂的原因有多种。例如:膀胱充满时受到过度外力的冲击,如车压、高处坠落、摔跌、打击、冲撞引起;异物刺伤,如骨盆骨折时骨断端或其他尖锐物体、猎枪枪弹等刺入,以及用质地较硬的导尿管导尿时,插入过深或导尿动作过于粗暴,引起膀胱穿孔性损伤;尿路炎症、尿道结石、肿瘤、前列腺炎等引起的尿路阻塞,尿液在膀胱内过度蓄积,膀胱内压力过大而导致膀胱的破裂。破裂部位常发生在膀胱体。

[症状]　膀胱破裂后,尿液进入腹腔,腹部逐渐增大,尿减少或无尿液排出。导尿管导尿时尿量明显减少,尿液中混有血液。尿路阻塞造成膀胱破裂时,原先呈现的排尿困难如努责、疼痛等症状突然消失。腹部触诊时可感知腹壁紧张,膀胱膨胀抵抗感消失,腹腔内有液体波动。腹腔穿刺有多量带尿味的混浊或带红色液体流出,尿素氮可升高为血中的 5～10 倍。随着病程的发展,可出现腹膜炎,甚至尿毒症。

[诊断]　根据损伤或尿路阻塞病史和典型的临床症状,可做出初步诊断。腹腔穿刺检查、膀胱充气造影等,则有助于本病的确诊。若通过导尿管向膀胱内注入染料指示剂亚甲蓝,几分钟后采取腹腔液,显现出注入的染料颜色,即可确诊。膀胱空气造影,可确认膀胱影像的变化及空气是否流入腹腔内。

[治疗]　手术治疗:动物仰卧保定,手术行腹正中线切口(母)或中线旁切口(公)。腹腔打开后缓慢排出尿液,以防腹腔突然减压引起休克,膀胱和尿道用生理盐水冲洗后,用可吸收缝线对破裂口做两层缝合,第一层做浆膜肌层库兴水平内翻缝合,第二层做浆膜肌层伦勃特连续内翻缝合,腹腔灌注青链霉素,最后常规缝合腹壁。

第五节　尿道损伤

尿道损伤(urethral injury)是指因强烈的刺激因素作用于尿道所引起的伤害。多发生于公犬。

[病因]

(1) 尿道受到直接或间接的钝性外力(如打击、碰撞)和锐性外力的作用(如相互斗咬、锐器和枪弹作用)造成的损伤。

(2) 尿道探诊时操作不慎,以及阴道肿瘤或阴道脱手术时损伤。

(3) 阴茎伸出时间过长,不能回缩至包皮内造成尿道损伤。

(4) 尿道结石、尿道炎症所致的损伤。

[症状]　临床表现因损伤的部位和性质不同而有差异。损伤部位多位于会阴部。会阴部尿道发生非开放性损伤时,损伤部位肿胀、增温、疼痛;患病动物弓背,步态强拘,常有明显努责、尿频、尿淋漓,尿中混有血液,严重者出现尿闭。尿道开放性损伤时,还可见创口出血和漏尿,患病动物舔创口。骨盆腔内尿道损伤,尿液进入腹腔,下腹部肌肉紧张,可继发腹膜炎,甚至出现尿毒症。

[诊断]　根据病史和临床症状可做出初步诊断。尿道造影有助于本病的进一步确诊。

[治疗]　抗菌消炎,安置导尿管。骨盆腔内尿道损伤,如安置导尿管困难,可于腹壁正中切开,暴露尿道后再将导尿管插入并贯通损伤部位。开放性损伤,在插入导尿管之后,用可吸收缝线对黏膜下层、肌肉组织分别做结节缝合,用丝线对皮肤做结节缝合。

第六节　尿道狭窄

尿道狭窄(urethral stricture)是指尿道内腔变窄以至尿液排出困难。常见于公犬。尿道狭窄多发生在阴茎口、前列腺沟及坐骨弓处。

[病因]　尿道狭窄可见于尿道受压迫,如前列腺肥大、肿瘤、周围组织炎性肿胀;尿道因手术或创伤后形成的瘢痕及瘢痕收缩;尿结石也是引起尿道狭窄的常见病因。

[症状]　患病动物尿频、尿淋漓、排尿痛苦,常舔尿道外口。患尿道结石时偶尔可见尿道排出细沙粒状物或血尿。尿道进行性狭窄时膀胱内尿液慢性潴留,膀胱胀满。尿道狭窄严重的病例可出现食欲减退、呕吐,甚至尿毒症。

[诊断]　根据病史和临床症状可做出初步诊断。尿道插管探查和尿道造影有助于尿道狭窄部位的确定。

[治疗]　当膀胱胀满时,应插入导尿管排尿。当尿道狭窄不易解除时,可在狭窄部的近端做尿道造口术,以另建尿路。

第二十六章 生殖系统疾病

第一节 隐 睾 病

隐睾病(cryptorchidism)是指在出生后正常时间内阴囊内缺少一个或两个睾丸。睾丸在出生后逐渐降至阴囊内,但在青春期之前,有的动物睾丸可自由地在腹股沟管内上、下活动。犬在7~8周龄睾丸应停留在阴囊内,个别犬在6月龄时才完全下降到阴囊内。雄性猫在出生后睾丸已下降到阴囊内。患病动物未降入阴囊内的睾丸,可位于正常下降路径的任何地方,有的位于腹股沟皮下,有的位于腹腔内,少数在腹股沟内。

[病因] 隐睾病有明显的遗传倾向性,其发病机理不十分清楚。本病常见于纯种犬、猫。犬的发病率为0.8%左右,纯种犬发病率高于杂种犬,近亲繁殖发病率高;小型品种犬发生率明显高于大型品种,如吉娃娃犬、贵妇犬、约克夏狸等。猫的发生率明显低于犬。大多数猫在4月龄前表现为隐睾,但在5~6月龄则变为正常。单侧隐睾较双侧隐睾多见(比例为3:1)。单侧隐睾动物一般仍有生殖能力,但生殖能力下降。隐睾多不能产生精子,但可产生类固醇激素。发病可由遗传因素决定,也可受激素水平和机械性因素刺激的影响,如促性腺激素分泌不足。

[症状与诊断] 一侧隐睾时无睾丸侧的阴囊皮肤松软而不充实,触摸阴囊内只有一个睾丸;两侧隐睾时其阴囊缩小,触摸阴囊内无睾丸。如睾丸在皮下,在阴茎旁或腹股沟区可摸到比正常体积小但形状正常的异位睾丸。猫两侧隐睾时阴茎尖不明显。注射人绒毛膜促性腺激素或促性腺激素释放激素前后分别测定血液睾酮浓度(用药后血液睾酮浓度升高)或X线检查可用于辅助诊断。组织学检查,可见精原细胞,初级精母细胞和滋养层细胞为单层结构。

[治疗] 隐睾易发生肿瘤,如精原细胞瘤和滋养层细胞瘤;单侧隐睾动物不宜留作种用,双侧隐睾无生殖能力,这类患病动物建议去势。

1. 皮下隐睾切除术 仰卧保定,在隐睾处常规术部准备,切开皮肤,分离出隐睾,双重结扎精索,切除睾丸,缝合皮肤。

2. 腹腔隐睾摘除术 仰卧保定,脐后腹白线切开,在倒数第1~2对乳头之间做一长4~5 cm的切口。在腹股沟内环、膀胱背侧和肾脏后方等部位探查隐睾。剪断睾丸韧带,双重结扎精索,除去睾丸。睾丸常与周围组织相连,需分离后再摘除睾丸。

第二节 睾 丸 炎

睾丸炎(orchitis)是指睾丸实质的炎症。由于睾丸和附睾紧密相连,常同时伴发附睾炎。本病发生率较低,犬相对多发,猫少见。常见于外伤和病原体感染。根据病程和病性,临床上可分为急性睾丸炎和慢性睾丸炎。

[病因] 本病常见于机械性损伤,如咬伤。常因膀胱、尿道、前列腺的感染经输精管等路径逆行感染睾丸,病原体也可经血液感染。芽生菌病和球孢子菌病常引起肉芽肿性睾丸炎和附睾炎。阴囊

脓皮症时,犬舔阴囊,也可继发睾丸和附睾感染。本病也可继发于结核病、布鲁菌病、犬瘟热、猫传染性腹膜炎等疾病过程中。常见致病菌是大肠杆菌、奇异变形杆菌、葡萄球菌和链球菌等。

生精小管为免疫逃避区,睾丸炎时导致血睾屏障破坏,精子表面抗原和身体的免疫系统发生反应,导致睾丸生成精子障碍。

[症状与诊断] 急性睾丸炎,阴囊肿胀、发红,触诊疼痛、增温,常伴有附睾炎。睾丸质地坚实,大小可正常或肿大。B超检查,出现广泛的低回声或不均匀的混合回声带。患病动物精神沉郁,不愿走动,体温升高,食欲下降,自舔后致阴囊炎和病情加重。严重者可发生化脓、破溃。多为单侧睾丸发病,继发于全身性感染性疾病时常为两侧睾丸同时发病,布鲁菌病常可引起急性附睾炎,再继发睾丸炎。

诊断时要与睾丸扭转区别。睾丸扭转是睾丸围绕精索长轴发生扭转,突然发作,一侧阴囊肿大,触摸睾丸与附睾界限不清,肿胀可扩延到腹股沟部。

慢性睾丸炎常因急性睾丸炎治疗不及时或不当,或继发于布鲁菌病。睾丸变小、硬固而隆起,睾丸与阴囊粘连。表面不规则。附睾肿大,可形成精液囊肿、鞘膜与鞘膜内容物粘连或与阴囊壁粘连。布鲁菌病时,不仅有阴囊皮肤炎、附睾炎和睾丸炎,还见有全身淋巴结肿大、肝肿大、周期性眼色素层炎和脑炎。

与睾丸肿瘤鉴别诊断,犬睾丸肿瘤多发生于8岁以上老年犬,以团块形式存在于睾丸实质内,睾丸发生变形、坚硬,但温热和疼痛不明显。其中滋养层细胞瘤常产生雌激素,病犬出现雌性体征,附近淋巴结肿大。

患急性、慢性睾丸炎的动物,由于热变性和自体免疫反应而导致繁殖力下降。两侧睾丸同时发病时,常导致不育症。用细针头小心地穿刺睾丸,取精液做细菌学和细胞学检查,精液中有细菌和大量炎性细胞。

[治疗] 创伤或发生化脓破溃者,应做清创术。局部及全身应用抗菌药物,如治疗效果不好,应施行去势术。

第三节 包 茎

包茎(phimosis)又称为包皮狭窄,是指包皮口过小,阴茎不能从包皮口向外伸出的异常状态。常为先天性的。临床上可继发龟头包皮炎。

[病因] 一般为先天性,如德国牧羊犬和金毛犬常发生先天性包皮口狭小。后天性病例中,多因包皮口受损伤、肿瘤等形成瘢痕组织或因包皮炎(如蜂窝织炎)、包皮水肿及包皮纤维变性等引起包皮口狭小。脊髓损伤也可发生包茎。

[症状与诊断] 幼犬不易发现。动物包皮腔膨胀,不能正常排尿,尿呈滴状或细线样排出,因尿潴留于包皮内,导致龟头包皮炎,形成局部溃疡、糜烂,有大量排泄物。继发性包茎常伴有包皮炎症和水肿等病变。动物舔舐包皮处,不能交配。检查时阴茎不能伸出包皮口,人为地强迫伸出包皮口,阴茎不能自行缩回,形成嵌顿性包茎。或人为也不能将其引出包皮口。长毛犬、猫的包皮毛可缠住包皮口,引起类似包茎的临床症状。临床上,应与阴茎发育不全、两性畸形相区别。

[治疗] 由炎症引起抗菌消炎,不能整复者,可手术整复,根据包茎程度在包皮口背侧做一个三角形全层小切口,即依次切开皮肤、皮下组织和包皮黏膜。依据包茎的程度决定包皮切口长度和切除宽度,然后将同侧创缘包皮黏膜与皮肤结节缝合。

第四节　嵌顿包茎

　　嵌顿包茎（paraphimosis）是指阴茎自包皮口伸出后不能缩回到原位（包皮腔）的现象。本病常见于外伤引起阴茎肿胀和体积增大，严重时可造成阴茎坏死。

　　[病因]　常见于阴茎外伤，有时阴茎骨骨折，引起阴茎肿胀、体积增大，从而发生嵌顿包茎。也有先天性包皮口口径狭小，或因慢性包皮炎、包皮外伤导致包皮口变小，当动物交配或自淫时，阴茎充血勃起伸出后而不能退回。也可发生于龟头炎、龟头肿瘤、增生所致的龟头体积增大。

　　[症状与诊断]　由于退缩的包皮紧勒阴茎，使露在外面的阴茎发生充血、淤血和水肿，颜色暗红。动物不断舔舐嵌顿的阴茎使肿胀加重。阴茎、龟头长期暴露在外，可出现干燥、裂开、坏死和尿道阻塞，造成尿淋漓、血尿或尿闭。严重病例，因血液循环障碍、海绵体形成血栓，发生阴茎或龟头坏疽。

　　本病应与阴茎异常勃起、先天性包皮变短、先天性阴茎骨畸形或阴茎缩肌麻痹相区别。

　　[治疗]　应先徒手复位，冷敷，润滑后将包皮向前复位时，向后推动阴茎，使其还纳到包皮腔内。若阴茎肿胀严重，浸入50%葡萄糖溶液，消除水肿后整复，用抗生素生理盐水冲洗，连续5～7天。如不能复位，应行包皮扩开术，以解除阴茎嵌顿。不宜在包皮口腹侧做切口，易使龟头长期外露。若部分阴茎已坏死，应施部分阴茎截除术。若阴茎全部坏死，应施阴茎全截除术和阴囊或会阴部尿道造口术，术后应做去势术。

第五节　龟头包皮炎

　　龟头包皮炎（balanoposthitis）是指龟头及包皮黏膜的炎症。本病常见于犬，这与犬包皮腔结构有关。几乎所有公犬都患有不同程度龟头包皮炎，有的无明显的临床症状。

　　[病因]　包皮腔内正常情况下存在大肠杆菌、绿脓杆菌、奇异变形杆菌、葡萄球菌等菌群。包皮腔内尿液或分泌物滞留，为这些细菌生长提供了条件。一旦发生损伤，细菌易侵入感染。包皮口狭窄、包茎或肿瘤，可促使本病的发生。也可由附近组织的炎症蔓延而来。疱疹病毒、酵母菌也可致病。

　　[症状]　包皮腔内最初呈现皮肤受刺激的症状，包皮被毛处皮肤潮红，动物不断舔咬。以后发生包皮炎性肿胀、疼痛，龟头体积增大和排尿困难。有时出现小的溃疡和糜烂，从包皮口流出多量黏液脓性分泌物。严重者还会出现全身症状，包括昏睡、发热和食欲不振等。应与尿道炎区别诊断。

　　[治疗]　清洗并分离切除粘连组织，涂布土霉素与氢化可的松软膏。对酵母菌感染者，用酮康唑软膏涂抹。每天挤出阴茎数次，连续5～7天，防止粘连。

第六节　良性前列腺增生

　　良性前列腺增生（benign prostatic hyperplasia，BPH）又称良性前列腺肥大，简称前列腺增生。肥大（细胞体积增大）和增生（细胞数量增加）是犬前列腺增生的两种病理变化，其中以细胞数目增多较多见。6岁以上的犬，约60%有不同程度的前列腺增生，但大部分不表现临床症状。犬前列腺增生一般呈囊状液性囊肿，液体稀薄清亮至琥珀色，故又称囊性前列腺增生。随着腺体的增生，小血管增加，引起血尿。

[病因] BPH是年龄增长的自然结果,2～5岁开始发病,50％的犬在4～5岁前出现BPH组织学变化,5～6岁临床症状明显。前列腺增生的病因尚不十分清楚,随着年龄增长,在局部生长因子和儿茶酚胺的作用下,睾酮、5α-双氢睾酮(5α-DHC)及雌性激素与雄性激素比例发生改变,在前列腺增生方面具有重要作用。腺体的雄性激素受体增加,对雄性激素的敏感性增强。

[症状] 由于腺体体积增大,对直肠和腺体周围组织的压力作用,动物表现为尿频和里急后重。有的动物出现血尿或排出血清样清亮淡黄色液体,血尿间断或持续性出现。精子活力下降,出现不育症。经直肠内触摸前列腺呈现对称性增大,无热,无疼痛反应。质地不定,正常或中度变硬。严重时可出现尿潴留、排尿困难和里急后重。

[诊断] 根据病史、发病年龄及临床症状可做出诊断。另外,腹部X线检查可见增大的前列腺,前面可接膀胱(膀胱向前推移),背面可接直肠(直肠向背侧移动)。从侧面看,腺体上下横径等于或大于由耻骨前缘到骶骨岬间距的70％。腺体左右对称。尿道造影,尿道前列腺部可见有狭窄,呈波浪状。自尿道采集的前列腺液红细胞增多,白细胞正常,细菌培养无明显异常(每毫升小于10万个,正常情况下尿道内有少量菌群生长)。前列腺正常的B超图像为质地均匀低回声,门处为高回声,两侧分叶,椭圆形,边缘光滑,有的有小的无回声区;增生后,可见前列腺实质出现单个至多个实质性小囊肿(4岁以上的病犬),呈对称双叶结构,腺体回声正常或略增强,小囊肿为弱回声区,界限清楚,边缘光滑。

经组织学检查可区别慢性前列腺炎与早期肿瘤。若为肿瘤,去势后症状无改变,炎症时伴有尿生殖道感染和炎性前列腺渗出液。

[治疗] 去势后数天内症状缓解,2个月内前列腺体积缩小。对去势或雌激素治疗无效者,应考虑前列腺摘除术。

第七节 前列腺炎和前列腺脓肿

前列腺炎(prostatitis)常呈化脓性炎症,当感染严重时可形成前列腺脓肿,多发生在未去势的老年犬。

[病因] 多数前列腺炎由尿道上行感染所致,其病原菌为大肠杆菌、支原体、变形杆菌、链球菌、布鲁菌、克雷伯菌、假单胞菌及葡萄球菌等。前列腺增生、尿道感染、服用过量雌激素、患足细胞瘤和机体防御能力下降等,为本病的诱因。病原体也可由血液进入腺体,如布鲁菌。

[症状] 表现的症状随疾病过程而发生变化。急性前列腺炎,表现为体温升高、昏睡、体弱无力、厌食、呕吐、血尿和尿道排泄物增多。无生育能力,不愿意配种。触诊后腹部,前列腺区域敏感、疼痛。会阴部隆起,直肠部分阻塞,排粪困难。因疼痛,动物行走缓慢,步态异常,后躯僵硬,腰痛。站立时,两后肢伸至腹下,尾根拱起,有时后肢皮下水肿。慢性感染的动物,全身症状轻微,经常或间歇性出现尿道滴液或血尿,或有膀胱炎的症状,触诊前列腺不敏感,大小常无变化,硬度大于正常腺组织,无繁殖能力。前列腺脓肿多来源于慢性前列腺炎和前列腺增生。如脓肿大,动物里急后重,排尿困难,充溢性尿失禁,经常或间歇性滴尿,为黏液性、脓性、血性尿道排泄物。机体吸收脓性产物后出现腹泻、脓毒血症和败血症的症状。个别病例无明显的临床症状,但在脓肿破溃后出现急性前列腺炎、腹膜炎、脓毒血症和败血症的症状,表现为沉郁、发热、后腹部疼痛或呕吐、黄疸,前列腺肿大,不对称,严重的可导致死亡。

[诊断] 直肠指检,正常情况下,前列腺有一定游离性,卵圆形或球形,分为两叶,中间有脊。前列腺炎时前列腺出现对称性或不对称性肿大,触压疼痛(但慢性炎症,一般无疼痛反应),质地软或有波动感。X线检查,前列腺增大、边缘模糊,出现脓肿时更严重。有的出现前列腺矿化,慢性炎症时多见。膀胱造影可见到膀胱壁增厚和弛缓,膀胱体积增大,有肿大前列腺压迫的凹陷。若脓肿与

尿道相通,造影剂反流入前列腺,尿道前列腺部狭窄。超声检查可发现脓肿的前列腺实质组织出现强回声(明显慢性炎症),脓肿为弱回声,腔洞轮廓不规则,形态不对称,但不易与囊肿和血肿相区别。前列腺液检查发现,白细胞和红细胞数量增加,中性粒细胞内有大量细菌。细菌培养有大量单一种类的细菌。急性病例,取前列腺液慎重。急性前列腺炎,其外周血中性粒细胞增多,核左移;慢性炎症则变化不明显。

[治疗] 急性前列腺炎,恩诺沙星、复方新诺明连续用药1~2周。对严重的前列腺炎,采用前列腺切除术:自尿道插入导尿管,后腹底腹中线切开腹壁,切断一侧耻骨,充分显露前列腺。向前牵引膀胱,分离前列腺周围的脂肪、筋膜、血管与神经,将膀胱牵引至切口外并向后反折,结扎输精管,向前牵拉膀胱,分离前列腺,在后方靠近前列腺处横断1/2尿道,显露导尿管。在远端4、6、8点处分别用圆针穿一根4.0~6.0的人工合成可吸收缝线,缝线自尿道黏膜下穿入,不暴露在尿道腔。回抽导尿管,切断剩余1/2尿道,在2、10、12点处再分别穿一根缝线。在前列腺近端、输精管壶腹对应处横断尿道,取出前列腺及尿道前列腺部,重新插入导尿管至膀胱内。最后,远端缝线对应地缝到近端尿道上,打结后使其并拢吻合。根据尿道粗细和出血情况,可再做补充缝合。在膀胱背侧插入福利氏导尿管,导管末端自腹底壁阴茎旁引至体外。抽出尿道管,常规固定耻骨和闭合腹壁切口。术后5~7天,抽出膀胱插管。

第八节　前列腺囊肿

前列腺囊肿(prostatic cysts)是指前列腺腺体发生囊性肿胀,多发生于老年犬。分为潴留性和旁性两种:前者发生在前列腺实质,形成小的空腔,内充满非脓性液体;后者发生于前列腺周围,为一个或几个大的囊腔,仅有一细蒂与腺体相连,可与尿道相通或不相通。

[病因] 潴留性囊肿可能与长期服用雌激素或足细胞瘤(释放雌激素)有关。雌激素使前列腺鳞状化生,腺体管阻塞而形成囊肿。另外,前列腺增生、慢性前列腺炎及肿瘤也可使组织增生,阻塞腺管而导致囊肿。内源性雌激素过剩时,触诊睾丸常变小,或存在单侧或双侧隐睾;外源性雌激素过多,常引起双侧睾丸缩小。雌激素过多还可引起脱毛、色素过度沉着、乳腺增大、包皮下垂等变化。

有关前列腺旁囊肿的发病原因不详,可能与前列腺囊发育异常或子宫残迹有关。在胚胎发育过程中,子宫为一双角结构,以一小柄(蒂)与前列腺内尿道背侧壁相通。前列腺囊肿随着胎儿发育成雄性而退化,若体内雌激素过剩或先天异常,可发育成囊肿。

[症状与诊断] 一般初期无临床症状,当出现压迫邻近器官时才出现。动物厌食、体弱、腹部膨胀,排尿困难,有黄色血清样或血样尿道排泄物,严重时可发生便秘。直肠指检前列腺肿大,表面光滑,有的不对称,无热无痛。X线检查见前列腺不对称性增大。尿道造影,造影剂逆流入腺体的囊肿区内,尿道前列腺部造影剂充盈缺损。囊肿的密度低,B超检查出现低回声。腺体后部囊肿可使会阴部隆起,有时误认为膀胱后屈或会阴疝。借助X线检查和B超检查可区别诊断潴留性囊肿和旁性囊肿。组织学检查,腺管和腺泡壁由鳞状细胞代替柱状细胞。血清雌激素浓度可能升高,非再生障碍性贫血,血小板减少。

旁性囊肿过大,挤压尿道和结肠,导致排尿困难和里急后重。膀胱过度充盈后,出现充盈性尿失禁。腹部膨胀或会阴部膨起。当肿胀与尿道相通后,出现血尿、血清样黄色或褐色尿道排泄物。囊肿液中无细菌,白细胞少,上皮细胞和红细胞或多或少,蛋白质含量高于尿液。

X线检查,后腹部对比度差,可见不对称、不规则的前列腺,囊肿壁有的钙化;若囊肿很大,会出现两个膀胱样影像,经膀胱造影可确定膀胱位置。

[治疗] 药物治疗无效,禁用雌激素治疗。抽吸囊肿内容物后,易复发。对小的囊肿,特别是内源性雌激素过多时,可用去势术。对囊肿大、临床症状明显的病犬,可施去势术和囊肿切除术或囊肿

袋形缝合术。单纯去势疗法有时无效,对旁性大囊肿效果不确定。

前列腺袋形缝合术(造袋术)适用于旁性囊肿且囊肿与腹壁接近的病例。动物全身麻醉,仰卧保定,自腹底中线脐部向后至包皮,接着转向一侧,越过包皮,与阴茎平行,继续向后至耻骨前缘切开皮肤,结扎包皮动、静脉,将包皮及阴茎拉向一侧,分离皮下组织至腹白线,打开腹腔,钝性分离前列腺上的脂肪,用纱布隔离囊肿。用注射器抽出囊内液体并用生理盐水冲洗囊腔,在囊壁腹侧近腹底壁处做一小切口。然后,在原腹壁切口对侧腹壁上做一小切口,用止血钳自切口将带有切口的囊壁引至体外,囊壁切口创缘与皮肤切口创缘做结节缝合,或囊肿壁表层先与腹直肌外鞘做一周缝合,然后囊壁切口创缘与皮肤切口创缘再做结节缝合,使囊肿固定到腹底壁上进行引流。术后10天拆除皮肤缝线,囊肿切口可自行愈合。术后防止囊内感染或形成脓肿。

第二十七章　神经系统疾病

| 第一节　脊髓损伤 |

脊髓损伤(spinal cord trauma)是指外力作用引起脊髓组织的震荡、挫伤或压迫性损伤。临床上有急性脊髓损伤和慢性脊髓压迫两种。

[病因]　犬、猫急性脊髓损伤多数为直接物理性损伤,如投射性损伤或脊椎骨折或脱位,这些多因车祸、坠落、枪击或钝性物体打击等引起。急性脊髓损伤也是某些脊髓病(如椎间盘疾病)呈现神经症状的潜在原因。慢性脊髓压迫一般见于慢性进行性疾病,如肿瘤、Ⅱ型椎间盘突出等。脊髓损伤严重性取决于三个因素,即速度(压迫力量)、程度(压迫面积)及时间(压迫时间)。了解急性脊髓损伤和慢性脊髓压迫,对其有效地护理和估测预后均很重要。

[症状]

1. 急性脊髓损伤　常伴有其他器官的严重损伤,如出血、休克、气道阻塞或骨折等。因脊髓损伤部位不同,其临床表现也不一样。第1～5颈髓节损伤一般为四肢共济失调、轻瘫、四肢反射正常或反射活动增强,偶见四肢麻痹。如损伤严重,可出现呼吸麻痹。第6颈髓节到第2胸髓节损伤时,轻者为四肢共济失调、轻瘫,重者出现四肢麻木或麻痹,偶见前肢轻瘫和后肢麻痹。前肢脊反射和肌肉张力正常或减退,后肢则过强。第3胸髓节到第3腰髓节损伤为犬、猫最常见的损伤部位,其典型的症状为前肢步态和脊反射正常,后肢轻瘫、共济失调或瘫痪,脊反射、肌肉张力正常但活动过强。第4腰髓节到第5腰髓节和马尾损伤者,出现不同程度的轻瘫、共济失调或瘫痪,常伴有膀胱功能失调、肛门括约肌和尾麻木或麻痹。前肢反射功能正常,后肢反射和肌肉张力降低或丧失。

2. 慢性脊髓压迫　其临床神经症状逐步发展,可持续数周至数月,有时急性发作(常与脊髓肿瘤或Ⅱ型椎间盘突出有关),伴有脊椎病理性骨折、脊髓出血或脊髓梗死等。但有些病例因脊髓长期受压、突发性代偿失调而无这些病理变化。

[诊断]

1. 急性脊髓损伤　根据病史、症状和神经学检查可做出初步诊断,并可依据脊髓损伤的程度和有无疼痛,确定其预后。常用止血钳钳夹肢末端,若无痛觉,则提示预后不良。为获取精确的损伤位置和损伤程度,或需手术治疗,应做X线检查,包括X线平片摄影、脊髓造影。有条件者,可用CT或MRI诊断。

2. 慢性脊髓压迫　其诊断方法与急性脊髓损伤相同,其中脊髓造影对所有慢性病例则更为重要。

[治疗]

1. 急性脊髓损伤　限制活动,对疼痛不安的动物,可用美洛昔康等止疼药,地塞米松或长效琥珀酸钠甲泼尼松龙(MPSS),初期用量20～30 mg,后逐渐递减至停药。同时用尼莫地平、氟桂利嗪阻止受损神经元细胞内钙的蓄积。

手术治疗:手术目的是通过减压术解除脊髓的压迫,若伴发脊髓损伤性膀胱或肠麻痹,定时导尿和灌肠,瘫痪的病例,可使用硝酸士的宁注射液0.5～0.8 mg,连用3天,间隔2天后再用,观察疗效,要经常调换褥垫和躺卧姿势,防止发生褥疮。

2. 慢性脊髓压迫 采用地塞米松辅助治疗,可用针灸疗法。

第二节 寰枢椎不稳症

寰枢椎不稳症(atlantoaxial instability)是指第 1~2 颈椎不全脱位、先天性畸形及骨折等引起寰枢椎不稳定、压迫颈部脊髓的现象。本病又称寰枢椎不全脱位和牙状突畸形。临床以颈部敏感、僵直、四肢共济失调、轻瘫为特征。

[病因] 外伤引起头颈过度的屈曲常是本病的重要原因。可发生于任何品种、年龄的犬、猫。由于寰枢椎过度屈曲,造成其背侧韧带损伤、断裂、齿突骨折、关节脱位等,破坏寰枢椎的稳定,压迫脊髓,占位性地引起脊髓的损伤。本病也发生于先天性齿突发育不全、畸形、寰枢椎背侧韧带发育不全或缺损等,多见于小型品种犬。

[症状] 捕捉时,动物颈部敏感、疼痛、伸颈、僵硬。前、后肢共济失调、轻瘫或瘫痪。严重者,导致呼吸麻痹而死亡。本病常突然发生,也可能是进行性的。触摸颈部可感到寰枢椎变位。先天性寰枢关节异常的犬一般在 1 岁前出现临床症状;有的犬甚至到老年创伤时才表现症状。也有的因寰枢椎脱位引起脑干功能失常,呈现咽下困难、面部麻痹、前庭缺损等症状。

[诊断] 根据病史(多数病例有创伤史)和神经学症状(颈部疼痛,仅后肢或四肢不同程度的本体和运动感受缺陷)可做出初步诊断,确诊需经 X 线检查。侧卧位 X 线摄片,可见寰椎背弓、枢椎棘突骨折或异常分离。为显示其不稳定,屈曲头颈,侧位摄片观察是必要的,但如齿突完好或向背侧偏斜,屈曲时务必小心,否则未损伤的齿突将进一步移入椎管,加速呼吸麻痹和死亡。

[治疗] 急性寰枢椎不稳,并伴有神经性缺陷时,可能也有其他部位的脊髓损伤,可用皮质类固醇药物治疗。对于轻度不全脱位、仅颈部疼痛、轻微神经性缺陷、寰枢椎多处畸形、第一颈椎变短的动物可施颈外夹板固定,并将动物限制在笼内休息 6 周。中度、严重神经性缺陷,药物或颈外夹板固定治疗无效,疼痛反复发作或齿突歪曲,压迫脊髓者,应施手术治疗,有背侧和腹侧手术路径。前者适用于寰枢椎不全脱位的矫正,后者适用于其骨折的修复。

第三节 椎间盘疾病

椎间盘疾病(intervertebral disc disease)又称椎间盘突出,是指纤维环破裂、髓核突出,压迫脊髓引起的一系列症状。临床上以疼痛、共济失调、麻木、运动障碍或感觉运动麻痹为特征。本病为小动物临床常见病,多见于体型小、年龄大的软骨营养障碍类犬,非软骨营养障碍类犬也可发生。发生部位主要在胸腰段脊椎,其发生率为 85%,其次为颈椎,占 15%。猫发生本病罕见。

[病因] 一般认为椎间盘疾病是因椎间盘退变所致,但引起其退变的诱因仍不详,下列因素可能与本病的发生有关。

1. 品种与年龄 已知有 84 种犬均可发生椎间盘退变,但是小型品种犬如腊肠犬、比格犬、京巴犬及长卷毛犬等常发生。小型犬硬膜外腔较小,即使少量的髓核突出,也会严重压迫脊髓。而大型犬硬膜外腔较大,同样量的髓核突出就不会产生严重后果或只出现轻微的压迫脊髓。4~5 岁犬发病率最高,占 73%,7 岁以上占 21.2%。

2. 遗传因素 腊肠犬为最易发生椎间盘疾病的品种,其发病率比其他各种犬发病率总和高 10~20 倍。在 536 例腊肠犬椎间盘突出的系谱分析中发现该病的遗传模式一致,即表明腊肠犬对本病有较高的遗传性。

3. 外伤因素 尽管外伤对诱发椎间盘退变并不是主要的,但当已发生椎间盘退变时,外伤可促使椎间盘损伤、髓核突出。

4. 椎间盘因素 可能因脊椎异常应激、椎间盘营养、溶酶体酶活性改变而引起椎间盘基质的变化。

[发病机理] 椎间盘由多糖蛋白、糖蛋白、胶原蛋白及非胶原蛋白组成。幼犬髓核中的多糖蛋白和糖蛋白含量较高,而纤维环胶原成分含量高。随着动物年老和椎间盘退变,其生物化学结构也发生明显的变化。髓核多糖蛋白减少,胶原成分增加,降低了缓冲震动和均匀驱散作用于椎间盘的能力。软骨营养障碍类犬在 2 月龄到 2 岁间椎间盘就开始软骨样化生或退变。1 岁时 75%~100% 的椎间盘经历退变过程。软骨退变快,伴随椎间盘的矿化。非软骨营养障碍类犬椎间盘发生纤维样化生,但病变过程缓慢,多在 8~10 岁,很少有矿化作用。

当脊髓受到多量椎间盘组织压迫时,就失去代偿能力,出现临床症状。其严重程度取决于压迫的力量、突出物大小及损伤部位。因胸腰段(常发生于第 11 胸椎至第 3 腰椎)椎管腔较小,脊髓最易受压、损伤,临床上常以麻木和麻痹为主;而颈椎椎管直径较大,脊髓有较大的空隙代偿机械性移位,临床上仅出现疼痛症状。

急性脊髓压迫多发生于 I 型椎间盘疾病,脊髓压迫严重,局部白质和灰质表现出血、水肿、缺氧、坏死、白质脱髓鞘、脊髓软化等。慢性脊髓压迫多见于 II 型椎间盘疾病犬。脊髓受压轻微,多为白质出现一定程度的缺氧,但不会发生急性压迫性病变过程。

[症状] I 型椎间盘疾病主要表现疼痛、运动或感觉缺陷,发病急,常在髓核突出几分钟或数小时内发生。也有在数天内发病,其症状或好或坏,可达数周或数月之久。

颈部椎间盘疾病主要表现颈部敏感、疼痛。站立时颈部肌肉呈现疼痛性痉挛,鼻尖抵地,腰背弓起;运步小心、头颈僵直、耳竖起;触诊颈部肌肉极度紧张或痛叫。重者,颈部、前肢麻木,共济失调或四肢截瘫。少数急性、严重病例出现一侧霍尔综合征和高热症。第 2~3 颈椎和第 3~4 颈椎椎间盘发病率高。

如胸腰部椎间盘突出,病初动物严重疼痛、呻吟、不愿挪步或行动困难。以后突然发生两后肢运动障碍(麻木或麻痹)和感觉消失,但两前肢往往正常。病犬尿失禁,肛门反射迟钝。上运动元病变时,膀胱充满,张力大,难挤压;下运动元损伤时,膀胱松弛,容易挤压。犬胸腰椎间盘突出常发部位为胸椎第 11~12 至腰椎第 2~3 椎间盘。

II 型椎间盘疾病主要表现四肢不对称性麻痹或瘫痪,发病缓慢,病程长,可持续数月。不过,某些犬也有几天的急性发作。颈部 II 型椎间盘疾病最常发生在颈后椎间盘。

[诊断] 根据品种、年龄、病史和临床症状,可做出初步症状。X 线检查既可对本病做出正确的诊断,又可对脊髓的损伤程度与预后作出判断。

X 线检查前,动物应全身麻醉、侧卧与仰卧保定,在拍摄胸腰段时,应做颈部 X 线的检查,反之亦然。拍摄方位一般同时做侧位和腹背侧位 X 线摄片。一般普通平片可以诊断出椎间盘突出,必要时需施脊髓造影术。颈、胸腰段椎间盘突出的 X 线摄影征象为:椎间盘间隙狭窄,并有矿物质沉积团块,椎间孔狭小或灰暗,关节突异常间隙形成。如做脊髓造影术,可见脊索明显变细(被突出物挤压),椎管内有大块矿物阴影。有条件的可做 CT 或 MRI 检查,有助于精确发现椎间盘突出的位置,尤其是椎孔内髓核突出物。后肢有无深痛是重要的预后征候。感觉麻痹超过 48 h 预后不良。

[治疗] 根据 I、II 型椎间盘疾病,选择适宜的保守或手术疗法。

1. I 型椎间盘疾病的治疗

(1)保守疗法:地塞米松或醋酸泼尼松是治疗本病的首选药,同时限制活动 2~3 周。

(2)手术疗法:有开窗术和减压术两类,每类又有多种手术方法可选。

①开窗术:在两椎体间钻孔,刮取椎间盘组织。此法仅在临床症状较轻和椎管内突出物有限时,常与减压术同时进行。可行脊椎背侧、偏侧和腹侧术式。

②减压术：切除椎弓骨组织，取出椎管内椎间盘突出物，以减轻脊髓压迫。疼痛、药物治疗无效、复发症状加剧、感觉运动麻痹不超过 24 h 及椎管内有多量椎间盘突出物者，适宜用本手术治疗。减压术有偏侧椎板切除、背侧椎板切除和腹侧开槽术等几种。

2. Ⅱ型椎间盘疾病治疗 也可使用糖皮质激素。针刺疗法治疗小动物椎间盘疾病对调节动物机能障碍有较好的疗效。国外报道过用髓核化学溶解疗法治疗犬椎间盘疾病，即将木瓜凝乳蛋白酶注入椎间盘，使髓核黏多糖蛋白解聚，释放硫酸软骨素，从而溶解髓核，解除对脊髓和神经根的压迫。此法可用于Ⅱ型椎间盘疾病的治疗和Ⅰ型椎间盘疾病的预防，但椎管有多量髓核时不宜使用，因其蛋白酶不能溶解隐蔽在椎管内的髓核。经皮将光导纤维插入椎间盘，通过铋钇铝石榴激光的光热汽化作用，可减少髓核体积，防止髓核过多突入椎管，是一种预防性手术技术。

第四节 颈椎脊髓病

颈椎脊髓病（cervical spondylotic myelopathy）是指颈椎后位畸形而不同程度压迫脊髓产生的神经综合征，又名摇摆综合征、颈部畸形-颈椎关节变形、颈椎病、颈椎不稳定、颈椎狭窄等。本病以进行性四肢轻瘫和共济失调为特征。常见于青年（小于 2 岁）大丹犬和中年或老年（3～9 岁）多伯曼犬，也见于其他大型品种犬。公犬比母犬多发。

［病因］ 确切病因不详。依据某些品种犬的高发病率，提示遗传可能是一重要因素；根据颈椎畸形、骨软骨病，认为其与营养过多有关，包括幼年期饲喂过多的高蛋白、高能量、高钙或高磷性食物等；动物体型可能也是重要的原因，因这些患病犬都有颈细长、头大而重的特征。颈长难承受来自头部的重量，易使正在生长的颈椎发生畸形。

［发病机理］ 青年犬常累及第 4～5、第 5～6、第 6～7 颈椎异常，其病理变化有以下几种。

（1）颈椎畸形：如椎管前口狭窄、背弓前部延长、关节突向内生长、椎管上下变平、椎体呈犁形等，均可导致压迫脊髓。

（2）软组织变化：如背侧纤维环肥大、弓间韧带肥大、关节囊增厚均可造成脊髓腹侧、背侧、外侧压迫；椎体间异常关系引起颈椎的不稳定。

（3）中、老年犬累及慢性退行性椎间盘疾病：还不清楚椎间盘病是原发性还是由颈椎不稳定所致。这些犬因纤维环肥大、增生或椎间盘间隙塌陷等压迫脊髓。颈屈曲时，其纤维环展开，缓解了脊髓的压迫，这可能是犬为什么总是低头的原因。但当头过度伸展时，纤维环则加大对脊髓的压迫。

骨骼和软组织变化的最终结果是脊髓受压。青年大丹犬多因背弓前部延长，其脊髓常为背侧受压；老年多伯曼犬多因椎间盘纤维环异常，常为脊髓腹侧受压。脊髓受压组织病理学变化一般累及白质和灰质，在脊髓压迫前后水平部位，白质变性，最明显的是轴突髓鞘退变。

［症状］ 慢性脊髓压迫多数为逐步进行性，长达数月或数年。偶见急性症状，随后出现明显的不严重的损伤期。最初两后肢步态失常，由轻度逐步发展到严重的共济失调，直至出现高度外展、趾节着地或拖曳前进等，甚至后肢蹒跚、行走摇摆。动物起立、转弯、爬楼梯或过马路时，这些异常现象更明显。后肢本体定位反应丧失，脊反射扩大；前肢的异常步态常发生在后肢之后，但症状则没有后肢那样严重。行走僵硬、不稳，颈屈曲不灵活，颈疼痛不常见。冈上肌和冈下肌出现神经性萎缩。病程长者可见大、小便失禁。

［诊断］ 根据病史、临床症状及神经学检查，可做出初步诊断。X 线摄影可精确地查出颈椎脊髓病的病理变化。一般行侧卧位拍摄，平片显示，脊椎排列不齐、椎体变形或畸形、椎管前狭窄、新骨形成（脊椎关节强硬性变形）、一或数个椎间盘间隙狭小、萎陷、髓核钙化、终板硬化及椎关节面退变等；脊髓造影术可查明脊髓损伤部位、性质、程度，用"压迫"或"牵引"脊髓造影术对于动态了解脊髓

损伤性质很有意义。一般在考虑手术治疗时施脊髓造影术,故脊髓造影术后应立即手术。应用CT或MRI可进一步确定脊髓和神经根损伤的性质和范围。

[治疗]　有保守疗法和手术疗法两种。

1. 保守疗法　限制活动,注射地塞米松或泼尼松,对于持久和进行性的脊髓压迫,药物治疗无效。

2. 手术疗法　未发生严重神经征候和永久性脊髓病变时,适宜手术治疗。手术目的是解除脊髓压迫和固定颈椎或两者兼之。手术有经椎体背侧和腹侧多种手术路径。

第五节　颅内损伤

颅内损伤(intracranial trauma)是指头颅在暴力的直接和间接作用下,引起颅内脑组织损伤。头颅损伤在小动物临床常见,其中常见的为头皮、眼球等的损伤,其次为颅内损伤,后者又称脑损伤。脑损伤常立即出现脑震荡和脑挫裂伤。前者指脑受到过度震荡,出现短暂的意识丧失;后者指脑组织破损、出血和水肿,引起严重的神经功能减退或丧失,并有肉眼和显微可见的病变。

[病因]　随着现代交通工具的发展,小动物颅内损伤逐渐增多,多因被车撞击或从车上摔下所致。另外,高处坠落、钝性物体打击、枪击或动物殴斗等也可引起颅内损伤。

[症状]

1. 脑震荡　为最轻的脑损伤,仅脑纤维束和细胞膜受到轻微机械性损伤,但这种损伤是可修复的,也不出现神经功能缺损。伤后动物立即出现昏迷、知觉和反射减退及消失,瞳孔散大,呼吸缓慢,有时喘鸣,心跳加快,心律不齐,有时呕吐、大小便失禁。几分钟或数小时后,动物苏醒,反射恢复,并表现异常兴奋现象,如抽搐、四肢划动、眼球震颤,经多次挣扎,头抬起,站立。

2. 脑挫裂伤　脑挫裂伤为脑组织充血、脑硬膜和硬膜下出血,皮质及皮质下有小出血点,但软脑膜完整;脑挫裂伤除以上脑组织改变外,尚有软脑膜及脑组织的破裂。最初症状与脑震荡相似,但因继发脑水肿,甚或血肿,常在伤后几个小时神经症状加剧,如抽搐、癫痫、麻痹、轻瘫或偏瘫等,并因损伤部位不同而表现特定的症状。如大脑皮层颞叶、顶叶运动区受损,动物向患侧转圈,对侧眼失明;若小脑、小脑脚、前庭、迷路受损,则运动失调,或身体后仰滚转;脑干是循环、呼吸等生命中枢所在,故伤后体温、呼吸、循环等生命指征发生变化,甚至危及生命,早期就出现昏迷、惊厥、眼球震颤、瞳孔散大(或瞳孔无反应、瞳孔固定)、不能起立、角弓反张、四肢痉挛和"去大脑强直"等。当受到强大的外力撞击时,可造成颅骨骨折,并同时发生脑震荡、脑挫裂伤,骨折(凹陷骨折)也可引起脑组织的损伤。

[诊断与预后]　根据病史调查、发病原因和临床症状进行诊断,必要时可通过X线检查确诊。颅内损伤严重程度及预后判断可通过以下内容予以评价。

(1) 意识状态:昏迷、半昏迷、精神抑郁、惊厥等。

(2) 呼吸类型:陈-施二氏呼吸、中枢神经系统性通气过度、严重呼吸不规则等。

(3) 瞳孔大小及反射:瞳孔不均、缩小、散大及对光反射等。

(4) 眼球活动:有助于测试支配眼外肌及前庭系统的状况,全面评价脑干的功能。

(5) 运动反应:重点测试偏瘫、偏斜和其他头颅损伤并发症,对估测早期神经功能很重要。

[治疗]　轻度脑震荡,可不予治疗。有神经症状多因脑水肿、脑出血所致。吸氧,减轻脑水肿,可大剂量静脉滴注地塞米松和甘露醇、止血敏等,对颅骨骨折或脑内血肿患者,可施手术疗法,以整复骨折,清除血肿,降低脑内压。

第六节 外周神经损伤

外周神经损伤(injuries of peripheral nerves)是指外周神经受到直接或间接的外力作用或其他原因使所支配的区域功能减弱或丧失。常见病因为打击、撞击、挤压、枪伤、骨折及过度伸展等。医源性(如手术切割、髓内针穿刺、可塑性绷带或夹板压迫、刺激性药物注入神经干或其周围组织等)、神经干周围或神经本身肿瘤也可引起外周神经损伤。所有这些致伤因素都可引起神经干、神经束、神经纤维的震荡、挫伤、压迫、牵张和断裂等。组织病理学将外周神经损伤分为5级:1级指神经功能性麻痹,常为轻度或中度压迫的一种反应,神经纤维未受损,或仅轻微脱髓鞘,数小时后其功能完全恢复,但较严重的压迫,可推迟到几周;2级指轴突断裂,通常发生于挤压、撞击伤,尽管轴突断裂,但其支撑的结缔组织未受伤,沃勒变性(继发性变性)发生在损伤的远端,有再生能力;3级指轴突和神经内膜断裂,但因神经外膜未损伤,故还具有神经束的定向作用;4级指神经外膜也破裂;5级指神经全断裂。

一般依据运动和感觉缺陷所表现的临床症状进行诊断。电生理检查(常用肌电图和诱发电位检查)对确定有无外周神经损伤、损伤范围、神经再生及预后的评估等有意义。治疗首先要消除病因,如整复骨折和切除肿瘤,消除对神经的压迫;为了兴奋神经,可应用针灸或电针疗法;为促进神经功能恢复、提高肌肉张力、防止肌肉萎缩和增强血液循环,可施按摩疗法或其他物理疗法,如红外线照射、低频脉冲电疗等。配合穴位注射维生素 B_1、维生素 B_{12} 或硝酸士的宁等有一定效果。经常牵遛运动,有助于肌肉萎缩的恢复,改进肢体功能。必要时可采用手术疗法,如神经松解术和神经吻合术等。

小动物常见外周神经损伤有以下几种。

一、臂神经丛撕脱

臂神经丛由颈6和胸1~2神经根组成。由于神经根缺乏神经外膜,当其受到牵引或外展时,均可造成这些神经根(主要腹侧根)的撕脱(一般在硬膜内)。臂神经丛撕脱常发生于犬,猫少见。

[病因] 多数因车祸撞击或高处摔落等外力作用于肩部或肩关节,使肩胛骨背缘向后下方移位,或在跑跃中前肢过度外展,均可造成臂神经丛向外牵引,神经鞘内轴突断裂或神经鞘撕裂。如牵拉张力发生在椎间孔,则可引起神经根撕脱。后者可暂时性地损伤脊髓,其体征可累及对侧肢。不过这种现象经1~3天就消除。

[症状] 临床特征为急性、非进行性单肢轻瘫。随撕脱范围不同,也表现不同的运动和感觉功能障碍,最明显的是运动功能障碍。颈8到胸1~2神经根撕脱时,损伤的是桡神经、正中神经和尺神经,各关节呈屈曲状态,腕部、指部不能伸展,肘关节下沉,患肢不能负重。如严重损伤,患肢爪背着地,拖曳前进;感觉缺陷并不明显,多数臂神经丛撕脱产生前臂部麻木,若肌皮神经根受损,在前臂内侧远端(腕关节上方)可测出一狭长条感觉减退或麻木的区域。若胸神经根未受损,其前臂后外侧皮肤敏感。当腋神经受累时,前臂外侧面则呈现感觉迟钝或麻木。颈8到胸1~2神经根损伤时,由于支配面、胸外侧神经交感神经突触前起始部损害,还出现霍纳综合征和同侧胸皮肌反射丧失;较前部臂丛神经根的损伤可累及肌皮神经和阻碍肘关节屈曲。所有臂神经丛撕脱时,肘关节以下肢体均无感觉。

[诊断] 根据病史、临床症状和电生理可做出诊断。几乎所有的臂神经丛撕脱动物,桡神经、尺神经和正中神经都是非功能性的,故一般无运动传导功能,但有感觉诱发电位,即使背神经根撕脱、无痛觉。如所有臂丛神经根撕脱,刺激外周神经无体感诱发电位也测不出脊髓和大脑传入神经元反应。

[治疗]　如臂丛桡神经根撕脱,则患肢预后不良,因更多的近端桡神经是支配臂三头肌,后者具有承担体重的功能。如桡神经和肌皮神经的近端臂丛神经根未损伤,可施腕关节固定术或肌腱移植术,同时使用维生素 B_1 等药物抗神经炎。

二、远端桡神经麻痹

小动物肱骨骨折时常发生远端桡神经麻痹,也可同时发生于臂神经丛撕脱。远端桡神经麻痹也出现臂神经丛撕脱的异常步态,其症状较后者轻,肘关节可以伸展,但行走时脚背着地。与臂神经丛撕脱不同的是它无霍纳综合征和有膜反射,前臂部的前外侧面感觉消失。

三、坐骨神经损伤

坐骨神经属混合神经,起源于腰 6 到荐 2 脊髓段。犬脊髓在第 6 腰椎中部就结束,故坐骨神经纤维在走出椎管之前需在其管内向后移行一段距离。由于这种解剖特点,腰荐和骨盆损伤易引起两侧的坐骨神经损伤。坐骨神经从骨盆腔走出坐骨大孔后行,在大转子和坐骨结节之间绕过髋关节后方至股后部,并沿半膜肌和股二头肌下行,其分支支配伸展髋关节和屈曲膝关节的肌群。主干继续下行分出胫神经和腓神经,支配膝关节以下的肌群。坐骨神经损伤常因髂骨干骨折、髋臼骨折和股骨近端骨折等所致,并同时伴发腓神经和胫神经的损伤。患肢膝关节可伸展,但不能屈曲,跗关节和趾关节不能屈曲或伸展。站立趾背屈,跗部一般下垂。膝关节以下的感觉严重受到损害,但肢或趾内侧面感觉正常(由股神经支配)。常因脚背着地而破溃。近端坐骨神经损伤诊断患肢屈肌反射,即刺激趾端,膝、跗、趾各关节均无屈曲反应;刺激肢或趾内侧面有疼痛反应,且髋关节能屈曲,但其他关节均呈屈曲反应;大腿和膝关节后方肌肉萎缩。腓神经和胫神经损伤将分别在下面描述。

四、腓神经损伤

腓神经是坐骨神经的一条远端分支,所支配的肌肉起屈曲跗关节和伸展趾关节的作用,其感觉神经支配小腿、跗关节和跖部前面及趾部背面。因该神经有一分支经过膝关节外侧,易损伤,也可发生于坐骨神经损伤。骨盆骨折、髋关节脱位、股骨骨折、局部性药物刺激(医源性)等均可引起该神经的损伤。患肢系部背屈,跗关节过度伸展,胫骨前肌和趾伸肌萎缩,趾背面、跗部及小腿部前面感觉丧失,膝关节下部背外侧面感觉减退。

五、胫神经损伤

胫神经是由坐骨神经分出的一条分支,所支配的肌肉起伸展跗关节和屈趾部关节的作用。它的感觉神经纤维分布在趾跖面和小腿后面。纯胫神经损伤,动物行走或站立其跗关节下蹲,腓肠肌萎缩,趾跖面感觉丧失。由于趾垫无感觉,长期负重接触硬质地面易磨损破溃。刺激趾跖面时,屈肌反射严重抑制,但即使趾端不能屈曲,钳夹其背面疼痛反应明显和有屈肌反射现象。部分胫神经损伤可发生在腿部肌肉注射之后。多数动物可同时发生胫、腓神经损伤,并出现混合性神经症状。

六、面神经麻痹

面神经为第 7 对脑神经,其神经在颅腔内与前庭耳蜗神经一起进入内耳后,再入面神经管,最后经茎乳孔出颅腔,支配面部肌肉。因该神经在内耳经过,故中耳炎、内耳炎易引起本病。许多病例则由病毒(如带状疱疹和单纯疱疹病毒等)性炎症所致,因岩骨内神经炎症而肿胀、受压、缺血及退行性变。不过,在临床上犬的面神经麻痹大部分为自发性,可能是甲状腺功能不全引起,但确切病因不详。其临床症状类似于人的面神经炎。偶见甲状腺功能减退、脑垂体肿瘤或重症肌无力等。

单侧性面神经麻痹特征为眼睑反射消失、耳活动失能或下垂、面肌松弛、鼻歪向健康一侧,采食和饮水困难,咀嚼障碍。因副交感神经受损,常伴发干性角膜炎。自发性面神经麻痹常突然发生,一般为单侧性,无前庭或中、内耳疾病,无热、无多系统性征候。病程不一,7 天内临床症状最明显,3～

6 周可恢复。皮质类固醇有助于控制急性水肿和炎症反应,伤后 24 h 应用效果最佳。应用抗生素,控制感染。为防止角膜干燥,可涂布软膏。面肌和耳肌按摩与电针疗法,或局部穴位注射,3～6 周可恢复。

第七节　运动麻痹

运动麻痹(motor paralysis)是指因神经的损伤引起骨骼肌的收缩能力减退或丧失,又称为瘫痪。动物临床上按照神经系统受损部位,可分为中枢性麻痹和外周性麻痹。按麻痹时肌肉张力的状态,可分为痉挛性麻痹和弛缓性麻痹。按麻痹程度可分为完全性麻痹和不完全性麻痹,后者也称轻瘫。按发生的部位分为:单瘫,即一个肢体的瘫痪;偏瘫,即一侧体躯的瘫痪;截瘫,即成对组织器官的瘫痪(如后躯瘫痪)。瘫痪是多种疾病损伤神经所引起的一种症状。

[病因]

1. 中枢性麻痹　由大脑皮质、脑干、延髓和脊髓腹角受损引起,见于颅脑外伤、脑水肿、脑出血、脑肿瘤、弓形虫病、脑多头蚴病、脑血栓、病毒性脑炎、犬瘟热、狂犬病、李氏杆菌病、脑脓肿、肉毒梭菌毒素中毒、椎间盘突出、铅中毒、萱草根中毒、先天性髓鞘形成不全、先天性后躯麻痹、脊椎裂、重症肌无力等疾病。

2. 外周性麻痹　由脊髓腹角细胞、脊髓腹根以及与肌肉联系的外周神经干等受损引起。见于:椎骨骨折和关节脱位;脊髓炎、肿瘤、脓肿和畸形;蜱传热和椎间盘突出;外周神经损伤性麻痹,如肩胛神经麻痹、桡神经麻痹、坐骨神经麻痹、面神经麻痹等;另外也见于白肌病、B 族维生素缺乏、脑脊髓丝虫病等疾病。

临床上单瘫多为脊髓损伤引起,也可见于脑疾病,偏瘫多为脑疾病引起,截瘫由脊髓损伤引起。

[发病机理]

1. 中枢性麻痹　上运动神经元损伤所产生的麻痹,称为中枢性麻痹,主要是因脑和脊髓发生某些器质性疾病,上运动神经元控制下运动神经元的能力下降或丧失,而使下运动神经元的反射活动增强所致。

患中枢性麻痹时,因上运动神经元受损伤,以致脑干网状结构抑制区失去了皮质抑制区及尾状核的作用,对脑神经和脊髓腹角的运动神经元的控制能力减弱或丧失,使脊髓的反射活动增强,故腱反射亢进,肌张力增高,肌肉较坚实,被动运动的阻力增大,活动幅度变小,故又称为痉挛性麻痹或硬瘫。因直接支配骨骼肌的下运动神经元功能正常,仍能向肌肉传送神经营养冲动,故一般无肌肉萎缩,或仅因肢体长期不运动而产生废用性萎缩。

2. 外周性麻痹　下运动神经元损伤所产生的麻痹,称为外周性麻痹,主要是因脊髓腹角和脑神经运动核的运动神经元被破坏或因外伤引起外周神经损伤所致。

患外周性麻痹时,因下运动神经元受损伤,上运动神经元所发出的神经冲动不能传到下运动神经元,致使脊髓反射弧的功能减弱或消失,肌张力降低,肌肉松软,被动运动的阻力减少,活动幅度增大,故又称为弛缓性麻痹或软瘫。因直接支配骨骼肌的下运动的神经元功能降低或丧失,向肌肉传送神经营养冲动发生障碍,故肌肉迅速萎缩。

患中枢性麻痹时,皮肤反射,如耳反射和肛门反射等均减弱或消失;患外周性麻痹时,下运动神经元或损伤的外周神经支配的区域皮肤反射减弱或消失,身体其他部位皮肤反射仍正常。

[伴随症状]

1. 发热　临床上见于脑炎、脑膜炎、脊髓炎或脑脊髓炎等病原微生物引起的中枢神经系统炎症。诊断可根据脑脊髓液检验。

2. 骨折或关节脱位　见于外伤性骨折或关节脱位引起的麻痹。

第二十八章　骨骼疾病

第一节　骨　　折

　　骨或软骨的连续性发生完全或部分中断称为骨折(fracture)。骨折是小动物临床最常见的骨骼疾病之一,常以功能障碍、变形、出血、肿胀、疼痛为特征。

　　[病因]

　　1. 直接暴力　车祸为最常见的病因,据国外统计,在所有的骨折中,75%～80%是由车祸所致,另见于打击、坠落等。

　　2. 间接暴力　暴力通过骨骼或肌肉传导到远处发生骨折,如股骨颈骨折、胫骨结节撕脱、肱骨或股骨髁骨折等。多见于奔跑、跳跃、急停、急转、失足踏空等。

　　3. 骨骼疾病　动物患骨营养不良、骨髓炎、骨软症、佝偻病、骨肿瘤等疾病时在较小外力作用下易发生骨折。

　　4. 反复应激　小动物前、后脚最常发生疲劳性骨折,如赛犬掌、跖骨、猫指爪常发生这种类型的骨折。

　　[骨折类型]　骨折有不同的分类方法。

　　(1) 根据骨折处皮肤、黏膜是否完整分:开放性骨折和闭合性骨折。

　　(2) 根据骨折的严重程度分:全骨折和不全骨折。前者指骨全断裂,一般伴有明显的骨错位。骨折断离有多个骨片,称粉碎性骨折。后者指骨部分断裂,可分为青枝骨折(幼年动物)和骨裂。

　　(3) 根据骨折线的方向分:横骨折、纵骨折、斜骨折、螺旋骨折等。

　　(4) 根据骨折部位分:骨干骨折、骨骺骨折、干骺骨折、髁骨折等。

　　(5) 根据骨折病因分:外伤性骨折和病理性骨折。

　　(6) 根据骨折复位后稳定性分:稳定性骨折和非稳定性骨折。前者指适当外固定不易再移位的骨折,如横骨折、青枝骨折、嵌入骨折等;后者指复位后易发生再移位的骨折,如斜骨折、粉碎性骨折、螺旋骨折等。

　　[症状]

　　1. 特有症状

　　(1) 变形:小动物因肌组织薄,当发生全骨折时,易发生骨折端移位,使受伤部位形状改变,如肢体成角、弯曲、旋转、延长或缩短等。

　　(2) 骨摩擦音:全骨折两断端互相摩擦或移动远端骨折部位可听到骨摩擦音或有骨摩擦感,这在小动物肢体骨折尤为明显。

　　(3) 异常活动:四肢长骨全骨折后,其骨折点出现异常的活动。

　　2. 其他症状

　　(1) 疼痛:骨折时,动物不安或痛叫,局部触诊敏感、压痛及顽抗。

　　(2) 局部肿胀:由于骨膜、骨髓及周围软组织的血管破裂、出血,发生血肿,或局部淤血、水肿、炎症、显著肿胀。犬、猫四肢近端骨折肿胀明显,远端骨折则不明显。

（3）功能障碍：骨折后由于构成肢体支架的骨骼断裂和疼痛，使肢体出现部分或全部功能障碍，例如四肢骨折引起跛行，椎体骨折可引起瘫痪，颅骨骨折可引起意识障碍，颌骨骨折引起咀嚼困难等。

另外，骨折如伴有内出血或内脏损伤，可发生失血性休克，或其他休克症状。小动物闭合性骨折一般1～2天后血肿分解，体温轻度升高。如开放性骨折继发感染，则可出现局部疼痛加剧、体温升高、食欲减退等症状。

［诊断］ 依据病史和上述症状一般不难诊断，但确诊需进行 X 线检查，不仅可确定骨折类型及程度，而且还能指导整复、监测愈合情况。

［急救］ 限制动物活动，维持呼吸畅通（必要时做气管插管）和血循环容量。如开放性骨折大血管损伤，应在骨折部上端用止血带，或创口填塞纱布，控制出血，防止休克。检查发现有威胁生命的组织器官损伤，如膈疝、胸壁透创、头或脊柱骨折等，应采取相应的抢救措施。包扎骨折部创口，减少污染，用临时夹板固定，再送医院诊治。

［治疗］

1. 闭合性整复与外固定 骨骺骨折及肘、膝关节以下的骨折经手整复易复位者，可外固定。闭合性整复应尽早实施，一般不晚于骨折后 24 h，以免血肿及水肿过大影响整复。全身麻醉，术者手持近侧骨折段，助手纵轴牵引远侧段用力牵拉，使骨断端对合复位，固定部位剪毛、消毒、衬垫棉花后石膏绷带外固定，固定范围一般应包括骨折部上、下两个关节，固定后观察肢体的血液循环状况，出现问题及时调整。

2. 开放性整复与固定 使骨断端达到解剖对位，促进愈合。根据骨折性质和不同骨折部位，常选用髓内针、骨螺钉、接骨板、金属丝等材料进行内固定。为加强效果，在内固定之后，配合外固定，也可选用外固定支架。新鲜开放性骨折或新鲜闭合性骨折做开放性处理时，应彻底清除创内凝血块、碎骨片。骨折断端缺损大，应做自体骨移植（多取自肱骨头或髂骨结节网质骨），以填充缺陷，加速愈合。对陈旧开放性骨折，应按感染创处理，清除坏死组织和死骨片，安置外固定支架或用石膏绷带固定，保留创口开放，便于术后清洗。

［术后护理］ ①全身应用抗生素预防或控制感染。②适当应用消炎止痛药，加强营养，饮食中补充维生素 A、维生素 D、鱼肝油及钙剂等。③限制动物活动，保持内、外固定材料牢固固定。④患肢适当锻炼，促进功能恢复，防止肌肉萎缩、关节僵硬及骨质疏松等。⑤外固定时，术后及时观察固定远端，如有肿胀、变凉，应解除绷带，重新包扎固定。⑥定期进行 X 线检查，掌握骨折愈合情况，适时拆除内、外固定材料。

第二节 骨 髓 炎

骨髓炎（osteomyelitis）是指骨及骨髓的炎症，又称骨感染（bone infection）。细菌、真菌和病毒感染都可引起本病，但临床上以细菌感染多见。按发病情况，骨髓炎可分为急性和慢性两类。

［病因］

1. 外源性感染 多数骨髓炎病例经此途径感染。病原菌经骨的咬创、深刺创、枪伤和开放性骨折、骨矫形手术等感染骨组织，也可由骨周围软组织的化脓性炎症蔓延引起。

2. 血源性感染 系身体其他部位病原菌通过血液循环转移到骨组织后引起的感染。常见原发性感染灶有脐带炎、肺炎、胃肠炎、关节炎等。主要发生于幼年犬、猫。

［发病机理］ 外源性骨髓炎可发生在身体任何部位的骨组织。血源性骨髓炎则主要发生在长骨的干骺端，病原菌栓子随循环进入骨组织后易沉积于长骨营养动脉终端血管床内，使该处成为继

发感染灶。骨组织感染主要表现骨质吸收、坏死和增生性病理反应。在急性炎症阶段，以炎性坏死和破骨细胞反应性骨吸收为主，形成局限性脓肿，即骨髓脓肿、骨膜下脓肿或骨膜外软组织蜂窝织炎、皮肤破溃、脓性窦道病理变化等。骨膜下脓肿使骨膜与骨膜下骨分离，骨膜下骨皮质因失去血液供应而坏死，形成所谓死骨片。后者可在血管再生重新接受供血后被骨细胞吸收，也可长期存留成为骨内感染源。在慢性炎症阶段以骨质增生和修复为主。在死骨形成的同时，病灶周围的骨膜因炎性刺激而新骨增生、硬化，形成"包壳"。包壳将死骨和感染的肉芽组织包围于其中，形成感染的骨性死腔、窦道而长期不能闭合，或通过肉芽组织填充再钙化修复。

[症状]　急性骨髓炎患部热、痛、肿胀明显，患肢跛行，常伴有体温升高、精神沉郁、食欲不振、体重下降、中性粒细胞增多与核左移、血沉加快等全身反应。以后肿胀变软、有波动，切开或自行破溃后形成脓窦。此时全身反应一般减轻，疼痛和跛行减弱，但经常有脓汁流出。慢性病例患部形成一个或多个脓性窦道，并伴有淋巴结病、肌萎缩、纤维变性和机体消瘦，但血细胞变化不常见。

[诊断]　根据病史、临床表现易诊断。X线检查对确定病变范围、死骨、死腔位置和大小、包壳形成情况有意义。急性期X线检查仅见患部软组织肿胀，无骨组织变化，但青年动物的干骺端骨髓炎例外。慢性骨髓炎早期骨周围新骨形成，呈针尖、放射状。皮质骨变薄，骨髓溶解，骨折端变圆。以后新生骨质硬化，形成包壳，内有小而致密的死骨片。青年犬、猫患畜其干骺端皮质完全吸收，被包壳替代。也可用照影剂或放射性核素影像检查。有脓窦者，有的可用探针探明窦道方向、深度及骨粗糙面。

[治疗]　急性骨髓炎时因用药时间长，青霉素、头孢曲松钠、恩诺沙星等药物交替使用。局部出现脓肿应扩创排脓，髓腔积脓者应手术钻通骨皮质排脓减压，如患肢炎症无法控制或阻止其蔓延，可考虑从病灶近端截肢。

第三节　全　骨　炎

全骨炎（panostitis）为一种自发性、自限性疾病，以长骨骨干和干骺端髓腔脂肪变性、骨膜下新骨形成为特征。本病好发于年轻大型或巨型品种犬，如德国牧羊犬（最常见）、圣伯纳犬、拉布拉多猎犬、大丹犬等。一般5～12月龄多发，公犬较母犬多见。临床特征为游走性跛行、局部骨质增生和有压痛。

[病因]　病因不明，可能与遗传因素有关。大型品种犬（尤其德国牧羊犬）、5～12月龄的公犬易感。可能的诱因包括一过性骨局部供血异常、变态反应、代谢异常、寄生虫迁徙和病毒感染后的自体免疫反应。

[发病机理]　犬全骨炎不是一种原发性骨病，而是一种脂肪性髓腔继发性骨病，病程呈周期性经过。发作期先是骨髓脂肪细胞变性退化，继之基质细胞增生，膜内化骨。然后病变开始消退，髓腔内骨小梁逐渐消除，脂肪骨髓再生。病变仅发生在骨干和干骺端，且往往都始于长骨的营养孔附近。骨外膜增厚，伴有骨的吸收和新骨生成（外生骨疣）。

[症状]　突然出现跛行，先一肢发生（前肢较后肢多发），也可多肢同时发病。跛行数天内消退，但2～3周后转移到其他肢上。常3个月左右循环1次，18～20月龄后逐渐痊愈。局部触压疼痛，不增温，肌肉不萎缩。

[诊断]　X线检查见骨质呈周期性增生变化。早期，营养孔附近的髓腔内出现单个密度增高的病灶，边缘模糊。随病程发展，有多个致密的病灶融合在髓腔内。后期，即数周后髓腔内致密区域渐渐消退。X线征象与跛行和压痛程度无相关性。

[治疗]　消炎镇痛、限制活动，药物用阿司匹林、平痛辛等缓解症状。

第四节 干骺端骨病

干骺端骨病(metaphyseal osteopathy)是一种长骨干骺区炎症、出血、坏死性疾病,又称肥大性骨营养不良(hypertrophic osteodystrophy)。常见于生长快的大型或巨型幼年犬(2~8月龄),如爱尔兰赛特犬、德国牧羊犬、大丹犬等。临床特征为长骨远端肿胀、温热和疼痛。

[病因] 病因不详。曾认为干骺端骨病与维生素C缺乏、营养过度及铜缺乏有关,但一直未能得到证实。不过,从该病骨细胞检测到犬瘟热RNA病毒的事实证明,本病可能与犬瘟热病毒感染有关,其他一些现象也证明这一点:①患病犬伴有或出现过呼吸或消化道疾病。②有两病犬发现其齿釉质发育异常(为犬瘟热后遗症)。③用患本病犬血液接种,7只犬中有3只感染犬瘟热。④幼犬接种活犬瘟热病毒疫苗10~14天后,产生典型的骨病变。然而,肉眼、放射学和组织学检查临床上的犬瘟热犬干骺端硬化病变与肥大性骨营养不良却不一样。目前,犬瘟热、肥大性骨营养性不良和其他肥大性骨病(颅下颌骨病和内生骨疣)之间的关系仍不明了。

[发病机理] 本病主要发生在长骨的生长板和邻近干骺。干骺血液供给扰乱导致干骺生长板区域肥大,不能骨化或骨化延迟。肥大区扩延至干骺骨小梁,使该区炎症、出血、坏死、骨折和广泛的骨重建。骨小梁骨折继发骨膜增生,新骨形成,并环绕干骺。

[症状] 临床主要表现跛行、不愿站立。跛行程度从轻度到不能负重不等。两肢可对称性发病。最常侵害部位是桡骨和尺骨远端。长骨远端骨骺肿大,触诊增温、疼痛。伴有不同程度的体温升高、精神沉郁、厌食及体重减轻。

[诊断] X线检查可做出确诊。早期,X线平片显示平行生长板穿过干骺端,生长板不规则、增宽,其周围软组织肿胀;以后,干骺端肿大,骨外膜不规则新骨形成,但并非所有病犬都发生这种变化。如果病情不再发展,患部则会修复和重建。

[治疗] 多采用对症治疗,如疼痛明显,应用解热镇痛药(如阿司匹林)严重衰竭的犬,需施全身支持疗法。加强护理,限制活动,及时调整日粮平衡,防止营养过剩或不良。

第五节 肥大性骨病

肥大性骨病(hypertrophic osteopathy)是一种弥散性骨膜增生性疾病,又称肥大性肺骨关节病(hypertrophic pulmonary osteoarthropathy)或肥大性骨关节病。临床上以四肢远端对称性硬性肿胀和跛行为特征。成年犬多发,猫罕见。

[发病机理] 本病病因常与胸腔或腹腔肿瘤及其他疾病有关,尤其胸腔肿瘤。其发病机理不详。可能因肺部病变通过神经传导使流入肢体下端血量增多,先使结缔组织过度生长,然后新骨增生。其传出神经由肺支气管神经纤维走出加入纵隔迷走神经。传出连接的性质是神经还是激素不详。

[症状] 四肢突然或逐渐发生跛行,其远端有进行性肥大,持续数月。开始局部增温,用力触压疼痛,有动脉搏动感;以后疼痛不明显,但行走强直,呈高跷步态。有些病犬伴有咳嗽、轻度呼吸困难症状。

[诊断] 根据临床症状和X线检查可确诊。后者可见沿长骨和指(趾)骨对称性、广泛性新骨增生。最早发现肢远端软组织肿胀,然后骨外膜新骨形成,呈不规则结节垂直于皮质或与皮质平行突

起。骨质增生也可扩展到肱骨、肩胛骨、股骨和骨盆。肋骨和脊椎有时也呈现病变。胸部 X 线检查可见原发性或转移性肿瘤。如胸腔未发现肿块,也可做腹部 X 线或 B 超检查。

[治疗] 首先治疗原发病。成功的切除肺部病变后,疼痛、软组织肿胀和跛行等症状可在 1～2 周内解除,其骨病变也将逐步减退(几个月);施行迷走神经切除术,阻碍胆碱酯能的传出冲动和神经传入冲动,对治疗本病有一定价值。对肺转移性肿瘤,如难以根除,可施行安乐死术。

第二十九章 关节疾病

第一节 退行性关节病

退行性关节病(degenerative joint disease,DJD)是人和动物最常见的非化脓性关节病,又称骨关节病、骨关节炎。本病主要是关节软骨发生退行性病变。肉眼观察关节软骨破坏、软骨下骨硬化、关节腔狭小及关节缘及其周围软组织形成骨赘等。在犬多发生于髋关节、膝关节、肩关节、肘关节及胸椎间关节和颞颌关节。多数老年犬、猫均可发生本病。临床上以疼痛、姿势改变、患肢活动受限、关节内有渗出液和局部炎症等为特征。

[病因]

1. 原发性 DJD 确切病因不详,可能因动物关节常年应力不均而发生软骨退行性变,并随年龄增长,这种退行性变化逐步加重。犬、猫病理剖检发现有 20%患膝关节 DJD,但无临床及 X 线检查的症状,其中 60%不知病因。另有研究表明,原发性 DJD 是一种常见病,常累及老年大、小型犬的肩关节,也可发生于肘关节,但发病率低。原发性 DJD 多发生于 10 岁以上的老年犬、猫。

2. 继发性 DJD 临床上最常见。任何异常力作用于正常关节,或正常力作用于异常关节均可继发关节退行性变。这些病理性力的最终结果是加速软骨的丧失。如骨软骨病、髋关节发育异常、髌骨脱位均可使关节不稳、关节面不平整、关节软骨受力不均,从而发生软骨磨损;关节扭伤、创伤可使关节软骨受到直接损伤及炎性侵蚀。继发性 DJD 最终形式与原发性相似,但其软骨破坏速度更快,损伤更严重。

[症状] 无论原发性 DJD 还是继发性 DJD,其临床症状相同。早期,常见的症状是动物无明显的关节不灵活和跛行,但不愿执行某项任务或演习。以后,在持续的活动或短暂的过度运动后出现跛行和关节僵硬,但休息数天其症状消失。随着退行性变进一步发展,休息后关节不灵活更显著。冷湿天气症状加重。后期,虽然受多种环境因素的影响,但一般仍保持跛行和关节僵硬的症状。动物易怒或躲避,人靠近或接触时常遭攻击。原发性 DJD 关节变形不多见,但继发性 DJD 则变形严重。关节缘新骨增生和塑形、关节囊变厚和关节面破坏而关节变粗,较大的关节尤其髋关节和膝关节可能发生全脱位或不全脱位。严重者关节积液,但仅见大型犬,小型犬和猫少见。触诊肿胀、温热或不热,关节活动范围小,并有摩擦音。慢性病例患肢肌肉萎缩。

[诊断] 根据病史、临床症状、X 线检查和关节穿刺进行诊断。X 线检查见关节间隙变窄,关节面不平滑,关节周围矿物质沉积,关节缘有骨疣,软骨下骨硬化,软骨下溶解和形成囊腔(局灶性骨质破坏区)。X 线检查另一特征是关节脱位,尤其膝关节继发不全脱位或关节不稳定。MRI 对早期 DJD 诊断有意义,尤其适用于关节软骨或软骨下骨的轻度损伤。滑液增多(比正常多 10～20 倍),黏稠度下降,变色,白细胞总数低于 5×10^9 个/L,其中多数为淋巴细胞。

[治疗] 减重,疼痛较重时可注射地塞米松及服用美洛昔康等药物。

第二节 关节脱位

关节脱位(luxation of joints)是指关节因受机械外力、病理性作用引起骨间关节面失去正常的对合。如关节完全失去正常对合,称全脱位,反之称不全脱位。犬、猫最常发生髋关节、髌骨脱位,肘关节、肩关节也有发生,腕关节、跗关节、寰枢关节及下颌关节偶发。

[病因] 多因强烈的直接(或间接)外力作用所致,也有先天性或发育异常因素,如髌骨脱位多与遗传有关。

[症状与诊断] 主要临床症状有以下几个方面。

(1)关节变形:改变原来解剖学上的隆起与凹陷。

(2)异常固定:因关节错位,加之肌肉和韧带异常牵引,使关节固定在非正常位置。

(3)关节肿胀:严重外伤时,周围软组织受损,关节出血、炎症、疼痛及肿胀。

(4)肢势改变:脱位关节下方肢势改变,如内收、外展、屈曲或伸展等。

(5)功能障碍:由于关节异常变位、疼痛,运动时患肢出现跛行。但是,关节不全脱位其症状不典型。

关节全脱位者,根据临床症状和X线检查可做出诊断,但不全脱位则诊断较困难。后者最好通过拍摄不同状态(如负重、刺激负重或屈伸关节)X线片加以诊断。

犬髋关节脱位多因髋关节发育异常所致,也见于外伤性髋关节脱位。圆韧带和关节囊损伤,以前上方脱位多见,患肢变短、外展或内旋。中年或老年犬常发生膝关节前十字韧带断裂,尤其身体过重、少活动、室内饲养犬更易发。做过绝育手术的母犬发病率最高。猫本病少见。虽然前十字韧带断裂常突然发生,但一般均有进行性退变过程。往往一年内对侧肢韧带也发生断裂。可通过抽屉试验(drawer test)诊断。膝关节韧带逐步紧张(抽屉试验证明)是犬浆细胞-淋巴细胞性膝关节炎的一个特征。因前十字韧带断裂最终导致退行性关节病和内侧半月板损伤。这种退行性变严重程度与动物的体重和活动性成比例。

髌骨脱位常见髌内方脱位,出现弓形腿,膝关节不能伸展。本病主要见于小型品种犬,多为先天性。临床检查易诊断。大型品种犬也可发生髌内方脱位,但会同时并发膝关节前十字韧带断裂。

肘关节脱位多因外伤所致,常发生外方脱位。肘关节不全脱位与该关节三个主要疾病(肘突未愈合、内侧冠状突病和肱骨内髁骨软骨病)有关。因这些疾病可引起尺骨滑车切迹发育异常。某些犬种如拉布拉多猎犬、英国牧羊犬、长须牧羊犬等,年老或肥胖时,腕关节因渐进性退变或支持韧带软弱也偶发不全脱位或全脱位。

犬、猫常因骨折发生颞下颌关节脱位,但犬本病为非创伤性。有两种类型:一种咀嚼时下颌异常咬合,嘴不能张开;另一种(常见)颌骨过度伸张,嘴张开被锁住持续数秒或只有徒手整复才能将其解除。X线检查可区别颞下颌关节脱位类型和关节骨折。

[治疗] 包括保守疗法和手术疗法。

1. 保守疗法 不全脱位或轻度全脱位,将动物侧卧保定,患肢在上,采用牵拉、按压、内旋、外展、伸屈等方法,使关节复位。如复位正确,手可触觉震动或听到一种音响。整复后,为防止再发,应立即进行外固定。

2. 手术疗法 中度或严重的关节全脱位和慢性不全脱位,多采用手术疗法,通过牵引、旋转患肢,伸展和按压关节或用杠杆作用,使关节复位。根据脱位性质,选择髓内针、钢针和钢丝等进行内固定,韧带断裂,应将其缝合固定。如非创伤性颞下颌关节脱位,可施部分颧弓切除术,防止颌骨被锁。

第三节 骨 软 骨 病

骨软骨病(osteochondrosis)或称软骨发育异常(dyschondroplasia)是一种关节软骨和骺软骨的软骨内骨化障碍的疾病,其特征为无血管的软骨停留在长骨和干骺端生长区。许多家畜均可发生本病,犬主要发生在快速生长的大型和巨型犬(4～8月龄),如圣伯纳犬、德国牧羊犬、金毛犬、纽芬兰犬等犬种。全身不少关节均可患病,尤其肱骨头后缘、膝关节内外侧股骨髁、肱骨髁内侧及距骨内侧缘等更多发。多为一肢发病,约有1/3病例为两侧性。当软骨分离时,形成软骨瓣,称剥离性骨软骨炎。临床上以无外伤史、跛行、疼痛为特征。本病猫少见。

[病因及发病机理] 虽然本病已研究60多年,但对其病因至今仍不十分清楚。犬患本病与遗传有关,但环境因素如生长快、体重及高能量日粮、损伤等均可影响本病的发生。遗传性病犬有异常或正常的基因表现型。骨软骨病如肘关节或髋关节的基因表现型均受营养因素的影响。营养过度的幼犬易发本病,且发病率高,病变更严重。根据对猪、马、犬和牛的研究和观察,现认为因软骨管血供缺陷引起软骨局部缺血是最初骨软骨病病变的关键因素。局部缺血导致骺软骨坏死。深层软骨细胞死亡,其周围的软骨基质不能矿化,软骨下血管不能进入未矿化区域。因此,伴随这些血管的骨原性间充质不能穿透软骨,失去正常的骨化作用,软骨承受力减弱。在切线力作用下,如动物赛跑或跳跃,使较弱的软骨水平性裂开,如继续发生撞击,则发生垂直性破裂,软骨撕脱,形成软骨瓣。松弛的软骨瓣可停留原处,逐步变小、吸收,或得到关节液营养,变成松弛的软骨小体("关节鼠")。"关节鼠"可黏附于滑膜上,血管增生和骨化,形成软骨瘤。也可游离于关节腔影响关节的功能。

[症状] 剥离性骨软骨炎主要症状为跛行。跛行逐渐加重,呈持久性跛行,常休息后关节不灵活或运动后跛行加重。患肢关节活动范围变小,关节伸屈疼痛,其中肩关节疼痛更明显。慢性病例,手移动关节可听到"咔嚓"声响,肌肉萎缩或不萎缩,如肱骨头受损,冈上肌和冈下肌萎缩。关节积液和关节囊增厚。剥离性骨软骨炎特殊的并发症是小块软骨进入臂二头肌腱鞘(肩部)、指长伸肌或腘肌(膝关节)、拇长屈肌(胫跗关节)等,引起严重和疼痛性腱鞘炎。不及时治疗,持续跛行可继发退行性关节病。

[诊断] 根据体型、年龄、病史及临床症状可做出初步诊断,确诊需经X线检查。早期(4～6月龄)由于分离的软骨还未骨化,可见一扁平的软骨下骨X线阴影;随着骨骺进一步生长,其缺损部呈浅蝶形(6～7月龄);随后软骨瓣开始骨化,但其仍停留在关节面缺损处(7～8月龄或更大);严重者,骨化的软骨瓣突出于肱骨头表面,甚或脱落至肱骨头后下方,即形成"关节鼠"。关节造影也可发现软骨瓣。慢性病例继发退行性关节病,则可见到异常形状的骨骺。

[治疗] 保守治疗:适宜的运动,疼痛严重时使用消炎镇痛药。若X线检查已发现软骨瓣或已脱落,行手术将其清除。

第四节 肘关节发育异常

肘关节发育异常(elbow dysplasia)是指肘关节骨关节病,涉及三种病,即尺骨内侧喙突病、肘突未联合和肱骨内侧髁骨软骨病。遗传和快速生长是重要病因。一种理论认为,肘关节发育异常是骨软骨病另一种继发表现形式。这三种病在病理发生上都由于肘关节滑车迹异常的发育,导致近端尺骨和远端肱骨关节面不对称。本病常见于罗威那犬、拉布拉多猎犬、伯恩山犬等大型品种犬。

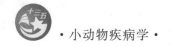

一、尺骨内侧喙突病

喙突软骨样,龟裂或骨化龟裂、分离。临床表现跛行、异常步态(如果两侧性)和肘关节被动屈曲和伸展表现轻度到中度的抵抗。关节"咔嚓"声不常见。慢性病例关节囊增厚,关节积液,肌萎缩。跛行和步幅异常,以前肢伸展、爪过度旋转为特征,肘关节外展或内收。严重者,坐下或卧地,不愿行走。根据年龄、品种、临床症状及X线诊断。X线征候包括关节不对称、继发新骨增生及进行性DJD等。过去常用手术除去异常的软骨。但研究表明,病初,药物治疗比手术治疗效果好,9月龄后两者则无差异。因此,控制体重,配合药物治疗和适宜的活动是治疗本病的良好选择。

二、肘突未联合

多发生于非营养障碍类品种犬,但营养障碍类品种犬也可发生。主要由于尺骨肘突存在分离的骨化中心(德国牧羊犬和其他个别犬有这样的分离骨化中心),使其骨化不全,肘突生长部裂开,近而发生肘突与尺骨分离。营养障碍类品种犬其肘突并非未联合,而是骨折。后者则因远端尺骨生长部纵行生长延迟,肘突向下不全脱位所致。多在4～6月龄发生。临床可见一或两前肢不同程度的跛行或肢势改变。肘关节和前爪外斜。伸屈肘关节和触摸鹰嘴窝,关节咔嚓声和疼痛明显。继发退行性关节病时其关节囊增厚,关节积液。X线检查揭示在肘突与尺骨间有一透X线带。切除松脱的肘突可减少慢性刺激,减轻跛行,但手术并不能改变关节不稳定和关节面不对称。用骨螺丝将松脱的肘突重固定,其疗效也可疑。施尺骨切开术,可改变滑车的关节不对称性,也便于未联合肘突的融合。营养障碍类犬推荐用手术切除肘突治疗。

三、肱骨内侧髁骨软骨病

肱骨内侧髁软骨异常增厚、龟裂,进而与软骨下骨分离,形成软骨瓣或游离软骨片。可能由于内侧髁受到滑车软骨过多的压力之故。这种压力干扰正常软骨骨化,使更多深层软骨细胞显露,应激过度。关节前后位X线检查可观察肱骨髁的缺损和软骨瓣。治疗包括切除分离的软骨瓣和清创缺损部。预后取决于病损大小、尺骨滑车迹异常发育和其他部位疾病的程度。

第五节　髋关节发育异常

髋关节发育异常(hip dysplasia)是一种髋关节发育或生长异常的疾病,其特征为关节周围软组织不同程度的松弛、关节不稳(不全脱位)、股骨头和髋臼变形、退行性关节病。本病不是一种独立的疾病,而是多种病因(遗传和环境应激因素)所致的复合性疾病。本病多发生于大型和快速生长的幼年犬,如德国牧羊犬、纽芬兰犬、圣伯纳犬等。发病率高(如圣伯纳犬发病率为47.4%,德国牧羊犬达50%),危害大。公、母犬发病率相同。据报道,纯种猫也可发生本病。

[病因及发病机理]　确切病因不详。目前认为本病是多因子或基因遗传性疾病,表明动物体内存在许多基因缺陷,当受到环境和营养因素影响时就改变了基因的表现型。是否存在内源性还是外源性因素还有争议。支持内源性的认为是髋关节本身发育问题;支持外源性的则认为是继发于支持髋关节肌肉功能不全或物理性异常。不过,无论是何种原因,最终结局是关节不稳定和退行性关节病。所有这类病犬在出生时髋关节发育正常,但随后关节软组织就发生进行性病变,继而骨组织也发生病理变化。病理剖检和X线检查均可发现其病理变化。主要病变有关节松弛、髋臼腔变浅、关节不全脱位;关节肿胀、磨损,股骨头圆韧带断裂;关节软骨破溃、软骨下骨象牙质变;关节周围骨赘形成,韧带附着点骨质增生等。

[症状]　最初多在5～12月龄出现活动减少和不同程度的关节疼痛症状。以后行走一后肢或

两后肢跛行,步幅异常,弓背或后躯左右摇摆,跑步两后肢合拢,即所谓"兔跳"步态。起立、卧下或爬楼梯困难。触摸关节疼痛明显。大腿肌肉萎缩,被毛粗乱。病情严重者食欲减退,精神不振。

[诊断]　测量关节松弛有助于早期诊断,后期主要借助 X 线检查。一种关节分离指数(distraction index,DI)法(测量髋关节被动松弛)可定量测定关节松弛状况。这种方法克服主观打分的片面性,其敏感性、预测性均优于主观打分法,对品种选育和疾病诊断有一定意义。

标准的 X 线检查方法是动物取仰卧位,两后肢向后拉直、放平,并向内旋转,两髌骨朝上,X 线球管对准股中部拍摄。根据髋臼缘钝锐、臼窝深浅、股骨头脱位程度和骨赘形成等,判断髋关节构形及发育异常的严重程度,并根据 7 个等级(优秀、良好、合格、可疑、轻度、中度和严重)打分。前 3 种用于品种选育,后 3 种用于本病的诊断。一般来说,病程长,髋臼变浅和不全脱位程度越重,并渐而继发退行性关节病和全脱位。

[治疗]　锻炼或强烈运动后才有急性跛行的幼犬,可休息和应用镇痛剂治疗。疼痛明显、轻微的退行性变者,应用镇痛剂、限制其活动。病情严重者,幼年期切开耻骨肌或其肌腱可解除疼痛(减轻对关节囊疼痛性压迫),难以治愈的动物,可采用如股骨头切除术、骨盆切开术、髋关节全置换术等。

第六节　传染性关节炎

传染性关节炎(infectious arthritis)是指关节滑膜和滑液受到病原微生物感染而发病。由于病原及病原毒力的不同,关节的感染程度各异。一般引起关节滑膜炎症或化脓,病情发展可累及关节囊纤维层及韧带、软骨和骨骺端,甚至引起全身脓毒血症。临床特征为关节肿胀、增温、疼痛和跛行。全身症状包括发热、精神不振、厌食、白细胞增多、血沉升高、急性期反应物水平增加、血纤维蛋白原过多及淋巴结病等。本病主要发生于犬,猫少见。

一、细菌性关节炎

细菌性关节炎(bacterial arthritis)多由链球菌、葡萄球菌、丹毒丝菌、棒状杆菌、大肠杆菌等感染引起。感染途径主要有两种。

(1)局部感染:见于关节透创、关节手术和关节穿刺等,由病原菌直接感染关节或关节周围组织化脓性炎症的蔓延引起。

(2)血源性感染:咽炎、肺炎、心内膜炎、脐带炎、生殖道感染、泌尿道感染、乳腺炎、脓皮病等原发病灶的病原菌经血液循环感染关节,多见于幼年犬、猫,往往多关节同时发生。

化脓性关节炎滑液常呈血色,含有大量中性粒细胞,但绝对值(尽管高)类似于非化脓性关节炎。早期 X 线检查显示滑膜增厚、关节囊膨胀、关节腔稍增宽(关节积液);后期,X 线检查常见征象是邻近关节腔周围骨膜增生。由于软组织炎症、肿胀,关节软骨被破坏,关节腔变小。并发症包括骨髓炎、纤维性或骨性强直和继发关节病。

治疗取决于分离的微生物及其对抗生素的敏感性。抽取滑液、血、尿细菌培养,多数微生物经血液循环感染,也有经尿道感染。

二、螺旋体性关节炎

螺旋体性关节炎(spirochetal arthritis)又称莱姆病(Lyme disease),为人兽共患病。其病原为伯氏疏螺旋体。疏螺旋体在局部皮肤潜伏期为 2～5 个月,并可复制。此后,发生全身性感染,滑膜、心脏和中枢神经系统均有病原体。犬关节为好发部位,感染后 50～90 天(平均 66 天)离蜱叮咬最近的肢体发生一个或几个暂时性急性关节炎(有时严重)。犬的这种急性关节炎血清转化(产生抗体)最快,血清转化后(90 天后),动物一般无症状,或仅出现轻度临床症状。关节滑液量及细胞成分增加,后者主要为非退变中性粒细胞。采取患病关节皮肤做聚合酶链式反应(PCR)最易检测到致病微生物。

本病需与蜱叮咬引起的关节炎性皮疹(即犬埃利希体病)和免疫介导性关节炎区别诊断。免疫介导性关节炎发病率高,一般为多个关节发病,最常见于纯种犬。在流行和非流行区,伯氏螺旋体病或埃利希体病流行率相等。如犬处在疫区,测定其抗体滴度是有用的,可确定其疫区是否是蜱致病高发区。埃利希体关节炎通常伴有血小板减少。

当怀疑其关节炎是经蜱感染还是免疫介导性时,首先用多西环素治疗,至少 5 天,但要谨慎,然后再选用免疫抑制药治疗。如关节炎是由疏螺旋体或埃利希体所致,应在用药 48~96 h 后见效。

三、L 型细菌关节炎

L 型细菌(L-form bacteria)是指细胞壁缺陷的细菌。这些细菌通过传代培养,能回到主代细胞壁状态,故可与支原体区别。猫最常见 L 型细菌感染,通常表现皮下创伤形成窦道,并通过局部蔓延或血液循环感染邻近或远端关节。患病关节破坏和完全脱位。感染主要发生在四肢远端,表明致伤原因可能是咬伤。也有报道发生卵巢子宫切除创口感染和医源性感染。虽然感染常局限于一只猫,但有多只猫的家庭,也可发生猫与猫间的传播。分泌物呈黏蛋白性、混浊、无味。分泌物或组织常规培养无感染病菌或特异菌株。治疗本病除四环素外,其他抗生素均无效。

四、立氏立克次体和埃利希体关节炎

在立克次体科中立克次体属和埃利希体属的病原与许多犬疾病相关联,世界各地凡是有蜱寄生的地方均可发现这些生物体。

犬立氏立克次体感染常呈亚临床性,不过严重者全身血管发炎,多关节炎常是这种血管炎的典型特征。犬埃利希体病有急性和慢性两期。急性期,犬常见发热、精神沉郁、淋巴结病、各种血液学异常(总会有血小板减少)和非侵蚀性多关节炎,后者是急性期主要或次要特征。慢性期也可见关节炎,但并不是主要特征。准确的临床症状取决于埃利希体种属,血小板埃利希体感染,且无其他蜱源疾病,则呈亚临床症状;粒细胞埃利希体病比单核细胞埃利希体病更有可能表现多关节炎。

在诊断上主要与免疫介导性关节炎区别,其诊断步骤与莱姆病相同。而且,立氏立克次体或埃利希体关节炎均有血小板减少特征。如怀疑关节疾病是感染性或免疫性,应首先用多西环素治疗 3~5 天,再用地塞米松治疗。急性期治疗 48 h 病情明显改善,应继续用药 10~14 天。慢性者,当骨髓受到侵害,四环素治疗效果差或疗效慢时,可改用二丙酸双咪苯脲。

五、病毒性关节炎

短时或持久的关节病是许多人急性病毒性关节炎(viral arthritis)的一种症状,多发生在流行性腮腺炎病毒、柯萨奇病毒或腺病毒感染的恢复期。动物关节炎症只有相当严重时才表现疼痛症状,故其病毒性疾病并发关节炎在急性阶段并不明显。猫杯状病毒自然或实验感染均可观察到暂时(48~72 h)的跛行综合征。患病幼猫通常表现发热、感觉过敏,约 40% 病例出现舌或腭溃疡。常在免疫接种杯状病毒活疫苗后发生跛行综合征。关节滑液常有大量巨噬细胞,其中有许多吞噬中性粒细胞。

猫渗出型传染性腹膜炎也表现轻度、中度或严重的滑膜炎,但仅少量的病猫跛行。人和犬接种病毒活疫苗均可有一过性风湿性综合征。犬瘟热病毒长期存留关节内也有类风湿性关节炎症状。

六、真菌性关节炎

犬、猫真菌性关节炎(fungal arthritis)不常见,可能因真菌性骨髓炎蔓延引起,或作为一种原发

性肉芽肿性滑膜炎而存在,前者更多见。球孢子菌、皮炎芽生菌、荚膜组织胞浆菌及新型隐球菌等为最常见病原性真菌。

七、原虫性关节炎

原虫性关节炎(protozoal arthritis)并发于人和某些品种动物感染杜氏利什曼原虫复合体而发生的内脏利什曼病,为一种慢性全身性巨噬细胞增生浸润性疾病。该原虫由各种吸血白蛉传播。在地中海和亚洲部分国家,犬是这种原虫的主要宿主。多数感染的犬无症状或仅表现轻度的皮肤病。较严重病犬则表现发热、疟疾、失重、淋巴结病、肝脾肿大、贫血、肾病、肠炎、皮肤病和多发性关节炎等症状。除多关节炎,X线检查还显示轻度到严重的骨膜增生和破坏。滑膜被大量的充满利什曼小体的巨噬细胞浸润。用有机锑剂和别嘌醇治疗数月,配合应用左旋咪唑(免疫增强剂)有效。

第七节 非感染性关节炎

非感染性关节炎(non infectious arthritis)分为两类,即疑似免疫源性关节炎和晶体诱发性关节炎,后者如痛风或假痛风,犬、猫罕见,但犬免疫介导性关节病则较常见。

一、犬类风湿性关节炎

犬类风湿性关节炎(rheumatoid arthritis)为一种疑似免疫源性关节炎,称免疫介导性关节炎,属侵蚀型。本病并不常见,常发生于8月龄到8岁的小型犬和玩具犬。本病远端关节(腕关节、跗关节等)侵害较严重。临床上以游走性跛行和关节肿胀为特征。

[病因及发病机理] 确切病因及发病机理不详。新近研究表明,本病是由许多致病因素,如阳光照射、药源性(普鲁卡因酰胺、青霉素、四环素、灰黄霉素、磺胺、保泰松等)及感染(细菌感染和病毒感染)等因素相互干扰,改变了宿主免疫球蛋白(IgG)。后者刺激类风湿因子(IgG和IgM自身抗体),并与类风湿因子结合,在关节内形成类风湿因子-IgG免疫复合体,沉积于滑膜,产生炎症。类风湿因子-IgG免疫复合体被关节内吞噬细胞吞噬,导致滑膜细胞增殖、滑膜肥厚,形成一种血管化的肉芽组织(血管翳)。后者干扰软骨来自滑液的营养,引起软骨坏死,并侵蚀软骨下骨,产生局部骨溶解,使关节面萎陷。严重者关节囊紧张,侧韧带断裂。

[症状] 病初表现游走性跛行和关节周围软组织肿胀,并伴精神沉郁、发热及厌食。跛行时轻时重,反复发作。肿胀常累及几个关节。数周或数月内,由于复发,关节软骨进一步遭到侵蚀,出现典型的X线征象,即关节周围骨质疏松、软骨下清澈和肿胀。后期,关节腔狭小、边缘侵蚀、不全脱位及全脱位。

[诊断] 任何非传染性、侵蚀性多关节炎犬应怀疑是类风湿性关节炎。患病关节滑液稀薄、混浊,细胞增多(6000～80000个/μL,平均30000个/μL),中性粒细胞比例高(20%～95%,平均74%)。滑液黏蛋白凝固差。

类风湿因子试验,其抗体滴度达1:16或更高可认为是阳性。有20%～70%病犬类风湿因子试验是阳性,微弱、假阳性见于其他全身性炎性疾病。滑膜活组织检查,滑膜增生、肥大,并有严重的淋巴细胞、浆细胞和巨噬细胞浸润。滑液和滑膜培养为阴性。

根据典型的临床症状、X线特征、滑液培养阴性、滑液特性、类风湿因子试验阳性和典型的活组织病变等,可诊断为类风湿性关节炎。

[治疗] 治疗目的是缓解疼痛、控制炎症,防止关节进一步损伤和改善关节功能。阿司匹林、水杨酸钠等药物治疗效果较好。

二、猫慢性进行性多关节炎

猫慢性进行性多关节炎主要发生于公猫,多在 1.5～4.5 岁发病。其发病机理并不很清楚,但可能与接触猫多核体形成病毒(FeSFV)有关,所有病猫血清学和病毒学检验均阳性。最初报道这个病与猫白血病病毒(FeLV)相关,因本病多数猫 FeLV 阴性,故认为 FeLV 在本病的发病机理上并不重要。不过,从病猫分离的 FeSFV 也不能复制关节炎。因此,某些公猫感染 FeSFV 后关节炎的症状并不明显,但一旦感染 FeLV 可促使其表现出来。

滑液常呈黄色、混浊,并有大量中性粒细胞。血清 FeSFV 试验呈阳性的可能性很大,因正常猫这种病毒感染率高,因而也就限制其特异性。病猫还应做 FeLV 检测,如猫感染两种病毒,则预后不良。

常用皮质类固醇和环磷酰胺治疗本病,应长期坚持用药治疗。

三、自发性免疫介导性关节炎

自发性免疫介导性关节炎为非侵蚀性炎性多发性关节炎,临床上最常见,尤其比赛的大型犬更多发。任何年龄犬均可发生,但 1～6 岁发病率高。本病猫少见。

[症状]　病犬表现周期性发热、关节僵硬、跛行,抗生素治疗无效,其中发热最明显。多数食欲减退,精神不振。一般多关节发病,全身性僵硬,如脊柱、尾及四肢等。远端小关节,如腕关节、跗关节常最严重,关节肿胀、增温。玩具犬常为全身严重的关节炎,由于不愿活动,则难确定是关节本身的问题,还是精神沉郁所致。全身肌肉萎缩,颞肌和咬肌可呈不对称性萎缩。这种萎缩部分是因废用所致,但多数则由于肌肉和神经的原因。

[诊断]　根据临床症状、关节滑液分析和 X 线检查进行诊断。滑液稀薄、混浊,黏蛋白试验一般正常。其细胞主要是中性粒细胞。有核细胞增多(40000～370000 个/μL),非变性中性粒细胞比例高(通常＞80%)。少数严重或经糖皮质激素治疗的病例,其白细胞总数降低,中性粒细胞比例下降(30%～80%)。血、尿及滑液细菌、病毒、支原体、衣原体培养阴性。当诊断是非感染、非侵蚀性多关节炎时,应做潜在免疫介导性疾病的检验。犬、猫自发性多关节炎一般抗核抗体(antinuclear antibody,ANA)、类风湿因子阴性,也无红斑狼疮症状(如贫血、血小板减少、蛋白尿和皮肤疾病等)。猫 FeLV、FIV 阴性,如做滑膜活组织检查,最初呈中性粒细胞性滑膜炎,但随病程延长,淋巴细胞、浆细胞和巨噬细胞则增多,绒毛增生。X 线检查病变常局限于关节和关节周围肿胀。

[治疗]　泼尼松可缓解病情,配合应用免疫抑制剂硫唑嘌呤,但停药后有 30%～50% 病犬复发,应注意。

四、系统性红斑狼疮多关节炎

系统性红斑狼疮(systemic lupus erythematosus,SLE)多关节炎为一种免疫复合性疾病,病因不详。犬、猫均可发生,但犬发病率最高。临床最常见症状为多关节炎,可占 70%～90%。

第八节　跛　　行

跛行(lameness)不是一种独立的疾病,而是肢体疾病或某些疾病的综合症状,表现为四肢运动功能障碍。很多外科疾病均可引起跛行,尤其是四肢病和蹄病,有些传染病、寄生虫病、内科病及产科病也可引起跛行,故在临床上发生跛行后要注意鉴别诊断。跛行可突然发生,也可逐渐发生或间歇发生,其症状可随运动减轻或加重。

[病因及发病机理]　引起跛行的原因较多,很多疾病均可引起跛行。

1. 四肢或其邻近部位的炎症 在炎症反应过程中,炎性渗出物对神经末梢的刺激,炎灶内酸性反应的组织蛋白产物蓄积,组织中钾离子的积累,组织内压的增高及神经末梢被细菌代谢产物刺激,均可产生疼痛反应而表现跛行,特别是致密的腱、骨髓和富含神经的蹄部,其疼痛剧烈,跛行更为明显。可由皮肤病、皮下组织疾病、肌肉疾病、腱及腱鞘疾病、韧带疾病、黏液囊疾病、神经疾病、血管及淋巴系统疾病、关节疾病、蹄病等引起。

2. 外周神经麻痹 四肢的外周神经损伤可引起完全麻痹、部分麻痹或不全麻痹。运动神经麻痹时,其支配的肌肉、肌腱的运动功能会减弱或丧失,表现迟缓无力,无法固定肢体和自动伸缩。当感觉神经麻痹时,表现为感觉减弱或丧失。神经麻痹时可导致营养失调和运动不足,所支配的肌肉会表现萎缩、凹陷和体积缩小,出现跛行。常见的神经麻痹有桡神经麻痹、肩胛上神经麻痹、尺神经麻痹、胫神经麻痹、腓神经麻痹、坐骨神经麻痹等。

3. 营养代谢性疾病 当钙磷比例失调、维生素 D 缺乏时可影响钙的吸收和沉积,会引起骨骼的发育异常,如变软、弯曲、骨质疏松等。另外一些矿物质,如锌、锰、铜及硒等的缺乏同样会导致骨骼变形、弯曲,这些均可引起跛行。维生素 A 过多也可出现跛行。

4. 脑和脊髓疾病 动物的运动功能是由中枢神经系统支配,脑和脊髓的疾病和损伤常可引起肢势和运动的异常,如腰荐神经损伤,可引起动物后肢发软,难以站立,甚至瘫痪等。

5. 其他 髋关节发育不良引起大型犬的跛行较为常见。另外,四肢邻近组织的肿瘤、睾丸炎、阴囊炎、阴囊积水、去势术并发症以及甲状旁腺功能亢进、系统性红斑狼疮、莱姆病及趾间寄生虫等,均可引起跛行。

[症状与诊断] 跛行的病因和诊断较复杂,不仅要注意四肢的病变,而且应检查全身的状况,了解动物与外界环境的联系,注意个体与群体的关系。

1. 问诊 了解和询问跛行动物的饲养、管理和运动情况。

2. 视诊 进行驻立视诊和运动视诊。

(1)驻立视诊:注意四肢的站立和负重情况,有无肢势异常,被毛和皮肤的状况及完整性,有无肿胀或肌肉萎缩以及骨骼和关节的状态,进而找到确诊疾病的线索。

(2)运动视诊:通过运动观察患肢和跛行的种类及程度,发现可疑患部。

3. 四肢各部检查 包括趾、系部、系关节、掌部、腕关节、前臂部、臂部、肘关节、肩胛部、跖部、跗关节、肢部、膝关节、股部、髋部、腰部及尾部的检查,视诊和触摸骨骼、肌肉、关节、肌腱及神经等组织结构和功能有无异常。对关节进行被动运动检查。对可疑患部做重点检查,以确定具体患部和疾病的性质。

4. 特殊诊断 在确定肿胀的程度、骨折和脱位时,可用特殊诊断方法诊断。在诊断因疼痛引起的跛行时,可用外周神经麻痹、关节内和腱鞘内麻醉。确诊骨折、骨质疏松及关节脱位者,可直接进行 X 线检查。此外,根据情况可应用电刺激诊断、血管造影诊断、关节内滑液检验等。怀疑传染病和寄生虫病时应做病原学和血清学检查。

5. 跛行的种类 根据患病动物患肢生理功能障碍的状态和步幅变化可将跛行分为:悬跛、支跛、混合跛及特殊跛行。悬跛的特征是患肢抬不高,迈不远,患病部位主要在腕(跗)关节以上;支跛的特征是患肢负重的时间缩短,减负体重或免负体重,患病部位主要在腕(跗)关节以下;混合跛兼有悬跛和支跛的特征。

6. 跛行程度 跛行程度一般可决定患部的严重性,临床上常分为三类。

(1)轻度跛行:患肢驻立时可全负着地,运步时稍有异常或跛行不明显,而在负重或用力运动时出现跛行。

(2)中度跛行:患肢不能以全负着地,仅用趾或蹄尖着地,或全负着地,而上部关节屈曲,以减轻体重负担,运步时可看出有明显的提伸障碍。

(3)重度跛行:患肢驻立时几乎不着地,运步时有明显的提举困难,甚至呈三肢跳。

7.小动物特殊跛行

（1）间歇性跛行：动物跛行呈间歇性发作，见于动脉血栓、膝关节习惯性脱位、关节炎等。

（2）黏着步样：特点为缓慢短步，见于肌肉风湿、破伤风等。

（3）鸡跛：患肢运步时举扬，膝关节和跗关节高度屈曲，如鸡行步态，见于畸形性跗关节炎、膝关节炎和膝关节习惯性脱位。

［伴随症状］

（1）伴有体温升高或炎症：见于多种炎症或瘫痪引起的跛行，如蜂窝织炎、睾丸炎、莱姆病及系统性红斑狼疮等。

（2）伴有神经症状：见于中枢神经系统疾病，如脑炎、脊髓炎、脑损伤和脊髓损伤等，也见于外周神经疾病，如四肢外周神经麻痹或损伤。

（3）伴有骨折：多见于动物四肢不同部位骨骼骨折和盆腔骨折等。

第三十章 肿 瘤

第一节 概 述

一、肿瘤的分类与命名

一般根据肿瘤组织来源分类,每一类又按肿瘤细胞的分化程度及其对动物健康的影响而分为良性和恶性两类。由于小动物尤其是犬、猫、观赏鸟等伴侣动物的寿命不断延长,故小动物肿瘤发生率明显高于大家畜。肿瘤是异常出现的组织(或细胞群),生长速度比正常组织快,恶性肿瘤对组织和动物的健康影响较大。

有些品种犬肿瘤的发生率较高,尤其纯种犬。从年龄上看,老年犬患肿瘤的比例最高。

肿瘤的命名主要根据以下方法:良性肿瘤是在肿瘤来源组织的名称后加上"瘤"字,如腮腺瘤、血管瘤、脂肪瘤等。恶性肿瘤的命名较复杂,来源于间叶组织的恶性肿瘤被称为"肉瘤",如淋巴肉瘤、横纹肌肉瘤、血管肉瘤、骨肉瘤等;由上皮组织形成的肉瘤称为"癌",如耳耵聍腺癌、鳞状细胞癌等;对于来源于神经组织和未成熟胚胎组织的恶性肿瘤的命名,常采取在发生肿瘤的组织或器官之前加"成"字构成,也可在来源组织之后加"母细胞瘤"4个字,如成神经细胞瘤等;对于某些来源还有争论的恶性肿瘤,一般是在肿瘤的名称之前加"恶性"两字,如恶性黑色素瘤等。

在世界范围内,犬、猫的皮肤肥大细胞瘤和鳞状细胞癌常见;国内小动物肿瘤的发生率、品种因素和地区性影响等情况尚无可信的统计资料。从目前我国小动物临床肿瘤病例来看,常见的有腺体瘤(尤其是乳腺瘤)、鳞状细胞癌、各种肉瘤、基底细胞瘤、脂肪瘤、纤维瘤、色素瘤、血管瘤、软骨瘤、生殖器官(以阴茎、阴道为主)肿瘤以及卵巢的种植性肿瘤等。临床肿瘤手术中,乳腺瘤比例最大;幼犬以口腔乳头状肿瘤发生率最高。

二、肿瘤的临床诊断方法

肿瘤的临床诊断方法包括以下几种。

1. 活组织检查 简称活检。活检是一种迅速而准确的临床诊断方法,取肿瘤组织块、穿刺物、刮落或脱落的细胞碎片在显微镜下由兽医病理专家进行鉴定。在做活检之前,应了解被检查动物的基本情况,如动物种类、性别、品种、年龄,肿瘤生长部位、生长速度、外观及触诊的情况等,以便做到有的放矢。

2. 仪器诊断 X线透视、摄片是判断肿瘤的有效方法,临床上常采用。如有必要,可使用B超检查进行诊断,分辨率高的彩超效果更好。各种窥镜的使用是准确的临床诊断手段,如胃镜、结肠镜及腹腔镜等已开始在国内兽医临床上使用。CT诊断的准确性较好。

3. 免疫病理学检查 通过检查与肿瘤有关的抗原和抗体进行诊断。

4. 组织化学检查 用来鉴别与正常组织结构和形态相似的肿瘤。

5. 临床鉴别诊断 视诊、触诊和问诊相结合的传统方法。当兽医缺乏必要的仪器时,只能用此方法做临床鉴别,主要问清楚肿瘤的生长速度,表面状况,与周围组织的界限是否清楚,生长方式,是否持续出血,是否发生转移等情况。应注意,当肿块在 2～3 天内出现,有压痛和发热,一般是细菌感染,经消炎药物治疗后退热,肿块随之缩小。

三、肿瘤的治疗

在确定肿瘤的性质和位置之后才可进行治疗。应考虑动物的年龄和身体机能状态,可采用一种或多种方法相结合进行治疗。

1. 药物治疗　对于不宜实施手术或手术不能根治的肿瘤,采取药物化疗是一种常见的治疗手段,临床上发展很快,但目前尚不能很好地解决多数病例的问题。联合用药是目前主要的化疗方法,也是配合手术治疗的方法。

2. 物理治疗　磁疗法、放射疗法和超声疗法可用于治疗难以通过手术根治的肿瘤。

3. 手术治疗　对于多数良性肿瘤(已确定肿瘤范围),通过手术将其摘除是最有效的治疗方法,应用广泛。对于某些非良性肿瘤,如果动物主人要求手术,手术切除范围应大于肿瘤体积,一般超过肿瘤边缘至少 1 cm。注意,手术时应先结扎血管、淋巴管,然后再摘除肿瘤组织块。

4. 立体定向杀肿瘤　三维立体定向放射治疗是一种新的治疗方法,其效果和对周围组织的影响均好于二维平面放射治疗。临床上已将三维立体定向放射治疗与传统治疗方法相结合,用于鼻咽癌、前列腺癌、肺癌、肝癌和胰腺癌的治疗,提高了治疗效果。

5. 其他方法　包括非切除性外科治疗、载体导向治疗、中医疗法、免疫疗法等,均在临床上针对不同病例和病程的不同阶段有不同的治疗作用。

第二节　皮肤肿瘤

一、概述

小动物(以犬、猫为主)的皮肤肿瘤(skin tumors)在临床上易被发现。由于皮肤与外界直接接触,化学性、放射性、病毒性、激素和遗传性等因素均是皮肤肿瘤发生的原因。由于皮肤肿瘤的多样性,一般在临床上将皮肤肿瘤分成以下几类:痣、良性皮肤肿瘤、轻度恶性皮肤肿瘤和恶性皮肤肿瘤。所谓轻度皮肤恶性肿瘤是指肿瘤在皮肤中呈局部性浸润,通过手术可切除,术后常有复发,但很少有转移的恶性肿瘤。

小动物的皮肤肿瘤一般呈结节状或丘疹状,不同的病例可见局部或全身脱毛、红斑、色素沉着甚至皮肤溃疡。皮肤的肉芽肿、囊肿和脓肿易与皮肤肿瘤相混淆。临床上应鉴别良性与恶性皮肤肿瘤,但其准确性在某些病例中并不高,如有些恶性皮肤肿瘤在早期触诊时可见有包膜。因此,皮肤肿瘤的诊断应通过组织和细胞病理学检查予以确认。

皮肤肿瘤的治疗应按以下步骤进行:首先根据肿瘤的发生部位、大小、类别、症状等确定治疗方法。对于老年犬,如确诊为良性皮肤肿瘤,且瘤体不大、未发生溃疡、不影响身体机能,可暂时不治疗;对于影响动物正常机能或外观良性的肿瘤以及侵袭性强的肿瘤,手术摘除是最佳的治疗手段;如不能确定良性或恶性皮肤肿瘤而又必须尽快手术的病例,切除范围应比肿块多出至少 1 cm,血管结扎要彻底;对于有些不能全切除的皮肤肿瘤,可采用冷冻疗法,或实施部分切除配合化疗、放疗。恶性皮肤肿瘤的主要治疗方法是化疗,也可采用激光疗法、光化疗法等手段,以便延长动物的生命。

二、皮肤乳头状瘤

小动物皮肤乳头状瘤(papilloma)的发生有年龄因素,青年犬主要因病毒所致,已有关于鱼和鸟乳头状瘤以及猫非病毒性乳头状瘤的病例报道,老年动物乳头状瘤发病原因仍不详。年轻动物皮肤乳头状瘤病毒是由乳头状病毒科的小型双链 DNA 病毒(犬和兔各有两种)直接接触传染,病毒也可通过污染物和昆虫传播。

青年犬皮肤乳头状瘤有口腔乳头状瘤和皮肤乳头状瘤两种临床类型。口腔乳头状瘤一般呈多发性、灰白色、菜花样,病情严重时影响咀嚼,并造成继发感染,此时伴发口臭。皮肤乳头状瘤主要发生在眼睑、面颊、四肢等部位。

手术治疗皮肤乳头状瘤最好选择其成熟后或消退时,或溃疡和出血发生时,因在生长阶段施行手术可能会刺激其生长和复发。传染性皮肤乳头状瘤可自愈,但病程各不相同。

三、良性非病毒性乳头状瘤

良性非病毒性乳头状瘤(benign non virus papilloma)的形态学变化与病毒性乳头状瘤相似。青年犬发生率比其他动物高。临床上以色素沉着、过度角化的丘疹和斑块为特征,虽然该瘤为良性,但影响外观,且易诱发细菌感染。面积小的良性非病毒性乳头状瘤可手术切除,面积大的采用非手术疗法,即局部使用角质蛋白溶解剂和润肤剂,对控制本病有一定疗效。

四、基底细胞瘤

基底细胞瘤(basal cell tumor)是一种良性肿瘤,主要发生在中、老年犬、猫,犬的发生率更高。犬、猫的基底细胞瘤一般来源于表皮,但缺少表皮附属物,可发生在皮脂腺、顶浆分泌腺及毛囊内。基底细胞瘤有色素沉着,呈椭圆形,表面光滑,无毛或溃疡;肿瘤呈膨胀性生长,有蒂,与周围组织界限清楚,在表皮下组织中可移动,质地坚实。犬主要发生在头、肩及颈部,可卡犬易发;猫发生部位不定,安哥拉猫、暹罗猫及喜马拉雅猫发生率较高。手术切除是首选的治疗方法。只有猫的多中心性基底细胞瘤手术后偶尔复发。

五、皮肤鳞状细胞癌

皮肤鳞状细胞癌(squamous cell carcinoma)起源于表皮棘细胞或毛根外鞘上皮,穿过生发层且侵害其下的结缔组织,进一步扩散到周围组织甚至骨组织中,但发生速度并不快。

犬皮肤鳞状细胞癌主要出现在四肢末梢、头、颈、肩及腹部,病因不详,但发病率随年龄增长而增长;苏格兰犬、北京犬、拳师犬、贵妇犬发生率高。发病初期以局部皮肤苔藓化、角化过度和红斑(光化性角化)为主,逐渐生长并有溃疡,与周围组织界限不明显。

猫皮肤鳞状细胞癌一般与慢性阳光性皮肤损伤有关,耳廓和眼睑(白色)皮肤发生率较高,而非光化性癌变主要出现在指(趾)部。病初症状与犬光化性角化症相似,病灶小但侵袭性强,皮肤局部隆起而边缘坚硬。猫常见光过敏性皮炎,主要发生在白猫耳尖和其他显露部位,可持续几年。

常用手术和冷冻疗法。分化良好的皮肤鳞状细胞癌可施手术切除,分化不良的术后可局部复发或转移。猫也可用放射疗法。犬多发性腹部光照角化症或皮肤鳞状细胞癌不宜手术治疗,可局部用5% 5-氟尿嘧啶治疗。

六、皮脂腺瘤

皮脂腺瘤(sebaceous gland tumor)多为良性,犬发生率高于猫,老年犬多发。皮脂腺瘤有 5 种,或称为 5 个不同阶段。

1. 皮脂腺痣 犬呈散发,病变呈线状(长几厘米)或环状(直径数厘米)。

2. 皮脂腺增生 主要发生在老年猫、犬眼睑、头及躯干部。眼观呈丘疹状,表面角化,其直径小于 1 cm。

3. 皮脂腺瘤 许多小动物均可发生,但犬(尤其是成年犬)发病率高。眼观病变与皮脂腺增生相似,主要出现在胸、腹部;有些品种犬发病高,如猎狐狸、可卡犬、贵妇犬、比格犬、猎獾犬、凯利蓝狸、波士顿梗、挪威刚毛猎犬等。

4. 皮质瘤 皮质瘤即皮脂腺上皮样瘤,是一种良性肿瘤,呈结节状,犬偶见,猫罕见。病变处皮肤发生溃疡,直径几厘米,有时可见表皮丘疹和色素沉着。

5. 皮脂腺癌 一般发生在中、老年犬、猫,病变直径不超过 2 cm,表面溃疡,晚期可发生转移和扩散。良性皮脂腺瘤可不必治疗,发生继发性细菌感染时可对症治疗。皮脂腺癌可手术治疗,但切除要彻底,同时需切除少量周围的健康组织。术后,配合放射治疗。少数病例术后发生转移,主要转移到局部淋巴结和肺。

七、良性成纤维细胞瘤

良性成纤维细胞瘤(benign fibroblastic tumor)属于结缔组织肿瘤的一种,包括以下几种类型:

1. 胶原纤维瘤 为局部皮肤发育缺陷,由胶原蛋白过度沉积形成。犬发生率高于猫,以中老年犬、猫较为多见。常见于头、颈及四肢下部。结节状隆起,表面呈乳头状,病变偶尔见于皮下和脂肪组织。可行手术切除。

2. 结节状皮肤纤维增生 临床上常见于3~5岁德国牧羊犬,为常染色体异常造成的多发性胶原纤维痣,与囊肿性肾癌和多发性子宫平滑肌瘤有关。病变呈结节状,主要发生在四肢、爪、头及躯干等部位,有时呈对称性分布;皮肤病变后,肾脏疾病还会持续 3~5 年,目前尚无阻止肾和子宫平滑肌瘤发生的有效措施。

3. 纤维瘤 本病主要由成纤维细胞增生性变化所致,呈结节状或丘斑状,散在分布,表面无被毛,质地坚实,有波动感。可手术切除。纤维肉瘤则是恶性肿瘤。

4. 软垂瘤 老年、大型犬发病率比小型犬高,病变为单个或数个不等,乳头状,有蒂。治疗方法包括手术、冷冻和电烫等,但复发率高。

八、皮肤黑色素瘤

皮肤黑色素瘤(melanoma)有良性和恶性之分,常见的小动物皮肤黑色素瘤有以下 3 种。

1. 犬皮肤良性黑色素瘤 以中、老年犬为主,有些品种犬发病率较高,如苏格兰梗、笃宾犬、爱尔兰塞特犬以及雪纳瑞犬等。常发生于头部或前肢,呈斑块状隆起,表面有色素沉着,可能有蒂,有时呈紫色。可手术摘除。

2. 犬皮肤恶性黑色素瘤 主要发生于唇、口腔皮肤与黏膜交界处或爪垫部,被毛多的部位发生率低,有时出现在腹壁和阴囊;公犬比母犬发病率高。肿瘤隆起于皮肤,呈溃疡状结节,有色素沉着;唇部皮肤与黏膜交界处肿瘤呈乳头状,可能有蒂;爪垫发生肿瘤时,局部肿胀,爪甲脱落,爪骨组织遭破坏。可手术切除,但常复发。术后多次放射治疗有助于缓解临床症状。

3. 猫皮肤黑色素瘤 发病率不高,主要见于中、老年猫,常见于头和肢体末梢等浅表部位,与周围组织界限清楚,有时直径可达数厘米,以良性为主,可手术摘除。

九、皮肤脂肪瘤和脂肪肉瘤

皮肤脂肪瘤和脂肪肉瘤(lipoma and liposarcoma)由成熟脂肪细胞组成,前者为良性,后者为恶性。犬发生率明显高于猫,临床上良性多于恶性。主要见于中、老年肥胖母犬的腹肋、胸、腋及腹股沟皮下脂肪等部位。

良性皮肤脂肪瘤外观较大,界限明显(有一薄的纤维包膜包裹)。表面皮肤无异常现象,触诊柔软有时感觉似囊状。有些皮肤脂肪瘤侵入肌肉间隙。脂肪肉瘤呈弥散性、侵袭性生长,团块状,质地坚硬,表皮发生溃疡。这些肿瘤含有丰富的血管,其肿瘤细胞胞质中有数量不等的脂滴。

主要通过手术治疗。肿瘤较大时,通过限制其食量可在一定程度上缩小瘤体,有利于手术摘除。但如果肿瘤侵入肌肉间隙,则难以彻底切除,可局部复发,甚至转移到肺。

十、皮肤肥大细胞瘤

皮肤肥大细胞瘤(mast cell tumor)病因不详,有人认为是病毒感染所致,但尚有争议。该肿瘤除皮肤型,还有白血型和内脏型。其发生率在犬临床肿瘤发生率的前几位,有品种易感性。发生部位不定,散在或成群出现,生长速度不同。柔软或呈结节性团块状,无包膜(触觉似乎有包膜)。肿瘤侵入皮肤后可引起溃疡。

猫皮肤肥大细胞瘤个体小,有独特的组织细胞型。肥大细胞型多见于头和颈部,呈单个无毛的结节,直径2~3 cm,多发生在4岁以上的猫,可手术摘除,术后少数病例会出现转移。组织细胞型多见于4岁以下暹罗猫,肿瘤位于皮下,突起,直径一般小于0.5 cm,数量多,分布区域广,形态各异,可自然恢复,不必治疗。

犬皮肤肥大细胞瘤生长缓慢。分化良好的肿瘤可手术切除,术后多数可痊愈;分化差、生长快的肿瘤易转移,预后慎重。根据其分型可采用不同的治疗方法:Ⅰ型,切除肿块时,应切除周围3 cm以上的健康组织。术后发现肿瘤细胞已扩散到周围组织,需做两次手术或放射疗法;Ⅱ型,可以手术摘除,也有人采用泼尼松龙和放射疗法;Ⅲ、Ⅳ型,使用泼尼松龙或氟羟泼尼松龙治疗,同时使用西咪替丁预防胃肠溃疡,并且有抗肿瘤活性。

十一、皮肤血管肿瘤

皮肤血管肿瘤(vascular tumor)常见的有以下3种。

1. 皮肤血管周细胞瘤　主要见于中、老年犬,多发生于四肢皮下组织。表面为灰白色或灰黄色,呈多叶性、橡皮样团块状,质地坚硬与周围组织界限清楚。紧贴于皮肤,但有可能侵害深部组织。虽然生长速度不快,却可长得很大。可手术切除,但如切除不彻底,易复发。

2. 皮肤血管瘤　起源于血管内皮,位于真皮结缔组织中。以犬较为多发,常见于背部和腹胁部皮下组织。呈椭圆形,直径0.5~2.0 cm,界限清楚,皮肤可能脱毛。可手术切除。

3. 恶性血管内皮瘤　也起源于血管内皮,生长快,侵袭性生长,与周围组织界限不清楚。可长得很大,表面发生溃疡、出血,甚至坏死,质脆。手术切除不彻底则可复发。

第三节　消化系统肿瘤

犬、猫消化系统的肿瘤以口腔肿瘤为主,常见的有犬恶性黑色素瘤和猫鳞状细胞癌,胃和直肠主要发生腺瘤和腺癌,也可发生平滑肌瘤或平滑肌癌,犬肝和胰原发性肿瘤并不少见。

一、口腔肿瘤

1. 恶性黑色素瘤　犬发生率比猫高。黑色素瘤起自齿龈或口唇黏膜,呈不规则团块状,质脆,易溃烂,色素沉着;由于感染、出血,常有异味;因侵袭性生长而与周围组织界限不清楚。手术切除后,多复发。虽然手术加放射治疗是常见的治疗措施,但多数病犬在治疗后6~12个月内常死于肿瘤转移。

2. 口腔纤维瘤、纤维肉瘤和齿龈瘤　发病率较高,生长迅速,质地较硬,常出现溃疡并发生感染。齿龈瘤来自牙齿周围上皮,生长速度较慢,外表光滑,粉红色,坚硬。首选手术疗法,个别切除不彻底术后可复发,但不转移;术后配合放射治疗,临床疗效较好。

3. 口腔鳞状细胞癌　多发生于老年犬或猫,犬主要发生于齿龈和上腭,而猫以口唇、齿龈和舌头为主。瘤体质地坚硬,呈团块状,多为白色。一般均有溃疡,且常引起下颌肿大、变形。猫手术治疗后多数出现转移,常转移至局部淋巴结或肺,多数术后3个月内死亡。犬手术治疗后局部易复发或转移到同侧咽后、颈浅淋巴结或肺。虽然齿龈鳞状细胞癌转移并不多见,但患病部位会出现严重的溃疡和糜烂,必要时需安乐死。

二、胃肠道腺瘤与腺癌

胃肠道腺瘤与腺癌(gastrointestinal adenoma and adenocarcinoma)临床上少见。犬胃肠道腺瘤(或息肉)一般发生在幽门、十二指肠和直肠后段。其中胃或十二指肠发生肿瘤的犬或猫,进食后数小时内出现呕吐。肿瘤发生在直肠后段时,排便困难,粪便混有血液。胃肠道腺瘤一般不大,有蒂,较硬,肿瘤周围有小而细的乳头样结构。

犬胃肠道腺癌发生部位以胃和直肠为主,虽然临床症状与胃肠道腺瘤相似,但病变部位不同程度增厚。胃肠道腺癌表面常发生溃疡。肠道出现较大的多结节状癌时,会发生不同程度的肠阻塞。

钡餐造影、胃肠镜、腹腔镜或剖腹探查均可用于本病的诊断。

胃肠道腺瘤手术治疗一般易成功,预后良好,但局部复发并不少见。直肠息肉或直肠癌预后一般不良,术前应向其主人讲明。

三、胆管癌

胆管癌(bile duct carcinoma)是肝原发性肿瘤,当临床上出现腹部膨大、疼痛、腹水和食欲下降时,肿瘤已发展到后期,此时一些肝组织已被肿瘤细胞所取代,也可见肝实质散在性、直径数厘米的结节状肿瘤。

由于本病有多发性特点,故要同时鉴别其他器官有无肿瘤的发生。无论是分化程度高的肿瘤(囊泡样结构)还是分化程度低的肿瘤(侵袭性大,由小的不规则腺泡组成)病例,到临床确诊时基本上均已发生肝内肿瘤转移,故本病一般预后不良。

四、肝脏肿瘤

肝脏肿瘤(liver tumor)是指肝肿瘤和肝癌。本病主要发生于犬、猫,其发生率较低。由于本病在出现明显的临床症状时,其肿瘤已长得很大,故一般预后不良。

临床症状主要有腹胀、食欲差,有时出现呕吐,且病情发展很快。腹腔触诊可发现肿块,直径达数厘米,形状不规则,多数病例伴发腹水。虽然肝肿瘤有良性与恶性之分,但因肿瘤细胞分化良好,一般在组织学上难以区分其性质。有些病例因肝被膜突然破裂,造成大出血而突然死亡。腹腔镜检查或剖腹探察可确诊。超声、放射和血液生化检查对本病诊断也有意义。

本病也可手术治疗,但如肿瘤已转移到邻近淋巴结或肺,则预后不良。

五、胰腺癌

胰腺癌(pancreatic adenocarcinoma)在犬、猫腹腔肿瘤中发生率较高,临床症状以嗜睡、食欲不振为主,有时出现腹围增大。如肿瘤在十二指肠的入口处压迫胆管,则可发生阻塞性黄疸。

本病触诊时应注意与肠道病变区别,胰腺癌质地坚硬,放射检查易诊断。腹腔镜检查可发现胰腺一部分组织被多结节的肿块所取代,且与周围组织以及大网膜粘连。肿瘤表面可能已坏死。

诊断为胰腺癌时,癌细胞基本上已转移至肝,有时转移到肾或脾,故本病预后不良。

第四节 淋巴肉瘤

淋巴肉瘤(lymphosarcoma)是多类型的肿瘤,犬、猫等小动物均有发生,临床上以多中心型、消化型和胸腺型淋巴肉瘤为主。

[分类]　猫的淋巴肉瘤以消化型和胸腺型多见。消化型淋巴肉瘤的症状包括严重腹泻、厌食、呕吐及贫血；触诊腹部腹腔内有增粗的肠段（肠道肿瘤），肠系膜淋巴结增大。犬的淋巴肉瘤类型多，其中多中心型淋巴肉瘤的主要症状是外周淋巴结和扁桃体肿大、变硬，肝、脾增大，严重病例其淋巴结可能坏死甚至部分液化。有的病例肝、脾、心和肺可见有结节状肿瘤。犬淋巴肉瘤主要发生于4岁以上的犬。

胸腺型淋巴肉瘤主要出现在幼年和3岁以下的动物，常出现无先兆性死亡，有的表现短时间厌食和呼吸抑制后死亡。

[诊断]　胸腺型淋巴肉瘤病例X线平片可见胸廓前半部有一不透X线肿块。淋巴结涂片和活组织检查，可鉴别肿瘤的类型；当感染发生时，白细胞总数增加。

猫淋巴肉瘤是由反转录RNA病毒所致，用荧光素标记的兔抗猫白血病病毒血清处理猫外周血涂片或骨髓涂片，会出现明亮的绿色荧光，对本病的诊断有临床意义。

[治疗]　药物治疗包括给予泼尼松龙（可改善症状，使淋巴结肿瘤消退，但不能降低死亡率）、环磷酰胺、长春新碱等。从总体上看，当临床确诊后，患病动物一般仅能存活几十天，建议施行安乐死。

第五节　乳腺肿瘤

乳腺肿瘤（mammary tumor）临床常见，分为良性混合性乳腺瘤、乳腺瘤和乳腺癌3种。其中犬乳腺肿瘤发病率最高，在国内外犬临床肿瘤病例中约50%是母犬乳腺瘤病例。

良性混合性乳腺瘤主要发生在中、老年母犬，在发情期结束时肿瘤增长快，一般常见多个乳腺同时发病。良性混合性乳腺瘤外观凹凸不平，表面光滑，质度坚实，瘤体较大，触诊乳腺瘤可移动；有时，乳腺瘤表面皮肤因与地面摩擦而破损。

良性混合性乳腺瘤与周围组织界限清晰有纤维膜包裹；细胞分化良好，包括由规则的腺泡结构组成的上皮和黏液瘤组织间质结构等，常见以一种成分为主。由于有恶性发展的趋势，应在早期切除。

乳腺瘤一般是混合性肿瘤，体积不大，有包膜，与周围组织界限清楚，质度坚实。乳腺癌与周围组织界限不清，生长速度快，易发生表面溃疡或继发感染。乳腺瘤和乳腺癌起源于乳腺导管或乳腺腺泡上皮，与其他动物相比，猫乳腺瘤和乳腺癌一般为恶性。

3种乳腺肿瘤均以手术治疗为主。良性肿瘤切除单个乳腺；恶性肿瘤则应切除全部乳腺或乳区，切除时应将乳腺周围至少1 cm的健康组织一并切除。对于恶性乳腺瘤，应同时切除卵巢甚至子宫。化疗效果不理想。在第1次发情之前摘除卵巢，可大大降低母犬乳腺肿瘤的发病率。

第六节　泌尿生殖系统肿瘤

一、肾脏肿瘤

肾脏肿瘤（renal tumor）临床发生率不高，恶性原发性肾肿瘤一般以中、老年动物较为常见，无品种差异。肾脏肿瘤包括腺瘤、脂肪瘤、纤维瘤和乳头状瘤，多数在尸体剖检时才被发现。

腺瘤是恶性肿瘤，起源于肾小管上皮，以单侧发生为主。肾胚细胞瘤起源于剩余胚胎组织，多出现在1岁以内的犬，公犬比母犬发病率高，无品种差异。一般瘤体较大，甚至侵占整个腹腔，可转移。肾脏是转移性和多发性肿瘤的常发部位，侵害肾脏的多中心性肿瘤中淋巴肉瘤最常见，有50%的这类肿瘤造成犬、猫肾的病理变化,使肾肿大和变形;猫的淋巴肉瘤多与猫白血病病毒感染有关。

患肾脏肿瘤的动物均出现体重、食欲下降,精神差,体温升高,严重时腹部增大;因发生不同程度肾性尿毒症,尿液检查常见血尿,血中红细胞增多。

诊断肾脏肿瘤的基本方法是超声诊断和 X 线检查,可确定肿块的大小和位置;同时做胸部 X 线检查确定肿瘤是否转移。尿沉渣检查可能会发现肿瘤细胞。活组织检查是确定肿瘤性质的基本方法。根据不同病例,可能做尿道造影和肾动脉造影检查。

肾脏肿瘤的治疗包括保守疗法和手术疗法,不同肿瘤的临床治疗效果有差别。

二、卵巢肿瘤

卵巢肿瘤(ovarian tumor)有腺瘤和腺癌两种,在临床病例中以犬、猫较为常见,腹部常增大,伴发腹水但一般不引起功能性改变。超声诊断或腹腔镜检查可发现肿瘤,一般是单侧性的,瘤体较大。卵巢肿瘤呈大小不同、数量众多的肿块,并形成囊状,囊内有液体,囊外有包膜包裹。腺瘤包膜厚,与周围组织界限清楚;腺癌,如犬的卵巢类甲状腺腺癌个体大,呈浸润性生长,肿瘤可扩散到周围与其相接触的器官浆膜上。

手术是主要的治疗方法。但卵巢癌转移性大,如手术时发现卵巢周围器官浆膜上有大量肿瘤结节,应检查肺、肝等器官是否有肿瘤转移;如卵巢癌已大面积转移,应对动物实施安乐死。

三、子宫肿瘤

子宫肿瘤(uterine tumor)包括子宫腺瘤和腺癌。腺瘤个体大,突出于子宫内,有蒂,大小不等,呈囊肿样,囊内有液体。腺癌呈扁平状,侵袭性生长,与周围组织界限不清楚,常造成被侵袭组织表面溃疡。子宫肿瘤可通过切除整个子宫而根治。

四、阴茎肿瘤

阴茎肿瘤(penile tumor)主要是犬传染性交媾性肿瘤。本病发生有地区性因素,热带地区发病率高。病灶出现在阴茎黏膜上,偶见于包皮。肿瘤可在体内转移,也可通过交配传染给母犬。

病灶呈菜花状并有蒂或结节状、乳头状,也有的呈小叶状;硬实但易碎,一般不易被发现。有时尿中带血。

治疗方法包括手术、化疗和放疗。化疗为首选,硫酸长春新碱治疗 6 周,可通过手术切除肿瘤,但很难确保切除干净。

五、睾丸肿瘤

睾丸肿瘤(testicular tumor)有多种,临床上主要以睾丸间质细胞瘤、支持细胞瘤和精原细胞瘤为主。

1. 睾丸间质细胞瘤 在 3 种犬睾丸肿瘤中发病率最高,见于隐睾和正常睾丸中,中、老年犬为主要发病群体。肿瘤一般直径 1～2 cm,呈囊状,囊内有无色的液体,有包膜,与周围组织界限明显。值得注意的是许多睾丸间质细胞瘤发生时并无明显的临床症状或行为异常,这是因其不能释放功能性激素。手术摘除睾丸,一般预后良好。

2. 支持细胞瘤 又称足细胞瘤、塞尔托利细胞瘤,主要发生在老年犬,有报道认为右侧睾丸发病率高。该腺瘤生长速度并不快,但瘤体很大,无痛。形状不规则,呈小结节状。由于有些肿瘤能分泌雌激素,病犬出现雌性化行为,乳房增大,对称性脱毛,皮肤有色素沉着,包皮变长,另外一侧睾丸萎缩。有时,前列腺也会出现鳞状化而增大。进行睾丸摘除术可使临床异常现象在 4 个月左右消失。

3. 精原细胞瘤 主要发生在隐睾犬和中老年犬。肿瘤可长得很大,有包膜,如发生于腹腔并被确诊时,多发生腹腔内转移,尤其发生肾转移。手术是治疗的基本方法。

第七节 其他组织和器官肿瘤

一、骨肉瘤

骨肉瘤(osteosarcoma)是一种类骨质瘤或新生骨瘤,也可能是两种并存的癌;骨肉瘤起源于成骨细胞,细胞形态多样。老年犬较多见,猫也有一定的发病率;大型犬和巨型犬发病率高于小型犬。发病部位多在长骨的骨骺端。

病犬出现跛行,不愿走动,患病部位骨骼肿胀、疼痛。临床上主要发病部位是肋骨、桡骨及胫骨近端,四肢骨肉瘤患病动物中90%以上出现肺转移。由于骨变形、变细,易发生骨折。骨肉瘤一般有骨膜,出血和坏死不可避免。X线检查可见患病部位骨骼出现溶骨和硬化,应与结核或放线菌引起的骨骼病灶相区别。

截肢治疗后多数病犬会发生肿瘤转移;放疗和化疗,临床症状会缓解,但骨肉瘤不会消失。总之,本病预后不良。

二、肺癌

犬的肺癌(lung cancer)有柱状细胞或支气管源性癌、立方状细胞或细支气管肺泡源性癌。猫的多数肺癌是柱状细胞类型。

原发性肺癌一般是单个发生,发生率低于转移性肺肿瘤。后者在肺内出现广泛性转移的肿块,患病动物出现咳嗽、发绀、厌食和体重减轻;X线检查可见肺出现数量不等的不透明团块。

由于肺癌易发生转移,故其预后慎重。

第三十一章 皮肤及其衍生物疾病

第一节 湿 疹

湿疹(eczema)是致敏物质作用于动物的表皮细胞引起的一种炎症反应。皮肤患病处出现红斑、血疹、水疱、糜烂及鳞屑等,可伴发痒、痛、热等症状。

[病因] 包括外因和内因。外因主要是皮肤卫生差、动物生活环境潮湿、过强阳光照射、外界物质刺激及昆虫叮咬等。内因包括各种因素引起的变态反应、营养失调及某些疾病等使动物机体免疫能力和抵抗力下降等。

[症状] 分急性和慢性两种。急性湿疹主要表现皮肤红疹或丘疹,病变常开始于面、背部,尤其是鼻梁、眼和面颊部,且易向周围扩散,形成小水疱。水疱破溃后,局部糜烂,由于瘙痒和病患部湿润,动物不安,舐咬患部,造成皮肤丘疹,症状加重。

慢性湿疹因病程长,皮肤增厚、苔藓化,有皮屑;虽然皮肤湿润有所缓解,但瘙痒症状仍存在,且可能加重。

临床上最常见的湿疹是犬湿疹性鼻炎。病犬的鼻发生狼疮或天疱疮,患部结痂,有时见浆液渗出和溃疡;如发生全身性和盘型狼疮,其鼻镜出现脱色素和溃疡。

[诊断与治疗] 主要查明其致病原因,通过问诊、临床症状、皮肤刮取物分析及相关实验室检查等,一般可确诊。

在确诊的基础上,采取综合措施治疗本病,如应用苯海拉明、维生素 C 等药物治疗。

第二节 皮 炎

皮炎(dermatitis)是指皮肤真皮和表皮的炎症。

[病因] 引起皮炎的因素很多,涉及外界刺激剂、烧灼、外伤、过敏原、细菌、真菌及外寄生虫等。皮炎在某些情况下是其他疾病的并发症状,变态反应在小动物皮炎的发生上占一定比例。

[症状] 犬、猫等小动物皮炎的主要症状之一是皮肤瘙痒,引起患病犬、猫搔抓,一般伴发皮肤继发感染。病变包括皮肤水肿、丘疹、水疱、渗出或结痂、鳞屑等;慢性皮炎以皮肤裂开和红疹、丘疹减少为主。

[诊断] 从问诊开始,注意皮炎发病初期的症状、是否瘙痒、有无季节性、环境改变的因素、食物有无变化、是否存在感染等情况,同时问明用药情况和用药后动物的临床症状变化。

实验室检查包括病原微生物鉴定和分离培养、活组织检查、皮内反应试验和内分泌测定等。必要时给予动物低过敏性食物。

[治疗] 局部涂擦消炎杀螨膏等药物和全身可做药浴,皮肤破溃和瘙痒严重时应用林可霉素加地塞米松治疗。

第三节 瘙 痒 症

瘙痒症(pruritus)是指临床无任何原发性皮肤损伤而以瘙痒为主的皮肤病,是一种症状而非疾病。

[**病因及发病机理**] 一般因变态反应、外寄生虫、细菌感染和某些特发性疾病(如脂溢性皮炎等)引起。对于瘙痒的原因,一般认为传递介质是组胺和蛋白水解酶;痒觉经神经末梢传递至脊髓,再经脊髓腹侧脊髓-丘脑通道上升至大脑皮层。真菌、细菌、抗原-抗体反应和肥大细胞脱颗粒时均可释放或产生蛋白水解酶。白细胞三烯、前列腺素均可诱发炎症的产生。

[**诊断**] 包括临床问诊、视诊和实验室检查等,以区分真菌、细菌、变态反应原等病因,必要时做活组织检查。注意瘙痒症有原发性和继发性之分,如内分泌失调出现皮肤病后,可能继发细菌性脓皮病或脂溢性皮炎,引起皮肤继发性瘙痒症。

[**治疗**] 氯雷他定、苯海拉明内服 30~60 mg,每天 1~2 次。

第四节 毛 囊 炎

毛囊炎(folliculitis)是指皮肤毛囊的炎症。

[**病因**] 致病微生物如葡萄球菌、链球菌均可引起本病,中间型葡萄球菌可能是毛囊炎的主要致病菌。蠕形螨和内分泌失调也可引起毛囊炎。这些均可引起毛囊口堵塞而诱发毛囊炎。

[**症状**] 单纯性散在性毛囊炎在临床上十分常见,主要发生在口唇周围、背部、四肢内侧和腹下部。病初皮肤毛根处潮红、肿胀、疼痛,以后变为深红色至紫红色,自行排出带血的脓汁和坏死组织。毛脱落,没有脱落的毛变色。若不及时治疗,向四周扩展或形成疖或脓肿。幼犬有的出现全身症状,如体温升高、食欲废绝、精神不振等。

[**诊断**] 一般刮取皮肤样品,进行细菌和寄生虫检查,必要时做细菌分离、培养、鉴定及药敏试验。

[**治疗**] 局部用消毒药水清洗干净,用力挤压排出脓汁直至微微出血,用 5% 碘酊外涂。

第五节 疖 及 疖 病

疖(furuncle)是毛囊、皮脂腺及其周围皮肤和皮下蜂窝组织内发生的局部化脓性炎症过程;多数疖同时散在出现或反复发生而经久不愈,称为疖病(furuclosis)。

[**病因**] 主要因皮肤不洁、局部摩擦损害皮肤、外寄生虫侵害等因素,引起中型葡萄球菌、表皮葡萄球菌、金黄色葡萄球菌、大肠杆菌等细菌感染。在一定条件下,疖病也可继发皮肤真菌的感染。

[**症状**] 疖出现时,局部有小而较硬的结节,逐渐成片出现,可能有小脓疱;此后,疖患部周围出现肿、痛症状,触诊敏感;局部化脓可向周围或深部组织蔓延,形成小脓肿,破溃后出现小溃疡面,痂皮出现后,逐渐形成小的瘢痕。一般情况下,全身症状不明显。只有当疖病失去控制时,才可能出现脓皮病、化脓性血栓性静脉炎甚至败血症。

[**诊断**] 根据临床症状及实验室检查进行诊断,必要时做细菌药敏试验。

[**治疗**] 局部鱼石脂软膏治疗,如局部化脓,则切开排脓,并用过氧化氢等处理患部,魏氏流膏治疗。

第六节　指(趾)间囊肿

指(趾)间囊肿(interdigital cyst)是指发生在犬指(趾)间的炎性多形性结节,不是真正的"囊肿",而是疖病。

[病因]　包括异物刺激、致病菌感染、接触性过敏、细菌性过敏原或蠕形螨侵袭等。饲养在用金属丝隔离笼具或犬舍的犬易发。

[症状]　患指(趾)间囊肿的早期,局部出现小丘疹,发病后期则呈结节状。结节有光泽,触摸疼痛、有波动感,患部破裂后流出含血样的液体。从临床上看,异物刺激的结节多为单个,而细菌感染引起的指(趾)间囊肿多反复发作,或有多个结节。

[治疗]　异物性肉芽肿,手术摘除,细菌性指(趾)间囊肿,手术切除抗菌消炎。

第七节　脱　毛　症

脱毛症(alopecia)是指动物局部或全身被毛出现非正常脱落的症状。

[病因]　原因复杂,包括先天性、某些代谢或中毒性疾病、内分泌紊乱、某些生理过程和皮肤病等。临床上主要见于各种疾病病程及被毛护理不当等。

局部性脱毛多因局部皮肤摩擦、连续使用刺激性化学物质等所致。前者常见于皮褶多的犬(如沙皮犬),或脖套不适引起颈部脱毛。后者常因洗毛不合理引起。许多养犬者将人用香波(呈碱性)用于犬(中性皮肤)、或洗澡次数过多,易引起犬不同程度的脱毛。

犬、猫皮肤真菌感染、细菌性皮肤病、跳蚤感染、螨虫性皮肤病、连续遭受辐射、食物过敏等,均可导致全身性脱毛。甲状腺功能减退、肾上腺皮质功能亢进、生长激素反应和性激素失调是非炎性脱毛的常见原因。医源性脱毛也不可忽视。还可见犬怀孕期、哺乳期、重病和高热后几周发生暂时性脱毛。

[症状]　脱毛症因病因不同,其症状有差异,因被毛护理不良引起的脱毛主要是毛发稀疏;外寄生虫感染、细菌性脓皮病过程中以红疹、脓疹等症状为主;内分泌失调时呈对称性脱毛;真菌性皮肤病时皮肤皮屑、鳞屑较多,呈片状脱毛或断毛。

[诊断]　问诊对诊疗本病很重要,尤其要问清病初症状和曾用药情况。实验室检查常包括皮肤刮取物镜检、细菌或真菌培养与药敏试验、局部活组织检查、血清激素分析等。

[治疗]　治疗方法直接取决于各种致病因素,去除致病因素的方法请参照本书的相关内容章节。

第八节　黑色棘皮症

黑色棘皮症是多种病因导致皮肤色素沉着和棘细胞层增厚的临床综合征。小动物主要见于犬,尤其德国猎犬更易发。

[病因]　包括局部摩擦、过敏、各种引起瘙痒的皮肤病、激素紊乱等。黑色棘皮症有些是特发性的,也有遗传性原因。

[症状]　主要症状是皮肤瘙痒和苔藓化,患病动物搔抓皮肤引起红斑、脱毛、皮肤增厚和色素沉着,皮肤表面常见油脂过多或出现蜡样物质。本病发生部位因病因不同而不确定,主要发生于背部、

腹部、前后肢内侧和股后部。

[**诊断**] 包括活组织检查、过敏原检测、激素分析和外寄生虫检查等。有些犬黑色棘皮症是特发性的。

[**治疗**] 自发性黑色棘皮症可给予褪黑色素制剂及口服维生素 E,减肥和外用抗皮脂溢洗发剂对患本病的肥胖犬有益。

第三十二章　妊娠期疾病

第一节　流　产

流产(abortion)是最常见的一种妊娠期疾病,指各种原因所致的妊娠中断,表现为排出死亡的胎儿、胎儿被吸收或胎儿腐败分解后从阴道排出腐败液体和分解产物。因母犬常吃掉流产胎儿,最后一种情况很难与子宫颈开放的子宫蓄脓区别。

[病因]

1. 生殖细胞缺陷　老化的精子与卵子受精,胚胎生长发育可能发生异常,多数于发育早期死亡;卵子异常、胚浆缺损和染色体异常是犬早期流产的重要原因。

2. 母体内环境异常　孕酮量不足或黄体机能减退可导致流产。犬于妊娠后期,甚至到妊娠 56 天时摘除卵巢,均会发生自发性流产。母体能量消耗过多,维生素不足也可引起流产,可能因引起子宫结构异常或缺损所致。母体营养不良或年龄过大(犬超过 6 岁、猫超过 4 岁),流产率增高。

3. 传染疾病　见于大肠杆菌、葡萄球菌、胎儿弧菌及布鲁菌等感染,亦可见于弓形虫、血巴尔通体感染及某些病毒感染,如猫泛白细胞减少症、猫白血病、犬瘟热等,其他病毒性疾病(如传染性肝炎)和肿瘤等也可使流产发病率增高。感染布鲁菌的犬,多数外表健康,但母犬常在妊娠 45~55 天时流产,流产后长期从阴道排出分泌物,污染犬舍和食物,引起其他犬感染。

4. 创伤　腹部受到损伤、碰撞、冲击等均可发生流产。剖腹术极易引起流产。

[症状]　病犬腹部努责,排出死的胎儿;但多数病例看不到流产的过程及排出的胎儿(其胎儿常被犬、猫吃掉),常只见阴道流出分泌物。除此之外,尚可见到引起流产的原发病如犬瘟热、甲状腺功能减退、毒血症和败血症等疾病的固有症状。有些母犬只流产一个或几个胎儿,剩余胎儿仍可能继续生长至妊娠足月时娩出(部分流产);但是,多数病例是所有的胎儿均发生流产(完全流产)。

[诊断]　对病因不详的自发性流产母犬,需进行全面检查,查明营养状况、有无内分泌疾病或其他疾病;仔细触诊腹壁,确定子宫内是否还有胎儿。用手指(事先消毒)插入阴道,触诊阴道的情况,亦可用阴道镜,观察子宫颈开放状况。实验室检查包括红细胞、白细胞计数,布鲁菌和弓形体血清学检查,阴道前部和阴道内分泌物微生物培养等。

[治疗]　对胎儿已全部排出小型犬每千克体重注射催产素 1 IU,大型犬适当减量,以促进子宫内分泌物排出及复原。确诊为布鲁菌病,应淘汰病犬或治疗之后不再留做种用。

[预防]　配种前应进行健康检查,确定布鲁菌检查为阴性,应接种的疫苗均已接种过、无异常反应的犬方可进行配种。

第二节　妊娠水肿

妊娠水肿(pregnancy edema)是指妊娠病犬后肢、乳腺和下腹壁皮下组织积聚渗出物,同时全身或局部静脉出现淤血的一种常见病。

[病因]　本病与饲养管理不善、缺乏运动有关。正常情况下在妊娠后期多少均会有水肿发生，其原因是：①增大的胎儿子宫使腹内压增高，造成腹下、乳房及后肢静脉血流滞缓，发生淤血并增加其渗透性；②胎儿子宫和乳腺对蛋白质需求量增加，母体循环中胶体渗透压降低；③增加了心脏和肾的负担。妊娠后期，胎儿过度发育，胎儿过大，母体缺乏营养，运动不足，心、肾性疾病均可导致以上三个过程的加剧而发病。

[症状]　多见于妊娠后半期，按压肿胀部位可留有压痕，局部皮肤温度降低。肿胀范围较小时，对妊娠影响不大；肿胀部位增大时，影响受害组织和器官的功能，病情逐渐加重。

[治疗]　禁止使用作用强烈的利尿剂和轻泻剂。让妊娠犬进行适当运动，限制饮水，减少富含蛋白质的精料。病犬分娩后 4～6 周，肿胀将自行消退，一般不会遗留不良后果。

第三节　子宫腹股沟疝

凡有腹股沟管的雌性动物，子宫角顶端无子宫圆韧带固定，且方向也是朝向腹股沟管，这种特殊的解剖构造，是发生子宫腹股沟疝的重要因素。犬发生此病颇多，在某些品种犬，可能具有遗传性。

[症状]　子宫腹股沟疝可能在妊娠前就已存在，或发生于妊娠初期。随着妊娠进展，胎儿逐渐生长发育，腹股沟疝疝囊亦逐渐增大。陷入囊内的常只有一个子宫角，可能包含 1～3 个胎儿。

[诊断]　耻骨前缘与最后 1 对乳头之间腹白线右侧或左侧触摸到一圆形孔腔，且其中有软组织，即可确诊为子宫腹股沟疝。子宫腹股沟疝和肠腹股沟疝的区别是前者随着妊娠的进展而增大。

[治疗]　常采用手术治疗，及时缝合和封闭疝孔，确保胎儿正常发育，达到足月分娩。如子宫角发生坏死，可将坏死部分切除，或将整个嵌入的子宫角切除。

第四节　假　孕

假孕（pseudopregnancy）是指犬、猫发情而未配种或配种而未受孕之后，全身状况和行为出现妊娠所特有变化的一种综合征。常发生于母犬，母猫则少见。本病见于发情间期，其临床特征为乳腺增生、泌乳及行为变化。有的母犬表现产后行为，如哺育无生命的物体、拒食等。

[病因]　发情间期孕酮浓度下降和催乳素浓度升高是出现临床症状的原因。由于发情间期孕酮含量与妊娠期相同，且持续发挥作用，故引起母犬生殖器官和行为出现类似妊娠的明显变化。

[症状]　主要症状是乳腺发育胀大并能泌乳，行为发生变化。母犬吸食自己分泌的乳汁，或给其他母犬生产的仔犬哺乳，泌乳现象持续 2 周或更长。行为变化包括设法搭窝、母性增强、表现不安和急躁。阴道常排出黏液，腹部扩张增大，子宫增大，子宫内膜增殖。少数母犬出现分娩样的腹肌收缩。假孕母犬多数出现呕吐、腹泻、多尿、多饮等现象。

[诊断]　根据病史、腹部触诊和腹部 X 线或超声波检查可确诊。一般可于发情 42 天后进行 X 线摄片，排除妊娠。

[治疗]　无须治疗。

[预防]　若假孕反复发作，可给母犬配种或施行卵巢子宫切除术。

第三十三章　难　　产

第一节　难产的检查

难产(dystocia)是指在没有辅助分娩的情况下,出生困难或母体不能将胎儿通过产道顺利排出的疾病。难产是家养犬、猫常见的一种疾病。纯难产在母犬大约占5%,但有些品种的犬,如软骨发育不全型、大头型犬,其难产率接近100%。传统上根据发生原因将难产分为母体性难产、胎儿性难产和混合性难产三种类型。

[临床检查]　当母犬难产时,应对其进行准确的病史调查和全面的临床检查,确定病因,这是做出适宜治疗的前提。检查母犬的全身情况(体温、呼吸、脉搏等),注意行为、努责特性和频率;检查外阴和会阴部,注意其颜色和阴道排泄物的数量;观察乳腺发育情况,如是否充血、膨胀,体积变化和有无乳汁。腹部触诊,粗略地估计胎儿数量和子宫扩张程度。阴道指检,探诊难产障碍物并确定其性质,确定盆腔内是否有胎儿及胎儿的状态;估测子宫颈状态和子宫紧张度;判断阴道、骨盆韧带紧张度和阴道分泌物。阴道前部紧张表明子宫肌活动良好,相反表明子宫肌无力。子宫颈关闭时,阴道液体不足,手指插入阻力大,阴道壁紧裹手指;子宫颈开放时,常有胎水流水,阴道被润滑,阻力小。影像学检查对估测一般性骨盆异常、胎儿数量、胎位、胎向、胎势、胎儿大小及胎儿先天性缺陷和死胎具有重要价值。如用B超检查判断胎儿是否存活,用X线检查判断窝仔数、胎儿位置和产道情况。

胎向指胎儿体纵轴和母体纵轴以及胎儿部分和骨盆腔的关系,可以是纵向、横向和竖向,后两种类型为难产向,其中横向较多见。胎位是指胎儿背部和母体背部或腹部的关系,分为上胎位、下胎位、侧胎位和斜胎位。胎势指胎儿的头和四肢的姿势。胎儿死亡6 h后出现胎内产气,经X线检查可确诊。对已产完或假孕的母犬,影像学检查可确诊。胎向、胎位和胎势也可通过腹壁触诊和阴道指检加以确定,矫正异常胎位或胎势时需推回胎儿,但因小动物胎儿小,四肢短,多数情况下不矫正胎位和四肢姿势异常,也可将胎儿拉出。但若胎儿过大、胎儿发育异常或产道狭窄时,常发生难产。

测定血清孕酮浓度和血钙、血糖含量,估计母犬预产期。

[诊断]　犬分娩过程有正常的变化范围,对没有经验的观察者来说,较难确定是否发生难产。下面内容是视为难产的指标,以供临床诊断参考:①从配种当天计算,大于72天,或从LH峰值开始计算,大于70天,直肠内温度下降至正常值,且无努责迹象;②腹部强烈收缩持续30 min以上;③外阴分泌物呈墨绿色(母仔胎盘已分离),但胎儿未进入产道或尚无胎儿产出;④胎水已流出2～3 h,但无努责表现;⑤2 h以上缺乏分娩动作或2～4 h内努责微弱或无努责;⑥产道异常,如骨盆骨折,盆腔狭窄,胎儿卡在生殖道内等。

处理原则:对妊娠期延长的病例,可先人工诱导分娩,若诱导无效,施剖腹产手术。若不确定预产期,可测定血液孕酮含量,若低于2 ng/mL,即到预产期。因母产道阻塞,需做剖腹产。

第二节　母体性难产

母体性难产(maternal dystocia)是由于母体方面出现异常所引起的难产类型,约占难产病例的

75.3%,其中由子宫收缩无力所致的难产占72%左右,其次是产道狭窄、子宫扭转等病因。

一、子宫收缩无力

[病因] 子宫收缩无力(uterine inertia)可分为原发性子宫收缩无力和继发性收缩子宫无力。原发性子宫收缩无力常见于仅怀1个或2个胎儿,对母体的分娩刺激不足,不能启动分娩;或由于多胎、胎水过多和胎儿总体积过大,导致子宫过度扩张所致。其次是由于遗传因素、激素分泌失调、营养失衡(如血钙和血糖不足)、子宫肌层内脂肪渗入、年龄过大、神经内分泌失调或综合性疾病等病因所致,如母犬过度紧张,导致神经内分泌失调。

继发性子宫收缩无力是由于产道阻塞引起子宫肌过度损耗和衰竭导致分娩中止,这与子宫肌不全无力不同。子宫肌不全无力时,子宫已启动了分娩过程,但在没有阻碍的情况下,子宫没有能力将余下的胎儿正常排出。子宫收缩力耗尽后,可出现低钙血症与低血糖。

[治疗] 原发性子宫收缩无力,可带领母犬跑动或将两个手指插入母犬阴道内,对着背侧壁做推动或似走动样的活动,刺激阴道背侧壁,诱导子宫收缩。神经敏感的初产犬,可应用镇静剂。在确定子宫颈开放、胎位和胎向正常,胎儿无畸形、不过大和无产道狭窄的前提下,可应用催产素和钙制剂,但禁用麦角制剂,因后者可引起子宫痉挛性收缩和子宫颈关闭。

钙离子是子宫平滑肌收缩必需的物质,有时单独应用催产素不能引起子宫肌收缩。治疗子宫肌无力时可先单独使用钙制剂,若用药后30 min出现轻微效果,可再次用药;若无反应,则用催产素。或先用钙制剂,10 min后立即用催产素。大剂量或过频繁应用催产素,可导致子宫肌持续性收缩,抑制排出胎儿和阻断子宫胎盘的血流;严重时,可导致子宫破裂或胎儿死亡。如用催产素后30 min母犬无反应,可再次用催产素。若第2次用药后30 min仍无反应,应施被动分娩,如利用产科钳拉出胎儿或施剖腹产术。

可用于助产的产科器械很多,如软柄钳、产科钩、罗伯特套管等,其中长颈软柄钳最常用。在使用器械前要彻底清洗消毒会阴部。当用手指触摸不到胎儿时,禁止用止血钳钳夹胎儿,以免损伤或撕裂子宫和阴道。软柄钳以闭合状态插入阴道,直至接触胎儿后才可全部开张钳嘴,夹住胎头或胎儿骨盆。食指沿软柄钳一侧伸入阴道,确定钳子确实未夹住子宫壁和阴道壁。当胎儿进入产道后部时,应配合母犬努责向下、向后拉胎儿。钳子特别适用于拉出已死亡和过大的胎儿。只要将前面的胎儿拉出,后面的胎儿则较易排出。若胎儿已死亡,钳夹和牵拉可适当加大力量。若药物催产和经阴道助产无效,应立即施行剖腹产术。

二、产道阻塞

[病因] 引起的产道阻塞(obstruction of the birth canal)的母体因素有产道发育不良、子宫扭转、子宫破裂、子宫变位、子宫畸形、子宫疝、生殖道软组织异常(如肿瘤、纤维化和生殖道中隔等)和盆腔狭窄(如盆骨骨折、盆骨畸形等)等。

[治疗] 剖腹产手术。

第三节 胎儿性难产

胎儿性难产(fetal dystocia)是因胎儿异常所引起的难产,约占难产病例的24.7%,其中异常前置和胎儿体型过大分别占15.4%和6.6%。常因窝产仔数少、胎儿畸形等致胎儿体型过大。

[病因] 胎儿体重若超过母体的4%或5%,则易发生难产,常见于胎儿数量过少,特别是小型犬。有的品种,如波士顿狆,盆腔入口扁平,胎儿头大,易发生难产。但多数品种胎儿最大的部位是腹腔,骨骼部分相对较小,只要体型正常,一般可顺产。难产可由胎势或胎位异常引起,如蹄关节、髋

关节、肩关节、肘关节和头颈的屈曲。

倒生,在犬被视为正常,40%的胎儿出生时为倒生,但倒生时易发生难产,原因是胎儿对子宫颈的机械性扩张不充分;胎儿逸出方向与被毛方向相反,导致生产阻力加大。腹腔内容物向胸腔挤压,胸腔扩张,易发生难产。坐生时,阴道内仅可触及胎儿的尾尖和肛门,不易产出。头颈侧弯和下弯,常见于长颈品种,如苏格兰牧羊犬,侧弯时前肢后屈,阴道内仅显露一前肢,另一前肢则缩回至头弯向的那一侧,即当头弯向左侧时,阴道内显露右腿。当头向下弯曲时,可摸到胎儿的两前肢或颈背部,或两前肢背屈,仅胎儿的头颅进入盆腔,常见于胎儿体弱和死胎。横生,即胎儿在子宫体内呈横位,难产。有时,两个胎儿从各自的子宫角同时排出,挤压在产道内引起难产。胎儿畸形(如脑积水、水肿、重叠等)和死胎,也可造成难产。

[治疗] 如一个胎儿已进入产道,要努力用手或产科钳进行助产。对大型犬,术者可将手插入阴道或子宫内,直接拉出胎儿。如胎儿已前进并部分通过骨盆,在尾下会阴区将出现一特征性鼓起。轻轻向上翻开阴唇,可显露羊膜囊和胎儿的位置。产道最狭窄的部分是内部僵硬的骨盆韧带,如在体外进行手法矫正胎儿有困难时,可将胎儿推进至骨盆韧带的前方,在此较易矫正胎位或胎势。将胎儿旋转45°和应用液状石蜡润滑产道,有益于胎儿拉出。

根据胎位和胎势,用手指在胎儿头颈周围、盆骨周围或肢腿部抓紧牵拉,用力要均匀,不能过猛、过大。矫正胎势的手法是一只手隔腹壁操纵胎儿,另一只手通过阴道操作,两只手相互协调一致。用手指伸入胎儿口腔中,可矫正头下弯;用手指插入肘后或膝后,在胎儿下方将肢腿向中间移动,以矫正腿姿势异常。左右交替牵拉摆动胎儿,由后向前,或在盆腔内做尽可能的扭转,将有助于肩部和髋部一次通过。母犬会阴部鼓起时轻轻在其上方加压,可预防胎儿滑回子宫。产科钳常用于胎儿过大和死胎的助产,以手指为向导,钳子插入深度不能超过子宫体。如胎头已显露,抓持部位为颈部;倒生时,抓持部位为盆骨周围或腿部;助产时不能抓持趾(指)部。手法助产无效时,无论胎儿尚活着还是已死在子宫腔内,都应尽快行剖腹产术。

第三十四章　产后疾病

第一节　胎衣不下

胎衣不下(retained placenta)是指动物分娩后胎衣在正常时限内不排出的现象。本病在小动物较少见。一旦发生或同时伴发胎儿滞留,将对机体造成严重危害。

[病因]　引起动物胎衣不下的原因主要与产后子宫收缩无力、妊娠期间胎盘发生炎症有关。如妊娠期间受到布鲁菌、支原体的感染,可引起胎盘炎症反应,母仔胎盘粘连致胎衣不下。营养缺乏、运动不足、胎儿过多、胎水过多等,均可引起子宫收缩无力。

[症状与诊断]　在正常情况下,胎儿排出后母犬仅排出少量绿色分泌物,产后数小时内即停止排出。如大量分泌物不断排出达 12 h 以上,即可怀疑有胎衣不下。胎衣不下时动物表现为不安,体温升高,食欲减退,从阴门流出绿色、暗黑色或红褐色液体,内含胎衣碎片。小型犬有时经腹壁可触摸到子宫内滞留的胎盘。X 线检查,可确定有无胎儿滞留。

若胎衣滞留时间长,微生物及毒素进入机体,动物表现体温升高、呼吸加快、精神沉郁等全身症状,若不及时治疗,母犬可发生死亡。

[治疗]　挤压子宫角或使用催产素促进排出,应用广谱抗菌药物防止细菌感染。

第二节　产后搐搦症

产后搐搦症(puerperal tetany)是指动物围产期低钙血症,属于分娩后的代谢性疾病,常见于小型品种犬。其临床特征为强直性痉挛、运动失调和呼吸困难。

[病因]　细胞外钙离子浓度急剧下降是本病的病因。正常母犬血钙含量为 9~12 mg/dL,病重时,血钙含量可下降为 4~6 mg/dL 或更低。引起血钙含量下降的机制主要是大量血钙进入乳汁,或动用骨骼中钙的能力下降,或骨钙不足,或从肠道吸收钙不足。本病的发生可能是其中一种或几种因素协同作用的结果。母犬围产期营养不良、矿物质不足、肥胖、妊娠末期日粮中食盐或钙过多等,可诱使本病的发生。新生仔犬体型大或窝产仔数多,需要的乳汁多,导致血钙不能得到充分补充。

低钙血症造成膜电位改变,使神经纤维自发放电,进而导致骨骼肌强直性收缩;同时造成低血糖。母犬长时间抽搐,可引起脑水肿。

[症状与诊断]　常发生于产后 21 天内,但偶尔见于妊娠后期或分娩过程中。初期,动物不安静、气喘、腿痛、缓慢走动,发哀鸣声,流涎,面痒,肌肉震颤和强直。进而出现阵挛性-强直性肌肉痉挛,发热,心动过速,瞳孔缩小,癫痫发作和死亡。若母犬发生脑水肿,补钙后仍反应迟钝或无反应。

[治疗]　缓慢静脉注射 10% 葡萄糖酸钙溶液 3~5 g,每隔 12 h 注射一次。

第三节　产后感染

产后感染(puerperal infection)是指分娩时或产褥期生殖道受病原体感染,引起局部和全身炎性变化。炎症常呈急性经过,对机体造成严重损害,治疗不及时或不当,常引起死亡。

[病因]　主要是细菌经尿生殖道上行性感染及难产助产污染和血行性细菌感染,其致病菌常为革兰阴性菌及葡萄球菌和链球菌。难产、胎衣不下、胎儿滞留、分娩环境卫生差、子宫弛缓、阴道前部或子宫颈炎症等,易诱发产后感染,但正常分娩时很少发生本病。本病的发病机理与子宫蓄脓不同,后者与血清孕酮含量高有关。

[症状与诊断]　正常产后恶露一般是红褐色,持续2～6周。发生子宫内膜炎时,动物表现为发热、厌食、脱水和沉郁,母性差,不护理仔犬;产奶量下降;自阴门排出红棕色、恶臭的浆液性、脓性或血液脓性液体。腹部触诊,子宫呈柔软面团样增大。X线或超声检查,可评价子宫内容物和子宫的大小;B超检查见低回声的液体。取阴道前段分泌物做细菌培养,有大量单一菌体(正常情况下,阴道内有少量多种菌体存在),利用分离的细菌做药敏试验,指导药物治疗。排泄物细菌学和细胞学检查可见有大量衰老的中性粒细胞、红细胞、细菌和组织碎屑。血液白细胞计数升高,核左移。临床上应与阴道炎、产后其他原因导致的发热区别诊断。

[治疗]　静脉注射头孢曲松钠、催产素,抗菌消炎同时排出子宫内容物。

第三十五章　阴道及阴户疾病

第一节　阴　道　炎

阴道炎（vaginitis）是指阴道黏膜感染性或非感染性炎症，小动物临床较少发生。

[**病因**]　多由非传染性因素导致阴道内微生物的过度繁殖所致。成年动物阴道炎可由解剖异常，分泌物或尿液在阴道内积聚所致。如阴门狭窄、阴门周围脂肪沉积、阴蒂肥大、阴道肿瘤等，引起尿在阴道内潴留。阴道-前庭结合处狭窄或畸形，常发生阴道炎。致病菌多为大肠杆菌、葡萄球菌、链球菌、变形杆菌、巴氏杆菌等。化学性阴道炎较少见。异物、全身感染性疾病（如布鲁菌病、衣原体病、支原体病、疱疹病毒感染等）也可引起阴道炎。本病常继发尿道炎和膀胱炎。

[**症状与诊断**]　尿频，外阴有多量排泄物，这些排泄物可为浆液性、黏液性、脓性或脓血性液体。由于瘙痒、排尿不适，动物不时地舔其外阴部。因分泌物增多和异味，公犬常追随母犬。阴道镜检查，可见到充血、水肿、渗出物和黏膜病变，如水疱、溃疡、淋巴滤泡增生等。一般无全身症状。阴道细胞学检查见有大量衰老的白细胞，细菌数量或多或少；慢性阴道炎时出现淋巴细胞和巨噬细胞。

支原体和衣原体感染时，可见胞质内包涵体。疱疹病毒感染的临床症状轻微，常为周期性发病。

临床上应与开放型子宫蓄脓、子宫炎、尿道炎、膀胱炎、前庭炎等区别诊断。开放型子宫蓄脓，有10周以内的发情史，有全身症状；腹部增大，X线与B超检查子宫增大；血液白细胞数量增多。子宫炎，母犬刚分娩不久，有全身症状，子宫分泌物检查有大量炎性细胞和病原体。

阴道镜和X线检查联合应用，有助于区别异物、肿瘤、肉芽肿和输尿管异位。

[**治疗**]　庆大霉素每千克体重1万IU肌肉注射，局部0.1%高锰酸钾溶液冲洗，每天冲洗2~3次。大部分动物在第1次发情期过后，症状自行消失；若长期治疗无效，可行子宫切除手术。

第二节　阴　道　水　肿

阴道水肿（vaginal edema）以前称为阴道增生（vaginal hyperplasia），是指过多的阴道和前庭黏膜水肿，皱褶于尿道乳头前阴道底壁，形成带蒂的增生物向后脱出于阴门内或阴门外。主要见于处于发情前期和发情期的年轻母犬，猫很少见。

[**病因**]　与雌激素分泌剧增有关。正常母犬发情时，由于雌激素的作用，阴道、尿生殖前庭黏膜水肿、充血和角质化。但有些品种犬（可能与遗传有关）在发情前期和发情期因雌激素反应过大，致使阴道底壁（尿道乳头前）黏膜褶水肿、增生过度（这种增生是由于水肿而引起纤维组织的形成），并向后垂脱。最常见于第1次发情。一般到间情期（黄体期）可退缩，但以后发情可再度发生。

[**症状与诊断**]　病犬阴唇肿胀、充血，并频频舔阴唇，努责、下蹲、起卧不安。当其卧地时，阴门张开，露出一小增生物，位于尿道口前方的阴道腹侧壁上，呈粉红色，质地柔软。随着病犬的努责加剧，增生物变大并脱至阴门外，先呈拳头样，顶部光滑，后部背侧有数条纵行皱褶，质地硬，向前延伸至阴道底壁，后期增生物可环绕整个阴道壁；增生物腹侧终止于尿道乳头前方。病犬舔咬、摩擦或自

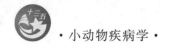
然干裂等导致脱出物损伤,形成溃疡、出血和干痂。脱出物挤压周围组织,引起疼痛性尿淋漓、血尿或里急后重。增生物较大时,引起排尿和排粪困难。

本病应与阴道脱出和肿瘤区别。阴道脱出为全层阴道壁(包括尿道乳头)外翻至阴门外,类似车轮状。阴道脱出可整复,但阴道增生则不能整复,仅可将脱出阴门外的部分送入阴道内,在阴道内突出于阴道壁表面。

犬阴道和阴唇肿瘤多见于10岁以上的老年犬,瘤体坚硬,表面光滑,色淡。传染性性病肿瘤,在阴道内广泛存在,外形不规则,易碎、易出血;活组织检查易鉴定肿瘤。阴道增生时黏膜表面含有大量角化细胞和复层鳞状细胞,与正常发情时阴道黏膜增生、脱落一致。

[治疗] 发情前期使用孕酮,以拮抗雌激素的作用,增生物小者,不影响配种或人工授精;注射HCG 或 GnRH,促进排卵,缩短发情期,发情期过后,待组织软化,拆除缝线。戴上颈圈,防止舔咬。

第三节　阴　道　脱

阴道脱(vaginal prolapse)是指阴道壁部分或全部脱出于阴门外。本病较少见,多见于拳狮犬、波士顿㹴等短头品种犬。

[病因] 本病病因较复杂。阴道壁组织松弛无力是主要因素。便秘、交配时强行分离、分娩后不断努责或腹内压过大时易发生本病。雌激素水平过高,阴道壁松弛,也可发生阴道脱。

[症状与诊断] 阴道部分脱出,当犬卧下时从阴门口可见到红色黏膜外翻,站立时可自动缩回,或脱出物呈球形并显露尿道乳头,站立时也不能自行缩回。当阴道全脱出时,子宫颈外翻,呈"轮胎"状,持续时间过久阴道黏膜发绀、水肿、干燥和损伤。

[治疗] 轻度阴道脱,清除病因后可自行恢复。阴道脱出较多、不能自行复位时手术切除,不影响繁育。

第四节　阴　道　损　伤

阴道损伤(trauma of the vagina)是指阴道黏膜或黏膜与肌层的损伤,严重时发生阴道壁穿透创。常见于产后或交配后。

[病因] 多发生于难产过程中。人工助产时操作不慎,产科器械使用不当或滑脱,胎儿姿势异常强行拉出等,可引起阴道损伤。阴道镜检查、交配时强行分离或公犬体型过大时,也能导致阴道损伤。

[症状与诊断] 从阴门流出鲜血或血块是常见的症状。动物弓背、努责和不安,阴道检查可见到破裂口。阴道壁发生穿透创时,若损伤部位在阴道后部,常有膀胱或脂肪脱出;若损伤部位在阴道前腹侧,肠管及网膜可脱出于阴道腔内,这时可出现腹膜炎和腹痛的症状。

[治疗] 阴道黏膜损伤,应用红霉素软膏。黏膜肌层损伤发生蜂窝织炎,应同时使用头孢菌素和甲硝唑静脉注射。发生阴道壁穿透创者,行会阴切开术或腹底壁切开术(脐后腹白线切口)在腹腔内缝合阴道伤口。

第五节　阴　户　疾　病

外阴炎(vulvitis)是常见的阴户疾病。阴道分泌物增多、尿失禁,阴道内尿潴留时持续性排尿等各种刺激;外阴皮肤不洁,伴发各种病原体感染;皮肤病或周围组织炎症蔓延、损伤等,均易引起外阴炎。患病动物表现外阴皮肤瘙痒,不停地舔咬外阴部,排尿后加重。局部充血、肿胀,有时形成溃疡或成片的湿疹,长期慢性炎症可使皮肤增厚。尿失禁或阴道内尿潴留时,持续性滴状排尿,会阴部湿润;子宫炎或阴道炎时,分泌物增多。治疗时应消除病因,用高锰酸钾溶液清洗尾部和外阴,然后涂抗生素软膏和抗炎药膏,如土霉素药膏和皮炎平药膏。也可用中药煎汤清洗外阴部,或用洁尔阴洗液。

外阴肿瘤(vulvar neoplasms)也较常见,但大部分是良性肿瘤,其中多为平滑肌瘤,有蒂与机体相连。恶性肿瘤常为平滑肌肉瘤。治疗时首选手术切除。恶性肿瘤只要没有发生转移,手术预后良好。若施行卵巢子宫切除术,可降低外阴炎和阴道肿瘤的发病率。

Note

第三十六章　卵巢与子宫疾病

第一节　卵巢囊肿

卵巢囊肿(cystic ovaries)是指由于动物生殖内分泌紊乱导致卵巢组织内未破裂的卵泡或黄体因其自身组织发生变性和萎缩而形成的球形空腔。多见于老年犬、猫,猫发病率高于犬。本病是导致不孕症的原因之一。

卵巢囊肿有 4 种类型:卵泡囊肿、黄体囊肿、上皮小管囊肿和卵巢网囊肿。前两种较为常见。卵泡囊肿是由于卵泡上皮变性、卵泡壁结缔组织增生变质、卵细胞死亡、卵泡液未被吸收或增多形成。黄体囊肿由未排卵的卵泡壁上皮细胞黄体化而形成,因而又称为黄体化囊肿。

[病因及发病机理]　卵巢囊肿多因促性腺激素分泌紊乱而引起,其中最重要的是促黄体素(LH)和促卵泡素(FSH)。犬一般在发情开始 24~48 h 内排卵,而猫在交配后排卵。交配刺激母猫阴道受体,使丘脑下部释放促性腺激素释放激素(GnRH),它可刺激垂体释放 LH,进而使卵泡破裂排卵。LH 不足,FSH 过多时,易发生卵巢囊肿。

[症状与诊断]　发病后可引起雌激素分泌时间延长,持续出现发情前期或发情期的特征,并吸引雄性犬、猫,表现慕雄狂症状,如精神急躁,行为反常甚至攻击主人等。在这一异常的发情周期中可能不排卵。母犬出现下列情况应怀疑患有此病:表现发情症状超过 21 天;发情前期和发情期持续时间超过 40 天。猫卵泡囊肿很难与正常频繁发情区别。诊断时还应考虑雌激素分泌性卵巢肿瘤。对病犬、猫腹部触诊有时可触摸到增大的囊肿。若一侧发病另一侧卵泡可正常发育,但多不排卵,或排卵亦不孕。若成熟卵泡破裂,症状可消失。手术时可见卵泡囊壁很薄,充满水样液体。发生黄体囊肿时,其性周期完全停止。由于患病犬、猫精神狂躁,易误诊为"闹窝",可根据病史和临床症状诊断,确诊需行腹腔探查。

[治疗]　卵巢子宫切除术根除此病。

第二节　犬急性子宫炎

犬急性子宫炎(acute metritis in the bitch)是指产后子宫早期感染性疾病,常发生在产后第 1 周。

[病因]　多因难产、接生、胎盘或胎儿滞留所致,产后子宫扩张、松弛及子宫颈开放,这些因素为细菌侵入和繁殖创造了条件。最常见病原微生物为葡萄球菌或链球菌,但也常分离到大肠杆菌和变形杆菌。这些细菌经开放的子宫颈进入子宫,或经血液循环(罕见)感染。本病也可发生在正常分娩之后,也可因产后子宫复旧不良、长毛品种会阴部不洁、过度交配或人工授精消毒不严所致。阴道炎上行感染亦可诱发本病。

[症状]　临床上以阴道异常分泌物为特点,其分泌物恶臭、黏稠、脓性或血色脓性,如为胎盘滞留其分泌物呈暗绿色。全身性症状包括精神沉郁、厌食、发热、脱水及心搏过速等。后期当动物衰弱

或败血症时,其体温降低。腹壁触摸可感觉扩张的子宫似面团状。母犬失去母性本能,产奶量常下降,幼犬无精神,喊叫,生长停止。

多数病犬白细胞增生,且常见中性粒细胞核左移,尽管偶见白细胞减少。红细胞比容和血液总蛋白含量因脱水而升高,可见肾前氮质血症,即尿素氮(BUN)含量、肌酐含量及尿比重上升,但患内毒素血症者其尿比重下降,因内毒素干扰抗利尿激素的作用。

[诊断] 依据病史、临床症状并结合血液学检验进行确诊。发情期可从子宫颈采取黏液或收集子宫内容物进行细菌培养。对疑有死胎残留者可用 X 线检查。阴道涂片无诊断意义,因正常动物也可见有蜕变的中性粒细胞和吞噬细菌的吞噬细胞。

[治疗] 加强护理,全身应用广谱抗菌药如庆大霉素或恩诺沙星,子宫洗必泰或高锰酸钾溶液冲洗,肌肉注射缩宫素。

第三节 子宫蓄脓

子宫蓄脓(pyometra)是指发情后期子宫腔有脓性积液的一种疾病,特征是子宫内膜异常并继发细菌感染。正常母犬每一个发情周期排卵后 9～12 周内黄体可产生孕酮。如猫诱导排卵后未怀孕,黄体持续时间大约为 45 天。按子宫颈开放与否,本病可分为闭锁和开放两种类型。

[病因] 子宫蓄脓继发于化脓性子宫内膜炎和急、慢性子宫内膜炎,化脓性乳腺炎及其他部位化脓灶转移也可导致本病的发生。子宫因感染而敏感,子宫颈持续闭锁或子宫松弛均为发病的外部原因。该病的内在原因与雌激素、孕酮作用有关。该病常发生于发情后期,此时孕酮促进子宫内膜的生长而降低子宫平滑肌的活动,最终发展为囊性子宫内膜增生,使子宫分泌物积聚。孕酮还可抑制白细胞抵抗细菌感染的作用。阴道内正常菌群中某些细菌是子宫感染的常见病原。从子宫蓄脓病例最常分离到的细菌是大肠杆菌,另外也可分离到葡萄球菌、链球菌、假单胞菌、变形杆菌及其他细菌。因母猫排卵、黄体形成和孕酮的产生需交配刺激,故母猫子宫蓄脓发病率比母犬低。雌激素可加强孕酮对子宫的刺激作用。在发情间期给予外源性雌激素可提高发生子宫蓄脓的危险,因此不提倡用注射雌激素的方法实施避孕。

[症状] 临床症状出现在发情间期,常在发情后 4～8 周,或在注射外源性孕酮之后,包括嗜睡、厌食、尿频、烦渴及呕吐等。只有 20% 患病动物体温升高,有时出现休克。当子宫颈开张时,阴道排出脓性分泌物,且常带有血液;当子宫颈闭锁时,因子宫分泌物不能排出使子宫膨大,并可出现腹部膨隆。在腹部膨隆的情况下病程发展很快,最终可导致休克和死亡。中性粒细胞增多,核左移。治疗不及时,可继发子宫溃疡或穿孔、贫血、肾小球肾炎及毒血症等。大肠杆菌感染子宫后,由于内毒素导致肾小管功能损伤和对抗利尿激素不敏感,产生等渗尿;免疫复合物沉积造成的肾小球损伤可导致蛋白尿。子宫蓄脓治愈后,肾脏损伤可恢复。

[诊断] 依据病史、临床症状、腹部触诊、X 线检查、血液学检验和超声波检查等判断子宫内是否积脓。注意与妊娠、膀胱炎、腹膜炎和猫传染性腹膜炎等相区别。继发肾功能衰竭时,多尿和烦渴应注意与糖尿病相区别。

[治疗] 卵巢子宫切除术。保守治疗用于发病初期,广谱抗菌药加缩宫素,易复发。

[预后] 一般来说,卵巢子宫切除术的动物预后较好。若子宫颈开放,药物治疗预后良好,但如子宫颈闭锁则预后不良。子宫颈开放型子宫蓄脓,90% 的犬和 70% 的猫还可生育,而子宫颈闭锁型子宫蓄脓的犬仅 50% 可恢复繁殖力。本病有可能复发,用药物治愈的母犬有 70% 的可能性在 2 年内复发。

第四节　子宫扭转

子宫扭转（uterine twist）是偶见于母猫的一种急性病症，尤其老年母猫因子宫肌收缩迟缓，且有内容物，重力增加，当母猫剧烈运动或翻滚时易发生。

[病因]　猫在妊娠后期发生子宫扭转不多，而子宫蓄脓的病猫却常出现。常仅一侧子宫角沿纵轴旋转 90°～360°。

[症状]　出现急性反射性剧烈腹痛、食欲废绝、精神抑郁、极度不安、体温升高、呕吐、用力排粪和排尿、阴道排出分泌物等症状。子宫扭转的病猫，患病时间稍长，可能发生休克或体温下降，黏膜苍白，呼吸迫促，处于濒死状态。

[诊断]　触诊腹部异常疼痛，触摸不到子宫，这可能是由于静脉淤血闭塞，脉管扩张所致。在子宫后部旋转的病例，子宫颈已松弛扩大时，通过阴道检查，可触及子宫角扭转部分，据此可做出初步诊断。X 线检查可确诊。

[治疗]　怀疑为子宫扭转时，应立即剖腹探查，证实后应施行卵巢子宫切除术。对种用价值高的母猫，只切除患侧的子宫和卵巢。绝大多数病猫，可能因休克或胎盘大量出血而死亡。

第五节　产后子宫出血

产后子宫出血（postpartum uterine hemorrhage）是指分娩过程中遗留下来的一种组织创伤性疾病。犬和猫偶尔发生。

[病因]　胎盘附着部位的子宫复旧不全时，产后很长一段时间内生殖道会排出血液，但这种情况常被人们忽视。分娩时，助产不当或施行剖腹产术时，引起子宫黏膜损伤或强行剥离胎盘也可导致产后子宫出血。

[症状]　病犬全身情况良好，阴门外观正常，阴道黏膜亦正常。病犬躺卧处，见有排出的带血分泌物，产道检查时，可见阴道腔内积有血凝块及血清样分泌物。腹部触诊可感觉沿子宫纵轴有许多互不相连的圆形肿块。

[治疗]　应用麦角新碱和钙制剂，同时子宫内注入庆大霉素、甲硝唑。对上述治疗无效的病犬，施行子宫切除术。

第六节　产后子宫复旧不全

子宫复旧是指分娩后子宫肌层逐渐收缩，子宫形状和大小在一定时期内恢复至妊娠前状态。如子宫不能恢复到原来正常大小、质地松弛、子宫内膜蜕变与再生过程延迟，称为子宫复旧不全（incomplete involution of the uterus）。

[病因]　子宫收缩无力是此病的主要致病因素。临床上见到的病例，大都是产后子宫收缩发生障碍，多数子宫腔内潴留胎水、胎盘、胎膜碎片或残留物。多数是两侧子宫角不能恢复到原来状态，但也可能只是一侧子宫角不能复旧，或某一部分复旧不全。

[症状]　常表现不安或焦虑，体温正常，食欲良好，阴门排出的分泌物亦正常。腹部触诊可触到

质地柔软、较正常粗大且持续时间较长的未复旧子宫。母犬产后阴门红肿时,应考虑子宫复旧不全和并发子宫炎症。

子宫复旧不全时,子宫内潴留的渗出物、血液、胎盘及其残片等可迅速分解,其分解产物被吸收,经乳排出,可引起哺乳仔犬、猫患病,表现烦躁不安、不停叫喊和生活能力不强。

［治疗］ 应用多西环素抗菌消炎,催产素可促进子宫收缩复原。

第三十七章　乳房疾病

▌第一节　乳　腺　炎▐

犬、猫乳腺炎(mastitis)为一个或多个乳腺的炎症过程,可分为急性乳腺炎、慢性乳腺炎及囊泡性乳腺炎。急性乳腺炎又称败血性乳腺炎,一般发生于泌乳期,慢性及囊泡性乳腺炎最常发生于断乳时。

[病因]　急性乳腺炎可经乳头损伤和乳房穿透伤上行感染,也可通过血源性感染引发。患病动物乳汁中最常分离到的细菌为葡萄球菌和链球菌。一般情况下难以发现感染来源,有时见其乳房被幼犬、猫抓伤或咬伤的痕迹。慢性乳腺炎则是断乳前后乳管闭锁、乳汁滞留刺激乳腺的结果。囊泡性乳腺炎与慢性乳腺炎类似,但乳腺增生可形成囊泡样肿。

[症状]　急性乳腺炎的受侵乳腺常出现肿胀、发热和疼痛。炎性乳腺挤出的乳汁可能带血,若为化脓菌感染,可挤出脓液并混有血丝。血液学检验,白细胞总数增多,pH偏高,其乳汁显得较正常黏稠,多呈絮状。患病母犬或母猫可能出现全身症状,如体温升高、精神沉郁、食欲不振、不愿照顾幼仔,但有时无全身症状。

慢性乳腺炎其乳腺肿大、发热,触摸有痛感,但不表现全身症状。一个或多个乳房变硬,强压迫可挤出水样分泌物。

囊泡性乳腺炎多发于老年猎犬,触诊乳房变硬,可摸到增生囊泡。

[诊断]　根据病史、临床症状及乳汁检验,可做出诊断,必要时做病原分离和培养,予以确诊。产后出现全身症状的犬或猫,取各乳腺乳样检验。

[治疗]　大剂量青霉素或头孢噻呋钠静脉注射以迅速消除炎症,防止影响幼犬哺乳。

▌第二节　产后乳不足或无乳▐

乳不足及无乳(hypogalactia and agalactia)是指母犬、猫乳量减少甚至全无而使幼仔不能获得足够的乳汁。

[病因]　①饲养管理不良及营养低下(尤其妊娠期)。②产后期严重疾病,如子宫疾病、胃肠道疾病。③乳房外伤、乳腺炎。④母犬、猫过早繁育,乳腺发育不全;或母犬、猫年龄太大,乳腺萎缩。⑤哺乳期受惊,食物突然变更,气候突然变化。⑥调节乳腺活动的激素分泌紊乱。

[症状]　乳房肿胀(有乳腺炎时),或松软、缩小。母犬、猫屡屡躲让,不愿授乳。

[防治]　注意补充营养,注射催产素或口服催乳片。

第三十八章　不孕症与不育症

第一节　母犬、猫不孕症

不孕症（female infertility）是指雌性动物在体成熟或分娩后超过产后正常发情时间仍不能配种受孕，或虽经数次交配仍不能妊娠的现象，为一种先天性或后天性原因造成的母犬、猫生殖系统解剖结构或功能异常所引起的暂时性或永久性不能繁殖的疾病。

〔病因〕　病因极其复杂。

1. 发育不全及生殖器官异常

（1）幼稚形：在达到配种年龄时，生殖器官发育不全或无繁殖能力，主要是因脑垂体的功能不足，或甲状腺及其他内分泌腺的功能紊乱所引起。

（2）两性畸形：由于生殖器官异常，如子宫角特别细小，卵巢很小，阴门特别狭窄，不能交配受孕。

（3）生殖道反常：阴蒂发育过度，阴道及阴门过于狭小或闭锁、前庭狭窄等，阴茎不能伸入阴道妨碍交配，常见于母犬。阴道增生，子宫颈畸形，子宫颈口闭锁不通，输卵管或子宫角纤维变性（可能由感染或伤害后发炎引起）均可导致不育。

2. 全身性或生殖器官疾病

（1）传染性疾病：布鲁菌病、结核病、李氏杆菌病、弓形虫病、螺旋体病等；引起猫感染性不育症的还有白血病、传染性腹膜炎和病毒性鼻气管炎。这些疾病可引起流产、新生动物死亡、胎儿吸收和表现不育等。

（2）生殖器官疾病：持久性黄体、卵巢囊肿、卵巢炎、子宫炎、子宫肿瘤等，也可造成暂时性不孕。持久性黄体主要是由于母犬过肥或过瘦，维生素和矿物质不足或缺乏，造成新陈代谢障碍，内分泌紊乱而引起不孕。

（3）甲状腺功能减退：某些品种犬常见。病犬可能表现或不表现任何甲状腺功能减退症状，但可导致不育，发情周期异常、性欲减退和/或精液异常。此病在猫不常见。

3. 营养过剩及营养不全

（1）营养过剩：长期、单纯饲喂过多的蛋白质、脂肪或糖类食物，在缺乏运动时，可使卵巢内积聚脂肪，卵泡上皮发生脂肪变性，动物表现为不发情。

（2）营养不全：由于食物中某些维生素或矿物质缺乏或不足，常可引起动物不孕。如维生素A不足或缺乏，可引起子宫内膜上皮细胞、卵细胞及卵泡上皮细胞变性，卵泡闭锁或形成囊肿。B族维生素缺乏时，可使子宫收缩功能减弱，卵细胞生成和排卵遭到破坏，长期不发情。维生素D缺乏时，机体矿物质特别是钙、磷代谢发生紊乱，可间接引起不孕症，如缺磷可阻碍卵泡生长与成熟；缺钙、磷可影响酶活性及激素形成。缺硒可使维生素E合成受阻。缺钴、锌可导致性周期紊乱或早产、流产、畸胎和死胎。缺碘则直接影响甲状腺功能，使生长发育停滞或繁殖力下降。

4. 年龄因素　老年犬、猫生殖功能减退而不孕。

5. 管理性不育　由于饲养管理不当及过度频繁交配、生育，致使性功能提前衰退或停止；人工授精技术掌握不当,精液处理错误及发情判断失误均可导致不孕;应用生物制剂治疗妊娠的病猫时,视妊娠期长短,可能引起胎儿干尸化、死产和其他异常情况。因此,对妊娠母猫应用生物制剂时,必须充分了解其特性及其对胎儿可能发生的损害作用。例如,灰黄毒素对胎儿有发生率很高的致畸作用。接种病毒疫苗时,由于病毒对快速生长的组织有亲和性,也可能引起胎儿发育异常。

[症状]　不孕症的典型症状即不能受胎。先天性生殖系统异常者,检查可见外生殖器、阴门及阴道细小而无法交配;子宫角极小或无分支,卵巢未发育;有些一侧为卵巢,另一侧为睾丸样组织。营养不良性不孕者表现为性周期紊乱,有些无特异症状,应结合病史及饲料分析诊断。其他类型不孕多为经产犬、猫,常伴有流产、死胎等,需综合分析判断。

[诊断]

1. 询问病史　包括动物年龄,食物种类、数量、质量及来源,动物胎次、妊娠过程、是否发生过流产、胎衣不下、子宫脱出、难产等。患病动物是否经常努责,是否患过生殖器官疾病,是否患过其他内外科病和传染病以及其治疗的情况等。除此,还应了解雄性动物在交配时的年龄、健康状况、饲养管理及配种能力等。不孕症不仅与雌性动物有关,且有时可能与雄性动物不育症有关。因此,主人提供的有关母犬、猫病史资料,只能作为诊断不孕症的参考,还应考虑公犬、猫的可能因素。

2. 动物检查　首先观察动物全身状况,如体态、行动、被毛、肥瘦等。特别注意臀部的形态、有无黏液痂皮、尾根的姿势、阴门的大小和形状,有无炎症,阴门下角内有无分泌物和分泌物的性质。其次要进行阴道检查,观察阴道前庭黏膜是否有小疱、结节、疹状物,子宫颈膣部的位置、大小、形状、颜色、开张程度,有无分泌物及瘢痕等。子宫颈是否肿胀,有无炎性渗出物及脓液流出。最后还应经腹壁进行子宫触诊。触诊子宫时,应注意其位置、大小、质地、内容物等。患慢性子宫炎时,子宫角增大。子宫积脓和积液时,子宫体增大而有波动。患急性子宫内膜炎时,触诊子宫时动物表现不安、努责等。

[治疗]　属发育不全或幼稚型不孕症的犬、猫,不宜留做种用。与公犬、猫混养,或将母猫放入发情母猫群中,经过几天,就可促使其发情周期循环开始。光照及日照时间延长,日照时间达到14～18 h,经过数周,母猫就会发情。在诊断为先天性乏情和使用外源激素之前数月应首先给动物提供适当的光照。

孕马血清促性腺激素(PMSG)和人绒毛膜促性腺激素(HCG)诱导乏情期母犬较为成功,但受胎率低,其主要原因在于 PMSG 强烈刺激缩短了卵泡正常成熟期,诱导的卵泡在注射 HCG 时尚未成熟,导致黄体功能不足,孕酮水平低,使母犬表现发情前期或发情期持续时间短。诱导乏情期末期母犬血浆孕酮浓度较乏情期中期的母犬增加快而高,受胎率高。PMSG 用于诱导猫发情效果较好,但用量不宜太大,否则易引起卵巢囊肿或排卵数过多。

营养不全性不孕者确定缺乏物质后予以补充,可恢复生殖功能。若生殖器官已发生器质性变化者则不能恢复。引入种犬、猫时需在适当季节,最好安排在休情期以利其适应新环境,克服气候性不孕。疾病性不孕者,应先治疗原发病。

第二节　公犬、猫不育症

不育症(male infertility)是指公犬、猫在交配时不能射精或精子不能使卵子受精的疾病。

[病因]　不育症的常见病有睾丸发育不全,生殖系统疾病,营养不良及衰老,睾丸发育不全除先天性隐睾外,还可见于辐射致伤;生殖系统疾病主要有睾丸炎、精囊炎、包皮过长及尿道炎;长期食物单一或缺乏氨基酸、维生素及矿物质等影响精子生成,营养过剩均可导致营养性不育;公犬、猫采精过度或老龄均可造成不育。

[症状诊断]　不育症的基本症状为性欲下降或阳痿,精液品质低劣,过度采精者无精子排出,并

伴有原发病症状。诊断主要依据临床症状,对因感染引起不育者,需进行血清学及精液细菌学检查。

[治疗] 患不育症的公犬、猫主要治疗原发病和除去病因。隐睾症最好去势不做种用。因饲养管理造成的不育,如动物过于瘦弱、过度肥胖、缺乏维生素和矿物质等,应改善饲养管理,加强运动,供给营养全面的食物。

持久阴茎系带阻止阴茎从包皮伸出而无法交配,可手术治疗。阴茎偏斜并不常见,此类动物配种时需人为帮助或采用人工授精。尿道下裂阻止精子从睾丸向阴茎头运输,体检易发现,缺陷轻者可自行闭合,严重者需手术闭合。包皮开口狭窄有先天性的,也有慢性炎症(损伤或细菌性皮炎)所致的,此病可导致包茎。消除原发病后,必要时需手术扩大其开口。睾丸肿瘤常引起不育,去除患侧睾丸,而另一侧睾丸可代偿产生精子。环境高温可诱发暂时性或永久性精子过少,犬、猫夏季饲养管理应注意保持凉爽。

性欲低下者可用睾酮、PMSG、HCG、GnRH 及促性腺激素治疗,以促进性腺发育。

第三十九章　新生仔疾病

第一节　新生仔护理

新生仔所在室内温度应保持在 20～30 ℃,尤其冬季和初春要特别注意。正常情况下犬、猫分娩时不要人为协助,但在异常情况下应实施人工接产,迅速扯破胎膜,及时用纱布擦去仔犬、猫鼻孔周围的黏液;用缝线在脐带根部结扎,然后距脐 2 cm 处剪断脐带,断端涂以 5% 碘酊。再将其送到母犬、猫嘴边,让其舔干体表的黏液、胎水。因个别母犬有食仔恶癖,护理时应多加注意新生犬、猫。12 天内,不睁眼需人工辅助喂养。注意要让每只犬、猫都充分吃到产后 3～5 天的初乳。出生后 2～3 天内,应每隔 1～2 h 哺乳 1 次。辅助仔犬、猫固定乳头,让弱小仔犬、猫固定在靠近后腿两对乳量较多的乳头上。注意观察母犬、猫授乳情况,如母犬、猫长时间不回产箱,或仔犬、猫长时间乱动乱叫,说明可能是母犬、猫无乳或生病,要立即进行人工哺乳或寄乳。寄乳的保姆犬、猫应性情温顺,母性好,泌乳量多。寄乳的仔犬、猫与原窝仔犬、猫日龄要接近。寄乳前先将保姆犬、猫乳汁或尿液涂在欲寄乳仔犬、猫的身上,这样易被保姆犬、猫接受。仔犬、猫开始寄乳时,要特别留心观察,防止其被保姆犬、猫踩伤、咬死。为谨慎起见,可给保姆犬、猫戴上嘴套,等寄乳仔犬、猫吮乳后摘下。

如找不到保姆犬、猫,可人工喂乳。猫常用的代乳品配方:20 g 脱脂奶粉,90 mL 水和 10 mL 橄榄油。在最初 2～3 天,每 100 mL 上述代乳品中应加入 80 IU 维生素 A,以后可减少到 50 IU。饲喂后应按摩其会阴部,促使排便、排尿,并每日称重,按照其增重情况调整饲喂量。仔猫在正常时日增重大约为 10 g。此外,应特别注意防止体温降低(正常体温为 37.5～38.8 ℃),体温降低常是新生仔猫死亡的重要原因。

护理幼仔,应做到四看。

(1) 看神态:正常幼仔精神活泼,耳尾灵活,动作协调。

(2) 看脐带:脐带出生后 2～7 天内逐渐干燥脱落,注意每天用碘酊涂擦消毒,若脐部潮湿、肿胀、疼痛,说明发生了感染,应及时处理。

(3) 看排便:观察胎粪是否及时排出,注意粪便的干稀、颜色及气味。

(4) 看饮食:观察仔犬、猫饮食是否正常。

为确保仔犬、猫卫生健康,应经常消毒仔舍,勤换垫料,防止其感染疾病。

第二节　新生弱仔及死亡

新生弱仔及死亡是指新生仔衰弱无力、生活能力低的一种发育不良性疾病。

[病因]　母犬、猫怀孕期间营养严重缺乏(如蛋白质、维生素 A、B 族维生素、维生素 E 及矿物质缺乏)、胎儿过多、近亲繁殖的后代、早产或母犬、猫患有妊娠毒血症、布鲁菌感染等均可导致胎儿发育不良。

[症状]　新生仔瘦弱、衰弱无力,动作不协调或反应迟钝。眼无神或闭眼,心跳快而弱,耳、鼻、

唇及四肢末端发凉,体温偏低。吸乳反射弱,脐孔愈合缓慢,易发生呼吸道和消化道疾病。

[治疗] 首先注意保暖,设法提高室温和保持正常体温。精心护理喂养,辅助喂乳或人工哺乳,无吮乳动作可用导管投给。

第三节 新生仔窒息

新生仔窒息(neonatal asphyxia)又称假死,其特征是新生仔呼吸障碍,包括呼吸不畅和无呼吸,如不及时抢救,常死亡。

[病因] 分娩时胎盘过早分离脱落,胎囊破裂过晚,胎盘水肿,子宫痉挛性收缩;各种原因造成的胎儿产出缓慢,脐带受到挤压使胎盘血液循环减弱或停止;有时还因母犬、猫过度疲劳、贫血、大出血、心力衰竭、高热或全身性疾病、自身缺氧等,均会引起胎儿缺氧,以致刺激过早呼吸并吸入羊水而窒息。

[症状] 轻度窒息时,呼吸微弱、不均匀,有时张口喘气。口腔、鼻腔内充满黏液,肺部有啰音,喉、气管明显。新生仔全身软弱无力,黏膜发绀,舌脱出口角,心跳快而弱。严重窒息呈假死状,全身松软,呼吸停止,可视黏膜苍白,反射消失,卧地不动,仅有微弱心跳。

[治疗] 治疗的关键是保持呼吸道畅通,刺激呼吸。首先将头部放低,立即用布擦净或用导管、洗耳球吸净口鼻、咽喉部黏液和羊水。固定头部用力甩出口腔、鼻腔中的羊水,同时轻度按压胸壁,或握住两前肢,前后来回摇动,揉搓后背,促使仔犬呼吸,有时抢救过程可达一个多小时,勿轻易放弃。

[预防] 做好接产准备,监视分娩过程,及时做好接产和新生仔的护理。对胎儿倒生、胎膜破裂过晚、胎儿产出期延长以及各种难产要及时助产。

第四节 脐 炎

脐炎(omphalitis)是指新生仔脐血管及周围组织的炎症。

[病因] 接产时脐带消毒不严,脐带被污染或脐尿瘘形成,尿浸润,脐带断端过长而被踩、拉伤、咬伤等,导致微生物入侵发炎。

[症状] 病初脐带断端潮湿、变粗、变黑,脐孔周围肿胀、变硬、充血、发红、发热、疼痛。幼仔收腹弯腰、多卧少动。脐带断端脱落后脐孔溃疡,肉芽增生,有的有脓性渗出物或形成脓肿。严重者引起败血症或破伤风,出现体温升高、呼吸和心跳加快、脱水及代谢紊乱,全身体况急剧下降、恶化。

[治疗] 局部处理,创内涂以碘酊。局部形成脓肿的,切开排脓冲洗,涂5%碘酊,每天3~4次。

[预防] 接产时脐带断端宜短些,多用碘酊消毒,促进其干燥脱落。保持仔舍干燥、卫生。若发现脐带、脐孔处潮湿应及早处理。

第四十章　血液和造血系统疾病

第一节　再生性贫血

贫血(anemia)是指外周血液中单位容积内红细胞数(RBC)、血红蛋白(Hb)浓度及红细胞比容(PCV)低于正常值,产生以运氧能力降低、血容量减少为主要特征的临床综合征。贫血的临床表现不仅与贫血程度有关,也与贫血发生的快慢、有无其他疾病及机体的代偿能力有关。皮肤黏膜苍白,心率和呼吸加快是贫血的主要体征。贫血按骨髓反应情况可分为再生性贫血(regenerative anemia)和非再生性贫血(nonregenerative anemia)两类(表40-1)。

表 40-1　贫血按骨髓反应情况的分类

骨髓反应	贫血类型	常见病因举例
再生性	失血性贫血	创伤、外科手术、胃肠道出血
	溶血性贫血	生物性:巴贝斯虫病、血巴尔通体病、钩端螺旋体病
		遗传性:丙酮酸激酶(PK)缺乏、细胞色素 b_5 还原酶(Cb_5R)缺乏、椭圆红细胞增多症(红细胞膜带 4.1 蛋白缺乏)
		理化性:脾功能亢进、除臭剂中毒
		免疫性:异型输血、幼畜同族红细胞溶血
	缺铁性贫血	铁吸收障碍、铁丢失过多
非再生性	慢性病性贫血	慢性炎症
	肾病性贫血	肾功能衰竭
	营养缺乏性贫血	叶酸、钴胺缺乏
	低增生性贫血	骨髓坏死、骨髓纤维化
	再生障碍性贫血	化学物质、生物因素、电离辐射

外周血中红细胞数的稳定是红细胞生成和破坏之间的动态平衡过程。红细胞的生成过程如下:骨髓干细胞→红系祖细胞→红系前体细胞。红系前体细胞的发育过程如下:早幼红细胞→中幼红细胞→晚幼红细胞→网织红细胞→成熟红细胞。网织红细胞是含有功能性 RNA 的成熟红细胞前体,在骨髓中约 2 天后释放进外周血液,在外周血中的数量反映红细胞再生的速度,故是再生性贫血最有用的指标。

形态学上,犬网织红细胞含有较明显的颗粒,较易计数。猫则有两种形式的网织红细胞,即颗粒型和点状型,在计数时应特别注意。

关于网织红细胞计数有以下几项指标:

(1) 网织红细胞绝对值(个/μL)=[网织红细胞数(%)×RBC(个/μL)]/100。

网织红细胞绝对值可用来表示红系细胞再生状况。正常小动物网织红细胞计数一般小于0.4%,其绝对值低于 40000 个/μL。

（2）网织红细胞纠正值（%）＝［网织红细胞数（%）×被检动物 PCV］/正常 PCV（犬 45%，猫 37%）。

（3）外周血中网织红细胞成熟时间可随 PCV 的不同而变化。一般犬 PCV45%（猫 37%）、35%（猫 29%）、25%（猫 21%）及 15%（猫 11%）时，成熟时间分别约需 1 天、1.5 天、2 天及 2.5 天。因此，网织红细胞生成指数（RPI）＝网织红细胞纠正值（%）/成熟时间。

另外，还有网织红细胞百分率（RET%）、未成熟网织红细胞比率（IRF）、各种荧光强度网织红细胞比率等参数。

一、失血性贫血

失血性贫血（blood loss anemia）是由红细胞和血红蛋白丢失过多引起的贫血，包括急性失血性贫血和慢性失血性贫血。

[病因]

1. 急性失血 外伤、创伤性内脏破裂、各器官疾病性出血（如结核、子宫出血等）、脾功能亢进等引起。

2. 慢性出血 胃肠道溃疡、糜烂；各器官炎症性出血，出血性素质（如血友病）等反复长期出血；出血性肿瘤（如犬血管肉瘤、平滑肌瘤、小肠出血性动脉瘤等）；某些寄生虫感染，如钩虫、吸血昆虫、蜱、虱、蚤严重感染也可造成出血性贫血（100 只蚤每天可吸血 0.1 mL）。虽然出血原因、部位、方式、数量及速度不同，但其共同症状为血容量减少，还可表现不同程度和性质的贫血及其他体征。

[发病机理] 犬、猫总血量分别是体重的 8.0% 和 6.0%，当急性失血超过总血量的 20% 时，出现明显的心血管反应，表现心脏活动加强、外周血管收缩及黏膜苍白；而失血量超过总血量的 30%～40% 时，体内代偿反应将逐渐失去作用，出现心排血量减少、血压下降、脉搏细弱、皮肤厥冷及中枢抑制等症状；如在几小时内，急性失血量达总量的 50%，则迅速导致动物休克。急性失血是微循环血流不足导致组织缺氧，各器官功能损害，从而使微循环血量更不足的发展过程。在急性失血几小时后，因缺氧的直接刺激，产生红细胞生成素（EPO），刺激造血，一般可无贫血或仅有轻度的贫血症状。但 3 天后，红细胞容量、红细胞比容、血红蛋白值降至最低点，贫血症状更明显，且为大细胞型再生性贫血。

小动物慢性失血性贫血的主要发病机理是失血导致铁缺乏。铁是动物必需的微量元素，主要存在于血红蛋白（约占血红蛋白总量的 0.34%）、肌红蛋白、各种酶及辅因子（如细胞色素 C、过氧化酶等）中，其储存形式是铁蛋白和含铁血黄素。慢性失血 450 mL 时，就可丢失 200 mg 铁，铁的过多丢失导致血红蛋白的合成不足和红细胞成熟延迟。

[症状] 低血容量是急性失血的主要表现，常出现心跳、呼吸加快，血压下降、步态不稳，皮肤厥冷及肌肉震颤；若失血过多，可发生休克；一般失血 3 天后，表现贫血症状。慢性失血时，贫血则为隐性发生，症状进展缓慢，严重者表现黏膜苍白、跳脉、奔马律，甚至出现异嗜癖和心肌肥大。

实验室检查，急性失血是以贫血、网织红细胞增加、低蛋白血症为特征。其最早的反应是网织红细胞数增加，峰值是在失血后 4～7 天，其纠正值一般为 3%～10%，大致与失血量成正比，此外还伴有低蛋白血症。

慢性失血，因血红蛋白合成下降和红细胞成熟延迟，呈现小细胞低色素性贫血。血液学检查，红细胞淡染、红细胞中心淡染区扩大、网织红细胞数增加，红细胞平均容积（MCV）和红细胞平均血红蛋白浓度（MCHC）下降。因缺铁使红细胞变硬、变形能力下降，故外周血液涂片红细胞碎片增多。

[诊断] 根据临床出血症状结合实验室检查，诊断多无困难，关键是找到出血部位和失血原因。小动物最常见的出血部位是胃肠道，应注意呕吐物及大便颜色，肠音是否亢进等。

[治疗] 急性失血的紧急治疗包括止血、补充血容量和对因治疗。用止血带、局部压迫、手术结扎止血，肌肉注射酚磺乙胺注射液 0.2～0.5 g；静脉注射电解质溶液、血浆、或全血。慢性失血动物

主要是纠正贫血、补充铁剂和治疗原发病。

二、溶血性贫血

溶血性贫血(hemolytic anemia)是指由各种原因引起的红细胞大量溶解导致的贫血。犬、猫正常红细胞平均寿命分别是100～120天和70～78天。红细胞衰老后,在单核巨噬细胞系统中被破坏和吞噬,其中含量最多的血红蛋白在酶的作用下,释放珠蛋白、铁等,转变成胆红素,经粪和尿排出体外,而释出的珠蛋白、铁等又可被机体重新利用。

[病因] 原因很多,大致可分两大类,即遗传性和获得性(表40-2)。其中遗传性因素引起的溶血不可忽视,生物性因素和中毒是临床上导致溶血的常见原因。

表40-2 犬、猫溶血性贫血常见病因及发生机理

病因			疾病举例	品种	发病机理	临床特征	实验室检查
遗传性	红细胞膜异常		椭圆形红细胞症	杂交犬、阿拉斯加犬	AR,红细胞膜带4.1蛋白缺乏	中度贫血	椭圆形红细胞上升(>25%)
			口形红细胞症		AR,红细胞膜对钠通透性上升致红细胞膜内钠浓度上升	溶血、软骨发育不全	口形红细胞上升
	红细胞酶缺乏		磷酸果糖激酶(PFK)缺乏	犬	AR,糖酵解功能下降	溶血、黄疸、肌病	DNA实验(PCR)
			丙酮酸激酶(PK)缺乏	犬、DSH猫	AR,PK基因缺乏	溶血、黄疸	红细胞PK活性测定
	血红蛋白异常		高铁血红蛋白症	犬、短毛猫	高铁血红蛋白还原酶缺乏	发绀	可发现Heinz小体
获得性	生物性	病毒	FeLV	猫	免疫介导的溶血	形成淋巴瘤	FeLV检验阳性
		细菌	各种急、慢性感染	犬、猫	免疫介导的溶血		可检出细菌
		寄生虫	巴贝斯虫	犬、猫	免疫介导的溶血		血液检查可发现虫体
			巴通体病	猫			
	免疫性	自身免疫	自身免疫性溶血性贫血	犬	形成抗红细胞抗体	黄疸、溶血	Coombs试验阳性
		同族免疫	新生仔同族红细胞溶血	犬	母子血型不合	仔畜溶血	血型检查
		药物免疫	磺胺、青霉素、甲硫咪唑等	犬、猫	免疫介导的溶血		
	理化性		微血管病性溶血性贫血	犬	机械破坏		裂体细胞
			除臭剂、卫生球等中毒	犬	损伤红细胞膜	溶血	

注:AR指常染色体隐性遗传。

[发病机理] 小动物溶血性贫血的原因复杂,发生机理也各不相同,可分为红细胞内在异常和红细胞外在异常。

1. 红细胞内在异常 主要有：①红细胞膜缺陷，如遗传性椭圆形红细胞症。②红细胞酶缺陷，如丙酮酸激酶缺陷症等。③血红蛋白合成与结构异常，如高铁血红蛋白还原酶缺乏等。

2. 红细胞外在异常 常见有：①免疫因素，存在有破坏红细胞的抗体，如新生畜自身免疫性溶血性贫血、药物所致免疫性溶血性贫血等。这种由免疫介导的溶血机理最常见。②感染因素，因细菌溶血素或疟原虫等对红细胞的破坏。③物理化学因素，如苯、铅、砷、蛇毒和烧伤等可直接破坏红细胞。④其他，如脾功能亢进等。

〔症状〕 溶血性贫血的共同临床症状是黏膜苍白、黄疸、肝肿大、粪胆素原和尿胆素原含量增高，甚至出现血红蛋白尿。随病因不同症状各异，通常表现为昏睡、无力、食欲不振甚至废绝。犬体温升高而猫可无明显变化，严重时心率加快，呼吸困难，较不耐运动。

血液学检查时，红细胞数和红细胞比容减少，网织红细胞增多，粪、尿胆素原含量增高，严重者出现黄疸。若为巴贝斯虫、锥虫感染，在血液涂片中可发现病原体。另外，还应对相应的毒物进行分析。遗传性因素，可对红细胞形态、有关酶活性、变性血红蛋白小体（Heinz 小体）等进行检查。Coombs 试验对检查免疫性因素所致溶血性贫血很有价值。

〔诊断〕 根据临床症状结合实验室检查即可做出诊断。

〔治疗〕 确定病因后对因治疗。对遗传性红细胞膜异常，可进行脾切除，若为细菌和血液原虫感染，给予杀菌驱虫药；中毒性疾病，应排除毒物并给予解毒处理。贫血严重者还可输血，也可用肾上腺皮质激素治疗。

第二节 非再生性贫血

非再生性贫血（nonregenerative anemia）是小动物常见的贫血类型。与再生性贫血相比，其最大特点是外周血中网织红细胞数不增加（或很少增加），网织红细胞纠正值小于 2％。引起小动物非再生性贫血的原因见表 40-3。

表 40-3 非再生性贫血的原因

分 类	致 病 原 因
慢性病性贫血	结核、脓肿、慢性炎症、肿瘤等
慢性肾功能衰竭	间质性肾炎、慢性肾小球肾炎
营养缺乏	叶酸、钴胺、铁缺乏及营养不良
代谢病	甲状腺功能低下、其他内分泌缺乏、激素过多、肝病
感染	反转录病毒、艾美耳球虫、细小病毒
药物、毒物	青霉素、奎尼丁、甲基多巴、头孢菌素等
射线	X 射线
纯红细胞再生障碍	大多为免疫介导、自发性
骨髓坏死或硬化	骨髓纤维化、骨髓发育不良、骨髓瘤

一、慢性疾病性贫血

慢性疾病性贫血（anemia of chronic disease，ACD）是指慢性感染、肿瘤和其他衰竭性疾病伴发以铁代谢障碍所致的贫血。这类贫血的特征是病程发展缓慢，血清铁含量低，总铁结合力也低，而铁储存则增加。这类贫血从轻度到中度不等，一般为正常红细胞正色性，也是小动物临床最常见的贫血。

[病因] 包括慢性感染（如结核、脓肿等）、各种炎症、免疫过程、局部或扩散性肿瘤（如恶性淋巴瘤）以及持续外科创伤等。

[发病机理] 慢性疾病性贫血的发生主要与骨髓对贫血的代偿不足及铁的释放利用障碍有关。

（1）骨髓对贫血代偿不足：当慢性炎症时，白细胞介素 1（IL-1）、肿瘤坏死因子（TNF）及干扰素（INF）等细胞因子增多，不仅可抑制体内红细胞生成素的产生，而且可影响骨髓对红细胞生成素的反应，抑制红系祖细胞集落形成单位（CFU-E）的形成。

（2）铁的释放及利用障碍：因各种细菌及肿瘤细胞均需铁营养，低铁被认为是病原菌和肿瘤组织与机体争夺铁的结果；另一方面，当机体有炎症或感染时，巨噬细胞被激活，巨噬细胞过度摄取铁，造成血清铁降低而储存铁增加；因红细胞再生时的铁 95％ 来自衰老红细胞铁的再利用，当铁被储存在吞噬细胞中释放障碍时，红细胞生成障碍。

（3）脾中被激活的巨噬细胞摄取红细胞增多，造成红细胞寿命缩短。

[症状] 慢性疾病性贫血一般为轻度或中度，进展较慢，常被原发疾病的临床表现所掩盖。红细胞比容下降（通常犬下降到 25％ 以下，猫下降到 15％ 以下），病犬、猫血清铁及总铁结合力均低于正常，铁饱和度正常或低于正常。

[诊断] 需先排除这些疾病本身造成的失血、肾功能衰竭、药物导致的骨髓抑制及肿瘤侵犯骨髓或肿瘤晚期时的稀释性贫血。鉴别诊断主要是与缺铁性贫血相区别。

[治疗] 主要治疗原发病，同时补充红细胞生成素。

二、缺铁性贫血

缺铁性贫血（iron deficiency anemia，IDA）指因体内铁不能满足正常红细胞生成的需要时发生的贫血。因机体铁摄入量不足、吸收量减少、需要量增加以及铁利用障碍或丢失过多所致。发生缺铁性贫血是缺铁的晚期阶段。这类贫血的特点是骨髓及其他组织中缺乏可染铁，血清铁及转铁蛋白饱和度均降低，呈现小细胞低色素性贫血。

[病因] 正常动物体内铁吸收和排泄保持动态平衡。体内铁呈封闭式循环，只有在需要增加、铁摄入不足及慢性贫血等情况下可造成长期铁的负平衡而致缺铁。造成缺铁的病因可分为铁摄入不足和丢失过多两大类。

1. 摄入不足 小动物，尤其是犬、猫日粮中铁的含量一般较丰富，故吸收不良是铁摄入不足的主要原因。食物中血红素铁易被吸收，非血红素铁则需转变成 Fe^{2+} 才能被吸收，故胃酸不足、胃肠手术及胃肠炎易造成铁吸收不足。

近年来，除铁以外的微量元素与 IDA 关系受到了人们的广泛关注。研究表明，铜、锌、钒、铅、镉、镍、钙、镁及钴等与 IDA 发病均有一定的关系。锌对于维持正常食欲很有必要，对味蕾细胞迅速再生起重要的作用，缺锌使味觉减退、唾液中酸酶减少、味蕾功能发生障碍，出现厌食、摄食减少，而导致或加重 IDA。铜与体内造血功能有密切的关系，是血浆铜蓝蛋白的主要成分，血浆铜蓝蛋白具有铁氧化酶性质，参与铁吸收和转运，促使肝内储存铁的释放。锰可取代血红素上二价铁，使血红蛋白结合氧能力减弱，造成组织细胞缺氧，反馈产生红细胞生成素，刺激造血。钴铁间也存在相互作用，钴可刺激造血功能。铁吸收增加时，钴吸收也增加。

2. 丢失过多 临床上铁丢失过多主要见于慢性出血，尤其是胃肠道出血，如胃炎、溃疡、肿瘤及钩虫感染等。

[发病机理] 发育中的红细胞需要铁、原卟啉和珠蛋白以合成血红蛋白，红细胞内血红蛋白浓度增高会促使细胞核失去活性，转变成成熟的红细胞，故红细胞成熟快慢、红细胞大小与血红蛋白合成快慢有一定的关系。缺铁时，血红蛋白合成速度慢，造成红细胞体积缩小。另外，动物体内有多种含铁的酶，如细胞色素、过氧化物酶、细胞色素 C 还原酶、黄嘌呤氧化酶、核糖核酸还原酶等。铁缺乏时，也将影响细胞的氧化还原功能。近年发现，跨膜丝氨酸蛋白酶 6 基因（TMPRSS6）的突变可导致

严重贫血的发生。TMPRSS6 是一种主要在肝中表达，编码Ⅱ型跨膜丝氨酸蛋白酶的基因，它突变后可造成铁调节激素肝杀菌肽在机体缺铁状态下也表达增加，这造成小肠对食物铁的吸收减少而出现缺铁性贫血。TMPRSS6 突变与贫血关系的发现一方面有利于对铁代谢调节机制的深入理解，另一方面也为铁代谢紊乱相关疾病如贫血等的治疗带来希望。

[症状] 该类贫血的发生通常为隐性，症状进展缓慢。皮肤黏膜苍白，被毛干枯，也可出现异嗜癖。

[诊断] 缺铁时，血红蛋白含量降低，血象出现小细胞低色素性变化，血液涂片可见大量中心淡染的小红细胞，红细胞比容降低。此外，还可根据临床症状、病史询问做出诊断。

[治疗] 去除导致缺铁的病因，补充铁剂可使血象恢复，如肌肉注射 25% 葡萄糖铁溶液，所需补充铁量可用公式计算，即所需补充铁总量(mg)＝[150－患病动物血红蛋白含量(g/L)]×体重(kg)×0.33。用法是每天 1 次，每次 0.2～1 mg，直至总剂量用完。

三、慢性肾病性贫血

慢性肾病性贫血(anemia secondary to chronic renal disease)是继发于慢性肾功能衰竭(简称肾衰)的贫血，是造血系统以外的系统性疾病所致贫血。因此，各种原因引起的肾功能减退，如尿素氮升高、肌酐清除率下降到一定时，均可呈现贫血。其贫血的程度常与肾功能减退的程度有关。

[发病机理] 慢性肾病性贫血的发生机理较为复杂。

1. 红细胞生成素(EPO)分泌减少 红细胞生成素主要由肾小管周围细胞产生，具有促使骨髓红系祖细胞向成熟红细胞分化及增生的作用，肾衰时，EPO 产生减少。

2. 红细胞破坏增多 肾衰时，机体代谢产生的毒性物质(尿素氮、肌酐等)可干扰红细胞膜上 Na^+-K^+ ATP 酶的正常功能，抑制细胞内磷酸戊糖旁路代谢，使还原型谷胱甘肽生成减少，红细胞膜氧化损伤，脆性增加。猫红细胞中呈现明显的 Heinz 小体。

3. 其他 慢性肾衰时营养不良和钙磷代谢障碍，也促使贫血的发生。症状主要是慢性肾衰的症状，贫血的程度和进展表现不一，常为正常红细胞正色素性贫血，有出血倾向时，也可为小细胞低色素性贫血。

[治疗] 以改善肾功能为主，同时口服铁剂及红细胞生成素。

四、低增生性贫血

正常时，胚胎早期卵囊是造血部位，后来，肝和脾逐渐取代卵囊而成为造血部位。出生后，骨髓则成为造血的主要部位。因此，低增生性贫血主要发生在骨髓造血功能障碍时，如骨髓坏死、骨髓纤维化、骨髓萎缩及造血系统恶性肿瘤等。

[病因] 引起骨髓造血功能障碍的原因多样，在小动物主要是继发于病毒感染、药物毒性及恶性肿瘤。骨髓坏死(marrow necrosis)常继发于血栓形成、内毒素血症、药物中毒或病毒感染；骨髓纤维化(myelofibrosis)则是骨髓衰竭的晚期表现；骨髓萎缩或骨髓发育不良(osteomyelodysplasia)常见于猫，与猫白血病病毒感染有关，犬较少见；造血系统恶性肿瘤主要是急、慢性白血病。

[症状与诊断] 骨髓造血功能障碍引起的贫血表现常是原发病症状及各类血细胞减少、非再生性贫血。血液学特征和骨髓检查是诊断的依据。

[治疗] 输血、骨髓移植及用红细胞生成素是主要的治疗方法，常预后不良。

五、内分泌疾病性贫血

红细胞生成受多种因素的调节，其中某些内分泌激素在调节红细胞生成中具有举足轻重的作用，主要有红细胞生成素(EPO)、雄激素、雌激素、甲状腺素及肾上腺皮质激素等。

其中 EPO、雄激素、甲状腺素及肾上腺皮质激素具有促进红细胞生成的作用，雌激素则具有抑制红细胞生成的作用。当这些内分泌激素异常时,可导致贫血。

[**病因及发病机理**]　EPO是一种糖蛋白,产生的主要部位在肾小管周围细胞,当肾组织破坏时,EPO产生降低;雄激素可刺激肾产生EPO,也可直接刺激骨髓促进红细胞的生成;甲状腺素和肾上腺皮质激素可改变组织对氧的需求而间接影响红系造血功能,在甲状腺功能减退时,红系造血功能下降;雌激素可降低红系祖细胞对EPO的反应,从而抑制红细胞的生成,在一些患睾丸肿瘤的雄性犬,或染色体异常的两性畸形犬,出现高雌激素并显示雌性化,会出现严重的贫血症状。

[**症状**]　除贫血外,主要表现为与各种内分泌疾病有关的症状(参阅有关章节)。

[**治疗**]　主要是治疗原发病。贫血严重者,可适当使用EPO或输血。

第三节　出血性疾病

出血性疾病是指因止血机制异常引起自发性出血或外伤后出血不止的临床征象。止血是出血到不出血的过程,需血管壁、血小板和凝血因子的相互作用,其中任何一方发生障碍,均可发生出血性疾病。小动物出血性疾病的常见原因是血小板减少和凝血因子缺乏。

一、血小板减少症

血小板减少症(thrombocytopenia)是血小板数量减少而引起的以皮肤、黏膜广泛出现出血点、出血斑为主要特征的疾病。

[**病因及发病机理**]　引起血小板减少症的原因有多种,在小动物常见的原因如下。

(1)血小板生成障碍:常见于再生障碍性贫血;一些遗传性疾病,如猫Chediak-Higashi综合征,犬、猫的血管性假血友病(von willebrand's disease,VWD)等,也可引起血小板减少症。

(2)血小板破坏或消耗增多:见于特发性血小板减少性紫癜,这与许多因素有关,如病毒(腺病毒、冠状病毒、细小病毒、疱疹病毒等)、细菌(立克次体、钩端螺旋体、沙门菌等)、原虫(利什曼原虫、巴贝斯虫等)、真菌(白色念珠菌、荚膜组织胞浆菌等);药物性因素,如一些抗生素、抗微生物药及抗炎药等。这些生物和药物因素导致的血小板减少症多与免疫有关。免疫介导所致的血小板减少症(IMT)是小动物尤其是犬临床上最常见的出血病,如自身免疫性溶血性贫血、全身性红斑狼疮等。在这些疾病过程中,产生抗血小板抗体,除可缩短血小板寿命外,还可导致骨髓巨核细胞损伤,不但使血小板数量减少,且血小板功能也降低。

(3)血小板分布异常:脾功能亢进、肝硬化等可导致血小板分布异常。

[**症状**]　自发性出血和轻微外伤后出血时间延长是本病的主要特征。皮肤、黏膜还出现出血点、出血斑,有的腹部、腹内侧、四肢等皮下出血,常伴有鼻和齿龈出血、便血及尿血。有严重贫血的病例,出现黏膜苍白。

实验室检查,血小板计数明显减少,有的血液涂片可见大型血小板和血小板颗粒减少,血小板聚集功能异常,出血时间延长,血块回缩不良。骨髓巨核细胞大多增加或正常,但形成血小板巨核细胞减少,幼稚型巨核细胞数增加,胞体大小不一,以小型多见,血小板因子3(PF_3)下降,血小板相关免疫球蛋G(PB IgG)增高。

[**诊断**]　多次检验血小板减少,骨髓巨核细胞增加或正常,并伴有成熟障碍,即可做出诊断。因血小板减少可能是多种疾病的共同表现,故诊断时应结合临床表现、骨髓象变化及抗血小板抗体的测定等加以鉴别。

[**治疗**]　治疗基础病,禁用降低血小板功能的药物(如阿司匹林、保泰松等),止血敏肌肉注射。对疑似遗传性血小板减少症,在选种时加以监测,杜绝患病后代的产生。

二、凝血因子缺乏症

凝血因子缺乏症(coagulopathies)是一组以凝血因子缺乏引起血液凝固障碍,临床上以出血为主要特征的疾病,犬发病率高于猫。

[病因及发病机理] 犬、猫有获得性和遗传性凝血因子缺乏症。获得性凝血因子缺乏主要继发于肝功能障碍和维生素 K 缺乏。肝是合成和消除凝血因子的主要部位,而维生素 K 是合成 FⅡ、FⅦ、FⅨ 及 FX 等因子的必需物,故当肝疾病或维生素 K 缺乏时,某些凝血因子合成障碍。小动物遗传性凝血因子缺乏较常见(表 40-4),其中血友病(hemophilia)临床上最多见。血友病有 A、B 和 C 三型。A 型血友病是 FⅧ 缺乏,B 型血友病是 FⅨ 缺乏,两者均是 X-连锁隐性遗传病。FⅦ 和 FⅨ 均是形成凝血酶原激活物所必需,其中某一因子缺乏,均使凝血酶原激活物形成障碍、血液凝固时间延长,形成出血性素质,A、B 型血友病具 X-连锁隐性遗传病特征,临床上雄性发病率高于雌性,但雌性动物可成为此病携带者,应特别注意。C 型血友病是 FⅪ 缺乏症,属常染色体显性或不完全隐性遗传。目前,在几乎所有凝血因子基因均已克隆的基础上,很多遗传性出血性疾病的基因异常也已发现,尤其是发现血友病的基因异常:血友病 A 最常见的基因异常是点突变。在 FⅧ 的 26 个外显子上已发现 454 种不同点突变,也可发生核苷酸缺失或插入。在血友病 B 的 FⅨ 基因发现了 600 种不同的基因突变。

[症状] 患病犬、猫有轻度、中度和重度出血倾向,常见的是黏膜出血。轻微撞击、肌肉注射即可引起皮下血肿,幼犬换牙也可导致齿龈出血,去势术等外伤常出血过量甚至出血不止而死亡。实验室检查视不同凝血因子缺乏,其检查结果各异,aPPT、PT、TCT 均常延长(表 40-4),但出血时间、血小板计数和血块收缩则正常。

表 40-4 遗传性凝血因子缺乏

缺少的因子	遗传方式	凝血筛选试验	动 物
纤维蛋白原(FⅠ)	AD	aPTT、PT、TCT 延长,低 FⅠ	犬、猫
FⅡ	AD	aPTT、PT 延长,TCT、FⅠ 正常	犬
FⅦ	AD	PT 延长,aPTT、TCT、FⅠ 正常	猫
FⅧ	XR	PT、TCT、FⅠ 正常,aPTT 延长	犬、猫
FⅨ	XR	aPTT 延长,PT、TCT、FⅠ 正常	犬、猫
FX	AD	aPTT、PT 延长,TCT、FⅠ 正常	犬、猫
FⅪ	AD	aPTT 延长,PT、TCT、FⅠ 正常	犬
FⅫ	AR	aPTT 延长,PT、TCT、FⅠ 正常	犬、猫

注:aPTT,部分凝血活酶时间;FT,凝血酶原时间;TCT,凝血酶时间;AD,常染色体显性遗传;AR,常染色体隐性遗传;XR,X-连锁隐性遗传。

[诊断] 根据临床症状、实验室检查和家族史调查即可做出诊断。

[治疗] 获得性凝血因子缺乏症应在治疗原发病的同时,补充凝血因子或输注犬血浆。预防遗传性凝血因子缺乏症的关键是检出患病者和携带者,做好选种工作。

第四节 红细胞增多症

红细胞增多症(polycythemia)是指循环血液红细胞比容(PCV)、血红蛋白浓度(Hb)和单位体积红细胞数量（RBC）高于正常水平，既可能是相对红细胞增多，也可能是绝对红细胞增多。前者是血浆量减少，红细胞浓缩，实际体内红细胞总数并未增多；后者是体内红细胞总数增多。在绝对红细胞增多症中又有原发性和继发性之分（表 40-5）。正常犬 PCV、Hb、RBC 上限分别是 55%、18 g/dL 及 8.5×10^6 个/μL，猫上限值分别是 45%、14 g/dL 及 10×10^6 个/μL。

表 40-5　红细胞增多症分类

类　　型	主　要　病　因
相对红细胞增多症	血液浓缩（烧伤、腹泻、中暑、出汗、休克等）
绝对红细胞增多症	
原发性红细胞增多症	—
继发性红细胞增多症	继发于组织缺氧（高原性、先天性心脏病、异常血红蛋白病等）、红细胞生成素异常增多（肾肿瘤、肾囊肿等）

[病因及发病机理]　相对红细胞增多症主要见于体液的大量丢失，如严重呕吐、腹泻、出汗、烧伤、休克等，若补液不足，即可引起血浆容量减少，导致红细胞相对增多。继发性红细胞增多症主要见于缺氧，如高原性、先天性心脏病（右→左分流，动静脉血掺杂等）引起全身性低氧血症、肺疾病、通气/血流比不配、血红蛋白结构的改变或 2,3-二磷酸甘油酸（2,3-DPG）减少等。缺氧刺激肾氧感受器，使肾分泌红细胞生成素（EPO）增多，从而促进骨髓红系祖细胞增殖、分化、成熟，并释放至循环血液。另外，发生肾病时，如肾肿瘤、肾感染、肾炎也可引起局部缺氧，使 EPO 合成增多。

原发性红细胞增多症系克隆性造血干细胞疾病，发病机制尚未阐明，近年来的研究主要集中在造血因子上。

[症状]　红细胞数量增加导致血液黏度上升、血流缓慢、毛细血管再充盈时间延长，引起心肌肥大、局部缺氧、黏膜发绀。严重者甚至发生脑循环损伤，出现运动失调、肌肉震颤等神经症状。另外，还可出现其他潜在性疾病的症状。

[诊断]　红细胞计数、血红蛋白浓度及红细胞比容 3 项指标显著高于正常时，可诊断为红细胞增多症。但此 3 项指标仅能反映单位体积血液中红细胞情况，而不能反映体内红细胞总数，故不能作为区别相对与绝对红细胞增多症的依据。鉴别诊断尚需根据临床表现、血象、骨髓象及全身红细胞容量（表 40-6）来判断。

表 40-6　红细胞增多症的鉴别

项　　目	原发性红细胞增多症	继发性红细胞增多症	相对红细胞增多症
Hb 与 RBC	↑	↑	↑
红细胞容量	↑	↑	正常
动脉血氧饱和度	正常	↓或正常	正常
白细胞计数	↑	正常	正常
血小板计数	↑	正常	正常
脾肿大	有	无	无
骨髓象	三系均增生	红系增生	正常
红细胞生成素	↓或正常	↑	正常

注：↑示升高；↓示下降。

[治疗]　严重绝对红细胞增多症，可静脉放血，间隔进行，总量可达每千克体重 10～20 mL，直

至红细胞比容达55%(猫达50%)。药物治疗可口服羟基脲。

第五节 白细胞减少症和增多症

哺乳动物白细胞包括中性粒细胞(分叶核和不分叶核)、淋巴细胞、单核细胞、嗜酸性粒细胞和嗜碱性粒细胞。白细胞增多症(leukocytosis,leukophilia)是指循环血液中白细胞总数增多;白细胞减少症(leukocytopenia)则是指循环血液中白细胞总数减少。动物品种不同,白细胞形态及各种白细胞绝对数也各异。白细胞总数和白细胞分类计数是鉴定白细胞增多症和减少症的依据。

一、中性粒细胞增多症和减少症

中性粒细胞是由骨髓成髓细胞分化而形成。进入循环的多数中性粒细胞是成熟的(分叶核),其半衰期约为6 h,具有很强的运动游走性与吞噬能力,能吞噬入侵细菌、坏死细胞等,在完成吞噬、杀菌功能和对吞噬细菌及抗体组织中组织碎片的酶溶解作用后死去。

中性粒细胞增多引起的白细胞增多症称中性粒细胞增多症。外周血未成熟(核未分叶)中性粒细胞增多称核左移。核左移有两种形式:一种是再生性核左移,另一种是退行性核左移。前者指中性粒细胞增多症中,未成熟的中性粒细胞绝对数不比成熟的中性粒细胞多;后者指未分叶中性粒细胞多于分叶中性粒细胞。中性粒细胞增多症主要见于细菌感染、应激等(表40-7)。

表40-7 中性粒细胞增多症和减少症原因

中性粒细胞增多症	中性粒细胞减少症
兴奋、活动	病毒:犬和猫细小病毒、犬传染性肝炎、猫白血病病毒
皮质类固醇:内源性或外源性	埃利希体病
细菌感染:特别是葡萄球菌和链球菌	G-败血症
立克次体感染	药物:抗癌药、保泰松、奎尼丁、头孢菌素、苯巴比妥、氯霉
某些病毒感染	素或灰黄霉素(猫)、雌激素(犬)
真菌感染:全身或局部	射线
寄生虫感染	雌激素过多
机械损伤:烧伤、创伤、手术	周期性造血
代谢性损伤:尿毒症	骨髓痨(白血病、骨髓纤维化、肉芽肿性骨髓炎)
溶血	
免疫介导性关节炎	
肿瘤:鳞状细胞癌、直肠息肉等	
犬粒细胞病综合征	

多数小动物在应激情况下(糖皮质激素增多)发生持续白细胞增多,主要表现中性粒细胞增多,无核左移,淋巴细胞减少,嗜酸性粒细胞减少。这种应激性白细胞增多症一方面与肾上腺素对外周血管的收缩有关,另一方面与糖皮质激素对骨髓的作用有关。血管内白细胞有两种亚群,中央群和边缘群,数目大致相同。静脉穿刺采样只能代表中央群。应激时,因肾上腺素释放,外周血管收缩,使边缘群白细胞转到中央群,故测出的白细胞总数增加。

糖皮质激素可使中性粒细胞从骨髓释出,并减少组织迁移,从而增加了循环的中性粒细胞。另外,类固醇可引起淋巴细胞凋亡和再分布,从而使淋巴细胞减少。

中性粒细胞减少症是指中性粒细胞减少导致白细胞减少症,主要见于病毒感染、某些药物作用、

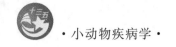

骨髓造血功能缺陷等（表40-7）。一般病毒感染，特别是急性感染无广泛组织坏死时，会出现白细胞尤其是中性粒细胞减少。严重细菌感染特别是革兰阴性菌败血症或内毒素毒血症可引发白细胞减少。骨髓腔占有性损伤（骨髓瘤）也可使白细胞减少。

二、淋巴细胞增多症和减少症

淋巴细胞产生于淋巴结和脾，也可由骨髓生成，其主要功能是参与机体的免疫过程。很多因素引起外周淋巴细胞绝对数增多或减少称为淋巴细胞增多症（lymphocytosis）或淋巴细胞减少症（lymphopenia）。

淋巴细胞增多症常与肾上腺皮质功能减退、淋巴细胞白血病及免疫反应特别是长期免疫刺激有关（表40-8）。免疫刺激与慢性炎症有关，并以反应性淋巴细胞为特征，这些反应性淋巴细胞因蛋白质合成加快，胞质增多。

表40-8　淋巴细胞增多症和减少症原因

淋巴细胞增多症	淋巴细胞减少症
生理性因素（肾上腺素、发热、兴奋、活动）	皮质类固醇激素
长期的免疫刺激	病毒感染（犬瘟热病毒、猫白血病病毒、犬传染性肝炎病毒、
原虫	猫免疫缺陷病毒、细小病毒）
真菌	乳糜胸
埃利希体	淋巴管扩张
免疫后反应	
肾上腺皮质功能减退	
白血病（急、慢性淋巴细胞性白血病，淋巴肉瘤）	

淋巴细胞减少症是常见的白细胞象，常与内源（应激）或外源性糖皮质激素导致淋巴细胞凋亡和再分布有关。其他因素如淋巴液外渗（淋巴管扩张）、淋巴细胞生成受损和免疫缺陷病也可导致淋巴细胞减少。病毒感染可经不同的机理引起淋巴细胞减少，如犬传染性肝炎病毒，可直接损伤淋巴细胞；猫白血病病毒通过细胞凋亡使 $CD4^+$ 和 $CD8^+$ 淋巴细胞减少；猫免疫缺陷病毒感染导致 $CD4^+$ 和 $CD8^+$ 淋巴细胞比率明显下降。

三、嗜酸性粒细胞和嗜碱性粒细胞增多症

嗜酸性粒细胞对组胺和由IgE刺激肥大细胞或嗜碱性粒细胞释放出的产物有反应，可杀死寄生虫，调节过敏反应。嗜酸性粒细胞增多症是指外周血中嗜酸性粒细胞总数增加，主要由组胺及其同类物质和IgE引起，其表示有变态反应和寄生虫病。寄生虫壳多糖与宿主组织的紧密接触是嗜酸性粒细胞严重增多的原因。旋毛虫刺激和近50％患丝虫病犬发生嗜酸性粒细胞增多症。跳蚤引起嗜酸性粒细胞增多的程度取决于宿主敏感性和受干扰程度。

另外，某些肠道寄生虫（如线虫、吸虫）、上呼吸道疾病、某些肿瘤（如淋巴肉瘤）、皮炎，甚至肾上腺皮质功能减退等也可引起嗜酸性粒细胞增多。

嗜碱性粒细胞含有组胺，在免疫介导反应，特别是对寄生虫过敏反应中起主要作用。所有小动物嗜碱性粒细胞极少，也很少有外周血嗜碱性粒细胞增多症，然而在一些寄生虫疾病、过敏反应性疾病、甲状腺功能减退和粒细胞白血病时，也可发生嗜碱性粒细胞增多症。

四、单核细胞增多症

单核细胞来自骨髓，进入外周血不久便进入组织中，成为单核-巨噬细胞系统中的巨噬细胞。单

核细胞具有杀灭细菌、病毒、真菌和原虫的作用。单核细胞增多症较少见，主要在由细菌、原虫、真菌等引起的急、慢性炎症，尤其是犬肉芽肿性炎或皮质类固醇激素应激反应时发生。

第六节 淋巴腺病和脾脏肿大

淋巴腺病（lymphadenopathy）是指淋巴结肿大，根据表现可分为独立淋巴腺病（一个淋巴结肿大）、局灶性淋巴腺病（相关的一串淋巴结肿大）和广泛性淋巴腺病（两个以上相关的淋巴结肿大）。脾脏肿大（splenomegaly）则是指弥散性脾增大，常见于脾炎性变化、淋巴网状细胞增生、脾充血和异常细胞或异常物质的浸润。

[病因] 小动物淋巴结肿大的原因主要有两类：抗原刺激和肿瘤细胞浸润。抗原刺激时（如各种感染、免疫预防），淋巴结发生反应性增生，导致肿大。当增殖的是淋巴结内固有细胞时，称反应性淋巴腺病；如增生的主要是多形核白细胞或炎性细胞时，则称为淋巴结炎，有化脓性淋巴结炎（中性粒细胞为主）、肉芽肿性淋巴结炎（巨噬细胞为主）、嗜酸性淋巴结炎（嗜酸性粒细胞为主）。浸润性淋巴腺病主要原发或继发（转移）于造血组织肿瘤。

脾肿大按病因可分炎性脾肿大（inflammation splenomegaly）、增生性脾肿大（hyperplastic splenomegaly）、充血性脾肿大（congestive splenomegaly）和浸润性脾肿大（infiltrative splenomegaly）（表 40-9）。绝大多数脾炎与感染有关，也是引起小动物脾肿大最常见的原因。脾常对血液中的抗原和红细胞破坏有反应，导致单核巨噬细胞和淋巴细胞增生，故在慢性细菌性感染和溶血性疾病时，发生增生性脾肿大。

小动物的脾具有很强的储血功能，正常时，可储存总血量的 10%～20%。在门静脉高压、脾扭转等情况下，储血量可达总血量的 30%，导致充血性脾肿大。

肿瘤细胞浸润是引起小动物浸润性脾肿大最常见的原因。另外，发生在免疫介导性溶血和血小板减少症时髓外造血也使脾恢复造血功能，导致脾肿大。脾淀粉样变是由免疫反应异常增高引起，大量淀粉样物质（免疫复合物）沉积在脾红髓和白髓中，导致脾肿大。

表 40-9 小动物脾肿大的病因

类 型	病 因
炎性脾肿大	
化脓性脾炎	腹部穿透伤、细菌性心内膜炎、脾扭转、弓形虫病、真菌感染、犬传染性肝炎（急性）
坏死性脾炎	脾扭转、脾肿瘤、沙门菌病
嗜酸性粒细胞增多性脾炎	嗜酸性粒细胞增多性胃肠炎、嗜酸性粒细胞增多综合征
淋巴浆细胞性脾炎	犬传染性肝炎（慢性）、埃利希体病（慢性）、子宫积脓、布鲁菌病、巴通体病
肉芽肿性脾炎	组织包浆菌病、分枝杆菌病、利什曼病
脓性肉芽肿性脾炎	芽生菌病、孢子丝菌病、猫传染性腹膜炎
增生性脾肿大	细菌性心内膜炎、布鲁菌病、系统性红斑狼疮、溶血性疾病
充血性脾肿大	药物性（镇定药、抗惊厥药）、门静脉高压、脾扭转
浸润性脾肿大	
肿瘤性	急性白血病、慢性白血病、肥大细胞瘤、恶性组织细胞瘤、淋巴肉瘤、多发性骨髓瘤
非肿瘤性	髓外造血、嗜酸性粒细胞增多综合征、淀粉样变

[症状] 临床上常表现发呆和一些非特异性症状，如厌食、失重、衰弱、腹胀、呕吐、烦渴及多尿等，有时出现压迫性症状。不同病因引起的淋巴腺病和脾肿大，表现也各异，与各种原发病有关，如

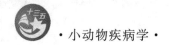

脾扭转引起的脾肿大,会出现血红蛋白尿,血液学特征有贫血,伴再生性核左移,白细胞增多,常出现弥散性血管内凝血(DIC)。

[**诊断**]　脾肿大用超声检查不难做出诊断,但要确定病因尚需进一步做针对性检查。对淋巴腺病的诊断,分清淋巴结肿大的范围很重要,一般浅表独立淋巴结肿大,多数由局部炎症引起,深部(如腹内、胸内)局灶性淋巴结肿大则可能是全身性真菌或立克次体感染以及淋巴肉瘤。

[**治疗**]　脾肿大者时行脾切除术。

第四十一章　免疫性疾病

免疫反应是机体对抗各种环境因子的影响和侵袭,维护自身稳定的防御反应。正常免疫反应需机体免疫器官的相互协调配合和免疫功能的完整,否则将会导致各种免疫功能的异常,甚至出现免疫性疾病。近年来,因免疫学技术发展,陆续发现一些新的免疫性疾病。小动物免疫性疾病较多,本章主要从过敏反应性疾病、自身免疫疾病和免疫缺陷病等方面选择几种常见的较有代表性的疾病加以叙述。

第一节　过敏反应性疾病

过敏反应(anaphylactic reaction)又称Ⅰ型超敏反应,是一种由一定抗原与IgE抗体相结合而迅速诱发过强,并大多能致病的免疫反应,其发生与机体的遗传因素有关。具有此种遗传因素的个体当接触一定的抗原时,可在体内形成大量的IgE抗体,当再次接触该抗原时,即可在抗原接触部位,如皮肤、上呼吸道及胃肠道黏膜等,迅速引起局部症状,或导致严重的全身性反应(如过敏性休克)。引起过敏反应性疾病的抗原(又称变应原)可从多种途径进入体内,如经呼吸道吸收、经胃肠道吸收。这些抗原常为大分子物质,如蛋白质和多糖,其中包括某些食物、药物、金属蛋白、居室粉尘及花草粉等。初次进入具有相应素质的机体后,刺激B淋巴细胞产生特异性IgE抗体。这种抗体在循环血液中生存期短,但当其与肥大细胞及嗜碱性粒细胞表面IgE抗体受体结合,则可长期存在,故又称此抗体为亲细胞抗体,当机体再次接触该抗原,就与结合在肥大细胞表面IgE分子结合,引起IgE构象改变。两个以上相邻IgE分子,通过特异性抗原的桥接以及与Fc受体结合,立即导致肥大细胞脱颗粒,并释放颗粒内容物,如组胺、肝素、嗜酸性粒细胞趋化因子以及其他各种细胞因子等。这些介质的大量释放,引起炎症反应伴随体内血管扩张及管壁通透性升高,平滑肌收缩,以及中性粒细胞和嗜酸性粒细胞的趋化活动。外周神经末梢受刺激后出现特征性瘙痒,血小板活化因子可激活凝血系统,导致微血栓形成。

一、食物过敏(肠道过敏反应)

食物过敏(food allergy)是某些特异性食物抗原刺激机体引起过敏反应,犬、猫十分常见,特别是小猫。常表现急性或慢性皮肤和胃肠道疾病。发病无季节性。

[病因]　许多食物均可引起犬、猫食物过敏反应,常见的有饼干、牛奶、牛肉、马肉、鸡肉、猪肉、蛋、鱼、大豆、小麦、玉米及马铃薯等食物。

[症状]　皮肤型食物过敏,常食后4～24 h出现全身瘙痒,或全身皮肤出现红斑丘疹、鳞片、荨麻疹和血管性水肿、脓疮。猫的主要症状是粟疹、湿疹和小结痂,溃疡是常见的皮肤症状。

过敏性胃肠炎表现为进食后1～2 h发生呕吐,其呕吐物呈胆汁色,严重病例可出现体重减轻。过敏性肠炎为小肠炎症,粪便由半干到水样不定,特别臭。嗜酸性粒细胞肠炎是最严重的过敏性肠道疾病,表现中度到严重的肠道炎和明显的嗜酸性粒细胞增多,腹泻,体重减轻。猫常为过敏性结肠炎,粪便被覆新鲜血液或带有血点。

[诊断]　常根据病史和临床症状做出初步判断,然后停喂可疑食物,对犬尽可能使用营养成分

少的低蛋白食物，幼犬日粮以大米、豆腐和羔羊肉作为基础日粮，再补充维生素和矿物质；一旦症状消失，再添加另外的食品。对于猫的过敏性肠炎，可先停食 72 h，停食期间只给水，如停食后症状好转，可改喂低过敏性食物，如干酪、烧熟的仔鸡和羊肉，动物若不复发即可确诊为食物过敏。血液检查，主要是白细胞中嗜酸性粒细胞增加，可达 10% 以上。

〔治疗〕 找出过敏原。对急性肠道过敏反应可用糖皮质激素和抗组胺药物治疗。

二、特应性皮炎

特应性皮炎（atopic dermatitis）是一种发生于多种动物的瘙痒性、慢性皮肤病，这种动物具有产生大量反应素性抗体（主要是 IgE）的遗传倾向。据估计，约 10% 的犬易患此病，但大麦町犬发病率较高。犬特应性皮炎常是因吸入变应原引起，故此病又称吸入抗原过敏或吸入过敏性皮炎。

〔病因〕 犬特应性皮炎常是因吸入变应原如花粉、霉菌、皮屑、尘埃等引起。这些变应原进入体内引起过敏反应的靶组织是皮肤（人呼吸道和结膜是常见靶组织）。任何年龄犬均可发病，但 1～3 岁多发。猫和犬的耳和面部也可见与昆虫叮咬有关的过敏性皮炎。此病发生有一定季节性，但慢性特应性皮炎可常年发病。

〔症状〕 瘙痒和皮肤出现疹或鳞片是本病的主要症状，尤其是无毛部位。患病动物搔舔自己的脚和腋下，摩擦脸部，造成皮肤损伤和继发感染。慢性患病犬，眼周围、腋下等无毛处形成苔藓样红斑；有时见有结膜炎、鼻炎和打喷嚏。猫特应性皮炎可表现为粟疹或大面积局部炎症反应。

〔诊断〕 根据病史和临床症状可做出初步诊断，确诊需进行皮内试验或放射过敏原吸附试验鉴定过敏原，猫用皮内试验检测过敏原的可靠性不如犬。

〔治疗〕 避免与有害抗原接触，或糖皮质激素治疗。

三、过敏性休克

过敏性休克（anaphylactic shock）是一种严重的全身性过敏反应，临床上以血压迅速下降、肌肉战栗、抽搐、支气管痉挛、血管性水肿、荨麻疹、红斑、瘙痒、咽或喉水肿、呕吐及腹痛等为特征，如不及时抢救便危及生命。

〔病因〕 常见过敏原有药物，如青霉素、磺胺、疫苗及血清等。过敏原进入循环后数秒钟即出现临床症状。多数动物，肺是主要的靶器官，其次是后肠系膜血管系统；在犬则相反。肺血管中肥大细胞脱颗粒引起支气管或肺静脉痉挛和肺血管淤血，从而导致严重呼吸困难。门静脉系统血管扩张，肠道和肝淤血导致循环血量下降，最终引起休克。

〔症状〕 过敏性休克常发病急，在再次接触抗原后短时间内即可引起烦躁不安、恶心、流涎、呼吸困难及发绀等，严重病例可死亡。

〔诊断〕 通过病史调查，参考临床发病迅速、病情严重的症状不难做出诊断。

〔治疗〕 采用肾上腺素静脉或心内注射治疗。

第二节 自身免疫疾病

自身免疫疾病（autoimmune disease）是指机体所产生的自身抗体或致敏淋巴细胞能侵袭、破坏、损伤自身的组织和细胞成分，导致组织损害和器官功能障碍的疾病。

免疫耐受性的终止或破坏是免疫性疾病发生的基本机制，与下述因素有关。

1. 自身抗原形成 如隐蔽抗原释放、自身抗原性质改变，可发生自身免疫反应，损伤组织引起疾病。

2. 免疫调节机制紊乱 机体内存在的免疫调节网络是维持正常免疫功能的重要自我稳定机

制,任何原因导致免疫调节紊乱,引起免疫反应异常,均可破坏免疫耐受。

3. 细胞凋亡的抑制 自身反应性 T 细胞和 B 细胞经细胞凋亡进行克隆排除,免疫系统得以维持对自身抗原的耐受。细胞凋亡的抑制,导致 B 细胞和 T 细胞等免疫细胞自我耐受破坏和自身抗体的大量产生,从而对机体产生损伤。

4. 遗传因素 机体免疫反应由主要组织相容性复合物(MHC)遗传基因所控制,具有自身免疫反应增强遗传易感性个体,一旦受到某些外因刺激,则可诱发自身免疫病。

一、系统性红斑狼疮

系统性红斑狼疮(systemic lupus erythematosus,SLE)是一种多系统非化脓炎症性自身免疫疾病,血清中存在以抗核抗体为主的多种自身抗体。本病多发于犬,猫少见。

[病因] SLE 是一种多因子病,其发病机理至今仍未明了,人发病与以下因素有关。

1. 病毒 主要与副黏病毒感染有关。

2. 化学因素 服用某些药物,如普鲁卡因酰胺、苯妥英钠等可诱发 SLE。

3. 物理因素 日晒和紫外线照射,可使 DNA 转化为胸腺嘧啶二聚体,机体产生抗体。

4. 遗传因素 SLE 存在显著的遗传倾向,人类基因组研究显示 50 多个基因座与 SLE 有关。SLE 患者血清中存在有多种自身抗体,有针对细胞质成分(如线粒体、核糖体和溶酶体)的抗体、抗细胞表面(如红细胞、血小板)抗体及抗核(如 DNA、RNA、核蛋白)抗体,而以抗核抗体最为常见。

[症状] 常发热,多发性关节炎,四肢僵硬和跛行。关节肿胀,四肢肌肉进行性萎缩。免疫复合物在小血管壁周围沉积导致滑膜炎,皮肤对称性脱毛、丘疹、大疱红斑性损伤。口腔黏膜糜烂和溃疡。另外,还可能有溶血性贫血、水肿、淋巴腺肿大及肾小球肾炎等症状,神经、心、肺和浆膜发病机会较少见。患猫常有肾小球肾炎和精神病症状。

SLE 血液学变化为贫血、血小板数量减少、白细胞总数减少、球蛋白浓度增多及胆红素浓度增高。有肾小球肾炎的病例,见有蛋白尿和血尿。

[诊断] 根据临床症状和实验室检查,包括抗核抗体试验和狼疮细胞(LE 细胞)检验,可做出诊断。最有诊断价值的抗核抗体是抗双链 DNA 抗体,可用直接免疫荧光技术检测。抗核抗体在血中形成免疫复合物只能攻击受损细胞及裸露细胞核,使细胞核变成均质的球形小体,称狼疮小体(LE 小体)。LE 小体对中性粒细胞有趋化作用,其周围常吸引多个中性粒细胞形成花环状,或被中性粒细胞吞噬,吞噬 LE 小体的粒细胞称为狼疮细胞(LE 细胞)。

[治疗] 常用肾上腺皮质激素治疗,症状消失后持续 2～3 月。严重的病例用免疫抑制药环磷酰胺或硫唑嘌呤,如主要脏器损伤严重,常预后不良。

二、自身免疫溶血性贫血

自身免疫溶血性贫血(autoimmune hemolytic anemia,AIHA)是一种与抗红细胞自身抗体有关的溶血性贫血。溶血可发生在血管内,也可在血管外(单核-巨噬细胞系统内)。药物、疫苗接种或感染可引发。

[病因] 引起抗红细胞自身抗体形成的主要原因为:淋巴系统增生性疾病;药物,如青霉素、头孢菌素、磺胺类药物、硫代二苯胺等;感染,如猫白血病病毒感染、血巴尔通体病等。抗红细胞自身抗体,根据其作用于红细胞时所需温度,可分为温性抗体和冷性抗体。前者一般在 37 ℃ 左右作用最活跃,后者在 20 ℃ 以下作用活跃。抗体主要是 IgG 和 IgM,这些自身抗体与位于红细胞膜上相应抗原结合,使红细胞在通过单核巨噬细胞系统时被吞噬细胞识别、吞噬而破坏(血管外溶血),或是在补体作用下直接使红细胞破坏(血管内溶血)。

一般认为,抗红细胞自身抗体的作用机制主要是:①感染或药物改变红细胞膜抗原性;②淋巴组织疾病及免疫缺陷等,使机体失去免疫监视功能,无法识别自身成分;③免疫调节功能紊乱,使 B 细胞反应过强。

温性抗体 AIHA 的主要自身抗体是 IgG,可分为 3 个亚型。

第 1 亚型:同时具有 IgG 和 C3,当红细胞与自身抗体 IgG 和 C3 结合,在盐水介质中可直接凝集红细胞。

第 2 亚型:自身抗体为 IgG,是犬最常见的 AIHA,与 IgG 结合的红细胞易被单核巨噬细胞系统中的吞噬细胞所识别而破坏。

第 3 亚型:自身抗体为 C3,固定在红细胞膜上抗 C3 抗体,只有借助 C3 血清的抗球蛋白试验才可有效检测。

冷性抗体又称冷凝集素,主要为 19s IgM。IgM 冷凝集素在 30 ℃ 以上一般不发生红细胞凝集,但在低温(0～5 ℃)条件下引起凝集,经加温后即可逆转。检测的方法是将血液滴在载玻片上冷到 4 ℃ 出现凝集现象,但将其加热至体温后凝集又消失。

[症状] AIHA 属再生性贫血。常见黏膜苍白、虚弱、呼吸急促、心搏过速。急性病例,红细胞比容急剧下降,伴有高胆红素血症和黄疸,有时出现血红蛋白尿,有的病例肝和脾肿大,因骨髓增生,红细胞计数常升高。偶见患病动物在寒冷气候下出现远端部位皮肤发绀,包括耳、鼻、尾尖、趾及阴囊等,甚至坏死,此为冷凝集素病。

[诊断] 主要根据临床症状和直接 Coombs 试验。直接 Coombs 试验即为抗球蛋白试验,是用特异性抗球蛋白测定附在红细胞膜上的抗体和补体。虽然该试验在诊断 AIHA 有极大的参考价值,但有时也会出现假阳性和假阴性反应。因此,现在又有定量测定红细胞抗体的方法,常用的是免疫荧光定量法。

[治疗] 肾上腺皮质激素治疗需持续数周或数月,常可获得较好疗效。如不见好转,结合环磷酰胺或硫唑嘌呤及输血疗法。药物治疗无效或病情不能控制时,可考虑手术切除脾脏,以减少血管外溶血和抗体的产生。犬最急性 AIHA 常预后不良。

三、寻常天疱疮和落叶状天疱疮

寻常天疱疮(pemphigus vulgaris)及其变型落叶状天疱疮(variant pemphigus foliaceus)是针对基底细胞层细胞内胞质成分的抗体介导的自身免疫性皮肤黏膜疾病,最终导致皮肤棘层细胞与表层分离。犬比猫常见。

[症状] 寻常天疱疮的发病特征是沿口、肛门、包皮、外阴及口腔内黏膜皮肤交界处出现大疱损害,其他部位皮肤仅出现轻微损害。当疱破裂后,常形成糜烂,如继发感染损伤加重。爪角质部分可因严重爪沟炎而脱落。落叶状天疱疮的临床症状是黏膜皮肤交界处出现糜烂、溃疡和厚结痂,口腔常无病变,皮肤有广泛厚而硬的病变,这有别于寻常天疱疮。

[诊断] 皮肤存在自身抗体,并与细胞内胶质成分起反应。因此,检出抗细胞内胶质成分的自身抗体是诊断本病的特异方法,常用抗生物素蛋白-生物素复合物技术(ABC 免疫组织化学检验法)进行检测。

[治疗] 方法与上相同,对初期治疗效果差的动物,常预后不良。

四、重症肌无力

重症肌无力(myasthenia gravis,MG)是神经肌肉传递功能异常,变现为病变肌组织易疲劳的疾病。该病主要是乙酰胆碱受体抗体(acetylcholine receptor a-ntibody,AChRAb)介导的、补体参与的一种神经-肌肉接头突触后膜处自身免疫性疾病。本病的病因尚不清楚。患病动物血清中存在抗乙酰胆碱受体的自身抗体和对乙酰胆碱受体致敏的淋巴细胞。多发于犬,且有遗传倾向。近年来,越来越多的研究显示,某些遗传因素和环境因素与 MG 的发病密切相关。本病累及功能活跃的骨骼肌,严重者全身肌肉均可波及。

[症状和发病机理]　全身性肌无力是 MG 的常见症状,稍加活动病情加重,患犬常食管扩张。晚期表现肌肉萎缩及结缔组织替代性增生。

抗乙酰胆碱受体的自身抗体和对乙酰胆碱受体致敏产生的淋巴细胞是本病的特征。传统观点认为 MG 与乙酰胆碱受体自身抗体(AchR2Ab)介导的体液免疫密切相关,但 T 细胞介导的细胞免疫也参与其中。MG 基本病理机制是终板突触后膜上乙酰胆碱受体(AchR)的减少。AchR 的破坏机制包括增加 AchR 降解,阻断 AchR 连接部以及补体介导的神经肌肉接头处的破坏。抗体可与骨骼肌运动终板突触后膜的烟碱型乙酰胆碱受体结合,形成免疫复合物,激活补体,引起突触后膜的溶解性破坏。因突触后膜上受体数目显著减少,使乙酰胆碱与受体结合的概率变小,大部分乙酰胆碱分子在突触间隙中被胆碱酯酶水解,削弱了由神经到肌肉冲动的传递,以致当肌肉反复受刺激时,产生的动作电位在阈值之下,从而影响肌肉收缩,表现肌组织疲劳和无力。

此外,近年研究还发现,抗原特异性的 $CD4^+$ T 细胞、调节性 T 细胞和细胞因子以及遗传因素在 MG 的发生和发展中也占有极其重要的地位。

[诊断]　根据临床表现和血清中抗乙酰胆碱受体自身抗体的检测,可诊断本病。抗体检测常用正常肌肉做基质,采用间接免疫荧光技术。

[治疗]　新斯的明每千克体重 0.25～1 mg 肌肉注射,配合免疫抑制药有一定的作用。

第三节　免疫缺陷病

免疫缺陷病(immunodeficiency disease)是指免疫系统的器官、免疫活性细胞(淋巴细胞、吞噬细胞)、免疫活性分子(Ig、淋巴因子、补体分子和细胞膜表面分子)发生缺陷引起的某种免疫反应缺失或降低,导致机体防御能力普遍或部分降低的一组临床综合征,可分为原发性和继发性两类。因基因突变、缺失等遗传因素所致者称为原发性免疫缺陷病(primary immunodeficiency disorders,PID),这是一组遗传性、种类繁多的病症,涉及固有免疫系统和获得性免疫系统各组分。在目前已证实的基因缺陷超过 120 种,导致 150 余种 PID 的表现形式。继发性免疫缺陷多发生在某些生物性致病因素的感染和一些用药不当。

各型免疫缺陷病的共同特征是抗感染能力匮乏,或表现抗细菌感染能力障碍(B 细胞系统缺陷),或主要表现抗病毒和抗真菌感染能力的不足(T 细胞系统缺陷),或两者均不足(联合免疫缺陷)。

[病因]　引起小动物免疫缺陷的原因主要有两大类:一类为先天性,小动物先天性免疫缺陷较少见,主要有犬粒细胞病综合征、联合免疫缺陷、先天性低 γ 球蛋白血症等;另一类为获得性免疫缺陷,发生在某些病毒、细菌、寄生虫感染以及某些药物对免疫系统的损伤。小动物免疫缺陷病的主要原因见表(41-1)。

[症状]　抗感染能力低下是小动物免疫缺陷病的共同特征,但不同原因引起的免疫缺陷病,其症状也不完全相同。

表 41-1　小动物免疫缺陷病的原因

类　型	疾　病	动　物	病　因
先天性	犬粒细胞病综合征	爱尔兰塞特猎犬	AR
	重症联合免疫缺陷病	短脚长耳猎犬	AR 或 XR
	先天性低 γ 球蛋白血症	比格犬、德国牧羊犬、沙皮犬	先天性 IgA 缺陷
	Pelger-Huet 畸形	犬、猫	AD

续表

类 型	疾 病	动 物	病 因
获得性	补体缺陷	布列塔尼猎犬	先天性C3缺陷
	周期性中性粒细胞减少症	灰牧羊犬	AR
	联合免疫缺陷	犬	犬瘟热病毒
		犬、猫	细小病毒
	获得性免疫缺陷	猫	猫白血病病毒、猫免疫缺陷病病毒
	慢性肉芽肿	犬	蠕形螨、真菌
	药物性免疫缺陷	犬、猫	磺胺、氯霉素、雌激素

注:AR,常染色体隐性遗传;AD,常染色体显性遗传;XR,X-连锁隐性遗传。

1. 粒细胞病综合征 已见于爱尔兰塞特猎犬,为白细胞表面糖蛋白表达缺陷。临床上以反复、严重细菌感染,形成化脓性皮炎、脐炎、指(趾)部真皮炎、骨髓炎及伤口愈合迟缓为特征。感染动物常表现严重发热、厌食和体重减轻,抗生素治疗效果不佳。出现大量、持续性白细胞增多(25000～540000 个/μL),且大多是中性粒细胞,核左移,高度分叶。绝大多数动物在几个月内死亡。

2. 先天性重症联合免疫缺陷病 患病动物在发病后头几个月内可无症状,但随母源抗体降低而对微生物变得易感。动物表现低球蛋白血症(IgM 正常,IgG 和 IgA 低,甚至缺乏),且淋巴细胞(主要是 T 细胞)减少,常在 16 周龄左右死于反复细菌感染,甚至当常规免疫接种活病毒犬瘟热疫苗时,也会引起犬瘟热病。这种动物 IL-2 受体 7 链基因缺乏。

3. 先天性低 γ 球蛋白血症 患病犬 IgA 阳性细胞数量正常,但 IgA 分泌缺陷,易患湿疹、慢性呼吸道感染和胃肠道过敏反应。

4. 获得性免疫缺陷病 这是一组异源性继发性免疫缺陷病总称,也是小动物常见免疫缺陷病。本组疾病可发生于任何年龄的动物,可分为体液免疫系统缺陷和细胞免疫系统缺陷。获得性体液免疫缺陷可出现在下列情况:①蛋白质摄入障碍,如长期饥饿、营养缺乏、肿瘤恶病质等。②蛋白质丧失,如渗出性肠病、肾病等。③B 细胞肿瘤伴随免疫球蛋白合成异常。获得性细胞免疫缺陷则见于:①增生障碍,如免疫抑制,应用细胞抑制药及 T 细胞肿瘤药等。②T 细胞功能异常,如病毒感染(犬瘟热病毒、细小病毒、猫白血病病毒及猫免疫缺陷病病毒)及慢性感染等。

因体液免疫或细胞免疫障碍,导致机体对细菌、病毒、真菌感染的抵抗力下降,故极易发生各种伴发及继发感染,且治疗效果不佳。

小动物免疫缺陷病表现多样,有人提出如有下列情况时,可考虑存在免疫缺陷:①慢性或反复感染,药物治疗效果不佳,易复发。②常发生机会性感染,一些不常致病的病原菌,甚至是弱毒疫苗的免疫注射,也可引发严重的疾病。③实验室检查体液免疫和细胞免疫指标,长时间呈不同程度的低下。④每胎新生动物均有相似的早期死亡率。

[诊断] 综合临床症状和实验室检查进行判别。对免疫缺陷病常用的实验室检查项目有:①淋巴细胞计数及淋巴组织中淋巴样细胞检查,长期降低。②血清蛋白电泳,(3 和 7 球蛋白明显减少。③血象检查,中性多叶核粒细胞比例明显升高。④细菌感染时,中性粒细胞仍减少。

目前,有许多体液免疫和细胞免疫的特异性检查方法,均用于诊断免疫缺陷病。如测定体液免疫机能状况的免疫电泳、放射免疫扩散可准确测定血清中各种免疫球蛋白含量;直接免疫荧光技术可测定 B 细胞数量。在细胞免疫方面,用免疫荧光技术或放射免疫方法可对 T 细胞数量和功能进行测定。在非特异性免疫机能测定中,包括中性粒细胞机能测定、补体结合试验及各种趋化性测定,均有助于对免疫缺陷病的诊断。

[治疗] 目前无有效的治疗药物。

主要参考文献

［1］ 侯加法.小动物疾病学［M］.2版.北京：中国农业出版社，2015.

［2］ 陈溥言.兽医传染病学［M］.6版.北京：中国农业出版社，2013.

［3］ 哈维尔·埃斯特班·马丁.犬猫眼科学快速指导手册［M］.辛良，译.北京：化学工业出版社，2020.

［4］ 陈杖榴,曾振灵.兽医药理学［M］.4版.北京：中国农业出版社，2017.

［5］ 王洪斌.兽医外科学［M］.5版.北京：中国农业出版社，2011.

［6］ 王九峰.小动物内科学［M］.北京：中国农业出版社，2013.

［7］ 杨光友.兽医寄生虫病学［M］.北京：中国农业出版社，2017.

［8］ 黄群山,杨世华.小动物产科学［M］.北京：科学出版社，2017.

［9］ 陆承平.兽医微生物学［M］.5版.北京：中国农业出版社，2013.

［10］ 崔治中.兽医免疫学［M］.2版.北京：中国农业出版社，2015.

［11］ 董常生.家畜解剖学［M］.4版.北京：中国农业出版社，2015.

［12］ 张书霞.兽医病理生理学［M］.4版.北京：中国农业出版社，2011.

［13］ 赵菇茜.动物生理学［M］.5版.北京：中国农业出版社，2011.

［14］ 周庆国,罗倩怡,吴仲恒,等.犬猫疾病诊治彩色图谱［M］.2版.北京：中国农业出版社，2018.

［15］ 夏兆飞.小动物内科学［M］.5版.北京：中国农业大学出版社，2019.

［16］ 韩博.犬猫疾病学［M］.3版.北京：中国农业大学出版社，2011.

［17］ 林德贵.兽医外科手术学［M］.5版.北京：中国农业出版社，2016.

［18］ 刘欣,夏兆飞.犬猫耳病彩色图谱［M］.北京：中国农业科学技术出版社，2014.

［19］ 王家俊.临床真菌检验［M］.2版.北京：中国农业大学出版社，2001.

［20］ 王树林.兽医临床诊断学［M］.3版.北京：中国农业出版社，2001.

［21］ 郑世军,宋清明.现代动物传染病学［M］.北京：中国农业出版社，2013.